Repenser les stratégies nucléaires

Continuités et ruptures

Un hommage à Lucien Poirier

P.I.E. Peter Lang

Bruxelles · Bern · Berlin · New York · Oxford · Wien

« Enjeux internationaux »

Vol. 46

L'étude des relations internationales, tout particulièrement dans le champ historique, est issue d'une histoire diplomatique largement rénovée à travers la prise en compte des forces profondes telles que les a jadis définies Pierre Renouvin. Elle place les États et ceux qui sont chargés de définir et de mettre en œuvre leur politique, au cœur de la vie internationale. Selon cette conception, les États conduisent leur action en jouant sur la palette des moyens les plus divers sur lesquels ils peuvent s'appuyer, tels que l'économie ou la culture, et qui agissent ou interagissent les uns par rapport aux autres.

La démultiplication des champs d'analyse de la vie internationale se développe ainsi tout au long du XXe siècle, mais est l'objet d'un nouveau regard en ces temps de mondialisation. Cette dernière, contemporaine du développement des analyses néo-libérales depuis les années 1980, témoigne tout à la fois de la prise de conscience de la démultiplication des acteurs en présence – ONG, entreprises multinationales par Exemple – et de la large autonomie d'action de ces multiples acteurs.

La collection se veut représentative de ces perspectives renouvelées et de leur impact sur les recherches actuelles. Sans abandonner l'étude des relations internationales centrées sur les États, elle cherche à mieux appréhender la diversité des segments qui composent le champ international et le mode de relations entre ces derniers : de l'enjeu que constitue le sport à celui de l'usage de la mémoire coloniale. Elle s'adresse ainsi aux universitaires et analystes souhaitant interroger les grandes thématiques du siècle dernier au service d'une réflexion sur le présent.

Directeurs de la collection :

M. Éric BUSSIÈRE, *Professeur à l'Université de Paris IV-Sorbonne*
M. Michel DUMOULIN, *Professeur à l'Université catholique de Louvain (UCL), responsable du Groupe d'études d'histoire de l'Europe contemporaine*
M. Sylvain SCHIRMANN, *Professeur d'histoire contemporaine, directeur de l'Institut d'études politiques de Strasbourg*

Thomas Meszaros (dir.)

Repenser les stratégies nucléaires
Continuités et ruptures

Un hommage à Lucien Poirier

Enjeux internationaux
Vol. 46

Cet ouvrage a été réalisé avec le soutien financier du Service de la Recherche de l'Université Jean Moulin Lyon 3 et de l'Équipe d'Accueil Francophonie, Mondialisation et Relations internationales (EA 4586)

Cette publication a fait l'objet d'une évaluation par les pairs.

Toute représentation ou reproduction intégrale ou partielle faite par quelque procédé que ce soit, sans le consentement de l'éditeur ou de ses ayants droit, est illicite. Tous droits réservés.

© P.I.E. PETER LANG s.a.
 Éditions scientifiques internationales
 Bruxelles, 2019
 1 avenue Maurice, B-1050 Bruxelles, Belgique
 www.peterlang.com ; brussels@peterlang.com

ISSN 2030-3688
ISBN 978-2-8076-1041-5
ePDF 978-2-8076-1042-2
ePUB 978-2-8076-1043-9
MOBI 978-2-8076-1044-6
DOI 10.3726/b15655
D/2019/5678/14

Information bibliographique publiée par « Die Deutsche Bibliothek »

« Die Deutsche Bibliothek » répertorie cette publication dans la « Deutsche Nationalbibliografie » ; les données bibliographiques détaillées sont disponibles sur le site <http://dnb.ddb.de>.

Je crois en la vertu rationalisante de l'atome.
Lucien Poirier

Table des matières

Préface 11
Louis Gautier

Avant-propos 19
Thomas Meszaros

Partie Introductive

**L'arme nucléaire dans les relations internationales :
Continuités et ruptures** 25
Thomas Meszaros

Première Partie
La pensée française au miroir de la dissuasion américaine

Quelle place pour la pensée de Lucien Poirier dans le débat stratégique des origines ?

Trois ou quatre choses que je sais de Lucien Poirier 81
François Géré

Lucien Poirier et les crises internationales à l'âge nucléaire 91
Thomas Meszaros

**Les origines du concept français de dissuasion :
mythes et réalités** 115
Bruno Tertrais

Raymond Aron, un stratégiste nucléaire entre deux mondes 123
Antony Dabila *et Thomas* Meszaros

Bernard Brodie et la dissuasion : un parcours américain 143
Jean-Philippe Baulon

DEUXIÈME PARTIE
LE DÉSARMEMENT NUCLÉAIRE DANS LE MONDE POST-GUERRE FROIDE
NÉCESSITÉ STRATÉGIQUE OU IMPÉRATIF MORAL ?

La succession nucléaire de l'URSS 157
Hélène HAMANT

Le désarmement et la défense antimissile ou l'hypothèse
d'une métastratégie américaine *post* nucléaire 167
Alexis BACONNET

Les postures d'États européens face au processus
de désarmement nucléaire dans le cadre de l'initiative
humanitaire sur les armes nucléaires 189
Jean-Marie COLLIN

La France « fait la course en tête pour les technologies
de dissuasion » 203
Patrice BOUVERET

TROISIÈME PARTIE
LA DIFFUSION, LA (NON-) PROLIFÉRATION ET LA VIRTUALISATION
DE L'ARME NUCLÉAIRE

NOUVEAUX USAGES, NOUVEAUX ENJEUX ?

L'arme nucléaire : Diffusion technologique et chute politique 217
David CUMIN

La genèse doctrinale du nucléaire tactique 225
François DAVID

La politique de non-prolifération à la croisée des chemins.
Les enseignements de l'accord américano-indien de
coopération nucléaire de 2008 245
Gerald Felix WARBURG

La dimension nucléaire du remplacement des F-16 belges 275
André DUMOULIN

La simulation des essais nucléaires, une rupture
stratégique française ? 281
Océane TRANCHEZ

Quatrième Partie
L'arme nucléaire dans les théories des relations internationales
Quelles approches pour quelles représentations ?

Oligopolarité et arme nucléaire 297
Jean Baechler

Armageddon polytropos. La pensée réaliste et le fait nucléaire,
regard sur un demi-siècle de débats intra-paradigmatiques 311
Olivier Zajec

L'insoutenable légèreté de la chance : trois sources d'excès de
confiance dans la possibilité de contrôler les crises nucléaires 351
Benoît Pelopidas

Le nucléaire comme obstacle épistémologique
du constructivisme 385
Antony Dabila

La pertinence du constructivisme et des approches critiques
pour penser l'arme nucléaire dans les relations internationales 403
Thomas Lindemann

Le genre du nucléaire. Aux origines épistémologiques
d'une divergence politique entre réalistes et féministes 429
Lydie Thollot

Conclusion. Dépasser le panglossisme nucléaire 441
Benoît Pelopidas

Postface 465
Thomas Meszaros

Résumés/Abstracts 467

Les auteurs 483

Préface

Louis GAUTIER

Le 14 juillet 2015, à l'issue de vingt et un mois de négociation, un accord historique signé entre les puissances du P 5 +1 et l'Iran offrait la perspective d'une sortie de crise sur le dossier du nucléaire iranien[1]. Six mois plus tard, le respect de ses engagements par Téhéran en concrétisait la portée et permettait la levée des sanctions économiques et financières adoptées par la communauté internationale. À peine la menace iranienne contenue, qu'un quatrième essai nucléaire nord-coréen, suivi du lancement d'un satellite (opération également en violation des résolutions de l'ONU qui interdisent à Pyongyang tout essai balistique) venait défier les règles de non-prolifération. L'un des États les plus pauvres de la planète, poursuivant dans la volonté de développer des capacités nucléaires militaires son action entêtée, soulignait l'impuissance des grandes puissances, Chine comprise, de l'en empêcher.

Concomitants, l'accord avec l'Iran et les provocations nord-coréennes témoignent des incertitudes qui caractérisent l'horizon stratégique nucléaire. Si d'indéniables succès ont été enregistrés en matière de lutte contre la prolifération, nul ne peut garantir avec certitude qu'il en sera de même dans les années à venir, d'autant que l'accord iranien, s'il constitue une avancée réelle, n'en présente pas moins des zones d'ombre. Dans ce paysage instable, une certitude s'impose néanmoins, celle de la persistance à moyen terme du fait nucléaire comme déterminant stratégique en dépit des pronostics avancés à la fin de la guerre froide. L'issue de cet affrontement indirect a en effet mis un terme à l'équilibre de la terreur nucléaire, mais pas au fait nucléaire lui-même. Toutes les grandes puissances procèdent actuellement au renouvellement, voire au renforcement, de leurs arsenaux nucléaires qui continueront donc à peser dans les relations internationales. Leur rôle pose cependant question. Dans un monde marqué par l'effondrement de l'Union soviétique et par l'essor de la multipolarité, nous assistons à l'avènement de « l'ère de la piraterie stratégique », pour

---

[1] L'expression P5 +1 renvoie aux cinq puissances nucléaires membres permanents du Conseil de sécurité des Nations unies (P5) auxquelles s'ajoute l'Allemagne. Soulignons que cette appellation courante ne doit pas masquer le fait qu'historiquement, l'Allemagne, la France et le Royaume-Uni furent les premières puissances à s'engager dans le dialogue avec l'Iran, d'où l'expression concurrente d'E3 +3.

reprendre la formule de Thérèse Delpech[2]. Définie par l'absence de règles en matière nucléaire, cette nouvelle période voit certains acteurs, parmi lesquels la Corée du Nord, enclins à se comporter comme des pirates sans foi ni loi. Dans le contexte géostratégique actuel, la place des armes nucléaires en est nécessairement modifiée, même si leurs principales caractéristiques – fort potentiel létal et forte portée symbolique – confèrent à leur rôle politique et militaire une certaine forme de continuité.

Pour interroger ce rapport dialectique entre ruptures et continuités dans le domaine des stratégies nucléaires trois entrées s'imposent plus particulièrement : la prolifération, la dissuasion et les défis posés par l'émergence de nouveaux acteurs et le développement de nouvelles armes.

À l'issue de la guerre froide, la prolifération s'est rapidement affirmée comme une problématique majeure. Un temps entretenu dans les années 1990, alors que les superpuissances désarmaient et que de nombreux pays renonçaient à leurs ambitions nucléaires, à l'instar de l'Afrique du Sud, du Brésil, de l'Argentine, de l'Ukraine ou de la Biélorussie, l'espoir de voir un monde postnucléaire succéder au monde nucléaire fit en effet long feu. Dès 1998, les essais indiens et pakistanais démontraient l'inanité d'une telle promesse. Ils annonçaient un XXIe siècle qui ne rimait pas avec la fin de l'utilisation militaire de l'atome, mais avec sa redéfinition dans le cadre de ce qu'il fut bientôt convenu d'appeler un second âge nucléaire. Au cœur de ce second âge nucléaire se retrouve non seulement la démultiplication des États détenteurs de l'arme nucléaire – aujourd'hui au nombre de neuf[3] –, mais également le risque de récupération de la technologie nucléaire par des acteurs non étatiques ou des proto-États. Si la crainte d'une dissémination des compétences et des moyens nucléaires fut vive au moment de l'effondrement de l'URSS, Moscou sut néanmoins conserver le contrôle de ses armes comme de ses technologies malgré d'indéniables difficultés. Depuis lors, un « marché noir de la bombe » n'en a pas moins vu le jour, alimenté par d'autres circuits d'approvisionnement, que la lutte contre la prolifération, menée activement par une partie de la communauté internationale, s'emploie inlassablement à tarir[4]. La découverte et le démantèlement en 2004 du réseau Abdul Qadeer Khan furent à cet égard un signal fort envoyé à la communauté internationale. Considéré comme le père de la bombe pakistanaise et comme le plus grand trafi-

---

[2] Thérèse Delpech, *La dissuasion nucléaire au XXIe siècle*, Paris, Odile Jacob, 2013.
[3] Dont cinq États officiellement dotés de l'arme nucléaire au sens du Traité de non-prolifération (TNP) – États-Unis, Russie, Royaume-Uni, France, Chine –, trois qui s'en sont ouvertement dotés – l'Inde, le Pakistan et la Corée du Nord – et un dernier, Israël, qui est réputé la posséder.
[4] Bruno Tertrais, *Le marché noir de la bombe, enquête sur la prolifération nucléaire*, Paris, Buchet-Chastel, 2009.

Préface

quant international de matière nucléaire, cet ingénieur en métallurgie formé en Allemagne, aux Pays-Bas et en Belgique, disposa de suffisamment de liberté pour entrer en contact avec l'Iran, la Corée du Nord et la Libye, et contribuer à l'essor de leurs programmes nucléaires respectifs. S'il apparaît aujourd'hui peu vraisemblable que des organisations terroristes parviennent à mettre la main sur des armes nucléaires, et encore moins à développer leur propre programme, l'affaire A. Q. Khan montre néanmoins que dans un monde globalisé, la perméabilité des savoirs et les transferts technologiques, y compris dans un secteur aussi sensible que le nucléaire, sont des faits qu'il est impossible d'ignorer.

À cette fluidité des connaissances s'adjoint par ailleurs un autre type de prolifération qui contribue à renforcer le risque nucléaire, celle des missiles balistiques et de croisière, principaux vecteurs de la menace NRBC. Autrefois apanage des États-Unis, les seconds sont en développement dans une vingtaine de pays, tandis que les premiers se répandent jusque dans les rangs des organisations paraétatiques. L'Iran est aujourd'hui capable d'atteindre certains territoires de l'Union européenne et de l'OTAN. L'Inde est à même de frapper tout le territoire de la Chine. Le Pakistan dispose de toute une gamme d'armements balistiques et de croisière. La Russie n'a pas manqué d'utiliser la crise syrienne pour faire montre de ses capacités en tirant des missiles de croisière depuis la Caspienne, la mer Méditerranée et *via* des bombardiers. La Corée du Nord cherche à accroître l'allonge de ses missiles balistiques pour atteindre des portées intercontinentales, toujours sous couvert de lancement de satellites. La diffusion du pouvoir de l'atome se double ainsi d'une extension du périmètre des frappes qui renforce d'autant la crédibilité et la portée de la menace nucléaire.

Contrairement à ce que laisse parfois entendre une vision catastrophiste, dissémination et prolifération ne sont pourtant pas une fatalité, et il faut souligner à ce titre l'efficacité des instruments de contrôle hérités de la guerre froide. Respectivement fondée en 1957 et signé en 1968, l'Agence internationale de l'énergie atomique et le Traité de non-prolifération restent des outils essentiels en matière de désarmement et de non-prolifération nucléaire. La signature de l'accord de Vienne le 14 juillet 2015 et la ratification par Téhéran du protocole additionnel permettent ainsi à l'AIEA de jouer pleinement son rôle dans le cas du dossier iranien. La conciliation des sanctions et du dialogue a ici porté ses fruits pour amener l'Iran à renoncer à un programme nucléaire dont l'agence vient de confirmer qu'il était bien en cours de développement avant 2003. De même, les mesures de coopération et de responsabilisation adoptées depuis la chute du mur par les régimes multilatéraux de contrôle des exportations nucléaires, comme le *Nuclear Suppliers Group* (NSG[5]), ont-elles permis

---

[5] Ou groupe des fournisseurs nucléaires en français.

de lutter efficacement contre la prolifération d'armes nucléaires. Elles ont été doublées par d'autres mesures de concertation comme l'Initiative de sécurité contre la prolifération, lancée en 2003, qui a connu d'indéniables succès en permettant l'entrave de transports illicites d'armes de destruction massive.

Ces résultats ne doivent pas nous aveugler. En matière de prolifération nucléaire, nous continuons de marcher sur une crête. Un risque de dérapage est encore possible dans le cas de l'Iran. Les Accords de Vienne ont effectivement permis de figer « l'horloge nucléaire » iranienne, mais certains faits témoignent d'une volonté indéfectible de Téhéran de disposer d'armes nucléaires, et ce depuis 2003. La question de la Corée du Nord reste quant à elle toujours en suspens. Un échec sur ces deux dossiers serait particulièrement dramatique dans la mesure où il ouvrirait la voie à de nombreuses autres revendications et au risque de proliférations en cascade, de la Turquie, à l'Indonésie, en passant par l'Arabie Saoudite et l'Égypte voire le Japon. Dans ce contexte, la vigilance de la communauté internationale, mais aussi la solidité et la pérennité de la garantie nucléaire américaine, considérée comme vitale par de nombreux pays, sont appelées à jouer un rôle déterminant.

Force est néanmoins de constater que s'il y a bien eu évolution en matière de prolifération, ce processus reste pour l'instant bien mieux contrôlé qu'on a pu le craindre.

En matière de dissuasion aussi, la notion de rupture semble moins de mise que celle de changement.

Hier, la crainte d'une guerre atomique et l'équilibre de la terreur permirent d'éviter un affrontement majeur entre les blocs. La redoutable force de destruction des armes nucléaires, qui leur confère après Hiroshima une dimension apotropaïque inédite et à ce jour encore inégalée, plaçait la technologie nucléaire sous le double signe de l'interdit – celui du tabou qui pesait sur une arme dont le potentiel destructeur empêchait un usage autre qu'en dernier recours – et de l'interdiction – un affrontement direct et massif entre l'Est et l'Ouest étant devenu impossible en raison du risque d'escalade et de destruction mutuelle assurée. La dissuasion conjura ainsi la malédiction des guerres en chaîne théorisée par Raymond Aron[6], même si elle ne signifia jamais la fin des conflits. Ces derniers, on le sait, subsistèrent à la périphérie des deux blocs dans des confrontations indirectes et cantonnées.

En ouvrant sur une nouvelle donne géostratégique, le *knock-out* et la dislocation de l'URSS modifièrent brutalement ce statu quo. La fin de la guerre froide dégela un certain nombre de conflits jusqu'alors figés,

---

[6] Raymond Aron, *Les guerres en chaîne*, Paris, Gallimard, 1951.

d'autres éclatèrent ensuite au grand jour. Face à une situation internationale nouvelle et très évolutive depuis 1991, la dissuasion nucléaire, qui avait jusqu'alors encapsulé la manœuvre et l'usage des armes conventionnelles, perdit brusquement de son efficacité. Elle cessa d'être l'alpha et l'oméga de la stabilité internationale.

De la guerre du Golfe à celle du Kosovo, du génocide des Tutsis à la lutte contre Daech en passant par la crise en Ukraine, la gesticulation nucléaire s'est faite plus discrète comme moyen de résoudre les conflits et de gérer les crises, même si elle ne fut pas toujours absente. Il faut dire que la dissuasion, contournée par le bas, semble peu efficace pour régler des affrontements souvent caractérisés par l'asymétrie des forces en présence et qui diffèrent par bien des aspects des confrontations interétatiques passées, notamment lorsqu'ils sont liés à la lutte contre le terrorisme. Des organisations comme Daech ou Al Qaïda ne peuvent être combattues par des représailles nucléaires, auxquelles nul n'a d'ailleurs songé au lendemain d'événements aussi tragiques que le 11 septembre 2001. À cet égard, le livre blanc sur la défense et la sécurité nationale de 2008 est venu rappeler le lien établi par la France entre la dissuasion et une menace étatique exercée contre ses intérêts vitaux. À l'heure où les attentats constituent le premier mode d'attaque perpétrée sur notre sol, le rôle dissuasif de l'atome semble par contrecoup poser question.

Ce découronnement de l'arme nucléaire, renforcé par un relatif effacement dans les opinions publiques du sentiment de son utilité, voire de la crainte qu'elle inspirait, en a conduit d'aucuns à envisager son abandon, d'autant que certaines innovations technologiques, telle la défense antimissile balistique, semblaient annoncer son obsolescence. Ce renoncement n'apparaît pourtant ni possible (on ne désinvente pas la bombe, comme on ne désinvente pas le feu) ni souhaitable pour plusieurs raisons. D'abord parce que les solutions alternatives de sanctuarisation du territoire restent pour l'instant trop peu efficaces. Mais aussi parce que l'équilibre nucléaire, s'il ne correspond plus, comme autrefois, à un équilibre international, contribue néanmoins toujours à sa stabilité. Alors que les tensions se multiplient à l'échelle du globe, l'arme nucléaire garantit en particulier un continuum de sécurité entre les grandes puissances qui en sont dotées, et ce tant que leurs intérêts vitaux, qu'elle sanctuarise, ne sont pas menacés. Ainsi la stratégie de tension en mer de Chine méridionale reste-t-elle fortement régulée et jugulée par l'équation nucléaire bipartite entre la Chine et les États-Unis. De même la question nucléaire tend-elle à redevenir un élément structurant des relations entre la Russie et l'Occident. Soulignons à cet égard que l'intervention russe en Crimée s'est faite en violation du traité de Budapest de 1994 qui liait l'adhésion de l'Ukraine au TNP en tant qu'État non doté au respect par les Russes de l'indépendance, de la souveraineté et de l'intégrité des frontières de l'ancienne petite sœur ukrainienne, dont les États-Unis, l'Angleterre et la France s'étaient au demeurant portés garants. Il s'agit ici d'une remise en cause de l'un des fondements de l'ordre européen et international des années 1990 qui atteste de la place persistance du nucléaire dans l'équation stratégique européenne, au même titre que les déclarations de Poutine affirmant qu'il était prêt à mettre en alerte le dispositif nucléaire russe lors de la crise de 2014.

Dans ce contexte, la tentation de la réappropriation nationale d'armes nucléaires autrefois mises au service de la bipolarité n'ôte rien à leur caractère dissuasif. Avec l'explosion de l'URSS et du pacte de Varsovie, la dissuasion soviétique est devenue russe, entièrement russe. Les Américains ont pour leur part cherché à troquer auprès de leurs alliés le parapluie nucléaire contre le bouclier antimissile et à se réapproprier leur force de dissuasion, même si le sommet de Varsovie a reconduit le maintien des deux dispositifs sur le sol européen. La dissuasion chinoise est chinoise, l'indienne est indienne… Quant à la France, elle a fait son deuil de l'idée d'une dissuasion concertée avec les Européens. Les discussions ouvertes par François Mitterrand au lendemain de la chute du mur sont effectivement restées sans suite et la question nucléaire demeure largement taboue en Europe, au point de se traduire par une forme de torpeur de l'Union vis-à-vis de l'évolution de la doctrine américaine. Ce repli national n'équivaut cependant pas à la disparition de la dissuasion, mais à son recentrage sur la sanctuarisation des seuls intérêts des grandes puissances nucléaires. On le voit, d'ailleurs, dans les débats soulevés au sein de l'Alliance atlantique par la crise ukrainienne.

Par bien des aspects, l'arme nucléaire reste également la garante de la liberté d'action[7]. Liberté d'action, car elle dispense de se placer sous la coupe d'un quelconque protecteur, mais aussi liberté d'action face aux chantages d'un adversaire potentiel. Lors de la guerre Golfe, la menace de recourir aux armes chimiques agitée par Saddam Hussein se heurta ainsi aux capacités de dissuasion des coalisés. Mais l'atome demeure surtout, de manière un peu paradoxale, l'instrument ultime de la discipline internationale en confortant l'autorité des États qui se veulent les garants du *statu quo* nucléaire et de la non-prolifération. Ainsi les négociations avec l'Iran auraient-elles pris une tournure différente si elles n'avaient pas été effectuées, à côté de l'AIEA, par les cinq puissances nucléaires, par ailleurs membres permanents du Conseil de sécurité. En matière de lutte contre la prolifération, l'arme nucléaire reste donc structurante, car elle est gage de crédibilité, la stratégie de dissuasion n'apparaissant dès lors pas contradictoire avec la volonté de progresser vers un désarmement général et complet.

---

[7] Comme l'a rappelé le président de la République dans son discours d'Istres du 19 février 2015.

Préface

Évolution de la dissuasion donc, plus que ruptures. La baisse du « rendement dissuasif » du nucléaire ne s'en accompagne pas moins de nouveaux défis. Le premier tient aux tensions liées à la lutte contre la prolifération qui s'accompagne parfois d'actions armées. Ce fut le cas en 1981 et en 1991 lors du bombardement par les Israéliens, puis par les Américains, du réacteur irakien Osirak. Ce fut également le cas en 2007 lors de la destruction du site syrien Al-Kibar par l'aviation israélienne. De même, des frappes préventives déclenchées pour tuer dans l'œuf la menace de développement de nouveaux programmes nucléaires, furent-elles vraisemblablement envisagées par Israël contre l'Iran entre 2006 et 2012.

Un deuxième défi découle de la multiplication des détenteurs de l'arme nucléaire qui s'accompagne non seulement d'une hétérogénéité croissante des arsenaux, mais surtout d'une polysémie accrue des objectifs assignés à ces armes. Quoi de commun en effet entre la fonction que leur attribuent actuellement la France et l'Inde, les États-Unis et le Pakistan ? Cette polysémie est d'autant plus problématique qu'elle s'accompagne d'une régionalisation et d'un cloisonnement des problématiques. Certaines zones, le Moyen et l'Extrême-Orient en particulier, sont ainsi marquées par l'accumulation des tensions, des risques de prolifération et des problèmes de sécurité qui laissent redouter que l'arme nucléaire n'apparaisse comme un moyen de faire évoluer le *statu quo* ou d'éradiquer une menace. Garant autrefois de l'immuabilité de l'ordre mondial, le nucléaire pourrait aujourd'hui servir à le contester, et ce d'autant plus que les nouveaux détenteurs de la bombe ne partagent pas nécessairement la culture de dissuasion des anciennes puissances, ou ne disposent tout simplement pas des capacités de frappe en second. Il y a ainsi un débrayage entre le maintien d'un équilibre nucléaire mondial, notamment entre les grandes puissances, et des équilibres régionaux disparates associés à des doctrines d'emploi parfois opaques et divergentes qui empêchent l'affirmation d'une approche globale.

Le dernier défi, enfin, est celui d'une banalisation possible du nucléaire à travers le développement d'armes faiblement chargées qui permettraient par exemple des frappes ciblées contre des sites de construction illégaux ou contre des forces armées. En contribuant à l'émergence d'un continuum entre la sphère conventionnelle et nucléaire, un tel abaissement du seuil nucléaire changerait bien évidemment le sens et la portée de cette technologie militaire et conduirait à terme à l'émanciper du seul impératif de la dissuasion.

L'idée n'est pas nouvelle, elle fut notamment défendue par l'OTAN durant la guerre froide dans le cadre de la stratégie de riposte graduée envisagée face à la perspective d'une invasion russe. Elle connaît aujourd'hui un regain d'intérêt de la part de pays comme le Pakistan, pour qui les armes nucléaires tactiques constituent un moyen de neutraliser une éventuelle offensive aéroterrestre des forces conventionnelles indiennes sur le territoire pakistanais. C'est notamment le rôle conféré au missile balistique tactique Nasr, d'une portée de 60 km. Ces nouveaux équipements viennent s'ajouter aux arsenaux russes et américains dont les armes nucléaires tactiques n'ont pas été supprimées depuis la fin de la guerre froide, celles-ci gardant aux yeux de leurs détenteurs toute leur valeur opérationnelle[8].

Dans ce contexte, la France conserve une position résolue caractérisée par le rôle exclusivement défensif accordé aux armes nucléaires. La dissuasion française couvre les menaces très graves, à partir d'un seuil apprécié par les seules autorités politiques. Elle s'inscrit dans le cadre d'une stratégie préventive qui correspond très précisément aux critères de légitime défense établis par la charte des Nations Unies. À cet égard, la France s'interdit le recours à des frappes préemptives, tout comme la possibilité d'abaisser le seuil nucléaire auquel pourrait conduire la miniaturisation des armes atomiques. Le risque d'une banalisation n'en demeure pas moins et il exige par conséquent d'être pris en compte au cœur des réflexions stratégiques sur le nucléaire.

Plus largement, l'ensemble de ces différents défis appellent des réponses appropriées qui passent en particulier par un meilleur contrôle de la prolifération, par le respect des disciplines internationales et par un effort de convergence des doctrines d'emploi du nucléaire chez les anciennes puissances, où l'on constate d'ores et déjà un certain recentrage, mais également chez les nouvelles, où ce dernier reste à opérer. Ces objectifs s'avèrent d'autant plus difficiles à atteindre qu'ils reposent sur la nécessaire coopération d'acteurs dont les intérêts sont souvent contradictoires et dont l'exemplarité est parfois discutable, comme l'a récemment montré l'intervention russe en Crimée.

La sortie de la guerre froide entraîna la transfiguration de la dissuasion nucléaire. La fin du « tout nucléaire » qui l'accompagna ne déboucha donc pas sur celle de l'usage militaire de l'atome. Il faudrait d'ailleurs le redouter, car vu la donne actuelle et l'effervescence de la situation internationale, la disparition de la dissuasion nucléaire contribuerait bien plus à la déstabilisation de notre monde qu'à sa sécurisation. La perspective qui s'offre à nous est donc d'insérer la dissuasion dans une réflexion stratégique plus vaste qui doit prendre en compte les nouveaux acteurs, en particulier asiatiques, les nouveaux usages et les innovations technologiques, aussi bien sur le terrain, que dans l'espace et le cyberespace, qui constituent deux champs également en pleine effervescence. Dans ce contexte, l'atome doit continuer à servir la prévention des conflits majeurs et l'encadrement des conflits régionaux, en des temps où des adversaires potentiels risquent de développer des doctrines d'un genre totalement différent. Cet objectif est clair, les moyens d'y parvenir sont autrement plus complexes.

---

[8] Il faut néanmoins noter un déséquilibre numérique fort entre les deux puissances, l'arsenal tactique russe avoisinant les 2500 armes, là où celui des Américains se cantonne à 200.

Avant-propos

Le présent ouvrage s'inscrit dans le champ des Relations internationales, plus particulièrement celui des études sur la guerre (*war studies*) et la stratégie (*strategic studies*). Conformément à ces conceptions, cet ouvrage réunit différentes approches disciplinaires qui cherchent à éclairer, chacune de leur point de vue et sans jamais l'épuiser, un phénomène qui, depuis son apparition, est central dans l'histoire des relations internationales, de la guerre et de la stratégie : le feu nucléaire.

Au premier abord, le titre de cet ouvrage, *Repenser les stratégies nucléaires : continuités et ruptures*, peut sembler un peu convenu. Il résume cependant avec efficacité le double objectif de cet ouvrage. D'une part, interroger la manière dont les stratégies nucléaires ont été repensées à l'aune des transformations de la société internationale, de ses normes juridiques et morales, des configurations de puissance, des progrès technologiques. D'autre part, repérer les prolongements et les bifurcations dans les postures, les usages politiques et stratégiques ainsi que les représentations de l'arme nucléaire en fonction de différentes périodes historiques. À un moment où la question nucléaire revient de manière aiguë sur la scène politique internationale avec les essais réalisés par la Corée du Nord, les crises successives qu'ils ont produites, la remise en question, par Donald Trump, de l'accord sur le nucléaire iranien, la modernisation des arsenaux nucléaires des États détenteurs et la signature du Traité sur l'interdiction des armes nucléaires (TIAN) en 2017, cet ouvrage aborde les tensions provoquées par l'arme nucléaire dans les relations internationales, entre prolifération et désarmement, stratégie de dissuasion et stratégie d'emploi. Il dresse un état des lieux des continuités et des ruptures à l'œuvre dans les relations internationales et propose des pistes de réflexion sur l'avenir des stratégies nucléaires.

Ce sont ces continuités et ces ruptures que cet ouvrage présente au travers d'une sélection de textes rédigés par des chercheurs issus d'horizons disciplinaires différents, historiens, sociologues, philosophes, juristes et politistes. À ces textes s'ajoutent ceux de *militants* qui viennent également alimenter le débat et les pistes de réflexion sur l'avenir du nucléaire militaire dans les relations internationales. Autant de perspectives qui ont pour objectif d'éclairer les stratégies nucléaires, leurs continuités et leurs ruptures, suivant les représentations du milieu international et de cette arme singulière.

Ces perspectives ont été nourries par les questions suivantes : L'arme nucléaire peut-elle être encore considérée comme une « arme absolue » pour reprendre la formule de Bernard Brodie ? Est-elle un facteur de stabilité ou d'instabilité dans un contexte post-Guerre froide marqué par une multipolarisation des relations internationales ? Quelles représentations entourent aujourd'hui l'arme nucléaire ? Est-elle toujours considérée comme un attribut *de* la puissance ? Dans quelles circonstances les États-Unis pourraient-ils transgresser le tabou nucléaire ? La tradition du *non-emploi* pourrait-elle être remise en question par l'émergence de nouveaux acteurs nucléaires, de nouvelles technologies, de nouveaux usages ? Ou, au contraire, la production d'une nouvelle éthique des relations internationales et de nouvelles normes seraient-elles synonymes d'une disparition progressive de l'arme nucléaire ?

Telles sont les questions posées par cet ouvrage qui est issu d'une Journée d'étude, en hommage à Lucien Poirier, sur le thème des stratégies nucléaires[1]. Les contributions réalisées à l'occasion de cette journée d'étude ont montré la fertilité que ces réflexions pouvaient avoir à l'heure actuelle pour penser les dynamiques de continuité et de rupture présentes dans l'élaboration des stratégies nucléaires. Les regards croisés et les pistes dégagées lors de cette rencontre invitaient à poursuivre le travail sous une autre forme, plus approfondie, celle d'un ouvrage collectif auquel se sont joint d'autres participants. Merci aux contributeurs de cet ouvrage d'avoir participé à ces échanges, puis d'avoir accepté de poursuivre leurs réflexions dans les textes qui suivent et d'avoir patienté longuement pour voir la réalisation de ce volume qui, je l'espère, sera à la hauteur de leurs attentes.

Mes remerciements s'adressent également à l'Institut d'études de sécurité internationale et de défense (IESD), en particulier à son directeur Olivier Zajec, pour ses encouragements tout au long de la réalisation de ce projet. Cette production s'inscrira, je l'espère, dans la continuité d'une longue série d'autres productions sur les relations internationales et les études stratégiques que portera l'IESD.

Cet ouvrage, ainsi que la Journée d'étude sur les stratégies nucléaires qui est à l'origine de ce projet, n'aurait pas pu se réaliser sans le soutien administratif et financier du Service général de la Recherche de l'Université Jean Moulin Lyon 3. Je remercie chaleureusement son directeur et vice-président chargé de la recherche, Peter Wirtz, au travers de lui le président

---

[1] Journée d'étude qui s'est tenue le 11 décembre 2015 à l'Université Lyon 3, faculté de droit, dans le cadre du Centre lyonnais de sécurité et de défense (CLESID). Le CLESID, depuis sa création en 1978, a publié plusieurs travaux sur la question nucléaire. Voir pour les plus récents, David Cumin, Jean-Paul Joubert, *Le Japon puissance nucléaire ?*, Paris, L'Harmattan, 2003 ; David Cumin, Jean-Paul Joubert, *L'Allemagne et le nucléaire*, Paris, L'Harmattan, 2013.

de l'Université Lyon 3, Jacques Comby, et l'ensemble des équipes du service de la recherche, pour leur confiance et le soutien qu'ils ont apporté à la réalisation de ce projet.

Ce projet n'aurait également pas pu voir le jour sans la contribution de l'Équipe d'Accueil Francophonie, Mondialisation et Relations internationales (EA 4586), de son directeur François David, du Centre lyonnais d'études de sécurité internationale et de défense (CLESID), de son directeur David Cumin et de son responsable administratif Jean-François Bonnet, du Centre du droit des espaces et des frontières (CDEF) et de sa directrice madame la professeure Mireille Couston. L'aide logistique et financière qu'ils ont apportée, en complément des fonds versés par le Service général de la Recherche de l'Université Lyon 3, a été décisive pour la réalisation de ce projet éditorial. Je les remercie sincèrement pour l'appui qu'ils ont accordé à ce projet lorsqu'il en avait le plus besoin pour aboutir.

Je dois également formuler des remerciements particuliers à Antony Dabila, Fabien Despinasse et Benoît Pelopidas pour leur aide précieuse tout au long de cette aventure. Ils ont joué un rôle décisif dans la réalisation de cet ouvrage par leur travail de relecture, par leurs contributions à la traduction des textes originaux qui étaient en langue anglaise ainsi que par la pertinence de leurs remarques et conseils. Qu'ils trouvent ici le témoignage de ma sincère reconnaissance.

Enfin, je remercie chaleureusement les éditions Peter Lang, Thierry Waser, Alice Rasson ainsi que les directeurs de la collection « Enjeux internationaux » pour la confiance qu'ils ont témoignée à ce projet et pour leur engagement dans la publication de cet ouvrage.

Thomas MESZAROS

Partie Introductive

L'arme nucléaire dans les relations internationales : Continuités et ruptures

Thomas MESZAROS[1]

Mon idée centrale, pressentie pendant la dernière année du XXe siècle dans l'article « fin des certitudes, chocs des identités : un siècle imprévisible » (paru dans le *Ramses* 2002 et repris dans *La Violence et la Paix*), s'impose à moi avec de plus en plus de force depuis la fin de l'après-guerre froide : c'est celle d'une complexité mouvante, de plus en plus complexe et de plus en plus mouvante. Certes, on peut en saisir certaines dynamiques, certaines dialectiques et certains contrecoups, mais on ne peut en dresser une synthèse ni même un tableau cohérent et durable[2].

L'ouvrage *Repenser les stratégies nucléaires : continuités et ruptures* est une contribution collective à une littérature déjà riche sur les armes nucléaires dans les relations internationales et stratégiques. Cette contribution repose sur un constat : les productions qui composent cette littérature, malgré leur pertinence, n'épuisent pas l'intérêt pour cet objet singulier et permanent – l'actualité nous le rappelle avec force – des relations internationales. La présente partie introductive porte l'ambition de répondre à trois questions. La première pourrait se résumer ainsi : *de quoi parle-t-on ?* ou quel est l'objet d'étude de cet ouvrage ? Elle concerne la délimitation d'un *terrain* qui se traduit par la description de la configuration de la scène nucléaire actuelle en matière de moyens et de doctrines. La deuxième question peut être formulée de la manière suivante : *comment en sommes-nous arrivés là ?* ou quelles sont les trajectoires historiques épousées par l'arme nucléaire ? Elle témoigne des continuités et ruptures à l'œuvre dans l'histoire des stratégies nucléaires. La troisième question peut être traduite ainsi : *que peut-on dire de cette configuration et de ces trajectoires ?* ou quels débats animent aujourd'hui les réflexions sur l'arme nucléaire ? Ces débats cherchent à expliquer et à comprendre le passé et l'avenir

---

[1] Je remercie David Cumin et Benoît Pelopidas pour leurs précieux commentaires sur les versions antérieures de ce texte.
[2] Pierre Hassner, *La revanche des passions. Métamorphoses de la violence et crises du politique*, « Introduction », Paris, Fayard, 2015.

des armes et des stratégies nucléaires. Elle éclaire également la problématique générale de l'ouvrage ainsi que les contributions qui composent cet ouvrage[3]. À l'origine de cet ouvrage se trouve un questionnement sur les continuités et les ruptures à l'œuvre dans les stratégies nucléaires en fonction de l'évolution des contextes historiques. Cette introduction retrace le processus par lequel ce questionnement est né, son bien-fondé au regard de la configuration actuelle de la scène nucléaire et de l'importance qu'ont occupées l'arme nucléaire et la dissuasion durant la Guerre froide. Pour comprendre cette configuration, cette introduction présente un état des lieux des moyens et doctrines nucléaires puis elle aborde les transformations et trajectoires historiques passées, mais aussi possibles et futures, de l'arme nucléaire au travers de ses fonctions politiques et stratégiques, ainsi que les représentations collectives qui l'entourent, c'est-à-dire son rôle comme institution des relations internationales et attribut de la puissance, outil de régulation des relations interétatiques et instrument de sécurisation des intérêts des États. À partir de cette *sociologie historique* de la scène nucléaire, cette introduction décline ensuite les enjeux tels qu'ils apparaissent dans les débats en Relations internationales et dans les études stratégiques et auxquels répond la problématique centrale de cet ouvrage[4]. Enfin, cette introduction s'achève avec la présentation des contributions qui structurent ce volume.

Configuration de la scène nucléaire : état des lieux des moyens et doctrines

La scène nucléaire en 2017 était composée de neuf États aux capacités nucléaires très variables qui totalisent environ 15 000 têtes nucléaires[5]. Chacun d'eux possède une doctrine nucléaire spécifique c'est-à-dire un

---

[3] Cet exercice de description de la scène nucléaire, de présentation des lignes de force de l'histoire nucléaire et des principaux débats a également pour objectif de rendre accessible cet ouvrage au plus grand nombre.

[4] Sur la sociologie historique voir Yves Déloye, *Sociologie historique du politique*, Paris, La découverte, 2017, p. 5-18.

[5] Shannon N. Kile, Hans M. Kristensen, *Trends in world nuclear forces*, SIPRI Fact Sheet, juillet 2017, p. 1. Bruno Tertrais rappelle que 14 États ont le statut de pays protégés, car ils ont des accords avec des puissances nucléaires (États-Unis, Russie, France, Royaume-Uni), 13 pays disposent de « capacités nucléaires significatives », à ce titre ils siègent au Conseil des gouverneurs de l'AIEA, et 44 autres « sont capables d'accéder à des capacités nucléaires en quelques années ». Voir Bruno Tertrais, *Qu'est-ce que l'arme nucléaire ?*, Paris, PUF, 2009, p 7 sq ; voir également, Alexandre Nicolas, Bruno Tertrais, *Atlas mondial du nucléaire civil et militaire*, Paris, Autrement, 2011.

« ensemble de conceptions qui sous-tend une stratégie »[6]. Ces doctrines donnent sens aux capacités matérielles inégales dont ils disposent. La formulation de ces doctrines dépend de l'histoire, de la culture stratégique, du régime politique, des processus de décision de chaque État. Elles sont, en ce sens, constitutives de leur identité. Elles nous renseignent sur la perception que ces États ont de leur environnement et sur la manière dont ils définissent leurs intérêts. Ces doctrines sont des signaux et messages envoyés aux membres de la société internationale quant au seuil à partir duquel un acteur pourrait avoir recours à ses capacités nucléaires. À ce titre, elles occupent une place essentielle dans les processus de socialisation des États. Elles renvoient à deux types de relations : « empêcher de faire » (*deterrence*) et « forcer à faire » (*compellence*). La première, la dissuasion, rappelle Joseph Henrotin, n'est pas liée à un type d'arme en particulier. Pour en montrer les effets politico-militaires, il cite Lucien Poirier qui en donne la définition suivante : « Mode préventif de la stratégie d'interdiction se donnant pour but de détourner un adversaire d'une initiative en lui faisant prendre conscience que l'entreprise qu'il projette est irrationnelle »[7]. De même, la *compellence* – dont la traduction littérale, *persuasion* n'est pas satisfaisante puisque, comme le souligne Pascal Vennesson, elle évacue *a priori* l'idée de recours à la force – n'est pas liée non plus à un type d'arme en particulier. Elle est synonyme de « coercition » ou de « diplomatie coercitive »[8]. Les doctrines stratégiques répondent à différentes temporalités : la guerre, la crise et la paix. Elles réunissent dissuasion et coercition et, en tant que signaux et messages, elles doivent être perçues et interprétées correctement. Elles nécessitent également d'être crédibles aussi bien du point de vue technique et capacitaire que du point de vue politique. La dissuasion est traditionnellement considérée comme la stratégie dominante qui est associée à l'arme nucléaire, car, du fait de sa puissance destructrice, elle repose sur un principe qualifié souvent *a priori* de principe de *non-emploi*. Dans les faits, cette idée doit immédiatement être discutée[9]. Selon nous, il existe une *dissuasion passive* et une *dissuasion active*. La première est latente et permanente. Elle fait partie

---

[6] Dominique David, « Doctrine », *in* Thierry de Montbrial, Jean Klein (dir.), *Dictionnaire de la stratégie*, Paris, PUF, p. 193.

[7] Sur l'idée de dissuasion comme relation, voir Joseph Henrotin, « La dissuasion », *in* Stéphane Taillat, Joseph Henrotin, Olivier Schmitt, *Guerre et stratégie. Approches, concepts*, Paris, PUF, 2015, p. 425.

[8] Sur la notion de *compellence* voir Thomas Schelling, *Stratégie du conflit*, Paris, PUF, 1986 (1re éd. 1960) p. 240-244 et *Arms and Influence*, New Haven, Yale University Press, 1996, p. 69-78, 170-176. Voir également Pascal Vennesson, « Bombarder pour convaincre ? Puissance aérienne, rationalité limitée et diplomatie coercitive au Kosovo », *Culture & Conflits*, n° 37, 2000, p. 5-6, ainsi que Olivier Schmitt, « La coercition », *in* Stéphane Taillat, Joseph Henrotin, Olivier Schmitt, *Guerre et stratégie. Approches, concepts, op. cit.* p. 442.

[9] Nous remercions Benoît Pelopidas d'avoir attiré notre attention sur ce point particulier.

des attributs d'un acteur et agit de manière implicite dans les relations entre États. La seconde, quant à elle, relève bien d'un *emploi* de l'arme nucléaire, soit pour expérimenter ces armes et obtenir la reconnaissance d'un statut par les membres de société internationale, comme le rappellent les récents essais nord-coréens, soit dans le cadre de crises internationales où les États recourent à des gesticulations nucléaires comme le rappelle par exemple la posture russe lors de la crise de la Crimée en 2014.

Toute réflexion sur l'arme nucléaire suppose au préalable une connaissance des aspects technologiques qui rendent crédible l'action politique. La crédibilité technologique implique de maîtriser les composantes et les missiles[10]. La crédibilité politique concerne la volonté avérée d'un État de recourir à sa capacité nucléaire pour prévenir ou maîtriser l'escalade des tensions lors d'une crise internationale. La *dissuasion active* d'un État repose sur plusieurs options : la formulation de déclarations rappelant sa doctrine nucléaire, des gesticulations, manœuvres ou tirs d'essai, puis, si la crise ne parvient pas à être maîtrisée, le recours à des frappes contre les forces nucléaires adverses (première frappe ou *counterforce*), contre les forces conventionnelles adverses (*countermilitary*), et, en cas de riposte de l'adversaire, à des frappes contre ses infrastructures civiles (seconde frappe ou *countervalue*). La capacité de seconde frappe (*second-strike capability*) constitue, en théorie, la garantie ultime de l'efficacité de la dissuasion nucléaire parce qu'elle offre la possibilité à un État détruit, de détruire également son adversaire le privant de toute possibilité de gain d'une frappe en premier fut-elle *décapitante*. Le développement de sous-marins nucléaires lanceurs d'engins invulnérables et de missiles intercontinentaux (ICMB) renforce d'autant plus cette situation perdant-perdant (*lose-lose*). *In fine*, la doctrine de la dissuasion nucléaire se décline sous deux grands modes : d'une part, la dissuasion par interdiction/déni (*deterrence by denial*), qui consiste à empêcher physiquement l'adversaire d'atteindre ses objectifs, et d'autre part, la dissuasion par représailles/punition (*deterrence by retaliation*), qui vise à lui infliger des dommages inacceptables en cas d'attaque.

Ces préalables doctrinaux étant posés, nous pouvons maintenant dresser un état des lieux des différentes doctrines et moyens développés par les États qui composent la scène nucléaire actuelle. Depuis plus de soixante-dix ans, cette scène nucléaire est dominée par les deux premières puissances nucléaires qui détiennent plus de 90 % des stocks d'armes. Les États-Unis possèdent

---

[10] La dissuasion suppose la maîtrise de la technologie nucléaire qui permet la production de bombes à fission ou des bombes thermonucléaires, la possession de combustibles nucléaires et la capacité d'enrichir de l'uranium ou de produire du plutonium dans des centrales nucléaires, la maîtrise de vecteurs (la triade nucléaire, la vitesse et la précision des tirs) qui portent les ogives nucléaires jusqu'au lieu où elles doivent exploser (la détonation).

4 000 têtes nucléaires actives alors que la Russie en détient 4 300[11]. Leurs arsenaux ont considérablement diminué dans le temps[12]. Du point de vue doctrinal, les États-Unis, première puissance nucléaire de l'histoire, dotée des moyens nucléaires les plus importants dans le contexte actuel, affichent une posture qui envisage l'utilisation de l'arme nucléaire dans des circonstances exceptionnelles où ses intérêts vitaux, ou ceux de ses alliés, seraient menacés[13]. La *Revue* de 2010, élaborée sous la présidence Obama, mettait l'accent sur la lutte contre la prolifération et le terrorisme nucléaire, sur la réduction du rôle des armes nucléaires dans la stratégie américaine et le renforcement de la dissuasion régionale, sur la nécessité de maintenir un arsenal nucléaire sûr et effectif et de regarder vers un « monde sans armes nucléaires »[14]. Dans la continuité des précédentes revues, la révision de la posture américaine, publiée en février 2018, en réponse au *réarmement* de la Russie et à la violation du traité sur les forces nucléaires intermédiaires (INF) en 2014, réaffirme la place de l'arme nucléaire dans la stratégie américaine dans un contexte stratégique complexe. Elle envisage une plus grande flexibilité de l'usage de son arsenal nucléaire pour renforcer son discours de dissuasion notamment par l'usage en premier si nécessaire d'armes de faible puissance en réponse à des menaces nucléaires et non nucléaires (cyber par exemple). La flexibilité et l'adaptation recherchées dans les capacités nucléaires américaines doivent répondre à une multiplicité de scénarios d'emplois possibles produits par les nouveaux défis qu'impose un environnement incertain (le terrorisme nucléaire, le retour de la compétition entre puissances, notamment avec la Russie, la Chine, la Corée du Nord et l'Iran). L'accent est mis

---

[11] Dans le détail, l'arsenal américain est composé de 1 650 missiles stratégiques, 150 tactiques (répartis sur les territoires de cinq pays membres de l'OTAN), environ 2 200 sont en réserve et 2 800 ont été retirées et attendent d'être démantelés (soit un total de 6 800 têtes). La Russie quant à elle dispose de 2 460 missiles stratégiques et 1 850 tactiques. 2 700 têtes sont en attente de démantèlement (ce qui fait au total environ 7 000 têtes nucléaires). Voir *Nuclear Posture Review*, Office of the Secretary of Defense, février 2018. Sur les chiffres présentés, voir Shannon N. Kile, Hans M. Kristensen, *Trends in world nuclear forces*, SIPRI Fact Sheet, juillet 2017, p. 2-4.

[12] À titre de comparaison, à la fin des années 1960, les États-Unis comptabilisaient au paroxysme de leurs capacités plus de 30 000 têtes nucléaires (1965-1967 entre 31 139 et 31 255). De même, au milieu des années 1980, l'Union soviétique comptait au *summum* de ses moyens 40 000 têtes nucléaires (en 1986 40 159 têtes). Voir Tableau 2 « Global nuclear weapons stockpiles 1945-2013 », *in* Hans M. Kristensen, Robert S. Norris, Global nuclear weapons inventories, 1945-2013, *Bulletin of Atomic Scientists*, vol. 69, n° 5, 2013, p. 75-81.

[13] L'arsenal nucléaire américain couvre les trois composantes : terrestre (missiles intercontinentaux *Minuteman III*) navale (quatorze sous-marins nucléaires lanceurs d'engins de classe *Ohio* équipés de missiles Trident-2D5 et cinquante-deux sous-marins nucléaires d'attaque équipés de missiles *Tomahawk*), aérienne (bombardiers et chasseurs bombardiers).

[14] *Nuclear Posture Review*, Arlington VA, Office of the Secretary of Defense, avril 2010.

sur la nécessité de moderniser l'arsenal nucléaire américain, non pas pour le rendre plus sûr, mais pour lui donner une plus grande efficacité et une meilleure flexibilité dans les réponses stratégiques et tactiques américaines nucléaires et conventionnelles (PGS – *Prompt Global Strike*)[15]. La volonté américaine de développer un bouclier antimissile mondial, de produire de nouvelles armes offensives et défensives, de diversifier leur arsenal conventionnel et nucléaire témoigne de leur volonté d'atteindre une sécurité absolue. Cette posture, à terme, pourrait-elle signifier une remise en question du « tabou nucléaire » ?[16]

La doctrine russe, historiquement, s'est constituée en réponse à celle des États-Unis et de l'OTAN, ses principaux adversaires[17]. En 1991, dans un contexte d'unipolarité américaine, la Russie a renforcé la place du nucléaire dans sa politique de défense. Le retrait américain du traité ABM en 2000 et le développement des capacités militaires américaines ont amené la Russie, qui s'est perçue menacée et en situation d'asymétrie conventionnelle, à moderniser et à renforcer ses capacités nucléaires dans le cadre de sa politique de défense. La Russie a abandonné en 1993 la doctrine de non-utilisation en premier pour une doctrine de type « riposte graduée »[18]. Cette doctrine envisage une « dissuasion non nucléaire »[19], mais n'exclut pas pour autant l'utilisation de l'arme nucléaire dans des situations de conflits régionaux conventionnels[20]. Comme l'a rappelé Vladimir Poutine lors de son discours devant l'Assemblée fédérale : « La Russie se réserve le droit d'utiliser des armes nucléaires en réponse à une attaque

---

[15] *Nuclear Posture Review*, Arlington VA, Office of the Secretary of Defense, février 2018.

[16] Nina Tannewald, *The Nuclear Taboo : The United States and the Non-Use of Nuclear Weapons since 1945*, Cambridge, Cambridge University Press, 2007.

[17] L'arsenal russe, comme celui des États-Unis, couvre également les trois composantes. Il est à la fois terrestre (missiles intercontinentaux *Topol M2 SS 18, SS 19, SS 25* et *SS 27* notamment, *RS-24 lars*), naval (neuf sous-marins nucléaires lanceurs d'engins de classe *Boreï* opérationnels équipés de missiles *Bulava* et huit sous-marins d'attaque opérationnels) et aérien (bombardiers et chasseurs bombardiers).

[18] Comme le souligne Bruno Tertrais, l'expression « escalade pour la désescalade », que l'on retrouve dans la *Nuclear Posture Review* américaine, n'est pas très pertinente pour qualifier la doctrine russe. Voir Bruno Tertrais, « L'arsenal nucléaire russe : ne pas s'inquiéter pour de mauvaises raisons », *IRSEM*, Note de recherche n° 55, juin 2018. Voir également l'article suivant cité par Bruno Tertrais qui présente les différents aspects de la doctrine russe, Olga Oliker, « "Russia's Nuclear Doctrine", What We Know, What We Don't, and What That Means », *Center for Strategic and Security Studies*, mai 2016, p. 2, https://csis-prod.s3.amazonaws.com/s3fs-public/publication/160504_Oliker_RussiasNuclearDoctrine_Web.pdf.

[19] Missiles hypersoniques *Zircon* ou *Kinjal*, système *Avangard*, armes lasers, guerre électronique qui sont comparables en efficacité avec des armes nucléaires.

[20] *La doctrine militaire de la Fédération de Russie*, publiée en février 2010. Document révisé en 2014, disponible en ligne : http://kremlin.ru/events/president/news/47334 (consulté le 2 mars 2018).

nucléaire, ou à une attaque avec d'autres armes de destruction massive contre le pays ou ses alliés, ou à un acte d'agression contre nous avec des armes conventionnelles qui menacent l'existence même de l'État »[21]. Ce discours est une réponse à la publication de la *Nuclear Posture Review* américaine de février 2018 et à la révision de la doctrine américaine jugée agressive et préoccupante par le président russe.

Comparativement aux deux premières puissances nucléaires, le Royaume-Uni, la France et la Chine possèdent des arsenaux bien inférieurs[22]. La stratégie de dissuasion britannique, intégrée à l'OTAN, est aujourd'hui presque exclusivement navale (sa composante aérienne a été démantelée en 1998)[23]. La doctrine nucléaire britannique ressemble en de nombreux points à celle de la France. La *National Security Strategy and Strategic Defence and security Review* de 2015, réaffirme la posture de *Continuous at Sea Deterrence* et de « recours ultime », qui n'excluent pas un emploi sous-stratégique et préstratégique y compris en première frappe contre des États nucléaires ou des États menaçant ses intérêts vitaux. Cette posture avait déjà été présentée dans le rapport au Parlement du Secrétaire d'État à la défense et du secrétaire d'État aux Affaires étrangères, *The Future of the United Kingdom's Nuclear Deterrent* de 2006[24]. Ces documents placent la dissuasion nucléaire au « cœur de la politique de sécurité nationale du Royaume-Uni »[25]. Elle protège les intérêts vitaux britanniques et doit répondre à toute menace étatique grave soit par une riposte majeure soit par une frappe limitée.

La posture française, comme le réaffirment le *Livre blanc sur la défense et la sécurité nationale* de 2013 et la *Revue stratégique de défense et de sécurité nationale* de 2017, est strictement dissuasive[26]. Elle repose sur le concept

---

[21] Discours de Vladimir Poutine devant l'Assemblée fédérale de la Fédération de Russie. http://en.kremlin.ru/events/president/news/56957 (consulté le 5 mars 2018).

[22] Le stock d'armes britannique est estimé à 250 ogives dont 120 sont opérationnelles. Ses missiles (*Trident II*) sont loués aux États-Unis. Le stock français quant à lui est estimé à 300 ogives. Enfin, le stock d'armes chinoises est estimé à 270 ogives.

[23] Elle est composée de trois sous-marins nucléaires lanceurs d'engins (classe *Vanguard*) et sept sous-marins nucléaires d'attaque (classe *Trafalgar*).

[24] *The Future of the United Kingdom's Nuclear Deterrent*, Londres, Crown, 2006 ; *National Security Strategy and Strategic Defence and security Review, A secure and prosperous United Kingdom*, Londres, Crown, 2015.

[25] *National Security Strategy and Strategic Defence and security Review, A secure and prosperous United Kingdom*, Londres, Crown, 2015, p. 23.

[26] La dissuasion française réside dans une composante navale et aérienne (abandon de la composante terrestre en 1996) avec quatre sous-marins lanceurs d'engins (classe *Triomphant*), six sous-marins nucléaires d'attaque (classe *Rubis*), qui constituent la force océanique stratégique (FOST), des bombardiers stratégiques, qui forment la Force aérienne stratégique (FAS), un porte-avion, le *Charles de Gaulle*, et des chasseurs bombardiers (*Rafale*) qui composent sa force aéronavale nucléaire (FANu).

de « stricte suffisance »[27]. La dissuasion « conditionne la liberté d'action de la France et constitue un pilier de son autonomie stratégique »[28]. Elle la « protège contre toute agression d'origine étatique contre ses intérêts vitaux, d'où qu'elle vienne et quelle qu'en soit la forme »[29]. Elle doit préserver en toute circonstance la liberté d'action et de décision de la France et du président de la République, en écartant toute menace de chantage d'origine étatique. À ce titre, elle est « la clé de voûte de la stratégie de défense de la France »[30]. Dans son usage, l'arme nucléaire, si elle devait être employée, aurait pour objectif de produire des dommages inacceptables pour une puissance majeure ou de frapper les centres de pouvoir d'une puissance régionale. Étant donné que la notion d'intérêts vitaux est relative – ils relèvent de l'appréciation du président de la République –, la doctrine française est flexible. Elle intègre la possibilité d'effectuer une frappe limitée afin de permettre à l'adversaire d'identifier les intérêts de la France ou la possibilité de représailles contre des centres de pouvoir adverses.

La doctrine nucléaire chinoise conformément à sa tradition depuis Mao Zedong a pour fonction de dissuader d'éventuelles attaques nucléaires ou les attaques conventionnelles de puissances nucléaires[31]. Elle repose sur le non-emploi en premier et sur le concept de suffisance nucléaire (il se rapproche de ceux de *dissuasion min*imale ou de *dissuasion limitée*) qui implique une capacité nucléaire modeste, mais efficace (*lean and effective*) dont le but est d'assurer des mesures de rétorsion en cas d'attaque. Elle suppose surtout une capacité de frappe en second pour être crédible (notamment en cas de frappe de décapitation). Officiellement, la doctrine chinoise est qualifiée de « dissuasion minimale crédible », l'emploi de l'arme nucléaire est envisagé en cas de défense et de représailles uniquement[32]. La doctrine nucléaire chinoise répond notamment à la *Nuclear*

---

[27] *Livre blanc sur la défense et la sécurité nationale*, Paris, Direction de l'information légale et administrative, 2013, p. 75. Voir également, Bruno Tertrais, *La France et la dissuasion nucléaire : concept, moyens, avenir*, Paris, La Documentation française, 2017 ; Olivier Zajec, « Le paysage nucléaire à l'horizon 2030 : la place de l'Armée de l'air », *Cahier de la RDN « Salon du Bourget 2017 »*, *RDN*, juin 2017.
[28] *Revue stratégique de défense et de sécurité nationale*, Paris, DICoD, p. 66.
[29] *Livre blanc sur la défense et la sécurité nationale, op. cit.*, p. 135.
[30] *Revue stratégique de défense et de sécurité nationale*, Paris, DICoD, p. 72.
[31] La dissuasion chinoise repose sur les trois composantes : terrestre (missiles de différentes portées), aérienne (bombardiers *Hong 6*), navale avec quatre sous-marins nucléaires lanceurs d'engins (classes *Xia* et *Jin*) et cinq sous-marins nucléaires d'attaque (classes *Sang* et *Han*). Voir Shannon N. Kile, Hans M. Kristensen, *Trends in world nuclear forces*, SIPRI Fact Sheet, juillet 2017, p. 4-6.
[32] *China's National Defense in 2006*, Information Office of the State Council of the People's Republic of China, décembre 2006, en ligne : http://fas.org/nuke/guide/china/doctrine/wp2006.html (consulté le 14 avril 2018).

Posture Review américaine, qui la présente comme un adversaire en Asie. Son objectif est donc de neutraliser la puissance américaine dans la région pour favoriser le maintien de la stabilité régionale. Ainsi, contrairement aux arsenaux des puissances nucléaires en concurrence avec elle, les États-Unis, la Russie, ainsi que le Royaume-Uni et la France, qui sont en baisse constante, celui de la Chine en revanche connaît une augmentation régulière dont l'objectif est de renforcer son efficacité et de crédibiliser la dissuasion chinoise[33]. Son ambition passe donc par la modernisation de son arsenal nucléaire et par le développement de nouveaux moyens nucléaires et conventionnels,[34] mais aussi par la révision de sa doctrine, notamment la non-utilisation en premier qui a déjà été relativisée par le passé, et par l'affaiblissement de la séparation traditionnelle entre armes conventionnelles et nucléaires.

L'Inde et le Pakistan, comme la Chine, ont vu leurs arsenaux nucléaires augmenter[35]. Cette augmentation témoigne du déplacement de centre de gravité nucléaire de l'Occident en Asie de l'Est. Les deux États se livrent une *guerre froide* qui n'est pas sans rappeler la situation de bipolarité américano-soviétique antérieure à la crise de Cuba. La doctrine nucléaire indienne de 1999, qui a été réaffirmée en 2003 ainsi que dans le document *The Joint Doctrine of the Indian Armed Forces* en 2017, traduit une posture de dissuasion minimale crédible, proche de doctrine chinoise. Elle répond aux menaces régionales chinoises et pakistanaises, à des attaques nucléaires, chimiques et biologiques contre l'Inde ou contre des forces indiennes partout ailleurs[36]. La dissuasion nucléaire indienne a pour but de « renforcer

---

[33] Voir Shannon N. Kile, Hans M. Kristensen, *Trends in world nuclear forces*, SIPRI Fact Sheet, juillet 2017, p. 4-6.

[34] Missiles hypersoniques WU-14, guidage de précision.

[35] L'arsenal indien est aujourd'hui estimé à 130 têtes nucléaires, celui du Pakistan à 140 têtes nucléaires. Les capacités nucléaires de l'Inde sont principalement terrestres (missiles de courtes et moyennes portées : *Prithvi, Agni I, II, III*) et aériennes (bombardiers et chasseurs bombardiers). Les capacités pakistanaises, comme celles indiennes, sont également terrestres (missiles de courtes, moyennes et longues portées : *Abdali, Ghaznavi, Babur, Shaheen 1 et 2, Hatf 2, 3, 4, 5 et 6, NASR, Ghauri*), aériennes (chasseurs bombardiers). Elles seront peut-être bientôt navales puisqu'un projet de sous-marin lanceur d'engin est en cours de développement.

[36] Doctrine nucléaire indienne de 1999 en ligne sur : http://mea.gov.in/in-focus-article.htm?18916/draft+report+of+national+security+advisory+board+on+indian+nuclear+doctrine (consulté le 12 avril 2018). Cette doctrine a été actualisée par un communiqué du Cabinet du Comité sur la sécurité en janvier 2003. Voir *The Cabinet Committee on Security Reviews operationalization of India's Nuclear Doctrine* : http://www.mea.gov.in/press-releases.htm?dtl/20131/The+Cabinet+Committee+on+Security+Reviews+perationalization+of+Indias+Nuclear+Doctrine (consulté le 12 avril 2018) ; *The Joint Doctrine of the Indian Armed Forces*, Directorate of Doctrine, New Delhi, 2017 en ligne : http://ids.nic.in/dot/JointDoctrineIndianArmedForces2017.pdf (consulté 10 avril 2018).

l'image de l'Inde comme puissance responsable »[37]. Elle n'admet pas de frappe nucléaire contre un État qui ne serait pas doté. Elle repose sur une non-utilisation en premier – cette condition est aujourd'hui fréquemment discutée en Inde si bien qu'elle est envisagée de manière relativement flexible ce qui ouvre l'option, dans des circonstances exceptionnelles, d'une frappe préemptive, par exemple dans le cas où une frappe du Pakistan serait imminente, ambiguïté que l'Inde entretient volontairement pour préserver une capacité d'effet de surprise stratégique – et des représailles massives qui infligeraient à son adversaire des dommages inacceptables. Pour crédibiliser sa posture, l'Inde développe sa triade air-terre et mer (cette dernière est encore peu assurée) de manière à pouvoir atteindre en profondeur le territoire de la Chine et du Pakistan.

La doctrine pakistanaise, quant à elle, est surtout le fruit de déclarations. Elle n'a jamais été formellement présentée dans un document officiel, car le Pakistan préfère entretenir une posture d'ambiguïté sur sa doctrine. Au travers de déclarations et rapports gouvernementaux, il est quand même possible d'en définir les contours. La doctrine du Pakistan fait état d'une dissuasion destinée à empêcher toute agression contre le pays ainsi qu'à restaurer la balance stratégique avec l'Inde[38]. Cette doctrine peut être qualifiée de dissuasion minimale crédible (nommée *minimum N-Deterrence*). La doctrine pakistanaise a évolué dans le temps pour devenir une doctrine de « dissuasion du spectre complet ». Sans l'admettre officiellement, cette doctrine de représailles massives suppose l'option du *first use* en cas de menace sur l'intégrité de son territoire national. Cette évolution s'explique par la dissymétrie conventionnelle entre le Pakistan et l'Inde, et surtout par la mise en œuvre de la doctrine *Cold Start* indienne (attaque-surprise conventionnelle très rapide des forces indiennes contre le Pakistan) ainsi que par le déploiement d'un intercepteur antimissile indien (*Prithvi Defense Vehicle*). Cette situation a conduit le Pakistan à explorer plusieurs options : augmenter son arsenal nucléaire tactique en réponse à une agression et envisager éventuellement une frappe sur son propre territoire, développer sa composante navale pour avoir une capacité

---

[37] *The Joint Doctrine of the Indian Armed Forces*, Directorate of Doctrine, New Delhi, 2017, p. 56.

[38] Voir notamment, « A Conversation with Gen. Khalid Kidwai » (transcript from the Carnegie Nuclear Policy Conference, Washington, DC, March 23, 2015), Carnegie Endowment for International Peace, http://carnegieendowment.org/files/03-230315carnegieKIDWAI.pdf.; Sadia Tasleem, « Pakistan's Nuclear Use Doctrine », Carnegie Endowment for International Peace, 30 juin 2016, en ligne : https://carnegieendowment.org/2016/06/30/pakistan-s-nuclear-use-doctrine-pub-63913 (consulté le 30 avril 2018) ; Hasan Ehtisham, « Pakistan's evolving nuclear doctrine », *The Express Tribune*, 9 janvier 2018, en ligne : https://tribune.com.pk/story/1603554/6-pakistans-evolving-nuclear-doctrine/ (consulté le 10 avril 2018).

de seconde frappe, déployer des défenses antimissiles, acquérir des missiles balistiques et des missiles MIRV (*multiple independently targetable re-entry vehicles*) ainsi que des missiles hypersoniques et des armes antisatellites.

Ce tour d'horizon des moyens et doctrines serait incomplet s'il n'abordait pas les cas de la Corée du Nord, dernière-née des puissances nucléaires dont l'arsenal en cours de constitution est évalué à 10-20 ogives nucléaires, et Israël, puissance nucléaire depuis 1967, dont l'arsenal est estimé à 80 ogives nucléaires. Si le passage d'un seuil par la Corée du Nord confirme la place centrale de l'arme nucléaire dans la zone Asie, l'évolution de l'arsenal israélien, auquel la question du nucléaire iranien est aujourd'hui intimement liée, invite à penser la création d'un second centre de gravité nucléaire au Moyen-Orient[39]. Depuis 2002, Israël développe des sous-marins nucléaires de classe *Dolphin* qui confirment la rupture avec la *first use doctrine* qui caractérisait jusque dans les années 1998 sa posture[40]. La doctrine de l'État d'Israël repose sur un invariant : sa posture d'ambiguïté (selon les formules *deliberate ambiguity, deterrence through uncertainty* ou *never confirmed or denied*)[41]. L'option Samson, c'est-à-dire le recours à l'arme nucléaire, a été initialement envisagée en cas de menace de destruction de l'État d'Israël. En ce sens, cette option constituait pour Israël une *assurance vie* face aux menaces *existentielles* régionales auxquelles elle était confrontée. Israël n'excluait pas cependant la possibilité de recourir à des frappes préemptives en cas de menaces chimiques, biologiques, nucléaires voire conventionnelles imminentes. Cette doctrine de frappe préventive, formulée initialement par Shimon Pérès puis complétée par Menahem Begin, a pour objectif d'empêcher des acteurs régionaux, qui seraient susceptibles de développer un programme nucléaire militaire (l'Irak à une période, l'Iran aujourd'hui), d'atteindre leur objectif et donc de dissuader d'éventuelles attaques contre l'État d'Israël[42]. L'efficacité de la dissuasion

---

[39] L'arsenal de l'État d'Israël est structuré autour d'une composante aérienne (chasseurs bombardiers et bombes gravitaires), terrestre (missiles de moyenne portée *Jericho II* et *III*) à laquelle s'ajoute une composante navale.

[40] Voir notamment, Shannon N. Kile, Hans M. Kristensen, *Trends in world nuclear forces*, SIPRI Fact Sheet, juillet 2017, p. 7-8.

[41] Voir Nicolas Ténèze, « Les doctrines de dissuasion d'une puissance atypique : Israël », in *Israël et son armée : société et stratégie à l'heure des ruptures*, Études de *l'IRSEM*, mai 2010, n° 3, p. 167-184 ; *Israël et sa dissuasion. Histoire politique d'un paradoxe*, Paris, L'Harmattan, 2014.

[42] En 1981, Israël avait bombardé le réacteur nucléaire d'Osirak en Irak. Plus récemment, le ministre chargé des services de renseignements, Yisrael Katz, a affirmé qu'Israël avait détruit en 2007 un réacteur nucléaire en Syrie. Dans un contexte de tension avec l'Iran, Israël a affirmé en mai 2018 avoir frappé des sites iraniens en Syrie en représailles à des tirs de roquettes des forces spéciales iraniennes. Benjamin Netanyahu à la tribune des Nations Unies en septembre 2018 a réaffirmé qu'« Israël ne laissera jamais un régime qui demande notre destruction mettre au point des armes nucléaires », déclaration

israélienne repose sur cette posture invariante d'ambiguïté/d'opacité, sur une doctrine de frappe en second et sur une doctrine de frappes préventives (conventionnelles, voire nucléaires).

La Corée du Nord, comme le Pakistan, ne dispose pas (encore) de doctrine officielle et formalisée qui précise les conditions et modalités d'emploi de son arsenal nucléaire. Cependant, des éléments de doctrine peuvent être repérés au gré des différentes déclarations de Kim Jong-un ou des publications nord-coréennes de ces dernières années[43]. Le premier élément doctrinal concerne les différentes motivations, internes et externes, immédiates et plus lointaines, liées à l'acquisition de l'arme nucléaire par la Corée du Nord. Officiellement, il s'agit pour le régime d'assurer sa survie face à la menace américaine[44], de stabiliser la région, de légitimer le pouvoir le Kim Jong-un, d'assurer le développement économique du pays et à terme de réunifier la

---

qui visait ici directement l'Iran que le Premier ministre israélien accuse de mener un programme nucléaire militaire. Sur la doctrine Begin, le bombardement d'Osirak et les relations Israël/Iran voir Samy Cohen, « Israël et l'Iran : la bombe ou le bombardement », *Politique étrangère*, n° 1, 2010, p. 11-123 ; sur les bombardements de 2007 voir Pierre Razoux, « Israël frappe la Syrie : un raid mystérieux », *Politique étrangère*, n° 1, 2008, p. 9-22 ; voir également l'article « Israël admet pour la première fois avoir attaqué un "réacteur nucléaire" syrien en 2007 », *Le point*, 21 mars 2018, https://www.lepoint.fr/monde/israel-admet-pour-la-premiere-fois-avoir-attaque-un-reacteur-nucleaire-syrien-en-2007--21-03-2018-2204424_24.php (consulté le 10 octobre 2018) ; sur les déclarations israéliennes, voir les articles de Nathalie Hamou, « Confrontation militaire inédite entre Israël et l'Iran en Syrie », *Les Échos*, 10 octobre 2018, https://www.lesechos.fr/10/05/2018/lesechos.fr/0301661734647_confrontation-militaire-inedite-entre-israel-et-l-iran-en-syrie.htm (consulté le 30 mai 2018) ; Thierry Oberlé, « Netanyahou accuse à nouveau l'Iran de cacher une installation nucléaire », *Le Figaro*, 28 septembre 2018, http://www.lefigaro.fr/international/2018/09/28/01003-20180928ARTFIG00064-netanyahou-accuse-a-nouveau-l-iran-de-cacher-une-installation-nucleaire.php (consulté le 10 octobre 2018).

[43] Notamment, la loi votée en 2013 sur la consolidation du statut d'État doté de l'arme nucléaire. « Law on Consolidating Position of Nuclear Weapons State Adopted », *Korean Central News Agency*, 1er avril 2013. Selon cette loi, les armes nucléaires « ont pour objectif de dissuader et de repousser l'agression et l'attaque de l'ennemi contre la RPDC et de mener des représailles meurtrières contre les bastions de l'agression ». Elle s'inscrivait dans le cadre de la politique de *Byungjin* de Kim Jong-un qui lie parallèlement développement de l'économie et armes nucléaires. Très récemment, la ligne politique était passée au « tout pour l'économie ». Mais la ligne du *Byungjin* est systématiquement rappelée en cas de besoin par Pyongyang. C. Seong-Whun, « The Kim Jong-un Regime's "Byungjin " (Parallel Development) Policy of Economy and Nuclear Weapons and the 'April 1st Nuclearization Law' », *Korean Institute for National Unification Online Series*, N° CO 13-11, April 23, 2013, en ligne : http://lib.kinu.or.kr; Voir également Robert Carlin, « Pyongyang Warns Again on "Byungjin" Revival », 13 novembre 2018, en ligne sur https ://www.38north.org/2018/11/rcarlin111318/.

[44] « Notre objectif final est d'établir l'équilibre de la force réelle avec les États-Unis et de faire en sorte que les dirigeants américains n'osent plus parler d'une option militaire pour la RPDC », *Korean Central News Agency*, 15 septembre 2017.

péninsule coréenne. Pour parvenir à ces objectifs, la Corée du Nord entend maintenir une menace d'utilisation permanente et développer ses forces nucléaires « en quantité et en qualité »[45]. Le deuxième élément doctrinal que l'on peut relever est le respect de la règle du non-emploi en premier. Cet élément doctrinal a une dimension politique essentielle parce qu'il renvoie une image positive de la Corée du Nord qui apparaît comme un acteur nucléaire responsable. Elle n'exclut pas cependant la possibilité de procéder à une frappe préemptive dans le cas d'une attaque nucléaire imminente ou en cas de préparation d'une frappe de décapitation qui viserait à renverser le régime ou encore en cas d'attaque conventionnelle[46]. Le développement de l'arsenal nucléaire nord-coréen a été particulièrement coûteux pour le pays ce qui le place aujourd'hui dans une situation de dissymétrie conventionnelle très importante avec les États-Unis et les autres puissances régionales. La crédibilité de sa dissuasion repose à l'heure actuelle sur l'existence de cette option de frappe préemptive, car la Corée du Nord ne dispose pas de capacité de frappe en second. Différents scénarios ont été esquissés en ce qui concerne les cibles que la Corée du Nord pourrait chercher à atteindre dans le cas de l'escalade incontrôlée d'une crise internationale avec les États-Unis (le Japon et la Corée du Sud, les bases américaines du Pacifique, voire des villes américaines). L'affirmation du non-emploi en premier comme *doctrine* officielle, l'option d'une frappe préemptive étant envisagée uniquement en cas de nécessité, et sa récente posture de coopération lui permettent, maintenant qu'elle a atteint le seuil nécessaire pour être reconnu comme une puissance nucléaire crédible, de temporiser le temps d'asseoir son nouveau statut et d'acquérir une capacité de frappe en second qui lui fait défaut (les annonces d'une dénucléarisation dans les dix ou quinze prochaines années semblent difficiles à envisager eu égard aux engagements publics pris par Kim Jung-un). Celle-ci une fois acquise impliquerait un changement de doctrine. Éventuellement l'évolution vers une dissuasion minimale crédible, la mieux adaptée pour maintenir l'équilibre régional.

Ce rapide état des lieux des moyens et doctrines permet de constater que :

- La scène nucléaire actuelle est caractérisée par une grande diversité des capacités et doctrines.

---

[45] Ri Yong Ho, « Statement by H.E. Ri Yong Ho, Minister for Foreign Affairs of The Democratic People's Republic of Korea at the General Debate of the 71st Session of The United Nations General Assembly », 23 September 2016.

[46] Sur ces différents points voir Sung Chull Kim, « North Korea's Nuclear Doctrine and Revisionist Strategy », *in* Sung Chull Kim, Michael Cohen (dir.), *North Korea and Nuclear Weapons*, Washington, Georgetown University Press, 2017, p. 31-54 ; John K. Warden, « North Korea's Nuclear Posture : An Evolving Challenge for U.S. Deterrence », *Proliferation Papers*, Ifri, mars 2017.

- Cette scène nucléaire n'est pas figée, mais qu'elle évolue au gré des contextes stratégiques comme l'illustre l'émergence des centres de gravité asiatique et moyen-oriental.
- La variation dans la capacité ou la doctrine d'un État a des conséquences pour les autres États. L'arme nucléaire, peut-être plus que toute autre arme, parce qu'elle est avant tout une arme politique, symbolique et psychologique, est une arme *relationnelle*.

Sociologie historique de la scène nucléaire militaire sur fond de crises internationales

> Jusqu'en 1945, le concept de stratégie était inclus dans celui de guerre : on ne le pensait et pratiquait qu'après l'ouverture des hostilités, et sa théorie n'était qu'un élément de la théorie de la guerre[47].

La genèse de l'arme nucléaire remonte à la Seconde Guerre mondiale et à la *course aux armements* que mènent les États-Unis avec l'Allemagne nazie. Elle aboutit à la mise en œuvre du projet Manhattan qui devait permettre aux États-Unis d'acquérir un avantage stratégique sur l'Allemagne en se dotant d'une arme nouvelle capable de libérer une très grande quantité d'énergie produite par une réaction en chaîne – ou fission nucléaire – de l'uranium. Concrètement, l'ère nucléaire militaire est ouverte le 16 juillet 1945 avec le premier essai nucléaire dont le nom de code est évocateur : *Trinity*. Il s'agit du largage d'une bombe A (fission nucléaire au plutonium), dénommée *Gadget*, dans le désert du Nouveau-Mexique à Alamogordo[48]. L'arme atomique entre de plain-pied dans l'histoire des relations internationales lorsque, le 6 août 1945 à 8 h 15, le bombardier américain *Enola Gay* largue une bombe à l'uranium de quatre tonnes et demie, *Little*

---

[47] Lucien Poirier, « Le stratège militaire », *Revue de métaphysique et de morale*, 1990-4, p. 454 cité dans Hervé Coutau-Bégarie, « À la recherche de la pensée stratégique », *Stratégique*, n° 49/1, 1991.

[48] Ce projet supervisé par le physicien Robert Oppenheimer et le général Leslie Groves, a débuté durant la Seconde Guerre mondiale à Oak Ridge dans le Tennessee. Il a été rendu possible notamment grâce aux travaux des physiciens Enrico Fermi, Léo Szilard en Amérique, Irène et Frédéric Joliot-Curie en France. À la suite des travaux du physicien Edward Teller et du mathématicien Stanislav Ulam, la première bombe H ou thermonucléaire (fusion nucléaire), *Ivy Mike*, a été testée par les États-Unis en 1952 dans les îles Marshall. En Union soviétique, les physiciens Igor Tamm et Andrei Sakharov, sous le contrôle de Lavrenti Beria, sont à l'origine de la première bombe à hydrogène russe, en 1953.

boy, sur la ville japonaise d'Hiroshima provoquant la mort instantanée de 80 000 personnes, en blessant plus de 70 000 autres et occasionnant des dégâts matériels considérables. Ce bombardement, et celui qui suivra le 9 août avec le largage de *Fat Man* par le bombardier *Bockscar* sur Nagasaki furent décidés par les États-Unis dans un contexte particulier : répondre au refus japonais d'accepter les demandes formulées dans la déclaration de Potsdam et lui imposer une reddition sans condition[49]. Les bombardements d'Hiroshima et Nagasaki ont servi à écrire rétrospectivement le mythe de la bombe nucléaire. Pour certains, comme l'amiral Raoul Castex et Bernard Brodie, *la bombe* devient une arme de domination « absolue », qui rend invulnérable celui qui la possède et qui peut faire plier n'importe quel adversaire.

Dans les représentations collectives, ce premier et seul usage de l'arme nucléaire témoigne de son caractère révolutionnaire qui s'explique essentiellement par sa puissance destructrice[50]. Au-delà de la capacité destructrice de l'arme en tant que telle, la nouveauté tient également à la temporalité de ses effets sur les infrastructures et les populations (civiles et militaires). La capacité destructrice et meurtrière de l'arme nucléaire s'explique par la chaleur dégagée par l'explosion (flash et rayonnement thermique), par l'onde de choc et l'effet de souffle qu'elle produit et enfin par les radiations qui ont des effets biologiques (êtres humains, faune, flore, sols, etc.) immédiats ou différés, pouvant s'étendre sur plusieurs

---

[49] Sur les arguments invoqués pour justifier la décision du bombardement nucléaire voir Barthélemy Courmont, Nicolas Roche, « Hiroshima en héritage », *Monde chinois*, vol. 35, n° 3, 2013, p. 6-21. Ces bombardements ont produit une crise *dans* la guerre qui a influencé le cours des événements. Sur l'idée de crise dans la guerre, voir la typologie proposée par Michael Brecher, Jonathan Wilkenfeld, *A Study of Crisis*, Ann Arbor, University of Michigan Press, 2000 ; sur le concept de crise et ses usages en relations internationales voir Thomas Meszaros, « Crise », *in* Benoît Durieux, Jean-Baptiste Jeangène Vilmer et Frédéric Ramel, *Dictionnaire de la paix et de la guerre*, Paris, PUF, p. 321-329.

[50] On peut certes relativiser les effets destructeurs des bombes à fission nucléaire d'Hiroshima (*Little boy* 13 à 16 kilotonnes soit 13 à 16 000 tonnes de TNT) et Nagasaki (*Fat Man* 21 à 23 kilotonnes soit 21 à 23 000 tonnes de TNT) en les comparant à des bombardements conventionnels comme ceux opérés durant la Seconde Guerre mondiale. Mais l'évolution technologique de cette arme et le développement des bombes à fusion témoigne d'une capacité de destruction inédite : *Ivy Mike* (bombe H non opérationnelle de 10, 4 mégatonnes soit 10, 4 millions de tonnes de TNT), *Castel bravo* (bombe H opérationnelle testée en 1954 dans les îles Marshall de 15 mégatonnes soit 15 millions de tonnes de TNT environ 1 000 fois la puissance destructrice des bombes d'Hiroshima et Nagasaki), *Tsar Bomba* (bombe H russe opérationnelle, base de bombes de 100 mégatonnes, testée en 1961 dans l'Arctique russe d'environ 57 mégatonnes soit 57 millions de tonnes de TNT, environ 3 500 fois la puissance destructrice des bombes d'Hiroshima et Nagasaki).

générations[51]. L'utilisation de cette arme dans le cadre d'un conflit suppose des conséquences politiques, juridiques, morales, voire stratégiques, à la fois disproportionnées et inacceptables, tant pour celui qui l'emploie que pour celui qui en est la cible. Comment expliquer alors sa pérennité ?

Comme nous l'avons déjà évoqué, l'histoire de cette arme est intrinsèquement liée avec celle de l'énergie nucléaire et ses usages civils. Cette évidence éclaire pourtant la relation paradoxale entretenue avec l'arme nucléaire. D'une part, la capacité destructrice de l'arme nucléaire a généré une crainte qui a poussé les États à chercher à s'en protéger soit en l'obtenant, soit en développant des garanties (positives et négatives) de sécurité de la part de ceux qui la détiennent. D'autre part, les applications civiles que permet cette énergie ont également produit des attentes. Si la rupture stratégique perçue par l'avènement de l'arme nucléaire s'est traduite d'emblée par des réserves de la part des États, les espoirs qu'a suscités l'énergie nucléaire les ont amenés à vouloir persévérer dans les recherches sur ce domaine. Cette énergie a été, à un moment donné, synonyme de progrès et de bien-être pour l'humanité. Non seulement cette énergie est inépuisable, mais, au lendemain des deux conflits mondiaux, la coopération interétatique relative à l'interdiction de son usage militaire avait donné l'espoir d'un monde sans guerres majeures[52]. Cette coopération devait reposer sur les vulnérabilités que ces armes engendrent pour les États – aucune défense n'étant suffisamment efficace pour parer à une attaque nucléaire.

---

[51] Voir sur ce point notamment, Yannick Quéau, « Armes nucléaires », in Benoît Durieux, Jean-Baptiste Jeangène Vilmer, Frédéric Ramel (dir.), *Dictionnaire de la guerre et de la paix*, Paris, PUF, 2017.

[52] La première résolution adoptée par l'Assemblée générale des Nations Unies lors de sa dix-septième séance plénière, le 24 janvier 1946, insistait sur l'importance « pour l'avenir de l'humanité de la découverte de l'énergie atomique » (A/RES/1 [1], p. 259). Elle soulignait les risques de son utilisation à des fins de destruction massive et proposait pour répondre à ces risques de favoriser une « utilisation de ces forces pour des fins pacifiques et humanitaires, dans des conditions de sécurité capables de mettre le monde à l'abri de toute utilisation possible de ces forces à des fins destructives » (A/RES/1 [1], p. 259). Pour satisfaire à ce double objectif, l'Assemblée générale a décidé de la « création d'une commission chargée d'étudier les problèmes soulevés par la découverte de l'énergie atomique ». Cette commission avait pour mandat « a) de développer, entre toutes les nations, l'échange de renseignements scientifiques fondamentaux pour des fins pacifiques ; b) d'assurer le contrôle de l'énergie atomique dans la mesure nécessaire pour assurer son utilisation à des fins purement pacifique ; c) d'éliminer, les armements nationaux, les armes atomiques et toutes autres armes importantes permettant des destructions massives ; d) de prendre des mesures efficaces de sauvegarde, en organisant des inspections et par tous autres moyens, en vue de protéger les États respectueux des engagements contre les risques de violations et de subterfuge » (A/RES/1 [1], p. 258-259).

Le maintien d'une telle puissance de feu entre les mains d'un seul État aurait sans doute eu pour conséquence de lui permettre de dominer le reste du monde sans partage. Ainsi, les États-Unis ont cherché à préserver leur avantage technologique dans le domaine nucléaire par différentes initiatives notamment le plan Baruch[53] et un peu plus tard le programme *Atoms for peace*[54]. Mais les tentatives américaines visant à monopoliser la technologie nucléaire, ou tout du moins à en limiter l'exploitation, notamment militaire, par d'autres États, dont leur concurrent direct l'Union soviétique, n'ont pas été fécondes. L'essai RDS-1 ou *Premier éclair* (bombe A de 22 kilotonnes testée au Kazakhstan), réalisé le 29 août 1949, a permis à l'Union soviétique d'acquérir à son tour l'arme atomique[55].

---

[53] Plan qui proposait, dès 1946, un contrôle international de l'énergie nucléaire, la destruction des arsenaux nucléaires et un désarmement nucléaire en dernier des États-Unis, principe inacceptable pour l'Union soviétique.

[54] Programme qui remonte au discours du président Eisenhower du 8 décembre 1953 dont le but était de promouvoir l'utilisation de technologies nucléaires à des fins non militaires.

[55] L'accès soviétique à la technologie nucléaire remonte à la fin de la Seconde Guerre mondiale. Les « brigades des trophées » étaient alors chargées de récupérer des œuvres d'art spoliées par les nazis ainsi que les travaux de recherche développés en matière d'armement et de recruter des savants Allemands pour travailler sur différents projets scientifiques notamment nucléaires (opérations Alsos et Osoaviakhim équivalentes soviétiques de l'opération américaine *Paperclic*). L'histoire de l'arme nucléaire soviétique s'est ensuite poursuivie avec les opérations d'espionnage du projet Manhattan. Aux États-Unis, sur fond de maccarthysme se déroulent d'importantes affaires (époux Cohen) et des procès retentissants pour crime d'espionnage (notamment ceux de Klaus Fuchs, de David Greenglass, de Morton Sobell et des époux Rosenberg). L'opinion publique américaine et internationale est partagée sur la culpabilité de ces prétendus « agents ». Encore aujourd'hui, des travaux d'historiens continuent d'interroger cette période de l'histoire américaine, en particulier après l'ouverture d'archives déclassifiées par la CIA en 1995 (notamment les messages du projet *Venona*). Deux thèses s'affrontent, celle défendue par les historiens « traditionalistes », qui considèrent que la Guerre froide a été causée par les Soviétiques, et celle des historiens « révisionnistes » qui considèrent que la politique anticommuniste américaine a produit la Guerre froide. Sans chercher à trancher entre ces deux thèses on peut cependant s'accorder raisonnablement sur deux points : tout d'abord l'Union soviétique, avec ou sans les travaux allemands et l'aide d'espions infiltrés dans le projet Manhattan, aurait réussi à obtenir l'arme nucléaire, idée avancée dès 1951 par Eugene Rabinowitch. Ensuite, nombreux étaient ceux qui, aux États-Unis, au-delà même de toute forme d'adhésion à l'idéologie communiste, considéraient, déjà à cette époque, que le projet Manhattan devait être transparent et que le monopole par les États-Unis de cette arme pouvait constituer un danger pour l'humanité (tels que Niels Bohr, James Franck, Petr Kapitsa). Sur le débat entre traditionalistes et révisionnistes voir Gildas Le Voguer, « Le renseignement soviétique aux États-Unis : vérité des archives et vérités historiques », *Revue française d'études américaines*, vol. 3, n° 133, 2012, p. 53-66. Sur la thèse traditionaliste voir John Earl Haynes et Harvey Klehr, *Venona : Decoding Soviet Espionage in America*, New Haven, Yale UP, 1999 ; John Earl Haynes, Harvey Klehr, Alexander Vassiliev, *Spies : The Rise and Fall of the KGB in America*, New Haven, Yale University Press, 2009 ;

L'explosion de la première bombe soviétique, même si les Russes voulaient garder secret le fait qu'ils maîtrisaient la technologie de la bombe pour préserver l'avantage de la surprise stratégique[56], a établi une relation d'équilibre entre les deux puissances nucléaires. Le *duopole thermonucléaire* – c'est-à-dire un ordre international bipolaire, divisé idéologiquement et caractérisé par la neutralisation des puissances américano-soviétiques – a instauré un état hybride de « ni paix-ni guerre », pour paraphraser les formules de Raymond Aron et d'André Beaufre. Si pour certains spécialistes l'arme nucléaire a produit un ordre relativement stable elle a également été – et continue d'être – une source importante d'instabilité et d'insécurité pour le reste du système international. Tout d'abord parce que l'accès à la bombe A par l'Union soviétique a initié une course aux armements qui a poussé les États-Unis à développer la bombe H en 1953, arme que les Soviétiques acquerront également un an plus tard. Ensuite, parce que l'arme nucléaire, en empêchant toute opposition militaire directe entre États dotés, a pour effet de bloquer le mécanisme traditionnel de montée aux extrêmes en situation de crise. Loin d'être pacificatrice, l'arme nucléaire a été productrice de crises et de conflits multiples qui se sont déroulés à la périphérie des sphères d'influence des deux puissances nucléaires.

Le contexte stratégique, avec l'équilibre de la terreur instauré par la doctrine de destruction mutuelle assurée (doctrine Dulles *vs* doctrine Sokolovski), est à l'origine de crises récurrentes (Berlin 1948, Corée 1951-53, Suez en 1956, Budapest 1956, Liban 1958, Formose 1958-1962 ; Berlin 1961), dont la plus aiguë est la crise des missiles de Cuba en 1962. Ces crises attestent du risque prégnant d'un dérapage nucléaire et du danger que cette arme constitue pour l'humanité[57]. La crise de Cuba a amorcé une

---

Stephen Usdin, « The Rosenberg Ring Revealed : Industrial-Scale Conventional and Nuclear Espionage », *Journal of Cold War Studies*, vol. 11, n° 3, été 2009, p. 91-143 ; Sur la thèse révisionniste voir Schrecker Ellen, *Many Are the Crimes : McCarthyism in America*, Princeton, Princeton University Press, 1999. Voir enfin Eugene Rabinowitch, « Atomic Spy Trails : Heretical Afterthoughts », *Bulletin of Atomic Scientists*, vol. 7, n° 5, mai 1951, p. 139-142 ; 157.

56 Les États-Unis ont découvert que l'Union soviétique avait réussi un essai nucléaire grâce au projet *Green run*, dispositif qui leur a permis de détecter des traces de radioactivité. Ils ont été particulièrement surpris de la rapidité avec laquelle les Soviétiques avaient fait l'acquisition de la technologie de la bombe A. C'est la raison pour laquelle ils ont soupçonné une infiltration du programme Manhattan par des espions soviétiques. Cette hypothèse a été confirmée par les services de renseignements américains (comme l'indiquent les messages du projet *Venona*). Sur l'apport allemand à la bombe soviétique voir notamment, Pavel V. Oleynikov, « German Scientists in the Soviet Atomic Project », *The Nonproliferation Review*, vol. 7, n° 2, été 2000, p. 1-30. Sur la question de l'espionnage nucléaire dans le cadre du projet Manhattan voir Richard Rhodes, *The Making of the Atomic Bomb*, New York, Simon & Schuster, 1986.

57 Voir notamment la contribution de Benoît Pelopidas dans ce volume. Ainsi que Benoît Pelopidas, « A Bet Portrayed as a Certainty : Reassessing the Added Deterrent Value

période de détente relative. Elle impose un constat : La *Mutual Assured Destruction* (MAD), radicale puisqu'elle exclut toute forme de compromis, a révélé ses dangers, et finalement son inefficacité. Ce constat a entraîné une inflexion des doctrines nucléaires américano-soviétiques. Le remplacement de la doctrine Dulles des représailles massives par la doctrine McNamara de riposte graduée et l'actualisation de la doctrine Sokolovski de frappes préemptives consacrent une nouvelle ère dans les relations américano-soviétiques caractérisées par la volonté de limiter l'insécurité produite par leurs arsenaux respectifs. L'objectif affiché n'est pas le désarmement absolu comme évoqué dans le plan Baruch en 1946 ou dans le discours du président Eisenhower *Atoms for Peace* en 1953 – si tant est qu'un tel objectif ait été réellement recherché à un moment donné –, mais la mise en place d'une politique de *maîtrise des armements* et de *mesures de confiance* pour contrôler la course aux armements nucléaires des deux puissances et empêcher que l'escalade d'une crise ne les amène *nolens volens* à un affrontement nucléaire.

Les relations américano-soviétiques laissent apparaître deux paradoxes. Le premier est celui de la permanence de la concurrence entre les deux *superpuissances*. Elles sont contraintes, du fait du degré *anormal* de leur puissance, de développer des coopérations bilatérales pour instaurer des *règles du jeu*[58]. La tendance à l'inflexion de la *prolifération verticale* entre les

---

of Nuclear Weapons », in George P. Shultz, James E. Goodby, *The war that must never be fought*, Stanford, Hoover institution Press, 2015, p. 15-17 et 20 ; « We all lost the "Cuban missile crisis". Revisiting Richard Ned Lebow and Janice Gross Stein's landmark analysis in We All Lost the Cold War », *in* Len Scott, R. Gerald Hughes (dir.), *The Cuban Missile Crisis : A Critical Reappraisal*, Londres, Routledge, 2015, p. 165-182.

[58] Cette coopération s'est traduite par la signature d'accords successifs de limitation puis de réduction des arsenaux américano-soviétiques dont la portée s'étend jusqu'à nos jours. L'accord du 20 juin 1963 qui instaure une ligne de communication entre Washington et Moscou en cas de crise majeure a ouvert la voie à des négociations entre les deux grands qui aboutissent aux accords SALT 1 et 2 (*Strategic Arms Limitation Talks* en 1972 et 1979), au traité ABM (*Anti Balistic Missile* signé en 1972), puis à l'accord INF (*Intermediate-range Nuclear Forces* en 1987) et aux accords START 1, 2 et 3 (*Strategic Arms Reduction Talks* signés respectivement en 1991, 1993 et 1997). Ces négociations se sont poursuivies dans la période post-Guerre froide avec l'actualisation du traité START 3 par le traité SORT (*Strategic Operational Reductions Treaty* conclut en 2002 pour une durée de 10 ans) puis par le traité New START (*Strategic Arms Reduction Treaty* signé en 2010 et entré en vigueur en 2011. Donald Trump, lors d'un entretien téléphonique avec Vladimir Poutine le 28 janvier 2017, a cependant considéré que ce traité était un « mauvais accord » pour les États-Unis [source : https://fr.reuters.com/article/topNews/idFRKBN15O2UR consulté le 20 avril 2018]. Cette déclaration marque une rupture dans la volonté qui existait jusque-là chez ces deux puissances nucléaires majeures de limiter leurs arsenaux respectifs. La baisse tendancielle des stocks d'armes nucléaires aux États-Unis et en Russie explique en partie, dans l'esprit du président américain, l'obsolescence de ce traité signé par son prédécesseur et l'utilisation

États-Unis et l'Union soviétique durant la Guerre froide laisse apparaître un second paradoxe. Alors même que les puissances américano-soviétiques cherchent à limiter leurs arsenaux, l'ordre nucléaire est modifié par l'émergence de nouveaux États dotés. La dyarchie – ou le duopole – nucléaire américano-soviétique est remise en question par l'émergence de nouveaux acteurs dotés. Cette situation a entraîné la création d'une oligarchie nucléaire[59]. Le Royaume-Uni, en 1952, la France en 1960 puis la Chine en 1964 accèderont à la technologie nucléaire militaire. Israël fera son premier essai nucléaire en 1967 sur fond de guerre des Six Jours. L'Inde fera exploser sa première bombe atomique en 1974, l'Afrique du Sud réalisera son premier essai en 1979[60]. D'autres États, le Brésil, l'Argentine, la Suisse ou la Suède, ont tenté d'acquérir cette technologie, mais ils échoueront

---

politique – interne et internationale – qu'il a fait de sa condamnation. Sa remise en question, à la suite du retrait officiel des États-Unis du traité ABM depuis 2002, a entraîné une nouvelle course aux armements, l'objectif américain étant aujourd'hui de moderniser leur arsenal nucléaire. Le cas américano-soviétique montre que la limitation et la réduction des arsenaux nucléaires ne signifient aucunement que les États ne cherchent pas à développer des « contre-mesures » qualitativement supérieures à celles de leurs adversaires. Leur coopération ne supprime pas leur concurrence, bien au contraire, elle la transfère sur un autre domaine, celui de la recherche et de l'innovation.

[59] Dans un article de 2009, Benoît Pelopidas met en garde contre le fatalisme en matière de prolifération nucléaire qui voudrait que l'augmentation du nombre d'acteurs nucléaires soit une « tendance lourde ». Cette « téléologie proliférante » partirait des États industrialisés, s'étendrait à l'ensemble des acteurs étatiques puis aux acteurs non étatiques tels que les réseaux terroristes. Toujours selon lui, la métaphore de la « vague de prolifération » véhicule une « version [un peu plus] plus mesurée » par rapport à celle radicale qui considère que le sens de l'évolution linéaire de la prolifération ne peut être modifié. Parce que notre pensée ne rejoint pas l'image d'un « déferlement nucléaire » (les vagues), abondant et rapide (la prolifération), ni même l'image de vagues successives en lien les unes avec les autres, nous avons préféré parler de l'émergence de nouveaux acteurs nucléaires sans voir dans ce phénomène une quelconque linéarité et causalité ni un quelconque déterminisme. Voir Benoît Pelopidas, « Du fatalisme en matière de prolifération nucléaire : Retour sur une représentation opiniâtre », *Revue Suisse de Science Politique*, vol. 15, n° 2, 2009, p. 288, 293.

[60] Bruno Tertrais évoque un « processus de contagion » que l'on peut analyser sous l'angle d'une dynamique protection ou imitation (par exemple États-Unis/Allemagne nazie, Union soviétique/États-Unis, Chine/États-Unis, Inde/Chine, Argentine/Brésil, Inde/Pakistan, Corée du Nord/États-Unis). Paradoxalement, précise-t-il, ces « phénomènes ne sont ni linéaires ni déterministes ». Benoit Pelopidas explique ce paradoxe par l'imprévisible qui caractérise l'histoire nucléaire et qui implique pour le chercheur d'étudier aussi bien les « surprises favorables » (comme la dénucléarisation de l'Afrique du Sud, l'abandon par certains États de leurs programmes nucléaires voire l'absence de recherches menées par certains autres dans ce domaine) que les « surprises défavorables » (« l'inédit proliférant »). Bruno Tertrais, « Peut-on prévoir la prolifération nucléaire ? », FRS, *Recherches et documents*, n° 4, 2011, p. 17-18 ; Benoît Pelopidas, « La couleur du cygne sud-africain. Le rôle des surprises dans l'histoire nucléaire et les effets d'une amnésie partielle », *Annuaire français des relations internationales*, vol. XI, 2010, p. 683-694.

dans leurs projets ou renonceront à leurs entreprises à différentes étapes[61]. L'oligarchie nucléaire qui s'est mise en place est perçue comme un facteur d'insécurité par les puissances de la dyarchie nucléaire. Elle les oblige, en complément des règles bilatérales qu'elles ont déjà instaurées, à définir de nouvelles *règles du jeu* multilatérales cette fois-ci et à développer de nouvelles coopérations, toujours sur fond de concurrence, destinées à contenir ce mouvement pour préserver leur avantage stratégique et sécuriser leurs intérêts. Elles coïncident également avec les intérêts d'États non dotés, qui ne cherchent pas à acquérir cette technologie, et qui considèrent l'arme nucléaire comme un facteur d'insécurité. Ils s'accordent sur la nécessité de limiter l'accès à l'arme nucléaire à d'autres États, car cela rendrait par la suite un désarmement nucléaire très difficile, voire impossible.

La création, dès 1957, de l'Agence internationale de l'énergie atomique (AIEA) devait répondre à ces enjeux. Cette institution avait un rôle stratégique, elle devait permettre de contrôler et de limiter l'accès d'éventuels nouveaux États à la technologie nucléaire militaire[62]. Ce rôle s'est développé avec la crise des missiles de Cuba en 1962, puis avec la signature du traité de non-prolifération en 1967 dont elle est chargée de l'application[63]. Il s'est également étendu avec la multiplication des programmes nucléaires civils qui ont été mis en place à la suite des chocs pétroliers des années 1970 et aux accidents nucléaires liés à ces programmes[64].

---

[61] Sans pour autant qu'ils rencontrent de contraintes internes ou externes et pour des raisons parfois surprenantes. Voir Benoit Pelopidas, « Renunciation. Restraint and rollback », *in* Joseph F. Pilat et Nathan E. Bush, *Routledge handbook of nuclear proliferation and policy*, Londres et New York, Routledge, 2015, p. 337-348.

[62] La création de cette agence des Nations-Unies, chargée de promouvoir les usages pacifiques et sûrs des technologies et sciences liées à l'énergie nucléaire ainsi que d'en limiter les usages militaires, s'inscrit dans la continuité du discours *Atoms for peace* du président Eisenhower. Elle est aujourd'hui composée de 169 États membres.

[63] Elle a été au cœur des crises post-Guerre froide impliquant l'Irak, l'Iran, la Corée du Nord, la Libye ou encore la Syrie. Elle a obtenu pour son action contre la « prolifération nucléaire » le prix de la Nobel de la paix en 2005.

[64] Les crises produites par les accidents technologiques liés au nucléaire civil (Kychtym 1957, Windscale 1957, Three Miles Island en 1979, Tchernobyl en 1986, Vandellos 1989 et Fukushima 2011) ont, jusqu'à aujourd'hui, fait plus de morts que le nucléaire militaire. Ce constat interroge les vertus de l'atome civil et l'idée, présente dès la première résolution adoptée par l'Assemblée générale des Nations Unies en 1946, que la découverte de l'énergie nucléaire est synonyme de progrès et qu'elle est l'avenir de l'humanité. Finalement, la « peur » produite par l'énergie nucléaire, qu'elle soit civile ou militaire, parce qu'elle est fondamentalement crisogène, ne constituerait-elle pas, dans l'état actuel de notre maîtrise technologique, un danger pour l'humanité ? Voir notamment, Marie-Thérèse Labbé, *La grande peur du nucléaire*, Paris, Presses de Sciences-Po, 2000 ; Patrick Gourmelon, Jean-Claude Nénot, *Les accidents dus aux rayonnements ionisants. Le bilan sur un demi-siècle*, Paris, IRSN, 2007. Cet ouvrage présente les accidents reconnus, ceux méconnus ou connus tardivement, ceux secrets, d'origine militaire, ainsi que le nombre de victimes qu'ils ont occasionné. Voir égale-

Dans la continuité de la création de l'AIEA, des traités ont été signés pour empêcher l'émergence de nouveaux États dotés et pour réguler les arsenaux déjà existants. Le traité d'interdiction partielle des essais nucléaires ou *Limited Test Ban Treaty* (LTBT) signé en 1963, juste après la crise de Cuba, s'inscrit dans cet état d'esprit[65]. Le traité de non-prolifération (TNP), initié par la dyarchie américano-soviétique en 1968, signé pour 25 ans (à partir de 1970), reconduit pour une durée indéterminée en 1995, auquel s'ajoutent les engagements pris lors des conférences d'examen en 2000, occupe une place centrale aux côtés de l'AIEA qui en est le garant. Il est présenté comme la pierre angulaire du système normatif de lutte contre la prolifération nucléaire. Il est surtout l'instrument le plus structurant de l'oligarchie nucléaire[66]. Les conférences d'examen du TNP, chargées

---

ment, l'ouvrage d'Eric Schlosser, *Command and Control, Nuclear Weapons, the Damascus Accident, and the Illusion of Safety*, New York, Allen Lane, 2013. Cet ouvrage liste plus de 1 200 accidents nucléaires militaires qui se sont produits sur la période 1950 à 1968.

[65] Il a été complété depuis par d'autres traités dont le traité sur la limitation des essais souterrains ou *Threshold Test ban Treaty* signé en 1974, le traité sur les explosions nucléaires pacifiques (dont les fins sont non militaires) ou *Paeceful Nuclear Explosions Treaty* signé en 1976 et le Traité d'Interdiction Complète des Essais ou *Comprehensive Test Ban Treaty* (CTBT ou TICE) signé en 1996. Ce dernier traité interdit les essais nucléaires partout dans le monde, au sol, dans l'atmosphère, sous l'eau ou sous terre. Il empêche de fait tout programme nucléaire militaire et toute amélioration substantielle des armes déjà acquises. À ce jour, il a été signé par 182 pays, ratifié par 153 d'entre eux, mais il n'est pas encore entré en vigueur, car 9 pays sur les 44 listés par le traité n'ont pas encore signé et ratifié le texte (la Chine, la Corée du Nord, l'Égypte, l'Inde, l'Indonésie, l'Iran, l'Israël, le Pakistan et les États-Unis). Depuis 1996, seuls l'Inde, le Pakistan et la Corée du Nord ont réalisé des essais nucléaires. Le 20 avril 2018, La Corée du Nord a annoncé suspendre ses essais nucléaires et les tests de ses missiles pour privilégier un dialogue constructif avec les États-Unis. Malgré la signature du TICE, aucun État n'a démantelé ses centres d'essais sauf la France qui les réalise désormais par le biais de simulations. Voir notamment la contribution d'Océane Tranchez dans le présent volume.

[66] Parmi les puissances nucléaires, les États-Unis, l'Union soviétique, aujourd'hui la Russie, le Royaume-Uni sont dans les gouvernements dépositaires à la signature du traité en 1968. La France et la Chine y ont adhéré en 1992. Ce traité est inégalitaire. Il repose sur la discrimination entre les États dotés de l'arme nucléaire avant 1967 (EDAN) et États non dotés (ENDAN). Le traité prévoit que les États dotés s'engagent à ne pas aider des États non dotés à obtenir ces technologies à des fins militaires et les États non dotés de leur côté s'engagent à ne pas chercher à se doter de ces technologies à des fins militaires. En retour, les États dotés s'engagent à respecter des garanties positives (secours en cas d'attaque nucléaire) et des garanties négatives (ne pas attaquer un État non doté) en direction des États non dotés signataires du TNP. Ce traité contient une clause qui vise un arrêt de la course aux armements nucléaires et un désarmement général et complet sous contrôle international (article IV). Dans la continuité du discours *Atoms for Peace* et des principes fondateurs de l'AIEA, il promeut une utilisation pacifique de l'énergie et en ce sens n'interdit pas la recherche, la coopération scientifique et l'utilisation de cette énergie des fins civiles.

de la mise en œuvre des dispositions du traité, ont révélé l'insatisfaction des États quant à l'ordre nucléaire actuel et leur volonté de le réformer. Le traité sur l'interdiction des armes nucléaires (TIAN), adopté le 7 juillet 2017 et ouvert à ratification depuis le 20 septembre 2017, peut répondre à cette attente[67]. Il témoigne d'une nouveauté puisqu'il est porté majoritairement par des États non dotés qui souhaitent infléchir la position des États dotés ou tout du moins, comme aucune des neuf puissances nucléaires n'y a adhéré, produire une norme juridique suffisamment contraignante pour établir un nouvel ordre international fondé sur le désarmement nucléaire total et complet[68]. Pour certains, dont les représentants d'États dotés, ce traité affaiblit un peu plus encore le TNP qui était déjà fragilisé par les critiques formulées sur sa dimension inégalitaire, sur l'absence de certains signataires, notamment certaines puissances nucléaires, et par la sortie en 2003 de la Corée du Nord[69]. Pour ceux-là, le risque est de créer des divergences importantes et contreproductives entre les États et sur « l'agenda du désarmement »[70]. Pour d'autres au contraire, le TNP et les protocoles additionnels sont inefficaces et insuffisants. Non seulement des États les contournent et détournent leurs programmes civils à des fins militaires (Iran, Corée du Nord). D'autres ne les respectent pas et développent des armes qui s'opposent à ces règles (États-Unis, Russie). Mais en plus, ils ne portent pas un véritable projet de désarmement nucléaire[71].

Les *règles* établies par les principaux États dotés (ce qui exclut le TIAN) visent à empêcher l'accès à de nouveaux États au *club nucléaire* et à maintenir l'équilibre au sein de celui-ci en réduisant les risques qu'un État parvienne à obtenir un avantage significatif qui mettrait en danger la sécurité des autres États. Elles n'ont pas les mêmes fonctions ni les mêmes finalités que d'autres traités internationaux établis quant à eux dans une logique de coopération pour empêcher la nucléarisation de l'ensemble de la planète et l'espace extra-atmosphérique. Ces traités, auxquels tous les États n'adhèrent pas, notamment certains États dotés, établissent cinq zones exemptes d'arme nucléaire : l'Antarctique, l'Amérique latine et les

---

[67] Ce traité vise à rendre hors la loi les armes nucléaires (dans le même esprit que les conventions sur l'interdiction des armes biologiques de 1972 et sur l'interdiction des armes chimiques en 1993). Adopté à l'heure actuelle par 122 États il entrera en vigueur lorsque 50 États l'auront signé et ratifié.
[68] L'Afrique du Sud, le Brésil, la Suède, le Mexique, l'Autriche, l'Irlande, la Nouvelle-Zélande en sont des soutiens majeurs.
[69] L'Inde, le Pakistan, Israël ainsi que Taiwan ne sont pas partis au traité.
[70] Voir notamment Thiphaine de Champchesnel, « Vers l'interdiction des armes nucléaires ? Autour de l'attribution du prix Nobel de la paix à l'ONG antinucléaire ICAN », *Note de recherche de l'IRSEM*, n° 49, décembre 2017.
[71] Voir William Walker, *A Perpetual Menace : Nuclear Weapons and International Order*, New York, Routledge, 2012.

Caraïbes, le Pacifique Sud, l'Asie du Sud-Est, l'Afrique, l'Asie centrale[72]. S'ajoutent à ces cinq zones exemptes d'armes nucléaires l'espace[73] et les fonds marins[74]. Enfin, des États se sont également déclarés zones exemptes d'armes nucléaires et ont, de fait, renoncé à la fabrication, à la possession et au contrôle d'armes nucléaires[75]. Cette tendance en faveur de la dénucléarisation a notamment été favorisée par la succession de crises qui se sont produites depuis la crise de Cuba jusqu'à la crise des euromissiles. Ces crises ont donné lieu à de nombreux travaux scientifiques sur les effets biologiques d'une attaque nucléaire[76]. Un tournant important est pris dans les années 1980 où, face à l'accroissement des arsenaux nucléaires et aux craintes d'une crise mal gérée ou d'un accident, l'impact environnemental d'une guerre nucléaire devient un objet d'étude particulier. C'est ce qu'illustre la formule de Richard Turco « hiver nucléaire » qui fait encore aujourd'hui débat. Cette formule a contribué à façonner l'image de l'arme nucléaire dans les représentations collectives[77]. Vingt ans après la crise des

---

[72] Institués respectivement par le traité sur l'Antarctique signé en 1959, entré en vigueur en 1961, le traité de Tlatelolco signé en 1967 entré en vigueur en 1969, le traité de Rarotonga signé en 1985 entré en vigueur en 1986, traité de Bangkok signé en 1995 entré en vigueur en 1997, le traité de Pelindaba signé en 1996 entré en vigueur en 2009, le traité de Semipalatinsk signé en 2006 entré en vigueur en 2009.

[73] L'article 4 du traité sur les principes régissant les activités des États en matière d'exploration et d'utilisation de l'espace extra-atmosphérique, y compris la Lune et les autres corps célestes de 1967, interdit toute militarisation notamment nucléaire de l'espace

[74] Le traité de Londres sur le désarmement du fond des mers et des océans fait des fonds marins une zone exempte d'armes nucléaires

[75] La Nouvelle-Zélande (*New Zealand Nuclear Free Zone, Disarmament, and Arms Control Act* datant de 1987), l'Allemagne (article 3 du traité de Moscou de 1990) et la Mongolie (résolution 55/33S du 20 novembre 2000).

[76] Voir par exemple les travaux suivants : Franck R. Ervin, John B. Glazier, Saul Aronow, David G. Nathan, *et al.*, « The medical consequences of thermonuclear war : I. Human and Ecologic Effects in Massachusetts of an Assumed Thermonuclear Attack on the United States », *The New England Journal of Medicine*, vol. 266, 1962, 1127-37 ; Victor W. Sidel, H. Jack Geiger, Bernard Lown, « The medical consequences of thermonuclear war : II. The physician's role in the postattack period », *The New England Journal of Medicine*, vol. 266, 1962, p. 1137-1145.

[77] Voir les travaux fondateurs sur ce sujet de Paul J. Crutzen, John W. Birks, « The atmosphere after a nuclear war : Twilight at noon », *Ambio*, vol. 11, 1982, p. 114-125 et Richard P. Turco, Owen Toon, Thomas P. Ackerman, James B. Pollack, Carl Sagan, « Nuclear Winter : Global Consequences of Multiple Nuclear Explosions », *Science*, vol. 222, n° 4630, 1983, p. 1283-1292, appelée étude TTAPS (du nom formé par les initiales des auteurs de cet article pionnier). Sur les travaux soviétiques voir Vladimir V. Aleksandrov, Georgiy L. Stenchikov, *On the Modeling of the Climatic Consequences of the Nuclear War : Proceedings on Applied Mathematics*, Computing Center, USSR Academy of Sciences, Moscow, 1983. Sur les conséquences climatiques et biologiques, voir le supplément de Anne Ehrlich, « Nuclear Winter », *in Bulletin of the Atomic Scientists*, avril 1984, vol. 40, n° 4 et l'ouvrage de Paul R. Ehrlich, Carl Sagan, Donald Kennedy, *The Cold and the Dark : The World after Nuclear War*,

missiles de Cuba, la crise des euromissiles a joué un rôle important dans la relance du processus de désarmement nucléaire parce qu'elle a mobilisé les opinions publiques européennes qui se sont senties prises en otages par les missiles américano-soviétiques. La crise des euromissiles s'achève par la négociation, avec en toile de fond l'Initiative de défense stratégique (IDS) lancée en 1983 par Ronald Reagan, de l'option « zéro zéro » traduite dans le traité sur les forces nucléaires à portée intermédiaire (INF)[78]. Cette crise annonce la fin de la bipolarité. C'est le dernier bras de fer nucléaire que se livreront Américains et Soviétiques durant la Guerre froide.

La dislocation du bloc soviétique a produit de nouvelles problématiques : l'émergence inattendue et momentanée de trois nouvelles puissances nucléaires sur le sol européen – l'Ukraine, la Biélorussie et le Kazakhstan – et le risque de propagation d'armes de destruction massive

---

Londres, W. W. Norton & Co, 1984. Sur les implications politiques d'un tel risque environnemental voir Carl Sagan, « Nuclear War and climatic catastrophe : some policy implications », *Foreign Affairs*, vol. 62, n° 2, hiver 1983, p. 257-292 ; Carl Sagan, Richard P. Turco, George W. Rathjens, Ronald H. Siegel, Staley L. Thompson, Stephen H. Schneider, « The nuclear winter debate », *Foreign Affairs*, vol. 65, n° 1, 1986, p. 163-178. Sur les mobilisations scientifiques et citoyennes contre les armes nucléaires à cette période voir Paul Rubinson, « The Global Effects of Nuclear Winter : Science and Antinuclear Protest in the United States and the Soviet Union During the 1980s », *Cold War History*, vol. 14, n° 1, février 2013, p. 47-69 ; Lawrence Badash, *A Nuclear Winter's Tale : Science and Politics in the 1980s*, Cambridge, MA, MIT Press, 2009. Sur l'actualisation de la thèse de l'hiver nucléaire, voir notamment, Alan Robock, Luke Oman, Georgiy L. Stenchikov, « Nuclear winter revisited with a modern climate model and current nuclear arsenals : Still catastrophic consequences », *Journal of Geophysical Research : Atmospheres*, vol. 112 ; Alan Robock, Luke Oman, Georgiy L. Stenchikov, Owen B. Toon, C. Bardeen, Richard P. Turco, « Climatic consequences of regional nuclear conflicts », *Atmospheric Chemistry and Physics, European Geosciences Union*, vol. 7, n° 8, 2007, p. 2003-2012 ; Owen B. Toon, Richard P. Turco, Alan Robock, C. Bardeen, Luke Oman, *et al.*, « Atmospheric effects and societal consequences of regional scale nuclear conflicts and acts of individual nuclear terrorism », *Atmospheric Chemistry and Physics, European Geosciences Union*, vol. 7, n° 8, 2007, p. 1973-2002 ; Owen Toon, Alan Robock, Richard P. Turco, « Environmental consequences of nuclear war », *Physics Today*, vol. 61, n° 12, 2008, p. 37-42 ; Brian O. Toon, Alan Robock, « Self-assured destruction : The Climate impacts of nuclear wars », *Bulletin of Atomic Scientists*, vol. 68, n° 5, 2012, p. 66-74.

[78] La question du bouclier antimissile américain peut-elle être posée dès 1983 en termes de rupture avec les stratégies antérieures ? Si tel est le cas, cette rupture est d'importance. Le bouclier antimissile américain implique non seulement une course aux armements (la « guerre des étoiles »), mais il est également un objet constant, aujourd'hui encore, de négociations dans les relations américano-russes. Vladimir Poutine en 2007 a remis en question le traité INF estimant que le projet *Ground-Based Midcourse Defense*, système de défense antimissile américain, le rendait caduc. Sur la crise des euromissiles voir notamment Leopold Nuti, Frederic Bozo, Marie-Pierre Rey, Bernd Rother (dir.), *The Euromissile Crisis and the End of the Cold War*, Stanford, Stanford University Press, 2015.

(*loose nukes*), favorisé par le développement d'un marché clandestin issu des stocks d'armes soviétiques et du pacte de Varsovie. Les accords de Minsk du 30 décembre 1991 et le traité de Lisbonne du 23 mai 1992 ont réglé la question des transferts des armes tactiques et stratégiques des trois nouvelles républiques vers la Russie. Ils n'ont cependant que partiellement résolu la question des personnels maîtrisant les technologies de fabrication d'armes nucléaires. Il en est de même en ce qui concerne le programme de coopération Nunn-Lugar mis en place par les États-Unis dès 1991 pour éliminer les stocks d'armes de destruction massive du territoire de l'ex-URSS qui s'est terminé en 2012. Mais la désactivation et la destruction d'un grand nombre de systèmes d'armements n'ont pas supprimé toutes les inquiétudes sur la volonté de certains acteurs, qu'elle soit avérée ou pas, d'acquérir la technologie nucléaire militaire, volonté confortée par la possibilité qui leur était offerte de voir aboutir leurs projets.

La crise systémique de 1989-91 a ouvert la voie à ce que certains nomment le « second ou deuxième âge nucléaire », période marquée par un moment qualifié d'*unipolarité* de l'*hyperpuissance* américaine[79]. Cette terminologie témoigne de la modification des perceptions qu'ont certains États de leur environnement et des menaces qui pèsent sur eux. Dans le monde post-bipolaire, l'arme nucléaire n'est plus seulement l'attribut des grandes puissances, elle est également l'instrument d'une « diplomatie contestataire » opposée à la « diplomatie de club » qui a été productrice de « ressentiments, blocages et humiliations » durant la Guerre froide[80]. Elle traduit la crainte que les puissances nucléaires font peser sur la survie

---

[79] L'expression « second ou deuxième âge nucléaire » est une catégorie politique qui correspond aux transformations du système international et aux nouveaux impératifs stratégiques, notamment nucléaires, que perçoivent les États dotés. Thérèse Delpech, *La dissuasion au XXI* siècle*, Paris, Odile Jacob, 2013. Voir également, Colin S. Gray, *The Second Nuclear Age*, Boulder & Londres, Lynne Rienner, 1999 et Paul Braken, *Fire in the East : The Rise of Asian Military Power and the Second Nuclear Age*, New York, Harper Collins, 1999 ; « The Second Nuclear Age », *Foreign Affairs*, vol. 79, n° 1, Janvier-Février 2000, p. 146-156 ; *The Second Nuclear Age : Strategy, Danger, and the New Power Politics*, New York, Times Books, 2012 ; Toshi Yoshihara, James R. Holmes (dir.), *Strategy in the Second Nuclear Age : Power, Ambition, and the Ultimate Weapon*, Washington, Georgetown University Press, 2012. Enfin, voir l'épigraphe de Christian Malis au début de la troisième partie de la présente introduction.

[80] Voir Bertrand Badie, *La diplomatie de connivence : Les dérives oligarchiques du système international*, *op. cit.*, p. 87 ; 187 ; 259. La « diplomatie atomique » peut être productrice de différentes formes d'humiliation, sentiment de rabaissement, de déni d'égalité, de relégation, de stigmatisation. Concrètement, ces formes d'humiliation se traduisent par l'impossibilité de faire la guerre à une puissance nucléaire, par un sentiment d'infériorité produit par certains traités comme le TNP, par la relégation d'une catégorie d'États hors de certaines arènes de discussion (idée du « club » exclusif), par la stigmatisation morale de certains d'entre eux en fonction de leurs objectifs politiques (par exemple « État voyou » pour un État qui souhaite accéder à l'arme nucléaire).

de certains régimes politiques. C'est le cas du Pakistan qui, avec le soutien technique de la Chine et financier de l'Arabie saoudite, est parvenu à réaliser son premier essai quelques jours après celui de l'Inde en 1998[81]. C'est également le cas de l'Irak dont les velléités régionales ont été mises à mal par sa défaite contre la coalition multinationale menée par les États-Unis à la suite de l'invasion du Koweït par Saddam Hussein. Cette intervention multinationale a fait peser une lourde menace sur la survie du régime. La crise diplomatique de 2003 portant sur les armes de destruction massive irakiennes, notamment nucléaires, sur fond de lutte contre le terrorisme international, a abouti à une guerre préventive contre l'Irak et à la chute du régime de Saddam Hussein. C'est aussi le cas de l'Iran, dont les ambitions régionales avaient été limitées jusqu'alors par l'Irak. Elle a continué à entretenir avec les États-Unis, désormais à ses frontières, une relation d'hostilité. L'Iran, depuis 2002, sous couvert d'un programme nucléaire civil développerait un programme nucléaire militaire. Les sanctions internationales et les crises successives de 2006, 2007, 2009 et 2018 ont sans doute renforcé certains dirigeants iraniens dans leur détermination à doter l'Iran de la technologie nucléaire militaire. L'arrivée d'Hassan Rohani au pouvoir en 2013 a cependant ouvert la voie à des négociations sur le nucléaire iranien. La conférence de Genève (cinq membres du Conseil de sécurité, l'Union européenne et l'Iran dit « P5+1 ») a abouti en 2015 à l'accord de Vienne qui a gelé temporairement le programme nucléaire iranien et levé les sanctions économiques contre la République islamique d'Iran. Le retrait brutal des États-Unis de cet accord en mai 2018 a ouvert une crise diplomatique sur la question iranienne et une crise régionale entre l'Iran et Israël. Enfin, la Corée du Nord, qui a développé un programme nucléaire secret depuis les années 1960, s'est retirée du TNP en 2003 pour réaliser ses essais, six depuis 2006 (2006, 2009, 2012, 2013, 2016, 2017). Malgré les sanctions internationales, la Corée du Nord a progressivement réussi à franchir le seuil pour accéder au statut de puissance nucléaire[82].

Voir Bertrand Badie, *Le temps des humiliés. Pathologie des relations internationales*, Paris, Odile Jacob, 2014.

[81] L'Inde, comme nous l'avons rappelé précédemment, a réalisé ses premiers essais (souterrains) en 1974. Elle accède en 1998 à la bombe A et à la bombe H.

[82] Les essais qu'elle a réalisés en 2017, le tir de missiles intercontinentaux Hwasong 15, consacrent sa capacité à frapper le territoire Américain ou l'Europe. L'accès de la Corée du Nord au statut de puissance nucléaire s'est traduit par une crise diplomatique entre les États-Unis et la Corée du Nord qui s'est déroulée entre 2017 et 2018. Cette crise a produit un rapprochement entre la Corée du Nord et la Corée du Sud comme l'illustre la rencontre entre Kim Jong-un et Moon Jae-in dans la DMZ fin avril 2018 avec comme sujets de discussion les relations de coopération pacifiques intercoréennes et la dénucléarisation de la péninsule. Ce rapprochement, ainsi que l'annonce de la fermeture du site nucléaire nord-coréen et le sommet entre Kim Jong-un et Donald Trump du 12 juin 2018 à Singapour, ont entraîné une désescalade de la crise entre les

Au terme de cette brève présentation des trajectoires historiques de l'arme et des stratégies nucléaires dans les relations internationales deux points complémentaires se dégagent.

Le premier point concerne la configuration oligopolaire,[83] relativement homogène, de la scène nucléaire actuelle qui a pris la forme d'un *club* fermé répondant à des usages et des règles particulières, ou pour reprendre la formule de Bertrand Badie, d'une « aristocratie nucléaire »[84]. Cette situation s'explique par la trajectoire de l'institutionnalisation de l'arme nucléaire dans les relations internationales qui est la conséquence des relations de conflit et de coopération entretenues par les États qui se sont dotés de cette arme, qui ont cherché à s'en doter ou qui, au contraire, s'y sont refusés. Les transformations matérielles et doctrinales qui ont accompagné ces relations ont également joué un rôle important dans ce processus. La présentation de ces trajectoires historiques montre que comme toutes les histoires, celle des stratégies nucléaires est faite de continuités et de ruptures successives qui s'expliquent par la rencontre de deux logiques et processus sociaux antagonistes. D'une part, une logique individuelle ou d'individualisation. Elle s'inscrit dans un processus conflictuel auquel répond l'arme nucléaire comme instrument de domination caractérisé paradoxalement par l'affichage de son *non-emploi*. D'autre part, une logique collective ou de socialisation. Elle correspond à un processus de pacification qui se traduit par des solidarités face au danger que constitue l'arme nucléaire (essais ou gesticulations, risque d'un emploi dans le cadre d'un conflit ou d'un accident). Ces deux logiques et processus renvoient *a priori* à un même objectif : la sécurité. Soit par la concurrence et la stabilité forcée par *l'équilibre de la terreur*, ce que rappelle le dilemme de sécurité réaliste. Soit par le dépassement de ces relations conflictuelles, sources de dangers permanents, par la coopération entre les États, la mise en place d'institutions et de normes internationales, ce que rappelle l'institutionnalisme libéral. Ces processus se traduisent dans les doctrines et postures diplomatiques des États qui sont des messages envoyés aux autres acteurs étatiques (adversaires et alliés), aux acteurs non étatiques et à l'opinion publique. L'histoire de la scène nucléaire s'est écrite en fonction de l'évolution de ces doctrines et stratégies ainsi que des contextes politiques et stratégiques et

---

États-Unis et la Corée du Nord. Pour certains spécialistes, la crise nord-coréenne et la crise iranienne pourraient ouvrir une nouvelle ère dans l'histoire de la dissuasion. Kim Sung Chull, Michael D. Cohen, *North Korea and Nuclear Weapons : Entering the New Era of Deterrence*, Georgetown University Press, 2017 ; Leila Rousselet, *Négocier l'atome. Les États-Unis et les négociations sur l'accord nucléaire iranien*, Paris, L'Harmattan, 2017.

[83] Nous faisons notamment référence aux travaux de Jean Baechler dans cet ouvrage.
[84] Bertrand Badie, *La diplomatie de connivence. Les dérives oligarchiques du système international*, Paris, La Découverte, 2011, p. 136.

des perceptions des enjeux de sécurité qui ont amené les intérêts des États, par nature divers et divergents, dans certains cas à converger. Cette histoire n'est ni linéaire ni homogène. Elle est en réalité composée de plusieurs histoires. D'abord, celle de chaque État avec l'arme nucléaire elle-même. Elle traduit la relation intime que chaque État entretient avec la puissance, la représentation qu'il en a, la manière dont, au travers de sa possession, de sa dépossession ou de son absence, il définit sa sécurité et ses intérêts, mais aussi sa relation à son régime politique et ses citoyens. Et puis, celles que les États entretiennent les uns avec les autres, entre États dotés (États-Unis avec l'Union soviétique, aujourd'hui avec la Russie, L'Inde avec le Pakistan, la Chine avec les États-Unis, la Chine avec l'Inde et avec le Pakistan, la France avec les États-Unis et avec l'OTAN, avec les États de l'UE, etc.), entre États dotés et non dotés (Iran avec Israël, Syrie avec les États-Unis ou la Russie, les États soutenant le TIAN et les États dotés, etc.). Cette présentation montre que la socialisation nucléaire s'est faite en fonction de ces différentes histoires, ce qui explique la non-linéarité et l'absence de déterminisme qui caractérise l'histoire nucléaire.

Le second point renvoie à la non-linéarité de l'histoire nucléaire qui s'explique par le fait que l'exploitation militaire – et civile – de l'énergie nucléaire se confond avec la notion de crise. D'ailleurs, l'utilisation de la notion de risque, puis de crise comme catégories politiques et objets des sciences humaines et sociales s'est intensifiée à partir de la découverte de l'énergie nucléaire[85]. La définition du concept de crise, à partir des années 1960, a été fortement influencée par les travaux menés sur les crises internationales dans le contexte stratégique nouveau créé par l'ère nucléaire[86]. Parmi ces travaux, on peut signaler ceux des stratégistes de cette époque en particulier de Lucien Poirier. Il a saisi très tôt le lien qui existe désormais entre crise et nucléaire. Cette nouveauté – comme l'indique l'épigraphe qui ouvre cette partie – s'explique par le fait que l'arme nucléaire a généralisé le concept de stratégie aux situations de paix et de crise[87]. Pour lui, et d'autres théoriciens comme Raoul Castex, Pierre-Marie Gallois ou encore Bernard Brodie, la « révolution nucléaire » marque *en soi*

---

[85] C'est notamment ce que montrent les travaux d'Ulrich Beck en Allemagne et ceux d'Edgar Morin, et Patrick Lagadec en France. Voir Edgar Morin, « Pour une crisologie », *Communication*, n° 25, 1976, p. 149-163 (texte augmenté et réédité en 2016 aux éditions de l'Herne) ; Patrick Lagadec, *Le risque technologique majeur*, Paris, Pergamon, 1981 ; *La civilisation du risque*, Paris, Seuil, 1981 ; Ulrich Beck, *Risikogesellschaft, Frankfurt, Suhrkamp, 1986* (*La société du risque*, trad. Laure Bernardi, Paris, Aubier, 2001).

[86] Thomas Meszaros, « Crise », *in* Benoît Durieux, Jean-Baptiste Jeangène Vilmer et Frédéric Ramel, *Dictionnaire de la paix et de la guerre*, Paris, PUF, p. 321-329.

[87] Ce qu'il nomme « stratégie intégrale ». Cette intuition de Lucien Poirier explique l'hommage que nous lui rendons dans cet ouvrage.

une crise des relations internationales et une « révolution dans la pensée stratégique »[88]. L'histoire des crises internationales à l'ère nucléaire rend intelligibles les processus conflictuels qui ont amenés à la configuration actuelle de la scène nucléaire. Ces *crises nucléaires* sont tout d'abord le fruit du processus de socialisation des États nucléaires. Il s'est traduit par la construction de rapports dialectiques reposant sur des stratégies de dissuasion et de coercition qui alternent menaces et incitations[89]. Les *crises nucléaires* ont ainsi rythmé la socialisation des États qui ont acquis cette arme, qui en ont façonné les usages et les représentations, mais qui ont également été façonnés par sa possession et les impératifs qu'elle impose vis-à-vis de la société internationale et de l'humanité. Elles expliquent également les retournements de l'histoire qui ont amené certains États à se détourner de l'arme nucléaire par le démantèlement de leur programme nucléaire, comme l'illustre le cas de la dépossession de l'Afrique du Sud, ou par leur désintérêt pour la possession d'une telle arme. Enfin, l'approche de ces histoires nucléaires par le prisme des crises met l'accent sur les continuités et les ruptures à l'œuvre dans les relations internationales qui animent les débats sur les avenirs possibles de l'arme nucléaire.

Enjeux et problématique de l'ouvrage au regard des débats actuels sur les armes et les stratégies nucléaires : Quelles ruptures ? Quelles continuités ?

Comment expliquer que l'arme nucléaire n'ait jamais été utilisée après le 9 août 1945 ? Pour répondre à cette question fondamentale de l'histoire des relations internationales, deux thèses principales s'affrontent. Les tenants de la dissuasion expliquent l'absence d'emploi de l'arme nucléaire par l'équilibre de puissance – équilibre de la terreur et destruction mutuelle assurée en cas d'usage – et par la qualité dissuasive de l'arme

---

[88] Sur l'histoire nucléaire voir Robert Jervis, *The Meaning of the Nuclear Revolution*, Ithaca, Cornell University Press, 1989 ; William Walker, *A Perpetual Menace : Nuclear Weapons and International Order*, New York, Routledge, 2012. Plus récemment, Benoît Pelopidas discute l'histoire présentée par la « tradition majoritaire » qui voit dans l'avènement de l'arme nucléaire une « révolution dans les affaires stratégiques ». Benoît Pelopidas, « Quelle(s) révolution(s) nucléaire(s) ? », *in* Benoît Pelopidas, Frédéric Ramel (dir.), *L'Enjeu Mondial. Guerres et conflits au XXIe siècle*, Paris, Presses Sciences Po, 2018, p. 95-105.

[89] Comme nous l'avons évoqué précédemment, pour être efficaces, ces stratégies supposent de la part d'un État qu'il dispose de capacités crédibles, d'une doctrine et d'une communication claire permettant la reconnaissance de son identité et de ses règles d'emploi.

nucléaire. Cette thèse dominante a longtemps écrasé le débat. Les tenants de la thèse du tabou nucléaire proposent une autre explication qui prend comme point de départ une anomalie importante de la thèse dissuasive : la non-utilisation des armes nucléaires dans les cas où il n'y avait pas de risque de représailles (période du monopole américain 1945-1955 ; guerre du Vietnam 1964-1975 ; guerre soviétique en Afghanistan 1979-1989 ; guerre du Golfe 1990-1991 ; Afghanistan 2002 ; Irak 2003)[90].

La sociologie des trajectoires historiques des armes et stratégies nucléaires éclaire non seulement la configuration actuelle de la scène nucléaire, mais également les débats actuels qui animent les relations internationales et stratégiques. Elle témoigne, comme nous l'avons souligné, de la non-linéarité de l'histoire nucléaire et implique d'envisager avec objectivité les « surprises favorables ou défavorables »[91], exprimées aussi bien en termes de *continuités* que de *ruptures*, qui pourraient se produire dans les trajectoires à venir de l'arme nucléaire et ses stratégies. Nous l'avons indiqué aux prémices de cette partie introductive, la littérature sur les armes et stratégies nucléaires est particulièrement riche et il serait illusoire de vouloir en fournir un aperçu complet en quelques pages. Avec les difficultés que cela implique, nous avons tenté de restituer ici trois principaux débats en lien avec la question de l'avenir des armes et stratégies nucléaires qui selon nous font sens pour éclairer les contributions de cet ouvrage. Ces trois débats sont complémentaires. Le premier pose la question des vertus pacificatrices de l'atome. Le deuxième porte sur la modernisation des arsenaux nucléaires. Le troisième s'intéresse à la question de la dénucléarisation des relations internationales.

Le premier débat, le plus ancien, interroge les vertus égalisatrices, rationalisantes, pacificatrices de l'atome et l'efficacité de la dissuasion nucléaire. L'avènement de l'arme nucléaire n'a pas supprimé les risques de guerre, mais elle a introduit une différence fondamentale dans leurs natures et leurs degrés[92]. Comme l'indique très justement Philippe Delmas, l'arme nucléaire n'a supprimé ni le risque des « petites » guerres ni celui d'une

---

[90] Bastien Irondelle, « Lecture croisée. La non-utilisation de l'arme nucléaire depuis 1945 : tabou ou tradition ? », *Critique internationale*, 2012/4, n° 57, p. 163.
[91] Voir Benoît Pelopidas, « La couleur du cygne sud-africain. Le rôle des surprises dans l'histoire nucléaire et les effets d'une amnésie partielle », *Annuaire français des relations internationales*, art. cité.
[92] Guerres entre États dotés et non dotés, mais aussi entre États dotés (Chine et Union soviétique en 1969, Inde et Pakistan lors de crise de Kargil en 1999). Voir les textes de David Holloway et de Timothy Hoyt cités dans Benoît Pelopidas, « "Avoir la bombe" – Repenser la puissance dans un contexte de vulnérabilité nucléaire globale », *CERISCOPE, Puissance*, 2013, [en ligne], http://ceriscope.sciences-po.fr/

guerre nucléaire[93]. Les réflexions engagées dès la Guerre froide sur le dépassement de la « dissuasion pure », synonyme de terreur parce qu'elle n'offre le choix qu'entre deux options, « la capitulation et le suicide »[94], en reviennent finalement à interroger la possibilité de guerres nucléaires limitées[95]. Les arguments d'Albert Wohlstetter, minoritaires dans le débat stratégique durant la Guerre froide, le sont beaucoup moins aujourd'hui au regard des progrès technologiques réalisés et de la combinaison qui existe désormais entre les logiques nucléaire et conventionnelle[96]. Enfin, l'arme nucléaire reste également profondément associée aux crises internationales parce qu'elle bloque toujours les mécanismes de montée aux extrêmes produisant des situations hybrides entre la paix et la guerre[97]. En ce sens, l'arme nucléaire est plus que jamais une arme politique. C'est ce qu'illustre la « diplomatie atomique » – expression qui remonte à 1946 –, qui est une diplomatie de crise[98]. Cet *emploi* de l'arme nucléaire à des fins

---

puissance/content/part1/avoir-la-bombe-repenser-la-puissance-dans-un-contexte-de-vulnerabilite-nucleaire-globale (consulté le 11 mai 2018).

[93] Philippe Delmas, *Le bel avenir de la guerre*, Paris, Gallimard, 1995, p. 226.

[94] Albert Wohlstetter, « Critique de la dissuasion pure », *Commentaire*, vol. 25, n° 1, 1984, p. 23-42 ; Pierre Lellouche, « Entre la capitulation et le suicide : la dissuasion nucléaire peut-elle être encore sauvée ? », *Commentaire*, vol. 25, n° 1, 1984, p. 53-59.

[95] Des auteurs, comme Albert Wohlstetter, suite au débat qui s'est développé sur la moralité de la guerre nucléaire et la *guerre juste*, ont cherché à dépasser la conception d'une « dissuasion pure » pour proposer, face « à l'inadaptation d'une stratégie suicidaire », une autre voie qui ne prend pas en otage les populations comme dans les menaces de frappes « anti-cités », mais qui repose sur des frappes qui, grâce à la technologie sont plus précises et discriminantes, « anti-forces », comme dans les guerres classiques. Albert Wohlstetter, « Au-delà de la stratégie du pire », *Commentaire*, vol. 25, n° 1, 1984, p. 1009.

[96] Les critiques à l'encontre de la thèse de Wohlstetter portaient alors sur l'acceptabilité par l'opinion publique d'une guerre nucléaire limitée, sur la foi excessive qu'il plaçait dans la technologie et sur la permanence en situation de combat du risque d'un dérapage non contrôlé d'origine technologique ou humaine. Ces critiques empêchent d'envisager un conflit nucléaire limité. Sur ces critiques voir notamment, Stanley Hoffmann, « Réponse à Albert Wohlstetter », *Commentaire*, vol. 1, n° 25, 1984, p. 48a-50 ; Pierre Hassner, « Critique de la stratégie pure », *Commentaire*, vol. 1, n° 25, 1984, p. 62-65 ; Pierre Lellouche, « Entre la capitulation et le suicide : la dissuasion nucléaire peut-elle être encore sauvée ? », *Commentaire*, vol. 1, n° 25, 1984, p. 53-59.

[97] C'est notamment ce que met en évidence Lucien Poirier lorsqu'il évoque « l'autonomisation du phénomène crise dans le spectre des états de conflits ». Voir notre contribution dans le présent volume.

[98] Nicolas Roche relève que certaines crises internationales, telles que la crise chimique syrienne de 2013 et la crise ukrainienne de 2014, « *a priori* sans dimension nucléaire ou de dissuasion […] permettent pourtant d'aborder plusieurs thèmes qui sont au cœur de toute réflexion sérieuse sur les rapports entre la puissance et le droit, ainsi que sur la notion de dissuasion ». Il met en évidence deux points importants. D'une part, le vocabulaire de la dissuasion nucléaire élaboré durant la Guerre froide est fréquemment convoqué pour décrire les crises contemporaines. D'autre part, le seul et unique fait

politiques n'est pas sans comporter des risques de dérapages. Il repose sur la dissuasion, qui reste une constante des stratégies nucléaires. La dissuasion suppose une rationalité identique chez l'adversaire qui exclut normalement l'éventualité d'une attaque (conventionnelle et non-conventionnelle) au regard du calcul coût-bénéfice que celle-ci occasionnerait pour l'agresseur. Cette rationalité ne permet pas de prédire le comportement de l'adversaire, mais invite à comprendre les croyances et les pensées qui l'animent et à intégrer la part d'irrationalité, et donc d'incertitude, qui accompagne généralement toute décision politique[99]. La dimension psychologique de la dissuasion et le calcul rationnel qui l'accompagne pourraient-ils être remis en question par un contexte stratégique particulier, par un acteur motivé par d'autres calculs que ceux de la rationalité ou par d'autres finalités que celles qui sont politiques et qui animent traditionnellement les États ? La rationalité, c'est-à-dire la prudence, semble s'imposer sur la scène nucléaire, comme l'a montré le cas récent de la Corée du Nord. Mais il n'en demeure pas moins que le risque d'un dérapage lors d'une crise internationale, une guerre nucléaire par enchaînement ou le danger d'un accident existent toujours.

Le deuxième débat concerne la *prolifération horizontale* et *verticale*. Comme nous l'avons souligné dans notre présentation sur l'état des lieux de la scène nucléaire, peu d'États ont mené à terme leur projet d'acquisition d'un arsenal nucléaire[100]. Un tel constat implique de discuter le

---

que des armes nucléaires existent a pour effet de *nucléariser* ces crises. Lors des crises ukrainienne et de Crimée, les « manœuvres dissuasives (*nuclear signalling*) » (déclaration du président russe, essais de missiles balistiques intercontinentaux, exercices à la proximité des zones de crise avec la sortie de sous-marins nucléaires et de bombardiers stratégiques au large et le long des côtes européennes), avaient pour objectif de signaler que ces crises se déroulaient pour la Russie sous « parapluie nucléaire » et, pour les dissuader de toute intervention militaire, d'inviter les partenaires occidentaux à considérer les risques d'escalades nucléaires. Nicolas Roche, *Pourquoi la dissuasion*, Paris, PUF, 2017, p. 17 ; p. 30 sq.

[99] Thomas Schelling, *Stratégie du conflit*, Paris, PUF, 1986 (1re éd. 1960) ; voir également Anthony J. Wiener, Herman Kahn (dir.), *Crises and Arms Control*, New York, Hudson Institute, 1962, p. 19 ; ainsi que l'excellent article de Pierre Hassner, « Violence, rationalité, incertitude : tendances apocalyptiques et iréniques dans l'étude des conflits internationaux », *Revue française de science politique*, 1964, vol. 14, n° 6, p. 1155-1178.

[100] Bruno Tertrais établit la liste des 29 pays qui ont à un moment donné envisagé de se doter de l'arme nucléaire : Algérie, Allemagne, Argentine, Australie, Birmanie, Brésil, Chine, Corée du Nord, Corée du Sud, Égypte, États-Unis, France, Inde, Indonésie, Iran, Israël, Italie, Japon, Libye, Norvège, Pakistan, Roumanie, Royaume-Uni, Suède, Suisse, Syrie, Taiwan, Union soviétique, Yougoslavie. Parmi eux, seuls neuf d'entre-deux sont allés au bout de leur entreprise et sont aujourd'hui dotés. Si l'on envisage l'histoire nucléaire sous l'angle de la non-linéarité et des surprises, rien ne peut empêcher d'envisager que certains États, tels que l'Arabie Saoudite, l'Égypte, l'Algérie, le Brésil, l'Argentine, le Japon, la Corée du Sud, Taiwan, la Suède voire l'Afrique du Sud,

terme *prolifération* qui est généralement employé pour évoquer le processus de nucléarisation des États. Pourtant, cette question de la *prolifération horizontale* demeure une interrogation légitime. Quelles conditions pourraient amener à un accroissement (rapide) du nombre d'États nucléarisés ? L'arme nucléaire constitue une garantie d'indépendance et de sécurité pour la survie de certains États face à la perception qu'ils ont de menaces qui pèsent sur leur régime politique[101]. L'arme nucléaire permet à des États de sanctuariser leur territoire (« sanctuarisation agressive »[102]) contre certains adversaires extérieurs[103] ou intérieurs[104]. L'arme nucléaire traduit également la volonté de certains États de s'affirmer sur la scène internationale comme une puissance régionale ou globale, d'accroître leur influence, de « réduire les contraintes d'un système mondial qui leur est défavorable »[105] voire de modifier l'ordre international[106]. Ces *motifs*, qui pourraient amener des

---

suivant l'évolution des contextes stratégiques régionaux et du contexte stratégique global, revoient leurs positions. Bruno Tertrais, *Peut-on prévoir la prolifération ?*, FRS, *Recherche & documents*, n° 4, 2011, p. 19. Pour une lecture qui prend le contre-pied de la thèse d'une téléologie de la prolifération en expliquant que les États émergents prolifèrent peu et que cette absence de prolifération n'est pas la cause de contraintes internes ou externes, voir Benoît Pelopidas, « Les émergents et la prolifération nucléaire. Une illustration des biais téléologiques en relations internationales et leurs effets », *Critique internationale*, vol. 3, n° 56, 2012, p. 57-74 et « A Bet Portrayed as a Certainty : Reassessing the Added Deterrent Value of Nuclear Weapons », in George P. Shultz, James E. Goodby, *The war that must never be fought, op. cit.*, p. 5-55.

[101] C'est le cas de la Corée du Nord ou encore de l'Iran. L'arme nucléaire est alors considérée comme une « assurance vie » pour ces régimes. Les renoncements irakien et libyen d'acquérir l'arme nucléaire ont renforcé ce constat.

[102] Voir Corentin Brustlein, « À l'ombre de la dissuasion : la sanctuarisation agressive », *Les Grands Dossiers de diplomatie*, octobre-novembre 2013.

[103] Par exemple Israël même si dans ce cas la sanctuarisation n'a pas empêché cet État de subir des attaques d'États non nucléaires.

[104] C'est le cas de la Russie dont la capacité nucléaire empêche toute intervention militaire officielle en soutien à d'éventuels territoires qui voudraient faire sécession.

[105] Gassam Salamé cité dans Jean-Jacques Roche, *Un Empire sans rival. Essai sur la pax democratica*, Paris, Vinci, 1996, p. 83.

[106] C'est ce qu'illustre le cas de l'Inde et sa volonté, non aboutie, d'intégrer le Conseil de sécurité des Nations Unies. L'Union européenne pourrait également être un cas d'école. Le sujet de la « dissuasion européenne » n'est pas nouveau. Il avait déjà été évoqué dans les années 1960 par des stratèges (André Beaufre ou encore Raymond Aron) comme une alternative à l'intégration nucléaire atlantiste. Cette idée réapparaît par la suite dans le discours de François Mitterrand le 11 janvier 1992 lors des rencontres nationales pour l'Europe avec comme toile de fond la rupture stratégique de la fin de la Guerre froide. Pour certains responsables politiques européens actuels, comme le parlementaire allemand et porte-parole de son parti pour les affaires de défense et de sécurité Roderich Kiesewetter (CDU) ou Jaroslaw Kaczynski, ancien Premier ministre polonais et actuel président du Parti Droit et Justice (PiS), un retrait américain du continent ou une volonté européenne d'indépendance vis-à-vis des États-Unis et de l'OTAN pourraient voir émerger un projet d'*Eurodeterrent* développé principalement sur la base

États à se doter de l'arme nucléaire, doivent être relativisés par des raisons objectives qui expliquent que les prédictions qui avaient été réalisées dans les années 1960 n'ont jamais été atteintes. Ce phénomène devrait donc demeurer marginal. D'une part, les coûts financiers et politiques du développement de l'arme continuent à être des freins importants pour des acteurs qui voudraient se doter de cette technologie[107]. D'autre part, les dispositifs de détection, de surveillance et de renseignement dans ce domaine sont aujourd'hui très performants ce qui limite la possibilité pour des acteurs d'obtenir des matériaux radioactifs et d'accéder à cette technologie. Enfin, le démantèlement par l'Afrique du Sud de son arsenal témoigne de la possibilité de « désinventer la bombe »[108]. Il remet en question le caractère souvent présenté comme inévitable de la *prolifération*. L'abandon par un État de son programme nucléaire pourrait être un autre moyen pour lui d'assurer sa survie ou, pour un dirigeant politique, d'acquérir une légitimité interne ou internationale. Ces constatations invitent donc à reconsidérer l'importance des facteurs internes dans les comportements des États sur la scène internationale et les critères traditionnels de la puissance.

La *prolifération verticale* constitue un autre axe de réflexion, complémentaire du premier. Assurément, la baisse des arsenaux nucléaires depuis la fin

---

des capacités françaises. Cette hypothèse est aujourd'hui peu crédible. Elle impliquerait une remise en question des relations entre l'Union et l'OTAN. Elle nécessiterait un accord de la France ce qui modifierait fondamentalement sa doctrine nucléaire. Elle signifierait un changement majeur dans l'image que l'Union européenne veut renvoyer d'elle-même. Enfin, elle impliquerait d'un point de vue constitutionnel une remise en question de l'autocratie nucléaire traditionnelle. Voir https://www.reuters.com/article/uk-germany-usa-nuclear/german-lawmaker-says-europe-must-consider-own-nuclear-deterrence-plan-idUSKBN13B1GO (consulté le 20 avril 2018). http://www.faz.net/aktuell/politik/ausland/polen-kaczynski-macht-werbung-fuer-angela-merkel-14859897.html (consulté le 20 avril 2018). Sur l'autocratie nucléaire voir Henri Pac, *Politiques nucléaires*, Paris, PUF, Que sais-je ?, 1995 ; Samy Cohen, *La monarchie nucléaire : les coulisses de la politique étrangère sous la Ve République*, Paris, Hachette, 1986 ; Jean Guisnel, Bruno Tertrais, *Le Président et la bombe*, Paris, Odile Jacob, 2016.

[107] C'est notamment l'argument de Joseph Henrotin qui indique que certains pays, comme la Suède, la Suisse, Taiwan, la Corée du Sud, le Nigéria, le Brésil, l'Argentine, ont abandonné leur projet pour des raisons financières ou politiques, notamment intérieures. D'autres, comme la Libye ou l'Algérie ont renoncé à leurs programmes sous la pression extérieure. D'autres encore, comme l'Irak et la Syrie ont vu leurs installations détruites par des frappes israéliennes. Joseph Henrotin, « La dissuasion », *in* Stéphane Taillat, Joseph Henrotin, Olivier Schmitt, *Guerre et stratégie. Approches, concepts, op. cit.*, p. 438.

[108] Jean-Jacques Roche, *Un Empire sans rival. Essai sur la pax democratica, op. cit.*, p. 82. Voir Benoît Pelopidas, « La couleur du cygne sud-africain. Le rôle des surprises dans l'histoire nucléaire et les effets d'une amnésie partielle », *Annuaire français des relations internationales*, art. cité. Sur la dénucléarisation des relations internationales, voir le troisième débat dans la présente introduction.

de la Guerre froide constitue une surprise positive. Cette tendance à la baisse s'explique par trois facteurs au moins. Tout d'abord, le coût de la maintenance et de la sécurisation des systèmes d'armes nucléaires au détriment des forces conventionnelles. Ensuite, la transformation du système international et la disparition de la menace soviétique. Enfin, le risque que constituent la « piraterie stratégique » et ce qu'elle implique[109]. Mais cette baisse tendancielle des arsenaux des États dotés ne doit pas masquer une autre réalité qui est celle de la modernisation de leurs arsenaux nucléaires. Cette question doit être replacée dans la perspective de la concurrence en termes de recherche et développement que se livrent les États dotés et rappelle la course aux armements américano-soviétiques durant la Guerre froide. Ce processus de modernisation porte à la fois sur la nature des vecteurs (missiles à têtes multiples), sur les moyens de les lancer (sous-marins lanceurs d'engins, stations de lancement mobiles), de les intercepter (défense antimissile) et sur leur miniaturisation (*mini-nukes*)[110]. Cette modernisation des arsenaux nucléaires pourrait-elle aboutir à terme à un affaiblissement de la tradition du non-emploi ?[111] Une telle remise en question pourrait être la conséquence d'une

---

[109] D'une part, le risque qu'elle permette à un État de se doter. D'autre part, le risque que des acteurs non étatiques accèdent à la technologie nucléaire soit en prenant le pouvoir dans un État déjà doté, soit par l'acquisition de matériaux radioactifs pour réaliser un attentat. L'expression « terrorisme nucléaire » ou « terrorisme stratégique » fait référence à des actes de sabotage, à des atteintes matérielles ou à des cyberattaques contre des installations nucléaires ou à des attentats avec des « bombes sales » radiologiques. La prévision de Graham Allison dans son ouvrage de 2004 qui envisageait « avant 2014 » une attaque nucléaire terroriste contre un centre urbain américain ne s'est heureusement pas réalisée. Pour certains spécialistes, la technologie nucléaire n'est pas adaptée à des actes terroristes à la différence des « bombes sales » bactériologiques ou chimiques. Pour d'autres, comme John Mueller, le « terrorisme nucléaire » est un nouvel argument pour générer des peurs collectives et maintenir un haut niveau d'investissement dans le secteur nucléaire. Sur la « piraterie stratégique », voir Thérèse Delpech, *La dissuasion nucléaire au XXI siècle, op. cit.* ; pour approfondir le débat sur le terrorisme nucléaire voir Graham Allison, *Nuclear Terrorism : The Ultimate Preventable Catastrophe*, New York, Times books/Henry Hoilt, 2004 ; Charles Ferguson, William Potter, Amy Sands, *The Four faces of Nuclear terrorism*, Londres, Routledge, 2005 ; Michael Levi, *On Nuclear Terrorism*, Cambridge, Harvard University Press, 2007 ; Alan Kuperman (dir.), *Nuclear Terrorism and Global Security. The Challenge of Phasing out Highly Enriched Uranium*, Londres, Roultledge, 2013 ; Andrew Futter, *Hacking the Bomb : Cyber Threats and Nuclear Weapons*, Georgetown University Press, 2018. Pour une analyse critique du « terrorisme nucléaire » voir notamment Robin Frost, « Nuclear Terrorism After 9/11 », *Adelphi Papers*, 378, décembre 2005 ; John Mueller, *Overblown : How Politician and the Terrorism Industry Inflate National security Threats, and Why We Believe Them*, New York, Free Press, 2006 ; John Mueller, *Atomic obsession, op. cit.*

[110] À titre indicatif, la modernisation de l'arsenal nucléaire américain est estimée à 1250 et 1450 milliards de dollars sur 30 ans loin devant tous les autres États.

[111] Thazha Varkey Paul, *The Tradition of Non-Use of Nuclear Weapons*, Stanford, Stanford University Press, 2009. Nous renvoyons également à l'épigraphe qui figure au début

banalisation de l'arme nucléaire et des opportunités offertes par l'innovation technologique qui pourraient entraîner une évolution des stratégies et doctrines des États désireux de développer des moyens adaptés aux vulnérabilités créées par l'arme nucléaire elle-même. Les progrès déjà réalisés en matière d'innovation technologique ont rendu vaine la protection du territoire des États et de leurs populations. L'impossibilité d'intercepter un missile (lancé notamment depuis un SNLE), à cause de sa vitesse et de sa nature (têtes multiples), a introduit un paradoxe : l'arme nucléaire n'est pas synonyme « d'arme absolue », mais elle est synonyme de « vulnérabilité absolue »[112]. En réponse à cette situation d'impuissance, certains États considèrent que la dissuasion nucléaire, et plus largement les armes nucléaires ne sont plus adaptées aux réalités stratégiques actuelles. Elles sont même dangereuses. Il convient donc de dénucléariser les relations internationales. D'autres, au contraire, sont tentés de développer des moyens pour se prémunir contre d'éventuelles attaques : un bouclier pour se protéger contre l'épée. Cette partie du débat qui relève de l'opposition entre la défensive et l'offensive remonte à la Guerre froide. Du point de vue théorique, il se traduit par une opposition entre les tenants de la défense antimissile qui considèrent qu'elle crédibilise la dissuasion (Herman Kahn) et ceux qui, au contraire, considèrent qu'elle la rend instable (Thomas Schelling)[113]. Le débat sur les défenses antimissiles pose

---

de cette partie et qui reprend la présentation que propose Bastien Hirondelle du débat entre la thèse dominante de la dissuasion et celle du tabou nucléaire ainsi qu'à la première partie de cette introduction sur l'état des lieux des doctrines et moyens qui évoque, en référence aux travaux de Nina Tannewald, la posture américaine et la question de la levée du tabou nucléaire.

[112] Benoit Pelopidas indique : « Au fond, les systèmes d'armes nucléaires ne sont pas "l'arme absolue" ou une "arme de destruction massive". Ce qui les distingue depuis les années 1960, c'est le couplage d'un explosif particulier, qui détruit la vie et les objets inanimés très rapidement et cause des dommages durables, à des missiles balistiques intercontinentaux contre lesquels n'existe aucune protection crédible. La puissance militaire des États-Unis et de l'Union soviétique au cours de la guerre froide n'a en rien remédié à leur vulnérabilité fondamentale (Jervis 1989). Penser la puissance dans un monde où des armes nucléaires existent, c'est d'abord reconnaître cette vulnérabilité ». Voir Benoît Pelopidas, « "Avoir la bombe" – Repenser la puissance dans un contexte de vulnérabilité nucléaire globale », *CERISCOPE, Puissance*, 2013, [en ligne], http://ceriscope.sciences-po.fr/puissance/content/part1/avoir-la-bombe-repenser-la-puissance-dans-un-contexte-de-vulnerabilite-nucleaire-globale (consulté le 11 mai 2018).

[113] Ce débat porte sur les programmes qui sont supposés « compléter » ou « renforcer » la dissuasion. Les Soviétiques, durant la Guerre froide, ont développé le programme *Galosh*. Les Américains ont réalisé, dès les années 1960, le programme *Sentinell* pour se prémunir des attaques soviétiques, puis *Safeguard* dans les années 1970, IDS dans les années 1980. Dans la période post-Guerre froide, les États-Unis ont développé les programmes GPALS (*Global Protection against Limited Strikes*) début 1990, NMD (*National Missile defence*) fin des années 1990, le système BDM début des années 2000 et plus récemment le GMD (*Ground-based Midcourse Defense*). De son côté, l'OTAN, dans les

également la question de l'*arsenalisation* de l'espace. L'utilisation de l'espace à des fins militaires accroîtrait-elle le nombre d'États cherchant à se doter de l'arme nucléaire – la prolifération verticale entraînant une prolifération horizontale – ou, en garantissant la supériorité de la défensive sur l'offensive, pourrait-elle avoir pour effet de mettre un terme à l'ère nucléaire ?

Le troisième débat porte sur la dénucléarisation des relations internationales. *A priori*, le débat sur la *prolifération verticale* indique que l'arme nucléaire a un « bel avenir »[114]. Pourtant, plusieurs responsables politiques internationaux, dont certains étaient déjà aux responsabilités durant la guerre froide, considèrent que le rôle de l'arme nucléaire dans les relations internationales et stratégiques ne va plus de soi[115]. La conception américaine

---

années 2000, a développé le programme ALTMB (*Active Layered Theatre Ballistic Missile Defense*) pour parer notamment à d'éventuelles frappes nord-coréennes ou iraniennes. De même, la Chine œuvre depuis les années 1960 (projet *Fan Ji* à l'époque) au développement d'un programme antimissile et antisatellite (systèmes antiaériens et antimissiles mobiles S-400, missiles sol-air HongQi-10, missiles balistiques antinavires de portée intermédiaire DF-21). Le Japon, soutenu par les États-Unis, et la Corée du Sud développent également des programmes antimissiles pour parer à d'éventuelles frappes nord-coréennes. L'Inde cherche aussi à développer des défenses antimissiles contre le Pakistan. Enfin, Israël a développé un système de défense antimissiles multicouches (« Dôme de fer » première couche, « Fronde de David » deuxième couche, « Arrow 2 » troisième couche et « Arrow 3 » quatrième couche) destiné à couvrir l'intégralité de son territoire aussi bien contre les tirs de roquettes voisins que contre un éventuel missile venant de l'Iran. Sur ces points voir Bruno Tetrais, « Défense antimissile et dissuasion nucléaire », *Revue de Défense Nationale*, n° 811, juin 2018, p. 117-118 et 122-123. Bruno Tertrais relève que la défense antimissile peut renforcer (élévation du seuil nucléaire et augmentation de la marge de manœuvre du défenseur) et compléter la dissuasion nucléaire (moyen de « dissuasion par interdiction, augmentation des risques pour l'agresseur, alternative à la frappe limitée et la dissuasion nucléaire en cas d'accident ou de frappe « sans raison stratégique »). La défense antimissile peut également avoir pour fonction de « décourager l'adversaire d'investir dans le domaine des missiles ». Voir également, Benoît Pelopidas, « A Bet Portrayed as a Certainty : Reassessing the Added Deterrent Value of Nuclear Weapons », *in* George P. Shultz, James E. Goodby, *The war that must never be fought, op. cit.*, p. 7.

[114] Philippe Delmas, *Le bel avenir de la guerre*, Paris, Gallimard, 1995 ; Bruno Tertrais, « Le bel avenir de l'arme nucléaire », art. cité.

[115] Aux États-Unis, Barak Obama, mais également George P. Shultz, William J. Perry, Henry A. Kissinger et Sam Nunn qui ont été à l'initiative en 2007 du *Nuclear Security Project*. En Russie Mikhail Gorbachev. En France, Michel Rocard (ancien Premier ministre), Alain Juppé (ancien Premier ministre et ministre de la Défense), Paul Quilès (ancien ministre de la Défense, président de l'initiative pour le désarmement nucléaire et du réseau Maires pour la paix), Alain Richard, Hervé Morin (anciens ministres de la Défense) et le général Bernard Norlain (général d'armée aérienne, ancien commandant de la force aérienne de combat). Sur les États-Unis voir George P. Shultz, William J. Perry, Henry A. Kissinger, Sam Nunn, « A World Free of Nuclear Weapons », *Wall Street Journal*, 4 janvier 2007, p. A 15 ; Mikhail Gorbachev, « The Nuclear Threat », *Wall Street Journal*, 31 janvier 2007, p. A13 ; George P. Shultz, William J. Perry, Henry A. Kissinger, Sam Nunn, « Toward a Nuclear Free World », *Wall Street Journal*, 15 janvier 2008. Sur la France voir Alain Juppé,

n'est pas *angéliste*. Elle rejoint un argument déjà ancien qui remonte aux années 1950 lorsque Paul Nitze avait déclaré que « les intérêts des États-Unis seraient mieux servis si les armes nucléaires étaient effectivement éliminées des arsenaux nationaux en temps de paix »[116]. La sortie de la bipolarité impliquait de repenser l'utilité de ces armes et, éventuellement, ce qu'évoque Paul Nitze, leur conversion en armes conventionnelles. Plusieurs raisons, parfois complémentaires, expliquent la thèse abolitionniste et l'idée qu'une nouvelle ère « postnucléaire » (la formule est de Pierre Lelouche) pourrait s'ouvrir. D'une part, le constat de l'obsolescence des guerres majeures qui disqualifie la dissuasion nucléaire. Ce constat qui découle de la thèse de la *hollandisation* progressive de la société internationale renvoie une image désuète de l'arme nucléaire et de la dissuasion[117]. D'autre part, la nature

---

Bernard Norlain, Alain Richard, Michel Rocard, « Pour un désarmement nucléaire mondial, seule réponse à la prolifération anarchique », *Le Monde*, 14 octobre 2009 ; Michel Rocard, « S'engager vers un désarmement nucléaire simultané, équilibré et négocié », *Revue internationale et stratégique* 2010/3 (n° 79), p. 103-111 ; Paul Quilès, *Nucléaire, un mensonge français*, Paris, Charles Léopold Mayer, 2012 ; Paul Quilès, Bernard Norlain et Jean-Marie Collin, *Arrêtez la bombe !*, Paris, Le Cherche Midi, 2013. Voir également le texte de François de Rose, ambassadeur de France et ancien représentant de la France au Conseil Atlantique, et Olivier Debouzy, avocat aux barreaux de Paris et Bruxelles, ancien membre de la commission du livre blanc sur la défense et la sécurité nationale (2007-2008) « Éliminer les armes nucléaires ? », *Commentaire*, vol. 126, n° 2, 2009, p. 363-370. Voir également, Ivo Daalder, Jan Lodal, « The Logic of Zero », *Foreign Affairs*, novembre/décembre 2007 ; George Perkovich, James M. Acton, *et al.*, *Abolishing Nuclear Weapons, A Debate*, Washington, Carnegie Endowment, February 2009 ; Sidney Drell and James Goodby, « The Reality : A Goal of a World Without Nuclear Weapons is Essential », *Washington Quarterly*, été 2008, p. 23-32 ; ainsi que Barthélemy Courmont, « Le désarmement nucléaire selon Barack Obama », *Revue internationale et stratégique* 2010/3 (n° 79), p. 125-130 ; Jean-Paul Chagnolleau, *Brève histoire de l'arme nucléaire. Entre prolifération et désarmement*, Paris, Ellipse, 2011. Pour une présentation des différentes étapes qui ont structuré le mouvement abolitionniste, voir Charles-Philippe David, « Chapitre 8. Le génie nucléaire retourne-t-il dans sa lampe ? », *La guerre et la paix. Approches et enjeux de la sécurité et de la stratégie*, Presses de Sciences Po, 2013, p. 269-271.

[116] Cité dans Charles-Philippe David, *La guerre et la paix, op. cit.*, p. 271.
[117] La « déligitimation » des armes nucléaires part d'une remise en question de l'idée même de *pax atomica* et du rôle stabilisateur que peuvent avoir ces armes. Pour des auteurs comme John Mueller ou Francis Gavin elles n'auraient finalement eu que peu d'effets positifs sur les relations internationales durant la Guerre froide et seraient tout aussi inefficaces à l'ère post Guerre froide. « L'obsession nucléaire » coûte très cher. En plus, elle est incompatible avec les normes morales et légales à l'œuvre dans le *milieu* international. Ainsi, les stratégies nucléaires seraient productrices d'un « alarmisme » excessif fondé sur des « mythes historiques ». Elles sont dangereuses, car elles ont plutôt tendance à accroître l'instabilité qu'à la résorber. Sur l'obsolescence des guerres majeures voir John Mueller, *Retreat from Doomsday : The Obsolescence of Major War*, New. York, Basic Books, 1989 ; sur la « déligitimation » des armes nucléaires voir Ken Berry, Patricia Lewis, Benoît Pelopidas, Nikolai Sokov, Ward Wilson, *Delegitimizing Nuclear Weapons : Examining the Validity of Nuclear Deterrence*, James Martin Center for Nonproliferation Studies, Monterey Institute of International Studies, 2010. Sur l'obsession et les mythes

des acteurs et des menaces sur la scène internationale implique des conséquences philosophiques, sociologiques, politiques et stratégiques. Le rôle croissant des organisations internationales, des organisations non gouvernementales, la structuration de la société civile mondiale et la production de normes morales et juridiques invitent désormais à penser les questions stratégiques, en particulier l'usage de l'arme nucléaire, au prisme d'une éthique des relations internationales. Elle s'oppose à l'idée d'une prise en otage de l'humanité et privilégie une attitude responsable, prudente et coopérative qui se traduirait par l'abolition des armes nucléaires[118]. Parallèlement, les menaces sécuritaires, humaines, culturelles, environnementales les plus prégnantes à l'heure actuelle pour les sociétés (migrations, terrorisme, trafic de drogue, blanchiment d'argent, conflits pour les ressources, réchauffement climatique) sont éloignées des préoccupations liées à la dissuasion nucléaire. Ces menaces relèvent de la question nucléaire lorsqu'elles portent sur les installations nucléaires civiles ou militaires et leurs vulnérabilités[119]. La thèse abolitionniste est discutée par des auteurs, notamment (néo)réalistes, tels que Kenneth Waltz, qui considèrent que l'arme nucléaire possède toujours un rôle de premier plan dans les relations internationales[120]. La paix relative

---

nucléaires voir John Mueller, *Atomic Obsession : Nuclear Alarmism from Hiroshima to al-Qaeda*, New York, Oxford University Press, 2010 ; Francis Gavin, « Same As it Ever was. Nuclear Alarmism, Proliferation, and the Cold War », *International Security*, 34, hiver 2010, p. 7-37 ; Ward Wilson, « The Myth of Nuclear Deterrence », *The Nonproliferation Review*, vol. 15, n° 3, 2008, p. 421-439 ; Ward Wilson, *Armes nucléaires et si elles ne servaient à rien ? 5 mythes à déconstruire*, Bruxelles, GRIP, 2015.

[118] Le prix Nobel de la paix décerné en 2017 à ICAN (*International campaign to abolish nuclear weapons*, collectif d'ONG qui a été créé en 2007) pour leur action en faveur de la signature d'un traité d'interdiction des armes nucléaires traduit cette tendance.

[119] C'est le cas des cybermenaces qui impliquent notamment de penser le dilemme de sécurité cyber et nucléaire, les cyberattaques étant désormais susceptibles d'influencer les perceptions et comportements des États nucléaires. La révolution numérique a accru les vulnérabilités des infrastructures nucléaires militaires et civiles. Incidents techniques et bugs, cyberattaques contre des systèmes de commandement et de contrôle de moyens de dissuasion nucléaire ou contre des centrales nucléaires, piratages de données et d'informations sensibles militaires ou industrielles relatives aux installations nucléaires font désormais partie des menaces auxquelles les États doivent être préparés et auxquelles ils doivent pouvoir répondre en termes de sécurisation et de modernisation des installations, d'adaptation des procédures, de riposte (nucléaire ?) dans le cas d'une cyberattaque de très grande ampleur. Sur le dilemme de sécurité cybernucléaire voir Andrew Futter, *Hacking the bomb : cyber threats and nuclear weapons*, Washington, Georgetown University Press, 2018.

[120] Voir notamment, Kenneth Waltz, « The Spread of Nuclear Weapons : More May be Better », *Adelphi Papers*, numéro 171, 1981 ; sur le débat entre Scott D. Sagan qui considère qu'il faut encadrer la prolifération (« *more may be worse* ») et Kenneth N. Waltz pour lequel au contraire l'augmentation du nombre d'États nucléaires ne serait pas nécessairement une mauvaise chose (« *more may be better* »), voir *The Spread of Nuclear Weapons : An Enduring Debate*, New York & Londres, W.W. Norton & Co,

que le système international a connu depuis la fin de la Seconde Guerre mondiale, évoquée par John Gaddis, et le phénomène d'obsolescence des guerres majeures, relevé par John Mueller, sont les conséquences de l'équilibre nucléaire qui a amené les États dotés à tempérer l'usage de la violence dans leurs relations et à privilégier d'autres moyens, notamment diplomatiques, pour faire triompher leurs intérêts[121]. C'est ce qu'indique Edward Luttwak dans la conclusion de son commentaire de l'ouvrage de Fred Kaplan, *The Wizards of Armageddon : Strategists of the Nuclear Age* : « c'est un fait qui n'a besoin d'aucune documentation que nous avons vécu depuis 1945 sans une autre guerre mondiale précisément parce que les esprits rationnels ne se sont pas abandonnés à l'irrationalité, mais ont plutôt échafaudé des plans et procédures, les modes de déploiement et les politiques qui arrachaient une paix durable de la seule terreur des armes nucléaires ». Cet argument d'Edward Luttwak est très largement contredit par John Mueller dans son article « The Essential Irrelevance of Nuclear Weapons : Stability in the Postwar World »[122]. Ainsi, pour les réalistes notamment, parce que l'arme nucléaire constitue l'une des pierres angulaires du système politique mondial, sa suppression pourrait avoir de graves conséquences sur la stabilité internationale[123]. Un désarmement nucléaire complet serait donc synonyme

---

3ᵉ éd., 2012. Voir également, Charles Glaser, « Realists as Optimists : Cooperation as Self-Help », *International Security*, vol. 19, hiver 1995, p. 50-90 ; Scott Sagan, « Realist Perspectives on Ethical Norms and Weapons or Mass Destruction », *in* Scott D. Sagan, Sohail H. Hashmi, Steven P. Lee, *Ethics and Weapons or Mass Destruction*, Cambridge, Cambridge University Press, 2004 ; voir également Charles-Philippe qui divise la perspective réaliste en trois tendances : les « colombes » favorables à la prolifération (« more be better »), les « hiboux » tenants d'une gestion politique et diplomatique qui limite la prolifération (« more may be worse ») et les « faucons » adeptes de la contre-prolifération et des frappes « préemptives » et préventives (« more is bad ! »). Voir Charles-Philippe David, *La guerre et la paix. Approches et enjeux de la sécurité et de la stratégie, op. cit.*, p. 280.

[121] John Lewis Gaddis, *The Long Peace*, New York, Oxford University Press, 1990. Pour un point de vue identique voir également Michael Quinan, *Thinking about nuclear weapons. Principles, Problems, Prospects*, New York, Oxford University Press, 2009.

[122] Edward Luttwak, « Of Bombs and Men », *Commentary*, août 1983, p. 82 ; et John Mueller, « The Essential Irrelevance of Nuclear Weapons : Stability in the Postwar World. », *International Security*, vol. 13 n° 2, 1988, p. 55-79, voir également son ouvrage *The Atomic Obsession, op. cit.*, p. 30 sq.

[123] Notons que certaines contributions éliasiennes aux relations internationales soulignent que les armes nucléaires, et l'équilibre qu'elles créent, parce qu'elles obligent les États à l'autocontrainte, à la responsabilité, ont un effet pacificateur voire un effet civilisateur sur les grandes puissances. Elles pourraient produire « l'équivalent fonctionnel du monopole central de la violence ». Voir Godfried van Benthem van den Bergh, *The Nuclear Revolution and the End of the Cold War : Forced Restraint*. Basingstoke, Macmillan, 1992 ; Stephen Mennell, « The globalization of human society as a very long-term social process : Elias's theory », *Theory, Culture and Society*, 7 (2-3), 1990, p. 359-371 ; Wilbert van Vree, *Meetings, Manners and Civilization : The Development of Modern Meeting*

de retour en force des guerres conventionnelles[124]. Une troisième perspective, intermédiaire en rapport aux thèses abolitionniste et réaliste, consiste à reconnaître que l'arme nucléaire ne joue plus forcément un rôle majeur dans les relations internationales comme cela a été le cas durant la Guerre froide. L'armement nucléaire « est de moins en moins pertinent pour la sécurité des États modernes »[125]. Malgré ce constat, il serait illusoire de penser qu'un désarmement complet puisse être réalisé dans le contexte actuel. La réduction du nombre d'armes nucléaires dans le monde invite à penser sa relégation à un rôle secondaire comme l'illustrent les stratégies de dissuasion minimale, de stricte suffisance ou de virtualisation[126]. La perspective d'une dissuasion minimale repose la question, déjà soulevée par Albert Wohlstetter, de la guerre nucléaire limitée[127]. Cette troisième voie peut être considérée comme étant complémentaire de la thèse abolitionniste évoquée précédemment puisqu'elle inverse la logique du « déterminisme capacitaire »[128]. Elle pourrait être envisagée comme une étape décisive vers un désarmement nucléaire. En ce sens, elle s'inscrit dans une vision (néo-)libérale. Dans cette perspective,

---

Behaviour. London, Leicester University Press, 1999 ; Andrew Linklater, *Critical Theory and World Politics*, Londres & New York, Routledge, p. 197, 201, 202.

[124] Un désarmement complet ne supprimerait pas pour autant le savoir lié à la production de telles armes. L'émergence d'une puissance nucléaire dans un environnement dénucléarisé serait alors un risque majeur. Pour un point de vue sur les limites du désarmement nucléaire, Corentin Brustlein, « Les espoirs déçus du désarmement nucléaire », *Études*, tome 419, n° 9, 2013, p. 163-172.

[125] Cité par Charles-Philippe David, *La guerre et la paix. Approches et enjeux de la sécurité et de la stratégie, op. cit.*, p. 272 ; Olivier Thränert, « Would We Really Miss the Nuclear Nonproliferation Treaty », *International Journal*, 63, p. 327-340.

[126] Michael Mazarr, « Virtual Nuclear Arsenals », *Survival*, vol. 37, n° 3, automne 1995, p. 7-26 ; Michael Mazarr (dir.), *Nuclear Weapons in a Transformed World : The Challenge of Virtual Nuclear Arsenals*, New York, St, Martin's Press, 1997 ; sur le débat dissuasion virtuelle et dissuasion minimale voir Pascal Boniface, *Repenser la dissuasion nucléaire*, Paris, Éditions de l'Aube, 1997 ; Voir également, Joseph Cirincone, *The History and Future of Nuclear Weapons*, New York, Columbia University Press, 2007 ; Richard Rhodes, *The Twilight of the Boms : Recent Challenges, New Dangers, and the Prospects for a World without Nuclear Weapons*, New York, Knopf, 2010 ; François Heisbourg (dir.), *Les armes nucléaires ont-elles un avenir ?*, Paris, Odile Jacob, 2011 ; David Cumin, « La dissuasion nucléaire japonaise, ou la virtualité stratégique », *Les Champs de Mars*, vol. 25, n° 1, hiver 2013, p. 129-131 ; Nicolas Roche, *Pourquoi la dissuasion ?*, Paris, PUF, 2017.

[127] Point déjà évoqué dans le premier débat de cette introduction. Voir également Stephen J. Cimbala, *Getting Nuclear Weapons Right : Managing Danger and Avoiding Disaster*, Lynne Rienner Publisher, 2017.

[128] C'est la thèse qui semble la plus crédible pour parvenir à un désarmement nucléaire planétaire. Elle est notamment défendue par Hans M. Kristensen, Robert S. Norris, Ivan Oelrich, voir *From Counterforce to Minimal Deterrence : A New Nuclear Policy on the Path Toward Eliminating Nuclear Weapons*, Washington, Federation of American Scientists/Natural Resources Defense Council, *Occasional Papers* n° 7, April 2009. Sur le « déterminisme capacitaire » voir Benoit Pelopidas, « La prolifération est-elle inéluctable ? », *Revue internationale et stratégique*, 2010/3 n° 79, p. 134-135.

précise Charles-Philippe David, « la dissuasion se transforme en état d'être sans pouvoir. Elle est « existentielle », soit non pas désinventée, mais latente, dans l'éventualité où elle devrait être réveillée et ses moyens reconstitués »[129]. Quelle que soit la perspective envisagée dans ce débat, l'arme nucléaire reste un *attracteur* de la vie internationale. Les événements récents, en particulier les essais nucléaires réalisés par la Corée du Nord et les négociations sur le nucléaire iranien, témoignent de sa place centrale dans les relations internationales et de l'intensité des crises dont elle est la source en particulier dans un environnement mondialisé et multipolaire[130]. Dès lors, la question est de savoir si l'ordre nucléaire ne risque pas de devenir un « désordre nucléaire » dangereux pour l'humanité[131]. Cette question impose de développer une connaissance objective sur la technologie nucléaire et ses usages notamment militaires[132]. C'est à cet enjeu que répond notamment le présent ouvrage.

Les trois débats que nous venons de présenter permettent d'identifier les différents enjeux qui structurent la problématique du présent ouvrage et qui pourrait se décliner au travers des questions suivantes : comment expliquer le constat, posé par certains spécialistes, d'un « grand retour » du nucléaire sur la scène internationale ?[133] Le contexte, multipolaire, hétérogène, parce qu'il rassemble des acteurs étatiques, non étatiques, aux idéologies, politiques étrangères et de sécurité, ressources très différentes, où les doctrines

---

[129] Charles-Philippe David, *La guerre et la paix. Approches et enjeux de la sécurité et de la stratégie, op. cit.*, p. 271.

[130] C'est ce qu'évoque Stephen Cimbala lorsqu'il souligne l'importance de la multipolarité et les rivalités régionales dans la production de situations de tension qui pourraient être incontrôlables et qui impliquent de réinterroger l'approche réaliste et la rationalité de la dissuasion. Stephen J. Cimbala, « Nuclear Proliferation in the Twenty-First Century : Realism, Rationality, or Uncertainty ? », *Strategic Studies Quarterly*, vol. 11, n° 1, 2017, p. 129-146.

[131] C'est l'idée avancée par Graham Allison dans son article « Nuclear Disorder », *Foreign Affairs*, 89, janvier-février 2010, p. 74-85.

[132] C'est l'objectif du programme *Nuclear Knowledges* abrité par le CERI à Sciences Po Paris, dirigé par Benoît Pelopidas, qui travaille de manière indépendante à la construction de savoirs sur le nucléaire en lien notamment avec les risques d'accidents et de crises. Selon Benoît Pelopidas les termes du débat posé actuellement sur la question nucléaire ne correspondent pas à la réalité. Fort d'une expérience dans quatre pays (France, Suisse, Royaume-Uni, États-Unis), dans lesquels il a été primé pour ses travaux, il cherche à proposer un regard différent sur la question nucléaire. Son objectif est de promouvoir une recherche fondamentale, radicalement indépendante et transparente, nécessaire pour contribuer objectivement et utilement à structurer un débat public de qualité sur ce sujet. Il ne s'agit pas de se placer dans une posture militante, pour ou contre le nucléaire, mais de faire le « pas de côté » qui n'a pas été fait depuis 40 ans et proposer ainsi une alternative constructive. Pour une présentation détaillée de ce programme, voir : https://www.sciencespo.fr/nk/; pour une illustration des travaux de recherche fondamentale menés dans le cadre de ce programme voir Benoît Pelopidas, « Pour une histoire transnationale des catégories de la pensée nucléaire », *Stratégique*, vol. 108, n° 1, 2015, p. 109-121.

[133] Marie-Thérèse Labbé, *Le grand retour du nucléaire*, Paris, Frison-Roche, 2006.

et capacités sont également très variables – Georges-Henri Soutou évoque une « asymétrie des systèmes et stratégies »[134] –, justifie-t-il cette hypothèse du « grand retour » ?[135] L'insécurité produite par ce contexte inciterait-elle certains acteurs à faire évoluer leurs doctrines et moyens ou à chercher à se doter de l'arme nucléaire pour garantir leur indépendance et leur sécurité, s'octroyer du prestige, assurer leur légitimité interne et internationale, façonner leur identité nationale et leur « identité de rôle » (Wendt) sur la scène internationale ? Ou bien, hypothèse contraire, l'attractivité de l'arme nucléaire, la volonté et la possibilité pour des acteurs étatiques, et même non étatiques, d'accéder à cette technologie ne demeurent-elles pas limitées, voire, dans un grand nombre de cas, inexistantes ? Sommes-nous au seuil d'un nouvel âge des stratégies nucléaires qui pourrait être synonyme soit de prolifération horizontale ou verticale et de remise en cause de la tradition de non-emploi soit de *délégitimation* de l'arme nucléaire ? En définitive, quelles sont les *ruptures* qui pourraient inviter à penser un tel changement ou, au contraire, quelles sont les *continuités* qui invitent à réfuter une telle hypothèse ?

Structuration de l'ouvrage

> Si le deuxième âge actuel est une époque de transition, à l'horizon 2010-2040 apparaissent quatre scénarios pour un troisième âge nucléaire. Le moins probable est celui d'une élimination totale des armes nucléaires à l'horizon 2030 […]. Le deuxième scénario prolongerait certaines tendances actuelles et nous paraît le plus souhaitable […]. Le troisième scénario, celui du pire, combinerait une relance de la course aux armements nucléaires entre grandes puissances avec des courses régionales, spécialement en Extrême-Orient et au Moyen-Orient […]. On ne saurait totalement exclure un quatrième scénario, celui de l'usage effectif de l'arme nucléaire dans le cadre d'une crise régionale[136].

Le présent ouvrage est divisé en quatre parties. La première partie de l'ouvrage retrace la genèse de la pensée nucléaire. Elle souligne la place qui a été celle de Lucien Poirier dans le débat stratégique franco-américain des origines. Les figures majeures qui ont alimenté par leurs réflexions le

---

[134] Georges-Henri Soutou, « Éditorial : Désarmement, non-prolifération, mesures de confiance, maîtrise des armements », *Stratégique*, vol. 108, n° 1, 2015, p. 7-15.
[135] Stephen J. Cimbala, *Nuclear deterrence in a multipolar world : the U.S., Russia and security challenges*, New York, Ashgate Publishing, 2016.
[136] Christian Malis, *Guerre et stratégie au XXI* siècle*, Paris, Fayard, p. 113-116.

débat stratégique à cette période sont, aux États-Unis, Bernard Brodie, Hermann Kahn, Thomas Schelling, Albert Wohlstetter, Henry Kissinger, et en France, Raymond Aron, Pierre-Marie Gallois, André Beaufre, Charles Ailleret. Lucien Poirier vient compléter cette liste d'internationalistes et de stratégistes qui ont apporté leur pierre à l'édification d'une pensée stratégique sur l'arme nucléaire. La deuxième partie aborde quant à elle la question du désarmement nucléaire sous l'angle stratégique et moral. La troisième partie s'intéresse à la diffusion, la prolifération et la non-prolifération ainsi que la virtualisation de l'arme nucléaire. Enfin, la quatrième partie replace l'arme nucléaire dans les théories relations internationales et en interroge les représentations. Chacune de ces parties aborde une dimension particulière des stratégies nucléaires et contribue aux débats présentés précédemment. Elles proposent des éclairages utiles sur l'histoire nucléaire. Elles permettent également d'envisager des scénarios d'avenir pour les armes et stratégies nucléaires dans les relations internationales, tels que ceux évoqués par Christian Malis dans l'épigraphe qui ouvre cette dernière partie.

La première partie de l'ouvrage débute avec deux contributions consacrées exclusivement aux travaux de Lucien Poirier. François Géré, tout d'abord, présente trois dimensions de l'œuvre du stratégiste : sa « boîte à outils » composée de différents outils théoriques utiles pour penser la stratégie (méthode, prospective, logique probabiliste, analyse systémique et histoire militaire), sa généalogie de la stratégie (une récapitulation des savoirs constitués par les penseurs et praticiens de l'action politico-militaire) et les concepts fondamentaux nécessaires pour penser un modèle de stratégie de dissuasion nucléaire possible pour la France (notamment le calcul de l'espérance de gain probable et le seuil d'agressivité critique au-delà duquel seraient déclenchées les représailles nucléaires). Dans ce texte, François Géré replace l'œuvre de Lucien Poirier dans la littérature stratégique de son époque et souligne le legs qu'elle constitue pour les stratégistes contemporains : elle est toute entière une réflexion sur le rôle de la violence armée organisée et sur la fonction de la guerre. Elle fait apparaître la stratégie comme l'exercice de la raison pour organiser, matérialiser et tempérer l'état de conflit permanent entre les sociétés humaines.

De notre côté, nous avons souligné un autre aspect des travaux de Lucien Poirier : sa contribution à l'étude des crises internationales qui, comme l'avons déjà évoqué dans cette introduction, est indissociable de l'histoire nucléaire. Ces travaux fondateurs pour son époque sont souvent injustement oubliés. Lucien Poirier a fait partie des observateurs attentifs des relations internationales qui ont pris conscience très tôt des effets que la dissuasion nucléaire, et les stratégies indirectes qu'elle produit, impliquent sur le système international en termes de multiplication des crises. Ses travaux pionniers rejoignent ceux d'autres chercheurs d'avant-garde qui, précocement, ont saisi les conséquences que cette situation de « ni paix-ni guerre », caractéristique de la Guerre froide, a entraînées sur l'autonomisation stratégique du concept de crise dans le spectre des états de conflit. Cette contribution entend ainsi revenir sur les facteurs qui ont structuré la pensée de Lucien Poirier sur les crises internationales de la Guerre froide. Elle entend également ouvrir la réflexion sur l'actualité de cette pensée pionnière pour penser les crises contemporaines.

La contribution de Bruno Tertrais élargit le spectre de la réflexion sur les travaux de Lucien Poirier au contexte de la production du concept français de dissuasion. Il propose dans son texte une déconstruction de la « mythologie fondatrice » de ce concept français de dissuasion nucléaire, en particulier en ce qui concerne les contributions de Pierre Gallois et de Lucien Poirier. Selon lui, le concept français de dissuasion correspond en réalité beaucoup plus à la synthèse pragmatique réalisée par le général de Gaulle entre les réflexions anglo-saxonnes, « souvenirs réprimés de l'histoire stratégique du pays », et les moyens limités dont disposait alors la France. Il montre ainsi les différences qui existent entre la doctrine française et celles des États-Unis, du Royaume-Uni et de l'Organisation du traité de l'atlantique nord (OTAN).

Avec Antony Dabila, nous avons voulu souligner le rôle incontournable joué dans la réflexion stratégique à cette période par Raymond Aron. L'internationaliste français, comme Bernard Brodie, a pris conscience très trop de la révolution opérée par l'arme nucléaire dans les relations internationales et stratégiques. Raymond Aron produit dans les années 1950-1960 une réflexion originale qui est basée sur un dialogue constant avec les spécialistes américains de cette période, notamment Herman Kahn, Thomas Schelling, Albert Wohlstetter, Klaus Knorr et Henry Kissinger, et français, notamment les généraux André Beaufre et Pierre Gallois. Cette réflexion alimentera les travaux outre-Atlantique et bien sûr les productions françaises notamment celle de Lucien Poirier. Au-delà de l'influence de Raymond Aron sur la pensée stratégique nucléaire, cette contribution souligne également les rapports contrariés de l'universitaire, avec les cercles politique et militaire français.

Enfin, pour terminer ce tour d'horizon consacré à la genèse de la pensée nucléaire, il était impossible de ne pas s'arrêter sur l'œuvre de Bernard Brodie. Même si, comme le rappelle Jean-Philippe Baulon, Bernard Brodie n'a pas eu de contact direct avec Lucien Poirier il est cependant indéniable que l'œuvre de celui qui fut l'un des premiers penseurs de la stratégie nucléaire a profondément influencé les réflexions du stratégiste français. C'est à cet approfondissement qu'invite la contribution de Jean-Philippe Baulon comme pour mieux comprendre en retour la pensée de Lucien Poirier et celle des stratégistes français de cette période. Jean-Philippe Baulon s'intéresse dans un premier temps aux « intuitions pionnières sur la dissuasion » de Bernard Brodie. Dans l'ouvrage qu'il dirige, publié en 1946, *The Absolute Weapon. Atomic Ordre and World Order*, Bernard Brodie propose une approche visionnaire des conséquences de la « révolution atomique » que résume sa formule désormais classique : « jusqu'à maintenant le principal objectif de notre appareil militaire a été de gagner des guerres. Désormais, son but principal doit être de les éviter ». Jean-Philippe Baulon analyse ensuite la manière dont les positions de ce fondateur vont progressivement se marginaliser par rapport aux méthodes et approches de stratégistes américains tels que Albert Wohlstetter. Finalement, Jean-Philippe Baulon montre au terme de sa contribution que la critique formulée par Bernard Brodie à l'égard des stratégistes américains le rapproche sur plusieurs points des stratégistes français notamment de Lucien Poirier.

La deuxième partie de l'ouvrage porte sur le désarmement nucléaire dans le monde post-Guerre froide. Elle interroge sa nécessité en fonction des contextes stratégiques et des évolutions technologiques, mais aussi des dangers et impératifs moraux issus de la société civile. La contribution d'Hélène Hamant qui ouvre cette deuxième partie aborde la délicate question du démembrement de l'Union soviétique qui a touché non seulement un immense État composé de quinze républiques, mais également une superpuissance nucléaire. L'arsenal soviétique, dont la majeure partie se trouvait en Russie, était également disséminé en Ukraine, au Bélarus et au Kazakhstan. Hélène Hamant s'est intéressée dans cette contribution à ces anciennes républiques soviétiques et aux questions posées par la succession nucléaire soviétique : succession au TNP et au Traité START, sort des unités disposant d'armes nucléaires stratégiques, contrôle des armes nucléaires et propriété de celles-ci.

Dans sa contribution, Alexis Baconnet propose une critique du désarmement nucléaire. Il montre que les crises de prolifération, avérée en Corée du Nord et potentielle en Iran, ainsi que l'importance des arsenaux nucléaires russes et américains sont des facteurs d'inquiétude qui invitent légitimement à soutenir les initiatives en direction du désarmement nucléaire et du développement d'une défense antimissile. En fait, souligne Alexis Baconnet, le désarmement nucléaire et la défense antimissile pourraient installer et entretenir une asymétrie des puissances au bénéfice des États-Unis au moyen d'une stratégie américaine de défense putative dissimulant une stratégie offensive. La combinaison de ces deux éléments prendrait alors vie au sein d'une « métastratégie américaine » qui tend vers l'avènement d'un monde postnucléaire, libéré du « pouvoir égalisateur de l'atome ».

Les deux contributions qui viennent clôturer cette deuxième partie sont celles d'experts et *militants* actifs en faveur du désarmement nucléaire. D'une part, Jean-Marie Collin retrace l'histoire européenne de l'atome puis propose une lecture des alliances politiques et militaires des États européens en fonction de leur posture par rapport à la bombe. Après avoir présenté l'Initiative humanitaire sur les armes nucléaires portée par certains États non dotés et par la société civile notamment regroupée derrière la Campagne internationale pour abolir les armes nucléaires (ICAN) Jean-Marie Collin dresse un panorama des diverses postures des États européens face à cette initiative humanitaire. Parmi les États européens, la France reste le pays qui est le plus fortement opposé au désarmement nucléaire. D'autres États sont beaucoup ouverts au désarmement nucléaire et la question de créer une zone exempte d'armes nucléaires en Europe est toujours d'actualité.

D'autre part, Patrice Bouveret dans sa contribution interroge la politique de « contrôle » des armements menée par la France qui se présente comme un État exemplaire en matière de désarmement. Patrice Bouveret montre que si la France lutte contre la prolifération horizontale par une politique de contrôle des armements active elle ne s'inscrit pas pour autant dans une logique de lutte contre la prolifération verticale et de désarmement nucléaire comme en témoignent les projets de modernisation et de renouvellement, à horizon 2030, de ses arsenaux. Il met en lumière « l'environnement capacitaire hors norme » qu'implique la dissuasion française et souligne l'absence de transparence quant au coût réel de cette politique pour un résultat sur la sécurité difficilement mesurable. Pour terminer, Patrice Bouveret interroge la possibilité d'un désarmement nucléaire alors que pour certains États dotés, comme la France, l'arme nucléaire fait partie intégrante de leur identité. Face à ce constat, il revient sur le rôle des Organisations non gouvernementales dans ce processus de désarmement. Tirant les enseignements des précédentes campagnes d'abolition des armes nucléaires elles ont réussi à faire adopter le Traité d'interdiction des armes nucléaires (TIAN). Pour autant, cela n'exonère en rien la responsabilité des États qui restent les seuls à pouvoir éliminer les armes nucléaires en ratifiant ce traité et en le transposant dans leur droit interne.

La troisième partie de l'ouvrage traite de la diffusion, de la prolifération, de la (non-) prolifération et de la virtualisation de l'arme nucléaire. Ce chapitre s'ouvre avec la contribution de David Cumin qui s'intéresse à la question de la « diffusion » de l'arme nucléaire, problématique qui englobe la prolifération et la virtualisation de l'arme nucléaire. David Cumin montre que la diffusion de l'arme nucléaire, qui relève de la *maîtrise des armements*, est l'histoire d'une dialectique entre technologie et politique d'une part, l'histoire d'une chute politique d'autre part. La première réside en un constat : toute technologie a pour tendance inexorable à se répandre, quels que soient les efforts politiques pour la contrecarrer. La seconde s'observe en une trajectoire : des grands États vers de plus petits, voire des États vers des groupes non étatiques, soit une évolution potentiellement apocalyptique de la dissuasion interétatique à la prolifération subétatique. Au travers des trajectoires qu'il met en évidence, David Cumin retrace l'histoire de l'arme nucléaire, le premier âge nucléaire jusqu'à la Guerre froide, puis le deuxième âge nucléaire, celui de la bipolarité, et enfin le troisième âge nucléaire après la fin du conflit Est-Ouest caractérisé par une « banalisation » de l'arme nucléaire, évolution à laquelle il est possible de donner une appréciation positive (*more may be better*) ou négative (*more may be worse*). David Cumin achève sa contribution en soulignant le risque que constitue l'augmentation du nombre d'États dotés en termes de dérapages et d'accidents, mais aussi les dangers qui concernent la désétatisation de l'arme nucléaire et le terrorisme.

Dans sa contribution François David considère que la guerre froide nucléaire n'est pas terminée. Non seulement, les États-Unis et l'OTAN, d'une part, et la Russie postsoviétique, d'autre part, n'ont pas renoncé au principe de dissuasion et de représailles massives, mais ils continuent d'inclure les armes nucléaires tactiques ou substratégiques, dites du champ de bataille, dans leurs arsenaux et leurs scénarios pour assurer la défense de leur territoire contre une éventuelle offensive conventionnelle adverse. François David montre que cette tendance remonte aux années 1950, lorsque l'administration Eisenhower décida de nucléariser systématiquement les plans atlantiques pour rééquilibrer le rapport des forces conventionnelles contre l'Armée rouge sans mettre en banqueroute l'Occident. L'association des alliés occidentaux à la bombe tactique par le biais de la procédure de « double clé » résout en partie seulement la difficulté principale : riposte graduée, ou pas, comment être sûr que l'Amérique ne dévastera pas le vieux continent, en s'entendant tacitement avec Moscou pour s'épargner leurs sanctuaires respectifs ? L'espace entre Brest et Brest(-Litovsk) peut s'atomiser avant même le premier échange stratégique. Pour François David, cette vérité demeure d'actualité. Elle est un des paramètres sous-jacents et importants des relations internationales du XXIe siècle. Comme celle de David Cumin, sa contribution s'achève sur les risques que constituerait dans une crise une montée aux extrêmes incontrôlée ou une erreur d'appréciation.

La contribution de Gerald-Felix Warburg est complémentaire des textes de David Cumin et de François David puisqu'il s'agit précisément d'une illustration des accords bilatéraux que les États-Unis, dans le cadre de leur politique de lutte contre la prolifération et de maîtrise des armements, développent avec d'autres États dotés, en l'occurrence ici l'Inde, pour favoriser la coopération dans le domaine nucléaire et limiter les risques de mauvaise perception et de montée aux extrêmes en cas de crise. Le 1er octobre 2008, le Congrès a adopté une proposition issue du président George W. Bush en 2005 pour approuver un pacte nucléaire sans précédent avec l'Inde en supprimant un pilier central de la politique américaine de non-prolifération. Malgré les nombreux défis politiques auxquels l'administration Bush était alors confrontée, l'initiative avait obtenu un solide soutien bipartisan, y compris les votes des sénateurs démocrates Joseph Biden, Hillary Clinton et Barack Obama. La lutte pour faire faire passer l'accord nucléaire controversé entre les États-Unis et l'Inde démontre qu'il existe un compromis classique entre la poursuite de vastes objectifs multilatéraux tels que la non-prolifération nucléaire et la promotion d'une relation bilatérale spécifique. Gerald Warburg révèle des lignes de faille durables dans les relations du pouvoir exécutif avec le Congrès. Sa contribution évalue les leçons qui ont été tirées de cet accord et se concentre sur trois questions principales : comment a-t-il servi les intérêts de la sécurité nationale des États-Unis ? Quels ont été les éléments essentiels de la campagne de lobbying prolongée à la fine pointe de la technologie visant à obtenir l'approbation des sceptiques au Congrès ? Et quels sont les avantages réels – et les coûts – de l'accord pour les efforts américains de non-prolifération ?

De son côté, André Dumoulin revient dans sa contribution sur la question de la présence nucléaire américaine en Belgique, présence qui fait partie de son histoire. Le Royaume de Belgique a vu revenir le débat sur la dissuasion nucléaire avec le dossier du remplacement des chasseurs-bombardiers F-16. Le choix d'un nouvel appareil, son origine, ses capacités furent mises en avant par le gouvernement, les partis politiques ou les ONG pour soutenir ou dénoncer l'association entre un nouvel appareil et une capacité nucléaire renouvelée (« double clé ») avec l'introduction de la future nouvelle bombe américaine B-61 modèle 12. Les dimensions budgétaires, stratégiques, technologiques, industrielles et politiques se sont invitées dans un dossier à la fois complexe et délicat dont la dimension nucléaire est un des paramètres. Cette dimension pourrait très bien être remise en question, la Belgique opterait alors pour un « désarmement par défaut ».

Si la contribution d'André Dumoulin, au travers du cas de figure des chasseurs-bombardiers F-16 belges, porte sur la diffusion de l'arme nucléaire, celle d'Océane Tranchez, qui vient clore cette partie, constitue, au travers du cas de figure des simulations d'essais nucléaires français, une excellente illustration de la *virtualisation* de l'arme nucléaire. Océane Tranchez interroge dans sa contribution la rupture stratégique que constitue pour la France le développement de simulations d'essais nucléaires. L'arrêt définitif des essais nucléaires français en 1996 fait suite à l'évolution du contexte politique et juridique international, avec l'adoption de traités internationaux et la multiplication de prises de position hostiles aux essais nucléaires. Face à cette situation, la France a démantelé son centre d'essais du Pacifique et elle s'est totalement engagée dans un programme de simulation développé par le Commissariat à l'énergie atomique (CEA). Océane Tranchez montre dans sa contribution que la position française diffère de celle des États-Unis et du Royaume-Uni, parce qu'elle place la simulation comme pivot d'un virage stratégique.

Enfin, la quatrième et dernière partie de cet ouvrage replace l'arme nucléaire dans le spectre des théories des relations internationales. Charles Philippe David résume bien les différentes tendances qui expliquent la motivation des États à acquérir l'arme nucléaire : « Pour les réalistes, ce sont les calculs par ces États sur la sécurité et l'équilibre des puissances ; pour les libéraux, c'est l'absence de confiance et d'institutions régionales de sécurité ; pour les constructivistes, l'arme nucléaire participe de la construction de l'identité de l'État proliférateur ; enfin, pour les critiques, les coupables sont le discours de la peur et le comportement des grandes puissances »[137]. Cette dernière partie débute par une voie inexplorée par Charles-Philippe David puisqu'il s'agit d'un essai de sociologie de la configuration de la scène nucléaire. Dans sa contribution, Jean Baechler propose de combiner la stratégie défensive de l'oligopolarité et la vertu dissuasive du nucléaire stratégique. À partir de cette combinaison, il présente trois simulations dont l'objectif est de montrer la place qui devrait être celle de l'arme nucléaire dans les relations internationales : entre oligopoles, entre les oligopoles et les autres polities et entre les polities et les non polities. Loin d'être rassurantes, les trois simulations proposées par Jean Baechler pronostiquent toutes le retour et la prolifération du nucléaire sur la scène internationale.

La contribution d'Olivier Zajec revient quant à elle sur la place de l'arme nucléaire dans le paradigme réaliste dominant en Relations internationales. Il montre qu'au sortir de la Seconde Guerre mondiale, l'arme nucléaire a immédiatement été un sujet privilégié d'étude pour la discipline des Relations internationales. Il met en évidence que l'école réaliste a tenté d'intégrer la question nucléaire dans une réflexion stratégique générale portant sur l'évolution de la politique étrangère des États. Cette liaison a été si forte que, dans l'opinion commune, le concept de dissuasion nucléaire a été souvent associé à l'approche réaliste des relations internationales. La contribution d'Olivier Zajec s'attache donc à *déconstruire* cette opinion commune, et le lien entre nucléaire militaire et réalisme. Il montre que le réalisme est une pensée qui est plus complexe qu'il n'y paraît. Pour mettre en relief ces nuances, il présente parallèlement l'évolution des doctrines nucléaires militaires occidentales et les prises de position théoriques et conceptuelles des politistes réalistes depuis 1945.

Benoît Pelopidas quant à lui interroge dans sa contribution l'excès de confiance que les dirigeants ont bien souvent dans le contrôle des armes nucléaires. À partir de documents d'archives, il établit que la chance a joué

---

[137] Charles-Philippe David, *La guerre et la paix. Approches et enjeux de la sécurité et de la stratégie, op. cit.*, p. 277.

un rôle nécessaire dans un certain nombre de cas depuis 1945. La crise des missiles de Cuba et la politique actuelle de l'administration Trump semblent confirmer cette hypothèse. À partir d'une étude de la littérature existante sur les limites de la prévisibilité, Benoît Pelopidas met en lumière trois écueils qui touchent les armes nucléaires : les limites des connaissances des dirigeants en situation de *crise nucléaire*, les carences en termes de *command et control* et les problèmes de gestion des armes nucléaires, enfin les mauvaises perceptions, erreurs de calcul ou accidents possibles. Cette contribution souligne notamment l'absence de peur en France durant la crise de Cuba contrairement à l'idée qui voudrait que l'arme nucléaire suscite nécessairement de la peur. L'analyse qu'il développe à partir de ces faits constitue une réflexion originale sur la relation entre la chance, la décision et le risque. Cette contribution, par la recherche documentaire sur laquelle elle repose, est un apport important à l'histoire nucléaire. Elle est également une approche critique de la dissuasion puisqu'elle en remet en question le mécanisme même. Pour lui, ce n'est pas de l'utilisation par un État doté dont on doit avoir le plus peur, mais d'un accident ou de l'absence de chance dans la gestion d'une crise qui pourraient avoir des conséquences catastrophiques. Au travers de son texte Benoît, Pelopidas invite à prendre en compte la *chance* dans les études de sécurité. Il explique également pourquoi les travaux antérieurs n'ont pas pris la mesure de son importance à cause de limites disciplinaires.

Les deux contributions suivantes s'intéressent plus spécifiquement au constructivisme. Dans la première, Antony Dabila propose, à partir de l'arme nucléaire, de formuler une approche critique du constructivisme et de vérifier l'hypothèse suivante : le nucléaire dans les relations internationales constitue un obstacle épistémologique pour la perspective constructive. Dans la première partie de son étude, il procède à une *déconstruction* du constructivisme. Cette partie s'achève par l'affirmation de la nécessité de l'objectivité dans l'étude des relations internationales notamment lorsqu'il s'agit d'objets comme la guerre et le nucléaire. Dans la seconde partie, Antony Dabila analyse la manière dont les différents axes de recherche constructivistes ont abordé la question nucléaire dans les relations internationales. Il en déduit que le travail sur les normes, ainsi que la prise en compte des identités nationales, de la culture, des traditions sont nécessaires pour comprendre les comportements des États par rapport à l'arme nucléaire. Ces approches sont d'ailleurs compatibles et complémentaires à une sociologie historique comparative des relations internationales en germe en France depuis Raymond Aron. Finalement, pour lui, l'arme nucléaire est un obstacle épistémologique, car il permet de discriminer les différents usages qui relèvent de la théorie constructiviste.

Nous avons souhaité prolonger les réflexions engagées par Antony Dabila en interrogeant Thomas Lindemann sur l'apport que peuvent constituer le constructiviste et les approches critiques pour penser l'arme nucléaire dans les relations internationales. Cette contribution, issue d'un entretien réalisé début 2018, met notamment en évidence la diversité d'approches qui caractérisent la perspective constructiviste et les études critiques de sécurité. Elle souligne également l'utilité de ces différentes approches pour penser de manière renouvelée les questions liées à la dissuasion nucléaire, à la prolifération ou au désarmement nucléaire. S'esquissent, au travers des propos de Thomas Lindemann, les multiples programmes de recherche qui pourraient être développés dans ce domaine des théories des Relations internationales.

Enfin, la contribution de Lydie Thollot clôt cette dernière partie de l'ouvrage. Elle constitue un apport qui vient compléter et illustrer les analyses proposées par Antony Dabila et Thomas Lindemann. Lydie Thollot montre que les discours qui entourent l'arme nucléaire entrent dans le cadre d'un registre genré. Elle propose, au travers d'une introduction à l'épistémologie de la critique féministe, notamment de la contribution de Carol Cohn sur la question nucléaire, de revenir sur la force argumentative de cette critique qui place l'éthique au cœur des préoccupations nucléaires et qui souligne en même temps les « carences des théories réalistes sur le sujet ».

Cet ouvrage réunit de jeunes chercheurs et des chercheurs confirmés et, comme nous l'avons évoqué, rassemble volontairement différentes perspectives qui animent les débats actuels dans le domaine des Relations internationales et stratégiques sur la question de l'arme nucléaire et de son avenir afin de favoriser un dialogue fécond. Un tel échange était à nos yeux nécessaire pour répondre à une idée que Pierre Hassner avait pressentie dès la fin du siècle dernier, celle « d'une complexité mouvante, de plus en plus complexe et de plus en plus mouvante »[138]. Cette formule, qui figure en épigraphe au début de cette partie introductive, au-delà de l'hommage à la mémoire de son auteur, caractérise la démarche qui préside à cet ouvrage. Il a pour objectif de mettre en évidence cette « complexité mouvante » synonyme bien souvent d'incertitude. Elle se traduit par une multiplication des crises qui n'épargnent pas le domaine nucléaire. Nous espérons que les contributions qui suivent, au travers de la relecture qu'elles proposent de l'histoire des stratégies nucléaires, ouvrent des pistes de réflexion fertiles pour repenser leur « grammaire », formule chère à Lucien Poirier, et pour envisager sans tabou l'avenir du nucléaire dans les relations internationales.

---

[138] Pierre Hassner, *La violence et la paix. De la bombe atomique au nettoyage ethnique*, Paris, Esprit, 1995 ; *La revanche des passions. Métamorphoses de la violence et crises du politique*, Paris, Fayard, 2015.

Première Partie

La pensée française au miroir de la dissuasion américaine

Quelle place pour la pensée de Lucien Poirier dans le débat stratégique des origines ?

Trois ou quatre choses que je sais de Lucien Poirier

François GÉRÉ

Construire un peu de rationnel malgré et avec l'irrationnel[1].

Communément, l'œuvre du général Poirier est identifiée à la stratégie de dissuasion nucléaire de la France. C'est exact, mais terriblement incomplet. Je voudrais ici apporter quelques éclairages sur des aspects méconnus de son œuvre et sur les processus cognitifs qui ont permis l'élaboration des modèles de stratégie nucléaire. Pour ce faire, j'utilise un matériau inédit : les archives dont le général me fit donation et les enregistrements de longues journées d'entretiens dans les années 2000-2002. En amont apparaît une réflexion philosophique sur un objet primordial : la violence armée organisée, sur la guerre, épreuve sanglante des volontés qui accompagne un couple tragique, la peur et la mort, la peur de la mort. Poirier ne cesse de rappeler la formule d'Ardant du Picq : « l'homme est capable d'une quantité donnée de terreur ; au-delà, il échappe au combat »[2]. Les esprits pressés, les demi-habiles critiquent la complexité d'une œuvre caractérisée par la rigueur logique et la maîtrise de la langue. Admirateur de Valéry, Poirier se veut constructeur méthodique combinant différents instruments.

« La boite à outils »

La méthode, en tant que telle, constitue

une voie privilégiée parmi toutes celles qui se proposent à l'esprit pour organiser son travail sur un objet qu'il veut connaître ou sur lequel il entend agir [...]. Partir d'axiomes, postulats et principes de cohérence d'abord de discriminer les vrais des faux problèmes [...] ensuite, indiquer la démarche intellectuelle par laquelle choisir [...] les opérations mentales et matérielles capables d'accroître les chances de solutions satisfaisantes. En bref, notre méthode devrait être d'abord une problématique de la stratégie [...] ensuite,

---

[1] Lucien Poirier, *Essais de stratégie théorique III*, Economica, Avant-propos, p. 30.
[2] Lucien poirier, *Études sur le combat*, Éditions Champ Libre, 1978, p. 69.

une logique opératoire qui ne préjuge en rien les données concrètes qu'elles traitent, a fortiori, la stratégie qui en découlera. Elle doit nous aider à répondre à ces questions : que faire et pourquoi, et comment le faire ?[3]

La méthode permet de poser un fondement essentiel pour la théorie : la dynamique de la structure politico-stratégique organisée par niveaux (tactique, opératif, stratégique, politique) interagissant les uns sur les autres par influences réciproques en boucles rétroactives.

La prospective. Elle « n'est pas réductible à une analyse prévisionnelle », ne se limite pas à l'art de la conjecture (quel avenir est le plus probable ?) ». En effet, la prospective de défense n'est pas désintéressée, mais sous-tendue par le concept de survie prenant l'intérêt national pour finalité. Son caractère singulier tient à la rencontre entre deux projets polémiques. « Il est donc obligatoire d'intégrer le Contre-projet prospectif : une liberté de concevoir et une volonté d'agir qui s'opposent à notre liberté et à notre volonté »[4]. Cela suppose de considérer tous les devenirs possibles, aussi dérangeants fussent-ils au regard de certitudes trop vite établies. En 2000, *La Réserve et l'attente* envisageait la crise possible de l'Union européenne.

La logique probabiliste. Ici, Poirier se réfère aux travaux de Pierre Vendryès, *L'homme et la probabilité* (1952) qui introduit la notion « d'espérance historique ». Elle combine : « l'enjeu, les chances de l'obtenir et les possibilités de le conquérir [...] je retrouvais là grosso modo mon concept d'espérance de gain, produit de la valeur de l'enjeu du conflit par la probabilité de son acquisition ou de sa conservation devant les réactions adverses »[5].

L'approche systémique. Initialement dans les années 1960, Poirier écarta cet outil, lui préférant l'analyse structurale. C'est vingt-cinq ans plus tard qu'il y fait appel, car à ce moment de sa réflexion le besoin s'en fait sentir. En effet la fin de la guerre froide, de la polarisation fait place à l'état ordinaire du monde, revenu à sa complexité et son désordre naturels. Les États-Unis ne sont pas parvenus à imposer l'unipolarité impériale qui n'est pas dans leur nature politique profonde. En dépit de la poussée de fièvre néoconservatrice, il n'y aura pas de *new world order*. Au contraire, l'interventionnisme de G. W. Bush involontairement prolongé par l'admi-

---

[3] *Une méthode de stratégie militaire prospective*, avril 1969, p. 34-35.
[4] « La prospective et « l'Autre » ou projet et contre-projet prospectifs », mars 1965, note inédite, p. 6. Les travaux réalisés au sein du Centre de prospective et d'évaluation ont été déposés après déclassification à la Bibliothèque patrimoniale de l'École militaire dans le Fonds Poirier. Pour une connaissance plus détaillée, je renvoie à mon étude récente exploitant les archives de Poirier consultable en ligne sur le site www.diploweb.com.
[5] *Le chantier stratégique*, Hachette, Pluriel, 1977, p. 72

nistration Obama, aggrave et accélère le processus de délitement chaotique dans ce que j'appelle les « géosystèmes conflictuels intercalaires » tels que le Moyen Orient. Le recours à ce nouvel outil conduit Poirier à établir la stratégie militaire sur une triade : organisation, énergie, information[6].

Enfin, cinquième instrument de prédilection, l'histoire. Poirier avait une exceptionnelle érudition sur l'histoire militaire. En témoignent des centaines de pages d'analyses des grandes batailles depuis Kadesh jusqu'à la guerre de Corée en passant par des études particulièrement précises des campagnes napoléoniennes. Toutefois, Poirier n'est en rien un historien militaire. Il utilise un matériau brut au service de la théorisation stratégique.

Les voix inspiratrices : « généalogie de la stratégie »

Elle « s'identifie à la restitution et l'explication de la genèse progressive de différentes manières de penser l'agir et l'action [...] elle dit pourquoi et comment l'homme de la violence armée, le stratège opérant fait ce qu'il fait avec elle.... »[7].

Avec le général André Beaufre, les deux références primordiales sont Napoléon et de Gaulle. Au premier, Poirier emprunte les concepts qui serviront à formaliser la stratégie de dissuasion nucléaire : la manœuvre en sûreté ; le test ou manœuvre d'éclairage pour l'information du décideur ; l'attente stratégique comme phase qui, en l'absence d'ennemi désigné, devrait succéder à la dissuasion nucléaire[8].

Chez de Gaulle, Poirier trouve les axiomes fondateurs : l'autonomie de décision, avec pour corollaire la relativité des alliances et la défense comme permanente et ubiquiste, telle que l'exprime l'ordonnance de février 1959. Il s'en inspire pour définir la « stratégie intégrale » ou politique en acte : « science et art de concevoir (théorie) et de conduire la manœuvre permanente (temps de paix, de crise et de guerre) des forces, actuelles et potentielles générées par les capacités du groupe (par ex. : État-nation) ; cela afin d'accomplir, dans le cadre spatio-temporel fixé, malgré les oppositions adverses et avec l'aide des alliés » et « selon les règles d'économie régissant toute entreprise collective, les fins globales du projet »[9].

Il convient d'ajouter l'intérêt que Poirier a témoigné à deux figures britanniques résolument anti-clausewitziennes, Basil Liddell Hart dont il a traduit l'ouvrage majeur *Strategy* en 1960 et à la même époque T.E. Law-

---

[6] *La Crise des fondements*, Economica, 1994, p. 135.
[7] *Le chantier* p. 27
[8] Lucien Poirier et François Géré, *La réserve et l'attente*, Economica, 2000.
[9] *Une méthode de stratégie militaire prospective*, p. 127.

rence dit « d'Arabie » auquel il a consacré plusieurs études[10]. Sur le volet proprement nucléaire, Poirier s'est imprégné, pour s'en démarquer, des « stratèges scientifiques » américains : Albert Wohlstetter, Thomas Schelling, Bernard Brodie et bien sûr Henry Kissinger.

Ainsi, progressivement s'élabore *la stratégique*, science qui décrit, explique et organise les relations entre la politique, la stratégie et la guerre. Cette construction s'est développée par une sorte de rumination de quarante ans sur l'œuvre de trois stratégistes : Clausewitz, Guibert et Jomini.

Au cœur de la pensée clausewitzienne se trouve le duel, unité élémentaire de base, le combat de deux (*Zweikampf*). La guerre n'est rien d'autre qu'un duel élargi[11] où chacun est l'incarnation concrète et le représentant symbolique du Même et de l'Autre. La bataille est le point culminant du duel[12], sorte de synthèse générale des innombrables duels particuliers des unités modulaires depuis l'armée jusqu'à la cellule matricielle du combat corps à corps. C'est l'occasion pour Poirier de donner sa définition de la guerre : « triple dialectique des projets politiques transformés en buts stratégiques, des volontés et des forces, virtuelles et réelles, antagonistes »[13]. Il s'agit bien de faire plier la volonté adverse. C'est pourquoi un « principe de conflit » est posé comme essence du politique.[14] À l'opposition de Carl Schmitt : Ami-Ennemi Poirier préfère la polarité Même (Soi, l'Identique) et Autre (l'Hétérogène) qu'il tient pour plus essentielle. Toute relation politico-stratégique se développe selon une dialectique Adversaire-Partenaire. L'allié reste toujours cet *Autre* dont les intérêts ne sauraient se confondre sauf à fusionner les identités.

Poirier s'attache au parcours intellectuel de Guibert. Rejetant de la guerre limitée des monarchies et des empires dénués d'esprit national, celui-ci fait dans un premier temps l'apologie de la guerre patriotique menée par l'ensemble des citoyens. Mais, dans un second temps, le même Guibert, percevant les excès d'un affrontement total inspiré par la passion, se rétracte et préconise une armée professionnelle.

Étudiant l'autre grande figure de la théorie stratégique, Jomini, Poirier fait apparaître que, comme chez Guibert, sa démarche s'articule sur deux temps : d'abord, la fascination pour l'esthétique stratégique, la beauté d'opérations rigoureusement pensées et conduites ; puis c'est le constat

---

[10] Cette traduction a été rééditée chez Perrin en 1998 augmentée d'une importante préface. *T.E. Lawrence, stratège* a été publié à partir des études des années 1960 aux éditions de L'Aube, en 1997.

[11] *Le chantier stratégique*, Hachette, Pluriel, 1977, p. 64 faisant référence à Clausewitz, *De la guerre*, Livre 1 chapitre 1.

[12] *Ibid.*, p. 100.

[13] *Les Voix de la stratégie*, Jomini, Fayard, 1986, p. 399.

[14] *Ibid.*, p. 68.

du déchaînement de la guerre de masse, des passions patriotiques, d'un vent de folie qu'il convient de prévenir. Cette réserve les démarque de Clausewitz pour qui, *selon son concept*, la guerre est un acte de violence, intégrant les passions du peuple, qui ne connaît pas de limites tandis que, *dans la réalité*, le concours des frictions humaines et physiques enlise la guerre, réduit sa dimension, amenuise les grandes ambitions initiales. Telle est en effet selon Poirier la grande leçon, rare et novatrice, de Guibert[15] et de Jomini : une volonté de retour à la raison qui détourne de l'agression aux trop imprévisibles conséquences et qui impose la défense comme la posture stratégique la moins risquée dans les relations interétatiques.

Ces voix se rejoignent et s'accordent pour affirmer la primauté de la raison stratégique sur la violence et les passions de la guerre, rationalité qui oriente et guide la stratégie de dissuasion nucléaire.

La batterie de concepts fondateurs de la stratégie nucléaire

Avec l'arme nucléaire surgit une entité aberrante, la bête de l'Apocalypse qui fait entrevoir à l'humanité tout entière son possible anéantissement absolu, avec plus de sûreté que toutes les guerres totales d'antan. La survie de l'espèce a été brutalement, radicalement remise en question. La guerre classique était porteuse d'une mort qui n'interdisait pas le retour de la vie par récupération. À l'exception des guerres d'anéantissement, elle n'oblitérait pas l'existence, ni individuelle ni collective. Or, que reconstruire après l'Apocalypse, l'hiver nucléaire et autres cataclysmes ? Par sa démesure, l'arme nucléaire constitue une révolution copernicienne inversant les relations traditionnelles entre politique, stratégie et guerre. « La guerre n'était plus désormais qu'un des modes, parmi d'autres, d'une stratégie intégrale prenant en charge le projet politique pour l'accomplir malgré les oppositions et avec l'aide d'adversaires-partenaires coexistants au sein du système international »[16].

Le passage du réel au virtuel

Auparavant, pour produire ses effets il fallait que l'épreuve de force fût réelle, délivrant ses effets de destruction physique afin d'infléchir la psychologie des gouvernements et des peuples. Dans l'ère prénucléaire, la

---

[15] Il s'agit bien du Guibert « deuxième manière », auteur de *Défense du système de guerre moderne* qui récuse les principes de *l'Essai général de ta*ctique en faveur d'une armée de citoyens animés par la ferveur patriotique.
[16] *Des Stratégies nucléaires*, Hachette, 1977, p. 11.

guerre a été principalement presque uniquement pensée comme réalité. Poirier considère que les manœuvres de dissuasion de la guerre n'étaient que marginales, au mieux retardatrices de l'inévitable épreuve des forces réelles à laquelle on s'était préparé. « Cette dissuasion ne se fondait que sur la faible probabilité de succès et non sur le risque nucléaire exorbitant »[17]. Aujourd'hui, la stratégie du virtuel

> pose que l'on peut influencer l'adversaire, peser sur sa volonté politique […] et orienter ses décisions stratégiques dans le sens souhaité, non plus en s'engageant dans une effective épreuve de force, dans une guerre réelle, mais en créant des représentations mentales de ce qui pourrait advenir réellement, en misant sur l'effet que peut produire, dans l'esprit des décideurs adverses, leur représentation imaginaire de leur risque, ou coût probable de la guerre, comparé à l'enjeu du conflit, et à leurs espérances de gain[18].

L'axiome de base : l'autonomie de décision

C'est la *volonté de* et la *capacité à* imposer sa propre loi (*nomos*) à l'exclusion de tout *autre*. Elle ne se confond pas avec l'indépendance nationale. Car nul, parmi les alliés, n'a songé à remettre en question la souveraineté de la France. Elle correspond au refus de l'intégration dans un système où la décision échappe à chacun des acteurs pour se trouver soumise à une volonté collective dont on sait, en pratique, qu'elle correspond aux choix et décisions d'un État dominant du fait de sa puissance. Or l'extrême gravité de la décision nucléaire ne tolère ni le partage ni la soumission à des intérêts autres que nationaux[19]. Cela revient à poser comme le fit de Gaulle la question des alliances « qui n'ont pas de vertus absolues, quels que soient les sentiments qui les fondent… » au regard de la « libre disposition de soi-même »[20]. Poirier relève que le chef de l'État « énonce ici le problème fondamental de toute stratégie : comment acquérir et conserver la liberté d'action sans laquelle toute politique est condamnée à une sujétion plus ou moins déguisée »[21] ?

Pour autant, la France ne saurait se désintéresser des affaires européennes. La sécurité de ses voisins prolonge la sienne. Elle doit y prendre part. Reste à savoir comment, avec quels moyens aborder ce « deuxième

---

[17] « La stratégie du virtuel », p. 3, communication au colloque George Buis, septembre 2002. Fonds Poirier, Bibliothèque patrimoniale de l'École militaire.
[18] « La stratégie du virtuel » p. 2.
[19] « Genèse et principes de la stratégie nucléaire », CSI p. 81, Bibliothèque patrimoniale, Fonds Poirier, cotation en cours.
[20] Conférence de presse du 11 janvier 1963.
[21] « Genèse et principes », p. 68.

cercle ». Si Poirier a créé l'image bien connue des trois cercles d'intérêts, il récuse le terme de théorie : « la localisation spatiale des intérêts-enjeux n'est qu'une traduction commode de leur hiérarchie dans le projet politique »[22]. En effet, la logique qui prévaut pour le territoire français change dès lors que l'espace stratégique à défendre s'étend au-delà de la limite des intérêts vitaux.

La loi de l'espérance politico-stratégique et le calcul probabiliste

« Toute entreprise politico-stratégique n'est rationnelle… que si l'espérance de gain attachée à son projet demeure supérieure aux risques consécutifs aux oppositions qu'elle rencontrera nécessairement »[23]. Dans la stratégie du virtuel se produit un autre renversement majeur qui correspond à l'évaluation de l'espérance de gain au regard du risque de perte. La dissuasion conventionnelle est d'autant plus déficiente que la probabilité d'occurrence de la riposte ne garantit jamais une perte exorbitante dépassant la valeur de l'enjeu. Il est donc toujours possible de *jouer*, de s'essayer à la guerre, en considérant que la défaite n'apportera, somme toute, qu'un préjudice limité dont aisément, il sera possible de récupérer. La situation dissuasive nucléaire virtuelle est résumée symboliquement par la formule :

$$P=k*G/R=k*EP1/CP2$$

Où P est la probabilité d'agression ; K est une constante ; G l'espérance de gain ; R le risque probable. C'est sur cette base probabiliste que Poirier construit le modèle particulier à la France, puissance moyenne.

Le modèle du faible au fort : suffisance et crédibilité

Comme ses prédécesseurs Ailleret, Beaufre et Gallois, Poirier considère que la crédibilité « constitue le pivot du raisonnement dissuasif » avec ses deux composantes : matérielle (les forces) et psychologique (la résolution du décideur face à la menace)[24]. « La crédibilité porte donc sur la valeur de la menace telle que se la représente le candidat-agresseur. Mais cette image intéresse au premier chef le dissuadeur qui doit […] élaborer une image de l'image selon laquelle l'agresseur évalue, d'une part, les pertes et

---

[22] *Le chantier stratégique*, Hachette, Pluriel, 1977, p. 266.
[23] « Genèse et principes », p. 8.
[24] « Genèse et principes de la stratégie nucléaire », p. 15

dommages qui lui seraient inacceptables (seuil dissuasif) et, d'autre part, la capacité du dissuadeur à produire les effets correspondant à ce seuil »[25].

La dissuasion s'exercera du faible au fort. Pour le premier, il n'est pas nécessaire (en raison du pouvoir compensateur de l'atome) de disposer de forces nucléaires considérables. Il suffit de s'assurer qu'elles survivront à une agression préventive et pourront *passer* la défense adverse afin de faire subir à l'agresseur d'insupportables dommages, disproportionnés au regard de la valeur de l'enjeu. Il suffit également de disposer de la quantité de forces conventionnelles nécessaires et suffisantes pour assurer *la crédibilité* de la manœuvre de dissuasion nucléaire. Cependant, ajoute Poirier, la crédibilité n'est vraiment garantie que si elle s'accompagne de *la sûreté* fondée sur la diversité des composantes, la dispersion et l'invulnérabilité de la capacité de représailles.

Le seuil d'agressivité critique constitue un élément majeur du modèle élaboré par Poirier

Il est en effet primordial que le décideur soit informé des intentions réelles de l'ennemi. « La théorie de la dissuasion nucléaire du faible au fort se fonde sur un axiome : dans l'état actuel des choses, la menace de représailles nucléaires ne peut être crédible que pour interdire une éventuelle agression militaire visant sans équivoque la conquête du territoire national du dissuadeur D, espace auquel s'identifie ce que l'on nomme ses intérêts vitaux »[26]. Comment avec certitude connaître les véritables intentions d'un agresseur qui cherche à les masquer ? Poirier s'inspire d'un élément de la stratégie napoléonienne : la manœuvre pour l'information recourant à une quantité limitée de forces spécialement détachées afin de tester l'ennemi. Tel sera le rôle de l'arme nucléaire tactique introduite dès novembre 1968, rebaptisée « préstratégique ». « Ce test a pour unique objet de motiver la décision en fournissant l'information »[27]. Ce sera donc « l'ultime avertissement ».

Apothéose de la Raison

« Vous êtes le soldat du *Logos* », lui ai-je dit un jour, ce qui le fit sourire. Oui, sa pensée est un combat contre les idées reçues et le psitacisme des doctrines figées ; contre les pulsions guerrières et les passions qui

---
[25] « Genèse et principes de la stratégie nucléaire », p. 16
[26] *Éléments pour la théorie d'une stratégie de dissuasion concevable pour la France*, Cahiers n° 22, FEDN, 1983, Annexe : Théorie et pratique ou concept et réalité p. 220.
[27] *Des Stratégies nucléaires*, p. 337, note 30.

n'agitent pas seulement les peuples ; mais aussi les dirigeants rendus fous par l'*ubris* de la puissance dont ils disposent et que les Dieux ont voués à leur perte sur des monceaux de cadavres et de ruines. Il y a vingt ans, avant les attentats du 11 septembre 2001 Poirier envisageait la probabilité élevée de crises graves sur la périphérie de l'ex « bloc occidental ». « Elles tourneront fréquemment en conflits armés limités […]. Guerres capables d'un très haut niveau d'agressivité et de violence »[28]. Il suffit de considérer le Moyen-Orient depuis 2001. C'est pourquoi, sceptique à l'égard de la diplomatie occidentale de non-prolifération, Poirier affirme « la vertu rationalisante de l'atome » qu'il tient pour plus universelle parce que finalement respectueuse des états de tension et des intérêts des acteurs locaux sur la scène globale.

Une dernière citation résumera l'esprit de l'œuvre : « Le langage de la stratégie est celui de la tragédie […] les grandes créations de 'l'art de la guerre' n'ont eu pour objet que de réintroduire la raison dans la tragédie qui la nie et voue l'homme à sa perte »[29].

---

[28] *La Crise des Fondements*, 1994.
[29] « Une lecture de Colin », p. 332 postface à Général Colin, *Les Transformations de la guerre*, 1911, réédition, Economica, 1989.

Lucien Poirier et les crises internationales à l'âge nucléaire

Thomas Meszaros[1]

> Nous sommes trop engagés dans et par des événements trop proches de notre poste d'observation pour être assurés de l'objectivité. Que de jugements passionnels portés sur les crises qui ont secoué l'Europe et divers cantons du monde depuis 30 ans ! En outre, et contrairement aux apparences, nous ne sommes pas mieux armés intellectuellement devant le fait crise que devant le fait nucléaire. Notre outillage de concepts, de principes, de critères, demeure pour une large part celui qui nous a légué l'histoire ante-nucléaire. Ce retard intellectuel serait sans gravité s'il suffisait d'élaborer des théories descriptives de la crise. Mais cet objet de pensée est aussi, et d'abord, un moment de l'action politico-stratégique. Nous constatons que la crise n'est plus une situation occasionnelle, une phase de transition, une parenthèse dans la dynamique des relations interétatiques : elle prétend à l'autonomie, à un statut stratégique propre, à une identité[2].

La présente contribution est le fruit d'une rencontre. En janvier 2004, accompagné par le général Renaud Dubos, alors en charge du cours de sociologie spécialisée à l'Université Lyon 3, nous avons eu la chance de rencontrer le général Lucien Poirier. Cette rencontre était motivée par un projet de recherche que nous développions sur les crises internationales. Déjà à cette époque nous étions persuadés que l'étude des crises était un enjeu majeur pour les relations internationales et stratégiques. D'autres avaient déjà eu cette intuition avant nous ce qui explique le nombre important de travaux précurseurs sur les crises qui sont issus de la discipline des Relations internationales et des études stratégiques. Les prospections de Lucien Poirier dans ce domaine font partie de ces travaux précurseurs. Connu comme étant l'un des fondateurs de la stratégie nucléaire française

---

[1] L'auteur tient à remercier chaleureusement François Géré pour la relecture attentive de ce texte et pour ses conseils avisés.
[2] Lucien Poirier, *Stratégie théorique*, « Éléments pour une théorie de la crise », Paris, Economica, 1997, p. 340.

aux côtés d'autres penseurs militaires comme le général Ailleret, le général Beaufre et le général Gallois, le général Poirier a également été – on le sait peut-être moins – un pionnier dans l'étude des crises. Lors de notre rencontre, puis au travers de nos échanges, il avait accepté de revenir sur les travaux d'avant-garde qu'il avait consacrés à la formulation d'éléments pour une théorie de la crise. Pour bien comprendre sa démarche, il est nécessaire de la replacer dans son contexte.

Entre 1975 et 1976, le général Lucien Poirier délivre au Centre des hautes études militaires (CHEM) et au Cours supérieur interarmées (CSI) une série de communications ayant pour thème la stratégie. Ces communications formeront les trois tomes de *Stratégie théorique*[3]. La publication du 1er supplément du numéro 13 de la revue *Stratégique*[4], Cahiers de la fondation pour les études de défense nationale, en 1982, en constitue une première version sous le titre *Essais de stratégie théorique*[5]. La 5e partie de cet opuscule publié en 1982, intitulée *Éléments pour une théorie de la crise*[6] reprend pour partie les communications que Lucien Poirier avait données au CHEM et au CSI. Ces communications étaient elles-mêmes le fruit d'une réflexion engagée dans les années 1960 par Lucien Poirier dans le cadre du suivi qu'il assurait d'un contrat entre l'Institut français d'études stratégiques, fondé par le général Beaufre, et le Centre de prospective et d'évaluation du ministère des Armées dont l'objectif était de « penser une stratégie pour la France », en l'occurrence une stratégie nucléaire répondant aux contraintes imposées par un système international bipolaire, caractérisé par une situation de guerre froide entre les États-Unis et l'Union soviétique. Cette réflexion stratégique donnera naissance au concept de *dissuasion*, inspiré du concept américain de *représailles massives*. La stratégie de dissuasion française, dite du « faible au fort », dont Lucien Poirier a été

---

[3] *Stratégie théorique*, Paris, Economica, « Bibliothèque stratégique », 1997 ; *Stratégie théorique II*, Paris, Economica, « Bibliothèque stratégique », 1987 ; *Stratégie théorique III*, Paris, Economica, « Bibliothèque stratégique », 1996.

[4] La revue *Stratégique* a pris la suite de la revue *Stratégie* disparue en 1976. *Stratégique* a été fondée en 1979 par la Fondation pour les études de défense nationale (FEDN), créée par le ministre de la Défense Michel Debré en 1972. La revue, patronnée par le général Buis, alors directeur de la FEDN, a notamment été dirigée par Lucien Poirier, qui en a été l'un des fondateurs aux côtés du général Maurice Prestat. Après la dissolution de la FEDN en 1994, et une interruption de deux ans, elle sera continuée par l'Institut de Stratégie Comparée. Voir sur ce point Hervé Coutau-Bégarie, « Vingt ans d'une revue », in « Pensée stratégique II », *Stratégique*, vol. 76, n° 4, 1999. On trouve aussi un mot de Lucien Poirier sur l'histoire de la revue *Stratégique* dans l'avant-propos de son ouvrage *La crise des fondements*, Paris, Economica, « Bibliothèque stratégique », 1994, p. 5-6.

[5] *Essais de stratégie théorique*, Cahier de la fondation pour les études de défense, n° 22, 1er supplément au numéro 13 de *Stratégique*, 1er trimestre 1982.

[6] *Ibid.*, p. 314-374.

l'un des instigateurs, est la conséquence d'une nécessaire révolution stratégique perçue par l'amiral Castex dès la fin des années 1950, engendrée par l'apparition du feu nucléaire. La crise des missiles de Cuba en 1962 a confirmé la transformation du contexte stratégique et la nécessité d'ouvrir la discipline Relations internationales et la discipline stratégique à l'étude d'une forme de conflictualité encore absente de leur champ d'études : la crise.

Les travaux développés dans les années 1960-1970, aux États-Unis d'abord, se sont structurés autour de deux axes[7]. D'une part, les approches *substantives*, qui s'attachent aux aspects spécifiques d'un type particulier de crise. C'est le cas des travaux d'Herman Kahn qui décrit les différentes étapes et scénarios possibles de l'escalade d'une crise de type nucléaire, de l'échelon 1, la crise de faible intensité politique à l'échelon 44, la guerre insensée[8]. D'autre part, les approches *procédurales* qui tentent de produire des théories générales à partir de propriétés communes à toutes les crises en partant soit des effets occasionnés par la crise sur les unités de décision[9], soit des effets de la crise sur la structure du système[10].

En France, Lucien Poirier se penche dès les années 1960 sur la question des crises internationales. Cette *précocité* de Lucien Poirier pour l'étude des crises s'explique en grande partie par le travail qu'il a réalisé sur le nucléaire américain alors qu'il était chargé des études stratégiques au Centre de prospective et d'évaluation au ministère des Armées à partir de 1965. Ce travail l'a conduit à explorer deux axes de réflexion parallèlement : le premier, concerne l'impact de l'apparition du feu nucléaire sur la théorie du conflit et le second est relatif à l'état de la stratégie militaire au sein de la stratégie intégrale dans le contexte de la bipolarité nucléaire c'est-à-dire de la lutte à mort de deux systèmes sociopolitiques idéologiquement opposés[11]. Cette double investigation a amené Lucien Poirier à trois conclu-

---

[7] Voir Thomas Meszaros, « Crise », in Jean-Baptiste Jeangène Vilmer, Benoît Durieux, Frédéric Ramel, *Dictionnaire de la guerre et de la paix*, Paris, PUF, Paris, Presses universitaires de France, 2017, p. 321-329.

[8] Herman Kahn, *On escalation*, New York, Praeger, 1965. Voir également, *On thermonuclear War*, Princeton, Princeton University Press, 1960 et *Thinking about unthinkable*, Horizon press, 1962.

[9] S'inscrivent dans cette approche *situationnelle* des auteurs tels que Margaret et Charles Hermann, Bruce Paige, Ole R. Holsti, Richard C. Snyder, Henri W. Bruck et Burton Sapin. L'approche par la sociologie des organisations de Graham Allison, qui montre les limites du processus de décision en situation de crise nucléaire, présenté dans son ouvrage *The Essence of decision*, s'inscrit également dans cette perspective.

[10] Parmi les adeptes de cette approche *structurelle* ou *systémique*, on trouve des auteurs tels que Charles McClelland, Richard Rosecrance, Oran R. Young. Lucien Poirier peut également être *classé* dans cette tradition.

[11] « La guerre n'était plus désormais qu'un des modes, parmi d'autres, d'une stratégie intégrale prenant en charge le projet politique pour l'accomplir malgré les oppositions

sions essentielles. Tout d'abord, l'apparition du feu nucléaire a modifié la nature et la fonction stratégique de la crise. La crise est devenue à l'ère nucléaire un être stratégique autonome dans le *spectre des états de conflits*. Ensuite, deuxième conclusion, cette autonomisation de la crise comme phénomène conflictuel à part entière dans les relations internationales et stratégiques et comme objet d'étude de la science stratégique est un préalable nécessaire à toute pensée théorique sur les crises internationales. Enfin, dernière conclusion, la rupture stratégique initiée avec l'apparition du feu nucléaire, et son corollaire, l'autonomisation de la crise, invitent à repenser la guerre limitée, concept classique de la stratégie militaire, à l'aune de celui de violence limitée, concept de la stratégie intégrale. Ces trois conclusions impliquent de repenser le rapport entre guerre et crise comme des modes d'affrontement distincts, de rattacher la manœuvre de crise à la stratégie intégrale et d'intégrer la théorie des crises dans la stratégie théorique. « À travers le phénomène-crise, plus nettement même que par les autres faits de conflits, nous percevons une réalité constamment rappelée par les politologues et que les praticiens sont parfois poussés à négliger : l'unité de la politique générale »[12]. Le phénomène-crise révèle la nécessaire complémentarité entre politiques intérieures et extérieures ainsi que l'indispensable combinaison entre les différentes stratégies, économiques, culturelles, militaires – la stratégie intégrale –, pour atteindre les finalités d'un projet politique soumis à de multiples turbulences. Les *Éléments pour une théorie de la crise* ont été rédigés par Lucien Poirier pour répondre à une double ambition : conférer à la crise une autonomie stratégique dans le champ des conflits internationaux tout en l'incorporant dans la stratégie intégrale. Ces travaux précurseurs ont ouvert une brèche importante pour l'étude des crises en même temps qu'ils inauguraient une tradition française de l'étude des crises internationales.

Les fondements épistémologiques et stratégiques d'une théorie des crises internationales

L'expérience qu'a eue Lucien Poirier au Centre de Prospective et d'Évaluation a été déterminante pour sa démarche épistémologique – entendue ici comme théorie générale de la science stratégique et condition de production des faits – car la rupture stratégique qui s'était produite avec l'avènement de

---

et avec l'aide d'adversaires-partenaires coexistant au sein du système international », Lucien Poirier, *Des stratégies nucléaires*, Paris, Hachette, 1977, p. 11. Voir également la définition qu'il en donne comme « science et art de concevoir et conduire la manœuvre permanente », dans « Une méthode de stratégie militaire prospective », *Essais de stratégie théorique*, Cahier n° 22, FEDN, 1983, p 127.

[12] Lucien Poirier, *Essais de stratégie théorique*, op. cit., p. 343.

la bipolarité nucléaire imposait, pour construire une stratégie pour la France adaptée aux nouvelles contraintes du système international, de faire *table rase* des anciens concepts[13]. En tant que science et en tant qu'art, la stratégie – « ensemble des opérations mentales et physiques requises pour calculer, préparer et conduire toute action collective finalisée, conçue et développée en milieu conflictuel »[14] – possède sa logique propre, sa grammaire, son langage dont il est nécessaire de tenir compte lorsque l'on étudie la démarche politico-stratégique c'est-à-dire la politique en actes, l'agir en vue de l'accomplissement d'un projet, d'une volonté, qui répond à des enjeux ainsi qu'à des voies et des moyens[15]. Penser une nouvelle doctrine stratégique pour la France dans un monde bipolaire et nucléarisé imposait de renouveler cette logique, cette grammaire, ce langage de manière à ce qu'ils soient adaptés à la réalité politico-stratégique. L'ambition du travail de « stratégie théorique » de Lucien Poirier, c'est-à-dire, comme rappelle François Géré, sa « volonté de théoriser la pratique militaire »[16], était une réponse à cet impératif de renouvellement qu'impliquait le changement de contexte stratégique. La rupture qui s'était produite avec l'apparition du feu nucléaire imposait d'interroger l'état de la stratégie militaire dans le cadre de la stratégie intégrale et d'élaborer une méthode de stratégie prospective adaptée à la transformation de la fonction de la violence armée dans les relations internationales. Ce travail ne pouvait être réalisé qu'avec l'aide d'une « boite à outils » – une méthode, ensemble conceptuel cohérent et opératoire – efficace[17]. Il s'agissait dans un premier temps de réaliser un travail critique – la table rase –, puis, dans un second temps, un travail de construction sémantique, c'est

---

[13] L'épistémologie oblige certes à une connaissance des concepts anciens, mais elle doit également posséder un sens critique. Il est nécessaire, rappelle Lucien Poirier, « de montrer que l'épistémologie stratégique doit fournir aussi les instruments de la critique du produit théorique. C'est sans aucun doute aux carences de l'analyse critique que l'on doit la pléthore de théories stratégiques contemporaines dont nul ne peut prouver ni la validité ni la non-validité, et dont les affirmations péremptoires ne peuvent ni s'imposer ni être récusées », in Lucien Poirier, « Épistémologie de la stratégie », *Anthropologie et Sociétés*, 1983, 7, 1, p. 95.

[14] Lucien Poirier, *Le chantier stratégique : entretiens avec Gérard Chaliand*, Paris, Hachette, 1997, p. 48.

[15] Voir sur ce point, Lucien Poirier, *Stratégie théorique III*, op. cit., ainsi que « Épistémologie de la stratégie », *Anthropologie et Sociétés*, 1983, 7, 1, p. 76-77.

[16] François Géré, *La pensée stratégique française contemporaine*, Paris, Economica, 2017.

[17] Lucien Poirier, « Épistémologie de la stratégie », *Anthropologie et Sociétés*, 1983, 7, 1, p. 95. Nous n'entrerons pas dans le détail de cette boîte à outils que l'on retrouve tout au long de l'œuvre de Lucien Poirier et sur laquelle d'autres auteurs, notamment François Géré, ont déjà fait un travail remarquable auquel nous renvoyons le lecteur. Nous soulignons cependant l'intérêt que constitue le *fac-similé* reproduit dans le *Cahier de la Revue de la défense nationale* qui présente ses « batteries de concepts ». *Le général Poirier. Théoricien de la stratégie*, Les Cahiers de la Revue Défense Nationale, en ligne, p. 14-15.

le moment où le théoricien invente les concepts qu'il utilisera pour son analyse[18]. Cette démarche répondait aux attentes relatives à la nécessaire redéfinition des impératifs stratégiques consécutive à la reconfiguration du système international qui, dès les années 1960, avaient vu le jour en France et aux États-Unis. Pour Lucien Poirier, la nouvelle donne stratégique qui s'était imposée avec l'avènement de la bipolarité nucléaire invitait non seulement à interroger la stratégie militaire et son concept classique de guerre limitée, mais elle appelait également à repenser le conflit et ses différentes formes à l'aune de la stratégie intégrale.

Dans son analyse sur l'étude de la fonction de la violence armée dans la dynamique évolutive du système international – ou « système de systèmes »[19] – Lucien Poirier constate que le conflit est plus intense à certaines périodes. Cette constatation oriente sa réflexion vers la question suivante : comment passe-t-on d'un état de conflit, la paix, à un autre état de conflit, la crise, puis encore à un autre état de conflit, la guerre ? Un état de conflit est la résultante du rapport entre deux tensions, l'une positive, l'autre négative. L'évolution du spectre des états de conflit est la conséquence du rapport entre des tensions positives et négatives. Il existe un seuil à partir duquel on passe de la paix à la crise. Plus les tensions négatives montent en puissance, jusqu'à atteindre leur *acmé* c'est-à-dire le point paroxystique de la crise, plus le risque de guerre est important. Si le seuil est atteint et que les tensions négatives ne peuvent toujours pas être régulées, c'est la guerre.

> Ainsi, l'état de paix s'identifie à l'équilibre stationnaire des tensions négatives et positives, à une régulation maintenant le système interétatique au-dessus du seuil d'antagonisme critique. Mais que, dans cet équilibre dynamique, dans ce mécanisme homéostatique, surgisse un « intérêt » d'une valeur telle que la dévolution de cet enjeu – sa conservation ou son acquisition – affecte gravement les chances de mieux-vivre ou a fortiori la survie des parties, les tensions positives s'avèrent incapables de balancer les négatives : celles-ci montent en puissance et l'autorégulation du système est perturbée par cette fluctuation, par l'écart d'équilibre. Le règlement du litige ne peut plus s'opérer par les transactions interétatiques naturelles. L'épreuve des volontés politiques, appliquées à l'enjeu contesté, appelle une épreuve de force perçue comme le seul moyen de trancher, de décider[20].

En définitive, trois états de conflit sont possibles : la paix, « état d'équilibre stationnaire des tensions positives et négatives » maintenant le système au-dessus d'un seuil critique, la crise, état de coexistence conflic-

---

[18] Voir sur ce point, « Langage et structure de la stratégie », *in* Lucien Poirier, *Stratégie théorique II*, Economica, 1987, 330 p.
[19] Lucien Poirier, *La crise des fondements*, *op. cit.*, p. 26.
[20] Lucien Poirier, « Épistémologie de la stratégie », art. cité, p. 72.

tuelle, de plus ou moins longue durée, marqué par « l'accroissement des tensions, local ou généralisé, entre plusieurs unités politiques du système international »[21], la guerre, état de conflit ouvert, passage à la violence armée, moment de « l'épreuve des volontés politiques par l'épreuve des forces »[22]. La crise occupe une place centrale. Elle est l'état de conflit intermédiaire entre la paix et la guerre. Le passage d'un état de stabilité du système international à un état d'instabilité, sans pour autant que le seuil critique nécessitant le recours à la force armée ne soit franchi. La transition, plus ou moins durable, d'un état d'équilibre du système vers un autre état d'équilibre.

Ce *dévoilement* de l'objet *crise* est consécutif à la modification qui s'est opérée dans la stratégie militaire avec l'avènement de la dissuasion nucléaire, stratégie de non-emploi des forces, de non-guerre. Cette transformation – la « virtualisation des systèmes de forces » – est fondamentale aux yeux de Lucien Poirier, car elle implique une inversion de la relation classique entre guerre et stratégie. Désormais, la guerre n'englobe plus le concept de stratégie, mais la stratégie inclut celui de guerre comme un mode de conflit à côté d'autres modes de non-guerre, telle que la crise. Ainsi, l'apparition du feu nucléaire, et la stratégie de non-guerre, de non-emploi ou stratégie du virtuel qui l'accompagne, ont été révélatrices de la crise comme état de conflit *en soi*, comme être stratégique autonome, avec ses logiques propres, sa grammaire, sa stratégie qui est différente des stratégies de paix et de guerre. Elle a permis une prise de distance critique sur le rapport qu'entretiennent, théoriquement et dans la pratique, paix, crise et guerre. Désormais, la crise n'est plus considérée comme un état particulier de la paix, ni même comme une phase introductive à la guerre. Chacun de ces phénomènes est différent et doit dorénavant être pris dans sa singularité. Dans certains cas, ils peuvent être liés, par exemple si la crise n'est pas maîtrisée elle débouche sur la guerre ou bien si une crise se produit dans une guerre et en modifie le cours. Dans d'autres cas ils ne le sont pas, par exemple si la crise initie un état conflictuel de plus ou moins longue durée, qui rompt avec la paix, état d'équilibre, mais qui ne débouche pas nécessairement sur la guerre, état de conflit ouvert, passage à la violence armée. Ces trois états de conflit doivent donc être étudiés isolément. Ils doivent également faire l'objet de stratégies spécifiques en fonction des voies et moyens disponibles et des fins politiques visées (pour la crise, modifier l'ordre établi ou le conserver). La paix, la crise et la guerre

---

[21] Lucien Poirier, *Essais de stratégie théorique*, op. cit., p. 337.
[22] Lucien Poirier, *Les voix de la stratégie*, Paris, Fayard, 1985, p. 399.

sont donc chacune des formes, des expressions particulières du spectre des états de conflit[23].

À l'âge nucléaire, la crise est devenue une modalité spécifique d'affrontement des puissances dotées. La rationalité stratégique empêchant les crises nucléaires de la Guerre froide de déboucher sur une guerre, la crise est devenue une forme du conflit à part entière, comme la guerre, un moment de l'action politico-stratégique qui intéresse la science stratégique. Cette autonomisation stratégique de la crise comme catégorie du conflit a ainsi ouvert une voie encore inexplorée dans la discipline stratégique, en particulier dans la stratégie du conflit. Elle a généré une effervescence intellectuelle autour de ce phénomène afin de mieux le comprendre, d'en réduire les dangers et d'en exploiter les opportunités.

Penser les crises internationales à l'ère de la Guerre froide

Le fait crise, en soi, n'est pas une nouveauté. Lucien Poirier l'indique, il existe :

> de nombreux types de crises [qui] ont interrompu l'évolution linéaire et ne cessent de marquer l'existence des formations sociopolitiques entre lesquelles l'individu et ses groupes d'appartenance distribuent leurs activités ordinaires : crises des structures professionnelles et sociales ; crises idéologiques ; culturelles et religieuses ; crises financières et monétaires ; crises des ressources naturelles, des techniques de production ; crises affectant des branches de l'activité économique, etc.[24]

Ces différents types de crises se déroulent de manière autonome, se superposant les uns aux autres parfois, amplifiant leurs effets et complexifiant leur gestion. Certaines se produisent exclusivement à l'intérieur des États-nations, d'autres, « sont d'un autre ordre et d'une autre dimension [et] ignorent les frontières géopolitiques »[25]. Ces crises *internationales* peuvent être de nature différente : économiques, elles concernent la remise en question de certaines solidarités transnationales, ou politiques,

---

[23] Le conflit est entendu ici comme concept englobant. Voir notamment Jean-Louis Dufour, *Les crises internationales. De Pékin (1900) au Kosovo (1999)*, Paris, Éditions Complexe, 2001 ; Michael Brecher, Jonathan Wilkenfeld, *A Study of Crisis*, Ann Arbor, University of Michigan Press, 2000 ; Thomas Meszaros, « L'autonomisation du concept de crise dans la conflictualité internationale », *Revue de Défense Nationale*, n° 800, Le débat stratégique en question, mai 2017, p. 108-112.
[24] Lucien Poirier, *Essais de stratégie théorique*, *op. cit.*, p. 341.
[25] *Ibid.*

elles concernent alors la volonté de puissance d'États révisionnistes qui cherchent à modifier l'ordre régional ou international.

Certaines procèdent de secteurs économiques dans lesquels les conditions du progrès et les modes du développement capitaliste ont naturellement suscité des solidarités transnationales. Ils ont noué des liens d'interdépendance si serrés que l'ensemble du système interétatique peut enregistrer les troubles affectants plus gravement l'un ou l'autre de ses membres. D'autres procèdent de la volonté de puissance ou de la frustration d'États qui cherchent délibérément à modifier les données d'un équilibre régional, ou à tirer profit d'une situation instable[26].

Lucien Poirier se limitera à étudier les crises du système international impliquant les forces armées même s'il est parfaitement conscient du lien qui unit l'interne et l'externe et de « la précarité, voire l'impossibilité des théories qui prétendraient éclairer les seules crises interétatiques en écartant leurs connexions avec les crises intraétatiques »[27]. Ces crises politiques internationales n'apparaissent pas avec l'avènement du feu nucléaire. Elles existaient déjà auparavant, mais elles étaient indissociables de la guerre dont elles étaient considérées comme les prémisses. Elles ne faisaient pas l'objet d'une attention particulière. La nouveauté, avec l'entrée dans l'ère nucléaire, est l'intérêt stratégique porté à ce phénomène du fait de la transformation de sa fonction. Cela explique notamment la multiplication des crises de la Guerre froide et leur gravité. Cette transformation de la fonction crise dans le champ de la violence armée est la conséquence de l'hybridité du système international et de l'apparition du feu nucléaire[28]. « L'entrée dans l'âge nucléaire a valorisé deux modes stratégiques, la dissuasion et l'action indirecte. À leur tour, ils ont révélé l'importance d'un phénomène de l'activité sociopolitique résultant de leur combinaison et naguère assez négligé : la crise »[29].

---

[26] *Ibid.* Lucien Poirier ne se limite pas aux crises internationales « induites » ou volontaires. Il aborde également la question des crises internationales produites par une perturbation accidentelle et conjoncturelle « réveillant de vieux antagonismes assoupis » (p. 345). On retrouve cette typologie chez Jean-Louis Dufour qui distingue les crises « induites », voulues par des acteurs, et les crises « fortuites », accidentelles. Jean-Louis Dufour, *Les crises internationales. De Pékin (1900) au Kosovo (1999)*, op. cit., p. 20 sq.
[27] Lucien Poirier, *Essais de stratégie théorique*, op. cit., p. 343.
[28] Le fait crise n'apparaît pas uniquement à l'âge nucléaire. Il s'est manifesté durant toute l'histoire sociopolitique sous des formes variées, mais « en valorisant la fonction de la crise dans l'équilibre dynamique du système international, le fait nucléaire a éveillé l'intérêt pour ce phénomène, stimulé la recherche et encouragé son analyse rétrospective », *in* Lucien Poirier, *Essais de stratégie théorique*, op. cit., p. 315.
[29] Lucien Poirier, *Essais de stratégie théorique*, op. cit., p. 315. Sur la stratégie indirecte voir aussi la référence suivante, « Épistémologie de la stratégie », art. cité., p. 82.

Si la dissuasion nucléaire a permis de limiter le risque de confrontation militaire directe entre les deux grands elle a cependant favorisé le développement de stratégies indirectes ce qui explique cette soudaine multiplication des crises. L'arme nucléaire a été – et demeure encore à l'ère post-Guerre froide – un facteur crisogène majeur des relations internationales. La crise des missiles de Cuba, en 1962, constitue en quelque sorte l'acte de naissance d'une pensée sur les crises internationales, car elle a consacré pratiquement son autonomisation dans le champ de la réflexion et de l'action stratégique[30]. Cette crise a été le produit du caractère ambigu du système international, conséquence du blocage nucléaire illustré par la formule de Raymond Aron, « paix impossible et guerre improbable », et par celle du général Beaufre, « état hybride de paix et de guerre »[31]. Cette situation de « ni paix ni guerre » a été productrice de crises dont la gravité était liée aussi bien aux capacités de destruction dont disposaient les États nucléaires qu'à l'instabilité chronique de l'environnement international qui brouillait les perceptions des acteurs, limitait considérablement leur rationalité et rendait le processus de décision incertain. Cette situation impliquait de reconsidérer la stratégie militaire et la notion classique de guerre limitée. C'est ce qu'a fait Lucien Poirier en envisageant la stratégie du conflit dans la perspective de la stratégie intégrale – dont le champ est plus large que celui plus strict de la stratégie militaire – et en substituant à la notion de guerre limitée celle de violence armée. L'élargissement du champ de la stratégie du conflit et la remise en question de la notion classique de guerre limitée lui ont permis de reconsidérer les différents états de conflit (paix, crise, guerre) et leurs stratégies respectives (stratégies permanentes de paix, stratégies de crise, stratégies de guerre totale ou limitée). C'est à cet endroit qu'il constate l'inversion conceptuelle qui s'est produite à l'âge nucléaire par rapport à la période antérieure, et que nous avons déjà relevée. Désormais, le concept de stratégie n'est plus *englobé* dans celui de guerre, mais c'est « le concept de guerre qui est inclus dans celui extensif de stratégie militaire »[32]. L'impossibilité d'un affrontement direct entre les deux grands, la nature idéologique du conflit a eu pour conséquence l'extension du domaine de la stratégie et la multiplication de crises graves. La stratégie est devenue à l'ère nucléaire une catégorie

---

[30] Lucien Poirier, *Essais de stratégie théorique*, op. cit., p. 315.
[31] Voir Raymond Aron, *Le grand schisme*, Paris, Gallimard, 1948, p. 26. La formule du général Beaufre est reprise dans plusieurs textes par Lucien Poirier notamment dans « Épistémologie de la stratégie », art. cité, p. 82.
[32] Nous citons ici les notes manuscrites qui figurent sur le *fac similé* « batteries de concepts » reproduit dans le *Cahier de la Revue de la défense nationale. Le général Poirier. Théoricien de la stratégie*, Les Cahiers de la Revue Défense Nationale, en ligne, p. 14-15.

permanente de la décision politique. Elle est nécessairement « intégrale » (politique et diplomatique, militaire et de dissuasion conventionnelle ou nucléaire, économique, culturelle) non seulement à cause du duopole thermonucléaire qui empêchait une guerre directe entre les deux grands, mais aussi à cause du caractère idéologique du conflit entre l'Est et l'Ouest et des stratégies indirectes qu'ils mettaient en œuvre dans les sous-systèmes régionaux pour prendre l'avantage sur leur adversaire. Le système international était devenu plus complexe, car finalement deux systèmes coexistaient : le système des États nucléaires, bipolaire, et le système interétatique, multipolaire. Cette hybridation et cette complexification de la structure du système international impliquaient de repenser les stratégies de paix et de guerre, ainsi que les « manœuvres » des crises qui, de plus en plus nombreuses, avaient une dimension éminemment stratégique[33].

C'est la raison pour laquelle les crises internationales sont, pour Lucien Poirier, des faits, « faits de conflit entre les sociétés organisées que sont les États »[34] et des faits politiques, elles sont « une modalité du commerce politique »[35]. Elles sont aussi un moment critique, celui « où l'histoire hésite entre la transformation irréversible et la pérennité de l'ordre des choses »[36]. Contingentes ou volontaires, elles traduisent « l'imminence d'un changement d'état du système sociopolitique »[37]. Cette définition n'est pas sans rappeler celle que Jean Louis Dufour donne de la crise internationale : « une rupture dans un système organisé [qui] implique pour les décideurs qu'ils définissent une position en faveur soit de la conservation, soit de la transformation du système donné, dans la perspective de son retour à l'équilibre »[38]. Dans ses *Éléments pour une théorie de la crise*, Lucien Poirier propose plusieurs critères pour délimiter cet objet. Tout d'abord, une crise internationale est un phénomène qui dépasse les limites des frontières géopolitiques d'une

---

[33] Lucien Poirier était un stratégiste non un logisticien. La formule « manœuvre de crise » insiste sur la prise en charge politico-stratégique de la crise. Elle remplace avantageusement les formules « gestion de crise » ou « management de crise » qui sous-entendent une prise en charge logistique ou managériale de la crise.
[34] Lucien Poirier, *Essais de stratégie théorique*, op. cit., p. 344.
[35] *Ibid.*
[36] *Ibid.*, p. 345.
[37] *Ibid.*
[38] Jean-Louis Dufour, *Les crises internationales. De Pékin (1900) au Kosovo (1999)*, Paris, André Versaille, 2009, p. 20-21. La crise, pour Lucien Poirier comme pour un certain nombre d'autres auteurs, est synonyme de discontinuité. Sur les logiques de continuité et discontinuité voir Thomas Meszaros et Clément Morier, « Crisis management lessons from modeling », *in* Schiffino Nathalie, Taskin Laurent, Donis Céline, Raone Julian (dir.), *Organizing after crisis : The Challenge of Learning*, Peter Lang, 2015, p. 75-105.

unité sociopolitique. Il peut être causé par des événements plus ou moins soudains et imprévisibles : un accident, la volonté délibérée d'une unité politique de remettre en question l'ordre, un litige occasionnel, l'aggravation d'un conflit latent ou soudain, interne ou international[39]. Il se traduit par la fin d'un consensus sur l'ordre établi et l'amplification brutale ou progressive des divergences entre les protagonistes, par l'exaspération des tensions négatives inhérentes à leur lutte, à leur compétition et à leur hostilité qui entraînent une remise en question des facteurs d'équilibre qui leur permettaient jusque-là de coexister[40]. L'impossibilité de réguler les tensions négatives générées par la diplomatie classique produit une rupture de l'équilibre du système (ou de l'un de ses sous-systèmes) et oblige les décideurs à se prononcer en dernier recours en faveur sa transformation ou de la conservation.

À l'ère nucléaire, la dissuasion avait empêché toute confrontation directe entre les deux grands, et une guerre qui aurait pu être totale, les obligeant à développer des stratégies indirectes pour étendre leurs sphères d'influence malgré cette contrainte. Ces stratégies – la dissuasion et les stratégies indirectes – ont été à l'origine de la multiplication des crises internationales durant la Guerre froide. Pour autant, le facteur nucléaire a joué un rôle curatif dans les crises internationales, car si les enjeux d'une guerre n'étaient pas modifiés leurs coûts quant à eux étaient devenus beaucoup plus importants ce qui a obligé les États à agir avec beaucoup de prudence afin d'éviter tout risque de dérapage. Ainsi, la dissuasion nucléaire a eu un effet positif sur le processus d'escalade des crises internationales. Elle joue un rôle de *cran d'arrêt* dans les logiques de surenchère et favorise les négociations entre concurrents. Elle a permis aux unités sociopolitiques de conserver leur « liberté d'action », mais aussi de s'assurer du soutien de leurs opinions publiques respectives.

Cette analyse descriptive de l'autonomisation du concept de crise dans le contexte de la Guerre froide a été largement présentée par Lucien Poirier. Son ambition était de dépasser la formulation d'une théorie strictement descriptive pour parvenir à une théorie normative ayant pour finalité l'agir en situation de crise. Formuler une théorie descriptive de la crise – préalable nécessaire à toute autre entreprise théorique – consiste à rechercher

---

[39] Étant donné la multiplicité des causes qui peuvent être à l'origine des crises, une étiologie des crises n'a pas vraiment d'intérêt. C'est la raison pour laquelle Lucien Poirier s'est surtout focalisé sur l'étude de la fonction crise. Sur ce point – et sur ce point seulement –, on peut souligner une proximité avec Michel Dobry qui récuse l'illusion étiologique comme une erreur récurrente dans l'étude des crises politiques. Voir Lucien Poirier, *Essais de stratégie théorique*, *op. cit.*, p. 342 ; Michel Dobry, *Sociologie des crises politiques*, Paris, Presses de Sciences Po, 2009 (1986).

[40] Lucien Poirier, *Essais de stratégie théorique*, *op. cit.*, p. 341, 344-345.

des invariants, c'est-à-dire des axiomes universels qui invitent ensuite à une taxinomie[41].

Mais en valorisant la fonction crise dans l'équilibre dynamique du système international, le fait nucléaire a éveillé l'intérêt pour ce phénomène, stimulé la recherche et encouragé son analyse rétrospective : en comparant les crises du passé et celles de notre temps, nous espérons découvrir, non seulement leurs particularités, mais aussi, et surtout, ce qui pourrait être conservé – les invariants – malgré la coupure provoquée par le fait nucléaire[42].

C'est à partir de ces invariants qu'une théorie descriptive des crises peut être produite, mais aussi qu'une théorie normative utile à la manœuvre stratégique est possible[43]. La stratégie, pour Lucien Poirier, est une combinaison dynamique de la logique et de l'historique, c'est-à-dire la rencontre de la raison et du raisonnement, caractéristiques de la stratégie, avec la temporalité historique et ses contingences. La stratégie, même si elle obéit à une logique opératoire spécifique – celle de l'agir stratégique[44] –, n'en demeure pas moins confrontée à l'incertitude et aux turbulences de l'histoire. « Toujours future quand on la conçoit, la décide ou la conduit, elle se développe dans une durée indéterminée et dans un brouillard d'incertitudes. Incertitude : notion centrale de la praxéologie et de l'épistémologie stratégiques »[45]. La recherche et la découverte d'invariants permettent ainsi de fixer des points de repère dans ce brouillard d'incertitudes et de donner une intelligibilité au conflit pour agir de la manière la plus efficiente.

Ces invariants peuvent être définis selon les vulnérabilités, les manœuvres possibles, les rapports de force, les tensions positives ou négatives. Lucien Poirier ne propose pas une liste exhaustive de ces invariants. Il évoque une liste élémentaire : « conditions d'éclosions, facteurs crisogènes, lieu géographique de l'épicentre, situations relatives des théâtres de crise et des sanctuaires des puissances nucléaires, nature des enjeux en litiges, risque de guerre ouverte entre États secondaires, etc. »[46]. Cette typologie première n'est pas sans rappeler le projet *International crisis behaviour* (ICB) développé par Michael Brecher et Jonathan Wilkenfeld qui réunit un grand nombre de variables réparties en fonction soit du système (niveau macro), soit des

---

[41] *Ibid.*, p. 315, 345.
[42] *Ibid.*, p. 339.
[43] Voir sur ce point, Lucien Poirier, « Épistémologie de la stratégie », art. cité., p. 74-75 et 88-89.
[44] *Ibid.* p. 88.
[45] *Ibid.*, p. 91.
[46] Lucien Poirier, *Essais de stratégie théorique, op. cit.*, p. 321.

acteurs (niveau micro)[47]. Ce modèle procède de la même intention que celle qui a animé Lucien Poirier dans sa réflexion : établir un inventaire ordonné des éléments de la crise pour favoriser la description et la classification des crises internationales historiques. Ce modèle pour Lucien Poirier avait pour but de favoriser le diagnostic, le pronostic et la gestion des crises.

Lucien Poirier n'ira pas plus loin dans l'établissement d'une typologie plus aboutie des invariants des crises internationales, car son attention se focalisera sur la limite épistémologique qu'implique la singularité des crises. Cette limite empêche la formulation d'une théorie – *au sens plein du terme* – des crises. Les crises même si elles obéissent à une logique qui est sensiblement toujours la même – précrise, rupture, escalade, acmé et désescalade si les tensions négatives parviennent à être régulées – ne sont pas des phénomènes linéaires. La dialectique de la crise se déroule toujours dans un contexte particulier dont les contingences entraînent des bifurcations imprévisibles et parfois irréversibles. Ce sont ces bifurcations qui rendent ce phénomène complexe, et la manœuvre stratégique hasardeuse. Pour répondre à cette difficulté, Lucien Poirier, dont la spécialité était la logique probabiliste, c'est-à-dire sur la question de l'évaluation des hypothèses, a développé différentes matrices qui forment le principe de sa méthode[48]. Cet outil est à la fois descriptif, mais aussi prévisionnel et prospectif. Il fonctionne suivant un coefficient de valeur conféré à chaque critère ou variable qui permet d'établir un diagnostic puis un pronostic de la situation[49]. L'évaluation et la pondération des critères, qu'ils soient considérés ou non comme des invariants, accordent à ces variables un aspect contingent. Il restitue leur caractère singulier à la dynamique des crises. Cet appareillage s'il est utile à la manœuvre de crise a également pour effet de limiter les possibilités d'ordonner des invariants de manière systématique dans un modèle théorique descriptif figé. Lucien Poirier ne s'est pas engagé dans la voie de la formulation d'une typologie complexe comme celle empruntée par Michael Brecher et Jonathan Wilkenfeld, car il considérait que « dans l'état actuel de nos instruments d'analyse, on ne

---

[47] On retrouve certaines variables évoquées par Lucien Poirier telles que le point de rupture, le sous-système dans lequel se déroule la crise, le recours ou non à la violence armée, etc. Voir Michael Brecher et Jonathan Wilkenfeld, *A Study of Crisis*, op. cit.

[48] Lucien Poirier a eu la possibilité, alors qu'il occupait la fonction de chargé des études stratégiques au Centre de Prospective et d'Évaluation, d'explorer différentes voies de recherche afin de rendre intelligibles les crises internationales : les modèles issus de la cybernétique, ceux de la sociologie et de la psychanalyse notamment celui de Gaston Bouthoul, les modèles mathématiques celui d'Albert Wohlstetter, les mathématiques catastrophiques et la théorie du chaos, ceux sur l'impact psychologique et la décision rationnelle comme le modèle de Thomas Schelling.

[49] L'outil informatique occupe une place de plus en plus importante depuis les années 1970, car il permet l'économie du langage discursif et le stockage d'une grande quantité de données.

peut prétendre à rien d'autre qu'à des typologies élémentaires – c'est-à-dire, aux inventaires ordonnés de multiples formes adoptées par chacun des éléments de la crise »[50]. Son choix – qui ouvre selon nous à une tradition française dans l'étude des crises – a été celui, *praxéologique*, de la reconstitution de la manœuvre de crise. À partir de cette approche empirique du pilotage des crises l'objectif de Lucien Poirier était de produire un modèle logique de manœuvre de crise, non pas une théorie descriptive fondée sur une typologie des variables constitutives des crises, comme celle de Brecher et Wilkenfeld, ou une théorie générale de la crise, aporie caractérisée par les singularités inhérentes à toutes les crises, mais une théorie normative destinée à favoriser l'agir-stratégique en situation de crise.

Les crises internationales à l'ère post-Guerre froide

Les outils développés par Lucien Poirier sont toujours pertinents pour penser les crises internationales à l'ère post-Guerre froide. Lors de notre entretien, Lucien Poirier a présenté trois invariants qui lui semblent toujours appropriés pour penser les crises internationales contemporaines, qu'il faut donc nécessairement intégrer dans toute analyse politico-stratégique et dans toute manœuvre de crise ainsi que dans toute tentative de formulation d'une théorie des crises internationales. Premier, et principal invariant, le recours possible à la violence armée dans la dynamique du système international. Deuxième invariant, le rôle du nucléaire. Enfin, troisième invariant, qui est également un être stratégique : la règle du jeu, dont le contenu peut varier en fonction des périodes historiques[51]. À partir de ces quelques invariants, il est possible d'évaluer, dans une certaine mesure, les modifications subies par le système international ainsi que les nouvelles contraintes stratégiques imposées aux États.

La fin de la bipolarité ne met pas un terme à l'usage de la violence armée dans le système international. Celle-ci demeure une constante des relations internationales. L'horizon d'une paix perpétuelle, de la « fin de l'histoire », que certains pensaient proche au lendemain de la chute du mur de Berlin et de l'effondrement du bloc soviétique, s'est brutalement éloigné avec le déclenchement de la crise entre l'Irak et le Koweït en 1991, obligeant les États-Unis à constituer une coalition multinationale dans le but de restaurer l'ordre régional. Depuis, l'histoire des relations internationales témoigne de la permanence de la violence sous différentes formes

---

[50] Lucien Poirier, *Essais de stratégie théorique*, op. cit., p. 374.
[51] Sur la *règle du jeu* on consultera Lucien Poirier, « Épistémologie de la stratégie », art. cité, p. 81.

et dans toutes les zones du monde[52]. Tout porte à croire que le système international contemporain traverse une phase de transition, une période où le système ancien se déconstruit pour se reconstruire différemment. Pour Lucien Poirier, nous sommes dans un « Moyen-Âge obscur »[53], c'est-à-dire entre un système moribond qui ne veut pas mourir, où la règle du jeu est reconnue par certains acteurs seulement, et un système qui peine à naître marqué par la concurrence d'acteurs hétérogènes. La coexistence difficile de ces deux systèmes génère des turbulences, de l'instabilité et des crises souvent graves. Cette nature hybride du système international post-Guerre froide explique en grande partie son caractère crisogène. L'ordre ancien pour les États dotés reposait sur la stratégie de dissuasion dont la règle universellement acceptée était : « la guerre sous sa forme extrême de violence paroxystique – nucléaire centrale – ne peut plus être le moyen d'une fin politique rationnelle »[54]. Il reposait également sur les stratégies indirectes qui leur permettaient de satisfaire leur quête de puissance ou de limiter celle de leurs adversaires. Sa complexité tenait au fait qu'il combinait un système bipolaire, nucléaire et idéologique, et un système multipolaire. L'ordre nouveau qui émerge cherche à s'organiser autour de règles différentes produites par des acteurs hétérogènes en quête de reconnaissance qui ne sont pas ou plus sensibles aux seules virtualités des systèmes de forces et recourent à toutes les dimensions de la stratégie, directes et indirectes, pour atteindre leurs fins. Le caractère intégral de la stratégie des États dotés, typique de la Guerre froide, s'est généralisé, dans le monde post-Guerre froide, à tous les acteurs dotés ou non, étatiques, voire dans certains cas, non étatiques. On observe que de nombreuses crises à l'ère post-Guerre froide sont le produit d'actes de violence armée (conflits de frontières, conflits pour la maîtrise des ressources énergétiques, conflits ethniques, insurrections, coup d'État, actes de piraterie, actes de terrorisme). Que de nombreuses crises sont gérées par le recours

---

[52] Guerres irrégulières, conflits de basse intensité et conflits asymétriques (guerre d'Afghanistan 2001, troisième guerre d'Irak 2003, guerre du Mali 2012, lutte contre Daesh en Irak et en Syrie), attaques terroristes (États-Unis 2001, Russie 2002, Espagne 2004, Égypte 2005, Chine 2011, France 2012, 2015, Belgique 2016, Royaume-Uni 2017), guerres civiles (République démocratique du Congo en 1998, Géorgie 2006, Libye 2011 puis 2014), crises diplomatico-militaires (Maroc-Espagne 2002, Chine-Vietnam 2014, Russie-Turquie 2015, Qatar 2017), crises nucléaires (inde-pakistan 1990, 1998, 1999, 2001, Iran 2002-2015, Corée du Nord 2002-2017), révolutions et coups d'État (révolution tunisienne 2010-2011, révolution égyptienne 2011, révolution ukrainienne 2014, tentative de coup d'État en Turquie 2016).

[53] Lucien Poirier, *La crise des fondements*, op. cit., p. 130. Cette formule de Lucien Poirier, déjà utilisée dans certains de ses textes antérieurs, rappelle celle de Pierre Hassner qui fait référence à un « nouveau Moyen-Âge ». Pierre Hassner, *La violence et la paix*, Paris, Éditions Esprit, 1999.

[54] Lucien Poirier, « Quelques questions de stratégie théorique », art. cité., p. 122.

à la violence armée (interventions militaires unilatérales ou multilatérales, opérations terrestres, aéroportées, navales, aériennes, frappes stratégiques, contre-insurrection, opérations de maintien de paix et de protection des populations, opérations de police internationale, lutte contre la criminalité organisée et de lutte antiterroriste). Enfin, que certaines de ces crises débouchent sur des guerres (civiles, interétatiques, préventives, asymétriques). En définitive, le recours à la violence armée demeure un invariant des crises internationales post-Guerre froide.

Deuxième invariant, l'arme nucléaire qui continue d'influencer les relations internationales et de façonner la pensée stratégique[55]. En effet, l'entrée dans l'âge nucléaire a marqué une rupture dans la généalogie stratégique[56]. Elle a donné au phénomène-crise, et à la notion de décision qui l'accompagne, une dimension inédite. Cette nouveauté concernait exclusivement les puissances nucléaires. Pour les États non nucléaires, parce que rien ne les empêchait de recourir à la guerre dans leur politique, la crise, malgré l'avènement du fait nucléaire, demeurait un état critique où la probabilité d'occurrence de la guerre était plus élevée, le moment de la préparation matérielle et psychologique au recours à la violence armée. Ce n'était pas le cas pour les puissances nucléaires. La rupture stratégique induite par l'arme nucléaire impliquait des contraintes nouvelles pour les États dotés, en particulier la crainte que l'escalade incontrôlée d'une crise les entraîne *nolens volens* dans un conflit nucléaire. D'où la nécessité d'inventer des voies et moyens de contrôle d'escalade des crises et d'être prudents dans leurs engagements pour préserver leur liberté d'action politique, prévenir toute surprise et éviter toute situation irréversible ou tout dérapage éventuel. « En temps de crise, la stratégie militaire tend invinciblement à se déconnecter de la politique : elle obéit à sa pente et peut entraîner le politique et des décisions irrationnelles ; c'est-à-dire dépassant, par les risques militaires ainsi acceptés, le juste prix de l'enjeu contesté »[57].

Dans le monde post-Guerre froide, cette nécessité pour les unités sociopolitiques de conserver voire d'accroître leur liberté d'action politique tout en évitant les situations irréversibles et les risques de dérapage existent toujours. La disparition de la bipolarité a certes laissé le champ libre à certains États, notamment aux États-Unis, au développement de leur politique étrangère, mais elle leur impose également de nouvelles

---

[55] Notamment la pensée stratégique française. Sa spécificité réside dans une conception particulière de l'arme nucléaire et des stratégies qui s'y rapportent. C'est d'ailleurs cette spécificité qui a poussé Lucien Poirier, en tant que penseur de la dissuasion nucléaire française, à s'intéresser aux crises comme mode de conflictualité à part entière.

[56] Voir sur ce point Lucien Poirier, *Les voix de la stratégie. Généalogie de la stratégie militaire, Guibert, Jomini*, Paris, Fayard, 1985 ; ainsi que « Épistémologie de la stratégie », art. cité, p. 19.

[57] Lucien Poirier, *Essais de stratégie théorique, op. cit.*, p. 354.

responsabilités stratégiques immédiates et souvent globales en lien avec leur liberté d'action recouvrée, fût-elle relative[58]. Nous sommes entrés dans un nouvel âge nucléaire où les rapports entre les entités sociopolitiques et les contraintes imposées par le système international, surtout en ce qui concerne les crises, ne sont plus les mêmes. La bipolarité était en ce sens modératrice. La disparition de l'opposition Est-Ouest voit par la même occasion la disparition de l'ennemi désigné. La fin de la bipolarité a marqué une nouvelle rupture dans la généalogie stratégique. Elle a obligé les puissances nucléaires à repenser leurs axes stratégiques et leurs doctrines.

Il faut admettre que les déterminations générales ou surdéterminantes de l'âge nucléaire n'agissent plus aujourd'hui, dans la genèse, le développement et l'issue des conflits, comme à la belle époque du risque nucléaire dictant sa loi aux acteurs étatiques. Il faut admettre que « quelque chose » a changé dans la nature ou, ce qui est suffisant pour affecter les calculs et conduites politico-stratégiques, dans les perceptions du fait nucléaire et ses implications[59].

La dissuasion, qui visait un ennemi désigné et constituait une manœuvre continuelle, dont la stratégie des voies et moyens était adaptée à des enjeux définis, a été remise en question par cette rupture systémique[60]. Sceptique

---

[58] Voir Lucien Poirier, « La guerre du Golfe dans la généalogie de la stratégie », in *Stratégie théorique III*, p. 220-225 et Lucien Poirier, « Un nouveau type de crise ? », in François Géré (dir.), *Les lauriers incertains. Stratégie et politique militaire des États-Unis 1980-2000*, FEDN, 1991, p. 374-375.

[59] *Stratégie théorique III*, p. 206. La guerre du Golfe ne marque pas la fin des « temps nucléaires », mais elle est un « révélateur » de la « bifurcation » dans la généalogie de la stratégie annoncée par le changement d'état du système international et du statut de la violence armée.

[60] Lucien Poirier fait référence à un double passage : le passage de la France à l'Union Européenne et l'entrée dans une seconde ère de l'âge atomique qui nécessiterait de remplacer temporairement la doctrine de dissuasion, privée d'objet par l'absence d'ennemi désigné, par une posture d'attente stratégique dont la finalité politique serait de favoriser la construction d'une Union européenne dotée d'un réel volet PESCD. Lucien Poirier et François Géré insistent sur l'importance que constituent toujours à l'ère post-Guerre froide les systèmes de force nucléaire et sur la nécessité de penser l'éventuelle résurgence d'un ennemi désigné qui à l'égard de la France, de l'Europe, ou de la France dans l'Europe constituerait une menace. C'est précisément cette menace, que la France aurait anticipée, qui justifierait la conception d'une nouvelle stratégie de dissuasion, non pas d'une manœuvre puisqu'aucun ennemi n'est désigné, mais d'une stratégie que la France aurait anticipée et par rapport à laquelle elle aurait réservé, en attente, des moyens nucléaires adaptés. Voir sur ce point, Lucien Poirier, *La crise des fondements*, *op. cit.*, p. 5 ainsi que Lucien poirier, François Géré, *La réserve et l'attente. L'avenir des armes nucléaires françaises*, « Le double passage, la France, l'Europe dans la seconde période de l'ère nucléaire », Paris, Economica, 2002, p. 7-14 ; voir également. p. 122 sq.

à l'égard de la diplomatie de non-prolifération, Lucien Poirier croyait à « la vertu rationalisante de l'atome » qui empêche la montée aux extrêmes en cas de crise grave entre États nucléaires. Selon lui, l'Inde, le Pakistan dans les années 1990, plus récemment, l'Iran ou la Corée du Nord, malgré leurs stratégies déclaratoires et les gesticulations de leurs responsables politiques et militaires, sont soumis à la même rationalité stratégique qui animait les États nucléaires à l'époque de la Guerre froide et imposait de considérer l'arme nucléaire uniquement sous l'angle de la dissuasion.

Enfin, la règle du jeu constitue un troisième et dernier invariant. Tout système est régi par une règle du jeu dont le contenu est variable suivant les périodes. La crise irakienne a marqué l'ouverture d'une nouvelle séquence historique et stratégique caractérisée par une problématique inédite qui se structure autour de la prolifération balistico-nucléaire horizontale, des stratégies de dissuasion et des actions extérieures. La règle du jeu qui prévalait durant la Guerre froide est, dans le monde post-Guerre froide, remise en cause de la part des perturbateurs extérieurs ou par des acteurs exotiques issus de la transformation du système international et de sa structure (États voyous, défaillants, effondrés, États révisionnistes sous la forme de puissances régionales ou même groupes terroristes), qui ont (re)conquis ou qui cherchent à accroître leurs degrés de liberté.[61] Pourtant, aujourd'hui plus qu'hier, le jeu de ces perturbateurs extérieurs est soumis à la pression des États nucléaires, de leurs stratégies indirectes, ainsi que de l'opinion internationale qui est immédiatement informée par les moyens de communication numériques. À l'ère contemporaine, une nouvelle hybridité s'est imposée. Une hybridité ontologique qui réunit sur un même plan des acteurs hétérogènes qui cherchent à accroître leur liberté d'action, situation qui se traduit par des crises successives. Certains acteurs *secondaires* ou *asymétriques* utilisent pour atteindre leurs objectifs politiques et faire *entendre leur voix* des *stratégies de crise*, des stratégies indirectes et irrégulières, produisant beaucoup d'instabilité[62]. Ces stratégies de crise paralysent bien souvent l'activité des organisations internationales, la dissuasion et la diplomatie traditionnelle.

---

[61] Lucien Poirier distingue les *perturbateurs* – formule empruntée à l'Amiral Castex – *internes*, groupes infraétatiques à l'origine de guerres révolutionnaires et de subversion, *extérieurs*, États qui refusent la règle du jeu, et les *acteurs exotiques* produits de la transformation du système international (peuples sans États ou groupes terroristes). Si le *monopole de la violence légitime* demeure l'apanage des États, il n'en demeure pas moins que l'invariant lié à la nature des acteurs s'est transformé puisque des acteurs non étatiques, en l'occurrence des groupes transnationaux, possèdent la capacité de générer des crises majeures. Sur le rôle et la différence entre acteurs perturbateurs et exotiques voir Lucien Poirier, *La crise des fondements, op. cit.*, p. 140 sq.

[62] Lucien Poirier, *Essais de stratégie théorique, op. cit.*, p. 371.

Dans certains cas de figure, comme la Corée du Nord ou l'Iran, cette émancipation, synonyme de prolifération nucléaire, est source d'instabilité et d'insécurité. Elle a été « rendue possible par une diffusion mal contrôlée des techniques nucléaires, chimiques et balistiques »[63] et intervient à un moment où un grand nombre d'États recouvrent leur liberté d'action. Elle traduit la volonté pour certains de ces acteurs étatiques de s'affirmer comme des puissances régionales ou globales et de dialoguer d'égal à égal avec les autres États nucléaires. Leurs stratégies de crise combinent des stratégies de non-guerre opérationnelles telles qu'une stratégie des moyens consistant à produire des forces crédibles aux yeux de leurs adversaires et de leurs partenaires ainsi que des stratégies déclaratoires développant des concepts d'emploi virtuel des forces qui menacent leurs adversaires.

Dans cette hypothèse, rien n'assure qu'ils n'innoveraient pas : la virulence des nationalismes et des intégrismes religieux s'accorde mal avec les pratiques stratégiques raisonnables. Moins sensibles que les nantis au caractère exorbitant du risque nucléaire, les nouveaux proliférants pourraient accepter plus aisément son actualisation et, ne se bornant pas à l'interdiction dissuasive, adopter des stratégies de coercition : chantage, voire guerre nucléaire, serait-elle très limitée[64].

Les stratégies de crise peuvent, dans d'autres cas de figure, ceux d'États révisionnistes ou de groupes terroristes, avoir pour objectif de réformer l'ordre, régional ou global, en profitant des blocages produits par la règle du jeu nucléaire pour faire triompher leur volonté. Elles se traduisent par un refus du « pat politico-stratégique » qui était caractéristique de la Guerre froide et que la bipolarité nucléaire avait instituée comme une finalité politico-stratégique. Ainsi, à l'ère post-Guerre froide les facteurs crisogènes sont non seulement plus nombreux à cause de la multiplicité de ces perturbateurs extérieurs ou acteurs exotiques, de la globalisation des flux d'information et d'individus, mais les crises sont plus dangereuses, car les mécanismes initialement destinés à les freiner, tels que la règle du jeu, n'opèrent plus avec la même efficacité qu'auparavant. Cela s'explique par la multipolarité et l'hétérogénéité issues de la fin de la bipolarité ainsi que par le caractère transitoire du système international contemporain.

---

[63] Lucien Poirier, « La guerre du Golfe dans la généalogie de la stratégie », in *Stratégie théorique III*, p. 226. Voir également, Lucien Poirier, « Un nouveau type de crise ? », in François Géré (dir.), *Les lauriers incertains. Stratégie et politique militaire des États-Unis 1980-2000*, FEDN, 1991, p. 374-375.

[64] Lucien Poirier, « La guerre du Golfe dans la généalogie de la stratégie », in *Stratégie théorique III*, p. 226.

La manœuvre de crise, « stratégie de conflit susceptible de se développer en stratégie de guerre »[65], jusque-là réservée à certains États capables d'évaluer, de décider, de piloter leurs actions et de s'adapter en situation de crise de manière autonome, concerne aujourd'hui un très grand nombre d'acteurs. En effet, à l'ère de la Guerre froide la capacité nucléaire conférait à certains États seulement cette autonomie de décision et cette liberté d'action. À l'ère post-Guerre froide, cette capacité nucléaire ne semble plus conférer la même liberté d'action. Les acteurs auparavant considérés comme *secondaires*, quant à eux, ont accru, souvent par des stratégies indirectes, leur liberté d'action alors qu'ils ne possèdent pas – pas officiellement en tout cas ou pas encore – de capacité nucléaire. Quoiqu'il en soit, la manœuvre des crises demeure bien « un concept majeur de la théorie stratégique contemporaine »[66].

Pour les États nucléaires, les crises internationales continuent d'être des enjeux majeurs. Elles les obligent avant tout à des réponses empiriques pour faire face à ces situations qui menacent continuellement l'ordre. Cela signifie, pour Lucien Poirier, intégrer les perturbateurs extérieurs dans le cadre de leur planification, malgré les « aléas stratégiques » – « écarts entre le voulu et l'obtenu »[67] –, et développer des outils de détection, de diagnostic, de pronostic, de contrôle des crises afin d'en limiter les effets contagieux et la violence. Du point de vue de la théorie, les crises internationales post-Guerre froide imposent de repenser l'usage de la violence, le rôle du nucléaire et surtout les règles du jeu qui prévalaient auparavant. Le nouvel ordre mondial, caractérisé par un polycentrisme anarchique d'acteurs hétérogènes et anomiques, appelle une nouvelle géopolitique c'est-à-dire une nouvelle appréciation des espaces physiques (terre-mer-espace) et virtuels (cyber), de la temporalité (déplacement des individus et des informations), ainsi que de nouveaux appareillages stratégiques et de nouveaux axiomes pour penser cette hypercomplexité.

Conclusion : un héritage à faire fructifier

L'avènement du fait nucléaire dans le domaine militaire a remis en question la Grande Guerre et son modèle européen conceptualisé notamment par Carl von Clausewitz. La Guerre froide a vu se développer un système hybride et complexe composé d'un sous-système, isolé du reste du système international, caractérisé par le blocage nucléaire et l'impossibilité d'un affrontement direct entre les deux grands. La dissuasion a eu

---

[65] Lucien Poirier, *Essais de stratégie théorique*, op. cit., p. 375.
[66] Lucien Poirier, « Quelques questions de stratégie théorique », *op. cit.*, p. 125.
[67] Lucien Poirier, « Épistémologie de la stratégie », art. cité, p. 92.

pour effet de favoriser les stratégies indirectes. Elle a été particulièrement crisogène pour les relations internationales. Ces constatations sont toujours valables en ce qui concerne le système international post-Guerre froide. Et cette logique de non-guerre est productrice d'une situation de conflit permanent jalonné de crises. Cette situation confère une certaine « autonomie à la stratégie des moyens »,[68] car elle implique, du point de vue stratégique et tactique, un matériel de plus en plus complexe. Cela se traduit non seulement par une compétition technologique pour maintenir une dissuasion crédible, mais aussi pour prévenir et gérer ces situations hybrides de ni paix ni guerre.

En 1994, dans *La crise des fondements*, Lucien Poirier posait la question suivante : « Qui menace l'Occident aujourd'hui ? Sans doute, les fondamentalismes religieux et les conflits ethniques défient-ils le nouvel ordre mondial, pacifique, qu'implique la culture sociopolitique des vieilles démocraties ; mais celles-ci se sentent-elles pour autant en danger prochain ? »[69]. Avisé, il envisageait la possibilité dans l'avenir d'occurrence de crises graves, conséquences du « polycentrisme anarchique d'acteurs exotiques et anomiques, *infra*, intra, et trans-étatiques de statuts les plus divers qui ont fait éclater les cadres classiques de la coopération/compétition économique et culturelle ; donc celui de la séculaire coexistence conflictuelle des entités sociopolitiques historiquement fondées »[70]. Les crises produites par cette hétérogénéité et par l'hypercomplexité du système international composé d'une « nébuleuse d'entités – systèmes d'acteurs et d'actants centrés et acentrés »[71] se traduiront par des conflits armés limités, mais dont le niveau de violence sera très élevé.

Les éléments de théorie des crises développés par Lucien Poirier possèdent une double dimension, *descriptive* et *explicative*, pour « déchiffrer le sens de la crise », et *normative* pour « s'armer intellectuellement pour agir-en-crise »[72]. Comme le souligne Frédéric Ramel, Lucien Poirier a produit des concepts qui sont des outils susceptibles d'être appliqués aujourd'hui à des objets d'étude très variés, ce qui fait la grande opérationnalité de son œuvre[73]. Lucien Poirier laisse en héritage des concepts, comme la *montée en puissance*, l'*acmé* de la crise, la *manœuvre des crises*, leur *détection*,

---

[68] Lucien Poirier, *Le chantier stratégique : entretiens avec Gérard Chaliand, op. cit.*, p. 91.
[69] Lucien Poirier, *La crise des fondements, op. cit.*, p. 67.
[70] *Ibid.* p. 141.
[71] *Ibid.*, p. 142.
[72] Lucien Poirier, *Stratégie théorique, op. cit.* p. 340.
[73] Frédéric Ramel, « Hommage à Lucien Poirier : du théoricien de la dissuasion au philosophe de la Stratégie », en ligne : http://www.defense.gouv.fr/irsem/publications/lettre-de-l-irsem/les-lettres-de-l-irsem-2012-2013/2013-lettre-de-l-irsem/lettre-de-l-irsem-n-1-2013/portrait-du-mois/hommage-a-lucien-poirier (consulté le 19 septembre 2017).

leur *diagnostic* et le *pronostic*, mais surtout une épistémologie qui permet d'appréhender efficacement l'objet stratégique qu'est la crise. Car c'est au travers de la discipline stratégique que la crise apparaît comme un objet indépendant, comme un concept autonome qui implique une *manœuvre*, c'est-à-dire un acte, un but à ladite manœuvre, dans le choix des objectifs et des moyens mis en cohérence en vue de satisfaire ces objectifs. Ce n'est que par rapport à ce résultat que l'on peut corriger les écarts, rectifier les voies et moyens afin d'en parfaire l'opérabilité. Cet agencement des voies et moyens est continuel, perpétuel, jamais définitif, c'est un modèle circulaire qui par rétroaction engage une dynamique en opposition avec toute conception qui se voudrait statique. De plus, au travers de ses *Éléments pour une théorie de la crise* Lucien Poirier a déterminé des invariants, des régularités tout en prenant en compte les contingences qui font partie de la nature stratégique et qui définissent les particularités des crises. Ce travail prospectif aurait nécessité des développements supplémentaires pour parvenir à une typologie plus aboutie des crises politiques internationales en fonction de leurs invariants et des principes de la manœuvre de crise. Nous avons souligné dans cette contribution trois invariants : le recours à la violence armée, le nucléaire et la règle du jeu. Il en existerait d'autres comme l'opinion publique internationale, l'écart de temporalité entre le politique et le stratégique, les catégories stratégiques de l'espace et du temps, le rôle de l'information, etc.

Les pistes explorées par Lucien Poirier il y a maintenant plus de trente ans invitent à être poursuivies avec la même rigueur intellectuelle, avec la même recherche de cohérence conceptuelle. Elles permettraient de produire un modèle descriptif pertinent de la dynamique des crises internationales – préalable à une approche normative – qui se baserait sur l'identification précise des ruptures et phases de transition. Ces ruptures et phases devraient être localisées, datées et vérifiées historiquement, car les crises sont des temporalités spécifiques, *l'histoire en acte*. Une fois ces phases objectivées, elles fourniraient les outils pour agir dans la crise. Ce travail sur un phénomène qui est fondamentalement interdisciplinaire et typiquement interarmées, initié dans les années 1960, était particulièrement novateur pour l'époque. Il possède aujourd'hui encore une grande valeur pour la recherche sur les crises internationales. Cet héritage, que nous lègue Lucien Poirier et qu'il qualifiait, avec beaucoup d'ironie, « d'une des choses les moins mauvaises qu'il ait écrite », doit être transmis et perpétué pour encore pouvoir fructifier.

Les origines du concept français de dissuasion : mythes et réalités

Bruno TERTRAIS

La doctrine de Gallois ?

Le fondement logique de la dissuasion française, telle qu'elle avait été conçue au temps de la guerre froide, était la dissuasion « du faible au fort ». La dissuasion pouvait être efficace même si l'une des deux parties était bien moins puissante que l'autre en raison du « pouvoir égalisateur de l'atome ». Le colonel Pierre Gallois est souvent crédité de l'invention de ces concepts. Il les développa en effet dans son ouvrage *Stratégie de l'âge nucléaire*[1]. Mais ils étaient déjà présents dans l'article fondateur de l'amiral Raoul Castex (1945), dans un dossier présenté en décembre 1954 aux autorités politiques françaises, et dans les réflexions britanniques du début des années 1950 (*cf. infra.*)[2]. Gallois était familier de ces sources : son apport essentiel aura été de les populariser en France dans ses écrits des années 1950 et son ouvrage de 1960.

Il semble en revanche que le concept de « dissuasion proportionnelle » adopté par de Gaulle, soit attribuable à Gallois, de même que son corollaire la « valeur-France » comme critère de planification des forces stratégiques[3]. De même pour l'idée selon laquelle « le risque nucléaire ne se partage pas », que l'on retrouvera dans le premier *Livre blanc sur la défense* (1972).

En tout état de cause, la contribution la plus importante du colonel Gallois fut sans doute dans son talent d'infatigable avocat d'une dissuasion nationale. On connaît sa fameuse rencontre avec de Gaulle en avril 1956, dont le général avait résumé le contenu en disant « Je vois, il suffit d'arracher un bras à l'agresseur »[4]. On connaît moins son entretien avec le président du Conseil Guy Mollet, quelques jours auparavant, auquel il

---

[1] Pierre-Marie Gallois, *Stratégie de L'âge Nucléaire*, Paris, Calmann-Lévy, 1960, p. 3-4.
[2] Raoul Castex, « Aperçus sur la bombe atomique », *Revue de Défense Nationale*, octobre 1945, p. 467 ; Georges-Henri Soutou, « La politique nucléaire de Mendès-France », *Relations internationales*, automne 1989, p. 24.
[3] Gallois, *Stratégie de l'âge nucléaire, op. cit.*, p. 184.
[4] Cité *in* Pierre-Marie Gallois, *Le Sablier du siècle*, Lausanne, L'Âge d'homme, 1999, p. 373.

annonce la fin de la supériorité américaine et ses conséquences probables pour l'Europe – qui n'aurait pas été pour rien dans les décisions prises après Suez par Mollet[5].

Poirier : un apport parfois surévalué[6]

La contribution de Lucien Poirier est elle aussi fréquemment surévaluée. Il fut certes, au Centre de prospective et d'évaluation (CPE) jusqu'en 1971, l'un des auteurs du corpus de documents officiels qui, pour la première fois, théoriseront et mettront en forme le concept de dissuasion nucléaire nationale. Mais sa longévité et ses talents d'auteur prolifique ont conduit à attribuer à ses écrits une importance excessive. L'approbation donnée par de Gaulle aux conclusions de certains documents du CPE valait *imprimatur*, mais pas plus. Et les armées à l'époque – notamment l'armée de terre – restaient assez hermétiques à l'apport intellectuel du petit centre de réflexion réuni par le ministre de la Défense. Les textes de Poirier n'ont véritablement pris de l'importance qu'après la mort de ce dernier, « surtout auprès de ceux qui se voudraient les héritiers plus orthodoxes de la pensée » de l'homme du 18 juin, dit le politologue Samy Cohen. « Les gaullistes dévots se sont raccrochés aux travaux du CPE, qu'ils ont confondu avec l'héritage du fondateur de la Ve République », poursuit-il[7].

La critique est un peu sévère. Le *Livre blanc* de 1972 doit énormément au CPE. Mais sur le strict plan de la doctrine nucléaire, l'héritage du Centre reste limité. Il semble que l'origine de l'expression « intérêts vitaux » soit attribuable aux travaux de 1966 du CPE[8]. Et la manière dont le CPE définit les dommages souhaités est, sinon originale, du moins compatible avec la vision des responsables politiques de la Ve République (« des dommages tels qu'ils compromettent, non seulement l'existence organisée actuelle de son pays, mais aussi son avenir dans les domaines capitaux de son activité »)[9]. Mais il paraît plus approprié de parler de « vernis doctrinal » (Matthieu Chillaud) plutôt que de concepts nouveaux.

C'est sur la question cruciale des armes dites tactiques que l'échec de Poirier est patent. Comme on le sait, il leur assigne une double fonction :

---

[5] Gallois, *Le sablier du siècle, op. cit.*, p. 362-365.
[6] L'auteur est reconnaissant à Matthieu Chillaud pour ses commentaires sur une première version de cette section.
[7] Samy Cohen, *La Défaite des généraux, Le pouvoir politique et l'armée sous la Ve République*, Paris, Fayard, 1994, p. 97.
[8] Duval Marcel, Le Baut Yves, *L'Arme nucléaire française. Pourquoi et comment ?*, Paris, SPM, 1992, p. 51.
[9] Cité *in* Duval Marcel, Le Baut Yves, *L'Arme nucléaire française. Pourquoi et comment ?*, Paris, SPM, 1992, p. 51.

tester les intentions de l'adversaire, et lui donner si nécessaire un coup de semonce limité, sans véritable rôle militaire. Mais cette vision ne résistera pas au poids combiné de la culture traditionnelle des armées (d'autant qu'à l'époque, les états-majors avaient un rôle plus important que ce n'est le cas dans la définition de la stratégie française) et de la volonté des dirigeants politiques – le général de Gaulle le premier – de maximiser leurs options en temps de guerre. C'est pour cela, comme on le sait, que Poirier critiquera vivement le célèbre discours du chef d'état-major Michel Fourquet de mars 1969. Les notions de « coup d'arrêt » ou de frappe « militairement significative » en vigueur dans les années 1980 ne correspondront pas non plus à sa philosophie. Et, comme on le verra plus loin, la notion même de « coup de semonce nucléaire » ne lui est même pas attribuable...

Quant au général Charles Ailleret, s'il fut incontestablement l'un des acteurs clés du programme nucléaire français, il n'est pas possible de lui attribuer, sur le plan intellectuel, l'une ou l'autre des notions essentielles qui composent la doctrine nucléaire française.

La contribution du général Beaufre, à l'inverse de celle de Poirier, a sans doute été sous-évaluée. Il a indirectement contribué aux travaux du CPE via les contrats passés avec son Institut français d'études stratégiques. Sa vision d'une dissuasion « multilatérale » a peut-être influencé de Gaulle. Sa conception de l'arsenal français, dans son existence même, non seulement comme un apport essentiel à la crédibilité de la dissuasion de l'Alliance atlantique (idée que l'on retrouvait déjà sous la IVe République), mais encore, dans une certaine mesure – et même s'il s'en défendait – comme un possible *détonateur* forçant les États-Unis à intervenir, était largement partagée par de Gaulle, comme on le verra plus loin. Et son inclination à voir l'arme nucléaire tactique comme un moyen de dissuasion d'agressions limitées contre les intérêts vitaux était partagée par les responsables politiques et militaires des années 1970. La « voie moyenne » de Beaufre était celle de de Gaulle.

La synthèse pragmatique du général de Gaulle

La stratégie nucléaire française, à ses origines, est avant tout celle du général de Gaulle. C'est lui qui lui applique la notion de « tous azimuts », vocabulaire d'artilleur, à la stratégie nucléaire, dès 1959[10]. Objectif irréaliste pour la France – qui sera officiellement abandonné par Pompidou en 1974 – mais affaire de principe pour de Gaulle, qui souhaite inculquer une bonne dose de « renationalisation » dans la culture militaire française. Tout aussi important est son refus catégorique du « tout ou rien » professé

---

[10] Conférence de presse du 3 novembre 1959.

par Gallois. Et envisageait même volontiers, en tout cas en théorie, un emploi sélectif ou graduel des armes nucléaires[11].

C'est de Gaulle, et non Poirier, qui le premier, semble-t-il, mentionne la notion de « coup de semonce » nucléaire, dès janvier 1964 (alors que le CPE n'est créé qu'un mois plus tard)[12]. De plus, il en viendra sur le tard à accorder un rôle tout à fait important aux armes nucléaires *tactiques*... contrairement à ce que souhaitait Poirier. D'après Jean Lacouture, de Gaulle aurait sermonné les officiers de l'armée de terre qui rechignaient à approuver les principes couchés sur le papier par Poirier[13]. Mais cette vision ne reflète pas la réalité. En 1963, il est prévu de se doter de 440 armes tactiques (220 pour l'armée de terre et autant pour l'armée de l'air) ! Le général Bentegeat, ancien chef d'état-major des armées et officier de l'armée de terre formé à l'époque, nous dit sans ambages : « Le Pluton, c'était de la riposte graduée »[14]. Georges Pompidou évoquera publiquement en 1973 une « réponse flexible »[15]. Et dans son instruction personnelle et secrète de 1974, il exige que l'arsenal tactique soit prioritaire, immédiatement après la force océanique[16]. On le sait peu, mais la dernière unité de Honest John américains ne fut dissoute qu'en 1976...

Sur la contribution de la France à la sécurité de l'Europe et de l'OTAN, les positions du général de Gaulle sont à l'opposé de celles de Gallois et Poirier. Il refuse de limiter le rôle de la dissuasion française à la défense du « sanctuaire » (mot qu'il n'a jamais prononcé, semble-t-il) et fait savoir que la France doit se sentir menacée dès que l'Allemagne ou le Benelux le seraient, ouvrant la possibilité pour le corps de manœuvre (1re Armée et Force aérienne tactique) doté de ses armes atomiques d'agir à l'avant. Le général veut qu'il puisse être capable d'une « action brutale et rapide dans un champ d'une profondeur correspondant aux dimensions de l'un quelconque des pays qui entourent le nôtre (Allemagne, Italie, Angleterre, Espagne) »[17]. Il ordonnera en 1968 à son état-major que les forces de manœuvre puissent intervenir « soit à partir de nos frontières, soit plus en avant », dit-il « en faisant un large geste du bras »[18].

---

[11] Jean Lacouture, *De Gaulle. Tome III, le Souverain*, Paris, Seuil, 1986, p. 473 ; Alain Peyrefitte, *C'était de Gaulle*, Paris, Gallimard, 2002, p. 354.
[12] Cité *in* Peyrefitte, *C'était de Gaulle*, Paris, Gallimard, 2002, p. 711.
[13] Voir Lacouture, *De Gaulle, op. cit.* p. 477.
[14] Entretien avec le général Henri Bentegeat, Paris, 1er juillet 2015.
[15] Conférence de presse à l'Élysée, 27 septembre 1973.
[16] Cité *in* Georges-Henri Soutou, « La menace stratégique sur la France à l'ère nucléaire : les instructions personnelles et secrètes de 1967 et 1974 », *Revue historique des armées*, 3e trimestre 2004, p. 15.
[17] Instruction personnelle et secrète de 1967 citée *in* Soutou Georges-Henri, « La menace stratégique sur la France à l'ère nucléaire : les IPS de 1967 et 1974 », *Revue historique des armées*, 3e trimestre 2004.
[18] Valentin François, *Une politique de défense pour la France*, Paris, Calmann-Lévy, 1980, p. 91.

De Gaulle a bien compris, comme le soutient Beaufre, que la force française jouera le rôle utile d'une « dissuasion supplémentaire » pour l'Alliance[19]. De plus, de Gaulle, comme il l'a dit à de multiples reprises, est tout à fait ouvert à l'idée de coordonner l'emploi de la force nucléaire nationale avec celles des États-Unis et du Royaume-Uni[20].

Lacouture dit que de Gaulle rejetait la théorie du « détonateur »[21]. C'est faux. Sur ce point, il va beaucoup plus loin que Beaufre et envisage l'emploi des armes nucléaires tactiques, voire stratégiques, pour forcer les États-Unis à ouvrir le feu nucléaire pour protéger l'Europe. Les témoignages recueillis par le général de Boissieu, son beau-frère, par Alain Peyrefitte, et par Valéry Giscard d'Estaing, ne laissent guère de doute là-dessus.

En fait, de Gaulle fera une synthèse pragmatique entre ce que l'on pourrait appeler, en schématisant, deux modèles abstraits de dissuasion : un modèle de « dissuasion pure et nationale » incarné par Gallois, Poirier et Ailleret, et un autre de « dissuasion souple et transatlantique », incarné par Beaufre, mais aussi, naturellement, par Raymond Aron. Tout en y ajoutant ses propres idées.

Pour lui, les raffinements doctrinaux étaient au demeurant d'une importance assez secondaire (ce qui permet d'expliquer, par exemple, l'apparente évolution de sa position sur les armes tactiques). L'essentiel était que les principaux instruments soient là et qu'il existât une volonté de s'en servir[22]. On se rappellera que dès 1944, il appelait l'armée française à se méfier « des idées préconçues, de l'absolutisme et du dogmatisme »[23]. « Je sais qu'il n'y a pas de repos pour les théologiens », écrit-il ironiquement pour remercier Raymond Aron de lui avoir fait parvenir l'un de ses ouvrages. Et à André Beaufre, qu'il respectait : « en cette matière, il n'y a de pratique qui vaille qu'en vertu des hommes et d'après les circonstances »[24]. Le général n'était qu'assez peu intéressé par les aspects les plus théoriques de la dissuasion, chers à Beaufre, et encore moins à sa formulation mathématique, si prisée par Poirier. En 1960, il dit au Conseil de défense : « la force de frappe est une arme politique, la précision technique n'est pas essentielle »[25].

---

[19] Voir Lacouture, *De Gaulle, op. cit.*, p. 353.
[20] Voir par exemple sa conférence de presse du 14 janvier 1963.
[21] Voir Lacouture, *De Gaulle, op. cit.*, p. 471.
[22] Voir à ce sujet Pierre Messmer, *Mémoires*, Paris, Albin Michel, 1992.
[23] Charles de Gaulle, *Le fil de l'épée*, Paris, Union générale d'éditions, 1962, p. 142.
[24] Citations in Frédéric Bozo, *Deux stratégies pour l'Europe : De Gaulle, les États-Unis et l'Alliance atlantique*, Paris, Plon, 1996, p. 121.
[25] Cité in André Bendjebbar, *Histoire secrète de la bombe atomique française*, Paris, Le Cherche-Midi, 2000, p. 324.

L'importance de l'héritage *anglo-saxon*

La mythologie nucléaire française ne rend pas justice à l'importance des apports américain et britannique au concept français de dissuasion. À ses origines, la doctrine française s'inspire largement des *représailles massives* adoptées par les États-Unis et le Royaume-Uni dans les années 1950. L'adoption de cette posture par les Britanniques, notamment (*Global Strategy Paper* de 1952, *Livre blanc* de 1957), attira très tôt l'attention des stratèges français. Elle reposait justement sur l'idée que le *faible* pouvait dissuader le *fort*. Gallois ne cachera d'ailleurs pas son admiration pour ce qu'il appelait le « modèle » britannique[26].

Plus largement, les grands stratèges militaires français ont été directement inspirés par leur expérience du milieu anglo-saxon. Beaufre fut chef d'état-major adjoint au Grand quartier général des puissances alliées en Europe (en France à l'époque), et représentant français au Groupe permanent de l'OTAN. Au début des années 1950, il avait été l'un des premiers stratèges alliés à étudier l'idée d'un emploi massif et précoce des armes nucléaires tactiques. Gallois, lui aussi en poste à l'OTAN, avait été l'un des auteurs de la traduction dans le cadre de l'Alliance de la stratégie dite des représailles massives (document MC-48). Et il était l'un des célèbres quatre « mousquetaires » du *New Approach Group*, en pointe dans l'élaboration de la stratégie nucléaire alliée entre 1953 et 1956.

D'autres notions-clés du concept français proviennent directement des pays anglo-saxons. Les expressions dommages « inacceptables » ou « insupportables » proviennent du *Livre blanc* britannique de 1962 et des réflexions gouvernementales américaines de la même époque. De même que la *suffisance*, dont le concept était déjà mentionné par les documents britanniques de 1962 avant d'être repris par les États-Unis de Nixon en 1969.

Il est juste de dire, comme le fait un historien militaire dans une contribution sur la stratégie aérienne, que la « filière nucléaire américaine » a été « source de la transmission de connaissances » dans la stratégie nucléaire française[27].

Un mythe qui découle des deux premiers est que la doctrine française ainsi conçue aurait été radicalement différente de celle de nos alliés. Comme on l'a vu, c'est assez inexact. Les seules spécificités françaises sont au nombre de trois : l'expression « intérêts vitaux » qui a caractérisé le seuil nucléaire français dès 1972 ; la théorie du détonateur dans sa ver-

---

[26] Pierre-Marie Gallois, « The raison d'être of French defence policy », *International Affairs*, vol. 39, n° 4, October 1963, p. 497.

[27] Aurélien Poilbout, « Quelle stratégie nucléaire pour la France ? L'armée de l'Air et le nucléaire tactique intégré à l'OTAN (1962-1966) », *Revue historique des armées*, n° 262, 2011, p. 2.

sion la plus dure (qui disparaîtra après de Gaulle) ; et enfin, le concept d'un *unique* et ultime avertissement nucléaire, qui s'imposera dans les années 1970, et sera la différenciation la plus importante, du moins sur le papier, avec la stratégie de l'OTAN.

Les origines anglo-saxonnes du concept nucléaire français restent aujourd'hui des « souvenirs réprimés » de l'histoire stratégique du pays.

Une stratégie de(s) moyens

Le concept nucléaire français est aussi une « stratégie des moyens ». Il existe une ambiguïté sur cette expression : elle signifie à la fois ce que l'on appelle en anglais la stratégie d'acquisition (*acquisition strategy*), mais est également employée pour évoquer une priorité donnée aux moyens sur la stratégie, voire une stratégie *définie* par les moyens disponibles. Elle peut être appliquée au cas français dans ces deux dernières acceptions.

De Gaulle accorde clairement la priorité aux moyens (même s'il eut besoin un temps, comme on l'a vu, de prétendre que l'arsenal français devrait être dirigé « tous azimuts »)[28]. Pierre Messmer le dit sans ambages : « la stratégie gaulliste est une stratégie de moyens »[29].

La solution nucléaire était, pour les responsables et les stratèges français, une évidence pour la France, qui était le « faible » de la Guerre froide. Et le Premier ministre Raymond Barre reconnaîtra en 1977 que la stratégie anti-cités est « la moins coûteuse »[30].

Cela ne signifie nullement que la doctrine ait été en permanence « tirée » par les moyens budgétaires et technologiques disponibles : l'effort national visant à la pénétration des défenses antimissiles soviétiques, dans les années 1970, en est un contre-exemple parmi d'autres. Mais dans le domaine nucléaire comme dans tout autre domaine stratégique, l'interaction entre la théorie et la pratique est constante. On peut en voir pour preuve, par exemple, la diversification des objectifs qui caractérisera – très progressivement – la politique française de ciblage stratégique à partir des années 1980. Celle-ci ne peut être interprétée correctement que si l'on comprend que dès lors que le nombre d'armes connaissait un accroissement spectaculaire (en raison, justement, de la volonté de pénétrer le bouclier antimissile de la région de Moscou), il devenait plus *rentable* de

---

[28] Maurice Vaïsse, « Historique du concept français de dissuasion nucléaire 1945-1994 », in Pierre Pascallon (dir.), *Quel avenir pour la dissuasion nucléaire française ?*, Bruxelles, Bruylant, 1996, p. 5.

[29] Pierre Messmer, « Les conceptions stratégiques du général de Gaulle face au monde de 1990 », *Défense nationale* (novembre 1990), mai 2009, p. 110.

[30] Raymond Barre, Discours au Camp de Mailly, 18 juin 1977.

les affecter à des objectifs économiques plutôt que de chercher à maximiser le nombre de morts soviétiques. D'autant que la France avait alors acquis, enfin, la capacité de menacer l'équivalent de sa propre population. Et cette diversification est également rendue possible par les progrès technologiques (renseignement, ciblage, précision).

La victoire posthume des généraux ?

La Ve République a, non sans raison, été qualifiée de « défaite des généraux »[31]. Mais l'on peut aussi faire remarquer que, dans la durée, certaines des idées les plus chères aux grands penseurs militaires français des années 1960 ont fini par s'imposer.

Les conceptions du général Beaufre ont triomphé en 1974 avec la reconnaissance par l'Alliance atlantique (communiqué d'Ottawa) de la valeur, pour la dissuasion globale de l'OTAN, des forces indépendantes britannique et française, formulation qui sera reprise ensuite dans tous les grands textes, jusqu'à aujourd'hui.

L'importance que le général Poirier accordera au Plateau d'Albion (dont l'existence aurait forcé l'adversaire à « signer son agression ») aura peut-être influencé François Mitterrand.

Et Poirier pourrait peut-être se reconnaître dans « l'ultime avertissement » tel qu'il a été envisagé depuis la fin de la Guerre froide, qui n'est pas sans rappeler, à certains égards, le « test » symbolique qu'il envisageait à l'époque, même si sa vocation est aujourd'hui davantage de « rétablir la dissuasion » (et qu'il serait délivré sur le territoire de l'adversaire principal).

Enfin, le général de Gaulle ne serait sans doute pas mécontent de savoir qu'en 2016, la France dispose désormais, avec le missile Mer-sol balistique stratégique (MSBS) M51 dans sa version la plus récente (M51.2), d'un véritable instrument de dissuasion « tous azimuts ».

---

[31] Samy Cohen, *La Défaite des généraux*, op. cit.

Raymond Aron, un stratégiste nucléaire entre deux mondes

Antony Dabila et Thomas Meszaros

> Nuclear weapons played a triple role in the edification of Raymond Aron's intellectual work : obviously in the comments he made and positions he adopted inside the nuclear strategic debate from 1945 to 1983, but also in the genesis of his theory of international relations and of war (culminating in the *Paix et guerre* and in *Penser la guerre, Clausewitz*), and lastly in is personal biography as a "commited observer" of the French and transatlantic strategic debates[1].

L'épigraphe de Christian Malis résume de manière pertinente le triple rôle joué par les armes nucléaires dans l'œuvre intellectuelle de Raymond Aron. La présente contribution s'inscrit dans la continuité de ce travail pionnier. Même si elle reprend nécessairement les deux premiers axes dégagés par Christian Malis, elle insiste plus particulièrement sur le troisième qui concerne la place de Raymond Aron dans le débat stratégique nucléaire franco-américain. Notre contribution part du constat que la guerre a occupé une place essentielle dans la vie et l'œuvre de Raymond Aron. Elle se traduit tout d'abord par une relation d'ordre théorique entre le sociologue et la guerre entendue comme fait social total. À ce titre, la guerre a été l'objet central de sa réflexion sociologique et historique. Elle traduit également une relation d'ordre empirique entre l'homme et le phénomène guerrier qui explique que l'œuvre de Raymond Aron est tout entière marquée par l'expérience de la guerre – Première puis Seconde Guerre mondiale, guerres de décolonisation, Guerre froide – dans son spectre le plus large, de l'usage modéré de la violence à la guerre totale et sa dimension apocalyptique[2].

---

[1] Christian Malis, « Raymond Aron, war and nuclear weapons. The primacy of politics paradox », *in* Olivier Schmitt (dir.), *Raymond Aron and International Relations*, Londres & New York, Routledge, 2018, p. 93.

[2] Thomas Meszaros, « The French Tradition of Sociology of International Relations : An Overview », *The American Sociologist*, vol. 48, n° 3-4, 2017, p. 312.

Auteur central des Relations internationales en France, Raymond Aron est également un auteur, à la différence d'autres spécialistes des relations internationales de la même période, notamment son *double français* Marcel Merle, qui a eu de son vivant une large reconnaissance internationale. Sa contribution fut en particulier jugée décisive aux États-Unis, terre la plus fertile des Relations internationales, où il participera, au sein des séminaires de Relations internationales de Harvard, à la formation intellectuelle des acteurs les plus emblématiques de la diplomatie des années 1960 et 1970, comme Henry Kissinger[3]. Raymond Aron a non seulement influencé le débat de son époque en France, mais aussi plus largement en Europe et aux États-Unis. Son apport aux Relations internationales est théorique, sociologique et historique[4]. Mais, dans la tradition aristotélicienne, cet apport est également normatif. En effet, Raymond Aron n'envisage pas une *science* des relations internationales qui serait déconnectée de sa vocation pratique. Encore moins ne conçoit-il cette science comme détachée des problèmes que posent les relations internationales contemporaines à l'âge, radicalement nouveau, du nucléaire. La *praxéologie*, science de l'action, effectue une synthèse de la théorie, de la sociologie et de l'histoire. Elle est pour lui l'horizon de toute réflexion sérieuse sur les relations internationales. Son apport aux études stratégiques est indissociable de son analyse des relations internationales.

Reformulant la thèse wébérienne, Raymond Aron considère que le système international, à la différence des systèmes politiques intérieurs, est caractérisé par une absence du monopole de la violence légitime. Il est décentralisé. Cette anarchie permanente rend le recours à la violence, à la guerre, non seulement possible, mais également normal pour réguler les relations entre les États. Raymond Aron est un penseur de la guerre. Pour lui, loin d'être une pathologie du système international, la guerre est une modalité des relations internationales avec la diplomatie. Le diplomate et le soldat sont ainsi pour lui les deux figures paradigmatiques et routinières des relations internationales. L'apparition d'une nouvelle catégorie d'armes à la sortie de la Seconde Guerre mondiale est venue modifier les pratiques traditionnelles utilisées par les États pour réguler leurs relations. Pour penser le nouveau type de guerre issu de l'utilisation militaire de l'énergie atomique, Raymond Aron a consacré de nombreux travaux à la stratégie, en particulier à la stratégie nucléaire, qui ouvrent la voie à son entreprise théorique, à sa sociologie des relations internationales qui est en réalité une

---

[3] Stanley Hoffmann, « Raymond Aron et la théorie des relations internationales », *Politique étrangère*, n° 4, 2006, p. 724.
[4] Voir *Paix et guerre entre les nations*, Paris, Calmann-Lévy, 1962 ; « Qu'est-ce qu'une théorie des relations internationales ? », *Revue Française de Science Politique*, 1967, p. 837-861 ; *Penser la guerre : Clausewitz*, Paris, Gallimard (2 vols.), 1976.

« sociologie de la bipolarité nucléaire »[5]. Raymond Aron comprend très tôt la spécificité de l'équilibre nucléaire qui produit une situation inédite dans l'histoire des relations internationales où la « paix est impossible et la guerre improbable »[6]. Dans sa pensée, l'avènement de l'arme nucléaire a modifié la trajectoire historique des relations internationales. Pour le penseur de la guerre, l'arme nucléaire pose un problème d'ordre politico-stratégique, elle modifie les enjeux et le degré de la guerre, mais aussi d'ordre philosophique, car elle implique une prudence dans l'action[7]. La guerre de Corée, et le risque de Troisième Guerre mondiale que Raymond Aron entrevoit avec ce conflit confirmeront son intuition.

Du « spectateur engagé » au « spectateur désengagé »

Raymond Aron représente par excellence la figure de l'intellectuel européen, maîtrisant les débats intellectuels des principaux pays de son temps, qui plus est dans leur langue originale. La formation intellectuelle de Raymond Aron débute durant l'entre-deux-guerres. À cette période, l'activité académique la plus intense se situait, en plus de la France, dans trois foyers bien identifiés : l'Allemagne, l'Angleterre et les États-Unis. Jeune doctorant en Allemagne entre 1930 et 1933, Raymond Aron a pu parfaire la connaissance de la langue et de l'œuvre de G.W.F. Hegel pour en tirer une thèse ardue et féconde sur la philosophie de l'histoire. Observant avec attention les tendances théoriques des années 1930, il acquit outre-Rhin une parfaite connaissance du paysage intellectuel de la bouillante république de Weimar.

Lointain neveu de Marcel Mauss et Émile Durkheim, pacifiste et homme de gauche convaincu dans sa jeunesse, il revint wébérien, anticommuniste farouche et très pessimiste sur la possibilité de contenir l'idéologie nazie. Refusant toute conception déterministe dans les sciences humaines (et donc dans la science politique en gestation pendant les années 1930), il rompt non seulement avec l'hégélianisme de Marx, mais plus généralement avec toute philosophie de l'histoire à prétention *téléologique*,

---

[5] Thomas Meszaros, « The French Tradition of Sociology of International Relations : An Overview », art. cité, p. 312. Parmi les travaux qui ouvrent la voie à son œuvre maîtresse, *Paix et guerre entre les nations*, parue en 1962, notons en particulier *Le Grand schisme* paru en 1948, *Les guerres en chaîne* paru en 1951, *La coexistence pacifique*, paru en 1953 sous le pseudonyme de François Houtisse, *La société industrielle et la guerre* paru en 1959.
[6] Raymond Aron, *Le Grand schisme*, Paris, Gallimard, 1948.
[7] Voir Raymond Aron, « Autoportait », *Commentaire*, 4, 116, 2006, p. 906 ; Voir également, Thomas Meszaros, « The French Tradition of Sociology of International Relations : An Overview », art. cité, p. 314.

croyant pouvoir définir de manière irréfutable un but à l'ensemble des sociétés humaines. À son retour en France, sa principale contribution au débat sociologique sera l'implantation de la première école de sociologie historique compréhensive dans une université française dominée par le legs durkheimien, entretenu par Mauss et annonçant déjà l'hégémonie structuraliste de l'après-guerre[8].

Lors de la Seconde Guerre mondiale, Raymond Aron fit le choix de rejoindre le général de Gaulle à Londres. Entre 1940 et 1944, il fit deux expériences déterminantes. D'une part, il découvrit l'état d'esprit anglo-saxon imprégné du libéralisme politique et intellectuel alors à l'œuvre dans le débat académique et parlementaire. D'autre part, il vécut une coopération prolongée et intime avec le pouvoir, en l'occurrence celui en exil du général de Gaulle. Éditorialiste renommé du journal *La France Libre* qu'il a fondé avec Labarthe, Raymond Aron mit à profit sa connaissance des idéologies et de la modération politique britannique pour lutter contre le fascisme triomphant et influencer les décisions politiques qui furent prises pendant la guerre et dans les premiers temps de la Libération. Peut-être influencé par la vision nouvelle portée par l'aréopage de conseillers universitaires réunis autour de Franklin Roosevelt (le *brain-trust*), Raymond Aron prit la décision d'entrer en politique à son retour à Paris. Conseiller auprès du ministre de l'Information, André Malraux, entre 1945 et 1946, il refuse la proposition d'intégrer l'Université de Bordeaux en tant que professeur de sociologie. Son activité d'enseignement se concentre alors dans l'École nationale d'administration et l'École libre des sciences politiques de Paris nouvellement créées. Ces deux écoles, pour Raymond Aron, sont l'ébauche de *government schools*, inspirées du modèle américain, où l'influence sur les futurs décideurs serait plus efficacement distillée que depuis une chaire universitaire[9].

Cependant, la réorientation de la carrière Raymond Aron tout au long des années 1950 témoigne de deux réalités. D'une part, il est alors plus connu comme éditorialiste que comme sociologue. D'autre part, il fait le constat que son implication active au service de la nation s'est progressivement dissipée jusqu'à devenir illusoire. Gaulliste de la première heure, il avait attisé les doutes puis la colère des gaullistes, et du général lui-même qui était devenu réticent à son égard, par ses prises de position critiques

---

[8] Raymond Aron, *La Sociologie allemande contemporaine*, Paris, PUF, 1935.
[9] Au sortir de la Seconde Guerre mondiale, le général de Gaulle, alors président du gouvernement provisoire de la République française, a souhaité une réforme de la fonction publique. Cette réforme menée par Michel Debré devait notamment réfléchir à la question de la formation des hauts fonctionnaires de l'État. La création de l'École nationale d'administration et la nationalisation de l'École libre des sciences politiques, qui devient l'Institut d'études politiques de Paris, en 1945, devaient répondre à cet enjeu.

quant à la politique menée par de Gaulle. L'article qu'il publie en 1943 dans le journal *La France libre* intitulé « L'ombre des Bonaparte », où il interroge le devenir de la politique française à la suite de la libération du pays au travers de parallèles avec la trajectoire historique de la figure du héros national, de Napoléon Ier aux fascismes XXe siècle, consacre sa rupture avec le gaullisme[10]. Il quitte pourtant, l'année de l'entrée dans la Guerre froide, *Les Temps modernes*, qu'il avait contribué à fonder avec Jean-Paul Sartre en 1945, et adhère, suite au discours de Strasbourg, le 7 avril 1947, au Rassemblement du peuple français (RPF). Il anime même, à partir de 1949, la revue *La liberté de l'esprit* qui est l'organe de réflexion du parti ce qui lui vaudra les attaques de Jean-Paul Sartre qui le qualifiera de « philosophe RPF »[11]. Son engagement politique, de 1947 à 1953, retardera son entrée en Sorbonne où il obtient, en 1955, une chaire de sociologie. Ses prises de position sur la question de l'indépendance de l'Algérie mettront un terme définitif à son aventure gaulliste. Dès lors, sa carrière universitaire se poursuivra à l'École des hautes études en sciences sociales (EHESS) où il sera directeur d'étude puis au Collège de France où il obtient un poste de professeur en 1971[12].

Raymond Aron ne reviendra plus à la vie politique. À partir du milieu des années 1960, alors que la France affirme sa posture d'indépendance nationale et se retire de l'organisation militaire intégrée de l'OTAN, celui qui aurait rêvé être le « Kissinger français »[13] se désengage progressivement du débat stratégique où il figurait en première ligne. Désormais « spectateur désengagé », selon la formule de Christian Malis, il décrira en termes amers sa relation avec le général de Gaulle, avec le parti du rassemblement pour la France et sa participation active au débat stratégique. Témoin direct de la montée vers le cabinet présidentiel des intellectuels américains, Raymond Aron ne sera jamais plus sollicité pour participer directement à la direction des affaires politico-militaires de la nation et il en a conscience. Bien qu'en retrait du débat stratégique et de la vie

---

[10] Raymond Aron, « L'Ombre des Bonaparte », *La France Libre*, tome VI, n° 34, 16 août 1943, p. 280-288, article réédité dans Raymond Aron, *Chroniques de guerre*, Paris, Gallimard, 1990, p. 763 778.

[11] Voir Raymond Aron, *Politique française. Articles 1944-1977*, Paris, Éditions de Fallois, 2016 ; Nicolas Baverez et André-Jean Tudesq, *De gaulle et le RPF 1947-1955*, Paris, Armand Colin, 1998, p. 681-692, p. 706-714 et le texte de Nicolas Baverez « Aron et de Gaulle » en ligne sur https://www.parutions.com/pages/1-4-7-1598.html (consulté le 14 juillet 2018). Sur la brouille entre Raymond Aron et Jean-Paul Sartre voir Jean-François Sirinelli, *Deux intellectuels dans le siècle, Sartre et Aron*, Paris, Fayard, 1995.

[12] Voir sur ce point José Colen, « Raymond Aron : l'homme et son œuvre » sur le site www.contrepoints.org, publié le 17 octobre 2013 (consulté le 10 juillet 2018).

[13] Jean D'Ormesson cité par Fabrice Copeau, « Raymond Aron, itinéraire politique et intellectuel », https://www.contrepoints.org/2013/10/18/142901-raymond-aron-itineraire-politique-et-intellectuel (consulté le 19 juillet 2018).

politique française il reste néanmoins influent outre-Atlantique. Invité pour des séjours de recherche aux États-Unis, il est fréquemment consulté par des chercheurs de premier plan, qui deviendront plus tard conseillers des « leaders du monde libre », comme Henri Kissinger, un de ses plus prestigieux élèves. Au faîte de sa carrière, celui-ci écrira que personne n'a eu sur lui « une plus grande influence intellectuelle » que Raymond Aron[14]. C'est au travers de figures comme celles de Kissinger que Raymond Aron a finalement exercé sa tâche de conseiller. Raymond Aron fut même membre-fondateur d'un *think tank* en 1961[15], mais malgré son rayonnement il peina à rendre influente la branche française d'une sociologie de la bipolarité nucléaire. Finalement, sa participation à l'élaboration de la politique de défense française ne se fera que *via* son œuvre abondante et jamais sur intervention directe.

Raymond Aron stratège du « Six majeur »

Le cas Aron, au-delà de l'intérêt biographique qu'il constitue, est tout à fait représentatif de la manière de concevoir le débat stratégique en France. Contrairement à la tournure que prend la situation aux États-Unis à cette période, on assiste en France au divorce entre le travail de recherche universitaire, la pratique de la diplomatie ainsi que de la stratégie et la prise de décision politique. Cet éloignement est alors de plus en plus net. Pourtant, Raymond Aron est considéré comme l'un des grands stratèges de la période d'après-guerre. Ce « Six majeur », comme le nomme Christian Malis, est composé de Pierre Gallois, Charles Ailleret, André Beaufre, Lucien Poirier, Camille Rougeron[16]. Raymond Aron est également un penseur de la première vague nucléaire. Il influencera notamment Lucien Poirier, autre stratège nucléaire, qui contribuera, avec André Beaufre, Pierre-Marie Gallois, Charles Ailleret, à l'élaboration de la doctrine nucléaire française. Poirier, le dernier des « quatre généraux de l'apocalypse », comme les nomme François Géré, appartient quant à lui à la deuxième vague de penseurs du nucléaire[17]. Raymond Aron partage en commun avec ces

---

[14] Henri Kissinger cité par Fabrice Copeau, « Raymond Aron, itinéraire politique et intellectuel », https://www.contrepoints.org/2013/10/18/142901-raymond-aron-itineraire-politique-et-intellectuel (consulté le 19 juillet 2018).

[15] Serge Halimi, « D'une Croisade l'autre… », *in Le Monde Diplomatique*, mai 1995. Consulté le 25 juillet 2018.
https://www.monde-diplomatique.fr/1995/05/A/13865.

[16] Christian Malis, *Raymond Aron et le débat stratégique français (1930-1966)*, Paris, Economica, 2005.

[17] François Géré, « Quatre généraux et l'apocalypse : Ailleret-Beaufre-Gallois-Poirier », *Stratégique* n° 53, La stratégie française, 1992/1.

pionniers d'avoir saisi très tôt la révolution dans l'armement et dans la stratégie qu'imposait l'apparition du feu nucléaire. Dans son essai *Le Grand débat*, il pose les bases du débat nucléaire national, quelques mois après l'explosion de la première arme atomique française, le 1er janvier 1960. Initiée sous la IVe République et terminée sous de Gaulle, elle donnait à la France un nouvel outil, auquel il fallait donner des conditions d'emploi, des concepts d'utilisation défensive et offensive, poser les limites diplomatiques et militaires. Soit, en définitive, bâtir une doctrine nucléaire propre et indépendante de celle des États-Unis et de l'OTAN.

Ce livre à la prose claire fut paradoxalement plus discuté aux États-Unis qu'en France. Pointant les faiblesses de la doctrine des « représailles massives », cet essai fut reconnu comme une contribution notable à la nouvelle posture choisie par l'équipe Kennedy : la « riposte graduée ». Par ses réflexions et travaux, Raymond Aron a favorisé une meilleure compréhension des enjeux qu'imposaient désormais aux responsables politiques et militaires liés à l'apparition de l'« arme absolue », selon la dénomination de Bernard Brodie. Pour lui, l'apparition du feu nucléaire pose une série de questions sur la place de ces nouveaux moyens de puissance, « qualitativement différentes des armes conventionnelles », ainsi que leur doctrine d'emploi dans la stratégie générale de l'armée. L'effet de leur pouvoir dissuasif n'est pas donné de manière spontanée, tout comme son influence sur la paix et la guerre, notamment *via* la redéfinition des relations aussi bien entre ennemis qu'entre alliés[18]. En effet, l'arme nucléaire bouleverse les cadres de la pensée stratégique traditionnelle. Les États doivent donc se doter d'une ligne de conduite pour la guerre d'anéantissement, prenant toute la mesure de la capacité de destruction sans précédent de ces nouvelles armes. Désormais possible, la guerre absolue (ou « guerre atomique totale » sous la plume d'Aron) relevait jusqu'alors de « l'irréel »[19]. La difficulté d'intégration au système de pensée militaire des États s'en trouve d'autant plus augmentée. Conscient de ces nouveautés et des conséquences qu'elles supposent sur un système international idéologiquement bipolaire, Raymond Aron va rechercher les moyens politiques de freiner les mécanismes d'escalade de la violence aux extrêmes qui pourraient amener à une guerre hyperbolique, totale.

---

[18] Raymond Aron, « Remarques sur l'évolution de la pensée stratégique (1945-1968) Ascension et déclin de l'analyse stratégique », *European Journal of Sociology/Archives Européennes de Sociologie*, vol. 9, n° 2, novembre 1968, p. 151-152.

[19] Stephen Launay, dans son ouvrage consacré à la pensée politique de Raymond Aron, distingue les guerres de renversement ou d'anéantissement et les guerres d'observation qui sont des réalités phénoménales, des guerres absolues qui sont « irréelles ». Voir sur ce point Stephen Launay, *La pensée politique de Raymond Aron*, Paris, PUF, 1995, p. 158.

Il se fait le partisan d'une solidarité atlantique forte face à l'Union soviétique et d'une dissuasion nucléaire européenne, comme le général Gallois, dont il préface l'ouvrage phare *La Stratégie de l'âge nucléaire*, paru en 1960. Favorable au projet de Communauté européenne de défense (CED)[20], Raymond Aron critiquera la posture de dissuasion gaullienne fondée sur l'indépendance de l'atome et l'offensive « tous azimuts », qui fut défendue notamment par Charles Ailleret. À ses yeux, la multipolarité nucléaire est un risque pour la stabilité du système international. Cela ne l'empêchera certes pas de critiquer également les « lois de la dissuasion » relevées par son ami Pierre-Marie Gallois dans *Les stratégies à l'âge nucléaire*. Il considère en effet que la pertinence de la dissuasion peut difficilement être évaluée avec objectivité[21]. Dans la trinité clausewitzienne des caractères de la guerre, à la « violence originelle » et à la haine s'ajoute le « jeu des probabilités et du hasard » qui produit l'incertitude[22]. La Première et la Seconde Guerres mondiales, pour Raymond Aron, ne répondaient pas à un ensemble de probabilités et de décisions rationnelles, mais plutôt à un déchaînement hasardeux de haine et de violence. La terreur qu'impose la destruction mutuelle assurée entre les Deux Grands s'inscrit dans cette continuité. La guerre de Corée, trop souvent négligée par les analystes en relations internationales, constitue pour le penseur de la guerre et l'observateur avisé de l'actualité internationale qu'est Raymond Aron une séquence essentielle de la Guerre froide. Comme l'indique Stephen Launay qui cite Raymond Aron : « Une nouvelle étape vient d'être franchie dans la direction de la guerre illimitée » (27 juin 1950). Le risque de guerre totale réapparaissait. […]. « Le but de l'Occident est et doit être de gagner la guerre limitée pour n'avoir pas à livrer la guerre totale » [citation tirée de *Les Guerres en chaînes*, 1951, p. 497] »[23]. L'obtention par l'Union soviétique de l'arme nucléaire en 1949 mit un terme à ce que Raymond Aron nomme « l'innocence nucléaire américaine »[24]. Elle impose également aux États-Unis confrontés à la guerre de Corée de repenser leurs relations avec leurs alliés – en l'occurrence dans le cadre d'une organisation telle que l'OTAN – et l'usage de leurs arsenaux conventionnels. Ainsi, la philosophie de l'arme nucléaire de Raymond Aron, inspirée de sa lecture attentive du stratège prussien Carl Von Clausewitz, qu'il contribuera à faire redécouvrir, l'amènera tout naturellement à privilégier avant l'heure l'option de la riposte graduée

---

[20] Raymond Aron, *Plaidoyer pour l'Europe décadente*, Paris, Robert Laffont, 1977, p. 449.
[21] Pierre-Marie Gallois, Chapitre 4, « Les lois de la dissuasion », *Les Stratégies à l'âge nucléaire*, Paris, Economica, 1960.
[22] Carl von Clausewitz, *De la guerre*, Paris, Éditions de Minuit, 1955, Livre I, chap. 1, p. 69.
[23] Stephen Launay, *La pensée politique de Raymond Aron, op. cit.*, p. 167.
[24] Raymond Aron, « Remarques sur l'évolution de la pensée stratégique (1945-1968) Ascension et déclin de l'analyse stratégique », art. cité, p. 153.

ou « souple », prônant une dissuasion « conventionnelle »[25], face à la doctrine des représailles massives et à la politique américaine du *New-Look* sous la présidence de Dwight D. Eisenhower synonyme pour lui de guerre absolue, mais souvent peu crédible[26] : selon lui, les Américains ne déclareront pas une guerre menant à l'anéantissement mutuel pour Paris, Hambourg, ou tout autre objectif mineur. Le gouvernement Eisenhower n'avait d'ailleurs pas jugé bon d'user de l'arme absolue dans les crises provoquées par le bombardement de Taïwan par la Chine de Mao (septembre 1954) l'insurrection de Budapest (octobre 1956).

Dans son approche d'un style radicalement nouveau du fait nucléaire, Raymond Aron combine « rationalisme clausewitzien » et prudence aristotélicienne[27]. Sa relecture du traité de Clausewitz montre la pertinence qu'il voit dans cette œuvre pour penser la stratégie à l'âge nucléaire. Il défend, dans la plus pure tradition clausewitzienne, une vision politique de l'arme nucléaire, en rupture avec les visions souvent trop militaires et techniques de son époque prévalant en France tout comme aux États-Unis.

En cela, une comparaison avec le parcours de Lucien Poirier, stratégiste de la deuxième vague, inspiré par les travaux de Raymond Aron, est particulièrement instructive. Militaire, il fait une longue carrière dans les trois principaux conflits français de 1939 à 1962. Puis, à près de 50 ans, il intègre le Centre de prospective et d'évaluation (CPE) au sein du ministère des Armées où il contribue de manière décisive à l'établissement des axiomes de la dissuasion française. Il rejoint enfin le monde universitaire, enseignera à l'Institut des hautes études de défense nationale (IHEDN), à l'ENA et l'ENS. Carrière brillante en tout point, qui le place néanmoins à distance des cercles du pouvoir. Comme Raymond Aron, il n'est à aucun moment inclus ou consulté de manière officielle pour participer à la décision collective ou à l'élaboration d'une politique en tant que membre élu d'un comité ou conseiller officiellement nommé et confirmé par le Parlement.

La pensée de Raymond Aron, comme nous l'avons déjà souligné, occupe chez Lucien Poirier une place de choix et côtoie celle des stratégistes français et américains de la première vague de l'ère nucléaire, le

---

[25] Aron, *Le Grand débat*, Paris, Calmann-Lévy, 1963, p. 83.
[26] Voir Christian Malis, « Aron-Clausewitz, le débat continu », sur le site de l'Institut de stratégie comparée, http://www.institut-strategie.fr/strat_7879_MALIS2.html#Note8 (consulté le 12 juillet 2018). Voir également sur la politique du New-Look américain et la doctrine Dulles le texte de François David dans le présent volume.
[27] La formule « rationalisme clausewitzien » est utilisée par Stephen Launay. Elle suppose « la rationalité instrumentale de l'emboîtement des fins et des moyens et la prééminence de l'entendement ». Stephen Launay, *La pensée politique de Raymond Aron*, *op. cit.*, p. 161.

général de Gaulle, André Beaufre, Pierre-Marie Gallois, Charles Ailleret (même si, comme le note François Géré, Lucien Poirier le cite de manière marginale) et Henry Kissinger, Albert Wohlstetter, Thomas Schelling, Hermann Kahn, Bernard Brodie[28]. Raymond Aron et André Beaufre ont joué un rôle pionnier, car ils ont perçu très tôt les transformations qu'impliquait l'arme nucléaire dans les relations internationales et stratégiques. En effet, le nucléaire a créé un état hybride de ni paix, ni guerre, comme l'évoque André Beaufre, ou un état où la guerre est improbable et la paix impossible, comme l'observe Raymond Aron. Cet état inédit, paradoxal, du système international, pour Lucien Poirier, implique de penser les nouvelles formes de conflit comme la crise. Pour Lucien poirier l'autonomisation de la crise dans le spectre des états de conflits est la conséquence de la dissuasion nucléaire, ainsi que des stratégies indirectes mises en place par les superpuissances[29].

Malgré son influence sur la réflexion stratégique de son époque, Raymond Aron (et avec lui l'ensemble de l'Université française), reste exclu du débat stratégique qui met face-à-face militaires et hommes politiques, sans passer par le truchement de la réflexion scientifique. Une situation diamétralement opposée se produit au même moment aux États-Unis avec le parcours brillant des *whiz kids* (que l'on pourrait traduire par « petits surdoués ») qui entourent le président Kennedy et peuplent les *think tanks*. Formée autour de Robert McNamara, cette nouvelle version du *brain-trust* déjà regretté par Aron fut promue successivement de la RAND à Ford, puis de Ford au ministère de la Défense américain. La convergence des deux milieux en une nouvelle forme de polyarchie associant la recherche spéculative de pointe à la classe dirigeante habituelle est permise par l'ampleur et la nature des institutions chargées de concevoir la politique étrangère américaine[30].

Détailler ici l'ensemble des spécificités de « l'entreprise de sécurité nationale » américaine serait long et fastidieux. Cependant, nous pouvons souligner deux facteurs fondamentaux faisant de la politique étrangère des États-Unis un objet à part, peu compréhensible pour les Européens : la complexité du défi à relever après 1945 et la porosité entre cabinets minis-

---

[28] François Géré, *La pensée stratégique française contemporaine*, Paris, Economica, 2017. Voir également, Lucien Poirier, *Des stratégies nucléaires*, Paris, Hachette, 1977, p. 299-316.

[29] Thomas Meszaros, « L'autonomisation du concept de crise dans le champ de la conflictualité internationale », *Revue de Défense Nationale*, n° 800, mai 2017, p. 108-112 ; Thomas Meszaros, « crise » ni Benoit Durieux, Jean-Baptiste Jeangène Vilmer et Frédéric Ramel, *Dictionnaire de la paix et de la paix et de la guerre*, Paris, PUF, 2017, p. 321-329 ; voir également la contribution de Thomas Meszaros dans le présent volume.

[30] Voir Robert Dahl, *Polyarchie : Participation et Opposition*, Bruxelles, Presses de l'Université de Bruxelles, 2016.

tériels et monde académique. L'importance de la tâche à accomplir depuis 1945 nécessite une adaptation du format des institutions, qui prend forme avec le *National Security Act* de 1949. Le nombre, la complexité des dossiers et leur simultanéité rendent impossible leur gestion par le président, le secrétaire d'État et leurs équipes respectives. Renforcée par la peur de voir le pouvoir être concentré en une seule paire de mains, la division des tâches et des domaines de compétence fait que la politique américaine est élaborée par une pluralité d'acteurs au sein même de la branche exécutive[31].

Outre le président et le secrétaire d'État, l'ambassadeur auprès de l'ONU, le ministre de la Défense, le patron de la C.I.A., le représentant américain au commerce (*United States Trade Representative*, chargé de négocier et signer les contrats commerciaux sans interférence de la part du président[32]), le patron de l'USAID (en charge de la coopération internationale), le conseiller à la sécurité nationale ou encore le chef du *Homeland Security Department*, ont tous leurs domaines de compétences et sont des rouages nécessaires pour élaborer et mettre en œuvre une politique. Ajoutons, bien sûr, que l'agrément du ministre du Trésor et du Budget (*Office of Management and Budget*) est obligatoire et qu'aucun dollar ne sera dépensé sans leur signature.

Devant la complexité à coordonner et mettre d'accord un aussi grand nombre de centres autonomes de décision, afin de faire face à un nombre extrêmement important de problèmes et de crises internationaux, la nécessité d'un *staff* important, voire pléthorique, s'est imposée dans les ministères comme à la Maison-Blanche. Généreusement pourvus en analystes de haut niveau, les ministres, patrons d'agences et le président trouvent naturellement dans les *think tanks* et les universités des hommes prêts pour le service et devant fournir un jugement avisé sur l'ensemble des problématiques rencontré. Remarquons de plus que la publicité des nominations et leur confirmation obligatoire par un comité du Sénat (1200 des 4100 postes renouvelés lors de l'accession au pouvoir d'un nouveau président sont dans ce cas). Ceci rend l'appel aux *académiques* d'autant plus naturel que la capacité à prendre en charge un pan précis de l'action de l'État doit être appuyée sur des compétences reconnues. Il existe par exemple trente-huit *assistants* au Secrétaire d'État aux Affaires étrangères, en plus du ministre lui-même, de son adjoint (*deputy*) et du sous-secrétaire d'État (*under secretary of State*). Au total, quarante-et-un postes sont donc à pourvoir au sein du gouvernement au titre du Secrétariat d'État aux

---

[31] Roger George, Harvey Rishikof, *The National Security Enterprise : Navigating the Labyrinth*, Washington, Georgetown University Press, 2017.
[32] Voir la belle description de ce poste représentatif de la spécificité des institutions américaines par Walter Russel Mead, *Sous le signe de la Providence*, Paris, Odile Jacob, 2004.

Affaires étrangères. Tous doivent recevoir un vote de confirmation de la part du *Comittee for Foreign Affairs* du Sénat américain[33]. Ils sont en charge de dossiers comme « les affaires africaines », « les affaires européennes et eurasiennes », les organisations internationales ou le contreterrorisme. Leur autorité est réelle et le président ou le secrétaire d'État ne peuvent outrepasser leur autorité dans le domaine qui leur a été confié, bien qu'ils soient nommés sur leur recommandation.

Pour illustrer le fonctionnement de ce système à l'époque de Raymond Aron, ainsi que sa propension à recruter dans le monde universitaire, nous pouvons examiner la composition du Conseil de sécurité nationale réuni par John Fitzgerald Kennedy. Celui-ci compte un grand nombre d'universitaires. Le Secrétaire à la Défense, Robert McNamara, expert en sciences du management et en théorie des jeux, est un ancien de la RAND Corporation. Il fut embauché par Ford après la parution d'une critique acerbe de la compagnie, que la direction trouva néanmoins assez convaincante pour engager l'ensemble de l'équipe d'une douzaine de jeunes diplômés brillants, gagnant à l'occasion leur surnom de *whiz kids*. Là, ils réussirent une réforme audacieuse d'une des plus grandes organisations que comptait l'Amérique et parvinrent à susciter l'admiration du pays tout entier pour avoir accompli une mission réputée impossible. McNamara est débauché par Kennedy lors de son accession au pouvoir, afin de reproduire, avec sa bande de « petits surdoués », le même exploit sur l'armée américaine. McGeorge Bundy, *National Security Advisor*, professeur de Relations internationales et ancien doyen de l'université de Harvard, est un penseur renommé et respecté. Il a officié au *Council for Foreign Relations*, autre *think tank* créé juste après la Première Guerre mondiale, et a été nommé par Kennedy à ce poste clé afin de coordonner la conduite stratégique du pays. Nous pourrions encore évoquer Paul Nitze, *Assistant Secretary of Defense*, ancien professeur associé au *Washington Center of Foreign Policy Research* et à la *School of Advanced International Studies* de l'Université Johns Hopkins de Baltimore, ainsi que George Ball, *Under Secretary of State for Economic, Business, and Agricultural Affairs*, brillant analyste et diplomate, qui critiqua dans des rapports retentissants la doctrine des bombardements stratégiques et le choix de l'envoi du contingent au Vietnam, et fut un ardant partisan de la construction européenne. Tous sont de véritables penseurs reconnus par leurs pairs dans leur domaine respectif. Ayant eu une carrière riche avant la vie politique, ils n'ont pas été élus au suffrage universel, mais exercent à présent une autorité à la fois politique et intellectuelle au sein du gouvernement Kennedy.

---

[33] Anciennement, aux trois cinquièmes, la majorité ne doit dorénavant plus qu'être simple. Des pourparlers sont en cours pour ramener la nomination aux 3/5, c'est-à-dire à une nomination bipartisane fondée sur un consensus.

En dehors du premier cercle du pouvoir, d'autres universitaires ont joué un rôle décisif dans le débat stratégique. Outre Brodie, dont le parcours et la relation avec Aron sont décrits avec précision dans ce volume[34], un nombre important d'intellectuels américains, reconvertis dans l'analyse ou la diplomatie, purent servir de modèle à une version française de la collaboration entre décideurs et *academics*. Tout d'abord, le rival de Bertrand Brodie à la RAND, Albert Wohlstetter, est une figure pionnière au sein des stratèges ayant construit la doctrine nucléaire. Sa contribution est même jugée décisive au sein du « petit groupe de ceux, qui désormais sont pour ainsi dire les professionnels de cette théorie » et sont présentement « plus occupé à poursuivre ses travaux et ses querelles qu'à mettre en forme les idées communes à tous »[35]. Dialoguant avec des experts devant en permanence adapter leurs doctrines aux événements et aux innovations, Aron présente avec un respect manifeste la trajectoire de ces penseurs, passés de l'université à l'administration, puis de l'administration à la branche exécutive de l'État, *via* les *think tanks*. On peut d'ailleurs analyser sa phrase comme une manière de souligner l'usage concret et bénéfique des intelligences disponibles, et par contraste la non-utilisation de cette ressource par le pouvoir français, qui ne peut pourtant appliquer telle quelle la doctrine de l'un ou de l'autre Grand. La réflexion fondatrice de Wohlstetter est ainsi décrite dans *Le Grand Débat* comme étant la première posant les bases systématiques, dans un rapport de décembre 1958, *The Delicate Balance of Terror*. Réussissant à penser au-delà des simples données immédiates du problème, il précise même que Albert Wohlstetter « a joué un rôle fondamental » dans la réflexion nucléaire, et que ses « démarches de pensée demeurent valables »[36].

Ce travail vient ouvrir la réflexion sur ce que Raymond Aron a nommé « la troisième phase » la confrontation nucléaire, c'est-à-dire le fait que « des deux côtés, les armes thermonucléaires complètent ou remplacent les armes atomiques et les fusées s'ajoutent aux bombardiers »[37]. Ce moment se situe à la fin des années 1950 et vient clore la seconde phase, dominée par la doctrine de John Foster Dulles des « représailles massives » et de la « diplomatie au bord du gouffre », consistant à une riposte nucléaire à toute agression soviétique. Seulement, la possibilité d'atteindre le territoire faisait que les États-Unis se trouvaient à présent dans la situation de risquer une guerre atomique sur leur territoire pour défendre Budapest ou Taïwan. Le jeu n'en valant clairement pas la chandelle (Washington n'avait pu d'ailleurs que protester contre la répression brutale de l'insurrection de

---

[34] Voir la contribution de Jean-Philippe Baulon dans le présent volume.
[35] Raymond Aron, *Le Grand Débat*, Paris, Calmann-Lévy, 1963, p. 46.
[36] *Ibid.*, p. 49.
[37] Raymond Aron, *Mémoires*, Paris, Robert Laffont, 2003, p. 596.

Budapest), une nouvelle doctrine était pressément désirée par les militaires et les politiques, et en particulier par le groupe de chercheurs rassemblés dans l'équipe Kennedy, qui arrive au pouvoir à la fin de l'année 1960.

Voici comment Raymond Aron décrit cette nouvelle équipe dans son ouvrage historique sur la politique étrangère américaine.

> [Kennedy] s'entoura d'universitaires, venus de la RAND Corporation de Harvard ; ceux-ci refoulèrent les hommes d'affaires et les hommes de loi qui formaient le gros des équipes de conseillers durant les deux mandats d'Eisenhower et même de Truman. Ces professeurs ou chercheurs avaient élaboré un système de pensée plus subtil que celui des généraux ou amiraux. La finalité globale de la stratégie américaine ne subissait aucune mutation, mais les responsables prenaient une conscience plus claire des différents terrains sur lesquels se déroulait la rivalité soviéto-américaine : rivalité militaire, aux deux niveaux nucléaire et classique, rivalité politico-idéologique, dont les résultats dépendaient des luttes de partis à l'intérieur des États. La subversion et la contre-subversion représentaient une sorte de domaine intermédiaire entre le terrain militaire et le terrain politique, puisque l'une et l'autre comportaient les deux dimensions[38].

Malgré la réticence des milieux traditionnels, aussi prégnants aux États-Unis qu'en France, les universitaires avaient réussi, à l'occasion de l'arrivée au pouvoir d'une nouvelle génération derrière les frères Kennedy, à pousser les portes du pouvoir et conquérir leur place dans le processus de prise de décision stratégique :

> Les conseillers du Président, d'après leur propre témoignage, craignaient le mépris que les chefs des forces armées, les professionnels de la C.I.A. manifestent volontiers aux *eggheads*, aux intellectuels inconscients des rudes nécessités de la lutte pour la vie entre États. […] Leur contribution propre, curieusement, se situa sur le terrain militaire. Ils introduisirent au Pentagone, les modes de raisonnement élaborés, sous le nom de stratégie nucléaire, dans les instituts ou les universités, la conception d'un grand accord russo-américain, conforme à l'intérêt des deux grands, afin de réduire au minimum les risques d'une guerre nucléaire que personne, à moins de démence, ne pouvait vouloir[39].

Sous cette description se voulant objective du nouveau système de fonctionnement de l'*administration* Kennedy, Aron cache mal son approbation, sinon son enthousiasme pour l'introduction de chercheurs au plus niveau de l'État. Placés directement sous la responsabilité du chef de l'État sans être passés par les fourches caudines de l'élection, leur

---

[38] Raymond Aron, *La République impériale*, Paris, Calmann-Lévy, 1973, p. 100.
[39] *Ibid.*, p. 100-101.

présence enrichit la réflexion collective de l'exécutif, sans qu'il s'agisse de simples conseillers embauchés et remerciés en dehors de toute position officielle. Responsables de la politique de défense et de sécurité devant l'opinion et le Congrès, leur statut, et en particulier celui du « conseiller à la sécurité nationale », permet de recourir à des personnalités extérieures au monde politique, tout en les maintenant sous le contrôle étroit d'un chef de l'État ayant reçu l'onction du suffrage universel. Système mixte combinant éléments aristocratiques sous un strict contrôle démocratique[40], cette formule permet d'éviter deux écueils : confier les rênes de la diplomatie et de la guerre à des hommes insuffisamment préparés, mais désignés par une lecture stricte du mode de désignation électif ; concentrer le pouvoir dans des mains déliées de la responsabilité devant le peuple et ses représentants, et se soustrayant au principe sacro-saint des contre-pouvoirs (*checks & balances*).

Invité aux séminaires de stratégie conjoints organisés par Harvard et le MIT, Raymond Aron assiste et contribue aux recherches menées par Hermann Kahn qui aboutiront à la formulation de la nouvelle doctrine, la « riposte graduée »[41]. Il porte dans ce forum de haute volée la voix des pays relativement moins importants de l'alliance atlantique et l'on pourrait presque dire qu'il devient plus influent, sur le court terme tout du moins, en Amérique qu'en France. Herman Kahn partage le point de vue de Raymond Aron sur l'impossibilité de formaliser grâce à des formules mathématiques de manière infaillible la dissuasion. Notant fièrement que celui-ci utilise ses travaux dans sa propre réflexion (qui servit notamment lors de la crise de Cuba), l'auteur du *Grand débat* rappelle dans ses mémoires la nature de leurs échanges[42]. La phrase utilisée par Herman Kahn dans son ouvrage de 1965 – « Il ne faut pas discuter dans l'abstrait de la dissuasion, mais savoir qui dissuade qui, de quoi, par quelles menaces, dans quelles circonstances » – permet de comprendre pourquoi les Berlinois et les états-majors otaniens n'ont jamais vraiment craint un coup de force contre l'ancienne capitale de l'empire allemand. L'enjeu, malgré sa faible valeur relative, serait une incitation à aller plus loin dans le coup de force, restait décisif pour la défense de l'Allemagne de l'Ouest tout entière. L'Union soviétique risquait ainsi une crise prolongée et une guerre potentielle, malgré la faible population de la moitié occidentale de Berlin.

Le même constat est valable pour la totalité de l'Europe démocratique. Tant que la doctrine américaine pose avec certitude la réplique, les Soviétiques ne pourront entreprendre une conquête, car ils ne souhaitent pas arriver à l'extrême avec Washington. La « doctrine McNa-

---

[40] Aristote, *Politique*, livre IV, §9, [1294 b].
[41] Raymond Aron, *Mémoires*, Paris, Robert Laffont, 2003, p. 597.
[42] *Ibid.*, p. 599.

mara » n'abandonnait pas les « représailles massives », mais les réservait pour les situations extrêmes, les rendant en cela plus crédibles. Narrant sa rencontre avec le *whiz kid*, Aron note sans trop y croire que McNamara lui confia avoir apprécié et utilisé son livre plus que tout autre traitant de la menace nucléaire[43]. Il n'est pas douteux, en revanche, que l'ouvrage fût traduit très rapidement et utilisé dans les universités américaines. Henry Kissinger, qui cite Raymond Aron comme l'un de ses maîtres à penser, le cita abondamment, et lui confirma les paroles du Secrétaire d'État de Kennedy. La principale fierté de Raymond Aron semble avoir été, sur ce dossier, de contribuer à faire abandonner le projet « bizarre » de l'OTAN, créant une force nucléaire interalliée, mais paralysant la prise de décision politique de lancer l'engin de mort, ce dont les Soviétiques n'auraient pas manqué de profiter.

Cette menace n'avait malheureusement pas même effleuré l'opinion européenne, ni même les responsables politiques d'une puissance nucléaire comme la France.

> Les hommes d'État et les journalistes européens ignoraient pour la plupart le développement des idées américaines dans les universités et les think tanks. John Fitzgerald Kennedy introduisit ces idées avec ses conseillers universitaires. Comme la plupart des ministres ou des commentateurs s'en tenaient encore à la doctrine primitive des représailles massives et du casus belli simple (le franchissement de la ligne de démarcation), les subtilités apparentes de la nouvelle doctrine furent mal comprises ou, tout au moins, interprétées de la manière la moins indulgente pour les Américains[44].

Alors qu'elle permettait une alternative entre se coucher et déclarer la guerre nucléaire (et donc la destruction avant toute chose de l'Europe), en abandonnant le bluff des *massive retaliations*, la nouvelle doctrine était interprétée par le Vieux Continent, et en particulier à Bonn et à Paris, comme un relâchement de l'alliance. C'était, selon Raymond Aron, avoir manqué l'essence même du débat.

La collaboration avec Herman Kahn se poursuivit par une aventure commune. De plus en plus troublé par la prédominance des partisans de la formalisation mathématique de l'équilibre nucléaire[45], le concepteur de la *flexible response* choisit de quitter la RAND Corporation et de former, 1961, son propre *think tank*. Contacté pour rejoindre la nouvelle équipe, qui comprend notamment le sociologue Daniel Bell, le groupe de réflexion a pour ambition de promouvoir une approche réfléchie de la sécurité

---

[43] *Ibid.*, p. 600.
[44] *Ibid.*, p. 602.
[45] À l'instar de Bernard Brodie. Voir la contribution de Jean-Philippe Baulon dans ce volume.

collective occidentale, et de se pencher sur la meilleure architecture de défense pour parvenir à ce but, aussi bien en Amérique qu'en Europe. Mais la tentative tourne court en France, et Aron ne parvient pas à s'approprier l'oreille des présidents. Ni de Gaulle et son successeur Pompidou, ni le nouvel espoir Valéry Giscard d'Estaing ne lui demandèrent conseille, ni encore moins ne lui proposèrent de poste officiel. La brouille avec le milieu conservateur du gaullisme étant ancienne et profonde, l'ignorance mutuelle ne surprit en rien le sociologue-éditorialiste. En revanche, il semble avoir nourri de réels espoirs d'influencer la présidence après l'accession au pouvoir des centristes en 1974.

Lors de deux rencontres que Raymond Aron relate dans ses mémoires, le président Giscard d'Estaing lui donna l'occasion d'exposer son point de vue sur les priorités internationales. La première rassemblait *le gratin* de la politique de défense et du nucléaire français autour d'un dîner à l'Élysée peu de temps après l'élection. Aux généraux Pierre-Marie Gallois et André Beaufre se joignaient les aides militaires du chef de l'État et les journalistes les plus en vue dans le domaine militaire. En froid avec Pierre-Marie Gallois, Raymond Aron se contente de deviser sur la doctrine nucléaire avec modération, tandis que son rival s'en tient à une vision maximaliste de la *sanctuarisation* du territoire et plaide pour une vision rétrécie des *représailles massives*, jugée périmée, nous l'avons vu, par notre analyste, car elle ne laissait le choix qu'entre la guerre totale ou l'acceptation des agissements de l'ennemi. Incapable de décider d'une frappe nucléaire lors de l'insurrection de Budapest ou du bombardement de Taïwan, le gouvernement Eisenhower n'avait eu d'autre choix que de laisser Moscou et Pékin agir à leur guise. Pour Aron, l'arme nucléaire ne doit pas être une entrave à l'action, rendant chaque geste trop brutal, mais élargir l'éventail des actions extérieures possibles. En cela, la doctrine Dulles des représailles massives avait l'inconvénient de ne laisser d'autre alternative que celle entre destruction totale de l'ennemi et action localisée, outre sa tendance à consumer une part très substantielle des crédits dans le *Strategic Air Command*. Cependant, alors que les premières rencontres sont conclues par une promesse de collaboration, notamment après un débat sur les très controversées armes nucléaires tactiques, Valéry Giscard d'Estaing laissa la relation s'étioler peu à peu, jusqu'à l'extinction complète et définitive[46].

L'autre occasion fut certainement plus proche de toucher au but. Un peu moins d'un an plus tard, Raymond Aron fut convoqué à l'Élysée, pour discuter de la politique à adopter à l'égard d'Israël et le sujet déborda sur la question nucléaire. Là, encore, le président déclara vouloir approfondir les entretiens, mais aucune relation sérieuse ne s'installa entre les deux

---

[46] Voir Raymond Aron, *Mémoires, op. cit.*, p. 730-1.

hommes. Le modèle américain du *brain-trust* ne fut pas retenu par le candidat du renouveau. Raymond Aron laisse percer sa déception, sans toutefois en faire reproche à celui qu'il a pourtant soutenu. Citant dans sa passionnante autobiographie intellectuelle l'un de ses éditoriaux dans lequel il rappelle la faiblesse de l'avance de Giscard d'Estaing sur François Mitterrand lors de l'élection présidentielle de 1974 (moins d'un pour cent), il laisse entrevoir dans quelques phrases la déception de ne pas voir implanter le modèle de l'universitaire-conseiller du prince :

> Les conseils perçaient entre les lignes. L'accession à l'Élysée d'un homme auquel une fraction du parti dominant de la majorité portait une inimitié particulière devrait entraîner une autre pratique des institutions. Plus question d'exercice solitaire du pouvoir, fini le temps où les conseillers de Georges Pompidou faisaient trembler les ministres en se vantant d'avoir "chassé" le Premier ministre [Jacques Chaban-Delmas]. Je souhaitai une équipe ministérielle solide qui ne dut pas sa substance, son existence même au choix du président[47].

On croirait presque que Raymond Aron reprend dans ses *Mémoires* une note rédigée *au cas où*, mais qu'on ne lui demanda jamais de transmettre.

Aron américain ?

La thèse ici développée est celle de l'échec de la présidence française à implanter un modèle auquel Raymond Aron croyait, celui de la continuité entre une recherche intellectuelle, pratique du pouvoir et l'exercice des hautes fonctions politiques, celles du diplomate et celles du militaire. Se livrant à un exercice d'introspection sincère dans son testament intellectuel, il aborde en conclusion la question de sa carrière politique manquée.

> Ai-je regretté de n'avoir pas été le Kissinger d'un Prince ? […] Je crois plus simplement que je n'ai jamais possédé les qualités nécessaires à l'exercice du pouvoir, même au niveau de conseiller. Prudent dans mes écrits, je contrôle mal mes propos. Je me laisse aller à des formules extrêmes, de circonstance ou d'humeur, qui n'expriment pas ma pensée profonde et qui risquent de la discréditer. L'homme politique doit tenir sa langue autant que sa plume[48].

Le politologue fait ici un premier constat sur sa capacité à être, au sens plein du terme, un *homme politique*. La réponse lui paraît évidente : il n'aurait pu suffisamment se discipliner et n'aurait pu, par conséquent, être élu ou figurer dans un gouvernement. Mais ce n'est qu'une réponse

---

[47] *Ibid.*, p. 733.
[48] Raymond Aron, *Mémoires, op. cit.*, p. 986-987.

partielle. Qu'en est-il de la fonction de *National Security Advisor*, nommé directement par le président américain et ne nécessitant pas de recevoir confirmation au Sénat ?

> Le cas d'Henry Kissinger obsède les commentateurs, en raison des relations que j'entretiens avec lui, des sentiments qu'il me porte et dont il ne fait pas mystère, même en mon absence. Mes petits-enfants garderont avec fierté l'exemplaire de ses *Mémoires* avec la dédicace *To my teacher*. [...] Présider le Conseil national de sécurité à Washington, instruire chaque matin le président de l'état du monde, négocier pour lui à Pékin ou à Moscou, une telle fonction m'aurait fasciné *si j'avais été un citoyen américain*. D'autant plus que McGeorge Bundy, Rostow, Kissinger, Brzezinski, professeurs de stature comparable à la mienne à Harvard, accédèrent à cette fonction sans mener une campagne électorale, sans faire le siège du Prince. Bien entendu, citoyen américain, j'aurais souhaité l'expérience du pouvoir[49].

En aurait-il alors eu les capacités ? Il aurait alors fallu « s'imposer dans la jungle des querelles washingtoniennes, querelles des personnes et des administrations, séduire la presse ou, tout au moins, en éviter l'hostilité, prendre ou inspirer les décisions, souvent nécessaires, qui envoient à la bataille et à la mort de jeunes hommes »[50]. Chose qu'il confesse ne pas être certain d'avoir faite sans remords, car « c'est une d'admettre dans l'abstrait le recours aux armes, une autre de convaincre le président *hic et nunc* d'y recourir »[51]. L'exercice devient alors d'imaginer la transposition d'un tel poste en France. Seulement, « aucun des présidents la République n'a eu besoin d'un tel conseiller et ne l'aurait accepté. Et le poste n'eût pas été très excitant »[52]. La gestion des affaires du monde par les professeurs d'université restera donc le propre de Washington.

Il y a, selon toute vraisemblance, trois manières de lire cette ultime considération réflexive. La première est que le pouvoir politique en tant que tel n'a jamais intéressé Raymond Aron. S'il a toujours cherché à le comprendre, il n'a jamais cherché à le posséder et ne s'est jamais senti prêt à en accepter les servitudes. Il note cependant que la fonction n'est pas exclusivement élective. Les stratégistes du Conseil de sécurité nationale, par exemple, étaient dispensés d'un long parcours politique et d'une validation par les urnes.

Une autre manière de voir pourrait donc être de déceler dans les propos de Raymond Aron un lointain regret : celui de n'avoir pas choisi de demeurer en pays anglo-saxon après la guerre et d'avoir fait son retour à Paris. Le

---

[49] *Ibid.*
[50] *Ibid.*
[51] *Ibid.*, p. 988.
[52] *Ibid.*

scénario est plausible et Raymond Aron s'est peut-être posé la question *et si...* ? Le cas Brzezinski a peut-être donné matière à réflexion. Polonais resté par hasard en Amérique du Nord (son père était diplomate au Canada en 1940) le conseiller à la sécurité nationale de Carter était parvenu jusqu'aux plus hautes sphères du pouvoir et dirigea pour un temps la diplomatie américaine. Seuls les proches de Raymond Aron peuvent se prononcer, mais ce « si j'avais été citoyen américain » est bel et bien ambivalent, que cela soit volontaire ou non.

Enfin, le sens profond qui se dégage de cette « autocritique » dépasse la simple personne d'Aron. Elle peut être lue comme un constat sur nos institutions politiques et sur le devenir de l'Europe en tant qu'ensemble d'États choisissant d'être sujets et non objets de l'Histoire. Pour pouvoir être conseiller du Prince, encore eût-il fallu que les institutions ayant porté McGeorge Bundy, Henri Kissinger et Zbigniew Brzezinski à la Maison-Blanche existassent ! Or, la France, limitée à « conserver sa zone d'influence »[53] n'avait nul besoin d'un Conseil à la sécurité nationale doté de réels pouvoirs. L'esprit de la Ve République commandait un exercice personnel du pouvoir, par-dessus tout dans le « domaine réservé ». Confronté à des problèmes routiniers en Afrique et avec le monde communiste, avançant prudemment sur le dossier de l'unification européenne et déléguant *de facto* les grandes décisions en termes de sécurité aux Américains, les politiciens français n'avaient que faire d'un conseiller disposant de la stature nécessaire pour s'opposer et s'imposer face au président et dire, devant ses équipes, d'une voix calme et assurée « le roi est nu ». Au pouvoir doublement restreint qu'offrait la politique française, Aron préféra – ou se résigna à, nous ne saurons jamais vraiment – la liberté totale des propos académiques, malgré la grande hostilité du milieu. Quelle qu'en soit la raison, nous ne saurions regretter la voie qu'emprunta Aron.

---

[53] *Ibid.*, p. 988.

Bernard Brodie et la dissuasion : un parcours américain

Jean-Philippe BAULON

Bernard Brodie est l'un des premiers penseurs de la stratégie qui réfléchit à l'arme atomique. Certes, sa place dans la partie de cet ouvrage consacré au général Poirier ne revêt pas un caractère d'évidence. Il s'agit d'un stratégiste américain et non français. En outre, il travaille pour l'essentiel sur ces questions nucléaires de 1945 jusqu'au milieu des années 1960, c'est-à-dire avant que le général Poirier lui-même ne s'en saisisse. Bernard Brodie est aux États-Unis le « doyen » de la stratégie nucléaire, quand Lucien Poirier est en France le plus jeune des « quatre généraux de l'apocalypse » – pour reprendre l'expression un peu modifiée de François Géré[1].

Un regard croisé franco-américain, au travers de Bernard Brodie, n'est cependant pas dépourvu d'intérêt. En premier lieu parce que Brodie connaît bien la pensée stratégique en France, en particulier du fait d'un séjour en 1960-1961 et d'une correspondance avec Raymond Aron engagée depuis les années 1950[2]. En second lieu, parce que Lucien Poirier lit les auteurs de la stratégie nucléaire américaine quand il commence ses travaux sur le nucléaire à partir du milieu des années 1960.

Surtout, la pensée de Brodie sur la dissuasion ne se fige pas, mais reste en mouvement ; elle réalise un véritable parcours dont les étapes et l'aboutissement peuvent éclairer toute réflexion, spécialement toute réflexion française, sur la dissuasion nucléaire[3]. S'il s'avère difficile de découper le parcours de

---

[1] François Géré, « Quatre généraux et l'apocalypse », *Stratégique*, n° 53, 1992.
[2] Si les approches de Brodie et Aron tendent à diverger dans les années 1960 en matière de stratégie nucléaire, leur échange se poursuit, soutenu par un même souci de ne pas sombrer dans le technicisme et de penser le nucléaire avec le politique ; Christian Malis, *Raymond Aron et le débat stratégique français (1930-1966)*, Paris, Economica, 2005, p. 677-678. On peut d'ailleurs noter que l'écriture du grand livre de Brodie fondé sur une relecture de Clausewitz, *War and Politics* (1973), est exactement contemporaine du cours donné par Raymond Aron en 1972 et qui annonce son livre sur Clausewitz (1976). Mais Brodie n'a pas croisé Poirier lors de son séjour en France (Poirier est en Algérie et ne s'intéresse pas encore aux questions nucléaires) et ne le cite pas ; Poirier écrit à partir de la fin des années 1960, quand Brodie s'est déjà marginalisé dans la communauté stratégique américaine.
[3] Sur Bernard Brodie dans la pensée stratégique américaine : Barry H. Steiner, *Bernard Brodie and the Foundations of American Nuclear Strategy*, Lawrence (Kans.), University

Brodie en périodes précisément délimitées, on peut démontrer que les positions – intellectuelles et institutionnelles – de Brodie en font successivement aux États-Unis un fondateur, puis un marginal et enfin un hérétique.

Un fondateur : des intuitions pionnières sur les implications de l'arme nucléaire

Bernard Brodie est à l'origine un spécialiste de stratégie navale qui a signé deux livres de référence, largement diffusés par la *Navy* au cours de la Seconde Guerre mondiale[4]. Ces écrits sont qualifiés d'importants par les spécialistes, mais ne seront pas prolongés par d'autres ouvrages. En effet, l'année 1945 marque une double rupture, institutionnelle et intellectuelle, pour Brodie. Âgé de 35 ans, il est recruté par l'Université de Yale et son Institut d'études internationales le 1er août. Moins d'une semaine plus tard, le bombardement d'Hiroshima l'amène à constater que ses travaux sont obsolètes. Brodie abandonne définitivement la stratégie navale pour la stratégie nucléaire.

Avec ses collègues de Yale, Brodie travaille sur les implications de l'arme nucléaire[5]. Leur réflexion débouche sur la publication d'un ouvrage collectif en juin 1946, un ouvrage dont la direction est attribuée à Brodie : *The Absolute Weapon. Atomic Power and World Order*. De manière intéressante, le titre de l'ouvrage montre que le but n'est pas seulement d'étudier la rupture technique et stratégique induite par une arme à la puissance de destruction colossale, mais d'étudier les effets de l'arme nouvelle sur

---

Press of Kansas, 1991 ; Barry Scott Zellen, *State of Doom. Bernard Brodie, the Bomb, and the Birth of the Bipolar World*, New York, Continuum, 2012 ; Fred Kaplan, *The Wizards of Armageddon*, New York, Simon & Schuster, 1983 ; Gregg Herken, *Counsels of War*, New York, Oxford University Press, 1987 (1re éd. : 1985) ; Marc Trachtenberg, « Strategic Thought in America, 1952-1966 », *in History and Strategy*, Princeton (N.J.), Princeton University Press, 1991, p. 3-46.

[4] Bernard Brodie, *Sea Power in the Machine Age*, Princeton (N.J.), Princeton University Press, 1941 ; *A Guide to Naval Strategy*, 1943 (trad. fr. de la 3e édition : *La Stratégie navale et son application dans la guerre 1939-1945*, Paris, Payot, 1947). À partir de 1943, Brodie sert d'ailleurs à l'état-major de la *Navy* où il a accès à des informations précieuses sur les opérations navales. Hervé Coutau-Bégarie, « Les lignes directrices de la pensée navale au XXe siècle », *Guerres mondiales et conflits contemporains*, n° 213, 2004, p. 3-10 ; Hervé Coutau-Bégarie juge que Brodie ne se contente pas d'une relecture de Mahan, mais en réalise une actualisation dans une approche plus générale de la guerre qui ne privilégie pas seulement la bataille décisive.

[5] Comme le font aussi William Borden et l'amiral Castex. William Borden, *There Will Be no Time : The Revolution in Strategy*, New York, Macmillan, 1946 ; selon Borden, l'arme nucléaire permet d'envisager la destruction soudaine des forces de l'ennemi. Castex identifie le tournant vers la dissuasion dès octobre 1945 ; Raoul Castex, « Aperçus sur la bombe atomique », *Revue de Défense Nationale*, octobre 1945, p. 466-473.

les relations internationales[6] : « l'arme absolue » peut déboucher sur un « ordre mondial » ; il s'agit de rechercher les conditions de la paix à l'ère nucléaire – l'approche est réaliste, mais pense une possible coopération.

Les deux chapitres que Brodie signe dans cet ouvrage – une centaine de pages – revêtent un caractère visionnaire et posent les fondements de la dissuasion aux États-Unis. Ils concentrent des intuitions brillantes de la part d'un auteur qui découvre un champ de réflexion totalement nouveau et l'investit avec enthousiasme, avec une certaine foi dans la « raison stratégique ». Un constat central domine l'ensemble : à l'ère nucléaire, « l'objectif sera d'éviter les guerres, non de les gagner ». Ce faisant, Brodie commence par mettre en doute l'affirmation selon laquelle l'arme atomique serait inévitablement l'arme de l'attaque-surprise.

Le premier chapitre énonce une série de postulats que l'on peut synthétiser. 1° L'arme atomique établit une vulnérabilité durable des villes qui, compte tenu de la puissance des armes, constitueront les cibles privilégiées. 2° La défense devrait être totale pour être efficace – ce qui est impossible, surtout avec l'emploi futur des fusées comme vecteurs (et les fusées verront leur imprécision compensée par la puissance des charges). 3° La supériorité ne garantira pas la sécurité : la supériorité aérienne des États-Unis ne mettra pas leur territoire à l'abri d'une attaque et – de toute façon – la supériorité stratégique ne découlera pas d'un nombre plus important de bombes puisqu'un arsenal limité suffirait à détruire les villes de l'ennemi[7].

Dans un deuxième chapitre, Brodie déduit de ces postulats des « implications pour la politique militaire » : la priorité est de garantir les capacités de représailles, car le recours des États-Unis à la première frappe est improbable. En d'autres termes, il s'agit d'assurer l'agresseur potentiel que « le vainqueur supporterait un niveau de destructions matérielles incomparablement plus grand que n'importe quelle nation vaincue dans l'histoire »[8].

Suivent des recommandations précises. Pour dissuader, il revient aux États-Unis de se doter d'une force pouvant frapper malgré une attaque : il

---

[6] Bernard Brodie (dir.), *The Absolute Weapon. Atomic Power and World Order*, New York, Harcourt Brace, 1946. Ted Dunn, directeur de l'IIS, rédige l'introduction ; Arnold Wolfers étudie l'impact de la bombe sur les relations entre les États-Unis et l'URSS ; William Fox se penche sur la question du « contrôle international des armes nucléaires ».

[7] Passé un certain seuil, l'accumulation des armes devient superflue puisque la vulnérabilité mutuelle compte plus que la supériorité. Ajoutons que Brodie annonce la prolifération : d'autres États seront, en moins de dix ans, capables de produire des bombes.

[8] Les intuitions sont parfois prophétiques, mais la pensée reste encore inaboutie et non dépourvue d'ambiguïtés : Marc Trachtenberg, « Strategic Thought in America, 1952-1966 », in *History and Strategy*, Princeton (N.J.), Princeton University Press, 1991, p. 3-46.

faut être prêt dès le temps de paix (il n'y aura pas de délai de mobilisation), disperser les avions et installer leurs bases à l'écart des villes, garantir la fiabilité des communications et du commandement.

Brodie reste aussi soucieux de garder une approche politique de la question : si des mesures militaires sont indispensables à la dissuasion, l'« amélioration progressive dans les affaires mondiales » est présentée comme la « vraie source de la sécurité ».

Brodie pense d'abord la dissuasion, mais il envisage ensuite son possible échec et se penche donc sur l'emploi de l'arme nucléaire. Cette orientation est déterminée à la fois par l'avènement annoncé de l'arme thermonucléaire et par son opposition tant aux plans de frappe de l'aviation stratégique (*Strategic Air Command*) qu'à la doctrine des « représailles massives » énoncée par l'administration Eisenhower en 1954[9]. Dans quel cadre cette réflexion est-elle entreprise ?

Tout d'abord, Brodie quitte Yale pour l'Air Force ; il travaille en 1950-1951 à sa division du ciblage (*Air Targets Division*). Brodie y découvre que l'aviation stratégique (SAC) prévoit l'emploi de l'arme atomique dans une campagne de bombardements menée conformément aux principes de la Seconde Guerre mondiale : l'aviation se contente d'allonger la liste des cibles au fur et à mesure que les bombes arrivent en dotation, dans un plan qui vise – sous prétexte d'enrayer l'effort de guerre adverse – la destruction rapide et massive des aires urbaines soviétiques. Consterné, Brodie propose des alternatives dans un rapport au chef d'état-major de l'aviation, Hoyt Vandenberg : les États-Unis ne lanceraient pas des bombardements massifs contre les agglomérations adverses, mais épargneraient les villes, viseraient des objectifs bien identifiés et agiraient selon un rythme contrôlé (dans un esprit de retenue). Ces recommandations sont accueillies très fraîchement.

Puis, en 1951, Brodie entre à la Rand, le *think tank* créé en 1946 pour réfléchir aux implications stratégiques des armements nouveaux, en particulier des armes nucléaires[10]. Brodie s'y interroge sur un usage rationnel de l'arme atomique à l'ère thermonucléaire : comment l'utiliser si la dissuasion échoue ? Le pouvoir destructeur des armes thermonucléaires dépasse évidemment tout objectif de guerre raisonnable et disqualifie le bombardement stratégique : le ciblage des villes devient suicidaire, les « représailles massives » sont insupportables. Mais la dissuasion peut échouer. Une « seconde ligne d'assurance » s'avère nécessaire pour que la guerre ne monte pas tout de suite aux extrêmes. Brodie se prononce ainsi pour une utilisation des armes nucléaires sur le champ de bataille, afin de

---

[9] Il faut noter que cette réflexion ne lui est pas propre mais que la recherche d'alternatives stimule la réflexion de tous les stratégistes.
[10] Née d'un contrat avec l'*Air Force* en 1946, la Rand devient indépendante en 1948.

mener une guerre nucléaire limitée, entre l'emploi des forces conventionnelles et l'emploi des forces nucléaires stratégiques[11]. Autrement dit, il faut éviter de frapper les villes soviétiques tant que les Soviétiques épargnent les villes américaines : les villes sont gardées comme otages. La limitation de la guerre passe ainsi par celle de la puissance des charges et de leur espace d'utilisation. Cette approche des armes nucléaires tactiques (ANT) s'avère cependant peu enthousiaste : il s'agit surtout de rétablir la relation clausewitzienne entre la conduite de la guerre et les fins politiques.

Et la pensée de Brodie devient plus sceptique : compte tenu de la puissance des armes, il lui semble peu à peu impossible de penser une guerre ne visant que les forces et épargnant les civils[12]. Ce scepticisme est affirmé publiquement dès 1955, à peine dix ans après Hiroshima : « La stratégie est arrivée dans une impasse », constate-t-il dans Harper's, en octobre 1955. Son livre de 1959 confirme ce scepticisme quant à la possibilité de contrôler la guerre nucléaire[13]. Brodie s'y montre désabusé et renonce à toute « solution définitive », qu'il s'agisse des « représailles massives », de la frappe préventive, voire de la frappe préemptive. La « stabilité » peut seule être visée par des mesures telles que la protection accrue des forces de représailles, l'essor des capacités de guerre limitée ou un programme d'abris contre les retombées radioactives.

En dix ans, l'espoir de maîtriser la question de l'arme nucléaire par la « raison stratégique » s'évanouit… de quelque manière que l'on pose le problème, il n'existe pas de solution satisfaisante selon Brodie. L'arme nucléaire introduit une rupture indépassable. Au même moment, en revanche, les figures centrales de la Rand s'orientent résolument vers la frappe contre forces pour tenter de rationaliser la guerre nucléaire. Brodie renonce ainsi à penser la guerre nucléaire contrôlée alors même que les autres stratégistes de la Rand maintiennent cette ambition ; en conséquence, il se marginalise.

Un marginal : les critiques contre une stratégie qui se prétend scientifique

Il y a une triple singularité de Brodie parmi les « stratégistes civils » de l'ère nucléaire aux États-Unis. En premier lieu, Brodie est un « stratégiste

---

[11] Bernard Brodie, « Nuclear Weapons : Strategic or Tactical ? », *Foreign Affairs*, janvier 1954, p. 217-229.
[12] Il existe un scepticisme quant à la faisabilité de la frappe contre-forces, comme le prouve une étude Rand de 1954 (Bernard Brodie, Charles Hitch et Andrew Marshall) ; Fred Kaplan, *The Wizards of Armageddon*, New York, Simon & Schuster, 1983.
[13] Bernard Brodie, *Strategy in the Missile Age*, Princeton (N.J.), Princeton University Press, 1959.

traditionnel », formé en science politique et doté d'une grande culture historique, spécialement en histoire militaire, qui fait de lui un érudit. Brodie est d'ailleurs l'un des rares stratégistes à s'être penché sur les questions militaires avant de réfléchir à l'arme nucléaire.

Sa position s'avère minoritaire et de plus en plus périphérique à la Rand où, dans les années 1950, dominent des « stratégistes scientifiques ». Les spécialistes de l'analyse des systèmes – des mathématiciens et des économistes – perfectionnent les pratiques de recherche opérationnelle utilisées depuis la Seconde Guerre mondiale pour concevoir un emploi optimal d'armements complexes ; leur figure principale est celle d'un homme qui va devenir un rival pour Brodie : Albert Wohlstetter[14]. Ces « stratégistes scientifiques » prétendent dépasser l'empirisme fondé sur l'histoire et l'observation. Selon eux, la conduite de la guerre obéit à des modèles mathématiques qui intègrent des paramètres et des variables quantifiables, ces modèles pouvant bénéficier de l'utilisation croissante de l'outil informatique. Bien entendu, la stratégie nucléaire – dépourvue de toute mise en œuvre opérationnelle depuis août 1945 – constitue un champ d'application privilégié de ces méthodes dont les résultats ne peuvent jamais être validés par l'expérience.

Brodie s'oppose à ces « stratégistes scientifiques » sur le plan de la méthode et sur celui de la stratégie. Il conteste d'une part les méthodes utilisées : la rigueur formelle de l'analyse des systèmes ne peut pas, d'après lui, prendre en compte toutes les variables complexes – et impossibles à quantifier – d'une situation. Comme il est impossible de tout conjecturer, la rigueur formelle sert souvent à confirmer des préjugés. Soucieux de la stabilité, il conteste d'autre part le principe de l'équilibre toujours instable de la dissuasion postulé par Wohlstetter et les siens[15] ; pour Wohlstetter, en effet, la stabilité stratégique est sans cesse remise en cause par l'apparition de vulnérabilités dans les forces de représailles, et la dissuasion appelle donc un renforcement permanent des arsenaux[16].

Dès le début des années 1960, Brodie tient ainsi des propos de plus en plus critiques contre les « stratégistes scientifiques » et l'ignorance que cacheraient des modèles séduisants[17]. Les économistes devenus stratégistes

---

[14] Citons aussi Alain Enthoven ou Charles Hitch.
[15] Albert Wohlstetter, « The Delicate Balance of Terror », *Foreign Affairs*, vol. 37, n° 2, janvier 1959, p. 211-234.
[16] Cette affirmation est le résultat de travaux menés à la Rand depuis 1951 sur la vulnérabilité des bases de l'aviation stratégique, une vulnérabilité qui ferait peser un risque sur la dissuasion américaine.
[17] Bernard Brodie, « The McNamara Phenomenon », *World Politics*, juillet 1965, p. 572-586 ; et l'introduction par Bernard Brodie du recueil en français qu'il dirige et qui regroupe les contributions des stratégistes américains les plus en vue (*La guerre nucléaire. Quatorze essais sur la nouvelle stratégie américaine*, Paris, Stock, 1965).

utiliseraient des méthodes intéressantes pour les décisions d'armement (utiles pour anticiper le rapport coût-efficacité), mais ces méthodes négligeraient les données de l'histoire diplomatique et militaire. Ajoutons que, pour Brodie, les militaires ne peuvent pas fournir des stratégistes plus pertinents à cause du conformisme qui règne dans les armées et d'un éthos qui les conduit à se penser avant tout comme des hommes d'action orientés vers la tactique.

Au final, Brodie devient un personnage qui examine de manière implacable les systèmes de pensée des autres stratégistes, en recourant souvent à l'histoire, mais qui ne conçoit pas de théorie : il privilégie la subtilité de l'analyse critique à la rigueur de la construction théorique. Ceci fait à la fois son intérêt et ses limites. Sa position de retrait est assumée, un peu théâtralisée même ; Brodie semble presque présenter sa marginalisation dans le champ de la pensée stratégique comme une dissidence.

En deuxième lieu, Bernard Brodie est un stratégiste qui reste à l'écart du pouvoir et de ses cercles les plus proches. Il ne fait pas partie, après l'élection de Kennedy, des stratégistes de la Rand qui partent travailler au Pentagone autour de Robert McNamara, tel son jeune collègue Alain Enthoven dont les services produisent les analyses déterminant les niveaux d'équipement des forces, ni de ceux qui sont écoutés par le pouvoir comme Albert Wohlstetter ou William Kaufmann. D'ailleurs, les membres de la Rand qui rejoignent l'administration Kennedy sont, d'une manière générale, des « stratégistes scientifiques » dont Brodie critique le formalisme et une approche abstraite de la stratégie, déconnectée des réalités politiques.

De surcroît, Brodie conteste vivement la politique militaire dont ce groupe est responsable. Dans un article de 1965[18], il se livre à une véritable charge contre ses anciens collègues qui ont rejoint le Pentagone et qui sont, en fait, la source d'une « pensée McNamara » caractérisée par la confiance excessive en l'analyse des systèmes, la fascination pour « l'élégance des méthodes » et le choix d'un renforcement des forces conventionnelles qui augmente le risque d'engagement. Le problème est d'autant plus grave, selon Brodie, que ce petit groupe, brillant et très cohérent, n'a pas face à lui une opposition qui l'amènerait à des remises en cause, à la recherche d'alternatives. Quelques années plus tard, Brodie rend ces stratégistes civils responsables des erreurs du Vietnam[19] : leur pensée, dominée par une

---

[18] Bernard Brodie, « The McNamara Phenomenon », *in World Politics*, juillet 1965, p. 572-586.
[19] Bernard Brodie, « Why Were We so (Strategically) Wrong ? », *Foreign Policy*, hiver 1971-1972, p. 151-161 (réponse à l'article de Colin Gray : « What Rand Hath Wrought », *Foreign Policy*, automne 1971, p. 111-129) ; propos repris par Brodie dans *War and Politics* en 1973.

rigueur formelle, a été incapable de réfléchir à la dimension politique des enjeux.

L'isolement nourrit un scepticisme stratégique de plus en plus radical, doublé d'une amertume certaine. En conséquence, Brodie quitte la Rand en 1966 ; il rejoint l'Université de Californie à Los Angeles (UCLA) où il travaille jusqu'à sa mort en 1978. Il affirme en 1971, dans *Foreign Policy*, que penser librement suppose d'éviter de servir dans l'administration, laquelle entrave voire intoxique les meilleurs esprits.

En troisième lieu, Bernard Brodie est un stratégiste qui recommande de manière pressante la réaffirmation de l'autorité politique dans la décision stratégique. Constatant l'impasse dans laquelle se trouve sa réflexion sur la stratégie nucléaire et, sans doute, tirant les leçons de sa marginalité dans la communauté stratégique américaine, Brodie revient donc à Clausewitz. Ce retour à Clausewitz, que Brodie a lu avant de se spécialiser dans la stratégie nucléaire, manifeste une volonté de franchir l'obstacle en remontant aux sources de la stratégie : l'articulation des fins et des moyens. Ce travail aboutit au dernier livre de Brodie : *War and Politics* (1973)[20].

Cette réorientation n'est que relative : la question de l'articulation des fins et des moyens a toujours été une préoccupation de Brodie. Un cas essentiel étudié dans le livre de 1973 a d'ailleurs été évoqué dès les travaux des années 1950[21] : la Première Guerre mondiale, un conflit dans lequel Brodie repère une dissociation des fins politiques et des moyens militaires. Le pouvoir politique qui – dans une perspective clausewitzienne – doit contrôler la guerre y a renoncé en 1914-1918 : des moyens illimités ont été mobilisés pour atteindre des objectifs limités. Le Vietnam confirme ce risque de dissociation, juge Brodie en 1973 : les décideurs politiques se sont engagés bien au-delà des enjeux réels. Il ajoute que la décision la plus cruciale est bien celle de recourir à la guerre, et elle est de la seule responsabilité du décideur civil. En somme, les erreurs stratégiques résultent, pour Brodie, de la démission du politique. Il revient à ce dernier de réaffirmer constamment la primauté des fins contre les « stratégistes scientifiques » et les chefs militaires – incapables, pour des raisons différentes, de conduire la guerre.

Dans les dernières années, la pensée de Bernard Brodie devient sombre, sceptique ; loin des fulgurances de 1946, elle multiplie les mises en garde et se développe contre celle d'autres stratégistes qui – eux – ne renoncent pas à penser un usage contrôlé de l'arme nucléaire ; son isolement s'accompagne ainsi d'un rejet de l'orthodoxie stratégique.

---

[20] Bernard Brodie, *War and Politics*, New York, Macmillan, 1973.
[21] Bernard Brodie, « Nuclear Weapons : Strategic or Tactical ? », *Foreign Affairs*, janvier 1954, p. 217-229 ; Bernard Brodie, *Strategy in the Missile Age*, Princeton (N.J.), Princeton University Press, 1959.

Un hérétique : la contestation des théories dominantes aux États-Unis

Bernard Brodie, qui occupait une position centrale dans le champ de la pensée stratégique au cours des années 1950, est relégué dans une position périphérique à la fin des années 1960 et durant les années 1970 ; et ses conceptions sont de plus en plus contradictoires avec les thèses dominantes aux États-Unis. On peut noter que Brodie est en France pendant un an, en 1960-1961[22]. Il connaît donc bien les critiques françaises sur la doctrine stratégique américaine. Mais l'effet de ce séjour français sur sa pensée reste à évaluer, et il ne faut sans doute pas l'exagérer : le tournant est antérieur à cette présence en France – on en repère les prémices dans la seconde moitié des années 1950. Quoi qu'il en soit, Brodie arrive de fait à des positions qui sont proches de celles de la France et bien éloignées des positions officielles de l'administration américaine[23]. Trois points méritent d'être relevés.

Premièrement, Brodie met en doute la fiabilité de la garantie américaine aux alliés. Cette objection est formulée dès 1959 dans son livre *Strategy in the Missile Age* : « Nous pouvons être à peu près sûrs que nous riposterons si nous sommes attaqués nous-mêmes, quel que soit l'état de nos défenses civiles, mais le ferions-nous si le Royaume-Uni était frappé ? Ou s'il était menacé d'être frappé ? » ; les États-Unis risquent fort de ne pas honorer leur engagement pour préserver leur propre population. L'affirmation est aussi explicite dans l'article de 1960 publié dans *Politique étrangère*[24], peu après le premier essai nucléaire français et alors que Brodie est en France : « Si j'étais français, je serais de ceux qui se demandent s'il est raisonnable d'être si totalement dépendant de la force de représailles des États-Unis ». C'est, à peu de choses près, ce que dit le général Gallois la même année dans son livre[25]. Cette position de Brodie est relevée, dans *Des stratégies nucléaires*, par Lucien Poirier qui affirme lui-même que la dissuasion n'est crédible que si la puissance défend ses seuls « intérêts vitaux ».

Deuxièmement, Bernard Brodie postule la stabilité de la dissuasion, contrairement aux thèses dominantes de Wohlstetter qui pense la dissuasion dans l'instabilité, laquelle exige sans cesse de nouvelles décisions

---

[22] Il y rencontre Raymond Aron, mais aussi les généraux Beaufre et Gallois.
[23] Le parcours de Brodie le ramène à des positions proches des positions françaises ; dans le même temps, Aron devient de plus en plus critique sur la pertinence de la stratégie française : sceptique quant à la stabilité de la dissuasion et soucieux de pouvoir limiter la guerre dans une escalade.
[24] Bernard Brodie, « Politique de dissuasion et guerre limitée », *Politique étrangère*, n° 6, 1960, p. 543-552.
[25] Pierre-Marie Gallois, *Stratégie de l'âge nucléaire*, Paris, Calmann-Lévy, 1960.

d'armement pour remédier aux vulnérabilités qui apparaissent à cause des progrès technologiques. En 1959, Brodie précise que la condition de la stabilité est que « chaque nation croie que l'avantage de frapper la première est éclipsé par le coût énorme d'agir ainsi ». L'affirmation est encore plus franche et polémique dans une réponse à Colin Gray (*Foreign Policy*, 1971), puis dans *War and Politics* (1973) : Wohlstetter, dit-il, ne tient pas compte des « impondérables psychologiques qui fonctionnent comme des inhibiteurs »[26] ; en conséquence : « Il y a beaucoup de choses réalisables d'un point de vue technologique qui […] ne se produiront pas. En fait, il est devenu limpide depuis la publication de l'article de Wohlstetter [en 1959], et même depuis le début de l'ère nucléaire, que l'équilibre de la terreur n'est franchement pas fragile ». Brodie ne manque d'ailleurs pas de critiquer la doctrine Schlesinger qui, en 1974, entend retrouver de la flexibilité par l'augmentation des options nucléaires mises à la disposition du Président, en épargnant les villes et en visant les forces. Insistons : il y a là une différence de fond avec le courant dominant de la stratégie américaine[27].

Troisièmement, Brodie réfute les bénéfices de la supériorité ; et c'est une conséquence de ce qui précède. Il affirme en 1973 que l'arme nucléaire dissuade la guerre totale entre grandes puissances ; elle rend même obsolète l'entretien de forces conventionnelles nombreuses que l'on peut compenser par des ANT. L'objectif est la dissuasion de la guerre, non le recours à l'arme nucléaire dans la guerre. Ces doutes de Brodie quant à la pertinence de la supériorité nucléaire sont compatibles avec la « dissuasion du faible au fort » de Lucien Poirier : la dissuasion ne résulte pas d'une supériorité des arsenaux, mais de la supériorité des coûts aux gains escomptés, à la valeur que l'on représente pour l'adversaire. Un nombre suffisant d'armes nucléaires peut donc garantir une dissuasion stable.

Conclusion

Au terme d'un parcours de trois décennies, Bernard Brodie fait le pari de ce que Lucien Poirier appellera la « vertu rationalisante de l'atome ». En cela, il diverge de Raymond Aron, moins convaincu de la stabilité de la dissuasion. Ce choix de la dissuasion stable, Brodie s'y résout néanmoins sans enthousiasme aucun ; il est d'abord motivé par son dédain pour

---

[26] Le général Beaufre dans son *Introduction à la stratégie* insiste aussi sur les facteurs psychologiques (« impondérables ») qui peuvent prévaloir sur les facteurs matériels. André Beaufre, *Introduction à la stratégie*, Paris, Armand Colin, 1963.

[27] McGeorge Bundy évoquera une « dissuasion existentielle », liée à la simple existence des armes nucléaires. « The Bishops and the Bomb », *New York Review of Books*, 16 juin 1983, p. 3-8.

une approche qui se revendiquerait « scientifique », quitte à dissocier le nucléaire du politique, et il est ensuite soutenu par une appréciation de l'histoire qui entretient un sens du tragique. Car l'histoire occupe une place centrale dans la stratégie de Bernard Brodie. Il ne fait certes pas métier d'historien, puisqu'il ne produit pas de la connaissance historique et se contente de prélever dans un réservoir de faits passés. Mais cet usage un peu instrumental de l'histoire, parfois mené sur le mode de la digression érudite et avec un certain talent de conteur, ne nuit pas – loin s'en faut – à l'envergure intellectuelle de sa réflexion. Bernard Brodie mobilise l'histoire pour porter une pensée stratégique, de plus en plus critique et de moins en moins prescriptive, qui montre les limites des grandes théories – destinées à se figer en dogmes – et qui insiste sur le rôle crucial du décideur politique dont on attend de hautes qualités de discernement.

Deuxième Partie

Le désarmement nucléaire dans le monde post-Guerre froide : nécessité stratégique ou impératif moral ?

La succession nucléaire de l'URSS

Hélène HAMANT

Le démembrement de l'Union soviétique a été consacré en deux étapes, d'abord le 8 décembre 1991 par l'Accord sur la création de la Communauté des États indépendants (CEI) conclu à Minsk par le Président du Soviet suprême de la République du Bélarus, le Président de la République socialiste fédérative soviétique de Russie (RSFSR) et le Président de l'Ukraine[1], puis le 21 décembre par un ensemble de documents adoptés à Alma-Ata par ces derniers rejoints par les dirigeants de toutes les autres anciennes républiques soviétiques[2] à l'exception de ceux des États baltes et de la Géorgie[3]. Or il touchait non seulement un immense État composé de quinze républiques, mais également une superpuissance nucléaire. En effet, l'URSS disposait d'un redoutable arsenal dont la majeure partie se trouvait en Russie, le reste étant réparti entre l'Ukraine, le Bélarus et le Kazakhstan. À la suite du démembrement, les États qui en étaient issus ont donc dû régler la question de la succession qui s'est posée dans de nombreux domaines. L'objet de cette contribution porte sur la succession nucléaire. Il sera présenté tout d'abord ce que les anciennes républiques

---

[1] L'Accord sur la création de la Communauté des États indépendants a été accompagné d'une déclaration : Déclaration des chefs d'État de la République du Bélarus, de la RSFSR et de l'Ukraine. Pour une version française de ces textes, voir la traduction des Nations Unies, A/46/771, 13 décembre 1991. Ils ont également été publiés in Hélène Hamant, *Succession de l'URSS. Recueil de documents. Textes rassemblés, traduits et introduits par Hélène Hamant*, Bruxelles, Bruylant, 2010.

[2] Le 21 décembre 1991, les onze anciennes républiques de l'URSS ont adopté la Déclaration d'Alma-Ata, le Protocole à l'Accord sur la création de la Communauté des États indépendants signé le 8 décembre 1991 à Minsk par la République du Bélarus, la Fédération de Russie (RSFSR), l'Ukraine, l'Accord sur les institutions de coordination de la CEI et la Décision du Conseil des chefs d'État de la CEI. Le même jour, la Russie, le Bélarus, l'Ukraine et le Kazakhstan ont conclu l'Accord sur les mesures communes concernant les armes nucléaires. Pour une version française de ces textes, voir la traduction des Nations Unies, A/47/60, S/23329, 30 décembre 1991. Tous ces documents ont aussi été publiés in Hélène Hamant, *Succession de l'URSS. Recueil de documents, op. cit.*

[3] Lors de l'adoption des accords de Minsk et d'Alma-Ata, l'URSS ne se composait officiellement plus que de douze républiques. Les républiques baltes s'en étaient retirées. Le 6 septembre 1991, l'URSS avait reconnu leur indépendance. Quant à la Géorgie, au moment de la signature de ces documents, elle était en proie à la guerre civile. Cependant, elle a adhéré à la CEI le 23 octobre 1993. Par conséquent, elle a été liée par les accords constitutifs de cette Communauté.

soviétiques ont prévu à cet égard dans les accords de Minsk et d'Alma-Ata. Ensuite, chacun des différents aspects de cette succession sera repris en vue de montrer quelles ont été les modalités du règlement final.

Le règlement de la succession nucléaire de l'URSS tel qu'il a été prévu dans les accords de Minsk et d'Alma-Ata de décembre 1991

La question de la succession nucléaire de l'URSS a été traitée dès les accords de Minsk et Alma-Ata et dans ceux-ci, car les États issus de cette dernière savaient que c'était le domaine auquel les États tiers, en particulier les États-Unis, mais aussi la Communauté européenne, attachaient le plus d'importance.

Un règlement sur lequel les États-Unis et la Communauté européenne ont pesé

Les États-Unis ont fortement pesé sur le règlement de la succession nucléaire de l'URSS. Ils ont, en effet, été très actifs pour que des décisions responsables soient prises dans ce domaine. Durant l'automne et l'hiver 1991, le Secrétaire d'État américain, James Baker, a fait plusieurs déplacements en URSS pour s'assurer notamment de la sécurité nucléaire. En décembre 1991, il s'est ainsi rendu successivement dans les quatre républiques disposant d'armes nucléaires sur leur sol.

Les États-Unis ont conditionné leur reconnaissance des États issus de l'URSS et leur aide à ces derniers au respect d'un ensemble de conditions. C'est ce qui ressort très clairement du discours de James Baker prononcé le 12 décembre 1991 à l'Université de Princeton. Il est intitulé « America and the Collapse of the Soviet Empire : What Has to Be Done ». Une série de conditions portait sur le domaine nucléaire :

> We do not want to see new nuclear weapons states emerge as a result of the transformation of the Soviet Union. Of course, we want to see the START [Strategic Arms Reduction Treaty] Treaty ratified and implemented. But we also want to see Soviet nuclear weapons remain under safe, responsible, and reliable control with a single unified authority. The precise nature of that autority is for Russia, Ukraine, Kazakhstan, Belarus and any common entity to determine. A single authority could, of course, be based on collective decision-making on the use of nuclear weapons. We are, however, opposed to the proliferation of any additional independent command authority or control over nuclear weapons.

La succession nucléaire de l'URSS

> For those republics who seek complete independence, we expect them to adhere to the Non-Proliferation Treaty as non-nuclear weapons states, to agree to full-scope IAEA [International Atomic Energy Agency] safeguards, and to implement effective export controls on nuclear materials and related technologies[4].

Dans une déclaration adoptée le 16 décembre 1991, c'est au tour de la Communauté européenne de conditionner sa reconnaissance des États issus de l'URSS au respect d'un certain nombre de conditions, dont « la reprise de tous les engagements pertinents relatifs au désarmement et à la non-prolifération nucléaire ainsi qu'à la sécurité et à la stabilité régionale »[5]. Puis, dans une déclaration du 31 décembre 1991 concernant la reconnaissance de huit ex-républiques soviétiques – l'Arménie, l'Azerbaïdjan, le Bélarus, le Kazakhstan, la Moldavie, le Turkménistan, l'Ukraine et l'Ouzbékistan –, elle mentionne précisément une condition de reconnaissance relative au TNP : « La reconnaissance sera accordée à la condition que toutes les Républiques participant avec la Russie à la Communauté d'États indépendants et qui ont des armes nucléaires sur leur territoire accèderont dans un proche avenir au Traité de non-prolifération nucléaire en tant qu'États non nucléaires »[6].

La question nucléaire dans les accords de Minsk et Alma-Ata

Dans l'Accord portant création de la CEI du 8 décembre 1991, il est indiqué :

> Les États membres de la Communauté [...] s'efforceront d'éliminer tous les armements nucléaires, de réaliser le désarmement général et complet sous une stricte supervision internationale.

> Chaque Partie contractante respectera la volonté de toute autre Partie d'acquérir le statut de zone dénucléarisée et de devenir un État neutre.

---

[4] Address at Princeton University, Princeton, New Jersey, 12 décembre 1992. Texte *in US Department of State Dispatch*, vol. 2, n° 50, 16 décembre 1991. Il figure aussi en anglais *in* Hélène Hamant, *Succession de l'URSS. Recueil de documents, op. cit.*
[5] Déclaration de la Communauté européenne sur les « lignes directrices sur la reconnaissance de nouveaux États en Europe orientale et en Union soviétique », Bruxelles, 16 décembre 1991. Texte en ligne sur le site web de la Commission européenne : http://ec.europa.eu/dorie/cardPrint.do?cardId=391691&locale=fr et *in* Hélène Hamant, *Succession de l'URSS. Recueil de documents, op. cit.*
[6] Déclaration de la Communauté européenne sur la reconnaissance d'anciennes républiques soviétiques, Bruxelles, 31 décembre 1991. Texte *in* Hélène Hamant, *Succession de l'URSS. Recueil de documents, op. cit.*

Les États membres de la Communauté maintiendront et appuieront un espace stratégique commun placé sous un commandement unifié garantissant notamment un contrôle unique des armements nucléaires...

La Déclaration d'Alma-Ata du 21 décembre 1991 reprend à peu près les termes de cet accord en précisant que seront maintenus un commandement unifié des forces militaires stratégiques et un contrôle unique des armes nucléaires.

En outre, le 21 décembre 1991, la question du nucléaire a fait l'objet d'un accord particulier conclu par les quatre anciennes républiques soviétiques ayant des armes nucléaires sur leur sol : l'Accord sur les mesures communes concernant les armes nucléaires. Tous les aspects de la succession nucléaire de l'URSS sont abordés dans ce texte à l'exception de la question de la propriété des armes nucléaires qui n'est apparue que plus tard parce que les États n'avaient pas encore perçu cet aspect. Il est ainsi prévu dans cet accord particulier le devenir des unités militaires disposant d'armes nucléaires, le sort des armes nucléaires stationnées au Bélarus, en Ukraine et au Kazakhstan, le contrôle des armes nucléaires, le sort du Traité START, la position du Bélarus et de l'Ukraine par rapport au TNP, mais rien n'est dit sur la position du Kazakhstan et de la Russie. Si, au moment de la conclusion des accords de Minsk et Alma-Ata, le Bélarus et l'Ukraine ont fait part de leur intention de devenir des États non nucléaires (ENDAN), le Kazakhstan a lui émis des réserves sur son degré de dénucléarisation. Quant à la Russie, il était clair qu'elle voulait remplacer l'URSS en tant qu'État nucléaire (EDAN).

Que prévoyait cet Accord sur les mesures communes concernant les armes nucléaires ? Il mentionnait que les armes nucléaires de l'ex-URSS faisaient partie des forces armées unifiées de la CEI et qu'elles assuraient la sécurité collective de tous les États membres de cette Communauté. Le Bélarus et l'Ukraine allaient éliminer totalement les armes nucléaires de leur territoire et adhérer au TNP en tant qu'ENDAN. Et ces trois États, ainsi que la Russie, qui étaient les anciennes républiques ayant des armes nucléaires sur leur sol s'engageaient à ratifier le Traité START. Enfin, il était prévu un contrôle unique des armes nucléaires de l'ex-URSS.

Pour chacun de ces différents aspects de cette succession nucléaire, un règlement spécifique est intervenu.

Le règlement de la succession aux deux traités concernant le nucléaire : le TNP et le Traité START

Le démembrement de l'Union soviétique a constitué un défi considérable pour l'avenir de deux traités concernant le nucléaire : le TNP et le Traité START. L'enjeu de la succession a consisté à ce qu'ils soient repris, mais il a fallu imaginer des modalités particulières en fonction des anciennes républiques concernées afin de conserver l'équilibre institué lors de l'adoption de ces instruments conventionnels.

La décision des États de la CEI du 6 juillet 1992 portant sur le TNP

Les États de la CEI se sont entendus le 6 juillet 1992 en adoptant une décision spécifique sur le TNP prévoyant des modalités de participation différentes pour la Russie et les autres anciennes républiques soviétiques[7]. Ils y apportaient leur soutien à la Russie « en ce qu'elle continue la participation de l'ancienne URSS » au TNP en qualité d'EDAN. Ils avaient, en effet, perçu l'impossibilité de la reprise du TNP à la place de l'Union par l'ensemble des anciennes républiques soviétiques en raison du but et de l'objet du traité. C'est pourquoi ils ont considéré que le statut d'EDAN que l'URSS avait au titre de cet instrument conventionnel ne pouvait revenir qu'à un seul État. Ils ont ainsi accepté que ce soit à la Russie. Le règlement de la succession de l'URSS au TNP s'arrêtait là au sens strict.

Cependant, les États de la CEI autres que la Russie, indiquaient, dans cette décision du 6 juillet 1992, qu'ils adhéreraient au TNP en qualité d'ENDAN. Ils se conformaient ainsi à la condition posée par les États-Unis et les États de la Communauté européenne, qui, comme on l'a vu, voulaient éviter à tout prix que les anciennes républiques soviétiques, à l'exception de la Russie, ne deviennent des puissances nucléaires.

Les modalités complexes du règlement final de la succession au TNP et au Traité START

Si ces modalités de participation au TNP n'ont soulevé aucune difficulté pour huit des États issus de l'URSS fin 1991, il n'en a pas été de même pour le Bélarus, l'Ukraine et le Kazakhstan qui disposaient d'armes nucléaires stratégiques sur leur territoire. Si leur adhésion en tant qu'EN-DAN réglait la question de leur participation au TNP, elle laissait entière

---

[7] Traduction en français à partir de l'original russe *in* Hélène Hamant, *Succession de l'URSS. Recueil de documents, op. cit.*

celle de la présence d'armes nucléaires sur leur sol. Or, ces armements étaient soumis à réduction par le Traité START. Toutefois, les faire ratifier ce traité de désarmement nucléaire signifiait leur conférer de fait un statut d'EDAN. Par conséquent, un mécanisme particulier a été élaboré afin de lier, pour ces trois États, leur participation au Traité START à leur adhésion au TNP en tant qu'ENDAN. Il repose sur un protocole au Traité START signé à Lisbonne le 23 mai 1992 entre la Russie, le Bélarus, l'Ukraine, le Kazakhstan et les États-Unis[8]. Dans ce texte, l'article premier stipule que la Russie, le Bélarus, l'Ukraine et le Kazakhstan « en tant qu'États successeurs de l'ex-URSS par rapport au traité START, assument les obligations de l'ex-URSS ». À l'article 5, le Bélarus, l'Ukraine et le Kazakhstan s'engagent à adhérer au TNP dans les plus brefs délais en tant qu'ENDAN.

Ce protocole, prévu comme partie intégrante du Traité START, traité soumis à ratification, a été accompagné de trois lettres adressées au président américain par les dirigeants biélorusse, ukrainien et kazakh[9] dans lesquelles ceux-ci déclarent expressément garantir l'élimination de tous les armements nucléaires déployés sur le territoire de leur État, dans un délai de sept ans, comme celui fixé par le Traité START. Ces lettres passées relativement inaperçues sont indissociables du Protocole de Lisbonne dans la mesure où ce seul texte, portant sur le Traité START, un traité de réduction des armes nucléaires, ne pouvait pas permettre la totale dénucléarisation des trois États.

Ce mécanisme juridique très ingénieux comportait toutefois des faiblesses. L'une d'entre elles résidait dans le fait que le protocole, à la demande de l'Ukraine, ne comportait pas de calendrier précis pour l'adhésion au TNP. Donc aucun lien n'avait été défini entre l'accession à ce traité et l'entrée en vigueur du Traité START. Par conséquent, le Bélarus, le Kazakhstan et surtout l'Ukraine ont pu dissocier leur ratification du Traité START de leur adhésion au TNP. Le Kazakhstan a ratifié le Traité

---

[8] Texte original anglais du Protocole au Traité entre les États-Unis d'Amérique et l'Union des républiques socialistes soviétiques sur la réduction et la limitation des armements stratégiques offensifs en ligne sur le site web du Département d'État des États-Unis : http://www.state.gov/documents/organization/27389.pdf. Il figure aussi en anglais *in* Hélène Hamant, *Succession de l'URSS. Recueil de documents, op. cit.*

[9] Texte en anglais de la lettre du Président de l'Ukraine, L. Kravtchouk, au Président des États-Unis, G. Bush, en date du 7 mai 1992, de la lettre du Président de la République du Kazakhstan, N. Nazarbaïev, au Président des États-Unis, G. Bush, en date du 19 mai 1992, de la lettre du Président du Soviet suprême de la République du Bélarus, S. Chouchkévitch, au Président des États-Unis, G. Bush, en date du 20 mai 1992, en ligne sur le site web du département d'État des États-Unis : http://www.state.gov/documents/organization/27389.pdf. Ces lettres figurent aussi en anglais *in* Hélène Hamant, *Succession de l'URSS. Recueil de documents, op. cit.*

La succession nucléaire de l'URSS 163

START le 2 juillet 1992, les États-Unis le 1ᵉʳ octobre 1992, la Russie le 4 novembre 1992, le Bélarus le 4 février 1993. Quant à l'Ukraine, elle a longtemps tergiversé. Aussi, pour pallier l'absence de lien entre l'adhésion au TNP et l'entrée en vigueur du Traité START, la Russie a-t-elle refusé de procéder à l'échange des instruments de ratification de ce traité tant que le Bélarus, l'Ukraine et le Kazakhstan n'auraient pas adhéré au TNP en tant qu'ENDAN. Il y avait une autre faiblesse dans le protocole de Lisbonne. Comme l'engagement d'adhérer au TNP en qualité d'ENDAN était inscrit dans ce texte soumis à ratification, cette procédure comportait le risque qu'un État refuse en définitive de se lier.

Ce mécanisme de Lisbonne liant la succession du TNP et du Traité START afin de régler le cas des trois autres États issus de l'URSS sur le territoire desquels étaient déployées des armes nucléaires a pu aboutir le 5 décembre 1994 grâce à l'adoption d'un mémorandum à Budapest.

En effet, si l'Ukraine a adhéré au TNP en tant qu'ENDAN et a ratifié le Traité START, c'est parce qu'elle a considéré avoir obtenu ce qu'elle réclamait en échange : notamment des garanties de sécurité de la part des cinq puissances nucléaires officielles. Lors d'une cérémonie en marge du sommet de la CSCE à Budapest, le 5 décembre 1994, elle a déposé ses instruments d'adhésion au TNP en tant qu'ENDAN en présence des dirigeants du Bélarus, du Kazakhstan et des trois États dépositaires du traité, les États-Unis, le Royaume-Uni et la Russie remplaçant l'URSS. En lien avec cette adhésion, les présidents de l'Ukraine, de la Russie, des États-Unis et le Premier ministre du Royaume-Uni ont signé ce mémorandum de Budapest contenant les garanties accordées à l'Ukraine[10]. Quant à la Chine et à la France, les deux autres EDAN au titre du TNP, elles ont chacune signé le même jour une déclaration séparée au contenu assez similaire.

S'agissant du Bélarus et du Kazakhstan, leur adhésion au TNP en tant qu'ENDAN n'a pas soulevé de difficultés. Ils ont adhéré à ce traité respectivement le 9 février 1993 et le 13 février 1994. Toutefois, le 5 décembre 1994 à Budapest, les trois États dépositaires du TNP leur ont octroyé les mêmes garanties qu'à l'Ukraine en signant deux autres mémorandums identiques[11].

---

[10] Traduction en français du Mémorandum sur les garanties de sécurité en liaison avec l'adhésion de l'Ukraine au TNP et de la Déclaration commune des dirigeants de l'Ukraine, de la Russie, du Royaume-Uni de Grande-Bretagne et d'Irlande du Nord et des États-Unis d'Amérique qui l'accompagne, document de la Conférence du désarmement des Nations Unies, CD/1285, 21 décembre 1994.

[11] Voir le texte original anglais du Mémorandum concernant le Bélarus : « Memorandum on security assurances *in* connection with the Republic of Belarus's accession to the Non-Proliferation Treaty », document de la Conférence du désarmement des Nations Unies, CD/1287, 13 janvier 1995.

L'adhésion de l'Ukraine au TNP en tant qu'ENDAN a permis que le même jour soient définitivement réglées les modalités de la succession de l'URSS au Traité START. À Budapest, l'Ukraine, ainsi que la Russie, le Bélarus et le Kazakhstan, autrement dit les quatre États ayant remplacé l'URSS au titre de ce traité, et les États-Unis ont échangé leurs instruments de ratification permettant ainsi l'entrée en vigueur, le 5 décembre 1994, de cet instrument conventionnel.

Le sort des unités disposant d'armes nucléaires stratégiques

Les unités disposant d'armes nucléaires stratégiques ont, dans un premier temps, fait partie des Forces stratégiques des Forces armées unifiées de la CEI. Elles ont été conçues comme des forces supranationales. Puis, dans un second temps, elles sont devenues partie des forces armées russes.

Leur intégration dans les Forces stratégiques des Forces armées unifiées de la CEI

Lors de la conclusion des accords de Minsk et d'Alma-Ata, les États issus de l'URSS ont cherché à maintenir l'armée soviétique sous la forme d'une armée à structure supranationale, directement subordonnée à la CEI, désignée sous l'expression « Forces armées unifiées de la CEI ». Ces Forces ne résultaient pas de la recomposition d'une armée à partir d'éléments partagés antérieurement. Elles étaient précisément destinées à assurer la continuité du fonctionnement de l'armée soviétique. Ces Forces armées unifiées de la CEI se composaient, d'une part, des Forces dites stratégiques et, d'autre part, des Forces dites à mission générale. Initialement, les Forces stratégiques ont été comprises comme étant composées des unités disposant d'armes nucléaires stratégiques déployées en Russie, au Bélarus, en Ukraine et au Kazakhstan, mais également de la flotte de guerre, de l'aviation, des forces antiaériennes et d'autres éléments de l'ex-armée soviétique. De la sorte, ces Forces ainsi comprises recouvraient la plus grande partie des anciennes forces armées soviétiques. Seules les forces terrestres n'y étaient pas incluses. La conception très large des Forces stratégiques qui était la conception de la Russie a très vite suscité l'opposition de l'Ukraine selon laquelle ne devaient en faire partie que les seules unités disposant d'armes nucléaires stratégiques. Quant aux Forces à mission générale, elles étaient formées de l'essentiel des forces terrestres de l'ex-armée soviétique, tout en intégrant les éventuelles formations nationales des États qui en décideraient la création et qui les placeraient sous la subordination opérationnelle des Forces armées unifiées.

La revendication par la Russie du contrôle de toutes les unités stratégiques nucléaires

Cependant, quand la Russie a constaté l'impossibilité qu'il y avait finalement à préserver l'unité de l'armée soviétique dans le cadre de la CEI en raison des divergences entre les États membres, elle a alors décidé au printemps 1992 de constituer sa propre armée, plaçant ainsi sous sa juridiction notamment les unités disposant d'armes nucléaires stratégiques stationnées sur son territoire.

De plus, elle s'est efforcée de prendre le contrôle des unités stratégiques nucléaires stationnées au Bélarus, au Kazakhstan et en Ukraine. Elle y est parvenue pour celles déployées au Bélarus et au Kazakhstan. Quant à celles stationnées en Ukraine, elles ont échappé aux tentatives entreprises par la Russie en vue d'en prendre le contrôle, ce qui n'a toutefois pas empêché l'évacuation des armes nucléaires ukrainiennes en Russie, mais leur statut est resté incertain jusqu'à leur transfert sur le sol russe.

L'élimination des armes stratégiques nucléaires se trouvant sur le sol biélorusse, ukrainien et kazakh

Dans la mesure où les Forces stratégiques disposaient d'armes stratégiques nucléaires, celles-ci ont dû être éliminées en application du Traité START. Le protocole de Lisbonne du 23 mai 1992 avait renvoyé les adaptations nécessaires à la mise en œuvre de ce traité à des arrangements entre les quatre États issus de l'URSS concernés. Cette élimination a donc été réglée par voie d'accords bilatéraux négociés entre la Russie et le Bélarus, l'Ukraine et le Kazakhstan. L'évacuation des armes nucléaires du territoire kazakh s'est achevée en mai 1995, du territoire ukrainien en juin 1996 et du territoire biélorusse le 23 novembre 1996.

Le contrôle des armes nucléaires

On a vu que, dès la création de la CEI, les États issus de l'URSS avaient prévu que les armes nucléaires demeureraient sous un contrôle unique, ce qui s'est traduit par le fait que la commande du bouton nucléaire a été transmise au président de la Russie. Il s'agissait ainsi de conserver un seul centre décisionnel, ce qui répondait à une attente insistante des États tiers. Au regard du TNP, il ne pouvait y avoir qu'un État nucléaire. Toutefois, derrière cette impression de simplicité dans l'organisation, la réalité était plus problématique.

Si la décision de déclencher le feu nucléaire appartenait au seul président de la Russie, celui-ci devait la prendre, d'une part, « en concertation » avec les chefs d'État du Bélarus, de l'Ukraine et du Kazakhstan, tant que des armes nucléaires stationneraient sur leur territoire, et d'autre part, « en consultant » les dirigeants des autres États membres de la CEI. Par conséquent, ce contrôle a soulevé plusieurs questions. Notamment le fait que la Russie doive décider de déclencher le feu nucléaire en concertation avec le Bélarus, l'Ukraine et le Kazakhstan impliquait-il un contrôle partagé de l'arme nucléaire ? Dans l'affirmative, il en résultait une violation par la Russie des obligations lui incombant au titre du TNP en tant qu'EDAN.

Par ailleurs, la question du fonctionnement de la commande du bouton nucléaire posait un réel problème au regard du TNP, problème pourtant passé inaperçu. Cette commande reposait en effet sur un double système de codes détenus à la fois par le président de la Russie et le commandant en chef des forces armées unifiées de la CEI. Ce commandant co-détenait la commande au nom de la CEI. Par conséquent, les dirigeants de la CEI participaient par ce biais à un contrôle actif indirect sur l'arme nucléaire.

La question de la propriété des armes nucléaires

La question de la propriété des armes nucléaires n'a pas été initialement envisagée par les États issus de l'URSS. C'est seulement au cours du processus de dénucléarisation qu'elle a été soulevée et qu'elle a provoqué une polémique entre l'Ukraine et la Russie. Les autorités ukrainiennes ont en effet revendiqué la propriété des armes nucléaires situées sur leur sol, tandis que les autorités russes ont prétendu qu'en vertu du protocole de Lisbonne, elles disposaient d'un droit de propriété exclusif sur la totalité de l'arsenal nucléaire de l'ex-URSS. Cette question a finalement été réglée par une construction ingénieuse consistant à partager les droits de propriété sur ces armes en séparant leurs éléments. Le composant nucléaire et le missile sans l'ogive ont été reconnus comme appartenant à l'État sur le territoire duquel les armes étaient déployées. Quant à l'ogive, elle a été considérée comme la propriété de la Russie.

En conclusion, la succession nucléaire de l'URSS a été réglée de façon très satisfaisante, ce qui a notamment été extrêmement bénéfique pour le régime international de non-prolifération nucléaire.

Le désarmement et la défense antimissile ou l'hypothèse d'une métastratégie américaine *post* nucléaire

Alexis BACONNET

> Plus nous contribuons à créer une image dévalorisée d'une arme (que nous conservons), plus nous réduirons les motivations de ceux qui cherchent à en faire l'acquisition[1].

La Corée du Nord a récemment construit un nouveau tunnel de tir nucléaire et prétend avoir acquis la bombe H. L'Iran (ex) proliférant[2] a probablement acquis une capacité nucléaire militaire du seuil. Et les tensions entre la Russie et les États-Unis – tous deux détenteurs d'arsenaux pléthoriques – renaissent, que ce soient au sujet de l'OTAN, du bouclier antimissile ou de la Syrie. Dans ce climat, comment ne pas être favorable au désarmement nucléaire et à la défense antimissile (DAM), cette dernière offrant de nous protéger réellement – et non plus rationnellement comme la dissuasion – contre une attaque nucléaire ? Sauf qu'il pourrait s'agir de faux-semblants.

Les États-Unis sont l'unique hyperpuissance, seul État à cumuler la supériorité politique, économique, militaire, technologique et culturelle[3].

---

[1] Proposition d'origine américaine ayant circulé très largement dans l'aire euroatlantique à partir de 1992. D'après François Géré *in* Lucien Poirier, François Géré, *La réserve et l'attente. L'avenir des armes nucléaires françaises*, Paris, Economica, Bibliothèque stratégique, FRS, ISC, 2001, p. 323.

[2] L'accord de Vienne du 14 juillet 2015 venant compléter les dispositions du protocole additionnel du traité de non prolifération, bride ou empêche, pour des durées allant de 10 à 15 ans un certain nombre d'activités nucléaires iraniennes. Sont ainsi limités : l'enrichissement d'uranium, la quantité d'uranium enrichi détenu ou encore le nombre de centrifugeuses. Téhéran est contraint de transformer l'installation de la centrale à eau lourde d'Arak de sorte qu'elle ne puisse pas produire de plutonium de qualité militaire. Il lui est aussi interdit de construire d'autres réacteurs à eau lourde. L'Iran pourra être soumis à des inspections poussées pour une période allant jusqu'à 25 ans.

[3] Lucien Poirier désigne par hyperpuissances : « les nations qui possèdent – ou posséderont – d'ici 1975/80 – les moyens de toute nature les autorisant à prétendre à l'hégémonie mondiale, ou leur permettant d'interdire efficacement à leurs homologues d'obtenir ce résultat. Je ne dis pas que ces hyperpuissances – essentiellement les États-Unis, l'URSS et la Chine populaire – viseront nécessairement à un tel but politique.

Ils constituent avec la Russie la seule relation de réduction des armements nucléaires existante[4]. Or si l'arme nucléaire n'occupe plus la place centrale qui était la sienne durant la Guerre froide, elle n'en demeure pas moins l'unique moyen de sanctuariser un territoire national. Quant à la DAM occidentale sous égide américaine, il s'agit du seul projet de ce type ayant pour ambition d'ériger à la fois une fortification et une poliorcétique électroniques d'une ampleur globale.

Le désarmement désigne le processus engagé par un ou plusieurs États, unilatéralement, de manière concertée ou de manière contrainte (défaite militaire), dans le but de supprimer des armements déployés et/ou disponibles pour la guerre. Un véritable désarmement ne peut-être que total et universel, et suppose la destruction des armements visés. En réalité, les mesures contemporaines de désarmement relèvent le plus souvent de la maîtrise des armements (*arms control*), c'est-à-dire du contrôle de leur quantité et dans une moindre mesure, de leur progrès.

Une défense antimissile est un système de défense des forces sur un théâtre, ou des populations et des infrastructures sur un territoire, contre les menaces posées par des vecteurs missiliers de toutes natures (balistiques ou de croisières, rustiques ou sophistiqués), des drones de toutes portées ou des aéronefs, au moyen d'un système de radars, de senseurs et de missiles tueurs fonctionnant d'une manière combinée.

Quant au terme polysémique de métastratégie[5], nous l'utiliserons dans son acception la plus simple, à savoir celle d'une stratégie de stratégies,

---

Mais la seule surabondance de leur puissance les conduits à rivaliser dans la plupart des secteurs de l'activité humaine, à susciter des tensions pouvant naître en tout point du globe, à considérer les autres nations comme les enjeux ou les instruments plus ou moins dociles de leurs conflits protéiformes. Et ceci paraît déterminant, quelles que soient les variations pouvant intervenir dans les rapports de force entre les autres États » *in* Hughes de l'Étoile, Lucien Poirier, Didier Lecerf, « Les implications stratégiques de l'innovation technologique (I) », *Revue de Défense Nationale*, janvier 1968 (mes remerciements à François Géré pour avoir porté à ma connaissance cette référence). Zbigniew Brzezinski désigne quant à lui l'Amérique comme étant la seule superpuissance globale en raison de sa détention de la supériorité dans les domaines clés que sont le militaire, l'économique, le technologique et le culturel, *Le grand échiquier. L'Amérique et le reste du monde*, Paris, Bayard, Actualités, 1997, p. 49-50.

[4] La France et la Grande-Bretagne réduisent leurs armements seules, l'Afrique du Sud a désarmé seule, le Brésil et l'Argentine n'étaient pas à proprement parlé armés puisqu'ils disposaient de programmes de recherche…

[5] Depuis son invention (?) par Jean Guitton (*La pensée et la guerre*, Paris Desclée de Brouwer, 1969) en tant que « moyen d'évaluation métaphysique des problèmes stratégiques », le terme a connu des significations variées, tour à tour identiques, similaires ou différentes. On le retrouve notamment chez Xavier Sallantin (« Métastratégie », *Revue Défense Nationale*, août/septembre, 1976), Maurice Torrelli et Philippe Garrigue (*La métastratégie*, colloque, Paris, PUF, 1989) ou encore Jean-Paul Charnay (*Métastratégie. Systèmes, formes et principes de la guerre féodale à la dissuasion nucléaire*,

destinée à mettre en forme/commander/guider une collection de stratégies vers un objectif donné.

Les armes nucléaires permettant ni plus ni moins de prévenir la guerre, de maintenir l'équilibre militaire des puissances, de garantir les intérêts vitaux contre toute agression, de protéger les alliés et de contenir l'intensité et l'extension de conflits régionaux[6], les solutions de neutralisation et d'enrayement de la diffusion de ces armes méritent une attention toute particulière. Solution d'enrayement, le désarmement nucléaire semble cependant reposer sur des faux-semblants discursifs destinés à maintenir une asymétrie des puissances au bénéfice des États-Unis ; solution de neutralisation, la DAM pourrait quant à elle être une stratégie américaine de défense putative dissimulant en réalité une stratégie offensive ; la combinaison des deux prenant vie au sein d'une possible métastratégie américaine cherchant l'avènement d'un monde *post* nucléaire.

Les faux-semblants du désarmement nucléaire

Au-delà d'un concept de désarmement pouvant être critiqué en dépit de ses intérêts, il faut se pencher sur la genèse du dernier cycle de désarmement stratégique ainsi que sur les capacités nucléaires américaines pour tenter de mettre à jour le projet profond qui pourrait porter cette dynamique.

Du désarmement

En matière d'armement, tout repose sur une dialectique de la qualité et de la quantité. Lorsque l'arme nucléaire était à l'état de projet, le qualitatif prévalait, puisqu'il s'agissait d'inventer le premier une arme supérieure à celles de tous les autres. Une fois la technologie nucléaire militaire maîtrisée et diffusée, c'est le quantitatif qui a prévalu. Si à l'époque de la destruction mutuelle assurée[7] entre États-Unis et URSS, c'était le nombre de têtes nucléaires qui comptait, nous sommes aujourd'hui dans un schéma

---

Economica, Bibliothèque stratégique, Paris, 1990). Enfin, Lucien Poirier l'utilise quant à lui pour désigner l'ensemble des « axiomes implicites sur lesquels se fonde le discours stratégique actuel » (« Désarmement, sécurité, défense », *Stratégique* n° 47, 1990).

6 Rappelé par David Cumin, Jean-Paul Joubert, *L'Allemagne et le nucléaire*, Paris, L'Harmattan, Pouvoirs Comparés, 2013, p. 73.

7 La doctrine MAD (*Mutual Assured Destruction*) fondait « la non-guerre sur l'équilibre entre deux forces de seconde frappe invulnérables et suffisantes, et sur l'impossibilité technique de déboucher statistiquement sur une capacité réelle de détruire dans une salve surprise tout le dispositif nucléaire adverse », Alain Joxe, *Le cycle de la dissuasion. Essai de stratégie critique*, Paris, La Découverte, 1990, p. 148.

inverse. Sortis du schéma de la Guerre froide marquée par la bipolarité et le risque de montée aux extrêmes, nous sommes revenus à une gestion qualitative des armes nucléaires (réduction de la taille des ogives, et des missiles, accroissement de la portée et de la précision des vecteurs, accroissement de l'endurance et des capacités d'emport et de pénétration des porteurs).

Julien Freund a bien montré que le désarmement était devenu « une des composantes de la stratégie », qu'il a désormais « également pour objectif d'obtenir, par des menaces ou par la propagande, les avantages qu'on attendait autrefois d'une victoire au sens classique »[8]. Pour Freund, si le rapport de force demeure un fait fondamental, il n'en faut pas moins envisager la ruse, et « le désarmement offre un champ immense à la ruse »[9]. Lucien Poirier expliquait, quant à lui, que le mot désarmement bénéficie « d'une grande charge affective », qu'il est « un mot de code dans la communication politique ; un label de moralité pour les conduites stratégique »[10].

D'autre part, en l'absence de système de sécurité collective efficace, l'entreprise du désarmement n'a aucune chance d'aboutir. Le terme désarmement cache en réalité une persistance de la maîtrise des armements, beaucoup moins ambitieuse. Les États-Unis et la Russie y voient néanmoins un moyen d'œuvrer au dialogue stratégique et à la stabilité afin d'empêcher ou de limiter les conflits[11]. Hervé Coutau-Bégarie estimait toutefois que cette stabilisation n'existe pas. Chaque partie, tentant « d'obtenir les limitations ou les réductions les plus conformes à ses intérêts », c'est-à-dire des « limitations sur les catégories d'armements qu'elle juge être les plus dangereuses, ou les plus coûteuses, ou les moins utiles pour elle »[12]. On privilégie les limitations quantitatives (nombres de têtes ou de missiles) aux limitations qualitatives (portée, pénétration, robustesse ou précision des têtes et missiles). Ainsi, la réduction du nombre de charges permise par les accords START I de 1991 (*Strategic Arms Reduction Talks*) entraîna l'amélioration de leur fiabilité et réorienta la course aux armements[13]. On peut donc estimer que chaque limitation quantitative engendre une amélioration qualitative. En préservant le qualitatif, la libération des budgets et l'émulation entre les États font que ceux-ci cherchent systématiquement

---

[8] Julien Freund, « Le concept de désarmement », *Stratégique*, n° 47, *Le désarmement*, 3ᵉ trimestre 1990.
[9] *Idem.*
[10] Lucien Poirier, « Désarmement… », art. cité.
[11] Hervé Coutau-Bégarie, « Le spectre du désarmement », *Stratégique*, n° 47, *Le désarmement*, 3ᵉ trimestre 1990.
[12] *Idem.*
[13] Yves Boyer, « Les START et la stratégie nucléaire américaines », *Stratégique*, n° 47, *Le désarmement*, 3ᵉ trimestre 1990.

à se mettre à niveau. Puisque les accords de désarmements contiennent la prolifération des vecteurs balistiques et des têtes nucléaires, on assiste à un maintien voire à une prolifération qualitative des porteurs (avions-multirôle, performances des bombardiers stratégiques...).

Certes, depuis la fin de la Guerre froide, des progrès *de facto* ou *de jure* ont été enregistrés en matière de désarmement nucléaire : réduction des vecteurs balistiques intercontinentaux et du nombre de sous-marins nucléaires lanceurs d'engins (SNLE) entre les États-Unis et la Russie, abandon des missions d'alerte permanente des bombardiers stratégiques américains, quasi abandon des armes nucléaires de théâtre (hors de la Russie qui détient un stock conséquent), dé-mirvage[14] des missiles balistiques intercontinentaux américains et dé-ciblage des missiles balistiques intercontinentaux américains et russes. Toutefois, la persistance de stratégies de puissance relativise le discours du désarmement qui, s'il vaut bien évidemment mieux que l'escalade technostratégique et la montée aux extrêmes, peut toujours dissimuler une stratégie.

Un nouveau cycle de désarmement stratégique

L'association américaine *Global Zero* s'est donné pour objectif d'arriver à un monde sans armes nucléaires d'ici vingt ans. Elle regroupe trois cents *leaders* mondiaux et son projet est publiquement porté par Henry A. Kissinger, William J. Perry, Sam Nunn, et George P. Shultz qui signent dans *The Wall Street Journal* du 25 janvier 2008, un article intitulé « Toward a Nuclear Free World ». Le discours apparaît opportunément à cette date. Bien qu'il soit adressé au monde et en particulier aux deux plus grandes puissances nucléaires – la deuxième étape du projet envisage d'initier un processus de désarmement multilatéral entre toutes les puissances nucléaires – on ne peut exclure un pilotage politique clandestin américain. Il y a en effet recours à la diplomatie informelle pour gagner les soutiens des gouvernements et recherche de la mobilisation des opinions publiques[15]. « Je crains les Grecs même lorsqu'ils apportent des cadeaux »[16].

---

[14] Le mirvage – de *Multiple independtly re-entry vehicle* (MIRV) – consiste à équiper un missile balistique d'un bus emportant plusieurs têtes nucléaires, ces dernières adoptant des trajectoires balistiques de rentrées indépendantes les unes des autres. Ces têtes sont toutes capables de frapper simultanément différentes cibles ou bien de frapper la même cible avec des arrivées décalées successives. Dé-mirver un missile consiste à faire en sorte qu'il n'emporte qu'une seule tête nucléaire.

[15] « Global Zero », *in* Philippe Wodka-Gallien, *Dictionnaire de la dissuasion*, Rennes, Marines Éditions, 2011, p. 158-159.

[16] Phrase attribuée par Virgile à Laocoon.

À la suite de l'initiative *Global Zero*, le président Obama prononce son discours à Prague en avril 2009 dans lequel il appelle à un monde sans armes nucléaires et dans lequel il utilise le terme de désarmement et non celui d'*arms control* ce qui crée une confusion au sein des opinions publiques. En septembre 2009 est adoptée la résolution 1887 du Conseil de sécurité des Nations unies (CSNU) par laquelle les cinq membres du Conseil se prononçaient unanimement[17], au nom de la sécurité internationale, en faveur d'un monde sans armes nucléaires[18]. Ensuite, l'année 2010 voit d'une part la publication en février de la nouvelle *Nuclear Posture Review* (NPR) américaine qui pose un cadre doctrinal au désarmement nucléaire américain en l'articulant à la politique nucléaire américaine, d'autre part la signature en avril des accords *New* START entre les États-Unis et la Russie.

Or, le réalisme des propos de la NPR 2010 rend sceptique quant aux incantations de désarmement. Y sont notamment mentionnées les conditions minimums pour se séparer des armes nucléaires : stopper la prolifération nucléaire, accroître la transparence des programmes et des capacités des États, détenir des technologies de détection des violations des obligations de désarmement, assurer des mesures suffisamment fortes et crédibles pour dissuader de telles violations, résoudre les disputes régionales pouvant conduire à acquérir/conserver des armes nucléaires.

De telles conditions sont à l'évidence impossibles à réunir. Les États-Unis sont en réalité loin d'abandonner la Bombe – la NPR affirme d'ailleurs que tant qu'il y aura des armes nucléaires, l'Amérique conservera un arsenal efficace – et le désarmement appelé par le président Obama relève de la *paix incantatoire* (Julien Freund).

Signés en avril 2010, les accords *New* START[19] ont été ratifiés par les États-Unis en décembre 2010 et par la Russie en janvier 2011. Ils prévoient

---

[17] Barthélémy Courmont souligne que cette adoption unanime par les cinq puissances du CSNU, également membres du TNP, est une première, « Le désarmement nucléaire selon Barack Obama », *Revue internationale et stratégique*, n° 79, *Le futur de l'arme nucléaire*, 2010/3.

[18] Extraits : « Déterminé […] à créer les conditions pour un monde sans armes nucléaires » ; « Réaffirmant que la prolifération des armes de destruction massive et de leurs vecteurs constitue une menace pour la paix et la sécurité internationales » […] ; « Se félicitant à cet égard de la décision prise par les États-Unis d'Amérique et la Fédération de Russie de mener des négociations en vue de conclure un nouvel accord global juridiquement contraignant pour remplacer le Traité sur la réduction et la limitation des armements stratégiques offensifs qui vient à expiration en décembre 2009 » […] ; « Profondément préoccupé par la menace que constitue le terrorisme nucléaire, et reconnaissant qu'il est nécessaire que tous les États adoptent des mesures efficaces pour empêcher que les terroristes aient accès à des matières nucléaires ou à une assistance technique ».

[19] Tous les accords START ont été conclus entre les États-Unis et la Russie afin de réduire les risques portés par la détention d'arsenaux nucléaires pléthoriques. Ils ne portent

d'être effectifs jusqu'en 2021 avec une possibilité d'être prolongé de cinq ans. Ils limitent chaque partie à la possession de 1550 têtes nucléaires stratégiques déployées pour un maximum de 800 vecteurs nucléaires stratégiques (déployés ou non) : missiles balistiques intercontinentaux (sol-sol balistiques stratégiques – SSBS), missiles balistiques lancés par sous-marins (mer-sol balistiques stratégiques – MSBS) et bombardiers stratégiques. Parmi ces vecteurs, pas plus de 700 devront être des lanceurs de missiles balistiques déployés et des bombardiers stratégiques déployés. Le reste des systèmes devra uniquement être destiné aux tests et à l'entraînement, sans emporter de missiles. Cependant, le traité comptabilise les bombardiers comme des vecteurs alors qu'ils peuvent emporter 20 armes nucléaires chacun (ce qui permet, paradoxalement, de conserver théoriquement plus d'armes que le plafond imposé par l'ancien traité *Strategic Offensive Reduction Treaty* – SORT), les armes nucléaires tactiques ne sont pas concernées quels que soient leurs vecteurs, aucune contrainte juridique n'est imposée en matière de défense antimissile balistique[20] (le texte se borne à reconnaître dans son préambule le lien entre armes stratégiques offensives et armes stratégiques défensives et à interdire dans son article V la conversion des lanceurs de missiles terrestres et navals en intercepteurs de missiles et *vice versa*).

Dans ce climat, Moscou menaçait dès 2010 de quitter les accords en raison de l'accroissement du potentiel américain en matière de DAM. Le président Medvedev essuya par ailleurs un refus lorsqu'il demanda à ce

---

que sur les armes nucléaires stratégiques : missiles balistiques d'une portée supérieure à 5500 km, SNLE, bombardiers stratégiques (les missiles balistiques et de croisière basés au sol, d'une portée allant de 500 km à 5500 km, sont pris en compte par le traité sur les Forces nucléaires à portée intermédiaire de 1987, *cf. infra*). START I, conclu en 1991 (ratifié en 1994), réduisait le nombre des armements stratégiques offensifs (missiles intercontinentaux, SNLE, bombardiers) à 7950 têtes et 1900 vecteurs chacun. Il a expiré en 2009 et son remplacement est assuré par l'accord START de 2010 (*New* START). START II devait réduire le nombre de têtes détenues par chaque partie à un nombre compris entre 3000 et 3500 et interdisait les MIRV sur les missiles balistiques intercontinentaux. Ratifié en 1996 par les États-Unis et en 2000 par la Russie, il n'est jamais entré en vigueur, la Russie s'en étant retirée en 2002. Moscou conditionnait en effet son application au maintien du traité *Anti Ballistic Missile* (ABM) de 1972 (*cf. infra*), dont les États-Unis se sont retirés la même année (NB : les trains nucléaires russes « Barguzin » équipés de lanceurs mobiles de missiles intercontinentaux avaient été désactivés par ce traité ; ils devraient désormais reprendre le service en 2018 en dépit des réductions de budget). Enfin, START III ou *Strategic Offensive Reduction Treaty* (SORT) ou Traité de Moscou, a été effectif de 2003 à 2012. Il remplaçait START II, prolongeait START I et ne s'appliquait qu'aux têtes nucléaires opérationnelles qu'il devait réduire à un chiffre compris entre 1700 et 2200. Les têtes non déployées pouvaient être stockées au lieu d'être détruites et les vecteurs n'étaient pas concernés.

20   Philippe Wodka-Gallien, *Dictionnaire...*, *op. cit.*, p. 336, citant Bruno Tertrais.

que la Russie fasse partie du dispositif antimissile et à ce que celui-ci ne soit pas uniquement sous contrôle occidental. De son côté, lors de son discours de Berlin de juin 2013, le président Obama avait proposé à la Russie d'accroître d'un tiers la réduction prévue par le traité (de 1550 à 1000-1100 têtes déployées), proposition refusée par Moscou en raison du maintien de la DAM américaine.

Peu après, la *doctrine militaire de la Fédération de Russie* de décembre 2014 désignait parmi les principaux *risques*[21] militaires les « systèmes antimissiles stratégiques » qui « amoindrissent la stabilité globale et remettent en question l'équilibre des forces nucléaires », ainsi que « l'implémentation du concept de frappe planétaire » (*global strike*). Elle désigne ensuite parmi les principales *menaces*[22] militaires « les systèmes de détection de missiles », tout en se montrant ouverte, au nom de la dissuasion et de la prévention des conflits militaires, à « la création de systèmes de défenses antimissiles communs avec une participation russe sur une base nucléaire égalitaire ».

En janvier 2015, suite à la dégradation des relations entre Washington et Moscou au sujet de la Crimée, la Russie menaçait de stopper les inspections étrangères de ses sites stratégiques. Et en septembre 2015, les États-Unis prévoyaient quant à eux de déployer en Allemagne leurs nouvelles bombes nucléaires gravitationnelles *B61-Mod 12* et de remettre à niveau les avions *Tornado* charger de les emporter.

En décembre 2015, la *stratégie de sécurité nationale russe* rappelait que « Les opportunités pour maintenir la stabilité globale et régionale se réduisent avec l'installation en Europe, en Asie-Pacifique et au Proche-Orient d'éléments du système de défense antimissile américain dans les conditions d'une implémentation pratique du concept de frappe planétaire (*global strike*) » et que « La construction d'un système de défense antimissile revêt un caractère inacceptable et constitue un des facteurs déterminants de la relation avec l'OTAN ».

Washington et Moscou s'accusent par ailleurs de violer mutuellement le traité sur les Forces nucléaires à portée intermédiaire[23] prohibant les missiles balistiques et de croisière, conventionnels et nucléaires, basés au sol, d'une portée allant de 500 km à 5500 km : les États-Unis, avec le système de lancement *Mk 41*[24] du système antimissile *Aegis Ashore* (déployé en

---

[21] Un risque est avéré.
[22] Une menace est potentielle.
[23] Traité FNI ou traité de Washington, signé en 1987, devenu effectif en 1988.
[24] Le système américain de lancement *Mk 41* est un système initialement naval. Sa capacité multi-mission le rend apte à lancer des missiles antiaéronefs, des missiles antinavires, des missiles anti sous-marins ainsi que des missiles antimissiles (tous d'une portée inférieure à 500 km). Il ne devrait donc pas tomber sous le coup du traité FNI

Le désarmement et la défense antimissile

Roumanie depuis mai 2016 et devant l'être en Pologne en 2018), expressément cité par l'exécutif russe ; la Russie, peut-être avec le missile *Iskander-M* (déployé à Kaliningrad) et le missile *9M729*[25], non expressément cités par l'exécutif américain. La Russie menace du reste régulièrement de quitter ce traité, bien qu'il puisse s'agir d'une posture puisque Moscou n'aurait pas intérêt à le faire.

Aussi, dans ce climat, d'aucuns estiment urgente la reprise d'un nouveau cycle de désarmement, et proposent notamment l'adoption de traités prenant également en compte les armes non déployées ou imposant un quota de démantèlement annuel[26].

---

qui ne traite que des systèmes basés au sol. Mais le *Mk 41* est également réputé capable de lancer des missiles de croisière *Tomahawk* (portée de 1500 km à 2500 km selon les versions) d'une capacité potentiellement duale conventionnelle et nucléaire. Or le système antimissile américain *Aegis Ashore*, version terrestre du système naval *Aegis*, repose en partie sur la technologie *Mk 41*. Il est donc capable de lancer des *Tomahawk*. D'après l'argumentaire américain (service de recherche du Congrès, *hearing* et *Arms Control Association*), d'une part il existe des différences en matière d'électronique et de *software* empêchant un lanceur *Mk 41* tel que celui basé en Roumanie de lancer autre chose que des missiles antimissiles. D'autre part, la lettre du traité FNI interdit le déploiement de missiles de croisière de portée intermédiaire lancés du sol, ce qui désigne des lanceurs terrestres fixes ou mobiles. Le texte n'interdit donc pas n'importe quel type de missile de croisière de portée intermédiaire. Or, le *Tomahawk* est un missile de croisière de portée intermédiaire lancé de la mer (bâtiment de surface ou sous-marin), que certaines technologies permettraient cependant de lancer depuis la terre... *Cf.* notamment Amy F. Woolf, *Russian Compliance with the Intermediate Range Nuclear Forces (INF) Treaty : Background and Issues for Congress*, Congressional Research Service, April 13, 2016 https://www.fas.org/sgp/crs/nuke/R43832.pdf. Toutefois, si une telle interprétation peut être conforme à la lettre du traité, il semble possible de considérer qu'elle viole l'esprit du texte.

[25] Le système de lancement mobile *Iskander* est capable de lancer des missiles semi-balistiques manœuvrant de courte portée (*Iskander-E* 280 km, *Iskander-M* 500 km), de capacité duale conventionnelle et nucléaire, ainsi que des missiles de croisière *Iskander-K* (encore dénommé *R-500* ou *9M728*) d'une portée de 500 km. Le chercheur américain Jeffrey Lewis a par ailleurs formulé l'hypothèse que le missile *9M729* soit une version d'une plus longue portée de l'*Iskander-K* (ou *R-500* ou encore *9M728*) et puisse-t-être par ailleurs d'une technologie proche ou similaire à celle du missile de croisière *Kalibr* pouvant équiper les bâtiments de surface, les sous-marins, les avions et les plateformes mobiles, disposant d'une portée de 2 000 km à 2 500 km ainsi que d'une capacité conventionnelle et nucléaire. La portée potentielle du *9M729* pourrait être ainsi du même ordre. *Cf.* Jeffrey Lewis, « Russian Cruise Missiles Revisited », *Arms Control Wonk*, October 27, 2015 www.armscontrolwonk.com/archive/207816/russian-cruise-missiles-revisited/ et Hans M. Kristensen, « Kalibr : Savior of INF Treaty ? », *Federation of American Scientist*, Dec. 14, 2015 https://fas.org/blogs/security/2015/12/kalibr/.

[26] Douglas Tomlinson, « Looking Beyond New START to the Future of U.S.-Russian Arms Control Treaties », *Nukes of Hazard*, October 19, 2015 http://nukesofhazardblog.com/looking-beyond-new-start-to-the-future-of-u-s-russian-arms-control-treaties/.

Les forces nucléaires avérées et potentielles des États-Unis

Il faut enfin se pencher sur les forces nucléaires américaines avérées et potentielles. Au-delà des forces nucléaires déployées, quantitativement et qualitativement supérieures à celles de toutes les autres nations, les États-Unis disposent d'une rallonge nucléaire à travers leurs armements duals et la force nucléaire britannique.

Les États-Unis détiendraient au total 7260 têtes nucléaires, dont 2080 déployées et 5180 en réserve ou en cours de démantèlement[27]. La composante sol-sol comporte 450 *Minuteman III* équipés d'une tête nucléaire chacun (capacité maximum de 3). La composante air-sol comporte 20 bombardiers stratégiques furtifs *B-2* et 76 bombardiers stratégiques *B-52*. Une conversion de 30 de ces derniers appareils à une mission uniquement conventionnelle est en cours, mais ils restent potentiellement renucléarisables. La composante mer-sol comporte 14 SNLE emportant chacun 20 missiles *Trident II D-5* selon les dispositions *New* START (capacité d'emport réelle de 24 missiles), porteurs au total d'environ 1000 têtes nucléaires, soit en moyenne trois têtes nucléaires par missiles (capacité maximum de 14) à laquelle s'ajoutent 4 SNLE reconvertis en sous-marins nucléaires lanceurs de missiles de croisière (catégorie de bâtiment propre aux États-Unis) équipés de missiles *Tomahawk* conventionnels[28] (potentiellement renucléarisables). À noter que la NPR 2010 envisage de passer à 12 SNLE d'ici 2020.

Washington dispose par ailleurs de plusieurs missiles de croisière nucléaires. Ainsi de l'*AGM-86 B* équipant les *B-52H* et de son remplaçant en projet d'élaboration, le *LRSO*[29] qui pourra être emporté par les

---

[27] D'après le SIPRI *Yearbook* de 2015. La Russie en détient 7500 (1780 déployées, 5720 autres), la France 300 (290 déployées, 10 autres), le Royaume-Uni 215 (150 déployées, 75 autres), la Chine 260, Israël 80, l'Inde 90-110, le Pakistan 100-120, la Corée du Nord 6-8. Soit un total global d'environ 15 850 têtes (dont au moins 4500 connues pour être déployées).

[28] Amy F. Woolf, *U.S. Strategic Nuclear Forces : Background, Developments, and Issues*, Congressional Research Service, Mars 10, 2016 http://fas.org/sgp/crs/nuke/RL33640.pdf.

[29] *Cf.* Hans M. Kristensen, « B-2 Stealth Bomber To Carry New Nuclear Cruise Missile », *Federation of American Scientist*, April 22, 2013 http://web.archive.org/web/20140422075113/http://blogs.fas.org/security/2013/04/b-2bomber/. Le *LRSO* devrait être destiné à trouer et déchirer un dispositif de défense aérienne afin d'assurer la pénétration d'un bombardier nucléaire et de permettre un bombardement en profondeur. Il doit notamment offrir des possibilités de flexibilité, d'avertissement et de contrôle de l'escalade nucléaire. Présenté comme une arme stratégique, il ressemble néanmoins par certains aspects envisagés pour son emploi à une arme tactique destinée au champ de bataille et pourrait donc soulever des problèmes doctrinaux et être mal interprété par les destinataires de la dissuasion nucléaire américaine, si bien

Le désarmement et la défense antimissile

B-52H, *B-2* ainsi que par le *Long Range Strike Bomber*, appareil en cours d'élaboration par l'avionneur Northrop Grumman pour remplacer les bombardiers lourds précités[30]. Washington détient également des bombes nucléaires gravitationnelles *B61* (pouvant être emportées sur *Tornado*, *Harrier*, *F-15*, *F-16*, *F-18*, *F-35*[31], *B-52*, *B-1*, *B-2*) et *B83* (*Harrier*, *F-15*, *F-16*, *F-18*, *B-52*, *B-1*, *B-2*).

À titre non exhaustif, il est aussi possible de dénombrer parmi les forces et matériels nucléaires potentiels des États-Unis 11 porte-avions embarquant des appareils potentiellement[32] capables d'emporter des

---

que d'anciens hauts responsables du Département de la Défense appellent à l'annulation du programme. *Cf.* Hans M. Kristensen, « LRSO : The Nuclear Cruise Missile Mission », *Federation of American Scientist*, October 20, 2015 (Updated January 26, 2016) <https://fas.org/blogs/security/2015/10/lrso-mission/>. Une telle annulation serait d'autant plus fondée que les documents-cadres américains (*Nuclear Posture Review* 2010, *Ballistic Missile Defense Review* 2010, *Nuclear Employment Strategy* 2013) appellent à mettre en avant les capacités conventionnelles de dissuasion pour réduire le rôle des armes nucléaires dans la stratégie américaine et que les missions du *LRSO* en projet pourraient être assurées par le missile de croisière conventionnel *JASSM-ER* actuellement en dotation (sur *B-1*, *B-2*, *B-52*, *F-15*, *F-16* et potentiellement sur *F-35*). *Cf.* Hans M. Kristensen, « Forget LRSO ; JASSM-ER Can Do The Job », *Federation of American Scientist*, December 16, 2015 https ://fas.org/blogs/security/2015/12/lrso-jassm/.

[30] Qualifié de *Long ange sensor shooter* (tireur capteur à long rayon d'action) par un ancien lieutenant général de l'*Air Force*, le *B-21* sera un appareil furtif. Au-delà de son évidente mission de bombardement, il agira en tant que collecteur de renseignements à l'aide de capteurs embarqués à l'intérieur de son fuselage, fournissant des images de l'environnement terrestre et aérien, balayant le spectre électromagnétique ennemi, traitant les données et les partageant avec les autres appareils sans passer par les centrales basées au sol. Il sera capable d'assurer une mission de gestionnaire de bataille à l'image des appareils *AWACS* ou *JSTARS* en communiquant des renseignements et des informations (menaces ennemies, cibles, etc.) aux satellites, aux autres appareils ainsi qu'aux forces au sol. Il disposera d'une capacité d'interception grâce à son radar et à ses missiles longue portée, lui permettant d'abattre d'autres appareils à une distance suffisante pour qu'ils ne puissent pas le détecter. Enfin, il devrait avoir la possibilité d'être piloté à distance et il est concevable que l'appareil soit éventuellement équipé d'un laser ou d'une arme à énergie dirigée. *Cf.* Marcus Weisgerber, « Here Are A Few Things the New Air Force Bomber Will Do Besides Drop Bombs », September 13, 2015 http://www.defenseone.com/technology/2015/09/air-force-bomber-missions-bombs/120881/?oref=search_Long%20Range%20Strike-Bomber.

[31] Appareil en cours de dotation dans les différentes armes (*US Marines* : 2015 ; *US Air Force* : 2016 ; *US Navy* : 2019).

[32] Bien que les États-Unis disposent avec leurs porte-avions de groupes aériens embarqués pleinement opérationnels, ceux-ci n'assurent pas de missions nucléaires, le choix stratégique américain étant celui des bombardiers à long rayon d'action basés à terre (*B-1*, *B-2*, *B-52*). Il n'y a donc pas, *a priori*, d'équipages formés à de telles missions dans l'aéronavale américaine. Mais il y a une capacité théorique d'emport nucléaire par la *Navy* (bombes *B61* et *B83* sur *F/A-18* et bombes *B61-Mod 12* sur *F-35* à partir de 2019).

bombes *B61* et *B83*, répartis sur les six flottes de la *Navy* (Pacifique occidental, Pacifique oriental, océan Indien, Atlantique Nord, Atlantique Sud et Méditerranée) ainsi que des missiles de croisière (dé-nucléarisés) *Tomahawk BGM 109-A* (*TLAM-N*) retirés récemment du service (2010), mais dont la technologie demeure renucléarisable. À cela peuvent s'ajouter les appareils du parc américain non dédiés à la mission nucléaire, mais disposant d'une capacité potentielle d'emport des bombes *B61* (*Harrier, F-15, F-16, F-18, F-35*) et *B83* (*F-15, F-16, F-18*). Sans oublier les 62 bombardiers stratégiques *B-1* qui sont toujours en service. Ces derniers, bien que n'étant plus équipés pour les missions nucléaires n'en demeurent pas moins renucléarisables, la NPR 2010 affirmant vouloir conserver cette capacité – tout comme pour le F-35 en cours de dotation – afin d'emporter des bombes *B61*. Quelques exemplaires d'avions furtifs d'attaque au sol *F-117*, bien que retirés du service en 2008, ont été conservés pour effectuer des tests. Ils sont en cas de besoin renucléarisables pour emporter des *B61*.

Au surplus, il faut prendre en compte les avions *Tornado* et *F-16* des pays membres de l'OTAN emportant les *B61* américaines (Pays-Bas, Belgique, Allemagne, Italie, Turquie). Doivent être également envisagés comme force surnuméraire, les moyens nucléaires navals de la Grande-Bretagne. Cette dernière, en vertu de l'*Agreement for Cooperation Regarding Atomic Information for Mutual Defense Purposes* (1955), du *US-UK Mutual Defense Agreement* (1958)[33], des accords de Nassau (1962)[34] ainsi que du fait de son appartenance au Groupe des plans nucléaires de l'OTAN[35], lie sa défense, son nucléaire militaire ainsi que sa dissuasion nucléaire aux États-Unis et conditionne l'utilisation de sa force nucléaire à l'autorisation américaine. Les missiles balistiques des SNLE britanniques étant par ailleurs des *Trident* fabriqués par le missilier américain Lockheed Martin, il existe une tutelle technostratégique du second État sur le premier.

---

[33] *UK-US Agreement for Cooperation on the uses of Atomic Energy for Mutual Defense Purposes*. Cet accord renouvelé, tous les 10 ans, règle notamment les détails relevant de l'échange d'informations concernant la planification de défense, la formation des personnels, l'évaluation des capacités nucléaires ennemies, le développement de vecteurs nucléaires, la recherche et le développement de réacteurs militaires ainsi que le transfert de plans et de matériaux relatifs à la technologie des sous-marins nucléaires.

[34] Amendés en 1980 et en 1982, ces accords règlent l'acquisition britannique de missiles balistiques américains.

[35] Créé en 1966, le Groupe des plans nucléaires (*Nuclear Planning Group*) réunit tous les membres de l'OTAN à l'exception de la France. Les décisions en son sein sont prises par consensus, mais la structure est contrôlée par les États-Unis qui assurent la garde des armes nucléaires et ont donc le pouvoir de décider de leur emploi. L'organe consultatif du GPN sur les questions de politique nucléaire et de planification est le Groupe de haut niveau (*High Level Group*). Il est présidé par les États-Unis. La mission de la force nucléaire navale britannique s'inscrit dans les plans de l'OTAN.

Enfin, il faut noter que les dépenses nucléaires futures auxquelles seront confrontés les États-Unis sont en contradiction avec l'objectif *Global Zero* scandé politiquement. Les missiles *Minuteman* seront opérationnels jusqu'en 2018 et les *Trident* jusqu'en 2027. L'Amérique est donc contrainte à court terme, d'engager de nouveaux programmes pour mettre à niveau ses vecteurs. À ces dépenses inévitables, s'ajoutent celles du financement du projet de DAM dont la faiblesse des succès est inversement proportionnelle à l'opiniâtreté américaine à le maintenir.

La DAM comme stratégie de défense putative[36]

Technologie en plein essor aux ambitions sans cesse élargies, la DAM véhicule néanmoins des problèmes conceptuels et techniques la rendant théoriquement incompatible avec la dissuasion nucléaire et conduisant à se poser des questions sur sa véritable finalité défensive.

Les mutations de la DAM

À l'origine la DAM concernait les missiles balistiques en raison de leur capacité à délivrer simultanément plusieurs armes nucléaires avec précision et rapidité tout en restant à distance de sécurité. Aujourd'hui, la DAM balistique (DAMB) ne renvoie plus aussi clairement à une défense paranucléaire puisque la technologie des missiles balistiques prolifère, si bien que ces vecteurs peuvent être utilisés même par des États ne détenant pas d'armes nucléaires. D'autre part, des armes nucléaires peuvent être emportées par d'autres moyens : missiles de croisière, avions (aux technologies offrant une capacité de pénétrations désormais accrue) voire drones. Par conséquent, une défense antimissile opérant en dehors de la sphère des vecteurs balistiques[37] peut tout de même avoir une incidence sur la dissuasion nucléaire.

---

[36] Cf. Alexis Baconnet, « Au-delà de la défense contre les missiles : une stratégie américaine anti-dissuasion », *in* Philippe Wodka-Gallien (dir.), *Le nucléaire militaire. Perspectives stratégiques*, numéro spécial de la *Revue Défense Nationale*, été 2015. Pour une étude minutieuse de la problématique de la défense antimissile, de sa dialectique avec la dissuasion et, entre autres, du message stratégique qu'elle peut véhiculer, *cf.* Alain Bru, Lucien Poirier, « Dissuasion et défense antimissile », *Revue de Défense Nationale*, novembre 1968 (I) et décembre 1968 (II).

[37] Un missile balistique intercontinental à une portée supérieure à 5500 km, un missile balistique de portée intermédiaire couvre de 3000 km à 5500 km, un missile balistique de portée moyenne 1000 km à 3000 km et un missile balistique de courte portée moins de 1000 km. Un missile de théâtre est quant à lui un vecteur d'une portée de moins de 3 500 km, il englobe donc les trois premières catégories de missiles balistiques.

Théoriquement, une DAM de théâtre est destinée aux troupes déployées en opérations extérieures et à la protection contre les missiles de croisière, les aéronefs ou les drones ; une DAM de territoire, quant à elle, concerne les missiles balistiques porteurs de charges nucléaires. On distinguait donc initialement DAM de théâtre comme tactico-opérationnelle et DAM de territoire comme balistique et stratégique, car dirigée contre des missiles nucléaires.

Il y a cependant brouillage et pollution des distinctions conceptuelles. Les raisons sont multiples : progrès de la portée des missiles de croisière (plusieurs milliers de kilomètres), capacité nucléaire des missiles de croisière comme des missiles balistiques, développement d'un programme américain de conventionnalisation de la dissuasion[38]. S'ajoute à cela le fait que les forces armées déployées sur des théâtres extérieurs sont aussi bien exposées à une menace balistique de courte que de moyenne portée. Enfin, à partir de la *Ballistic Missile Defense Review* (BMDR) de 2010 et des déclarations des sommets de l'OTAN de Strasbourg (2009), Lisbonne (2010), Chicago (2012) et Newport (2014), on voit que le dessein antimissile américain est de connecter à la DAM de territoire des États-Unis (*Ground-Based Mid-course Defense*, ex-*National Missile Defense*) : une DAM de territoire de l'Europe développée à partir de la DAM de théâtre existante en Europe dans le cadre de l'OTAN (depuis 2005), elle-même connectée à une DAM moyen-orientale autour des alliés turcs et israéliens ainsi qu'à une DAM asiatique autour des partenaires japonais, sud-coréens et australiens.

Toutes ces raisons laissent planer la possibilité d'interdire, théoriquement, tout type de frappe, notamment nucléaire (SSBS ou MSBS, missile de croisière air-sol ou mer-sol, avion porteur de bombes gravitationnelles). Pour l'ensemble de ces raisons, il est donc nécessaire de raisonner en termes de défense antimissile de territoire et de théâtre (DAMTT)[39] et sauter de l'antibalistique à l'antimissile simple et *vice versa*, pour tenter de saisir

---

Hors du domaine des missiles balistiques, les missiles de croisière longues portées les plus récents (notamment américains et russes) dépasseraient les 3000 km de course (voire les 5000 km pour les missiles russes) ; ils peuvent donc constituer aussi bien une menace de théâtre que de territoire.

[38] Le programme *Conventional Prompt Global Strike* (CPGS) envisage à terme, et entre autres, de déployer des charges conventionnelles sur des missiles SSBS, sur des missiles MSBS et sur des missiles de croisière, de longue portée ou de portée intermédiaire, au moyen de la maîtrise d'une vitesse hypersonique afin d'être en mesure de frapper n'importe qu'elle cible mobile, durcie ou enterrée, sur le globe, en une heure.

[39] D'après l'expression du Centre interarmées de concepts, de doctrines et d'expérimentations (CICDE), *Défense antimissile balistique*, Réflexion doctrinale interarmées, RDIA-2012/009, N° 131 DEF/CICDE/NP du 31 mai 2012, http://www.cicde.defense.gouv.fr/IMG/pdf/20130531_np_cicde_rdia-2012-009-damb.pdf.

l'adossement réciproque des deux ainsi que les implications conventionnelles et nucléaires.

L'objectif affiché par la DAM sous égide américaine (BMDR 2010), est ainsi de répondre à la menace posée par la prolifération des vecteurs balistiques de portées moyennes à intermédiaires (1 000 km – 5 500 km) en provenance d'États et d'entités non étatiques perçus comme « non dissuadables » (Corée du Nord, Iran, Syrie, entité terroriste type Hezbollah) en raison d'une sorte de différentialisme stratégique selon lequel ces États seraient inaccessibles à la dissuasion et donc irrationnels, ou d'une rationalité propre à leur culture.

De quelques apories de la DAM

Il faut souligner le succès mitigé des actuelles technologies antimissiles balistiques. Les tests réalisés pour la DAMB américaine l'ont été sur la base de missiles autochtones, de technologies connues et parfois même à l'aide de balises placées à l'intérieur du missile cible[40]. Les trente-trois missiles antibalistiques déployés en Alaska (base de l'*Army* de *Fort Greely*) et en Californie (base de l'*Air Force* de *Vandenberg*) sont sujets soit à un problème électrique relatif à la transmission d'énergie et de données, soit à un problème lié aux moteurs verniers des ogives, soit au deux. Sur 16 tests conduits entre 1999 et 2013, 8 ont échoué[41].

De plus, il suffirait qu'un missile nucléaire au sein de plusieurs salves puisse atteindre sa cible pour rétablir la dissuasion. Enfin, le rapport coût-efficacité de l'arme nucléaire[42] ne manquera pas de stimuler une nouvelle course aux armements[43], un retour du mirvage, une amélioration de la

---

[40] François Géré, « La défense antimissile, la France et l'OTAN : retour au réel », *Institut français d'analyse stratégique* (IFAS), 21 novembre 2010, http://www.strato-analyse.org/fr/spip.php?article200.

[41] Conscients de cet échec global, le Conseil national de la recherche a d'ailleurs suggéré d'abandonner les actuels missiles tueurs (*exoatmospheric kill vehicles*) pour en développer de nouveaux, plus importants et plus performants, combinés avec des propulseurs plus rapides (en incluant le coût de radars et de senseurs efficaces, la facture d'une telle réorientation pourrait dépasser les 25 milliards de dollars…), *cf.* Kingston Reif, « The Defense That Does not Defend : More problems for national missile defense », *The Center for Arms Control and Non-Proliferation*, February 11, 2014, http://armscontrolcenter.org/the-defense-that-does-not-defend-more-problems-for-national-missile-defense/.

[42] « […] l'arme atomique surclasse toutes les autres [armes] non seulement en puissance unitaire, mais aussi en économie de moyens de tous ordres. », Charles Ailleret, « *L'arme atomique : arme à bon marché* », *Revue de Défense Nationale*, octobre 1954.

[43] Il faut relever que les États-Unis mènent une course aux armements contre eux-mêmes, en rapport avec leurs propres capacités, qu'ils projettent, dans leurs craintes, sur celles des autres nations. Or cette course aux armements contre eux-mêmes ne manque pas

pénétration des missiles et des corps de rentrées (vitesse[44], robustesse, manœuvrabilité, furtivité, leurrage), une prolifération des missiles de croisière contre lesquels les systèmes antibalistiques sont inopérants ou encore une inflation des DAM par émulation (russe, chinoise…).

On pourrait donc en déduire que sans grande efficacité (actuelle), les systèmes de DAM ne posent pas de problème existentiel à la dissuasion nucléaire. Mais le fondement de la dissuasion nucléaire est que les États acceptent la menace réciproque sur leurs intérêts vitaux. Aussi, en cherchant à supprimer cette possibilité, la DAM tend à annuler la dissuasion nucléaire et à restaurer, théoriquement, la possibilité des guerres majeures.

Certes, le projet américain de DAM repose sur d'authentiques et sincères motivations, dont une liste non exhaustive pourrait compter : un tropisme culturel pour la technologie ; le refus de la proximité (balistique) de l'ennemi lié à l'influence de la protection offerte par l'isolat continental américain ; la crainte posée par l'accroissement de la précision et du nombre des vecteurs balistiques ; une perception différentialiste de la rationalité des autres cultures et de leur aptitude à comprendre et partager le logiciel de la dissuasion ; un manque de confiance dans l'efficacité de la dissuasion nucléaire, causé par l'envisagement de l'arme nucléaire en tant qu'arme d'emploi ; un refus en cas de fonctionnement de la dissuasion nucléaire de la paralysie découlant de l'équilibre établit avec les autres puissances nucléaires ainsi qu'un refus de l'accession de nouvelles puissances proliférantes au bénéfice de cet équilibre…

Mais là encore, comme pour le désarmement, une suspicion subsiste. Plutôt que de construire une coûteuse et incertaine DAM et y inclure les alliés, pourquoi l'Amérique qui détient les vecteurs et porteurs les plus performants du monde ne choisit-elle pas de restaurer et d'élargir le traité *Anti Ballistic Missile* (ABM)[45], la dissuasion nucléaire et le droit assurant la sécurité internationale ?

à son tour de générer une course aux armements entre les États-Unis et leurs concurrents, seuls ces derniers faisant en réalité la course avec l'Amérique. Sur « la pratique stratégique d'une course aux armements "contre soi-même" », cf. Alain Joxe, *Les guerres de l'empire global. Spéculations financières, guerres robotiques, résistance démocratique*, La Découverte, Cahiers libres, Paris, 2012, p. 99.

[44] Recherche et développement sur les missiles balistiques hypersoniques, notamment en Russie (*Project 4202* du missile *Yu-71*) et en Chine (missile *DF-ZF* précédemment nommé *Wu-14*), aux fins de pénétrer la DAM américaine. Les États-Unis et l'Inde conduisent également des recherches sur les missiles hypersoniques. Celles-ci mettront toutefois encore quelques décennies à produire des systèmes d'armes opérationnels efficaces.

[45] Le traité ABM, signé en 1972, concernait aussi bien les défenses basées dans l'espace, dans les airs, dans les mers ou les plateformes mobiles sur terre. Il interdisait le transfert de technologies antimissiles à d'autres États et l'extension de tels dispositifs hors

Aspects métastratégiques du désarmement et de la DAM

Lucien Poirier définit la stratégie comme la « préparation et (la) conduite de l'action collective finalisée, conçue, calculée et développée en milieu conflictuel »[46]. Nous appellerons donc métastratégie la mise en forme et en actions concertées d'une collection de stratégies dans la poursuite d'un objectif donné. Cette métastratégie semble notamment composée de stratégies anti-dissuasion : le désarmement et la DAM. L'hypothèse est donc qu'à la suite du « Second âge nucléaire » (Colin S. Gray), le projet stratégique américain serait peut-être de tenter d'orienter le système international[47] vers un âge *post*-nucléaire.

Le pouvoir stabilisateur de l'atome

Au fond, les raisons américaines d'œuvrer à un monde *post*-nucléaire pourraient bien reposer sur la crainte du pouvoir stabilisateur de la prolifération et sur celui du nucléaire comme facteur de paix. Pierre Gallois et André Beaufre ont affirmé, dès les années 1960, que la prolifération était stabilisatrice[48].

---

du territoire national des deux États parties afin de limiter la course aux armements entre les deux supergrands en autorisant un nombre restreint de dispositifs antimissiles autour de la capitale ou d'un site de lancement de missiles intercontinentaux (protocole de 1974).

[46] Lucien Poirier, *Stratégie théorique*, Economica, Bibliothèque stratégique, FED, ISC, Paris, 1997, p. 6.

[47] Raymond Aron désigne par système international « l'ensemble constitué par des unités politiques qui entretiennent les unes avec les autres des relations régulières et qui sont toutes susceptibles d'être impliquées dans une guerre générale », Raymond Aron, *Paix et guerre entre les nations*, Calmann-Lévy, Paris, 1984, p. 103.

[48] Pierre Gallois envisage la prolifération nucléaire comme un phénomène inéluctable. Ce phénomène aurait pour avantage supposé de produire un état de paix, fondé d'une part sur l'évolution intellectuelle et matérielle exigée par l'effort nécessaire à l'acquisition de l'arme nucléaire, d'autre part sur une relative stabilité, fonction de l'aptitude des nations à manier leurs politiques de dissuasion fondées sur la menace unanimement redoutée des armes nucléaires ; les armes conventionnelles autorisant au contraire le recours à la force. André Beaufre, quant à lui, accepte le débat sur les vertus et les dangers de la prolifération nucléaire, reconnaît l'inéluctabilité et la vertu stabilisatrice d'une prolifération limitée, entre « puissances raisonnables », tout en s'inquiétant de la « grande prolifération » ou « démocratisation » de l'arme nucléaire qu'il faut empêcher et contre laquelle les États dotés se ligueront probablement pour conclure un accord de contrôle et un « concert des puissances nucléaires ». Quant à Lucien Poirier, s'il préférait prudemment requalifier le concept de « pouvoir égalisateur de l'atome » de Pierre Gallois ainsi que les propos de Raoul Castex sur la capacité de nivellement des actions militaires en « pouvoir compensateur de l'atome », il reconnaissait que ces auteurs avaient proposé « un axiome fondamental aux implications souvent méconnues, de la théorie stratégique contemporaine [...] qui suffit à lui seul, à justifier la prolifération... » ; mais sans pour autant en faire un concept définitif. *Cf.* Pierre-

Elle rationalise le comportement de puissances dotées qui deviennent moins aventureuses, tel que l'a souligné Martin Van Creveld[49].

Le nucléaire a par ailleurs tué la guerre totale de grande ampleur. Les actuelles guerres asymétriques sont dérisoires en comparaison de la guerre totale. La Bombe empêche non seulement de revivre la guerre mondiale, mais empêche aussi pour les États disposant d'une sanctuarisation nucléaire, les expéditions militaires du type de celle conduite en Irak en 2003.

D'autre part, l'adoption de stratégies de dissuasion nucléaire fondées sur la menace d'emploi (France) au contraire de stratégies de dissuasion nucléaire prévoyant l'emploi[50] (États-Unis, Russie) est un choix. Lucien Poirier croyait en « la vertu rationalisante de l'atome »[51] et estimait que « manifester notre scepticisme sur la crédibilité de la dissuasion, c'est faire le jeu de l'adversaire… »[52].

À l'ère des guerres asymétriques, l'arme nucléaire n'est pas devenue inutile. C'est au contraire en grande partie grâce à l'arme nucléaire que la guerre est actuellement cantonnée dans sa forme asymétrique. Aussi, le concept de dissuasion nucléaire et les actuelles stratégies d'interdiction permises par les armes nucléaires consacrent une perte de liberté de manœuvre pour les États-Unis. L'arme nucléaire étant du reste une arme à bon marché (rapport coût-efficacité sus-cité), elle ne manquera pas de continuer de séduire d'autres États. Or, c'est justement parce que l'arme nucléaire n'est plus, par sa diffusion, une technologie conférant un pouvoir de rupture à leur unique avantage que les États-Unis déploient une DAM et souhaitent que le monde se dé-nucléarise.

Marie Gallois, *Stratégie de l'âge nucléaire*, préface de Raymond Aron, Calmann-Lévy, Questions d'actualité, Paris, 1960, notamment p. 4-6 ; 211 ; 213-214 ; 231-233 ; 238, André Beaufre, *Dissuasion et stratégie*, Armand Colin, Paris, 1964, notamment p. 56-57 ; 106-111 ; 203 et Lucien Poirier, *Des stratégies nucléaires* Bruxelles, Éditions Complexe, 2ᵉ éd., 1988, p. 35-37.

[49] Martin Van Creveld, « Is Iran Really a Threat to the United States and Israel ? », Interview, *Executive Intelligence Review*, Volume 33, Number 13, March 31, 2006 ; « The World can live with a Nuclear Iran », *The Jewish Daily Forward*, September 24, 2007 http://forward.com/opinion/11673/the-world-can-live-with-a-nuclear-iran-00517/.

[50] Recours immédiat à la guerre nucléaire limitée ou poursuite de la guerre aux moyens d'armes conventionnelles après un échange de frappes stratégiques. Dans ce dernier cas, il ne s'agit que de vues doctrinales, puisqu'il est loin d'être évident qu'il soit possible de poursuivre la guerre, sous quelque forme que ce soit après un échange de frappes stratégiques…

[51] « Lucien Poirier : « Je crois en la vertu rationalisante de l'atome », propos recueillis Daniel Vernet, *Le Monde*, 27 mai 2006, http://www.lemonde.fr/planete/article/2006/05/27/lucien-poirier-je-crois-en-la-vertu-rationalisante-de-l-atome_776774_3244.html.

[52] Lucien Poirier, *Stratégie théorique, op. cit.*, p. 303.

Le pouvoir neutralisateur du désarmement et de la DAM

Le désarmement peut donc être envisagé comme un pan d'une métastratégie *post*-nucléaire. Il y a suspicion de l'existence d'une entreprise stratégique plus vaste destinée à permettre aux États-Unis de conserver leur rang dans un système international dont la multipolarisation est en cours[53] et dont l'Occident ne sera plus, à moyen terme, l'unique ensemble géopolitique détenteur de la quasi-totalité de la puissance mondiale. Washington tenterait donc de diffuser une dynamique de désarmement nucléaire mondial en tablant sur la génération d'un mouvement de mimétisme chez les autres États. Mais cela ne doit pas occulter : le retrait du traité ABM et le maintien du bouclier antimissile ; la non-ratification du Traité d'interdiction complète des essais nucléaires (TICEN) ; le fait que le désarmement nucléaire nuira en premier lieu aux États légalement dotés de la Bombe ainsi que la persistance de l'écrasante supériorité nucléaire américaine.

Matériellement, les États-Unis désarment parce qu'ils détiennent des forces nucléaires pléthoriques pouvant être dégraissées sans trop d'incidences stratégiques et parce qu'ils détiennent la supériorité technologique. Une des concrétisations de cette supériorité est la DAM qui, bien qu'en cours de développement, consiste à mettre en place une tutelle stratégique sur les alliés. Washington désarme également parce qu'il détient la supériorité conventionnelle (forces armées, commandements géographiques planétaires, flottes navales, dissuasion conventionnelle).

Intellectuellement, et d'une manière combinée avec le matériel, les États-Unis construisent et diffusent un discours ciblant les cultures et doctrines stratégiques des alliés (concept de sécurité globale, remise en question du dogme de la dissuasion) et prônent un désarmement quantitatif permettant une amélioration qualitative des systèmes d'armes (libération de budgets, recentrage des efforts). Le désarmement nucléaire de *Global Zero* et du président Obama est donc aussi une stratégie publicitaire et incantatoire dissimulant une stratégie de préservation de l'avantage technologique, décrédibilisant la dissuasion nucléaire (auprès des institutions internationales et des opinions publiques) et moralisant la position américaine.

Il faut aussi s'interroger sur ce que pourrait dissimuler la DAM, parce que son coût exorbitant, son efficacité douteuse et le ciblage des menaces peinent à convaincre. Certes, l'arc de crise des proliférants balistiques s'étend à peu de chose près de manière continue de l'Afrique du Nord à l'Inde, exception faite de l'îlot nord-coréen qui est par ailleurs égale-

---

[53] *Cf.* Alexis Baconnet, « Processus multipolaire et guerre limitée », *Institut français d'analyse stratégique* (IFAS), 1er septembre 2015, http://www.strato-analyse.org/fr/spip.php?article281.

ment un proliférateur. Mais ce n'est pas parce que les États de cette zone détiennent une telle technologie qu'ils menacent l'ensemble occidental. D'autre part, la dissuasion nucléaire, de par les moyens actuels d'effectuer des frappes précises et limitées (charges de faibles puissances, impulsion électromagnétique...) en plus des frappes massives, pourrait jouer contre ces États.

Aussi, le pari américain ne serait-il pas d'espérer que la DAM fonctionnera à très long terme, qu'à ce moment elle ciblera en réalité la Russie et la Chine, et que pour l'heure, une extension pluriétatique du projet permettra de se financer à moindre coût tout en bénéficiant de sites de surveillance proches de l'environnement russe et tout en établissant un contrôle sur les alliés (tutelles techno-stratégiques[54], siphonnage des budgets, pénétration des bases industrielles de défense, pillage des R&D, etc.) ?

La DAM aurait alors pour fonction – en renfort du désarmement – de participer à une réduction voire à un décrochement de l'intérêt des États pour l'arme nucléaire et de remplacer la très incertaine dissuasion élargie proposée aux alliés européens et asiatiques. La DAM serait alors une stratégie anti-dissuasion adossée à la stratégie de désarmement nucléaire, traduisant la volonté américaine d'être à terme la seule puissance détentrice d'une force de frappe nucléaire effective ou bien, en cas d'aboutissement du désarmement nucléaire, la seule puissance détentrice d'une capacité de dissuasion conventionnelle surclassant celle des autres États.

Compte tenu de la situation en Ukraine, du développement de la DAM, de la nomination d'Ashton Carter comme secrétaire à la défense en décembre 2014 (*hard-liner* de la cause nucléaire)[55], de l'accroissement prévu du budget nucléaire (348 milliards de dollars[56]) pour la prochaine décennie[57] et des menaces de retrait de la Russie de *New* START ainsi que du traité FNI en cas de déploiement de la DAM américaine[58], on peut esti-

---

[54] Sur ce thème voir notamment, Alexis Baconnet, « Vers la normalisation stratégique ? », *Institut français d'analyse stratégique* (IFAS), 21 février 2015, http://www.strato-analyse.org/fr/spip.php?article276&lang=fr.

[55] Par ailleurs pro-DAM, pro-intervention en Irak en 2003, pro-frappes contre l'Iran et la Syrie, etc.

[56] *Projected Costs of U.S. Nuclear Forces, 2015 to 2024*, Congressional Budget Office, January 22, 2015, https://www.cbo.gov/sites/default/files/114th-congress-2015-2016/reports/49870-NuclearForces.pdf.

[57] Le budget de défense américain pour 2015 s'élève 495,6 milliards de dollars et à 585,2 milliards de dollars pour 2016, *Cf. Fiscal Year* 2015 et *Fiscal Year* 2016.

[58] Parallèlement à la signature de *New* START, la Russie avait formulé la déclaration (donc sans valeur contraignante) suivante : « the Treaty can operate and be viable only if the United States of America refrains from developing its missile defense capabilities quantitatively or qualitatively. Consequently, the exceptional circumstances referred to in Article 14 of the Treaty include increasing the capabilities of the United States

mer qu'il y a un recul de la confiance dans le processus de désarmement[59] et que l'Amérique conserve une posture nucléaire intacte.

Le thème du désarmement ne séduit pas les États nucléarisés hors CSNU, trop préoccupés par la consolidation de leur puissance et menacés par des situations de guerre. Les membres du CSNU sont quant à eux tous signataires de la résolution 1887. Le fait qu'il eût été impossible de ne pas signer sans être mis à l'index doit cependant conduire à s'interroger sur les véritables motivations d'États par ailleurs convaincus de la nécessité des armes nucléaires.

En relançant le désarmement nucléaire avec la Russie dans une démarche démonstrative planétaire, appelant l'ensemble des États nucléarisés à désarmer, l'Amérique use de sa formidable puissance d'influence pour tenter d'initier une dynamique que les États ne peuvent pas éthiquement refuser. Mieux, ceux-ci sont contraints de prendre position et de soutenir par le verbe, sur la scène internationale, un mouvement qui contribue à éroder leur plus sérieux moyen de défense pendant que le projet de défense antimissile, véhiculé par l'OTAN, poursuit avec succès son extension.

---

of America's missile defense system in such a way that threatens the potential of the strategic nuclear forces of the Russian Federation », cité par Amy F. Woolf, *The New START Treaty : Central Limits and Key Provisions*, CRS Report, April 13, 2016, https://www.fas.org/sgp/crs/nuke/R41219.pdf.

[59] Même si les inspections consécutives à la signature des accords *New* START ont cours. Une délégation russe s'est par exemple rendue sur la base de l'*Air Force* de Vandenberg, le 6 décembre 2015, afin d'accomplir une vérification dans le cadre des accords *New* START. *Cf.* Senior Airman Kyla Gifford, « START team visits Vandenberg », *Vandenberg Air Force Base*, January 11, 2016, http://www.vandenberg.af.mil/News/Features/Display/Article/737279/start-team-visits-vandenberg.

Les postures d'États européens face au processus de désarmement nucléaire dans le cadre de l'initiative humanitaire sur les armes nucléaires

Jean-Marie COLLIN

L'Europe est depuis le milieu du XIXe siècle au cœur de l'histoire de l'atome. Alors que Marie Curie est récompensée en 1903 par le prix Nobel de physique pour ses travaux portant sur la radioactivité ; l'Autrichienne, Bertha von Suttner[1], pacifiste et féministe (prix Nobel de la paix en 1905), décrira dans son livre *Les hautes pensées de l'Humanité* (1911)[2] l'annonce d'un second conflit mondial, mais surtout imagine également la capacité des scientifiques et des militaires à concevoir une arme atomique. Très au fait de l'actualité scientifique, elle voyait ainsi dans le radium, un potentiel de destruction tel qu'il pourrait mener à l'anéantissement total...

Quelques années plus tard, en mai 1939, F. Joliot déposa trois brevets secrets, alors qu'un nouveau conflit mondial couve, dont l'un avait trait au « perfectionnement des charges explosives »[3]. Puis ce sera l'emballement. Les physiciens L. Szilárd et A. Einstein alertent le président des États-Unis F. Roosevelt des risques de la production par l'Allemagne d'une arme capable de libérer une énergie des plus destructrices. Le projet Manhattan est lancé (1942) pour la production d'arme nucléaire, dont la destination aurait dû être le cœur de l'Europe. La guerre sur ce continent est terminée quand les armes

---

[1] Brigitte Hamann, « Bertha von Suttner : Une vie pour la paix », Éditions Turquoise, Collection « Le Temps des femmes », décembre 2014.

[2] « Il est ainsi placé dans nos mains un pouvoir pour lequel il nous manque encore la capacité d'appréhension. Nous avons à notre disposition un potentiel d'énergie qui peut multiplier par un facteur cent, un facteur mille, un facteur cent mille toute force de travail. […] On a inventé le condensateur à radium. C'est désormais un jeu d'enfant que de détruire les flottes et les armées ennemies, réduire en cendre les villes ennemies en quelques minutes avec des faisceaux de rayons de radium jetés à hauteur de nuages. Et réciproquement. Tout ce sur quoi nous dirigeons le rayon mortel est irrémédiablement perdu, nous pouvons produire la mort de masse. Quarante-huit heures après [l']ouverture des hostilités], les deux parties belligérantes pourraient bien s'être vaincues l'une l'autre, et ne plus rien laisser debout et plus rien de vivant dans les pays ennemi ».

[3] Dominique Mongin, *La Direction des applications militaires au cœur de la dissuasion nucléaire française*, septembre 2016. Livre disponible sur le site de CEA.

seront pleinement conçues. Les deux armes produites seront alors utilisées les 6 et 9 août 1945, sur les villes japonaises d'Hiroshima et de Nagasaki.

La Guerre froide viendra alors installer une insécurité nucléaire, les États-Unis et l'Union soviétique faisant de l'Europe leur possible terrain de jeu pour un conflit atomique. Une tentative en 1957 de zone dénucléarisée au cœur de l'Europe sera avancée par A. Rapacki, ministre des Affaires étrangères de Pologne. Sans succès. Parallèlement, des États se doteront de la Bombe (le Royaume-Uni en 1954 et la France en 1960) ou devront renoncer pour des raisons scientifiques et politiques (Suisse, Suède, Yougoslavie) à la maîtrise de cette technologie. Le déploiement de plus de 7000 armes nucléaires dans les États membres de l'Alliance atlantique du début 1970 jusqu'aux années 1990, la crise des SS-20 et des Pershing au cœur des années 1980 ont encore placé l'Europe en cette fin de XXe siècle devant le danger atomique.

Quarante années après les grandes peurs d'un affrontement nucléaire, le monde reste exposé au danger que représentent les armes nucléaires. Mais le danger de ces armes comme l'urgence de procéder au désarmement nucléaire est perçu différemment selon les États européens. Pourtant le sujet reste présent à en croire cette résolution « Sécurité et non-prolifération nucléaire »[4] adoptée par le Parlement européen le 27 octobre 2016 à une large majorité (415 voix pour, 124 contre et 74 abstentions). Les points 6 et 7 étant spécifiquement consacrés à la mise en œuvre d'une négociation en 2017 « d'un instrument juridiquement contraignant interdisant les armes nucléaires et ouvrant la voie à leur interdiction totale » et « invite les États membres de l'Union européenne à apporter leur soutien à la tenue d'une telle conférence en 2017 et à participer de manière constructive à ces travaux ». L'histoire des différents États européens, leur appartenance ou non à une alliance militaire font que lorsque nous abordons le sujet du désarmement nucléaire, de la réduction du rôle de ces armes de destruction massive, ou encore du retrait des armes nucléaires tactiques d'Europe ; les réponses sont différentes. L'Europe est ainsi probablement un cas, des plus difficiles et des plus complexes, tellement il existe une diversité de la pensée du désarmement nucléaire. Mais cette difficulté est à la fois un frein et un moteur pour la mise en œuvre d'un monde sans armes nucléaires.

L'Europe vue à travers le prisme de la bombe...

Si l'on observe, en 2018, les alliances politiques ou militaires sur le continent européen, nous nous apercevons que nous avons une série de cercles concentriques ou les États peuvent être classés en fonction de leur relation avec des armes nucléaires :

---

[4] https://bit.ly/2uNEItm.

Certains pays neutres ou membres de l'Union européenne (l'Autriche, la Finlande, l'Irlande, ou Malte) rejettent non seulement la possession d'armes nucléaires, mais aussi toute protection constituée par un parapluie nucléaire. Vingt autres États européens sont à la fois membres de l'Union européenne (UE) et de l'Alliance atlantique (OTAN), une alliance militaire qui fonde sa politique de défense sur une force de dissuasion nucléaire[5]. Ces vingt États bénéficient tous du parapluie nucléaire (ou dissuasion nucléaire élargie) des États-Unis. Parmi eux, quatre (Belgique, Allemagne, Italie, Pays-Bas)[6] sont aussi *en possession* d'armes nucléaires américaines entreposées sur différentes bases aériennes[7] de leur territoire. Bien sûr, il y a deux membres de l'OTAN dotés de force nucléaire (France et Royaume-Uni), dont l'un est également membre de l'Union européenne. Enfin, si l'on prend un peu de hauteur du cadre politique de l'UE en incluant la partie européenne du territoire de la Russie, nous pouvons observer que ce continent est celui qui regroupe le plus d'armes nucléaires au monde avec un peu moins de 9000 armes si l'on cumule les armes de la France, du Royaume-Uni, des États-Unis entreposées en Europe et de la Russie.

Tous les États mentionnés sont bien évidemment membre du Traité de non-prolifération nucléaire (TNP). Ce traité, qui est entré en vigueur en 1970, est qualifié de « pierre angulaire » du régime de non-prolifération nucléaire. Ce traité repose sur trois piliers : la non-prolifération nucléaire, l'usage pacifique de l'énergie nucléaire et le désarmement nucléaire. Ainsi, dans son préambule (aliéna 8) il est inscrit que les parties au Traité déclarent « leur intention de parvenir au plus tôt à la cessation de la course aux armements nucléaires et de prendre des mesures efficaces dans la voie du désarmement nucléaire ». Une volonté et un objectif qui est réitéré dans l'article VI « Chacune des Parties au Traité s'engage à poursuivre de bonne foi des négociations sur des mesures efficaces relatives à la cessation de la course aux armements nucléaires à une date rapprochée et au désarmement nucléaire, et sur un traité de désarmement général et complet sous un contrôle international strict et efficace ».

Lors des conférences d'examen du TNP, qui se déroule tous les cinq ans, un document final portant sur ses trois piliers de ce traité peut être conclu, si le consensus est atteint. Ainsi, lors des Conférences d'examen de

---

[5] Belgique, Bulgarie, Croatie, Espagne, République tchèque, Danemark, Estonie, Allemagne, Grèce, Hongrie, Italie, Lettonie, Lituanie, Luxembourg, Pays-Bas, Pologne, Portugal, Roumanie, Slovaquie, Slovénie.

[6] Jean-Marie Collin, « Les armes nucléaires de l'OTAN fin de partie ou redéploiement ? », *Rapport du GRIP*, janvier 2009.

[7] À la suite de la tentative du coup d'État en Turquie, juillet 2016, il existe aujourd'hui des suspicions fortes du retrait par les États-Unis des 90 armes installées sur la base aérienne d'Incirlik.

1995, 2000 et de 2010, ou un document final fut réalisé[8], les États sur le pilier désarmement nucléaire ont pris des engagements supplémentaires :

§ Le document final de la cinquième Conférence d'examen (1995) indique que les États dotés d'armes nucléaires « réaffirment leur résolution de poursuivre de bonne foi des négociations en vue du désarmement nucléaire » et sont « priés de remplir résolument leurs engagements ». De plus, « la création d'un traité d'interdiction complète des essais nucléaires » doit être mise en œuvre, et « la négociation d'un traité d'interdiction de production de matières fissiles » doit débuter au sein de la Conférence de désarmement.

§ Le document final de la sixième Conférence d'examen (2000) mentionne que les États dotés s'engagent à réaliser 13 étapes comme « l'engagement sans équivoque à parvenir à l'élimination complète de leurs armes nucléaires et par là même au désarmement nucléaire à réaliser en vertu de l'article VI » (étape n° 6) ou la « diminution de l'importance des armes nucléaires dans les politiques de sécurité afin de minimiser le risque de voir ces armes utilisées et de faciliter le processus aboutissant à leur élimination totale » (étape n° 9).

§ Le document final de la huitième Conférence d'examen (2010), comporte un total de 22 mesures concernant le pilier désarmement nucléaire. L'étape n° 6, inscrite dans le document final de 2000, est reprise et réinscrite dans la mesure n° 3 « pour exécuter l'engagement qu'ils ont pris sans équivoque de procéder à l'élimination totale de leurs arsenaux nucléaires ». De plus, les États dotés ou non dotés « s'engagent à des politiques pleinement conformes au Traité et à atteindre l'objectif d'un monde exempt d'armes nucléaires » ; démontrant bien que le désarmement nucléaire est une tâche globale et une responsabilité collective et non pas une tâche qui est de la seule responsabilité des États dotés d'armes nucléaires.

L'Europe vue à travers le prisme de « L'initiative humanitaire »…

Si l'horreur des explosions nucléaires sur les villes d'Hiroshima et de Nagasaki principalement relatées par les équipes du Comité international de la Croix-Rouge fit naître une prise de conscience forte sur les conséquences humanitaires des armes nucléaires ; étonnamment jamais ce sujet ne fut au cœur des processus onusiens de négociations des traités sur le désarmement et le contrôle des armes nucléaires.

---

8   Jean-Marie Collin, « L'Assemblée générale de l'ONU ouvre la porte à un traité d'interdiction des armes nucléaires », *GRIP – AFRI*, Volume XVIII, décembre 2016.

Depuis 2010, les États non dotés d'armes nucléaires manifestent l'intention de peser dans le jeu des négociations en vue de parvenir à un monde exempt d'arme nucléaire. Cette volonté diplomatique (notamment du Mexique, de l'Autriche, de la Norvège, de la Suisse, du Costa Rica, de l'Afrique du Sud et de l'Irlande) s'est traduite dans le document final de la 8ᵉ Conférence d'examen du TNP (2010) qui mentionne « la Conférence se dit vivement préoccupée par les conséquences catastrophiques sur le plan humanitaire qu'aurait l'emploi d'armes nucléaires ». Ces mots ont ouvert la porte au mouvement dit de « l'Initiative humanitaire ».

Ces États, ainsi que la société civile, notamment regroupée derrière la Campagne internationale pour abolir les armes nucléaires (ICAN)[9], ont engagé un vaste mouvement de prise de conscience internationale du lien entre le danger de la détonation d'une arme nucléaire et les conséquences humanitaires qui pourraient en résulter[10].

Le premier acte s'est traduit par des conférences intergouvernementales[11] successives (Oslo en 2013, Nayarit et Vienne en 2014), regroupant de plus en plus d'États, passant successivement de 128 à 146 puis à 158. Il faut relever à ce titre que, lors de la dernière conférence en Autriche[12], ce sont 27 des 28 membres de l'Union européenne qui furent présents ; la France étant l'État absent. D'une manière plus large, c'est bien toute l'Europe qui fut représentée, avec des petits États comme Andorre, le Saint-Siège, la Moldavie et la Macédoine. Les conclusions entendues et accentuées au cours de ces conférences confirmèrent une prise de conscience d'une majorité d'États à travers le monde de leur insécurité devant l'existence de milliers d'armes nucléaires[13]. Par exemple,

---

[9] *The International Campaign to abolish nuclear Weapons* (ICAN), lancée en 2007 regroupe 500 organisations non gouvernementales partenaires dans 101 pays. Elle vise à mobiliser les citoyens pour faire pression sur leurs gouvernements afin de signer et ratifier le traité d'interdiction des armes nucléaires ouvert à la signature depuis le 20 septembre 2017 et obtenu après 10 années d'instance plaidoyer au sein des instances de l'ONU. Cette Campagne a obtenu le prix Nobel de la paix en 2017.

[10] Il va de soi que la problématique environnementale fut aussi présente dans ces discussions.

[11] Voir Collin Jean-Marie, Notes d'Analyse du GRIP, Bruxelles : « L'impact humanitaire des armes nucléaires : un nouveau forum du désarmement ? », 25 avril 2013 ; « Conférence de Nayarit sur l'impact humanitaire des armes nucléaires : un point de non-retour ! », 5 mai 2014 ; « 3ᵉ conférence sur l'impact humanitaire des armes nucléaires, un nouveau cycle d'actions », 3 février 2015.

[12] Les États-Unis et le Royaume-Uni, deux puissances nucléaires officielles au regard du TNP assistèrent pour la première fois à une conférence humanitaire.

[13] Selon le Stockholm International Peace Research Institute en 2018, l'arsenal nucléaire mondial est de moins de 15 000 armes nucléaires réparties entre les arsenaux des : États-Unis, Russie, Royaume-Uni, France, Chine, Israël, Inde, Pakistan, Corée du Nord.

les conséquences humanitaires de la détonation d'armes nucléaires ne se limiteraient pas aux États où elles se produiraient, les autres États et leur population seraient également touchés. Ainsi, la persistance des armes nucléaires et l'éventuel risque de leur emploi intentionnel ou accidentel sont et doivent être une préoccupation pour toute la communauté internationale. Ces conférences permirent à ces États, non dotés d'armes nucléaires, de réaffirmer leur droit à mettre en œuvre le désarmement nucléaire. Également, les impacts que ces armes ont sur la santé peuvent durer des décennies et affecter les enfants des rescapés par les dommages génétiques causés à leurs parents. Ce lien intergénérationnel a été confirmé sur les nombreuses pathologies médicales des populations japonaises survivantes des bombardements nucléaires ; tout comme sur les populations ayant subi les effets des essais d'armes nucléaires[14].

En parallèle de ces conférences non onusiennes, cette approche fut largement relayée au sein de la Conférence du désarmement (CD), des conférences préparatoires (2012, 2013, 2014, 2017) et d'examen du TNP (2015), des réunions annuelles de la première commission « désarmement et sécurité internationale » de l'ONU et enfin de la création, en 2013 puis 2016[15], d'un « Groupe de travail à composition non limitée chargé de faire avancer les négociations multilatérales sur le désarmement nucléaire (OEWG) »[16]. Les débats et les réflexions réalisées au cours de ces différents travaux se sont traduits par des déclarations dans ces instances intitulées tour à tour « dimension humanitaire du désarmement nucléaire », « impact humanitaire des armes nucléaires », « conséquences humanitaires des armes nucléaires » prononcées respectivement par la Suisse[17], l'Afrique du Sud[18], la Nouvelle-Zélande[19] et l'Autriche[20]. Le nombre d'États endossant ces déclarations ne cessant aussi d'augmenter[21].

Ces travaux diplomatiques, sous la pression de la société civile[22], ont été réalisés entre 2010 et 2016. Pour la première fois, la communauté

---

[14] Jean-Marie Collin, « La bombe juridique des îles Marshall contre les puissances nucléaires », *Le Monde Diplomatique*, juin 2016.

[15] Jean-Marie Collin, « Note : Groupe de travail de l'ONU sur le désarmement nucléaire : bilan de ses sessions de travail de janvier à mai 2016 », *Multipol*, 21 juillet 2016.

[16] Reaching Critical will, « Open-ended working group on nuclear disarmament », https://bit.ly/2KToZl4.

[17] https://bit.ly/1rwuvvw.

[18] https://bit.ly/1kdjP4z.

[19] https://bit.ly/1wjO8HM.

[20] https://bit.ly/1KY2d5m.

[21] Seuls 16 États supportèrent en 2011 la déclaration de la Suisse et en 2015, ils sont 159 à cosigner la déclaration autrichienne du 28 avril 2015.

[22] Catherine Maia et Jean-Marie Collin, « 70 ans après Hiroshima et Nagasaki : l'urgence d'une interdiction des armes nucléaires », *Huffington Post France*, 6 août 2015.

Les postures d'États européens 195

internationale s'est trouvée devant le choix d'adopter ou de rejeter une proposition concrète de résolution[23] (n° L41) destinée à faire avancer les négociations multilatérales sur le désarmement nucléaire. Cette résolution qui sera adoptée à une large majorité d'États en décembre 2016 va permettre après plusieurs semaines de négociations en 2017 de faire adopter[24] le traité d'interdiction des armes nucléaires (TIAN)[25].

C'est à partir de ce double prisme, que l'on peut essayer de dégager des postures sur la politique de désarmement nucléaire des États européens. Il est possible d'observer la position en particulier de trois États. Le premier a été l'un des acteurs principaux de l'initiative humanitaire, le second pourrait être dans les prochaines années l'équivalent du petit caillou – *scrupulus* – qui fit dérailler une armée romaine et engendrer un effet domino. Le troisième État lui n'affiche pas le désir de parvenir *de bonne foi* au désarmement nucléaire au vu de sa politique de défense.

L'Autriche, le champion de l'initiative humanitaire

L'Autriche est qualifiée dans le milieu des organisations non gouvernementales comme un « champion du désarmement nucléaire »[26]. État neutre depuis la Seconde Guerre mondiale, sa constitution fut modifiée en 1999 à la suite de l'adoption unanime, par son Parlement, d'une loi qui interdit la production, le stockage, le transport, les essais et l'utilisation d'armes nucléaires comme l'utilisation d'installations nucléaires à des fins civiles. Nous retrouvons ainsi dans cette loi, toutes les caractéristiques classiques créant une zone exempte d'arme nucléaire. Par ailleurs, sa constitution lui interdit de se joindre à des accords de partage nucléaires avec l'Union européenne. L'Autriche est « un pays résolument non nucléaire [et qui] conduit une politique étrangère qui est basée sur le principe de la sécurité humaine »[27].

---

[23] Jean-Marie Collin, « L'Assemblée générale de l'ONU ouvre la porte à un traité d'interdiction des armes nucléaires », *Note d'Analyse du GRIP*, 9 décembre 2016.

[24] Jean-Marie Collin, « Un Traité d'interdiction des armes nucléaires a été adopté », Éclairage, GRIP, 6 octobre 2017.

[25] Le traité est ouvert à la signature depuis le 20 septembre 2017. Il entrera en vigueur une fois le dépôt du cinquantième instrument de ratification. Le texte du Traité est disponible sur http:www.data.grip.org/20170706_TIAN.pdf.

[26] Alexander Kmentt, Ambassadeur autrichien et directeur pour le contrôle des armements, la non-prolifération et le désarmement, fut nommé comme « l'Arms Control Person of the Year » de l'année 2014 par l'Arms Control Association : https://bit.ly/2rxWthb.

[27] Intervention de Ursula Plassnik, Ambassadeur d'Autriche en France, Conférence Internationale « Vers un monde sans armes nucléaires », organisée par L'association « Arrêtez la Bombe », Assemblée Nationale, 26 et 27 juin 2014.

Cet acteur, qui au cœur de la guerre froide était un point de liaison entre l'Est et l'Ouest, est devenu extrêmement actif depuis le début du XXIe siècle dans la sphère du désarmement et plus particulièrement sur les sujets relatifs aux armes nucléaires. La diplomatie autrichienne participa activement à l'inscription dans le document final du TNP de 2010 de la « dimension humanitaire du désarmement nucléaire ».

Alors que le mouvement dit de l'initiative humanitaire prenait forme, à la seconde conférence sur l'impact humanitaire des armes nucléaires (Nayarit, Mexique, 2014) le ministre des Affaires étrangères S. Kurz déclara que « le désarmement nucléaire est une tâche globale et une responsabilité collective. Comme État membre engagé dans le Traité de non-prolifération nucléaire, l'Autriche veut réaliser sa part pour atteindre les objectifs de ce traité »[28]. Ce premier acte venait souligner que désormais, l'Autriche, État sans armes nucléaires, allait tout faire pour éliminer le danger que font peser les armes nucléaires sur sa sécurité.

Le second acte fut l'annonce à la troisième conférence sur l'impact humanitaire des armes nucléaires (Vienne, décembre 2014) de *L'Austrian Pledge*[29]. Ce texte – soit L'Engagement de l'Autriche – présenté en conclusion de cette conférence et sous sa seule responsabilité invite les États ayant les idées identiques, les organisations internationales, les universités et la société civile à promouvoir les conclusions et les arguments dans toutes les enceintes pertinentes, sur cette initiative humanitaire. Cet *Engagement* invite ainsi les États membres (ou non) du TNP à prendre des mesures effectives pour combler le vide juridique[30] qui concerne l'interdiction et l'élimination des armes nucléaires. Le but suprême exprimé dans cet Engagement « est de coopérer avec les parties prenantes pour stigmatiser, interdire et éliminer les armes nucléaires à la lumière des conséquences humanitaires inacceptables et des risques associés »[31].

En moins de 6 mois, cet Engagement fut endossé par 107 États, au point qu'il fut rebaptisé par Vienne au cours de la conférence d'examen du TNP de 2015 comme l'*Engagement Humanitaire* (ou *Humanitarian*

---

[28] Sebastian Kurz, « Paradigm Shift in Nuclear Disarmament is overdue », 13 février 2014.

[29] Texte complet sur http://icanfrance.org/lengagement-autrichien.

[30] Par « vide juridique » il faut entendre le fait qu'il n'y a pas dans l'article VI du traité de non-prolifération nucléaire, d'allusion à l'absence d'interdiction générale du développement, à la possession, à l'utilisation des armes nucléaires telle qu'elle est établie dans des régimes d'interdiction d'armes comparables ; soit comme dans les traités d'interdictions des armes chimiques et biologiques.

[31] Entretien avec l'ambassadeur Alexander Kmentt, Lettre d'information parlementaire n° 7, 2015, http://www.pnnd.org/fr/pnnd-france-lettre-d'information-parlementaire.

Pledge) pour lui donner une plus grande portée internationale[32]. La diplomatie autrichienne est ainsi parvenue – accompagner d'États comme le Costa Rica, le Mexique, la Suisse, l'Irlande ou encore le Saint-Siège – à lancer une dynamique forte, dont le point d'orgue fut la négociation et l'adoption à l'Assemblée générale de l'ONU du traité d'interdiction des armes nucléaires (TIAN) en 2017. L'Autriche, le 8 mai 2018, est devenue le neuvième État à ratifier ce traité.

Un triple acteur étatique

La Belgique, les Pays-Bas et l'Allemagne sont tous les trois dans une posture assez similaire, soit la continuité d'une ligne politique (quel que soit le parti au pouvoir) en faveur de l'arme nucléaire du fait de leur appartenance à l'OTAN, malgré une population globalement opposée à ces armes. Membres du TNP, ils disposent sur leur territoire de bombes nucléaires à gravité (type B61) stationnées dans le cadre de leur appartenance à l'OTAN. Une compatibilité de ce « partage nucléaire » de l'OTAN avec les engagements TNP qui fait toujours débat[33]. Leur avenir *nucléaire* étant en balance du fait du renouvellement futur de leur flotte aérienne.

Chacun d'eux fait face à une opposition constante, avec une société civile, il est vrai plus structurée en Allemagne et aux Pays-Bas qu'en Belgique :

- En Allemagne[34], la campagne *atomwa enfrei*[35] (libre d'armes nucléaires) est soutenue par cinquante ONG et parlementaires et maires (552 villes membres de l'organisation *Mayors for peace*) se mobilisent régulièrement pour exprimer leurs oppositions aux armes nucléaires.

---

[32] Le seul changement réalisé dans ce texte est le mot « Autriche » qui est transformé en « Nous ».

[33] Hans Kristensen, « Nuclear Weapons Modernization : A Threat to the NPT ?, Arms control Association », mai 2014.

[34] Il faut noter que le mouvement antinucléaire civil est aussi très présent. Lire Frédéric Lemaître, « Le mouvement antinucléaire, une histoire allemande », *Le Monde*, 9 novembre 2010.

[35] Une pétition en Allemagne a rassemblé 110 000 signatures (via le site change.org) en 2016 pour s'opposer au déploiement de nouvelles ogives nucléaires tactiques (B61-12) américaines sur la base de Büchel. Également, l'Association internationale des médecins pour la prévention de la guerre nucléaire effectua en 2016 un sondage « *Verbot von Atomwaffen* ! » où l'écrasante majorité des Allemands, 93 %, demandent que les armes nucléaires soient interdites ; 85 % veulent voir les armes nucléaires américaines être retirées du territoire allemand et 88 % sont opposés à la modernisation des armes actuellement installées sur cette même base.

- Aux Pays-Bas, l'ONG Pax est parvenue à recueillir les 40 000 signatures[36] en 2015 de citoyens néerlandais nécessaires pour demander au Parlement d'organiser un débat parlementaire sur l'interdiction de ces armes nucléaires sur leur territoire. *Idem*, à force de mobilisation, cette ONG est parvenue à entraîner le fond hollandais ABP[37] (300 milliards d'euros) à réaliser une politique de désinvestissement sur les armes nucléaires.
- En Belgique, les débats, auditions, propositions de lois et de résolutions[38] se sont multipliés dans les Parlements fédéral (Wallon et Flamand) et national. Certes sans succès, mais l'opposition parlementaire est très active.

Ces États ont participé aux trois conférences intergouvernementales sur l'impact humanitaire des armes nucléaires. La Belgique est allée un peu plus loin dans sa démarche diplomatique, en utilisant par exemple des éléments de langage comme « impact humanitaire des armes nucléaires », « conséquences catastrophiques » – semblables à ceux de la campagne ICAN et des États soutenant ces déclarations. Ou encore, s'est félicitée « des initiatives permettant d'améliorer notre compréhension de l'impact humanitaire des armes nucléaires »[39]. Malgré leur participation à ces conférences, tous furent opposés aux négociations à l'ONU d'un futur instrument juridique contre les armes nucléaires et de ce fait votèrent contre la résolution L41. Mais il faut relever que la Belgique a eu une position particulière sur ce futur instrument juridique : « Nous engager dans des négociations sur un traité interdisant les armes nucléaires ne peut venir que comme un élément constitutif final permettant de garantir un monde libre d'armes nucléaires » soit à un moment ou « nous aurons atteint le point de minimisation où le nombre d'armes sera réduit à un nombre très faible ».[40] Bruxelles accepte donc un traité, futur, quand les arsenaux seront au plus bas. Encore faut-il savoir ce que signifie ce « point de minimisation » ? À force de pression et malgré une position gouvernementale opposée à ce

---

[36] *Pax for Peace*, « 40,000 people have signed against nukes », 3 août 2015.
[37] Maaike Beenes, « Largest Dutch pension fund to divest from nuclear weapons », 11 Janvier 2018.
[38] Pas moins de 9 propositions de résolution ou de loi ayant trait « à la dénucléarisation de la Belgique », « au désarmement et à la non-prolifération nucléaires », « au retrait des armes nucléaires tactiques du territoire belge », « à une interdiction internationale des armes nucléaires pour des raisons humanitaires », ou encore « empêcher la modernisation des armes nucléaires stationnées en Belgique ».
[39] Débat général, Déclaration de S.E. Madame Frankinet ambassadeur, représentant permanent de Belgique auprès des Nations Unies, Conférence d'examen du TNP, 28 avril 2015.
[40] Intervention de la Belgique à l'OEWG, Panel 1, 24 février 2016.

processus du TIAN, le parlement hollandais est lui parvenu à obliger son ministère des Affaires étrangères à être présent pour suivre ces travaux et exprimer son avis. Cet État fut donc le seul membre de l'OTAN, le 7 juillet 2017, a voté contre le TIAN.

Mais, sans aucun doute, ce qui pourrait entraîner la chute de l'un et faire tomber les deux autres vers une diplomatie plus forte en faveur du désarmement nucléaire – et donc une possible signature du TIAN – est la fin de ce partage du fardeau nucléaire. Une fin qui est susceptible d'arriver en Belgique comme Allemagne. En effet, ces États sont dans une période d'interrogation sur le futur de leur aviation de combat et donc sur sa capacité ou non à porter l'arme nucléaire. Ces incertitudes sont liées principalement à une question de ressource économique, car le seul appareil capable à porter la future bombe nucléaire B61-12 est le bombardier furtif F-35, au coût[41] exorbitant et difficile à pleinement établir. Les Pays-Bas ont déjà fait le choix de doter ses forces aériennes du nouvel avion de chasse américain F-35. L'Allemagne a elle, opté pour l'Eurofighter, un avion de chasse européen qui est inapte aux missions nucléaires. Elle conserve jusqu'en 2035 ses *Tornado* à double capacité et est encore susceptible d'acheter des F35. Seule la Belgique reste dans un flou total sur le choix de l'appareil qui équipera sa future flotte, entre pression des États-Unis et réalisme économique[42].

Une seule certitude, si l'un de ses trois États renonce à sa capacité nucléaire – en raison du coût économique – cela impactera le choix politique des deux autres. Ils seront en effet confrontés à une opposition qui sera plus virulente en s'appuyant sur cette décision. D'autre part, pour les États-Unis conserver quelques dizaines d'armes nucléaires sur le sol européen perdra définitivement tout sens militaire.

La France

La France, troisième puissance nucléaire au monde avec un arsenal de 300 armes, a ratifié en 1992 le TNP et s'est légalement engagée (article VI) à éliminer son arsenal nucléaire. Le 19 février 2015, à Istres, le président Hollande prononça un discours sur la dissuasion nucléaire assurant que

---

[41] Amanda Macias, « The Pentagon is trying to figure out the true cost of its costliest weapons system, the F-35 », 28 février 2018.

[42] Selon l'agence de presse Belga (23 janvier 2018), le coût des 34 chasseurs F-35 Lightning II du groupe Lockheed Martin à la Belgique serait d'un montant potentiel de 6,5 milliards d'euros, budget supérieur à l'estimation initiale du coût du remplacement des 54 actuels F-16, que le gouvernement belge avait fixé à environ 3,6 milliards d'euros.

« la Force de dissuasion, c'est ce qui nous permet d'avoir la capacité de vivre libres et de pouvoir, partout dans le monde, porter notre message, sans rien craindre, sans rien redouter ». Quelques mois plus tard, avec l'arrivée du Président Macron, la ligne politique sur la force de dissuasion est conservée, celui-ci indiquant que cette force « est la clé de voûte »[43] de notre défense.

Si la France a réalisé de nombreuses et importantes actions de désarmement nucléaire entre 1992 et la fin des années 1990[44] ; on ne peut pas dire que son bilan soit depuis important. Notons une dernière action réalisée entre 2008 et 2011 sous la présidence de Sarkozy[45] et qui consista à réduire d'un tiers la Force aérienne stratégique. Depuis, c'est un grand vide d'acte politique et concret. Certes depuis quelques années, régulièrement dans des déclarations diplomatiques, nous pouvons noter la présence de cette déclaration : « la France reste attachée à poursuivre l'objectif d'un monde sans arme nucléaire »[46], mais dans les faits la réalité en est éloignée.

Tout d'abord, il faut relever que la France n'a pas participé aux trois conférences intergouvernementales ayant trait aux conséquences humanitaires des armes nucléaires, comme aux deux OEWG (2013, 2016) créés par l'ONU pour faire avancer le désarmement nucléaire. La France a ainsi protesté à de nombreuses reprises[47] contre la mise en place de cette « initiative humanitaire », usant parfois d'une argumentation assez faible. Ainsi, protestant contre le vote de la résolution L41 (décembre 2016) La France[48], indiqua que « négocier une prohibition internationale des armes nucléaires ne rapprochera aucunement de l'objectif d'un monde exempt d'armes nucléaires » et « n'améliora pas en soi la sécurité internationale ». Dès lors doit-on s'interroger sur le bien-fondé de la volonté de la communauté internationale d'avoir interdit les armes biologiques (1975), les armes chimiques (1997), les mines antipersonnel (1999), les armes à sous-munitions (2010) et de vouloir réguler le commerce des armes par un traité (2014) ?

La France fut non seulement absente du processus de négociation du TIAN, mais décida de s'y opposer aussi *physiquement* puisque l'ambassa-

---

[43] Discours du Président Macron, Vœux aux Armée, Toulon, 23 janvier 2018.
[44] Site internet du ministère des Affaires étrangères, Désarmement nucléaire : l'engagement concret de la France, https://bit.ly/2GcqKGO.
[45] Discours du Président Sarkozy, « Présentation du SNLE Le Terrible », Cherbourg, 21 mars 2008.
[46] Par exemple, une phrase prononcée lors de la deuxième session du Comité préparatoire de la Conférence d'examen du Traité sur la non-prolifération des armes nucléaires de 2020 par l'ambassadeur de France Alice Guitton lors du débat général, le 23 avril 2018.
[47] Jean-Marie Collin, « L'Assemblée générale de l'ONU ouvre la porte à un traité d'interdiction des armes nucléaires », GRIP – *AFRI*, Volume XVIII, décembre 2016.
[48] *Ibid.*

drice américaine N. Haley[49], entourée du représentant permanent adjoint français, A. Lamek et du représentant britannique, M. Rycroft, réalisèrent une conférence de presse le 27 mars[50], premier jour de l'ouverture des négociations du TIAN. L'opposition politique de la France à ces négociations de l'ONU peut se concevoir ; mais être absent de cette scène internationale qui a pour ambition de faire avancer la sécurité internationale, alors que c'est un membre du Conseil de sécurité ne l'est pas.

Le désarmement nucléaire peut se concevoir aussi par des actions de transparence. C'est un élément essentiel, qui engendre la confiance est un facteur essentiel pour faire avancer la sécurité internationale. Ainsi, si la France ne fait pas preuve de rigueur sur ce sujet, il sera compliqué d'inciter, par exemple, la Chine à un tel effort. Quand en 2015 (discours d'Istres), le président Hollande mentionna pour aller plus loin dans la transparence que la France a « 300 armes nucléaires » ; comment doit-on interpréter alors le discours (Cherbourg, 2008) du président Sarkozy qui indiquait que la France allait avoir « moins de 300 armes ». Comment expliquer cette différence ? Est-ce une faute déclaratoire ou une augmentation de l'arsenal nucléaire ? Cela peut apparaître anecdotique, mais en réalité, pour aller un jour au « zéro arme nucléaire », il est nécessaire d'avoir une comptabilité nucléaire fiable.

Enfin, le non-respect des engagements internationaux : En 2010, le document final de la Conférence d'examen, accepté par la France, arrête une série de mesures sur le pilier *désarmement nucléaire* en vue de l'élimination totale des armes nucléaires :

- Mesure n° 3 : « les États dotés d'armes nucléaires se doivent de redoubler d'efforts pour réduire et, à terme, éliminer tous les types d'armes nucléaires, déployés ou non, notamment par des mesures unilatérales, bilatérales, régionales et multilatérales ».
- Mesure n° 5 : « Les États dotés d'armes nucléaires s'engagent à accélérer les progrès concrets sur les mesures tendant au désarmement nucléaire » en « progressant rapidement vers une réduction globale du stock mondial de tous les types d'armes nucléaires », en réduisant « encore le rôle et l'importance des armes nucléaires dans tous les concepts, doctrines et politiques militaires et de sécurité » et en améliorant « encore la transparence et [en] renfor [çant] la confiance mutuelle ».

---

[49] L'ambassadrice américaine déclara lors de cette conférence de presse : « en tant que mère il est impossible d'interdire les armes nucléaires, car il faut assurer notre sécurité et celle de nos alliés ».

[50] Marc Semo, « L'interdiction des armes nucléaires fait débat à l'ONU », 27 mars 2017.

À ce jour, aucune mesure politique ou militaire de désarmement sur laquelle elle s'était engagée ne fut réalisée. La dissuasion nucléaire restant au centre de sa politique de défense comme l'ont indiqué le *Livre blanc de la défense* (2013), la *Revue stratégique de défense et de sécurité nationale* (2017) et le discours (« clé de voûte ») du Président Macron. Par ailleurs, la nouvelle loi de programmation militaire (LPM) 2019/2025 interroge sur la volonté de la France de respecter ses engagements internationaux liés au régime de non-prolifération nucléaire. Cette loi (précisément la partie consacrée à la force de dissuasion) apparaît en contradiction[51] complète avec le TNP puisqu'elle annonce la poursuite de la modernisation de son arsenal et lance un processus de renouvellement de tous les systèmes d'armes nucléaires. Une grande partie de ces systèmes sont appelés, selon le député Bridey à « assurer que la dissuasion française demeurera indépendante jusqu'en 2080 »[52]. Nous sommes donc loin de la notion de « bonne foi », inscrite dans l'article VI du TNP, liée à la cessation de la course aux armements nucléaires et au désarmement nucléaire.

Conclusion

L'horizon européen – à travers cet échantillon – reste donc toujours divers, mais si, il apparaît que l'opposition au désarmement nucléaire (France) reste forte ; les postures d'autres États européens face au processus de désarmement nucléaire dans le cadre de l'initiative humanitaire sur les armes nucléaires est lui plus ouvert (Allemagne, Pays-Bas, Belgique), voire chef de file avec le cas de l'Autriche. Par ailleurs, d'autres États (Suède, Suisse, Malte) sont aussi sur cette voie d'être dans le sens de l'histoire, celui d'interdire les armes nucléaires. Mais, peut-être que l'Europe s'apprête à faire un retour en arrière sur le plan des idées. En effet, la réflexion de créer une zone exempte d'armes nucléaires en Europe, est de nouveau en cours[53] ; plus précisément, il s'agit de lancer une initiative pour un ou des États exempts d'armes nucléaires. L'Autriche, la Suisse, le Liechtenstein étant les meilleurs candidats. Un concept qui s'appuie sur le statut de la Mongolie qui a été reconnue en 1992 comme un État exempte d'arme nucléaire.

---

[51] Jean-Marie Collin, « Loi de programmation militaire : le Parlement atomisé ? », *La Tribune*, 8 février 2018.
[52] Bridey Jean-Jacques et Jacques Lamblin, « Rapport d'information sur les enjeux industriels et technologiques du renouvellement des deux composantes de la dissuasion », 14 décembre 2016, Assemblée nationale.
[53] Harald Müller, Giorgio Franceschini, « A Nuclear Weapon free zone in Europe : Utopian pipedream or Realistic *Policy Option* », https://bit.ly/2rEn4ZN.

La France « fait la course en tête pour les technologies de dissuasion »

Patrice BOUVERET

L'Observatoire des armements est un centre d'expertise indépendant créé à Lyon, en 1984, pour contribuer à développer au sein de la société française un débat sur la place et le rôle de l'outil militaire dans la société. Dans ce cadre, il a réalisé différentes études sur l'arme nucléaire[1] et a joué un rôle de lanceur d'alerte notamment à propos des essais nucléaires et de leurs conséquences sanitaires et environnementales pour les populations d'Algérie et de Polynésie française, ainsi que pour les employés civils et les personnels militaires qui ont participé aux 210 explosions nucléaires que la France a effectuées entre 1960 et 1996[2].

La France se présente toujours comme ayant une posture exemplaire en matière de désarmement[3], expliquant que depuis le milieu des années 1990, elle a divisé par deux le nombre de ses têtes nucléaires, arrêté la production de matière fissile à usage militaire et déconstruit ses usines ; mis fin aux essais nucléaires et démantelé le site d'essais en Polynésie ; signé les traités de maîtrise des armements et de lutte contre la prolifération (Traité de non-prolifération (TNP), Traité d'interdiction complet des essais nucléaires (TICE)… Elle affirme également remplir toutes les conditions et se soumettre aux contrôles de l'Agence internationale pour l'énergie atomique (AIEA) et participer activement aux différentes instances internationales *ad hoc*…

Sauf qu'il ne s'agit pas d'initiatives de *désarmement*, mais tout au mieux de mesures de *contrôle* des armements, permettant en outre une rationalisation des coûts… Si l'on prend l'exemple, des matières fissiles militaires,

---

[1] Derniers ouvrages publiés : *Et si une bombe explosait sur Lyon ?*, disponible sur notre site ; *Exigez un désarmement nucléaire total !* avec Stéphane Hessel et Albert Jacquard, Stock, 2012. Liste complète : www.obsarm.org.

[2] Cf. notamment les travaux de Bruno Barrillot, *Essais nucléaires : l'héritage empoisonné*, 4ᵉ édition, 2012 ; *Victimes des essais nucléaires, histoire d'un combat*, préface de Christiane Taubira, 2010.

[3] « Désarmement nucléaire : l'engagement concret de la France », site du ministère de l'Europe et des Affaires étrangères, https://www.diplomatie.gouv.fr/fr/politique-etrangere-de-la-france/desarmement-et-non-proliferation/la-france-et-le-desarmement/article/desarmement-nucleaire/ (consulté le 21 juin 2018).

la France a, certes, démantelé ses usines de production, mais elle dispose d'un stock suffisant de plutonium et d'uranium enrichi pour fabriquer de nouvelles bombes atomiques durant plusieurs décennies...

Car, pas plus que ses prédécesseurs, le président Emmanuel Macron envisage de réduire la place que *la bombe* occupe au cœur de la stratégie militaire de la France. « Depuis plus de 50 ans, elle est la clé de voûte de notre stratégie de défense. Je sais qu'il y a eu, sur ce sujet, beaucoup de débats. Tous les débats sont légitimes, mais ils sont aujourd'hui tranchés. La dissuasion fait partie de notre histoire, de notre stratégie de défense, et elle le restera », a-t-il martelé le 19 janvier 2018 en présentant ses vœux aux armées. « C'est pourquoi je lancerai, au cours de ce quinquennat, les travaux de renouvellement de nos deux composantes, dont la complémentarité ne fait pas de doute »[4].

Pourtant, son prédécesseur soulignait que la France a « décidé de lutter contre une des menaces les plus graves qui pèse sur la stabilité du monde, la prolifération des armes de destruction massive ». Car : « Tout accroissement du nombre d'États possédant l'arme nucléaire est un risque majeur pour la paix ; dans les régions concernées d'abord, mais aussi pour la sécurité internationale »[5]. Ainsi pour nos dirigeants, seule la « prolifération horizontale » pose problème.

La « prolifération verticale » – c'est-à-dire la poursuite du perfectionnement des armes nucléaires par les États « dotés » –, selon eux, ne menacerait pas la sécurité mondiale... Car non seulement la France modernise ses armes, mais elle le revendique haut et fort à entendre les propos du Premier ministre Manuel Valls lors de l'inauguration, le 23 octobre 2014, du Laser Mégajoule au Barp (vers Bordeaux)[6] : « Le nucléaire est pour notre pays un facteur de puissance industrielle, économique, diplomatique et militaire. Un facteur de puissance dans lequel nous devons investir » ; et de revendiquer : « Pendant toute la guerre froide, la France a fourni un effort considérable pour ne pas être distancée par les deux grandes puissances de l'époque. Mais désormais, elle fait la course en tête pour les technologies de dissuasion ».

---

[4] Disponible sur : http://www.elysee.fr/declarations/article/discours-du-president-de-la-republique-emmanuel-macron-v-ux-aux-armees/.

[5] Discours de François Hollande sur la stratégie nucléaire prononcé sur la base d'Istres le 19 février 2015. Disponible sur : http://discours.vie-publique.fr/notices/157000492.html/.

[6] https://www.gouvernement.fr/sites/default/files/document/document/2014/10/23.10.2014_discours_de_manuel_valls_premier_ministre_-_visite_du_cesta_le_barp.pdf.

Une modernisation permanente…

Commençons par dresser un rapide état des lieux. La France dispose actuellement de 300 armes nucléaires réparties entre deux composantes dites « complémentaires » qui font l'objet d'une mise à niveau régulière[7].

La FOST – Forces océaniques stratégiques – basée en Bretagne, à l'île Longue, comprend 4 sous-marins nucléaires lanceurs d'engins (SNLE) de seconde génération, dont un en permanence à la mer, équipé de 16 missiles d'une portée de 9 000 kilomètres pour les M51. Chaque missile peut être équipé jusqu'à 6 têtes nucléaires, chacune d'une puissance de 150 kilotonnes. Ainsi, chaque sous-marin peut emporter en mission jusqu'à 96 têtes nucléaires – ce qui équivaut à une puissance environ de 1 000 fois celle de la bombe de Hiroshima.

L'adaptation des 4 sous-marins pour emporter les missiles M51 sera terminée normalement au cours de l'année 2018, selon la Délégation générale pour l'armement (DGA). À partir de 2016 une nouvelle version du M51, le M51.2 comportant une nouvelle tête nucléaire, la TNO (tête nucléaire océanique), a été déployée d'abord sur le SNLE *Le Triomphant* et ensuite progressivement sur les autres sous-marins.

Parallèlement, la DGA et Airbus Défense, travaillent sur la version 3 du missile M51 – le M51.3 – avec des capacités de pénétration renforcées… La réussite des tirs d'essai du M51, le 30 septembre 2015 et le 1er juillet 2016, montre – après l'échec du tir effectué le 5 mai 2013 – que le programme de modernisation suit son cours…

La FAS – Forces aériennes stratégiques, qui – avec la mise à la retraite des derniers Mirage 2000 en juin 2018 – sera désormais composée de deux escadrons de Rafale basés à Saint-Dizier (Haute-Marne). Ces avions de combat sont dotés du missile ASMPA (air-sol moyenne portée améliorée) d'une portée de 500 kilomètres, équipé d'une tête nucléaire de 300 kilotonnes (TNA), destinée à pouvoir effectuer une « frappe d'avertissement » (représentant, excusez du peu, l'équivalent de vingt fois la puissance de la bombe qui a détruit Hiroshima). Le missile ASMPA en service depuis 2009 va être également rénové « à mi-vie » et donc amélioré.

La Marine met également en œuvre la Force d'action navale nucléaire (FANu) qui s'articule autour du porte-avions à propulsion nucléaire *Charles-de-Gaulle* et des Rafale embarqués à son bord disposant de la capacité d'emport du missile nucléaire ASMPA.

---

[7] Les informations de cette partie sont issues du site du ministère des Armées, des documents parlementaires, rapports budgétaires et documents de la LPM (Loi de programmation militaire) 2019-2025.

… et un renouvellement à l'horizon 2030

En parallèle aux programmes de modernisation, la Loi de programmation militaire 2019-2025, adoptée définitivement par le Parlement le 28 juin 2018, entérine le processus de renouvellement complet des deux composantes de la dissuasion nucléaire[8]. Objectif : « assurer que la dissuasion française demeurera indépendante jusqu'en 2080 » comme l'a souligné le député Jean-Jacques Bridey, l'actuel président de la Commission de la défense à l'Assemblée nationale[9].

Alors que la communauté internationale vient d'adopter, le 7 juillet 2017, un traité d'interdiction des armes nucléaires, la France se lance dans un effort – financier, industriel, etc. – sans précédent à contre-courant de la dynamique internationale et en contradiction avec ses propres engagements, notamment dans le cadre du Traité de non-prolifération nucléaire (TNP), dont l'article VI engage les puissances nucléaires à « à poursuivre de bonne foi des négociations sur des mesures efficaces relatives à la cessation de la course aux armements nucléaires à une date rapprochée »[10].

Ainsi, a été décidé :

- la construction prochaine de sous-marins de troisième génération (SNLE3G) pour un déploiement prévu à l'horizon des années 2030 ou 2035 ;
- le développement d'une nouvelle version du missile balistique M51.4 ;
- une réflexion sur le successeur du missile ASMPA, baptisé ASN4G, pour quatrième génération. Deux projets concurrents sont actuellement à l'étude. Un qui multiplierait par deux la performance actuelle et donc qui volerait à une vitesse comprise entre 4 000 et 5 000 kilomètres/heure. L'autre, serait un missile d'une vitesse comprise entre 7 000 et 8 000 kilomètres, répondant au nom de Prométhée…
- et également le développement d'un nouveau vecteur aéroporté pour succéder au Rafale… Ce dernier fait l'objet actuellement d'un débat avec l'Allemagne pour son co-développement, ce qui devrait

---

[8] Voir l'ensemble du dossier législatif sur : http://www.assemblee-nationale.fr/dyn/15/dossiers/alt/programmation_militaire_2019-2025.
[9] « Loi de programmation militaire 2019-2025 *versus* Traité de non-prolifération nucléaire », Lettre d'information parlementaire n° 25 1-2018, édité par : PNND (Parlementaires pour la non-prolifération et le désarmement nucléaire) et Observatoire des armements.
[10] https://ww.un.org/french/events/npt2005/npttreaty.html.

susciter des questionnements justement sur sa capacité d'emport d'armes nucléaires…

Un environnement capacitaire hors norme…

La construction et le déploiement d'un tel arsenal nucléaire nécessitent un ensemble d'infrastructures – régulièrement, elles aussi, sujettes à modernisation – gourmandes en crédits budgétaires et qui viennent obérer le financement d'autres secteurs (militaires conventionnels ou civils). Cela commence avec les avions ravitailleurs sans lesquels les Rafale verraient leur permanence et leur champ d'action particulièrement réduit. Un programme d'acquisition de 15 nouveaux appareils a été engagé auprès de Airbus, pour une première livraison d'ici octobre 2018. Cela comprend également les systèmes de transmission hautement sécurisés qui permettent au Président de la République d'engager le feu nucléaire… Un système composé de plusieurs ensembles redondants régulièrement modernisés notamment par Thales qui en assure la maîtrise d'œuvre sur un plan industriel.

Enfin, il faut surtout évoquer le programme Simulation, lancé en 1995, qui est au cœur de cette course sur les technologies de la dissuasion. Il se répartit entre plusieurs installations : les supercalculateurs TERA ; le programme EPURE comprenant une installation de radiographie aux rayons X (AIRIX) sur le site CEA de Valduc (Côte-d'Or), réalisée conjointement avec le Royaume-Uni dans le cadre des accords de coopération franco-britannique Lancaster House signés en 2010 ; et le Laser mégajoule basé au Barp vers Bordeaux qui a débuté ses expériences fin 2014. C'est la principale installation du programme de simulation qui absorbe à elle seule la moitié des crédits de financement alors même que son dimensionnement a été réduit de 240 lasers à 176. Actuellement, seuls 8 lasers sont en fonctionnement et le reste des lasers ne seront pas installés avant au moins une dizaine d'années…

D'ailleurs, le concept de programme de simulation est un détournement de vocabulaire qui laisserait à penser qu'il ne s'agit pas d'une explosion nucléaire. Pourtant les expériences réalisées au sein du Laser mégajoule sont de vraies explosions, même si seulement une infime quantité de matière nucléaire est utilisée par rapport aux essais nucléaires ! Comme l'explique le physicien nucléaire Dominique Lalanne, par ailleurs coprésident du collectif Abolition des armes nucléaires – Maison de Vigilance[11], la fusion des deux isotopes d'hydrogène, le deutérium et le

---

[11] Pour en savoir plus : www.abolitiondesarmesnucleaires.org.

tritium, dégage un grand nombre de neutrons qui vont rendre radioactif leur environnement.

Plus de vingt ans après son lancement, le programme de simulation accumule les retards et voit son budget exploser. Il était annoncé pour un budget officiel de 1,2 milliard d'euros en 1995. En 2002, le programme se chiffrait déjà à 5 milliards d'euros selon un rapport parlementaire. En 2013, le coût de la phase 1 du programme de simulation était évalué à 7,2 milliards d'euros. Quel sera le coût final de ce programme ?

La mise en œuvre d'un tel arsenal nécessite le déploiement de nombreux centres de recherches principalement sous la tutelle de la Direction des applications militaires du CEA (Commissariat à l'énergie atomique et aux alternatives) et d'un ensemble de moyens au niveau industriel pour produire les matières fissiles, fabriquer les armes nucléaires, leurs vecteurs… Parmi les principales sociétés impliquées dans l'arme nucléaire on retrouve bien évidemment le fleuron de l'industrie d'armement : Dassault (pour le Rafale), MBDA Missile systems (pour l'ASMPA), DCNS (pour les SNLE), Areva TA (pour les réacteurs des SNLE), Airbus Défense et sécurité (pour les missiles M51), Thales (pour le système de transmission), pour les principaux maîtres d'œuvre. Auxquels il faut également rajouter tout un réseau de sous-traitants et de PME (environ 800) … Et avec une forte implication, bien sûr, de la DGA (Délégation générale pour l'armement) comme interface de coordination.

… au coût réel inconnu

Monsieur Le Drian avait beau affirmer, lorsqu'il était ministre de la Défense, que « c'est pas cher ! » – comme lors du débat budgétaire sur les crédits pour la défense à l'automne 2015 – l'arsenal nucléaire représente un coût non négligeable pour la dépense publique, dont il est difficile d'en mesurer la totalité compte tenu de l'opacité des données officielles.

Dans la Loi de programmation militaire 2014-2019, la part du budget des Armées consacrée aux armes nucléaires était de 23,3 milliards d'euros – soit une moyenne annuelle de 3,9 milliards d'euros, ce qui représente plus de 20 % des crédits d'équipement militaire). Cette somme se répartit (par ordre d'importance) entre : 50 % pour la composante océanique (SNLE) ; 35 % pour le CEA ; 13 % pour la composante aéroportée et 2 % pour les transmissions.

Dans la LPM qui vient d'être votée pour les années 2019-2025, ce sont 37 milliards d'euros qui ont été votés pour la dissuasion nucléaire, ce qui équivaut à 5,2 milliards en moyenne annuelle. Soit une augmentation de 1,4 milliard d'euros, toujours en moyenne annuelle ! Ce qui est loin d'être négligeable dans une période où nombre d'autres budgets étatiques sont revus à la baisse. D'autant que la phase de construction proprement dite des nouveaux matériels – grande consommatrice de budgets – se réalisera pour l'essentiel au cours de la période succédant la LPM 2019-2025… Ainsi, le député Jacques Gautier – lors d'un colloque en juin 2015 organisé par la Fondation pour la recherche stratégique (FRS) – a expliqué que selon les informations qu'il avait pu recueillir auprès de la DGA, il faudra un montant annuel de 6,5 milliards d'euros à partir de 2025, et ce durant une dizaine d'années pour renouveler les deux composantes nucléaires !

Le budget officiel pour la dissuasion, tel qu'il est identifié dans les documents parlementaires, comprend seulement : les études, la fabrication des armes et de leurs vecteurs, l'entretien programmé du matériel et l'infrastructure liée à la dissuasion. Il n'inclut pas les dépenses de fonctionnement (notamment formation, salaire, etc., des personnels qui sont mutualisés avec le budget des forces conventionnelles…) ! Il n'intègre pas non plus l'ensemble des coûts réels de développement ni ceux du démantèlement et de la gestion des déchets nucléaires d'origine militaire qui représentent tout de même 9 % de l'ensemble des déchets nucléaires de la France selon l'Andra[12], l'agence gouvernementale chargée de leur gestion ! … Et encore moins bien sûr les coûts astronomiques qui pourraient résulter de la prise en charge des conséquences d'un accident ou d'une éventuelle utilisation !

Ce qu'avait parfaitement expliqué Pierre Messmer, ancien ministre de la Défense du général de Gaulle, dans une interview à *L'Express* en 1973 : « Vous ne trouverez nulle part dans le budget militaire, la possibilité de calculer exactement notre armement atomique. C'est très volontairement que nous l'avons fait ».

L'Observatoire des armements a essayé d'évaluer le coût de l'arsenal nucléaire français depuis sa création, dans le cadre d'un programme international de recherche visant à réaliser un « Audit atomique »[13] des différentes puissances nucléaires mené à la fin des années 1990. Actualisé en euros, l'estimation des dépenses engagées par la France entre 1945 et 2018, pour construire, déployer, contrôler, se protéger, démanteler et lutter contre la prolifération nucléaire est d'environ 420 milliards d'euros ! En sachant pertinemment que nous n'avons pas pu avoir accès à l'ensemble des coûts cachés… Soit une moyenne annuelle de 5,75 milliards d'euros.

L'argument toujours mis en avant selon lequel ce budget nucléaire aurait un effet d'entraînement pour le reste de l'économie et pour celui des

---

[12] Disponible sur : https://inventaire.andra.fr.
[13] Bruno Barrillot, *Audit atomique. Le coût de l'arsenal nucléaire français 1945-2010*, Études du CDRPC, 1999.

armements conventionnels, parce que « la dissuasion stimule nos efforts de recherche et de développement et contribue à l'excellence et à la compétitivité de notre industrie »[14] paraît bien inconsistant et illusoire pour masquer un tel montant de dépenses. Heureusement, en effet, que l'argent investi à des retombées. Mais si ces sommes étaient investies dans d'autres domaines comme, par exemple, la transition énergétique, cela serait également le cas et pourrait tout autant favoriser la création d'emplois et placer la France à la pointe de certains domaines d'excellence…

Outil au service de la paix ou facteur d'insécurité ?

« S'il nous fallait dessiner aujourd'hui un format d'armées partant de zéro, il est fort probable que la nécessité d'acquérir une force de frappe nucléaire, avec de surcroît deux composantes, ne ferait pas partie de nos ambitions de défense », reconnaissent les membres du « groupe de travail sur l'avenir des forces nucléaires » réunissant en 2012 des sénateurs des différents groupes politiques de la majorité et de l'opposition[15].

Un constat qui devrait nous interroger collectivement sur l'utilité et la pertinence de maintenir l'arme nucléaire et encore plus d'envisager son renouvellement pour les 50 ou 60 prochaines années. La difficulté est que l'arme nucléaire repose sur des croyances ancrées dans l'idéologie politique rendant impossible toute analyse et discussion pragmatique sur les soi-disant vertus de l'arme nucléaire comme facteur de paix.

Mais revenons au discours sur la dissuasion nucléaire du Président de la République prononcé à Istres le 19 février 2015 auprès des Forces aériennes stratégiques, car il a le mérite de la clarté : « La force de dissuasion, c'est ce qui nous permet d'avoir la capacité de vivre libres… » a déclaré François Hollande.

Quelle phrase terrible ! N'est-ce pas le meilleur argument possible pour justifier la prolifération ? Les 184 États qui ont renoncé à la bombe en signant et ratifiant le Traité sur la non-prolifération nucléaire auraient renoncé à « vivre libres » ?

Si la France a besoin de l'arme nucléaire pour sa sécurité – alors qu'elle est une puissance militaire conventionnelle reconnue de premier plan –, comment convaincre les autres pays de ne pas vouloir l'arme nucléaire

---

[14] François Hollande, discours sur la stratégie nucléaire prononcé sur la base d'Istres le 19 février 2015. Disponible sur : http://discours.vie-publique.fr/notices/157000492.htm/.

[15] Rapport d'information n° 668 fait « au nom de la commission des affaires étrangères, de la défense et des forces armées par le groupe de travail sur l'avenir des forces nucléaires françaises », Sénat, 12 juillet 2012, p. 37.

pour assurer eux aussi la sécurité de leur population ? La prolifération, prétendument combattue, est en réalité justifiée par la France. Malgré elle peut-être, mais la logique devrait amener chacun à le reconnaître.

Nous sommes là face à la contradiction majeure de tout le discours sur la dissuasion nucléaire : il n'est pas possible d'affirmer que la prolifération des armes nucléaires est une des « menaces les plus graves » contre laquelle il faut lutter et dans le même temps parer cette même bombe atomique de toutes les vertus comme garantie de la liberté et de la sécurité de la France… La seule politique possible pour mettre fin à la prolifération – et aux crises qui en résultent comme avec l'Iran ou la Corée du Nord – est celle de l'interdiction de ces armes de destruction massive et de leur élimination.

Faire le deuil d'Hiroshima…

La stratégie de dissuasion nucléaire repose sur de nombreux mensonges et mythes que le cadre limité de cette contribution ne permet pas d'aborder de manière plus complète[16]. Le chercheur américain Ward Wilson[17] a été un des premiers à passer au peigne fin les principales crises nucléaires notamment en s'appuyant sur les documents déclassifiés. Démontant les fausses idées et interprétations sur le rôle de ces armes, il montre justement en quoi « la dissuasion nucléaire est psychologique, ce qui signifie qu'elle est intrinsèquement impossible à tester, invérifiable et indémontrable. […] Comment pouvez-vous mettre la vie de millions de personnes en danger pour une théorie qui n'a pas été prouvée et qui ne peut pas être prouvée ? ».

Pour le général Francis Lenne, il ne s'agit ni de défendre, ni d'exclure la dissuasion nucléaire, car la bombe atomique n'est pas une arme au sens militaire du terme. Elle n'est pas utilisable pour se défendre, mais pour s'immoler. Le concept de dissuasion nucléaire opère dans un champ virtuel : celui de la pensée d'un potentiel agresseur en vue d'obtenir un effet bien réel, l'absence d'agression de sa part compte tenu de la menace brandie. Ce modèle de pensée repose sur l'hypothèse que tous les acteurs impliqués sont rationnels, c'est-à-dire que leurs comportements sont prévisibles. Or, ce n'est pas le cas. Contrairement à une théorie physique qui peut faire l'objet d'une expérience pour en vérifier la validité, la dissua-

---

[16] Plusieurs des ouvrages cités dans cette contribution développent ces différents arguments. Le dernier paru est : Paul Quilès, Jean-Marie Collin et Michel Drain, *L'illusion nucléaire. La face cachée de la bombe atomique*, éditions Charles Léopold Mayer, 2018.
[17] Ward Wilson, *Armes nucléaires : et si elles ne servaient à rien ? 5 mythes à déconstruire*, préface de Michel Rocard, Bruxelles, GRIP, 2015.

sion est un concept qui n'est testable ni en fait, ni en droit. Sa validité est indémontrable. Elle n'est qu'un simple axiome, un pari sur la survie de l'humanité.

Il nous invite à dépasser l'approche sociologique pour aller chercher des éléments de compréhension du côté de la psychanalyse : « La question nucléaire, au-delà de son caractère technique au sens large, trop souvent mis en avant dans les argumentations, est en effet principalement et avant tout d'ordre psychologique : la dissuasion n'existe que dans l'esprit de celui qui est prétendu dissuadé et par conséquent et en parallèle dans l'esprit de celui qui prétend qu'il dissuade, donc des images que se font l'un et l'autre des représentations de chacun »[18].

Nous en avons eu une nouvelle fois la démonstration durant la récente crise entre les présidents des États-Unis et celui de la Corée du Nord… Bref, l'arme nucléaire n'assure pas notre sécurité, elle crée une insécurité mondiale.

Désarmement impossible ?

L'arme nucléaire est devenue un « marqueur de puissance ». Le nucléaire – dans ses dimensions civiles comme militaires –, a joué un rôle important dans la construction de l'identité française de l'après-guerre, faite d'idéaux de grandeur et de rayonnement, constate Gabrielle Hecht, professeur à l'Université du Michigan et spécialiste de l'histoire de la technologie[19]. Si la France n'a jusqu'à présent pas connu d'événements mettant en cause la sécurité de son arsenal nucléaire, c'est avant tout grâce au « facteur chance » – même si des accidents ont bien eu lieu[20]. C'est ainsi que le nucléaire a pu s'inscrire dans l'inconscient collectif au point que Claude Bartolone, président de l'Assemblée nationale, s'est permis d'affirmer, sans que cela ne suscite de réactions, que « l'arme nucléaire fait partie de l'identité de la France, c'est comme le fromage (*sic* !) »[21]. Ce qui rend plus difficile la prise de conscience des risques que représente cette

---

[18] Francis Lenne, *Le deuil d'Hiroshima*, 2017. Livre disponible et libre de droits sur le lien : https://www.dropbox.com/s/l200xp9f3pxykcs/Le%20deuil%20Hiroshima%20-2017.pdf?dl=0/.

[19] Gabrielle Hecht, *Le rayonnement de la France. Énergie nucléaire et identité nationale après la Seconde Guerre mondiale*, Paris, La Découverte, 2004.

[20] Jean-Marie Collin, *Dimension humanitaire du désarmement nucléaire et danger du nucléaire militaire en France*, Note d'analyse, Bruxelles, GRIP, 16/09/15.

[21] Ouverture de la conférence internationale « Vers un monde sans armes nucléaires » organisée par Arrêtez la bombe ! 26 et 27 juin 2014 à l'Assemblée nationale. Vidéo sur www.idn-france.org.

arme au niveau national et de son inutilité en termes de renforcement de la sécurité humaine.

Pour autant, les organisations non gouvernementales (ONG) sont devenues, ces dernières années, moteur des processus de désarmement, pour une large part d'ailleurs en conséquence de la paralysie qui frappe les instances des Nations unies, et tout particulièrement la Conférence du désarmement, basée à Genève, qui « constitue le forum multilatéral unique de négociation sur le désarmement »[22], dont les décisions doivent être prises sur la base du consensus. Cela a commencé avec le succès des campagnes pour l'interdiction des mines antipersonnel et des armes à sous-munitions qui ont permis d'obtenir de nouvelles avancées du « désarmement humanitaire »[23].

Tirant les enseignements des précédentes campagnes, en 2007 a été lancée la Campagne internationale pour l'abolition des armes nucléaires (ICAN) à l'initiative de l'Association internationale des médecins pour la prévention de la guerre nucléaire (IPPNW). Il ne s'agissait plus, comme par le passé, d'en appeler aux puissances nucléaires afin qu'elles mettent en œuvre leurs obligations prises dans le cadre du TNP (voir plus haut). Mais en s'appuyant sur l'incapacité qu'auraient la communauté internationale et les différents organismes humanitaires à faire face à une explosion nucléaire – volontaire ou accidentelle – et de prendre en charge les victimes, il s'agissait, d'abord, de rendre les armes nucléaires illégales, par l'adoption d'un traité d'interdiction.

C'est chose faite depuis le 7 juillet 2017 où suite à plusieurs semaines de négociations à l'ONU, 122 États ont adopté le Traité d'interdiction des armes nucléaires. Il est ouvert à la signature depuis le 20 septembre et devrait entrer en vigueur dans le courant de l'année 2019.

Ainsi, malgré la complexité du sujet – ancré au cœur même des pratiques des États et de la conception que leurs dirigeants se font des conditions de leur survie –, la question du désarmement nucléaire ne pourra plus être désormais l'apanage d'une gestion « à huis clos » par les seuls appareils étatiques des puissances nucléaires, les États « dotés », mais devra intégrer les représentants de la société civile comme acteurs à part entière aux côtés des États « non dotés ».

Il est à noter que ce processus ne remet pas en cause la responsabilité des États eux-mêmes. Au contraire, ils confortent l'organisation actuelle de la communauté internationale, car ce sont bien les États qui, au final,

---

[22] Paul Dahan, « La Conférence du désarmement : fin de l'histoire ou histoire d'une fin ? », *Annuaire français de droit international*, vol. 48, 2002, p. 200.
[23] Patrice Bouveret, « Les ONG, moteur du désarmement », *Revue internationale et stratégique*, 2014/4, n° 96, p. 123-131.

adoptent, ratifient et transposent dans leur droit interne les nouvelles normes dictées par le droit international humanitaire. Ce sont bien les États qui resteront chargés de l'élimination des armes nucléaires.

Le prix Nobel de la paix 2017 accordé à la Campagne internationale pour l'abolition des armes nucléaires ICAN vient renforcer cette dynamique…

Troisième Partie

La diffusion, la (non-)prolifération et la virtualisation de l'arme nucléaire

Nouveaux usages, nouveaux enjeux ?

L'arme nucléaire :
diffusion technologique et chute politique

David CUMIN

La présente contribution s'inscrit dans la partie intitulée « Diffusion, la (non-) prolifération, et la virtualisation de l'arme nucléaire. Nouveaux usages et nouveaux enjeux ? » du présent ouvrage. Ce titre est judicieux. D'abord parce que la *diffusion* permet de prendre du recul par rapport à la *prolifération* – terme à la fois médical et polémique, non politologique et non juridique au possible, pourtant utilisé en Relations internationales comme en droit international, depuis le traité éponyme du 1er juillet 1968 (TNP), indéfiniment prorogé le 11 mai 1995. Ensuite parce que la problématique de la Diffusion, englobant et recoupant celle de la *prolifération* et de la *virtualisation*, se trouve certainement au cœur des agendas et des politiques de sécurité et de défense en France, en Europe et en Occident depuis la fin de la Guerre froide.

Une première question se pose : que signifie la *diffusion* ? 1) Soit *le processus*, scientifique, militaire et industriel, par lequel l'arme nucléaire est fabriquée et répandue, ce qui renvoie, d'une part, à la technologie nucléaire militaire, d'autre part, à la transmission de cette technologie. 2) Soit *le résultat* de ce processus, autrement dit, qui détient, et où, des armes nucléaires et qui dispose, et où, de la technologie nucléaire militaire. On se concentrera sur le résultat. Seconde question : Qu'est-ce qu'une *arme nucléaire* ? La définition se trouve dans le paragraphe 1 de l'Annexe II du Protocole III des Accords de Paris du 23 octobre 1954 relatif au contrôle des armements dans le cadre de l'Union de l'Europe occidentale (UEO) :

> toute arme qui contient ou est conçue pour contenir ou utiliser un combustible nucléaire ou des isotopes radioactifs et qui, par explosion ou autre transformation nucléaire non contrôlée ou par radioactivité du combustible nucléaire ou des isotopes radioactifs, est capable de destruction massive, dommages généralisés ou empoisonnements massifs [...] Sont compris dans le terme 'combustible nucléaire' [...] le plutonium, l'uranium 235 [...] et toute autre substance capable de libérer des quantités appréciables d'énergie ato-

mique par fission nucléaire ou par fusion ou par une autre réaction nucléaire de la substance[1].

Rappelons qu'*arme nucléaire* au singulier est trompeur : le différentiel de puissance, entre les plus petites à fission (bombes A) de quelques kilotonnes et les plus grandes à fusion (bombes H) de plusieurs dizaines de mégatonnes, est de 1 à 1000, cependant qu'il existe divers types d'armes nucléaires, certaines ne retenant que certains effets : les bombes à neutrons, l'effet neutronique, les bombes radiologiques, l'effet radioactif, les bombes à fréquences, l'effet électromagnétique.

D'autre part, les explosifs nucléaires sont délivrés par des vecteurs, essentiellement les missiles (terre, mer, air, de différentes portées). Le plus souvent, ils sont transportés, ainsi que leurs vecteurs, par des véhicules, essentiellement les avions, les navires de surface, les sous-marins. Le tout crée des systèmes d'armes, associant explosif, vecteur et véhicule. C'est pourquoi la *prolifération* balistique doit être prise en considération lorsque l'on traite de la *prolifération* nucléaire. La carte stratégique du monde est à bien des égards celle de l'implantation et de la portée des missiles : qui peut atteindre qui à partir de son territoire national, donc abstraction faite des véhicules navals ou aériens ? Les États-Unis, la Russie, la Grande-Bretagne, la France, les deux Chine, le Japon, les deux Corée, la RFA, l'Italie, l'Espagne, le Canada, l'Australie, l'Inde, le Pakistan, le Brésil, l'Argentine, Israël, l'Iran, disposent de vecteurs capables de projeter des charges classiques ou NBC[2] à plus de 2000 km. D'autres États peuvent en acheter, ou se procurer le savoir-faire, ou lancer des programmes.

En tant qu'arme urbanicide, l'arme nucléaire représente à la fois, dialectiquement, un danger exorbitant et un facteur de pacification des rapports de force entre grands États. Ce facteur s'exerce en vertu et au travers de la dissuasion, *laquelle fonctionne entre gouvernements raisonnables symétriques*. À la réflexion, la diffusion de l'arme nucléaire, relevant de la *maîtrise des armements* ou *arms control*, est l'histoire d'une dialectique entre technologie et politique d'une part, l'histoire d'une chute politique d'autre part.

1) La première dialectique se résume en une phrase : *toute technologie a pour tendance inexorable à se répandre*, par apprentissage, vente, transfert ou espionnage. C'est pourquoi la volonté politique – qu'on appelle *non-prolifération* – d'empêcher la technologie nucléaire militaire de se diffuser paraît vaine ou frappée du sceau de l'entropie. Cinq États (États-Unis, Union soviétique puis Russie, Grande-

---

[1] *Cf.* aussi l'article 5 du traité de Tlatelolco du 14 février 1967 sur la dénucléarisation de l'Amérique latine (zone exempte d'arme nucléaire ou ZEAN).
[2] Nucléaires, biologiques, chimiques.

Bretagne, France, République populaire de Chine) + trois (Israël, Inde, Pakistan, non-parties au TNP) + un (République populaire démocratique de Corée, qui s'est retirée du TNP) disposent d'armes nucléaires ; un État (l'ancienne Afrique du Sud) + trois (Ukraine, Biélorussie, Kazakhstan) autres en ont eu ; quatre en ont cherché, ou en cherchent encore, la possession (Argentine, Brésil, Libye, Iran) et un a été près d'en posséder (Irak), semble-t-il. En tout 18 États.

En matière d'acquisition de technologies nucléaires, il existe trois catégories d'États : ceux qui visent à obtenir des armes sans développer un programme civil ; ceux qui développent un programme civil et, sous ce couvert, dissimulent des ambitions militaires ; ceux qui sont uniquement intéressés par les aspects civils. Selon le Traité d'interdiction complète des armes nucléaires (TICEN)[3], 44 États disposent des capacités technologiques pour développer un armement nucléaire : ce sont les 44 États dont la ratification du traité déterminera son entrée en vigueur. 42 États appartiennent à des alliances militaires ou à des unions politiques nucléaires – ces 44 et ces 42 se confondent certes en partie. Les 42 États sont les 28 de l'Alliance atlantique[4] et les 28 de l'Union européenne[5] (eux aussi se confondent en partie), plus les sept de l'Organisation du traité de sécurité collective (OTSC)[6], la branche militaire de la Communauté des États indépendants (CEI)[7], qui a remplacé l'URSS. Parmi eux, un certain nombre ont des armes nucléaires stockées sur leur territoire. À la capacité technologique et à l'association politique s'ajoute la capacité financière : bien des États peuvent s'acheter de la technologie nucléaire militaire ou des armes nucléaires, notamment l'Arabie Saoudite, en compétition avec

---

[3] Signé le 29 septembre 1996, il n'entrera en vigueur qu'après ratification par les 44 États disposant de réacteurs de puissance (dont la Corée du Nord, l'Inde, Israël, le Pakistan, etc.). Il prévoit la création d'une Organisation de contrôle basée à Vienne : l'OTICEN. Il succède au traité d'interdiction partielle des essais nucléaires (TIPEN), ou traité de Moscou du 5 août 1963 sur l'interdiction des essais nucléaires dans l'atmosphère, l'espace extra-atmosphérique et sous les mers.

[4] Belgique, Canada, Danemark, États-Unis, France, Grande-Bretagne, Islande, Italie, Luxembourg, Norvège, Pays-Bas, Portugal, Grèce et Turquie, République fédérale d'Allemagne, Espagne, Hongrie, Pologne, Tchéquie, Bulgarie, Estonie, Lettonie, Lituanie, Roumanie, Slovaquie, Slovénie, Albanie, Croatie.

[5] Belgique, France, Luxembourg, Italie, Pays-Bas, RFA, Danemark, Grande-Bretagne, Irlande, Grèce, Espagne, Portugal, Autriche, Finlande, Suède, Chypre, Estonie, Hongrie, Lettonie, Lituanie, Malte, Pologne, République tchèque, Slovaquie, Slovénie, Bulgarie, Bulgarie, Croatie. 27 après le *Brexit*.

[6] Arménie, Biélorussie, Kazakhstan, Kirghizistan, Ouzbékistan, Russie, Tadjikistan.

[7] Initialement : Arménie, Azerbaïdjan, Biélorussie, Géorgie, Kazakhstan, Kirghizistan, Moldavie, Ouzbékistan, Russie, Tadjikistan, Turkménistan, Ukraine. La Géorgie s'est retirée en 2008, l'Ukraine, en 2014.

l'Iran, et qui est étroitement liée avec le Pakistan aux plans militaires comme idéologiques. Le TNP n'interdit que l'acquisition d'armes prêtes à l'emploi par les États non dotés (ENDAN), *id est* tous les États parties au traité qui n'ont pas testé de bombes avant le 1er janvier 1967 ; en contrepartie de la renonciation militaire, le traité consacre expressément le droit (international) au nucléaire civil, y compris les échanges commerciaux et la coopération technologique. Il présuppose ainsi une séparation étanche entre capacités nucléaires civiles et capacités nucléaires militaires. Or, rien n'est moins sûr.

À cet égard, il n'empêche pas la *virtualisation* de l'arsenal nucléaire, à la japonaise ou à l'allemande[8]. On sait que les Japonais, dont les forces armées n'ont jamais été dotées d'armes atomiques, misent sur la *virtualisation* du nucléaire, dans la perspective d'une sécurité nationale, sous l'angle d'une stratégie visant à acquérir et disperser les éléments d'une capacité nucléaire à l'exception de la possession d'ogives *stricto sensu*. Les Allemands, dont les forces armées ont été dotées d'armes atomiques (américaines), misent sur l'*européanisation* du nucléaire, dans la perspective d'une sécurité commune, sous l'angle d'une stratégie visant à s'approcher du statut d'État nucléaire. La virtualité nucléaire japonaise est une virtualité technologique, via le pouvoir déclaré de construire un arsenal national ; la virtualité nucléaire allemande, tout en s'appuyant sur un potentiel militaro-industriel, est une virtualité juridique, via la participation revendiquée à une alliance nucléaire. On retrouve communément la capacité de se doter d'un arsenal fiable, et d'en tirer un pouvoir dissuasif implicite.

Sous l'angle interétatique, cinq configurations nucléaires – à probabilité croissante – sont envisageables à l'avenir : le désarmement des États dotés (EDAN), donc l'abolition *virtuelle* des arsenaux (il n'est pas possible de *dés-inventer* l'arme nucléaire, pas plus de supprimer les connaissances acquises que les matières fissiles fabriquées) avec vérification internationale ; le retour au monopole des cinq EDAN *de jure*, donc la dénucléarisation d'Israël, de l'Inde, du Pakistan, de la Corée du Nord ; la consécration des EDAN *de facto*, Israël, Inde, Pakistan, Corée du Nord ; l'apparition sélective de nouveaux EDAN (Japon, RFA ?) ; l'apparition non sélective de nouveaux EDAN (Iran, Arabie Saoudite, Turquie ?). En dehors des Cinq, soit l'arme nucléaire a disparu de certaines régions (Amérique du Sud, Pacifique, Asie du Sud-Est, Afrique, Asie centrale, plus l'Antarctique, le fond des mers, l'espace extra-atmosphérique)[9], soit son acquisition (au

---

[8] *Cf.* notre *Japon, Puissance nucléaire ?*, Paris, L'Harmattan, 2003, avec Jean-Paul Joubert, ainsi que *L'Allemagne et le nucléaire*, Paris, L'Harmattan, 2013.

[9] En vertu des traités ou accords sur les ZEAN : le traité de Tlatelolco du 14 février 1967 sur l'Amérique latine ; le traité de Rarotonga du 6 août 1985 sur le Pacifique Sud ; le traité de Bangkok du 15 décembre 1995 sur l'Asie du Sud-Est ; le traité de Pelindaba

Proche-Orient, en Asie du Sud, en Extrême-Orient) est un moyen de contester le *statu quo*.

Pourquoi certains gouvernements sont-ils animés par des ambitions nucléaires risquées ? Depuis 1970, date d'entrée en vigueur du TNP pour les premiers États l'ayant signé et ratifié, il existe quatre types d'États susceptibles de se doter d'armes nucléaires. A) Les États révolutionnaires ou à la recherche de reconnaissance internationale : la *Jammayriah* libyenne, la République islamique d'Iran, l'Irak baasiste, la République démocratique populaire de Corée. Soit un ressort idéologique. B) Les États ayant des ambitions régionales, ou se sentant menacés par leurs voisins, ou se trouvant en interaction hostile : l'Iran avant et après la révolution islamique, l'Irak baasiste, le Brésil ; Israël, l'Afrique du Sud à l'époque de l'apartheid ; l'Inde face à la Chine populaire, le Pakistan face à l'Inde, l'Argentine face au Brésil, les deux Chine, les deux Corée, les deux Chine. Soit un ressort géopolitique. C) Les États à la recherche d'une capacité dissuasive vis-à-vis des États-Unis ou de leurs alliés locaux, tant *contra bellum* (les dissuader d'une intervention militaire par la menace d'une riposte) que *durante bello* (en cas d'intervention militaire, limiter les buts ou les moyens de cette intervention par la menace d'une escalade). Soit un ressort sécuritaire. L'URSS n'existant plus pour faire contrepoids aux États-Unis et la RPC n'adoptant pas cette posture, certains pays cherchent leur protection dans l'acquisition d'un armement balistico-nucléaire national. D) Les États industriels avancés (Japon, RFA, Suède, Corée du Sud, Taïwan, Canada, Australie, etc.), qui ont les capacités techniques, mais pas l'intention politique de se doter d'armes nucléaires (c'est pourquoi ils ne sont pas considérés comme *proliférateurs*). Soit un ressort technologique, le plus structurel et le plus inexorable, comme on l'a dit.

2) La seconde dialectique est l'histoire d'une *chute*. En théologie chrétienne, la *chute* évoque la *faute*, qui a fait sortir l'homme de l'éden pour le faire entrer dans l'histoire, autrement dit, dans *le conflit*. Avec la Bombe, arrive une seconde *faute*, qui fait entrer l'humanité moderne, urbanisée, dans *la possibilité de l'autodestruction*. Ces propos théologiques renvoient au mot fameux d'Oppenhelmer, l'un des savants atomistes originels, qui déclarait à propos de la mise au

---

du 11 avril 1996 sur l'Afrique ; le traité de Semipalatinsk du 8 septembre 2006 sur l'Asie centrale. Plus les articles 1-1 et 5 du traité du 1er décembre 1959 sur l'Antarctique ; le traité du 11 février 1971 interdisant de placer des armes nucléaires et d'autres armes de destruction massive sur le fond des mers et les océans ainsi que dans leur sous-sol ; l'article 4 du traité du 27 janvier 1967 sur les principes régissant les activités des États en matière d'exploration et d'utilisation de l'espace extra-atmosphérique, y compris la Lune et les corps célestes, ainsi que l'article 3 de l'accord du 5 décembre 1979 régissant les activités des États sur la Lune et les autres corps célestes.

point puis de la mise en œuvre de *la bombe* : « nous avons péché ». Dans cette maîtrise du feu nucléaire, pour parler comme Raymond Aron[10], il y avait l'*hubris*, la démesure, propre à la modernité, pour parler cette fois comme René Guénon[11]. La modernité est caractérisée par l'industrialisation : elle signifie technicisation, et par la démocratisation : elle signifie individualisation. Autrement dit, la puissance de destruction se répand, des plus grands États vers des États plus petits, et même, éventuellement, vers des mains non étatiques. La perspective est d'aller jusqu'au bout de la désétatisation de la force armée, largement entamée depuis qu'ont surgi les partisans (du guérillero espagnol de 1808 au djihadiste en passant par le résistant de 1941)[12]. Une arme aveugle, apocalyptique, frappant de terreur, ne peut qu'intéresser des groupes pratiquant une violence aveugle, terrorisante et à tendance apocalyptique (une « terreur sacrée »).

Lorsque l'on médite sur la diffusion de l'arme nucléaire, on observe la trajectoire suivante. Nous partons d'individus : des scientifiques. Nous accédons à l'affrontement de grands États en guerre réelle : la Bombe est construite pour anéantir la capitale d'un ennemi absolu ; mais elle frappe d'autres villes. Poursuivant la trajectoire, nous arrivons à la rivalité mimétique, dirait René Girard[13] : de grands États en Guerre froide, accumulant et disséminant de gigantesques arsenaux ; en résultent une neutralisation réciproque et une terreur mutuelle, fondatrice d'une paix précaire entre ennemis apparemment irréductibles qui doivent néanmoins coopérer. Puis, comme les puissances militaires aident leurs amis et comme les États marchands vendent à leurs clients, nous tombons assez vite sur des États de seconde catégorie, simultanément menacés et menaçants, dont les arsenaux sont moindres, mais dont la sûreté desdits arsenaux est également moindre – il y a longtemps que l'arme nucléaire n'est plus l'apanage des membres permanents du Conseil de sécurité des Nations Unies, soit les grandes puissances reconnues, ou même de grands États, style l'Inde. Enfin, nous terminons là où nous avons commencé, puisque nous retrouvons au bout du cycle, des individus : pas des scientifiques,

---

[10] *Cf. Paix et Guerre entre les nations*, Paris, Calmann-Lévy, 10ᵉ éd. 20 904 (1962).
[11] *Cf. Le règne de la quantité et les signes des temps*, Paris, Gallimard, 2001 (1945).
[12] *Cf.* Carl Schmitt, *La notion du politique – Théorie du partisan*, Paris, Calmann-Lévy, 1972 (1963), préf. J. Freund, rééd. Champs Flammarion, 1999.
[13] *Cf.* le recueil *De la violence à la divinité*, Paris, Grasset, 2007, où se trouvent exposés le désir mimétique (*Mensonge romantique et vérité romanesque*), le mécanisme du bouc émissaire (*La violence et le sacré*), la révélation destructrice du mécanisme victimaire (*Des choses cachées depuis la fondation du monde*) et leur exégèse finale (*Le bouc émissaire*).

mais des terroristes. Tel est le spectre, au sens d'angoisse : le spectre de la prolifération étatique à la prolifération subétatique, autrement dit, *que des groupes pratiquant l'attentat disposent un jour de bombes atomiques*. Tel est également le spectre de la réflexion stratégique sur le nucléaire, au sens d'éventail : de la dissuasion interétatique à la prolifération subétatique en passant par la dissémination des technologies.

Dans la trajectoire élusive susmentionnée, on aura reconnu le « premier âge » du nucléaire militaire : celui de l'invention, par les savants juifs qui participent au programme *Manhattan* (la bombe atomique américaine, destinée à Berlin). Fait trop peu connu : la Seconde Guerre mondiale se déroule à l'ombre de la réalisation de la Bombe, aux États-Unis,[14] mais aussi en Allemagne[15] et en URSS[16]. Puis on aura reconnu le « deuxième âge » du nucléaire : celui du conflit Est-Ouest, sous le couvercle de l'armement balistico-nucléaire et de la course aux armements balistico-nucléaires. C'est l'époque où le concept de dissuasion finit par l'emporter sur celui de victoire dans la pensée militaire, y compris soviétique sinon chinoise. La technologie nucléaire et l'arme nucléaire se répandent par la coopération politique (la France avec Israël, l'URSS avec la Chine populaire, ces deux dernières avec la Corée du Nord, etc.) ou par le commerce (les entreprises américaines, françaises, ouest-allemandes vendent à l'Argentine, au Brésil, à l'Iran, à l'Irak, à la Libye, etc.). Après la fin du conflit Est-Ouest, arrive le « troisième âge » du nucléaire. L'arme nucléaire a échu à des États pauvres, ou tyranniques, ou en situation de guerre, ou menacés de disparition, ou non reconnus par beaucoup d'autres États : le Pakistan, la Corée du Nord, Israël.

Telle est la chute politique : la « démocratisation », ou banalisation, de l'arme nucléaire. Il est possible de donner une appréciation positive d'une telle évolution, selon l'axiome *more may be better* ou en vertu du principe d'égalité souveraine des États, qui emporte leur droit à une égale sécurité. Raymond Aron l'envisageait : si l'arme nucléaire garantit la paix par la dissuasion, et si chaque État dispose de ce pouvoir de dissuasion, la paix règnera entre les États, autrement dit, aucun différend ne sera plus résolu par les armes, si bien qu'ils seront suspendus et finiront par s'éteindre. Nuançons : plutôt qu'être gelés, les conflits se maintiendront en deçà du

---

[14] En vertu des accords de Québec du 19 août 1943 puis d'Hyde Park du 18 septembre 1944, la Grande-Bretagne acquerrait l'arme nucléaire en coopération avec le Canada et les États-Unis.
[15] *Cf.* Thomas Powers, *Le mystère Heisenberg. L'Allemagne nazie et la bombe atomique*, Paris, A. Michel, 1993 ; Rainer Karlsch, *La Bombe de Hitler. Histoire secrète des tentatives allemandes pour obtenir l'arme nucléaire*, Paris, Calmann-Lévy, 2007 (2005) ; Nicolas Chevassus-Au-Louis, *Pourquoi Hitler n'a pas eu la bombe atomique*, Paris, Economica, 2013.
[16] Le programme *Uranus*, lancé le 11 février 1943.

seuil du dissuadable, par toute sorte d'actions hostiles, indirectes ou masquées, impossibles à dissuader nucléairement ; à tout le moins, l'escalade sera contenue. Mais plus d'États dotés, c'est aussi plus de risques d'incidents, d'accidents, de détournements, d'utilisations. *More may be worse* est l'autre axiome. D'autre part, et surtout, la paix ne régnerait pas pour autant au sein même des États, et la Bombe pourrait tomber aux mains d'insurgés… *La seconde chute politique serait la désétatisation de l'arme nucléaire.* Des groupes non étatiques munis d'armes nucléaires, ou de pseudo-groupes non étatiques si des États les contrôlent secrètement. Or, les belligérants sont de moins en moins des États, ou bien, lorsqu'il s'agit d'États, ce sont des *guerres indirectes* qui sont livrées, tel État soutenant tel groupe non étatique et usant de forces spéciales, de cyberopérations ou d'autres actions discrètes.

Dans l'échelle de la violence politique, le terrorisme – au sens de la commission d'attentats par des individus, groupuscules ou réseaux – occupe le niveau le plus bas, quand le génocide occupe le niveau le plus haut, la guerre occupant un niveau intermédiaire. Mais le terrorisme comporte une dimension apocalyptique : la perspective que des civils lancent des bombes atomiques contre d'autres civils, ou que des groupes subétatiques disposent de moyens *supra*-conventionnels, probablement grâce à l'aide d'États. C'est ce que René Major, s'adressant à Jean Baudrillard et à Jacques Derrida[17], appelait : l'angoisse absolue devant le fait que la menace absolue ne soit plus circonscrite aux États en général, aux grandes puissances en particulier, mais soit diffusée à de simples individus. On atteindrait alors le comble de la désétatisation, de la subjectivation et de la totalisation de la violence armée. Est-il possible que des États fournissent des bombes atomiques à des groupes ou que des groupes s'emparent de bombes atomiques ? Le maillon faible serait-il le Pakistan, la Corée du Nord, un autre État ? Preuve de la préoccupation quant à la rencontre – prédestinée ? – du terrorisme et des armes nucléaires : l'Assemblée générale des Nations Unies a adopté, le 22 novembre 2002, la résolution 57/83 sur les *Mesures visant à empêcher les terroristes d'acquérir des armes de destruction massive…*

---

[17] Jean Baudrillard, Jacques Derrida : *Pourquoi la guerre aujourd'hui ?*, controverse présentée, animée et actualisée par René Major, Paris, Lignes, 2015, p. 32.

La genèse doctrinale du nucléaire tactique

François David

Selon le bureau des affaires du désarmement des Nations unies, l'arme nucléaire dite « tactique » ou « préstratégique » (en France), ou encore « substratégique » (aux États-Unis), est destinée « à attaquer des cibles ennemies à courte portée. Les armes de ce type sont généralement utilisées pour frapper le front des forces conventionnelles ennemies et leurs infrastructures. C'est la raison pour laquelle les armes nucléaires tactiques sont parfois appelées armes nucléaires du champ de bataille »[1]. Malgré la fin officielle de la Guerre froide, de telles armes subsistent en Europe, alors qu'elles nourrissent fort peu d'ouvrages et de réflexions à leur sujet, par contraste avec la dissuasion stratégique. Si, tout de même, on aborde leur enjeu, on évoque encore plus rarement sous l'articulation problématique entre le nucléaire tactique et les représailles massives. Or, les nucléaires tactique et stratégique débouchent sur deux batailles étroitement associées dans le temps alors que leur échelle géographique diffère.

Le nucléaire stratégique se définit d'un point de vue autant matériel (destruction massive, sur plusieurs centaines de milliers de kilomètres carrés, du cœur démographique, civilisationnel, économique et industriel de l'ennemi) que politique (espoir que cela n'arrive jamais, puisque cette perspective se veut précisément dissuasive). Le nucléaire tactique, lui, ne viserait pas la destruction totale et irréversible de l'adversaire, mais jouerait le rôle d'une super-artillerie qui conférerait une supériorité indiscutable en termes de puissance de feu ami, en s'additionnant aux forces conventionnelles.

Cette définition provoque une première difficulté conceptuelle dès qu'on s'intéresse au périmètre en question : quelle superficie représente un champ de bataille, aujourd'hui ? Austerlitz et Solferino se réduisaient à une centaine de kilomètres carrés. Les combats de la Marne ou la bataille de Normandie s'inscrivaient dans un espace de 150 000 km². Durant la guerre froide, l'entrée en dotation systématique des moyens mécanisés et chenillés laissait imaginer la première phase du conflit dans un quadrilatère aussi vaste que Munich-Prague-Cracovie-Cassel ou Vienne-Rome-

---

[1] Bureau des affaires du désarmement des Nations Unies, *Glossaire sur les armes nucléaires*, http://www.un.org/fr/disarmament/wmd/nuclear/glossary.shtml.

Belgrade-Budapest. L'échelle stratégique d'un Napoléon ou d'un Foch est devenue l'échelon tactique du SACEUR à la tête de l'OTAN. Cette amplification géographique se vérifie dans la puissance de feu. Aujourd'hui, les armes tactiques les moins imposantes évoluent entre 50 kt (missile Iskander russe) et 100 kt (bombe B 61 américaine), là où *Fat Man* et *Little Boy* d'Hiroshima et Nagasaki représentaient entre 15 et 18 kt – armes conçues et présentées pourtant comme éminemment stratégiques puisque destinée à exercer un chantage à la destruction de tout l'archipel nippon, ville par ville. Aujourd'hui, une bombe B 61 sous double clé, larguée par un Tornado allemand, pourrait détruire une ville d'un million d'habitants. Si, officiellement, une telle arme est planifiée pour contrer une division ennemie déployée en rase campagne, comment exclure des destructions ravageuses sur les populations civiles alentour ?

Toute tentative de « penser le nucléaire militaire » consiste en un travail d'imagination : on essaie de se représenter comment évoluerait une Troisième Guerre mondiale. Pourtant, dès qu'on isole une variable, les autres vous échappent. Se pose la question particulière de savoir si les bombardements atomiques du champ de bataille précéderaient ou accompagneraient simultanément les frappes d'annihilation. Dans le premier cas, cela laisserait une petite chance d'éviter la destruction totale et définitive de l'humanité, tout en dévastant des régions entières. Dans le second cas, on peine à imaginer une sortie de guerre, puisqu'il n'y aurait plus ni guerriers ni sociétés organisées. On peut aussi concevoir l'inverse : dès l'invention du « nucléaire du champ de bataille », certains états-majors et leurs gouvernements ont cru pouvoir « limiter » une guerre « régionale » (?) ou « générale » (!) à des échanges nucléaires tactiques. Or, la plus petite bombe tactique peut servir de détonateur à l'apocalypse : dans le fantasme collectif, un champignon atomique reste un champignon atomique, quels que soient son volume, son altitude, et le sang-froid supposé des états-majors. Atomique ou stratégique, peu importe au fond. L'alerte serait lancée. Le premier camp à lancer une bombe atomique sur le dispositif militaire de l'autre s'expose à une réponse disproportionnée, qui sort du calcul rationnel. Le nucléaire ne se relativise pas : l'emploi des armes tactiques peut entraîner la disparition de tout un continent, avant l'impact de la première fusée stratégique.

D'ailleurs, la problématique atomique tactique paraît si complexe que les dirigeants français ont fini par y renoncer. Officiellement, la « frappe d'ultime avertissement » (missiles Pluton des années 1970-début de la décennie 1990 sur châssis AMX-30, puis missile ASMP-A tiré depuis Rafale, aujourd'hui) relèverait de la dissuasion stratégique, ou en constituerait le prélude solennel : contrairement aux forces américano-atlantiques, hors de question de transformer les bombes tactiques françaises en armes ordinaires du champ de bataille. Pourtant, la puissance des armes concernées ainsi que les cibles désignées (l'Europe centrale, spécialement l'Allemagne communiste durant la guerre froide) ne diffèrent guère des caractéristiques de l'arsenal américain en la matière[2].

Si la France exclut de banaliser le nucléaire militaire et de le transformer en une super-artillerie, pourquoi les États-Unis, ainsi que certains alliés atlantiques affichent-ils alors leur volonté de doubler la dissuasion par un nucléaire tactique ? L'enjeu conserve en effet toute son actualité. En effet, après la guerre froide et les traités de désarmement avec la Russie, si les États-Unis ont rapatrié l'écrasante majorité de leur arsenal tactique, ils continuent d'entretenir des dépôts ultrasécurisés de bombes à gravité B-61, livrables aux aviations belge, néerlandaise, italienne et turque, en cas de conflit majeur (procédure de la double clé). Cela signifie en toute logique que l'OTAN met à jour des plans de guerre atomique à l'échelle européenne, dans l'hypothèse d'une attaque de l'armée rouge actuelle, que celle-ci utilise ou non ses armes de destruction massive.

On peut très difficilement étudier aujourd'hui la doctrine d'emploi des armes tactiques. La seule certitude concerne le maintien d'un arsenal opérationnel ou bien sur place (*Cf.* la bombe B 61 sous double clé partagée entre les États-Unis), ou bien réintroduit par les États-Unis en Europe, en cas de besoin. Par ailleurs, la Russie conserve sur le pied de guerre des mil-

---

[2] *Cf.* le *Livre blanc* de 1972 : « La manœuvre classique s'intègre dans le maniement politique de la dissuasion (…) Les forces armées conventionnelles ont pour objectif de forcer l'ennemi à dévoiler rapidement ses intentions profondes et pour cela de le forcer à mettre en œuvre des moyens suffisamment importants dont le rassemblement soit révélateur par lui-même. C'est bien là le rôle du corps de bataille aéroterrestre, doté de matériels conventionnels et d'armes nucléaires tactiques dans l'évolution concevable d'une crise grave. Ainsi, la manœuvre classique s'intègre dans le maniement politique de la dissuasion ». *Livre blanc sur la défense nationale*, t. 1, p. 9. Dix ans plus tard, le Premier ministre Pierre Mauroy, accentue la confusion, à Suippes, en mai 1982 : « Le armes nucléaires tactiques ont pour vocation de restaurer la dissuasion au niveau stratégique. Leur emploi signifie la détermination du président de la République. Il ne s'agit donc pas d'utiliser l'armement nucléaire tactique pour gagner une bataille ». Le rapport annexé à la loi de programmation militaire votée en 1983 confirme : « Il ne saurait être question d'employer les armes nucléaires tactiques comme une sorte de super-artillerie de campagne, quel que soit le type de charge utilisé » (loi n° 83 606 du 8 juillet 1983). En 1984, le ministre de la Défense Charles Hernu, préfère désormais qualifier les armes nucléaires tactiques de « préstratégiques » : « Si ces armes doivent produire un effet militaire significatif, au cas où la décision d'emploi serait prise, Le résultat recherché n'est pas d'abord d'ordre opérationnel ; il est surtout de nature politique ». Charles Hernu, *Défendre la paix*, Paris, J.-Cl. Lattès, 1985, p. 51. On parlera d'« ultime avertissement », à partir de la cohabitation Mitterrand-Chirac. Rien ne dit que les généraux français aient toujours adhéré, en rédigeant leurs plans, à ces subtilités plus rhétoriques et théoriques que militaires. On ne semble d'ailleurs jamais s'interroger sur la perception par l'adversaire de l'emploi éventuel des bombes tactiques françaises, à côté des bombes américano-atlantiques destinées, elles, à gagner la bataille. Lire Jérôme de Lespinois, *L'armée de terre française. De la défense du sanctuaire à la projection*, Paris, L'Harmattan, 2007, t. 2, p. 471.

liers de bombes tactiques dont, depuis 2006, le missile polyvalent « Iskander » (500 à 800 km de portée). Par conséquent, et vu la permanence de ces grands paramètres atomiques dans l'espace atlantique, le moins mauvais moyen de percer les conceptions actuelles du nucléaire tactique consiste à s'appuyer sur les archives disponibles et l'histoire des doctrines. La mise au point précoce des règles nucléaires, stratégiques comme tactiques incombait alors sans surprise aux États-Unis, qui convertissaient ces règles en directives OTAN. Les lignes qui suivent reposent sur l'hypothèse que la diminution des stocks d'armes tactiques en Europe n'oblitère pas les plans de frappes tactiques de la Guerre froide, en tout cas ne les modifie que par degrés, pas par nature. Seule l'étude du passé c'est-à-dire des premières directives nucléaires américano-atlantiques (NSC 162/2, MC 48, MC 70, MC 14/3, MC 48/3) autorise un début de connaissance des paramètres du présent, en confrontant ces textes fondateurs aux concepts stratégiques officiels des 25 dernières années.

De la bombe à la doctrine d'emploi (1945-1954)

Les États-Unis de Truman ont d'abord possédé un arsenal de 200 bombes à partir de 1947, avant de songer à élaborer une authentique stratégie sous Eisenhower seulement. Les armes d'abord, la doctrine ensuite. En mettant au point le nucléaire stratégique et la doctrine des représailles massives (décret du Conseil de sécurité nationale NSC 162/2, janvier 1954), la présidence Eisenhower souhaite employer aussi les moyens nucléaires à l'échelle du champ de bataille. Cette décision veut d'abord éviter une course aux armements tout en équilibrant la centaine de divisions lourdes de l'Armée rouge – à moindre coût, croit-on. Le nucléaire opérationnel doit rééquilibrer la balance conventionnelle, tout en dispensant les économies occidentales de la banqueroute. En seconde étape, les États-Unis proposent à leurs alliés atlantiques, RFA comprise, d'accéder à leur tour à de telles armes en cas de guerre. Deux directives atlantiques restées longtemps ultrasecrètes, MC (*Military Committee*) 48 et MC 70 banalisent très tôt, entre 1954 et 1957, le nucléaire tactique :

Le New-Look *nucléaire (NSC 162/2) (1953)*

La célèbre doctrine Eisenhower, appelée *New-Look*, accélère la production industrielle des armes atomiques et les places au cœur des plans de bataille européens (nucléaire tactique), ainsi qu'à l'échelle de la stratégie planétaire (nucléaire stratégique). Cela soulève aussitôt toute une série de questions : quelle mission le *New-Look* assigne-t-il aux forces terrestres en Europe ? Sont-elles encore utiles ? Quel avenir destine-t-il aux forces européennes au sol et à l'aviation classique tactique ? Qui soutient quoi ? Le feu nucléaire couvre-t-il les divisions terrestres, ou bien ces dernières servent-elles *seulement* à préparer puis à exploiter le feu atomique ?

Telle une évidence, le paragraphe n° 39-b de NSC 162/2 énonce qu'« en cas d'hostilités, les États-Unis considéreront les armes nucléaires comme utilisables au même titre que les autres munitions »[3]. Le Pentagone y voit un feu vert pour élaborer librement ses plans de guerre. Dans ce schéma, en cas de conflit, les généraux américains jugeraient seuls de l'opportunité d'emploi des armes atomiques. Pour accroître sa réactivité, le Pentagone réclame et obtient d'Eisenhower la possession des bombes en temps de paix[4]. Jusqu'alors, les charges étaient gardées par la Commission à l'énergie atomique (*Atomic Energy Committee*, AEC), un organisme civil. Toutefois, le département d'État veille au grain et admet un seul cas justifiant l'automaticité : un *Pearl Harbor* nucléaire contre le territoire américain[5]. Question subsidiaire, toutefois : doit-on attendre que le bloc soviétique lance ses bombes atomiques, ou l'OTAN doit-elle répliquer à l'arme nucléaire au premier acte d'hostilité communiste, y compris conventionnel ? Cette question exige de d'abord consulter les alliés européens (aux premières loges), pour y répondre.

La traduction opérationnelle du New-Look dans les directives atlantiques : MC 48 (1954) et MC 70 (1957)

Pour les partenaires européo-atlantiques, le *New-Look* se décline en cinq aspects problématiques : 1°) Le péril sino-soviétique. 2°) Le concept stratégique des représailles massives à l'échelle de la planète (bombes H). 3°) L'inclusion tactique de l'arme atomique dans l'arsenal conventionnel de l'OTAN (bombes A). 4°) La planification nucléaire et la procédure de consultation interalliée. 5°) La faculté pour les États-Unis d'employer la bombe atomique en premier (*first use*), au nom des intérêts occidentaux globaux[6].

---

[3] Pour les explications suivantes : *NSC 162/2*, 30 octobre 1953, *FRUS 1952-1954*, *National Security Policy*, Washington, USGPO, vol. II, p. 577-597.

[4] Entrevue du 6 août 1956 entre Eisenhower et Lewis Strauss, directeur de l'*Atomic Energy Committee*, in Shaun R. Gregory, *Nuclear Command and Control in NATO. Nuclear weapons Operations and the Strategy of Flexible Response*, Macmillan, 1996, p. 168-170.

[5] Mémoire du sous-secrétaire d'État, le général Walter Bedell Smith, au président Eisenhower, 3 décembre 1953, *FRUS 1952-1954*, vol. II, p. 607-608.

[6] *Statement by the Secretary of State to the North Atlantic Council Closed Ministerial Session*, Maryland, *National Archives and Records Administration, Department of State* (NARA, DOS), Paris, 23 avril 1954, 740.5/4-2454.

Adoptée au Conseil atlantique d'octobre 1953, la directive OTAN MC 48 donne une première lecture du *New-Look* et de la directive NSC 162, adoptée parallèlement au *Conseil de sécurité nationale* américain. Dans MC 48, l'OTAN s'interdit la guerre préventive. Ceci posé, la directive adopte aussi le principe de la dissuasion nucléaire stratégique (« représailles massives ») et de l'utilisation quasi automatique des bombes tactiques sur le champ de bataille centre européen :

> L'éventualité suivant laquelle l'OTAN pourrait prendre l'initiative de la guerre a été rejetée comme contraire aux principes fondamentaux de l'Alliance. [...].
> Il existe certes la possibilité lointaine que les Soviétiques profitent de leur considérable supériorité aéroterrestre pour envahir l'Europe sans employer leurs armes atomiques, espérant ainsi que les Alliés s'abstiennent de les utiliser à leur tour. Nos études indiquent que, dans ce cas alors, l'OTAN serait incapable d'empêcher l'invasion rapide de l'Europe, sauf si elle se servait immédiatement de ses armes atomiques, stratégiques et tactiques[7].

En conséquence, « notre capacité à défaire l'ennemi dépendra de notre capacité à survivre et à acquérir une supériorité dans la phase initiale ».

Cette résilience repose donc sur deux conditions essentielles : d'abord, la capacité pour le SACEUR de lancer instantanément le feu nucléaire tactique sans attendre les instances politiques ; ensuite la capacité industrielle de l'Occident à produire en série le maximum de bombes possible :

> À l'issue de la première phase, les stocks accumulés par le camp le plus faible se trouveraient virtuellement dépensés. Dans une guerre éclatant entre l'OTAN et les Soviétiques au cours des prochaines années, notre supériorité en armes atomiques et en possibilités de lancement devrait se révéler un avantage majeur dans cette phase et nous permettre de garder un reliquat de bombes dans la phase suivante des opérations[8].

À partir de l'été 1954, le commandant en chef de l'OTAN, le général Gruenther, exploite le *New-Look* et MC 48 dans leur dimension la plus radicale. Il ne s'en cache pas. En cas d'agression soviétique, même conventionnelle, il ordonnerait que les forces atlantiques ripostent aussitôt par des salves nucléaires tactiques contre les territoires est-allemands, tchèques, et hongrois sur une profondeur de 400 km derrière le rideau de fer. Il semble que le *Strategic Air Command*, qui ne relève pas du commandement intégré de l'OTAN, mais du président des États-Unis,

---

[7] « Système le plus efficace à adopter pour la force militaire de l'OTAN pendant les prochaines années – MC 48 », 22 novembre 1954, *in* G. Pedlow (dir.), *Documents sur la stratégie de l'OTAN 1949-1969*, Mons, SHAPE, Service historique, 1997, p. 273, § 6.

[8] *Ibid.*, p. 275, § 8.

bombarderait simultanément le territoire soviétique, les bases aériennes, les villes et les centres militaro-industriels, avec pour mission principale de préserver les États-Unis d'une destruction totale, à supposer que cela soit réaliste. Pour donner une valeur à la fois dissuasive et opérationnelle à ses plans de guerre, le général Gruenther demande donc aux gouvernements alliés une délégation d'autorité permanente lui permettant de déclencher la riposte atomique à la première hostilité. « L'autorité du SACEUR pour appliquer la planification atomique doit être conçue de manière à éviter tout délai dans la riposte à une attaque-surprise »[9]. Or on sait qu'Eisenhower laisse à ses grands subordonnés le maximum d'initiative, depuis la Seconde Guerre mondiale. Dans les années 1950, il a accordé au moins une « pré-délégation » de tir nucléaire au CINCONAD (*Commander in Chief, Continental Air Defense*), qui supervise la défense nord-américaine[10]. L'a-t-il permis en faveur du SACEUR ? On l'ignore, mais il paraît très possible qu'il l'ait envisagé dans des situations critiques comme la crise de Suez et la révolution de Hongrie, où il augmente le degré d'alerte nucléaire (5 novembre 1956).

Entre 1953 et 1957, le Pentagone ose affirmer que le concept de « forces armées conventionnelles » ne signifie plus rien en Europe. Les forces *conventionnelles* continuent bien sûr d'exister, mais elles reçoivent la mission d'appuyer l'effet des bombes atomiques. Or, leur mise en œuvre dépend du SACEUR américain. Agissant en l'occurrence comme commandant des forces des États-Unis, le SACEUR n'a aucun droit d'informer les dirigeants européens de la partie nucléaire de ses projets de campagne, ni des cibles choisies, ni de la cadence éventuelle des tirs[11]. Autrement dit, les plans de défense de l'Europe occidentale échappent aux gouvernements concernés, au nom de la loi d'airain Mac Mahon sur le secret nucléaire (1946). On ne sait rien en particulier de l'articulation de la manœuvre terrestre avec le feu nucléaire ni du lien (chrono-) logique entre les frappes stratégiques et les tirs tactiques. « Le voile ne se déchire que par endroits, et bien rarement comme lorsque, par exemple, le général Norstad affirmait, il y a quelques mois, à notre représentant au Conseil permanent que la

---

[9] Mémoire du SACEUR au *Groupe permanent*, n° SHAPE/330-384 – 385/54. Cité dans *Capabilities Study – Allied Command Europe, 1957. Report by the Joint Planning Staff*, n° J. P. (54) 76, 2 septembre 1954. *Public Record Office, Kew Gardens*, DEFE 6/26.
[10] Peter Douglas Feaver, *Guarding the Guardians. Civilian Control of Nuclear Weapons in the United States*. Cornell University Press, 1992, p. 152.
[11] Organisation divisionnaire des forces terrestres. Sommaire de l'exposé des USA, Dossier constitué par l'état-major général des forces armées françaises, fiche C 2, février 1956, MAE, *Quai d'Orsay*, série *Service des pactes 1947-1970*, boîte n° 69, s. – d. « Conversations multilatérales du 20 février 1956 à l'OTAN ».

bataille terrestre n'aurait qu'un caractère accessoire et que l'essentiel se passerait ailleurs »[12].

Il en naît un profond malaise parmi les dirigeants alliés que, à la fin de 1957, la nouvelle directive atlantique (ultrasecrète) MC 70 essaie de dissiper. MC 70 pose le principe que toutes les armées européennes seraient désormais dotées de missiles atomiques tactiques à courte portée, dont la tête resterait néanmoins sous garde américaine en temps de paix (le fameux système de la « double clé »). Ainsi, une partie de la décision fatale retomberait *in fine* sur les dirigeants européens.

MC 70 : en temps de guerre, les alliés européens manieraient les armes atomiques *tactiques* sur un pied d'égalité avec les divisions américaines, le tout aux ordres du SACEUR

La directive atlantique MC 70 confère à MC 48 une orientation jusqu'au-boutiste. Elle s'intitule : « Les besoins minimaux en forces pour appliquer le concept stratégique de l'OTAN – y compris les armes nouvelles [atomiques] ». Cette directive demeure classifiée aujourd'hui… Aussi en résumerons-nous les orientations majeures par le biais d'un rapport du Comité des chefs d'état-major britanniques[13], des délibérations successives des Conseils de l'Atlantique Nord, et, enfin, grâce au carton n° 40 de la série du Service des pactes, 1947-1970, au Quai d'Orsay.

Le nouveau plan général de forces demande aux alliés d'introduire à leur tour des armes atomiques d'origine américaine dans leurs unités[14]. MC 70 prévoit d'équiper 270 unités américaines et européennes en engins tactiques à courte portée (chiffre certes revu à la baisse assez vite, pour des motifs budgétaires) : selon les circonstances, les divisions occidentales doivent pouvoir se battre uniquement avec des armes classiques, ou bien lancer leurs armes atomiques à la première heure de guerre. Cela signifie qu'on ne réserverait plus les bombes atomiques à la bataille de retardement puis d'arrêt sur l'Oder ou le Rhin, mais aussi à la défense des territoires nationaux, en arrière des lignes. Ce nouveau principe introduit donc l'innovation de doter les armées alliées en missiles atomiques tactiques de très faible puissance et à courte portée, puisque le pays intéressé (ou ses alliés

---

[12] Note du *service des pactes* du 7 octobre 1953, « Communauté Européenne de Défense et Stratégie occidentale », MAE, *Quai d'Orsay*, série *Service des pactes 1947-1970*, boîte n° 104.

[13] *NATO Minimum Forces Studies* (4 p.), C.O.S. (57) 244, *ibid.*, (PRO), DEFE 5/79.

[14] « Besoins en forces, analyse de MC 70 » par le général J. Piatte, représentant français au *Groupe permanent*, lettre n° 136/DFGP/S, 28 mars 1958, Note du *service des pactes* du 7 octobre 1953, doc. cité.

bienveillants) bombarderait à l'occasion son territoire national... À l'évidence, cette mesure concerne surtout la RFA, mais éventuellement aussi la France ou la plaine du Pô. On comprend mieux dans ces conditions, pourquoi MC 70 reste classifié jusqu'à aujourd'hui, les plans successeurs – voire actuels – gardant sans doute des caractéristiques très proches[15].

Selon la « double clé », en temps de paix, les forces américaines garderont les têtes nucléaires dans 147 dépôts principaux et 161 autres stocks secondaires ou de transit (125 finalement)[16]. En cas de conflit, les forces américaines remettraient « aussitôt » les charges aux formations alliées, sur ordre du président des États-Unis. La nation hôte manierait et entretiendrait les vecteurs[17]. Ce dispositif est une conséquence inévitable du *New-Look* et de MC 48 : si l'on nucléarise les plans de bataille, on conçoit mal, en effet, le rôle exact des divisions européennes conventionnelles à côté des formations américaines nucléarisées, au cours de la même bataille. L'entrée des armes tactiques dans les arsenaux européens (missiles Honest John, Nike, Hawk et Sergeant, d'une portée de 50 à 150 km, puis les missiles Lance dans les années 1960 ; et bien entendu bombes ou missiles embarqués par l'aviation tactique) décuple la puissance de feu atlantique. Cela entraîne, pour la France et l'Allemagne fédérale, des conséquences considérables, par exemple leur dotation en avions américains F 100 à capacité atomique tactique[18]. Les deux principales nations sortent du rôle de « chair à canon atomique » que leur assignait MC 48 – ce qui devrait les réjouir...

En réalité, MC 70 divise les alliés (en raison de l'augmentation des infrastructures, des vecteurs et des coûts) et au sein du gouvernement américain lui-même. Le département d'État souhaiterait que *MC 70* se concentre sur les moyens d'éviter l'arme atomique en cas de guerre. Au lieu de cela, les généraux américains préfèrent renforcer la logistique et les armes classiques, certes, mais pour les placer exclusivement au service

---

[15] « *22ᵉ session du Comité militaire de l'OTAN* », exposé du SACEUR L. Norstad. Tg. REPAN Chaillot n° 50 174, 12 décembre 1958, *ibid.*, boîte n° 40, s.– d. « *Session ministérielle, décembre 1958* ».

[16] *Ibid.*

[17] *Preliminary United States Views and Proposals for the December NATO Meeting*, mémoire du département d'État adressé aux États membres de l'OTAN, 3 décembre 1957, *ibid.*, boîte n° 39, s.– d. « *Session ministérielle du Conseil, décembre 1957* ».

[18] Tg. n° 782-785, signé Alphand, Washington, 8 février 1958, *Ibid.*, boîte n° 82, s.– d. « *Armée française, 19 mars 1956-31 décembre 1960* ». Jusqu'en 1966, l'armée de l'air française dispose en RFA d'une capacité nucléaire tactique sous double clé (avions F100), au même titre que la *Bundeswehr* ou la *Royal Air Force*, à la suite des accords préparés par la IVᵉ République. Huit ans plus tôt, en revenant au pouvoir, le général de Gaulle s'était bien gardé de se priver d'un canal d'accès à certains secrets atomiques américains, en particulier les techniques de ciblage et de largage des bombes, en liaison avec les forces au sol.

du feu nucléaire tactique[19]. Sur le plan doctrinal proprement dit, MC 70 débouche sur un autre dilemme : les États-Unis risquent d'en faire trop (en employant la bombe à la première agression soviétique, même classique) ou pas assez (leur président pouvant renoncer à défendre l'Europe par la bombe, pour ne pas exposer l'Amérique aux représailles).

En bilan partiel, le *New-Look*, MC 48 et MC 70 contiennent une audace et une subtilité novatrices. Jusqu'alors, et malgré les discours officiels, l'OTAN n'avait pas les moyens matériels et conceptuels de mener la « stratégie de l'avant ». Tous les états-majors savaient que l'URSS réussirait une invasion conventionnelle de l'Europe. Beaucoup plus tard (combien d'années ?), les États-Unis tenteraient de reconquérir le continent perdu, à partir des îles britanniques, de l'Espagne, voire de l'Afrique du Nord. On savait aussi que l'Amérique avait, grâce à ses bombes atomiques, les moyens de blesser cruellement l'ours soviétique, mais pas de le tuer, vu l'insuffisance initiale des stocks. Désormais, à la fin des années 1960, non seulement la défaite n'est plus certaine contre l'URSS, mais le match nul non plus. L'Alliance a des raisons de croire en la victoire, mais à condition de répliquer dans l'heure suivant la première explosion soviétique, et de disposer d'un arsenal atomique supérieur en nombre. La logique productiviste et quantitative des deux premières guerres mondiales s'amplifie. Aussi, l'Amérique d'Eisenhower se lance-t-elle dans une course à l'armement nucléaire. Elle passe de 1000 têtes nucléaires en 1953, à 18 000, en 1960 (contre 200 seulement à l'URSS[20]).

Cette approche industrialiste du nucléaire militaire suscite des appréhensions supplémentaires, bien compréhensibles chez les alliés, mais aussi au cœur de l'appareil d'État américain.

Vers la doctrine de la « riposte graduée » et de la « réponse flexible » – la percée conceptuelle du secrétaire d'État Foster Dulles, bien avant McNamara (1957-1969)

Dès 1954, avant même l'adoption de *MC 48*, le département d'État pressentait « qu'il n'était pas certain que les États-Unis puissent indéfiniment fonder leur stratégie sur des représailles nucléaires instantanées, en

---

[19] Procès-verbaux du *Conseil de l'Atlantique Nord* de décembre 1959, document OTAN, transmis aux chancelleries le 19 décembre 1959, *ibid.*, boîte n° 40 bis, s.– d. « *Session ministérielle de décembre 1959* ».

[20] Georges-Henri Soutou, *La Guerre de Cinquante Ans. Les relations Est-Ouest, 1943-1990*, Paris, Fayard, 2001, p. 345.

cas de guerre générale »[21]. Très tôt, les diplomates ont redouté un divorce américano-européen sur le partage des risques. En tête, John Foster Dulles, le secrétaire d'État d'Eisenhower, « ne veut pas perdre les alliés de l'Amérique avant même le début de la guerre »[22]. Jusqu'à sa mort en 1959, son idée fondamentale consiste à découpler la doctrine des représailles massives du champ de bataille européen[23]. Dulles promeut l'hypothèse que la bombe tactique ne précède pas nécessairement ni n'accompagne systématiquement la frappe stratégique. Elle se situerait à un niveau distinct de combat et de riposte, tout en se substituant à celle-ci, le cas échéant. C'est parce que les ripostes nucléaires « tactiques » deviendraient de plus en plus crédibles, efficaces et adaptées aux différentes situations, qu'elles acquerraient aussi une valeur « dissuasive », qui dispenserait du recours au nucléaire « stratégique » proprement dit.

Le secrétaire d'État Foster Dulles baptise sa doctrine *Less Than Retaliation*. Il veut préparer une guerre générale en Europe et/ou en Asie qui se cantonnerait à l'utilisation des bombes tactiques d'une puissance suffisante pour arrêter l'adversaire, mais assez limitée dans leurs effets pour ne pas dévaster tout le territoire. Par la même occasion, le *State Department* souhaite améliorer l'articulation entre le nucléaire tactique et les unités conventionnelles pour éviter des échanges de représailles massives entre les deux camps. Selon lui, on devrait pouvoir limiter une guerre à l'Europe ou à l'Asie[24].

---

[21] Mémoire du directeur de la planification politique (*Policy Planning Staff*), Robert Bowie, au secrétaire d'État Foster Dulles, 4 août 1954, NARA, SS/NSC Files, Lot 63 D 351 NSC 5422.

[22] 364ᵉ NSC, 1ᵉʳ mai 1958, *FRUS 1958-1960*, vol. III, doc. n° 23, p. 88-89.

[23] Discussion du projet NSC 5707, 314ᵉ séance du NSC, 28 février 1957, *FRUS 1955-1957*, vol. XIX, doc. n° 110, p. 425-441.

[24] Par exemple, à la fin de sa vie, la rencontre entre J. F. Dulles et le secrétaire à la Défense N. H. McElroy, accompagné de son cabinet et des chefs d'état-major, 7 avril 1958, *ibid.*, p. 62-65. Pour la Corée, et dès son entrée en fonction, le président Eisenhower s'était résolu à recourir à la bombe tactique en cas de reprise de la guerre de mouvement par les Nord-Coréens, soutenus par la Chine maoïste : propos du président Eisenhower lors d'une réunion informelle du Conseil de sécurité nationale devant des « consultants civils » nommés par le décret *NSC* n° 726-c, pour évaluer le coût des programmes de sécurité en fonction de leur efficacité réelle, 31 mars 1953. *FRUS 1952-1954*, vol. II, *National Security Affairs*, p. 272. Le secrétaire d'État Foster Dulles annonce officiellement à ses collègues cette nouvelle doctrine tactique, en présence d'Eisenhower, à la conférence des Bermudes. Il les informe aussi que des bombes atomiques ont été envoyées en Corée. Même s'il s'agissait de bombarder seulement des installations militaires, et non les grandes cités comme Shanghai ou Pékin, Churchill s'oppose alors à ce que l'Occident donne l'impression d'être à l'origine d'une guerre nucléaire, de surcroît en ciblant l'Asie, une seconde fois. Seconde réunion restreinte des chefs de gouvernement, 7 décembre 1953, *FRUS 1952-1954*, vol. V, *Western European Security*, t. II, p. 1811. Cette « doctrine » coréenne est l'objet d'une fuite sénatoriale

Cela suppose que Washington « fournisse aux principaux alliés une vraie capacité à se défendre au niveau régional », au lieu de les résigner à « voir les États-Unis pousser un bouton et déclencher une guerre nucléaire globale »[25]. En 1957, au Conseil de sécurité nationale, Dulles obtient d'insérer dans la nouvelle directive nationale 5707/8 la stipulation selon laquelle, « pour s'opposer à une agression locale, les forces américaines doivent posséder une capacité nucléaire <u>flexible</u> et <u>sélective</u>, et lorsque son utilisation est nécessaire, l'appliquer sur une échelle calculée au plus juste pour empêcher les hostilités de s'étendre en guerre générale ». Aussi, « les États-Unis doivent continuer leurs efforts pour persuader leurs alliés de reconnaître l'intégration des armes nucléaires dans l'arsenal du monde libre, l'éventualité de les employer rapidement <u>et de façon sélective, si nécessaire</u> » (nous avons souligné)[26].

Précisons que la voix du département d'État n'est pas alors prépondérante sur les états-majors. Pour cette raison, on doit patienter jusqu'aux années 1960, pour que la technologie américaine autorise enfin une « réponse flexible » aux provocations soviétiques, sans dévaster nécessairement toute la planète. Jusqu'alors, les moyens de transmission ne le permettaient pas : en l'absence de sauvegardes électroniques, seul le tout ou rien des représailles massives – assorti ou non de délégations de tirs – permettait à l'administration Eisenhower de concevoir une dissuasion cohérente et efficace. En 1960, la mise en place des missiles stratégiques intermédiaires Thor et Jupiter devient l'occasion d'introduire les codes nucléaires (*Permissive Action Links* (PAL). Théorisé en 1957-1958 par Fred Iklé pour la Rand Corporation et imposé par la commission mixte du Congrès à l'énergie atomique au début des années 1960, ce système sera appliqué systématiquement à l'OTAN au niveau tactique en 1962[27]. Il permet au pouvoir civil américain de contrôler les arsenaux nucléaires, tout en en laissant la garde physique à des forces européennes[28]. Cette avancée permettra à Kennedy de regrouper la totalité des autorisations de tir entre ses mains, et de rompre avec le libéralisme (laxisme ?) de son prédécesseur en matière de prédélégations[29]. Le progrès technique induit donc ce changement de doctrine et éloigne l'alternative mortelle entre la guerre nucléaire totale et la capitulation pure et simple,

---

un an plus tard : « *Warning to China. Retaliation By US If Korean War Is Renewed* », article du *South China Morning Post*, Hong Kong, 8 janvier 1954.

[25] 364ᵉ NSC, 1ᵉʳ mai 1958, *FRUS 1958-1960*, Washington, USGPO, vol. III, doc. n° 23, p. 79-97.

[26] Document NSC 5707, § 15, débattu au 325ᵉ NSC, 27 mai 1957, NARA, DOS, S/S NSC Files, Lot 63 D 351.

[27] Stephen I. Schwartz, *Atomic Audit : The Costs and Consequences of U.S. Nuclear Weapons Since 1940*, Washington, Brookings Institution Press, 2011, p. 515-516.

[28] Peter Douglas Feaver, *Guarding the Guardians*, chapitre 8 : « *The Resurgence of Assertive Control, 1959-1962* », *op. cit.*, p. 172-190.

[29] Georges-Henri Soutou, *La guerre de cinquante ans, op. cit.*, p. 384.

puisque les PAL permettent aussi de « doser » et de « moduler » la palette des armements à mettre en œuvre.

L'énoncé officiel de la « riposte graduée », 1967-1969

Toutefois, rien n'est simple. Si la « réponse flexible » obnubile les esprits très précocement, l'OTAN attend encore de longues années encore avant de l'élever au rang de doctrine officielle[30]. Pourtant, dès 1962, un an après sa prise de fonction, le secrétaire à la Défense McNamara a commencé à approfondir l'héritage de John Foster Dulles et son *less than retaliation*. Cinq années plus tard enfin, le sommet de l'Atlantique Nord d'Athènes (1967) l'érige en dogme sous le nom la « riposte graduée ». Deux documents précisent le nouveau paysage opérationnel : MC 14/3 (16 janvier 1968) et MC 48/3 (8 décembre 1969).

MC 14/3 s'intitule « Concept stratégique pour la défense de la zone de l'Organisation du Traité de l'Atlantique Nord ». En cas d'agression du pacte de Varsovie, l'OTAN se réserve de choisir entre trois types de ripostes :

1°) la « défense directe » (forces conventionnelles et, le cas échéant, « recours aux armes nucléaires disponibles dont l'emploi pourrait être autorisé, soit d'après un plan établi à l'avance, soit pour chaque cas particulier ») ;

2°) « l'escalade délibérée » (grâce entre autres à « l'emploi d'armes nucléaires de défense et d'interdiction », à « l'emploi d'armes nucléaires à titre démonstratif », à « des attaques sélectives sur des objectifs d'interdiction » ou encore grâce à « des attaques nucléaires sélectives sur d'autres objectifs militaires adéquats ») ;

3°) enfin, une « riposte nucléaire générale », avec tous les moyens atomiques disponibles, tactiques comme stratégiques.

Contrairement à MC 48 et MC 70, MC 14/3 ne conçoit plus le recours à l'arme atomique comme automatique : « Les effets d'une guerre nucléaire seraient si graves que l'Alliance ne devrait s'engager dans une telle action qu'après avoir essayé et jugé insuffisantes les possibilités de préserver ou de rétablir l'intégrité de la zone OTAN par des

---

[30] Au sujet de la « réponse flexible » et de la « réponse contrôlée » : Andrew Butfoy, « The Marginalisation of Nuclear Weapons in World Politics ? The Case of Flexible Response », *Australian Journal of Political Science*, 28ᵉ année, n° 2, 1993, p. 271-289. Francis J. Gavin, « The Myth of Flexible Response. United States Strategy in Europe During the 1960s », *International History Review*, 23ᵉ année, n° 4, 2001, p. 847-875.

mesures politiques, économiques et militaires conventionnelles ». On sent bien dans cette dernière phrase, au moment de sa rédaction, toute l'inquiétude des puissances européennes qui remettent leurs destins entre les mains du président des États-Unis et des généraux sous ses ordres[31].

Dans une deuxième étape, MC 14/3 se décline en MC 48/3, baptisé « Mesures de mise en application du concept stratégique pour la défense de la zone OTAN ». Ce document établit enfin avec clarté que le nucléaire tactique se conçoit à la fois sous un angle « substratégique », c'est-à-dire comme à la fois dissuasif (en élevant le prix de la conquête à un tarif prohibitif pour l'adversaire) et strictement opérationnel (en appui organique aux unités classiques, telles une super-artillerie ou une super-aviation d'appui au sol). Il énonce aussi le risque fatidique d'une montée aux extrêmes : « l'utilisation appropriée en temps opportun d'armes nucléaires tactiques pourrait arrêter l'agresseur, limitant de ce fait une nouvelle escalade. Toutefois, une fois que des armes nucléaires ont fait leur apparition, le conflit peut être très difficilement contrôlable »[32]. Dans le même temps, MC 48/3 n'oublie pas de prôner la montée en gamme des armements classiques, ni la constitution de forces de réaction rapide, dont la manœuvre devra plus que jamais se coordonner avec le feu nucléaire tactique.

La doctrine nucléaire tactique de l'après-guerre froide – ce qu'on peut savoir et en déduire

Un quart de siècle après la fin du rideau de fer et la dissolution du pacte de Varsovie, que peut-on savoir, à tout le moins esquisser de la doctrine atomique tactique américano-occidentale ?

De la présidence Eisenhower aux temps actuels, une constante émerge lorsqu'on aborde le facteur nucléaire dans sa globalité : il faut envisager en parallèle, mais séparément 1°) les armes et leurs vecteurs ; 2°) les « concepts stratégiques » de l'OTAN ; 3°) et, enfin, les plans de guerre proprement dits. Les chiffres des armes tactiques présentes en Europe sont connus et vraisemblablement fiables. Les « concepts stratégiques » des vingt dernières années, eux, sont désormais publiés en temps réel et deviennent des instruments de communication politique. La grande inconnue reste le contenu des plans de guerre, que le Groupe des plans nucléaires rédige

---

[31] Gregory W. Pedlow, *Documents sur la stratégie de l'OTAN*, op. cit., p. 407-434.
[32] *Ibid.*, p. 435-450.

et actualise depuis 1966[33]. On comprend pourquoi : inutile de renseigner l'ennemi éventuel et pis encore, d'affoler les populations alliées.

Par ailleurs, l'après-guerre froide se caractérise par des traités de contrôle des armements stratégiques, et par l'absence flagrante d'accords sur les armes tactiques. Dans les arsenaux, on constate néanmoins une modification majeure : les États-Unis et l'OTAN ont unilatéralement désarmé au niveau « substratégique ». Après le pic des années 1970 (7000 têtes réparties sur 125 sites[34]), les États-Unis ont retiré 97 % de leurs armes tactiques du continent européen. Ils ont enlevé tous leurs missiles sol-sol de courte portée (par exemple les *Lance*, y compris ceux en double clé avec les Allemands de l'Ouest) ainsi que les canons atomiques et leurs obus[35]. De même, ils ont rapatrié toutes leurs charges de Grèce en 2001, et de Grande-Bretagne en 2008[36]. En 2010, on ne recense plus que 150 à 200 armes tactiques américaines en partage sur le vieux continent, en l'espèce des bombes à gravité B-61. Six bases les hébergent : Kleine Brogel (Belgique), Vokel (Pays-Bas), Büchel (RFA), Ghodi Torre (Italie), Aviano (Italie) et Incirlik (Turquie). En termes de planification, cela implique qu'une guerre en Europe ne provoquerait le recours à l'arme atomique que si les gouvernements allemand, belge, néerlandais et turc ordonnaient, en même temps que le président américain, d'employer les bombes B 61 à leur disposition.

Un paramètre massif n'évolue pas : un quart de siècle après la guerre froide, l'armée russe entretient ouvertement un arsenal évalué entre 3700 et 5400 charges tactiques même si cela représente une réduction des deux tiers[37]. Si officiellement l'OTAN n'a plus d'adversaire, dans la réalité, l'Alliance s'expose à une menace nucléaire tactique identique à celle de la guerre froide, sinon bien pire puisque le déséquilibre devient caricatural. En extrapolant, on voit donc mal comment les plans occidentaux du

---

[33] À distinguer du Comité des plans de Défense. Depuis son retour dans le commandement intégré, la France appartient au Comité des plans, pas au Groupe des plans nucléaires, pour préserver son indépendance stratégique.

[34] Bérangère Rouppert, *Les armes nucléaires tactiques américaines en Europe. Les enjeux d'un éventuel retrait*, Les rapports du Grip, Bruxelles, 2010, p. 7.

[35] Brian Alexander et Alistair Millar, *Tactical Nuclear Weapons : Emergent Threats in a Evolving Security Environment*, Washington, Potomac Books, 2003, p. 21-22.

[36] Du Canada, également, dès 1989. Maïka Skjønsberg, *Armes nucléaires américaines en Europe. Les raisons du statu quo*, Les rapports du Grip, Bruxelles, mars 2016, p. 6.

[37] Robert S. Norris et Hans Kristensen, « US tactical nuclear weapons in Europe, 2011 », *Bulletin of the Atomic Scientists*, 67(1), 2011, p. 67-74. Autre chiffre fourni : 3 à 8 000, selon un rapport du Congrès, Amy F. Woolf, « *Nonstrategic Nuclear Weapons* », rapport RL32572, *Congressional Research Service, Foreign Affairs, Defense and Trade Division*, 29 juillet 2008. Source : Wikileaks. Brian Alexander et Alistair Millar, *Tactical Nuclear Weapons*, op. cit., p. 31.

XXIe siècle n'en tiendraient pas compte[38]. En effet, le retrait des charges américaines du théâtre européen se veut tout à fait réversible. C'est le point essentiel. Aujourd'hui, les États-Unis stockeraient 300 bombes B 61 en Amérique du Nord ainsi que 260 têtes tactiques retirées des missiles Tomahawk embarqués sur navires[39]. Leur capacité phénoménale de remontée en puissance du dispositif américain en Europe, grâce notamment à leurs avions-cargos géants (200 Galaxy ou Globemaster) laisse intacte leur capacité d'y réintroduire massivement et rapidement de telles armes.

Certes, en 1989, avant-même la chute du mur, l'OTAN avait fait mine d'abandonner officiellement ses « plans de frappes substratégiques » ainsi que les entraînements à grande échelle qui incluaient systématiquement l'hypothèse nucléaire tactique. En effet, le pacte de Varsovie avait très mal vécu la très réaliste manœuvre *Able Archer* de 1983 au point de se demander alors si l'OTAN n'allait pas en profiter pour l'agresser. On avait ensuite compris le danger d'agiter le chiffon rouge un peu trop près du museau de l'ours russe[40]. En conséquence, le SHAPE lança une série d'études sur les « rôles, missions et caractéristiques souhaitées pour les systèmes nucléaires de l'Alliance »[41]. Autant qu'on sache, cela a abouti au compromis laborieux de 1991, consistant à abandonner les postulats idéologiques et les doctrines d'emploi de la guerre froide tout en continuant d'entreposer des bombes sur le vieux continent : pour une courte période dans son histoire, l'OTAN renonce à contrer une éventuelle attaque conventionnelle soviétique avec des charges tactiques parce qu'aurait « disparu la menace d'une attaque massive de grande échelle sur tous les fronts européens en même temps »[42].

Si l'Union soviétique disparaît à la fin 1991, la Russie et l'Armée rouge subsistent. On revient vite à des réalités plus âpres et à un langage de vérité (même si une autre priorité consiste à préserver le pouvoir branlant de Boris Eltsine). La déclaration commune russo-atlantique de 1997 statue alors solennellement que, si « les membres de l'OTAN n'ont aucune intention,

---

[38] *Cf.* « Pour toute réduction future, notre objectif devrait être de tenter d'obtenir de la Russie qu'elle accepte d'accroître la transparence sur ses armes nucléaires en Europe et de les redéployer à distance du territoire des pays membres de l'OTAN. Toute nouvelle mesure devra tenir compte de la disparité entre les stocks d'armes nucléaires de courte portée, plus importants du côté russe », *Concept stratégique pour la défense et la sécurité des membres de l'Organisation du traité de l'Atlantique Nord*, adopté par les chefs d'État et de gouvernement au sommet de l'OTAN à Lisbonne, les 19 et 20 novembre 2010.

[39] Robert S. Norris et Hans Kristensen, art. cité.

[40] Beth Fischer, *The Reagan Reversal : Foreign Policy and the End of the Cold War*, Columbia (MO), The University of Missouri Press, 2000, p. 123 et 131.

[41] Bruno Tertrais, *L'Arme nucléaire après la Guerre froide. L'Europe, l'alliance atlantique et l'avenir de la dissuasion*, CREST-École polytechnique, Economica, 1994, p. 117 et 119.

[42] OTAN, « The Alliance's Strategic Concept », Service de presse et de documentation, 1991, § 8.

aucune raison, ni aucun programme de dissémination d'armes nucléaires sur les territoires des nouveaux membres [...], ils ne voient aucun motif de changer quoi que ce soit à la politique nucléaire de l'OTAN et n'anticipent aucune nécessité de le faire à l'avenir » (nous avons souligné)[43].

Le nouveau concept stratégique de l'OTAN de 1999 s'inscrit dans la même veine. Politiquement, ce document public prend derechef acte de la fin de la Guerre froide en continuant de proposer aux « pays de l'Est » une coopération stratégique dans la lignée du Partenariat pour la paix (1994) et de l'OSCE (1995). Militairement, cependant, ce texte très travaillé rappelle les paramètres de la géopolitique européenne et proclame haut et fort que :

> La présence de forces conventionnelles et de forces nucléaires américaines en Europe reste essentielle pour la sécurité de ce continent, qui est indissolublement liée à celle de l'Amérique du Nord. [...] Ses forces conventionnelles ne peuvent à elles seules assurer une dissuasion crédible. Les armes nucléaires apportent une contribution unique en rendant incalculables et inacceptables les risques que comporterait une agression contre l'Alliance. Elles restent donc indispensables au maintien de la paix.

En matière opérationnelle, l'OTAN

> maintiendra donc dans l'avenir prévisible une combinaison appropriée de forces nucléaires et de forces conventionnelles basées en Europe et tenues à niveau là où ce sera nécessaire, encore qu'il doive s'agir du niveau minimum suffisant [...] La crédibilité du dispositif nucléaire de l'Alliance et la démonstration de la solidarité de ses membres ainsi que de leur volonté commune de prévenir la guerre exigent toujours que les Alliés européens concernés par la planification de la défense collective participent largement aux manœuvres d'état-major nucléaires, au stationnement en temps de paix de forces nucléaires sur leur territoire, et aux dispositions de commandement, de contrôle et de consultation. Les forces nucléaires basées en Europe et destinées à l'OTAN constituent un lien politique et militaire essentiel entre les membres européens et les membres nord-américains de l'Alliance. C'est pourquoi celle-ci maintiendra des forces nucléaires adéquates en Europe (nous avons souligné)[44].

En écho, dix ans plus tard, en 2010, dans un tout autre contexte mondial, le « nouveau » Nouveau Concept stratégique de l'OTAN proclame

---

[43] « Founding Act on Mutual Relations, Cooperation, and Security Between the Russian Federation and the North Atlantic Treaty Organization », Paris, 27 mai 1997. Nous avons souligné.
[44] *Le concept stratégique de l'OTAN*, approuvé par les chefs d'État et de gouvernement participant à la réunion du Conseil de l'Atlantique Nord tenue à Washington, 23-24 avril 1999.

encore de façon aussi péremptoire : « [le concept stratégique], engage l'OTAN sur l'objectif qui consiste à créer les conditions pour un monde sans armes nucléaires [*Cf.* le discours de Prague du président Obama en 2009] – mais il reconfirme que, <u>tant qu'il y aura des armes nucléaires dans le monde, l'OTAN restera une alliance nucléaire</u> » (nous avons souligné)[45].

Dans un document préparatoire au Concept de 2010, l'OTAN réaffirmait déjà ne suivre

> ni une politique d'usage en premier, ni une politique de non-usage en premier des armes nucléaires. <u>L'Alliance ne détermine pas à l'avance de quelle manière elle réagirait à une agression</u>. La question reste ainsi ouverte, et une décision serait prise le moment venu, si une telle situation devait effectivement se matérialiser. <u>Ce faisant, les Alliés visent à maintenir tout agresseur dans le doute</u> quant à la façon dont ils riposteraient en cas d'agression (nous avons souligné)[46].

S'il n'existe aucune automaticité d'emploi de l'arme atomique, rien n'exclut pour autant la préparation de plans, bien en amont : « Nous maintiendrons une <u>combinaison appropriée de forces nucléaires et conventionnelles</u> [...] Nous assurerons la plus large participation possible des Alliés à la <u>planification de défense collective sur les rôles</u> [*sic*] <u>nucléaires</u>, au stationnement des forces nucléaires en temps de paix et aux dispositions de commandement, de contrôle et de consultation » (nous avons souligné)[47]. La déclaration de 2010 s'inscrit donc en continuité parfaite avec la « riposte flexible » adoptée 43 ans plus tôt. Déjà à l'époque, on se réservait l'emploi de la bombe atomique dès la première heure du conflit, comme à la dernière heure, voire pas du tout.

Tout laisse penser que les pays baltes et les anciens États du pacte de Varsovie (privés *a priori* de bombes sous double clé par l'accord atlantico-russe de 1997) pèsent lourd dans cette décision structurelle de maintenir des bombes tactiques dans l'arsenal de l'OTAN et de continuer à mettre à jour des plans de frappes. Certes, l'implantation de missiles Iskander par la Russie dans l'enclave de Kaliningrad, elle-même en riposte au bouclier antimissile américain, a aggravé les motifs de craintes[48]. Au lendemain du sommet de l'Atlantique Nord d'avril 2010, le ministre des Affaires étrangères d'Estonie, Mme Urmas Paet, déclare ainsi :

---

[45] *Concept stratégique de l'OTAN 2010*, doc. cité.
[46] *NATO Position on nuclear nonproliferation*, Juin 2010.
[47] *Concept stratégique 2010, Le concept stratégique de l'OTAN*, doc. cité.
[48] Shatabhisha Shetty, Ian Kearns, Simon Lunn, « *The Baltic States, NATO and Non-Strategic Nuclear Weapons in Europe* », Londres, Royal United Services Institute for Defense and Security Studies, décembre 2012. *Les rapports secrets du département d'État*, *Le Monde, Le meilleur des Wikileaks*, hors-série, février 2011, p. 40-41.

Toute décision à propos des armes nucléaires implantées en Europe doit prendre en considération les perspectives de sécurité au long terme et la fiabilité du dispositif de dissuasion qui ne doit pas reposer sur des considérations politiques à brève échéance ou d'ordre budgétaire [...] Même si l'emploi d'armes nucléaires est improbable, la dissuasion nucléaire depuis le sol européen doit perdurer, car cela entretient le lien transatlantique et autorise une plus grande souplesse dans la dissuasion (nous avons souligné)[49].

La France, la première, défend le maintien du nucléaire dans la panoplie tactique de l'OTAN[50], alors qu'elle ne participe toujours pas à sa planification et qu'elle a très longtemps répudié le « nucléaire du champ de bataille ». Aujourd'hui, en fait, le missile à moyenne portée ASMP-A ne relève plus seulement des frappes préstratégiques d'« ultime avertissement ». On pourrait l'employer à des fins opérationnelles, y compris pour protéger les alliés européens (pas forcément demandeurs, d'ailleurs) :

Il existe des liens forts entre la dissuasion nucléaire et les capacités conventionnelles. La dissuasion, qui garantit la protection de nos intérêts vitaux, confère la liberté d'action au Président de la République dans l'exercice des responsabilités internationales de la France, pour la défense d'un allié ou l'application d'un mandat international. En ce sens, elle est directement liée à notre capacité d'intervention. De plus, certains des moyens des forces nucléaires peuvent être utilisés pour les opérations conventionnelles sur décision du Président de la République » (nous avons souligné)[51].

Dans le même temps, très logiquement, Paris s'oppose au départ des armes américaines tactiques, considérant à son tour qu'on ne peut pas défendre le vieux continent, sans elles :

La France est attachée à conforter la solidité de l'alliance militaire qui rassemble vingt-huit nations résolues à se défendre solidairement contre toute agression armée. Elle sera particulièrement vigilante à l'égard du maintien d'une combinaison appropriée de capacités nucléaires, conventionnelles et de défense antimissile pour la dissuasion et la défense, conformément aux engagements énoncés dans le concept stratégique. Celui-ci réaffirme le rôle des armes nucléaires en tant que garantie suprême de la sécurité et pilier de la doctrine de défense de l'Alliance. Les forces nucléaires stratégiques indépendantes du Royaume-Uni et de la France, qui ont un rôle de dissuasion

---

[49] Min. Urmas Paet, Secrétaire général Anders Fogh Rasmussen, « New Threats Receive the Same Attention », Communiqué OTAN, réunion informelle des ministres des Affaires étrangères, Tallinn, 22-23 avril 2010.
[50] Maïka Skjønsberg, *Armes nucléaires américaines en Europe. Les raisons du statu quo*, Bruxelles, mars 2016, *Les rapports du Grip*, p. 22 et 26-27.
[51] *Le Livre Blanc sur la Défense et la Sécurité nationale*, Ministère de la Défense, mai 2013, p. 76.

propre, contribuent à la dissuasion globale et à la sécurité des Alliés (nous avons souligné)[52].

Conclusion

Au total, on persévérera dans l'hypothèse que les grands paramètres nucléaires de la guerre froide perdurent depuis la naissance de l'alliance américano-atlantique. Tout s'installe entre 1954 (*New-Look* eisenhowérien et MC 48 atlantiques) et 1969 (« réponse flexible » et MC 48/3). La réduction *maîtrisée* des arsenaux (*arms control*) depuis la chute du rideau de fer ne change pas en nature l'équilibre de la terreur entre l'OTAN et la Russie. En particulier, les deux adversaires de la guerre froide ignorent toujours comment se faire la guerre, un jour peut-être, sans les bombes tactiques. Certes, la tension ne se compare plus aujourd'hui aux heures les plus angoissantes du conflit Est-Ouest. Tout peut néanmoins basculer en quelques mois. Un aventurisme excessif du Kremlin, quelques Crimées de trop, des dirigeants occidentaux fébriles et ignorants de l'histoire comme de la géographie, puis une erreur d'appréciation commune du rapport des forces réciproques provoqueraient vite la montée aux extrêmes. La fin du rideau de fer ne modifie pas cette donne fondamentale. Dans les années 1950, on a édifié le bûcher nucléaire. Depuis les années 1990, la torche s'en est simplement éloignée. Jusqu'où et jusqu'à quand ?

---

[52] *Ibid.*, p. 62.

La politique de non-prolifération à la croisée des chemins

Les enseignements de l'accord américano-indien de coopération nucléaire de 2008

Gerald Felix WARBURG[1]

L'ironie est omniprésente dans le chemin suivi par le gouvernement de George Bush pour obtenir son improbable victoire en 2008 lui assurant l'accord du Congrès pour l'« Initiative de coopération nucléaire civile entre les États-Unis et l'Inde ». L'accord représentait un coup diplomatique d'envergure pour le Premier ministre indien Manmohan Singh, reconnaissant *de facto* le statut de puissance militaire nucléaire et mettant fin à trois décennies de statut de paria de New Delhi dans le domaine de la prolifération nucléaire. Pour Washington, les concessions sur la prolifération nucléaire, accordées spécifiquement dans la poursuite d'une nouvelle logique relationnelle avec l'Inde, constituent, comme le fait remarquer un journaliste réputé, « l'une des initiatives les plus ambitieuses jamais lancées par un secrétaire d'État [...], rien de moins que la "répudiation" de trois décennies de politique américaine »[2]. Lors de la cérémonie solennelle de signature, le président Bush tint à partager le mérite de sa réussite avec un lobby émergent d'Américains d'origine indienne. Cet événement, tenu le 8 octobre 2008, les représentants de General Electric et Westinghouse l'applaudirent eux aussi, pressés de voir la vente de produits nucléaires américains à l'Inde, estimée à près de 150 milliards de dollars, être confirmée[3].

---

[1] Ce texte a initialement été publié en novembre 2012 dans *The Nonproliferation Review*, vol. 19, n° 3, sous le titre « Nonproliferation policy crossroads : Lessons Learned from the US-India Nuclear Cooperation Agreement », p. 451-471. Nous remercions les éditions Taylor & Francis de nous avoir autorisés à en reproduire une traduction française dans cet ouvrage. Nous remercions chaleureusement l'équipe chargée de la traduction du texte de sa langue originale vers le français : Fabien Despinasse, Alice Bleby, Etienne Vulliet, Marion Sevaz, Alizé Cook et Antony Dabila.

[2] Glenn Kessler, « India Nuclear Deal May Face Hard Sell », *Washington Post*, April 3, 2006, p. 1, et Glenn Kessler, *The Confidante : Condoleezza Rice and the Creation of the Bush Legacy*, New York, St Martin's, 2007, p. 49.

[3] Le Président Bush a déclaré, « *I appreciate the work of Indian-Americans across the nation* », www.georgewbush-whitehouse.archives.gov/news/releases/2008/10/20081008-4.html.

Les critiques, quant à eux, firent le constat que cet accord révolutionnaire « inversait fondamentalement un demi-siècle d'efforts américains contre la prolifération, affaiblissait les tentatives d'empêcher les États comme l'Iran et la Corée du Nord de se doter de l'arme nucléaire et contribuait potentiellement à la course aux armements en Asie »[4]. Les opposants à l'accord soutenaient que celui-ci violait des exigences du Congrès, n'empêchait pas l'Inde d'avancer dans son programme nucléaire et représentait « un coup de force dénué de principes destiné pour mettre en place un échange avantageux et promouvoir son intérêt géopolitique »[5].

La jurisprudence créée par l'accord États-Unis – Inde fut rapidement testée. Le Pakistan chercha à obtenir le même genre de dérogations au principe de non-prolifération de la part de Washington, et passa commande de réacteurs nucléaires auprès des Chinois[6]. Les négociateurs iraniens mentionnèrent le traitement spécial dont bénéficiait maintenant l'Inde pour s'opposer aux sanctions de l'ONU contre leur programme nucléaire, tandis que d'autres puissances non alignées accusaient l'accord de créer un double standard évident, dans l'intérêt des États-Unis[7]. Le Japon et l'Australie débattirent de la question de savoir s'il fallait maintenir leur propre politique, maintenant mis à mal, interdisant la coopération avec l'Inde et justifiée par le fait que New Delhi continuait à refuser l'entière mise en application des garanties de l'Agence Internationale pour l'Énergie atomique (IAEA).

Le 16 mai 1974, l'explosion atomique indienne a été l'événement qui déclencha, à lui seul et plus que n'importe quel autre, la mise en place d'une série d'initiatives prises du Congrès pour encadrer le contrôle international sur l'exportation des technologies nucléaires. Tous ces contrôles ont été considérablement affaiblis par l'accord nucléaire entre les États-Unis et l'Inde conclu en 2008. Ces deux événements sont le point de départ et d'arrivée de toute une génération de lois de non-prolifération. Il est par conséquent crucial de se demander quels enseignements tirer de la toute nouvelle coopération nucléaire entre les États-Unis et l'Inde.

---

4   Jayshree Bajoria et Esther Pan, « The U.S.-India Nuclear Deal », Council on Foreign Relations, updated 5 novembre 2010, www.cfr.org/india/us-india-nuclear-deal/p9663.
5   Leonard Weiss, « U.S.-India Nuclear Cooperation : Better Later than Sooner », *Nonproliferation Review* 14, novembre 2007, p. 453.
6   Howard LaFranchi, « US Objects to China-Pakistan Nuclear Deal. Hypocritical ? », *The Christian Science Monitor*, 16 juin 2010, www.csmonitor.com/USA/Foreign-Policy/2010/0616/US-objects-to-China-Pakistan-nuclear-deal.-Hypocritical.
7   Comme un haut responsable iranien l'a déclaré, « [W]hat the Americans are doing is a double standard. On the one hand, they are depriving an NPT member [Iran] from having peaceful technology, but at the same time they are cooperating with India, which is not a member of the NPT, to their own advantage », voir Simon Tisdall, « Tehran accuses US of nuclear double standard », *Guardian*, 27 juillet 2005, www.guardian.co.uk/world/2005/jul/28/iran.usa.

Antécédents : Les relations nucléaires EU-Inde

Les nombreux efforts américains de non-prolifération ont été spécifiquement conçus pour contrecarrer les ambitions nucléaires de puissances émergentes telles que l'Inde. Les désaccords sur la politique de prolifération sont nés après l'utilisation par l'Inde, dans les années 1950, de l'aide nucléaire civile des États-Unis et du Canada afin de développer clandestinement des explosifs nucléaires. Ils persistent en raison du statut actuel de l'Inde de nation dotée d'armes nucléaires rejetant le Traité sur la non-prolifération des armes nucléaires (TNP). L'émergence récente de l'Inde comme un précieux allié de l'Amérique en Asie du Sud (et comme un de ses partenaires commerciaux majeurs, entretenant avec elle toujours plus de liens dans le domaine de la défense) a créé une pression considérable sur des décennies de politiques étasuniennes de non-prolifération. Pour beaucoup, les lois qui furent le résultat de ces politiques sont désormais dépassées.

L'histoire politique est ici primordiale : dans le but d'amadouer les dirigeants de l'Inde nouvellement indépendante, les États-Unis y envoyèrent vingt-et-une tonnes d'eau lourde en 1956, tandis que le Canada, de son côté, fournissait la technologie pour les réacteurs[8]. Le démarrage consécutif du programme nucléaire indien viola, de manière spectaculaire, le principe de base de la politique définie par le président Dwight D. Eisenhower en 1953, *Atoms For Peace*, au travers de laquelle les États-Unis s'engageaient à partager la technologie, les matériaux et le savoir-faire atomiques à des fins pacifiques. L'action de l'Inde reste l'abus le plus marquant de l'assistance nucléaire pacifique. Les représentants du président Richard Nixon avaient explicitement mis en garde l'Inde contre le détournement de l'aide nucléaire américaine pour un programme d'armement[9]. Les relations entre les États-Unis et l'Inde étaient mauvaises depuis un certain temps, notamment en raison de la timide réaction américaine face aux affrontements frontaliers entre la Chine et l'Inde, au rôle de l'Inde dans le démembrement du Pakistan et aux relations étroites que les dirigeants non alignés de New Delhi développaient avec Moscou. Le test nucléaire de l'Inde du 18 mai 1974 eut pour conséquence de figer l'opposition avec Washington pour une durée de trente ans et de stimuler la réforme radicale des exportations nucléaires.

---

[8] Les Indiens ont utilisé la plupart des 21 tonnes d'eau lourde fournies par les États-Unis et le réacteur américano-canadien (CIRUS) importé au milieu des années 1950 pour leur programme illégal d'armement nucléaire.
[9] Voir la déclaration du Sénateur Senator Alan Cranston à l'audience du Comité des affaires étrangères du Sénat à propos de « Tarapur Nuclear Fuel Export Issue », 96ᵉ Cong., 2ᵉ sess. juin 18-19, 1980, p. 8.

Ces initiatives comprenaient des efforts menés par le Représentant Jonathan Bingham (démocrate de New York) allant dans le sens de la suppression du comité mixte pour l'énergie atomique, d'une puissance exceptionnelle et défenseur des exportations nucléaires. En 1976, le Congrès choisit de fragmenter les compétences du comité en plusieurs commissions, à présent dirigées par de parlementaires sceptiques quant au commerce nucléaire sans entrave[10]. Des législateurs tels que le Sénateur John Glenn (démocrate de l'Ohio) et Bingham ont utilisé l'abus commis par l'Inde avec l'aide nucléaire américaine comme justification centrale de la promulgation de la « loi de non-prolifération nucléaire » (NNPA) en 1978 qui durcissait les normes commerciales américaines issues du *Nuclear Energy Act* (AEA). La NNPA exigeait que les États demandant la technologie nucléaire américaine acceptent d'abord l'inspection de *toutes* leurs substances nucléaires par l'AIEA[11]. La mesure obligeait les fournisseurs d'installations nucléaires à faire preuve de retenue, même s'ils étaient en concurrence sur les marchés de l'exportation. Les États étaient ainsi dissuadés d'encourager les ventes en ignorant les critères de confinement concernant l'ensemble des technologies atomiques ou en augmentant les offres concernant réacteurs en y incluant le transfert de technologies utilisables pour les armes[12].

L'essai nucléaire indien de 1974 s'est avéré être le premier d'une série de coups portés sur les marchés de l'exportation nucléaire. Jusque-là, les entreprises américaines monopolisaient près de 90 % du marché des exportations de réacteurs. La concurrence étrangère s'aligna sur les normes de sécurité et de confinement les plus basses. Pour gagner des parts de marché, les Français et les Allemands de l'Ouest proposèrent d'inclure des installations d'enrichissement et de retraitement capables de produire des matériaux nucléaires utilisables militairement. La flambée des prix du pétrole et les doutes sur la fiabilité de l'approvisionnement en uranium ont également contribué à accroître la demande pour la mise au point de combustible à base de plutonium, dont l'usage était jusque-là plutôt

---

[10] Le stratagème de Bingham exige seulement un soutien à la majorité dans le Caucus démocrate pour interdire le renvoi de toute législation vers le Comité. Voir Edward Cowan, « Joint Atomic Panel Stripped of Power », *New York Times*, January 5, 1977, p. 16.

[11] Le NNPA suit la notion discriminatoire du Traité de non-prolifération de « droits acquis » des États possédant des armes nucléaires permettant des programmes militaires non soumis à une surveillance dans ces pays. Les efforts indépendants du Sénateur Glenn et du Représentant Bingham construits sur plusieurs propositions législatives, incluant, dans la Chambre, un amendement de Clément Zablocki (Démocrate du Wisconsin) et Paul Findley (Républicain de l'Illinois) et diverses propositions des Sénateurs Charles Percy (Républicain de l'Illinois), Abraham Ribicoff (Démocrate du Connecticut) et Stuart Symington (Démocrate du Missouri).

[12] Cette caractéristique du NNPA codifie le travail du Groupe des fournisseurs nucléaires.

militaire[13]. Dans les années 1980, les nouvelles commandes de réacteurs construits aux États-Unis diminuèrent pour différentes raisons : hausse des taux d'intérêt et des coûts de construction de centrales mobilisant énormément de capitaux, ralentissement de la demande en énergie après les chocs pétroliers de 1973 au Moyen-Orient, accident de *Three Mile Island* en 1979, incapacité à résoudre les problèmes liés à l'élimination des déchets radioactifs et enfin croissance des organisations non gouvernementales (ONG) antinucléaires[14].

Au cours des décennies suivantes, le programme nucléaire indien a influencé tous les aspects des relations avec les États-Unis. Alors que certains alliés américains, y compris Israël, entretenaient des relations fortes avec Washington malgré leurs ambitions nucléaires, l'opinion indienne fut profondément affectée par la loi NNPA et par les restrictions du Groupe des fournisseurs nucléaires qui exigeaient des nations technologiquement avancées qu'elles refusent l'aide de l'Inde. En Inde, les sensibilités postcoloniales sont restées une dimension importante de l'identité nationale. Elle n'entretenait donc aucune sympathie pour le zèle de la politique de non-prolifération de Washington[15]. L'essai nucléaire indien a également déclenché une course aux armements nucléaires sur le sous-continent, accélérant le programme d'armement nucléaire pakistanais et aboutissant à une série d'essais nucléaires de la part des deux pays en 1998[16]. Par la suite, les efforts de l'administration Clinton pour rétablir le dialogue avec New Delhi ont seulement servi à souligner l'insistance de l'Inde à recevoir le statut non discriminatoire d'État doté d'armes nucléaires (EDAN).

Le président George W. Bush était déterminé à engager le dialogue avec l'Inde sur de nouvelles bases. Comme le soutenait son stratège international, la secrétaire d'État américaine Condoleezza Rice, le conflit nucléaire entre les États-Unis et l'Inde n'avait fait que créer, durant toute une génération, « une relation tourmentée, une ambivalence structurelle entre le

---

[13] Sharon Squassoni, « Looking Back : Nuclear Nonproliferation Act of 1978 », *Arms Control Today*, December 2008, www.armscontrol.org/print/3470.

[14] Voir Lawrence Wittner, *Confronting the Bomb : A Short History of the World Nuclear Disarmament Movement*, Stanford, Stanford University Press, 2009, p. 113-177.

[15] Weiss argumente de façon convaincante que les statuts de non-prolifération des États-Unis aidaient à contrôler le lobby pour l'armement nucléaire indien, notamment dans le milieu des années 1990. Leonard Weiss, « U.S.-India Nuclear Cooperation : Better Later than Sooner », *Non-proliferation Review* 14, novembre 2007, p. 430.

[16] Ce dernier a été suivi par de faibles sanctions des États-Unis, puis une initiative régionale infructueuse de l'administration Clinton pour engager l'Inde et le Pakistan. Voir Saroj Bishoyi, « India-US High Technology Cooperation : Moving Forward », Institute for Defence Studies and Analyses, 16 février 2011, www.idsa.in/idsacomments/India USHighTechnologyCooperationMovingForward_sbishoyi_160211.

leader démocratique mondial et la plus grande démocratie du monde »[17]. Bush ne prit pas cette initiative seulement parce que Rice et d'autres conseillers expérimentés l'ont encouragé à considérer l'Inde comme un contrepoids démocratique au pouvoir chinois grandissant, mais aussi parce que la « guerre mondiale contre le terrorisme », lancée à l'automne 2001, avait rendu prioritaire la recherche d'alliés en Asie du Sud[18]. La genèse de l'initiative de Bush remonte à 2001, date à laquelle des fonctionnaires du Département d'État – dont le conseiller Philip D. Zelikow, l'ambassadeur américain en Inde Robert D. Blackwill et le conseiller principal du sous-secrétaire d'État aux affaires politiques Ashley J. Tellis – ont présenté avec beaucoup de précision les avantages potentiels qu'auraient les États-Unis à posséder en Asie du Sud un allié sûr, démocratique et doté d'armes nucléaires[19]. De plus, les diplomates américains se devaient d'offrir quelque chose à un gouvernement de New Delhi anxieux, après l'annonce de Rice de la fourniture d'avions de chasse avancés à Islamabad, comme une conséquence de la coopération américano-pakistanaise après les attentats du 11 septembre 2001 (plus tard, Rice observera ironiquement que l'Inde et le Pakistan étaient devenus les figures emblématiques du « crime contre le régime de non-prolifération »)[20]. Nous pouvons d'ailleurs noter que peu de stratèges américains soutenaient que le rapprochement avec l'Inde apporterait des avantages à la lutte contre la prolifération. Plus d'une génération après le test indien de 1974, les besoins de la *realpolitik* conduisirent le président Bush à bâtir une alliance plus forte avec l'Inde, malgré les coûts conséquents sur les efforts de non-prolifération.

Les lignes principales de la proposition novatrice élaborée par la Maison Blanche en 2005 étaient simples. Les États-Unis acceptaient la fragmenta-

---

[17] Déclaration de la Secrétaire d'État Condoleezza Rice préparée pour l'audience du Comité des affaires étrangères du Sénat, « United States-India Peaceful Atomic Energy Cooperation : The Indian Separation Plan and the Administration's Legislative Proposal », 109ᵉ Cong., 2ᵉ sess., 5 avril 2006, reprinted in Senate Committee on Foreign Relations, « United States-India Peaceful Atomic Energy Cooperation and U.S. Additional Protocol Implementation Act », Report 109-288, 20 juillet 2006, p. 110, www.gpo.gov/fdsys/pkg/CRPT-109srpt288/pdf/CRPT-109srpt288.pdf.

[18] Rice insiste dans ses mémoires volumineuses sur le fait que chercher un contrepoids à la Chine n'était pas le principal facteur de motivation. Voir Condoleezza Rice, *No Higher Honor : A Memoir of My Years in Washington*, New York, NY, Crown Publishing Group, 2011, p. 436.

[19] Tellis est largement crédité de se concentrer intensément au Département d'État sur les avantages d'une amélioration des liens avec l'Inde. Voir Ashley J. Tellis, « India as a New Global Power : An Action Agenda for the United States, » Carnegie Endowment for International Peace, juillet 2005, www.carnegieendowment.org/files/CEIP_India_strategy_2006.FINAL.pdf.

[20] Condoleezza Rice, *No Higher Honor : A Memoir of My Years in Washington*, op. cit., p. 437.

tion du complexe nucléaire indien et se livreraient à un commerce régulier avec le programme civil, séparé et placé sous contrôle de l'AIEA, tout en acceptant la continuation du programme militaire indien qui, lui, échappait aux contrôles. En retour, l'Inde appuierait les contrôles à l'exportation du Groupe des fournisseurs nucléaires et s'engageait en privé à s'abstenir de poursuivre les essais d'explosifs nucléaires. L'Inde deviendrait ainsi une puissance nucléaire *de facto*, alors même qu'elle avait testé – après l'entrée en vigueur du TNP – des explosifs nucléaires issus d'une aide internationale « pacifique ».

À partir de 2005, les critiques se focalisèrent sur la possibilité que ce faible accord nucléaire entre les États-Unis et l'Inde puisse nuire aux efforts de non-prolifération en faisant montre d'une non-application sélective. On craignait également que les concessions américaines ne récompensent l'Inde pour avoir adopté des normes que tous les autres membres du Groupe des fournisseurs nucléaires avaient déjà adoptées – et que l'Inde respectait depuis longtemps pour préserver ses propres intérêts[21]. La reprise du commerce nucléaire international avec l'Inde, enfin, portait également la menace de voir une plus grande partie de ses réserves limitées d'uranium redirigée vers son programme militaire, comme l'avaient publiquement indiqué les promoteurs indiens[22].

La nouvelle approche Bush-Rice

Le cas de la relation houleuse entre les États-Unis et l'Inde dans le domaine nucléaire offre une saisissante illustration de la façon dont des causes générales multilatérales, telles que la non-prolifération nucléaire, peuvent être sacrifiées pour satisfaire les exigences spécifiques d'une diplomatie bilatérale. En 2005, le Président Bush ressentit un vif besoin de créer un « partenariat stratégique » avec l'Inde alors que son administration s'efforçait de maintenir le soutien international pour une intervention militaire prolongée et controversée en Irak et en Afghanistan[23]. L'opposition, au niveau des pouvoirs exécutif et législatif, entre factions politiques créa un antagonisme acrimonieux entre défenseurs des calculs sensés du

---

[21] George Perkovich, « Global Implications of the U.S.-India Deal », *Daedalus* 139, hiver 2010, p. 20-31.
[22] Voir par exemple, K. Subrahmanyam, « India and the Nuclear Deal », *Times of India*, December 12, 2005, www.articles.timesofindia.indiatimes.com/2005-12-12/edit-page/27856485_1_nuclear-energy-nuclear-power-nuclear-deal.
[23] Les chercheurs notent que le Congrès tend à défendre le premier, alors que l'exécutif, notamment le Département d'État, soutient ce dernier. Voir Stanley J. Heginbotham, « Dateline Washington : The Rules of the Games », *Foreign Policy* 53, Winter 1983-84, p. 157.

Département d'État et les passions idéologiques des partisans du contrôle des armes – qui seront qualifiés par Rice de « grands prêtres de la non-prolifération »[24].

Rice plaida de manière agressive pour la transformation des relations USA-Inde. Ainsi, cette proposition devint un projet du président à partir de 2005. Le président Bush tint la bride haute à son équipe de négociateurs avant et après le sommet qu'il organisa avec les dirigeants indiens en 2005. « Où en est-on avec l'Inde ? » demandait fréquemment le Président Bush à Rice au cours de son second mandat, même lorsque les réunions n'avaient pas de liens directs avec l'Asie du Sud[25]. Peut-être ce projet était-il rendu encore plus attrayant pour le scepticisme affiché des élites politiques à Washington pour cette entreprise risquée aux yeux de l'anticonformiste qu'était le président. Bush accueillait de manière favorable l'opportunité de tenter, de temps à autre, une approche diplomatique différente, pouvant changer les règles du jeu. Il conduisit une équipe composée de nombreuses personnes sceptiques sur les efforts de contrôle multilatéral des armes adoptés par ses prédécesseurs. Par ailleurs, Bush voyait, dans la vigoureuse démocratie indienne, une figure emblématique pour son « initiative démocratique » ainsi qu'un potentiel contrepoids à la Chine[26].

Rice fit des négociations une affaire personnelle ; après avoir piétiné en juillet 2005, elle déclara qu'elle « n'était pas prête à capituler »[27]. La Secrétaire d'État s'est entretenue directement avec le Premier ministre lors d'un petit déjeuner le 18 juillet à l'hôtel Willard à Washington DC, rouvrant avec succès les discussions, qui aboutirent à de nouvelles concessions de la part des États-Unis. En défendant l'accord devant le Congrès, Rice déclarera plus tard de façon concluante « le Président Bush a fait un choix, et c'est le bon »[28].

L'équipe de la Maison Blanche accorda aux négociateurs indiens ce que Singh avait demandé lors des discussions bilatérales du 18 juillet 2005. Sous la pression aiguë du temps – alors que les discussions se poursuivaient dans le bureau ovale et que les équipes de négociateurs étaient

---

[24] Condoleezza Rice, *No Higher Honor : A Memoir of My Years in Washington*, op. cit., p. 437.

[25] Ancien responsable du Département d'État, interview personnelle avec l'auteur, Washington, DC, July 10, 2010.

[26] L'attraction des mouvements visant à changer la donne sont discutés avec George W. Bush, *Decision Points*, New York, Crown Publishing Group, 2010.

[27] Condoleezza Rice, *No Higher Honor : A Memoir of My Years in Washington*, op. cit., p. 439.

[28] Déclaration de la secrétaire d'État, Condoleezza Rice, préparée pour l'audition du Comité des affaires étrangères du Sénat. « United States-India Peaceful Atomic Energy Cooperation : The Indian Separation Plan and the Administration's Legislative Proposal ».

bloquées à côté dans le salon Roosevelt –, les négociateurs indiens poussèrent leurs homologues américains dans leurs retranchements. Selon d'anciens hauts responsables de l'administration Bush, les Indiens se firent pressants : « Il nous en faut plus si nous devons vendre cet accord une fois de retour dans notre pays »[29]. Plus les Indiens poussaient et plus les Américains faisaient marche arrière. « Ce jour-là, les Indiens étaient incroyablement gourmands. Ils allaient obtenir 99 % de ce qu'ils demandaient », concéda un négociateur en chef américain au *Washington Post*, « et ils poussaient pour obtenir 100 % »[30]. Les Indiens rejetèrent un engagement explicite de non-explosion, exclurent plusieurs installations militaires – en dehors des limites permises aux inspecteurs de l'AIEA – et rechignèrent à prendre les engagements nécessaires en matière de protection des financements, essentielles avant que l'industrie nucléaire américaine ait accès au marché nucléaire indien. Évaluant à quel point l'équipe américaine avait été mauvaise dans les négociations, un haut responsable nommé par Bush ironisa après les négociations « cela me fait presque plaisir que l'équipe Bush n'ait pas à s'asseoir autour de la table avec les Iraniens ou les Nord-Coréens » – appréhendant les concessions similaires qui auraient pu en découler[31].

Pourquoi les Américains acceptèrent-ils ? Ils cédèrent parce que le président Bush avait déjà pris la décision d'engager le dialogue avec l'Inde sur les bases proposées par l'Inde. Bush considéra cet enjeu comme relevant de la raison d'État des États-Unis et comme une opportunité de construire une alliance à un moment où les positions américaines en Irak, en Afghanistan, et au Pakistan souffraient d'un isolement international croissant et d'une contestation intérieure. Les coûts d'un échec des négociations étant prohibitifs, le président conclut que le compromis sur des principes abstraits de non-prolifération serait compensé par des avantages commerciaux et sécuritaires, grâce à l'alliance avec l'Inde. Rice vendit un accord à négocier à des conditions favorables au Premier ministre indien, comme « l'accord d'une vie », tandis que Nicholas Burns, le sous-secrétaire d'État aux Affaires politiques confia au ministre indien des Affaires étrangères que les États-Unis souhaitaient « ôter ce fardeau vieux de 30 ans de votre cou »[32]. Les Indiens s'étaient alors retirés des négociations, mais les Amé-

---

[29] Comme décrit par un ancien responsable du Département d'État et des officiels de la communauté du renseignement, interviews personnelles avec l'auteur, Washington, DC, 8 juillet 2010.
[30] Glenn Kessler, « India Nuclear Deal May Face Hard Sell », *Washington Post*, April 3, 2006, p. 1.
[31] Ancien responsable du Département d'État et officiels de la communauté du renseignement, interviews personnelles avec l'auteur, Washington, DC, August 10, 2010.
[32] Condoleezza Rice, *No Higher Honor : A Memoir of My Years in Washington, op. cit.*, p. 439.

ricains les avaient retenus avec une offre si généreuse qu'ils ne pouvaient la refuser.

Les observateurs maintiennent que l'insistance du gouvernement Bush pour aboutir à un accord était motivée par la volonté du président Bush de laisser un héritage. Cette opinion était partagée par un certain nombre de fonctionnaires indiens méfiants. L'accord proposé n'était pas populaire auprès des politiciens de l'opposition en Inde, mais, les négociateurs ont souvent entendu de leurs homologues américains que « l'accord devait être conclu avant la fin du mandat de Bush » et que le successeur de Bush pourrait revenir sur l'accord ou être incapable de rendre certaine l'approbation finale du Congrès[33].

Les Indiens avaient fait savoir dès 2005 que la reconnaissance non discriminatoire de leur statut d'État doté de l'arme nucléaire était nécessaire pour faire progresser les relations avec Washington. Les dilemmes auxquels les États-Unis firent face à la suite des attentats du 11 septembre donnèrent aux négociations entre Washington et New Delhi un nouvel élan. Singh, le Premier ministre indien, saisit l'initiative américaine au risque de déstabiliser sa coalition de gouvernement. Les critiques nationalistes au Parlement, ainsi que le bruyant Parti communiste indien, s'opposèrent vigoureusement au renouvellement des liens avec les États-Unis, invoquant, entre autres, que cette relation conduirait à des violations de la souveraineté indienne et de son statut de non-aligné.

Alors que le test indien de 1974 s'était avéré dommageable pour les exportateurs nucléaires américains, la proposition de l'administration Bush de rouvrir le marché nucléaire indien représenta le meilleur espoir depuis des dizaines d'années pour les ventes nucléaires américaines. Les défenseurs de l'atome prirent également à cœur la proposition subséquente de l'administration Obama de fournir des milliards de dollars de garanties de prêts pour relancer les ventes intérieures d'énergie nucléaire. On a même été jusqu'à trouver une raison à de telles initiatives dans la réduction des émissions de carbone et la création d'emplois *verts* aux États-Unis. En conséquence, l'efficacité des contrôles des exportations nucléaires et la durabilité des normes de non-prolifération prendraient désormais une importance considérable sur le marché.

L'accord esquissé en juillet 2005 fournissait seulement un cadre pour le futur traité. Avant que ce traité puisse entrer en vigueur, le Congrès devait approuver le renoncement à plusieurs conditions issues du droit de la non-prolifération dans un processus comportant plusieurs étapes. La première d'entre elles aboutit à la loi de 2006 sur la coopération en matière

---

[33] John Newhouse, « Diplomacy, Inc. : The Influence of Lobbies on U.S. Foreign Policy », *Foreign Affairs* 88, mai-juin 2009, p. 73-92.

d'énergie atomique pacifique entre les États-Unis et l'Inde, communément appelée *Hyde Act*. Cette mesure approuva la négociation d'un accord entre les États-Unis et l'Inde qui renoncerait aux exigences de garanties intégrales de l'AIEA, requis par l'article 123 de la Loi sur l'énergie atomique, tout en exigeant que le président détermine en premier lieu si un certain nombre de conditions avaient bien été remplies.

Presque deux années de négociations bilatérales avec l'Inde s'ensuivirent, avec la modification des normes multilatérales du Groupe des fournisseurs nucléaires, ainsi qu'un second vote du Congrès, avant que n'entre en vigueur le traité sur le nucléaire civil américano-indien (le « traité 123 »). L'Inde, cruciale pour les espoirs de ventes américaines de réacteurs, devait également adopter une loi limitant la responsabilité des entreprises américaines avant que les ventes puissent s'opérer. Chacune de ces étapes se poursuivit alors que la cote de popularité du président Bush était en berne, mise en évidence par la perte de la majorité républicaine aux deux chambres du Congrès à l'automne 2006, ce qui relança la mise en doute par le Congrès de l'autorité présidentielle, et souleva des inquiétudes aux États-Unis concernant la prolifération nucléaire en Iran, Pakistan et Corée du Nord.

Les clés de la campagne de lobbying

Comment l'équipe du président a-t-elle réussi à rassembler les soutiens nécessaires pour le projet d'accord, qui renonçait aux exigences de non-prolifération ? Les responsables de l'administration Bush avaient décidé au début de l'année 2006 qu'ils pouvaient tout tenter, étant donné que le lobbying sur le Capitole serait difficile en toute circonstance compte tenu des vastes concessions de non-prolifération qu'ils proposaient. Les initiés ont appelé cet élément de stratégie destiné à traiter avec le Congrès la « théorie du big bang »[34]. L'administration a tenu les dirigeants du Congrès dans l'ignorance des détails des négociations bilatérales aussi longtemps que possible. « L'accord était déjà devenu un élément central de la politique étrangère américaine avant même qu'on en ait entendu parler », déplora un expert du Congrès en matière de non-prolifération[35].

Les stratèges de l'administration se sont rendus coupables d'un faux-départ lorsqu'ils tentèrent de vendre au Congrès une proposition visant à

---

[34] Glenn Kessler, *The Confidante : Condoleezza Rice and the Creation of the Bush Legacy*, New York, St Martin's, 2007, p. 55.
[35] Comité des relations internationales à la Chambre des représentants, équipes de la majorité et de la minorité, interviews personnelles avec l'auteur, Washington, DC, July 21, 2010.

obtenir l'approbation législative finale d'un accord modifiant l'article 123 de l'AEA, alors même que les termes de l'accord n'avaient pas encore été négociés. Les critiques au Congrès se jetèrent à l'assaut de la proposition ; un leader démocrate de la Chambre des représentants (qui a finalement voté pour l'accord) fit circuler à ses collègues le compte rendu du *Washington Post* sur les négociations au sommet de juillet 2005 pour illustrer à quel point l'équipe américaine avait été dépassée[36]. Les fuites de dissidents internes au sein du pouvoir exécutif alimentèrent l'opposition au Congrès. En effet, ce furent souvent les critères relatifs à la non-prolifération, que le personnel du Département d'État avait énoncés, mais qu'il n'avait pas réussi à faire appliquer, qui concentrèrent les critiques au Congrès. Lors d'une audience du Comité des Relations internationales de la Chambre des représentants, le 11 mai 2006, la proposition d'une approbation valant carte blanche reçut les critiques des leaders démocrates[37].

Pourquoi le Congrès approuva-t-il alors le *Hyde Act* quelques mois plus tard, autorisant ainsi la conclusion du traité, puis, à l'automne 2008, vota-t-il à une écrasante majorité pour l'adoption de « traité 123 » ? Parmi les membres du Congrès, beaucoup se montrèrent mesurés ; les législateurs craignaient que les inconvénients diplomatiques du rejet de l'accord avec l'Inde ne l'emportent sur les coûts permettant de le faire aboutir. La plupart des membres voulaient de meilleures relations avec l'Inde. Une initiative visant à faire échouer l'accord purement et simplement aurait figé les relations entre les États-Unis et l'Inde pour une génération supplémentaire. Le fait que le Premier ministre indien Singh reçoive la réprobation de la gauche au Parlement pour avoir simplement engagé des discussions avec les États-Unis devint également un argument de vente sur le Capitole.

La logique invoquée par l'équipe de lobbying de Bush en 2006 alla au-delà de la volonté de courtiser l'Inde en tant qu'alliée régionale. Les porte-paroles de l'administration s'attaquèrent de front aux critiques du Congrès. Interrogés à propos des pressions pour offrir le même accord à des pays aussi instables que le Pakistan, les responsables déclarèrent que le traité n'avait pas établi de précédent, arguant que l'Inde n'avait jamais partagé la technologie et le savoir-faire nucléaires. Le Pakistan, d'un autre côté, avait l'héritage honteux de A. Q. Khan, qui, de manière notoire, aida l'Iran et la Corée du Nord dans leurs essais nucléaires clandestins[38]. Et qu'en était-il

---

[36] Représentant Howard Berman, « The U.S.-India Nuclear Deal : Striking the Right Balance », 8 mai 2006, www.house.gov/list/speech/ca28_berman/India_nuke.shtml.

[37] Voir, par exemple, United News of India, « Democrats Spearhead Opposition to U.S.-India Nuclear Deal », 12 mai 2006, www.news.oneindia.in/2006/05/12/democrats-spearhead-opposition-to-us-india-nuclear-deal-1147421922.html.

[38] Selon les équipes de la Chambre, le président d'alors Tom Lantos (Démocrate de Californie) insistait sur le fait que l'Inde installait un précédent, notant qu'il n'y aurait

de la Corée du Nord et de l'Iran, se demandaient les opposants ? Ce ne sont pas des démocraties transparentes comme l'Inde, répondit l'administration. Lorsque le Congrès demanda comment l'affaiblissement des principales normes pourrait « renforcer » la non-prolifération, l'équipe de Bush répondit que convaincre l'Inde, une puissance nucléaire de longue date, d'accepter les exigences, du Groupe des fournisseurs nucléaires, relatives à l'exportation, ferait exactement cela[39].

Compte tenu de l'histoire tortueuse des relations nucléaires entre les États-Unis et l'Inde, les défis auxquels l'administration Bush a été confrontée pour obtenir l'approbation parlementaire étaient énormes. Comme dans de nombreuses négociations présidentielles internationales, contourner la bureaucratie de la politique étrangère et garder des informations du Congrès secrètes a des avantages à court terme et des coûts à long terme. Lorsque les Démocrates obtinrent la majorité à la Chambre et au Sénat lors des élections de novembre 2006, le défi de faire approuver l'accord se complexifia, ce qui exigea une chorégraphie élaborée de New Delhi à Washington.

La campagne pour obtenir le soutien du Capitole à l'accord nucléaire avec l'Inde a minimisé la consultation interagences. Les sceptiques internes à la branche exécutive furent marginalisés avec efficacité. Les experts de la non-prolifération au sein de l'État furent exclus des réunions-clés, ou alors largement déclassés et en infériorité numérique[40]. Peu de négociateurs américains connaissaient bien l'histoire des lois américaines sur la non-prolifération nucléaire. La plupart des critères proposés par le personnel du Département d'État n'ont pas été atteints. Comme indiqué plus haut, ces mêmes normes non satisfaites ont été utilisées par les membres du Congrès comme arguments contre l'approbation de l'accord.

Les discussions décisives avec le Congrès furent dirigées par Rice, qui s'appuya sur le sous-secrétaire d'État Burns et le secrétaire d'État adjoint aux Affaires législatives, Jeffrey Bergner. Celui-ci avait travaillé pendant des années pour le sénateur de l'Indiana Richard Lugar, qui siégeait au Comité sénatorial des Relations internationales. Ce comité était initialement consi-

---

pas d'autre démocratie avec environ un milliard de citoyens cherchant la dissuasion nucléaire.

39 Une manœuvre retournée : le Département d'État n'a pas su répondre aux demandes du Congrès à propos de la coopération indienne avec les programmes iraniens de missile jusqu'à quelques heures avant un vote clé. Le représentant Henry Hyde (Républicain de l'Illinois) était tellement révolté qu'il a initialement recherché une enquête criminelle concernant la défaillance du Département d'État à respecter son obligation légale de garder le Congrès « complètement et constamment informé ».

40 Comité des relations internationales de la Chambre des représentants, équipes de la majorité et de la minorité, interviews personnelles avec l'auteur, Washington, DC, 21 juillet 2010.

déré comme le lieu de la plus importante opposition potentielle, mais Bergner, qui avait été auparavant le directeur respecté du personnel du comité, a aidé à surmonter cela.

Le jeu de mêlée des lobbyistes évolua, après le premier revers, vers une campagne classique. L'équipe du Département d'État a d'abord cherché à obtenir l'appui de la majorité au Congrès avant d'isoler les critiques, pour enfin de minimiser les conditions imposées par la loi. À l'été 2006, un consensus commença à émerger parmi les parlementaires principaux en faveur d'un processus d'approbation conditionnelle en deux étapes.

Le Congrès est organisé selon une règle tacite de répartition du travail. Une poignée de présidents de comité et d'experts préfigurent les choix et influencent l'issue des votes, en particulier sur les thématiques techniques de sécurité[41]. Sur un problème aussi complexe que la politique de non-prolifération envers l'Inde – une histoire diplomatique longue et tortueuse qui n'a le pouvoir d'irriter qu'un nombre restreint d'électeurs de chaque circonscription – ce phénomène s'est avéré être particulièrement vrai. Dans ces conditions, les stratèges de l'administration Bush ciblèrent trois principaux groupes de législateurs. Ceux-ci comprenaient les directions de la Chambre des représentants et du Sénat, les présidents des comités et les sénateurs en position de se présenter aux primaires. Ces manœuvres se sont avérées efficaces : écarter une opposition visible, rendre plus certain le consentement du Congrès.

L'équipe du Département d'État mit en place ensuite des porte-paroles venus de trois groupes. Un premier était composé de leaders économiques. Les parlementaires des États ayant un bénéfice potentiel en termes de création d'emploi reçurent la visite par General Electric, Westinghouse et d'autres fournisseurs d'énergie nucléaire. Les lobbyistes leur présentaient une estimation selon laquelle le traité permettrait la création de 27 000 emplois et 150 milliards de dollars de vente[42]. Leurs arguments recevaient de plus l'appui des lobbyistes du secteur de la défense et des télécommunications, tout aussi désireux de bénéficier de nouveaux débouchés commerciaux en Inde. Les entreprises indiennes accueillirent plusieurs réunions avec les délégations du Congrès américain. Le plus grand cabinet américain de lobbying de Washington, Patton Boggs, fut engagé pour l'occasion par le Conseil commercial américano-indien. Robert Blackwill, qui a quitté l'administration gouvernementale en novembre 2004, obtint

---

[41] Voir Gerald Warburg, « Congress : Checking Presidential Power », *in* Roger Z. George, Harvey Rishikof (dir.), *The National Security Enterprise : Navigating the Labyrinth*, Washington, Georgetown University Press, 2011, p. 233.

[42] J. Sri Raman, « The U.S.-India nuclear deal – one year later », *Bulletin of the Atomic Scientists*, 1er octobre 2009, www.thebulletin.org/web-edition/features/the-us-india-nuclear-deal-one-year-later.

rapidement un mandat de lobbying avec des avances d'honoraires annuels à sept chiffres pour son cabinet de conseil, afin de faire pression sur le Congrès pour qu'il approuve l'accord. Cependant, les stratèges du département d'État ont délibérément éloigné les lobbyistes indiens du Capitole, craignant que leur enthousiasme n'alimente la perception que les négociateurs américains avaient été écartés[43].

Un second groupe comprenait des porte-paroles expérimentés en Inde et des experts en géostratégie reconnus. Ils firent valoir qu'il était temps de tourner la page du test nucléaire indien de 1974 ; en effet, permettre à l'Inde de rentrer dans le club des puissances atomiques pourrait faire avancer d'autres objectifs américains en matière de sécurité. Faire autrement signifiait s'accrocher à un principe futile consistant à isoler l'Inde pour lui appliquer une punition afin d'assurer la non-prolifération tout en ignorant que les États-Unis avaient besoin du soutien de l'Inde sur un grand nombre d'autres préoccupations stratégiques globales[44]. Il est en effet préférable d'avoir l'Inde « dans notre camp » dirigeant sa puissance vers l'extérieur, que l'inverse[45]. Les responsables de l'administration Bush orchestrèrent ainsi une séquence de lobbying soutenue, conçue pour obtenir l'approbation par le Congrès de l'accord entre les États-Unis et l'Inde, et comprenant entrevues, lettres et appels téléphoniques réalisés par les grands noms des Relations internationales aux États-Unis. Les promoteurs du projet firent également jouer des arguments tenant à la promotion de l'énergie propre pour justifier les ventes nucléaires à l'Inde en soulignant que 70 % des besoins du pays en électricité reposaient sur l'utilisation de charbon polluant. Avec une demande indienne qui doublerait d'ici à 2030, les émissions de carbone devraient également suivre une tendance exponentielle et être multipliées par sept. Cet argument permit de convaincre les plus réticents, en particulier chez les Démocrates[46].

---

[43] Ancien responsable du Département d'État, interview personnelle avec l'auteur, Washington, DC, 10 juillet 2010.

[44] Remarques du Dr. Jeffrey Bergner de l'Université de Virginie Frank Batten School of Leadership and Public Policy Forum, 10 novembre 2011.

[45] L'ancien ambassadeur des États-Unis en Inde, Robert Blackwill, insistant effectivement sur ce point sous contrat avec le cabinet de lobbying BGR. Un ancien responsable de la politique de non-prolifération a noté que Blackwill et ses collègues « ont argumenté que la règle empêchant l'Inde d'obtenir des États-Unis la technologie nucléaire est un artefact d'une ancienne époque, qui n'est plus pertinente ». Voir Leonard S. Spector, interview par Bernard Gwertzman, « Symbolism Tops Substance in US-India Nuclear Agreement », *Council on Foreign Relations*, 15 juillet 2008, www.cfr.org/india/symbolism-tops-substance-us-india-nuclear-agreement/p168033.

[46] Données de l'Agence américaine de l'information sur l'énergie, comme citées dans l'article de Richard Dobb, « Key Cities », *Foreign Policy* 91, septembre/octobre 2010, p. 134.

Le troisième groupe de partisans était composé des leaders communautaires. Ne comptabilisant que 2,2 millions de citoyens américains, les Américains d'origine indienne étaient alors de plus en plus considérés comme une communauté aisée, plutôt sophistiquée et hautement éduquée, dont l'influence commençait seulement à se faire sentir. « Ils étaient pleins de bonnes intentions » comme l'explique un haut responsable de l'administration Bush, « mais n'avaient jamais fait ce genre de travail auparavant. Ils étaient exaltés ; ils avaient besoin de conseils, et ils ont été très utiles »[47]. Ces dirigeants ciblèrent des parlementaires de haut rang pour mettre en avant les intérêts que l'Amérique pourrait trouver à renouveler sa relation avec l'Inde. De plus, les Américains d'origine indienne avaient organisé d'importantes collectes de fonds, notamment pour les sénateurs Richard Lugar, Joseph Biden (Démocrate du Delaware), Hillary Clinton (Démocrate de New York) et John Kerry (Démocrate du Massachusetts)[48].

Le *caucus* américano-indien du Congrès fut lui aussi actif. Bien que ces *caucus* aient rarement eu un impact significatif, celui-ci s'est avéré efficace pour mobiliser ses 187 membres. Les indo-Américains ont suivi l'exemple du Comité des affaires publiques américano-israélien connu pour être agressif et très influent. « C'est énorme » alla jusqu'à déclarer le président du Conseil du commerce américano-indien. C'est le mur de Berlin qui s'effondre. C'est Nixon en Chine... les retombées sont considérables »[49]. Comme l'a noté une enquête du Washington Post, le lobbying pour « le pacte nucléaire a réuni un gouvernement indien plus avisé que jamais pour s'adapter aux règles de Washington, une communauté indo-américaine qui vient juste d'entrer dans ses propres intérêts commerciaux puissants qui voient l'Inde comme peut-être la plus grande opportunité d'enrichissement au XXIe siècle »[50].

Les défenseurs de longue date de la non-prolifération, tels que le représentant Edward Markey (Démocrate du Massachusetts) et la sénatrice Barbara Boxer (Démocrate de Californie) demeuraient cependant intransigeants. Ces opposants soutenaient que le projet d'accord récompenserait une nation pour avoir méprisé le TNP tout en sapant la norme internationale exigeant des garanties complètes sur les exportations nucléaires vers les États non dotés de l'arme nucléaire. Les voix critiques soulignaient égale-

---

[47] Ancien responsable du Département d'État et officiels de la communauté du renseignement, interviews personnelles avec l'auteur, 8 juillet 2010.
[48] Voir John Newhouse, « Diplomacy, Inc. : The Influence of Lobbies on U.S. Foreign Policy », *Foreign Affairs* 88, mai-juin 2009, p. 73-92.
[49] Mira Kamdar, « Forget the Israel Lobby. The Hill's Next Big Player is Made in India », *Washington Post*, 30 septembre 2007, www.washingtonpost.com/wpdyn/content/article/2007/09/28/AR2007092801350.html.
[50] *Ibid.*

La politique de non-prolifération à la croisée des chemins 261

ment que les intérêts commerciaux étaient utilisés pour justifier le « détricotage » des normes d'exportation nucléaire ; précisément la pratique contre laquelle avait été créée la loi sur la non-prolifération nucléaire. Les plus sceptiques faisaient valoir que le projet d'accord n'imposait aucune limite à la construction de nouvelles charges explosives nucléaires à l'Inde. En effet, le projet d'accord ne prévoyait pas d'inspection par l'AIEA des nombreuses installations nucléaires indiennes et ne limitait pas non plus la quantité de matière fissile produite. Les installations indiennes se trouvaient dès lors en capacité de produire des matières fissiles suffisantes pour se doter d'une cinquantaine de nouvelles bombes nucléaires chaque année.

Malgré ces critiques, d'autres champions de la non-prolifération tels que les sénateurs Biden et Kerry, ou encore les Représentants Tom Lantos (Démocrate de Californie) et Howard Berman (Démocrate de Californie) finirent par se montrer plus réceptifs. L'administration soutenait que la loi sur la non-prolifération nucléaire avait, depuis une génération, œuvré pour repousser dans le temps et réduire la probabilité que des dizaines de pays – Brésil, Argentine, Libye, Syrie, Irak, Afrique du Sud et Corée du Sud – franchissent le seuil nucléaire. Néanmoins, dans le monde de l'après-11 septembre, soutenaient-ils, l'Inde pourrait être un allié stratégique si elle faisait « partie du club ».

La mémoire institutionnelle du Congrès repose sur son personnel. Le département d'État a donc été confronté aux questions les plus difficiles lorsque des experts témoignèrent devant les présidents successifs de la Commission des Affaires étrangères de la Chambre, les Représentants Henry Hyde (républicain de l'Illinois), Lantos et Berman. « Les conseils intermittents des cabinets se prirent les pieds dans de menus détails ésotériques conçus pour élever des obstacles insurmontables », déplorait un lobbyiste. « Ils se disputaient pour poser la question la plus ingénieuse, mais tous manquaient l'argument central : l'Inde était nécessaire aux États-Unis et nous serions dans une bien meilleure position avec l'Inde dans le camp de la non-prolifération qu'en dehors »[51]. Pour le Département d'État, les critiques les plus inquiétantes vinrent des Républicains. Plutôt que d'essayer de bloquer directement l'accord – et de porter ainsi la responsabilité des conséquences diplomatiques – la Chambre cherchait, avant les élections de 2006, à promouvoir la négociation d'un accord assorti de conditions détaillées[52]. Cette confiance placée dans les conditions imposées par les parlementaires est le trait de nombreuses luttes sur le plan de la politique étrangère. Les dirigeants du congrès sont hésitants lorsqu'il s'agit

---

[51] Cadre de l'administration Bush, responsable du Département d'État, interview personnelle avec l'auteur, Washington, DC, 6 juillet 2010.
[52] Ancien responsable du Département d'État, interview personnelle avec l'auteur, Washington, DC, 10 juillet 2010.

de se mettre en travers du chemin d'une politique étrangère sans cesse en mouvement. En effet, sur la plupart des questions de sécurité nationale controversées, le Congrès adopte une stratégie visant à gagner du temps et à insérer un ensemble de conditions nécessaires pour autoriser l'accord, sans exprimer de refus catégorique[53]. Cette situation a favorisé la décision des responsables du Département d'État d'opter pour une approche « en bloc » plutôt que fragmentée pour le rapprochement avec l'Inde.

Les parlementaires ont ainsi eu recours à des expédients procéduraux pour s'assurer que le Congrès reviendrait sur l'accord détaillé après sa négociation. La loi Hyde fixe des critères, notamment l'interdiction de l'extraction de plutonium des matériaux fournis par les États-Unis et l'arrêt explicite du commerce nucléaire si l'Inde testait une autre arme nucléaire. Ces dispositions étaient déjà incluses dans la loi de 1978 instaurant la non-prolifération nucléaire, mais les parlementaires insistaient pour qu'il y soit fait explicitement référence dans le texte final du traité. L'équipe de Bush a été contrariée par cette exigence du *Hyde Act* prévoyant un autre vote du Congrès en 2008 après la mise au point des détails du pacte commercial nucléaire. Toutefois, malgré cette clause importante, la loi Hyde reçut l'approbation finale du Congrès en novembre 2006 par un vote de 85-12 au Sénat, après un vote de 330-59 à la Chambre plus tôt en juillet.

Avec cette victoire conditionnelle en main, l'équipe de négociation américaine continua à travailler avec l'Inde pendant deux longues années pour rédiger le texte détaillé de l'Accord 123. Le pouvoir exécutif utilisa certaines des conditions du Congrès pour limiter quelques-unes des concessions faites aux négociateurs indiens. Cependant, les diplomates américains ne réussirent pas à obtenir un accord explicite de l'Inde sur plusieurs des conditions énoncées dans la loi Hyde. Au contraire, les négociateurs indiens obtinrent encore plus de concessions sur les questions centrales, comme l'autorisation de retraiter du combustible provenant des États-Unis et l'arrêt automatique du commerce nucléaire en cas d'une nouvelle explosion nucléaire indienne, malgré les réserves exprimées d'emblée par plusieurs spécialistes du Département d'État[54]. Rice informa le Congrès de son intention de mettre fin à l'approvisionnement par les États-Unis si l'Inde violait son moratoire unilatéral sur le test nucléaire, mais elle insista sur le fait qu'un accord contraignant juridiquement aurait été comme une « pilule empoisonnée » tuant l'accord avec certitude. En effet, dans la mesure où le Premier ministre Singh gouvernait avec coalition fragile,

---

[53] Prendre en compte par exemple, la préoccupation du Congrès pour la loi sur les relations avec Taiwan et le Traité du Canal du Panama de 1977, et le vote de 2002 autorisant l'utilisation de la force contre l'Irak.

[54] Voir Fred McGoldrick, Harold Bengelsdorf, Lawrence Scheinman, « The U.S.-India Nuclear Deal : Taking Stock », *Arms Control Today*, octobre 2005, p. 6-12.

La politique de non-prolifération à la croisée des chemins 263

il était probable que le parlement indien, où le Premier ministre Singh disposait d'une majorité fragile, rejette une telle exigence qui serait considérée comme une atteinte à la souveraineté de l'Inde.

La percée dans les négociations entre les États-Unis et l'Inde pour compléter le « traité 123 » a été réalisée à la mi-2008. Elle est intervenue seulement à la suite de changements au sein de la coalition gouvernementale indienne. À New Delhi, les opposants de gauche considéraient que le traité faisait trop de concessions sur le programme souverain de l'Inde et sur l'inspection internationale. Ils finirent par abandonner le gouvernement de Singh. Ceci délia les mains du Premier ministre, au moment même où l'équipe de la Maison Blanche disposait de sa dernière fenêtre d'opportunité pour conclure un accord, avant la fin de la mandature. Avec cette course contre la montre et contre les exigences de révision imposées par la loi, le pacte put finalement voir le jour et fut soumis en toute hâte au Congrès pour son approbation finale, qui eut lieu à la fin de l'été 2008[55].

Au Congrès, les plus sceptiques, y compris ceux qui avaient surmonté leurs inquiétudes en 2006 pour soutenir la loi Hyde, étaient furieux de la nouvelle stratégie de l'administration Bush consistant à pousser les quarante-cinq membres du Groupe des fournisseurs nucléaires à renoncer aux interdictions commerciales avec l'Inde avant que le Congrès n'approuve l'accord[56]. En septembre 2008, les critiques se focalisèrent une nouvelle fois sur l'échec du traité à plafonner la production indienne de plutonium, afin de soumettre le programme des réacteurs surgénérateurs indiens à une inspection de l'AIEA pour éviter le détournement de combustible de capacité militaire vers le programme militaire ou encore à faire apparaître explicitement que l'approvisionnement américain serait interrompu en cas de nouveau test d'arme nucléaire par l'Inde. Le « traité 123 » laissait à New Delhi toute latitude pour décider quelles installations futures seraient inspectées. Cela pouvait permettre à l'Inde d'utiliser ses réserves domestiques limitées d'uranium pour la construction d'armes nucléaires,

---

[55] Sous le traité de non-prolifération nucléaire, les arguments proposés doivent être fournis au Congrès sous 60 jours avant le vote, un critère qui a été levé par la législation de septembre 2008 approuvant l'accord de coopération nucléaire entre les États-Unis et l'Inde.

[56] Le représentant a détruit la stratégie en la qualifiant d'incompréhensible dans une lettre du 5 août 2008 à Rice, voir www.carnegieendowment.org/files/Berman_NSG_letter_to_Rice20080805.pdf. Remarquablement en racontant ces évènements avant un rassemblement américano-indien le 30 septembre 2011, le sous-secrétaire d'État adjoint pour les affaires de l'Asie centrale et du Sud, Geoffrey Pyatt, renversa la séquence des évènements, déclarant que le Congrès passa l'accord final 123 avant l'action du groupe des fournisseurs nucléaires. Voir Geoffrey Pyatt, « Taking Stock of the U.S.-India Nuclear Deal », US Department of State, 30 septembre 2011, www.state.gov/p/sca/rls/rmks/2011/174883.htm.

mais cela obligea les États-Unis à aider à la sécurisation de sources d'approvisionnement alternatives en uranium pour l'Inde si l'approvisionnement des États-Unis devait s'interrompre[57].

Ironiquement, même les membres du Congrès soucieux des clauses défavorables de l'accord considéraient à présent que le projet de loi devait être mis en œuvre rapidement. Tel que le faisait remarquer le président de la Chambre Berman, après la levée des sanctions multilatérales sur le commerce nucléaire avec l'Inde au début du mois de septembre par les membres du Groupe des fournisseurs nucléaires, les firmes russes et françaises auraient eu un avantage compétitif écrasant. Le vote du Groupe des fournisseurs nucléaires a été précédé d'un dernier effort des opposants pour ralentir l'approbation finale. Les opposants du Capitole ont imploré certains États membres du Groupe des fournisseurs nucléaires tels que l'Autriche et l'Irlande pour qu'ils tiennent bon[58]. Une fois de plus, l'effort personnel de Rice a permis de l'emporter. Dans ses mémoires, elle raconte sa campagne de lobbying par téléphone toute la nuit pour obtenir le vote unanime nécessaire du Groupe des fournisseurs nucléaires[59]. Comme l'a noté John Isaacs, l'un des principaux défenseurs de la non-prolifération de Washington, « l'administration Bush a exercé une pression politique sans précédent sur le Groupe des fournisseurs nucléaires pour conclure l'accord, y compris les appels téléphoniques des membres du cabinet américain à leurs homologues pendant les sessions de négociations »[60].

Une fois que le Groupe des fournisseurs nucléaires eut renoncé aux restrictions sur les échanges commerciaux dans le cadre du programme nucléaire de l'Inde, beaucoup ont estimé que l'approbation de l'accord final devait revenir au Congrès. Les opposants basés à Washington ont cherché à former une coalition pour bloquer son adoption. Cependant, les signataires d'une lettre du 19 septembre 2008 au Congrès qui a fait échouer l'accord provenaient d'un groupe peu organisé d'ONG pour le contrôle des armes. Ils réclamaient un délai supplémentaire et une renégociation des termes en faisant valoir que les conditions fixées par le Congrès

---

[57] Voir Leonard Weiss, « India and the NPT », *Strategic Analysis* 34, mars 2010, p. 255-271.
[58] Comité des relations internationales de la Chambre des représentants, équipes de la majorité et de la minorité, interviews personnelles avec l'auteur, Washington, DC, 21 juillet 2010, et Paul Kerr, « U.S. Nuclear Cooperation with India : Issues for Congress », Congressional Research Service, 5 Novembre 2009.
[59] Condoleezza Rice, *No Higher Honor : A Memoir of My Years in Washington, op. cit.*, p. 698.
[60] John Isaacs, Directeur exécutif, Conseil pour un monde vivable, correspondance par courriels avec l'auteur, 28 août 2010. Voir Barry Blechman, *et al.*, « The U.S.-Indian Nuclear Cooperation Agreement : A Bad Deal », lettre aux membres du Congrès, 19 septembre 2010.

en 2006 n'avaient pas été remplies. La dénonciation faite par le représentant Edward Markey était beaucoup plus tranchante, déclarant à la veille du vote par appel nominal du 26 septembre à la Chambre plénière :

> Avec ce vote, nous brisons les règles de non-prolifération, et les trois prochains pays à traverser le verre brisé seront l'Iran, et la Corée du Nord, et le Pakistan […] [C'est] dans une situation complètement folle dans laquelle nous nous engageons […] cet accord est en train d'attaquer [la base du TNP] par ses racines[61].

Les faiblesses de l'accord qui avait été négocié étaient évidentes, même pour ceux qui étaient en faveur, mais le processus était résolument lancé et les parties prenantes américaines, fatiguées de ces longues négociations, n'aspiraient qu'à quitter Washington et se plonger dans la campagne électorale. Un adversaire de premier plan a concédé plus tard :

> Je crois que les critiques auraient accepté l'accord si toutes les installations indiennes avaient été ouvertes aux inspections internationales, s'il y avait eu des garanties que l'Inde ne pourrait pas utiliser l'accord pour produire plus d'armes nucléaires et s'il avait été prévu que la coopération avec les États-Unis soit interrompue en cas de nouveau test d'arme nucléaire par l'Inde[62].

L'équipe Bush, politiquement affaiblie, a réussi une fois de plus à obtenir un soutien écrasant au Congrès pour l'accord avec l'Inde. Comment cela a-t-il été possible ? De nombreux parlementaires ont estimé que le Congrès s'était déjà prononcé sur la question avec la loi Hyde de 2006. Leurs membres ayant horreur d'apparaître comme des « girouettes », une majorité a souscrit à l'argument de l'administration selon lequel les négociateurs américains avaient poussé les Indiens aussi loin qu'ils pouvaient pour se conformer aux dispositions de la loi. Ayant déjà obtenu les avantages – et résisté à de modestes critiques, pour un vote « oui » en 2006 – peu de parlementaires ont vu une raison de voter « non » en 2008. Les soutiens du traité ont averti que le refus d'approuver causerait un préjudice grave à l'amitié naissante entre l'Inde et les États-Unis. Ils ont fait valoir qu'un nombre suffisant de conditions de la loi Hyde avaient été remplies et que l'Inde était avertie qu'un autre essai nucléaire conduirait à son isolement dans le commerce mondial. Comme l'a conclu une analyse faisant autorité, en étant pressé de lever la séance, « le Congrès n'a pas

---

[61] Déclaration du Représentant Edward Markey à la Chambre des représentants, 26 septembre 2008, www.markey.house.gov/press-release/sep-26-2008-markey-breaking-nuclear-rules-india.

[62] Correspondance par courriels avec John Isaacs.

réussi à examiner de manière adéquate l'accord de coopération nucléaire entre les États-Unis et l'Inde »[63].

Les Démocrates divergeaient des républicains sur beaucoup de sujets de politique étrangère. Les préoccupations en matière de contrôle des armements et de non-prolifération ont été atténuées lors d'une campagne centrée sur l'économie et l'Irak. À l'automne 2008, la plupart des dirigeants démocrates avaient déjà déclaré leur soutien à l'accord. En privé, certains ont accordé une préférence pour l'approbation cette année-là, avant qu'une nouvelle administration n'arrive pour faire face à ce qui aurait été un problème épineux et non résolu[64]. Ainsi, la Maison Blanche a réussi à obtenir un consensus pour obtenir l'approbation finale du Congrès après les élections de novembre, même si la plupart des autres priorités législatives de la Maison Blanche n'ont pas pu aboutir. Malgré leur statut de « canard boiteux », le président Bush et le secrétaire Rice ont persuadé les dirigeants démocrates d'accélérer l'approbation. Ils ont mis les législateurs face au fait accompli et ont défié le Congrès de bloquer l'approbation[65]. Ironiquement, les lourdes pressions de l'équipe de négociation de Bush ont porté non pas sur leurs interlocuteurs indiens, mais sur le Congrès.

Bilan : un traité nucléaire indo-américain rempli d'ironies

Les bénéfices d'un nouveau partenariat stratégique entre les États-Unis et l'Inde prendront des dizaines d'années à se développer. Néanmoins, sept ans nous offrent une perspective suffisante pour évaluer la décision

---

[63] Sharon Squassoni, « Looking Back : Nuclear Nonproliferation Act of 1978 », *Arms Control Today*, December 2008, www.armscontrol.org/print/3470.

[64] Membres de l'équipe du Comité des affaires étrangères du Sénat, interviews personnelles avec l'auteur, Washington, DC, 21 juillet 2010.

[65] Ironiquement, les membres du Congrès supportant un traité de non-prolifération nucléaire fort en 1978 ont employé la même stratégie de la corde raide contre la branche exécutive. Après que le passage à la Chambre des représentants en 1977 d'une version stricte du TNP, les lobbyistes de l'industrie, travaillant avec les juristes du Département d'État, ont convaincu des sénateurs d'ouvrir un certain nombre de questions au compromis dans une conférence anticipée entre la Chambre et le Sénat. Ceux qui poussaient pour des contrôles à l'export moins stricts espéraient arracher le contrôle du Sénateur Glenn sur la délégation sénatoriale de la conférence. Mais le représentant Bingham les déjoua, il convainquit les leaders de la Chambre d'adopter la version du Sénat qui avait été développée de manière indépendante par les Sénateurs Percy et Glenn, par un vote oral, contournant ainsi la conférence. L'administration Carter avait présenté un fait accompli sur la base du « c'est à prendre ou à laisser ». Le Président Jimmy Carter signa la loi, tout en ajoutant une exception écrite à plusieurs dispositions plus fermes.

La politique de non-prolifération à la croisée des chemins 267

de l'administration des États-Unis de s'impliquer de nouveau dans le programme nucléaire indien.

Les représentants du Président Bush minimisaient les avantages potentiels pour la non-prolifération d'un renouvellement du commerce nucléaire avec l'Inde ; or, naturellement, ils ont compris qu'ils ne pourraient pas parler que des avantages géostratégiques théoriques d'un rapprochement avec l'Inde, craignant d'apparaître comme ayant abandonné les questions de non-prolifération. Dans son témoignage au Capitole en 2006, la Secrétaire d'État C. Rice n'a esquissé les avantages du contrôle des armements qu'à la page onze – la dernière des raisons exprimées pour aller de l'avant[66]. Il y a également un décalage dans la législation autorisant l'accord : le préambule de la loi Hyde constate que « soutenir le TNP [...] est la clé de voûte de la politique de non-prolifération des États-Unis ». Néanmoins, cette mesure offre les moyens de récompenser l'Inde pour son rejet du TNP[67].

Alors, comment évaluer bien-fondé de cette initiative ? L'accord indo-américain était mis en place principalement pour créer des liens entre les deux démocraties – tout en essayant de limiter les dommages associés aux standards mondiaux de non-prolifération. Rice a témoigné que l'administration de Bush voulait « approfondir le partenariat stratégique entre les États-Unis et l'Inde ; augmenter la sécurité énergétique ; protéger l'environnement ; créer des opportunités pour les entreprises américaines ; et renforcer le régime international de non-prolifération nucléaire »[68]. Il s'agissait une initiative diplomatique large de la part des États-Unis, assorti de concessions majeures, dans le but de réaliser des profits bilatéraux, notamment pour le développement du commerce en matière de défense et de technologie, la coopération sur les questions de l'énergie et de la sécurité, et la collaboration sur les initiatives antiterroristes – chacun d'eux, à un certain degré, s'est réalisé.

Au détriment de cette liste de bénéfices, les défis créés par le traité indo-américain sont nombreux. Il récompense l'Inde en dépit de son refus de

---

[66] Déclaration de la Secrétaire d'État Condoleezza Rice préparée pour une audition du Comité des affaires étrangères du Sénat, « United States-India Peaceful Atomic Energy Cooperation : The Indian Separation Plan and the Administration's Legislative Proposal », 109e Cong., 2e sess., 5 avril 2006, reprinted in Senate Committee on Foreign Relations, « United States-India Peaceful Atomic Energy Cooperation and U.S. Additional Protocol Implementation Act », Report 109-288, 20 juillet 2006, p. 110, www.gpo.gov/fdsys/pkg/CRPT-109srpt288/pdf/CRPT-109srpt288.pdf.
[67] United States-India Nuclear Cooperation Approval and Non-proliferation Enhancement Act, H.R. 5682, p. 1.
[68] Déclaration de la secrétaire d'État Condoleezza Rice préparée pour une audition du Comité des affaires étrangères du Sénat, « United States-India Peaceful Atomic Energy Cooperation : The Indian Separation Plan and the Administration's Legislative Proposal ».

signer le TNP. Ce double standard discriminatoire codifie une politique américaine de non-prolifération qui, en réalité, propose deux ensembles de règles – un pour les amis, un pour les adversaires. Il met un terme à des décennies de politiques des États-Unis et du Groupe des fournisseurs nucléaires qui requéraient des inspections étendues de l'AIEA comme condition de fourniture. Il assure l'accès de l'Inde aux marchés internationaux de l'uranium ; l'Inde pourrait ainsi dédier ses ressources domestiques limitées d'uranium au stockage de la production de qualité militaire[69].

L'ironie est omniprésente dans l'étude du cas de l'accord nucléaire indo-américain. Ses partisans ont déploré que l'Inde ait été « isolée » pendant des dizaines d'années en raison de la loi de non-prolifération de 1978. Or, ce fut exactement l'objectif de la politique américaine pendant trois décennies. Insister sur les inspections étendues de l'AIEA reste au centre des campagnes diplomatiques américaines les plus délicates pour imposer des sanctions multilatérales sur les États comme l'Iran et la Corée du Nord. Ces efforts cruciaux sont affaiblis par cette incohérence de la part des États-Unis.

Une autre ironie se trouve dans le fait que, malgré l'effort américain controversé pour éliminer les obstacles au commerce nucléaire avec l'Inde, les principaux bénéficiaires ont été d'autres États. Des entreprises françaises et russes ont signé des contrats lucratifs avec l'Inde. Parce que ces exportations viennent de monopoles d'État, aucune limite de responsabilité n'est exigée de la part de l'Inde. Le commerce nucléaire des États-Unis avec l'Inde n'a pas encore commencé, parce que la législation qui limite la responsabilité des fabricants des centrales nucléaires a pris des années pour être votée au parlement indien, car les inquiétudes à la suite de Bhopal en font une question majeure de souveraineté nationale[70]. Le parlement indien vient d'adopter une loi édulcorée qui ne répond pas du tout aux inquiétudes des fabricants américains[71]. À court terme, la décision de Rice

---

[69] Henry Sokolski, directeur exécutif du Centre de Formation à la Politique de Non-Prolifération, a abordé ce point à Bajoria, « The US-India Nuclear Deal ».

[70] Les 2 et 3 décembre 1984, une importante fuite de gaz méthyle isocyanate et autres produits chimiques d'une usine de pesticide à Bhopal, en Inde, appartenant à une filière d'Union Carbide, a tué plus de 2200 personnes dans l'immédiat (et peut-être plus de 5000 autres peu après) et blesse plus de 558 000 personnes en tout. Même si Union Carbide et le gouvernement indien ont obtenu un jugement en 1989 les obligeant à payer 470 millions de dollars dans des procès criminels et civils, des procès sont toujours en attente dans des tribunaux américains et indiens pour des compensations et punitions additionnelles pour les employés responsables.

[71] Lire B. Muralidhar Reddy, « PM proposes joint group to iron out difficulties for U.S. nuclear suppliers », *The Hindu*, 18 novembre 2011, www.thehindu.com/news/national/article2638487.ece. See also Sharon Squassoni, « The US-Indian Deal and Its Impact », *Arms Control Today*, juillet-août 2010, www.armscontrol.org/act/2010_07-08/squassoni, and Lisa Curtis, « India's Flawed Nuclear Legislation Leaves U.S.-India

de faire pression pour des changements au sein du Groupe des fournisseurs nucléaires a permis d'obtenir l'aval du Congrès sur le court terme, mais pénalisait des entreprises américaines sur le long terme.

Plusieurs arguments avancés par les partisans de l'accord indo-américain sont fragiles, surtout les pseudos-avantages pour la non-prolifération. Ses partisans ont souligné que l'accord met 65 % des centrales nucléaires indiennes dans le périmètre d'inspection de l'AIEA. Or, les mesures de surveillance doivent être mises en place pour 100 % du parc nucléaire afin de prévenir un détournement pour un objectif militaire. La faute la plus grave des négociateurs américains reste leur refus de s'opposer, en juillet 2005 ou à l'été de 2008, à la conclusion d'un accord insatisfaisant insistant sur des clauses de non-prolifération plus efficaces, qui auraient interdit le programme d'armements nucléaires de l'Inde.

L'argument le plus convaincant pour la poursuite du rapprochement entre les États-Unis et l'Inde est l'inutilité de continuer à punir l'Inde, trente-cinq ans plus tard, pour la *manière* avec laquelle elle est entrée dans le *club* des nations dotées de l'armement nucléaire. Après le développement des armes nucléaires américaines pendant la Seconde Guerre mondiale, divers pays, percevant des menaces existentielles pour leur existence, ont imité les États-Unis. Ces nations utilisaient des moyens variés, et même les membres *responsables* du club nucléaire émergeant – comme les membres du Conseil de sécurité avec lesquels les États-Unis travaillaient pour contenir la prolifération – s'impliquaient dans la prolifération clandestine, y compris la France avec Israël, ainsi que la Chine avec le Pakistan[72]. Avec le développement du régime du TNP, les décideurs politiques américains croyaient que l'intérêt national exigeait de la vigilance en bloquant *tout* nouveau membre du club. Les deux poids, deux mesures étaient inévitables, l'hypocrisie était une dérive incontournable. Les États-Unis ignoraient les armements nucléaires d'Israël et s'impliquaient dans le commerce nucléaire avec le secteur de l'énergie de la Chine communiste, pendant qu'ils tournaient le dos à l'Inde démocratique – à cause de la manière avec laquelle l'Inde a acquis sa capacité nucléaire militaire. De l'avis des partisans d'un rapprochement, l'initiative américaine était nécessaire pour modifier ce *statu quo* « inutile ».

Le régime global de non-prolifération d'après-1974 comprenant les sanctions – fait pour dissuader tout ceux auraient pu suivre le chemin de

---

Partnership Short », Heritage Foundation, 31 août 2010, www.heritage.org/research/reports/2010/08/indias-flawed-nuclear-legislation-leaves-us-india-partnership-short.

[72] Sur les dossiers portant sur la prolifération française et chinoise, lire, par exemple, Seema Gahlaut, « U.S.-India nuclear deal will strengthen nonproliferation », *PacNet*, n° 37, Pacific Forum CSIS, 31 août 2005, www.csis.org/files/media/csis/pubs/pac0537.pdf.

New Delhi – a servi plusieurs intérêts américains. Il a réussi à empêcher nombre de nations de posséder des armes nucléaires. Il a gagné du temps, imposant aux proliférateurs potentiels l'opprobre mondial.

La décision prise par l'Inde il y a quarante ans de violer ses engagements d'utilisations pacifiques reste un fait répréhensible. Cependant, les politiques internationales doivent évoluer pour reconnaître de nouvelles réalités. Le mieux que l'on puisse faire pour l'intérêt américain, c'est de s'appuyer sur les nombreux intérêts communs qui dirigeront les politiques américaines et indiennes pendant le siècle qui suit. Celles-ci vont de la réduction des émissions à effet de serre à la collaboration sur les initiatives antiterroristes, de la coopération sur les questions concernant l'Afghanistan et le Pakistan à l'endiguement du pouvoir de la Chine à parti unique. Analysant l'accord nucléaire récent entre les États-Unis et l'Inde dans un contexte diplomatique si large éclaircit le potentiel au long terme de liens plus étroits entre les États-Unis et l'Inde.

Il faut considérer ce rapprochement – comme les loyalistes de Bush le souhaiteraient – comme parallèle, mais pas comparable, aux revirements politiques plus importants de l'époque de la Guerre froide[73]. Ils comprennent l'ouverture à l'Union soviétique du Président John F. Kennedy à la suite de la crise des missiles de Cuba, et l'ouverture du Président Nixon à la Chine communiste. Chacune de ces situations présentait de nombreuses incohérences intellectuelles. Néanmoins, quelques ressemblances sont frappantes. Ces caractéristiques sont observables et très pertinentes pour analyser l'accord nucléaire indo-américain. Dans chacun de ces cas, la Maison Blanche tenait la plupart des diplomates – et le Congrès – dans l'ignorance, puis présentait un fait accompli aux parlementaires américains. Les leaders du Congrès étaient confrontés à une énorme pression pour ne pas renverser la nouvelle ligne nationale développée par le Président. La crise des missiles de Cuba soulignait l'urgence d'un dialogue avec les adversaires soviétiques. Les États-Unis n'avaient pas pu soutenir pour toujours la fiction selon laquelle la Chine n'était pas gouvernée depuis Pékin. Ainsi, on conclut de la même façon que les décideurs politiques américains ne pouvaient pas s'accrocher pour toujours à l'idée que les nations qui étaient entrées dans le club *avant* 1970 – date à laquelle le TNP est entré en vigueur – allaient jouir, pour toujours, des privilèges niés aux retardataires tels que l'Inde.

---

[73] Les relations avec Moscou et Pékin étaient certainement plus importantes que celles avec l'Inde, et il est vrai que l'Inde avait peu d'autres superpuissances prétendantes. Mais les défis auxquels les intérêts, en matière de sécurité, des États-Unis étaient confrontés au XXIe siècle – contrôle des armes nucléaires en Asie du Sud, émission de gaz à effet de serre, et terrorisme impliquaient des menaces existentielles.

Conclusion

Est-ce que la poursuite du rapprochement nucléaire entre les États-Unis et l'Inde était une bonne idée ? Oui. Il était temps de placer les relations entre les États-Unis et l'Inde au XXIe siècle : de douloureuses concessions sur la non-prolifération de la part des États-Unis étaient sûrement le prix à payer. Sur le long terme, les intérêts des États-Unis et de l'Inde sur les plans de la sécurité régionale et globale, de la protection de l'environnement, de la démocratie et de la lutte antiterroriste, et, en effet, de la non-prolifération continueront de converger – mais pas nécessairement une alliance contre la Chine[74].

Est-ce que les intérêts des États-Unis ont été bien servis par les négociateurs de l'administration de Bush ? Non. Trop souvent, Bush et Rice ont renoncé à des points clés sans avoir obtenu des concessions significatives de la part de l'Inde. Il aurait été plus sage d'insister sur un accord plus équilibré, bien qu'il ne faille pas croire que tous les objectifs des États-Unis étaient atteignables.

Est-ce que la stratégie de l'administration de Bush a bien été exécutée à Washington ? Oui. Après un faux-départ – avec la proposition effrontée que le Congrès donne son approbation finale à un pacte qui n'était pas encore négocié –, l'équipe de l'administration de Bush a fait le travail. La Secrétaire Rice a coordonné une campagne de lobbying, complexe et impliquant de nombreux acteurs, qui offre un cas d'étude d'un plaidoyer politique robuste, implacable et efficace.

Est-ce que les avantages commerciaux attendus ont été réalisés en temps voulu ? Non. Plus de sept ans plus tard, les entreprises américaines n'avaient pas vendu même une seule centrale à l'Inde. Il est vrai que les exportations de matériel militaire des États-Unis à l'Inde augmentaient jusqu'à 10 milliards de dollars et que des accords commerciaux ont été conclus pour l'exportation de matériel de télécommunications et d'aviation.

Est-ce que l'accord a été un atout pour la non-prolifération ? Non. Il a érodé les normes sans avoir obtenu des avantages parallèles suffisants. Les responsables de l'administration de Bush n'ont pas encouragé le Congrès à approuver l'accord pour des raisons principalement liées à la non-prolifération, et ils ne voulaient justifier l'accord que sur la base de

---

[74] Sur les limites de l'alliance des États-Unis et de l'Inde contre la Chine, lire, par exemple, Harry Harding, « The Evolution of the Strategic Triangle : China, India, and the United States », *in* Harry Harding, Francine R. Frankel (dir.), *The India-China Relationship : What the United States Needs to Know*, New York, Columbia University Press, 2009, p. 321-350.

l'amélioration de la coopération diplomatique et en matière de sécurité, sur le long terme.

Il est facile pour les universitaires et les décideurs politiques qui ont soutenu les normes de la non-prolifération de juger inadéquats les termes de l'accord entre les États-Unis et l'Inde. Toutefois, l'ouverture diplomatique facilitée par le pacte ne doit pas être écartée à cause de ce qu'elle ne fait pas. Ses détracteurs déplorent l'échec des négociateurs américains à obtenir le soutien de l'Inde au TNP, le traité de l'interdiction complète des essais nucléaires (TICE), ou pour les garanties intégrales de l'AIEA sur le programme nucléaire indien. Mais certains de ces objectifs n'allaient pas être acceptés par les négociateurs indiens, qui devaient prendre en compte leurs propres opposants sur le plan intérieur.

Une diplomatie efficace requiert la sagesse de savoir quand il faut changer de direction. L'absence de cohérence intellectuelle peut devenir, en effet, comme nous en avertit Emerson, la « contrariété des petits esprits ». Les leaders américains ont tendu la main à l'Union soviétique au plus fort de la guerre froide. Les États-Unis ont décidé, à contrecœur, de restaurer les liens commerciaux, plus de quinze ans après leur départ du Vietnam. Un œil tourné vers les opportunités que réserve l'avenir exigeait un réalisme comparable en considérant des moyens de renforcer les liens entre les États-Unis et l'Inde. C'est pourquoi on peut conclure que le rapprochement entre les États-Unis et l'Inde reste une bonne idée, mais qu'elle est alourdie par des négociations imparfaites qui ont été mal exécutées et mal expliquées par une équipe américaine qui travaillait sous des délais qu'elle s'était auto-imposée.

Une dernière ironie résulte de cette conclusion sobre, qui devait mettre en garde les futurs décideurs politiques. L'accord nucléaire entre les États-Unis et l'Inde était demandé par une administration composée de partisans de l'école néoconservatrice, qui préconise l'unilatéralisme. Les « néo-cons » ont passé la plupart de la dernière décennie à mépriser les initiatives diplomatiques multilatérales – du TICE, au Traité sur les systèmes antimissiles balistiques, en passant par les efforts à combattre le changement climatique. Mais c'est souvent les normes internationales qui sont citées par les États-Unis quand ils cherchent un soutien multilatéral des intérêts vitaux de l'Amérique. De la guerre du Golfe à la guerre en Irak, de la réponse aux attentats du 11 septembre aux frappes militaires en Afghanistan et au Pakistan, les efforts pour bloquer le programme nucléaire de la Corée du Nord, et les sanctions contre l'Iran, les leaders américains ont justifié à plusieurs reprises des actions internationales avec les principes reconnus d'un comportement international acceptable.

Ceux qui atténuent la portée du TNP se plaignent que certains signataires ont triché. Mais cet argument passe à côté de l'essentiel. C'était *en réponse* à une telle tricherie que des sanctions multilatérales ont été mises en place. L'isolement des scélérats a aidé dans plusieurs cas. La Libye a abandonné son programme d'armes de destruction massive (ADM) sous la pression internationale. L'isolement de l'Irak en raison de ses efforts supposés pour obtenir des armes nucléaires était au centre de l'argumentation de l'administration de Bush pour bénéficier du soutien international pour des sanctions. La promotion des normes de non-prolifération s'est révélée dans plusieurs cas comme une alternative viable à la guerre préventive ou à la capitulation diplomatique.

Les efforts globaux pour la non-prolifération nucléaire sont à un carrefour. Les dangers posés par l'augmentation des émissions de carbone créent, en ce moment, une pression intense pour une expansion du nucléaire civil. Même à la suite de la catastrophe de mars 2011 à Fukushima, au Japon, des douzaines de pays continuent leurs recherches dans le domaine de la technologie nucléaire. De nouvelles obstructions ont été faites au régime global de non-prolifération, au moment même où un de ses piliers centraux était affaibli.

Le rapprochement entre la démocratie la plus peuplée du monde et la démocratie la plus puissante du monde rendait souhaitable un compromis des États-Unis avec l'Inde. Un retrait tactique sur la non-prolifération était nécessaire pour atteindre l'objectif du long terme de renforcer les liens bilatéraux. Mais dans la précipitation à négocier l'accord et obtenir l'approbation finale du Congrès avant la fin du deuxième mandat du Président George W. Bush, les diplomates et les législateurs américains ne sont pas parvenus à assurer des termes solides et des conditions fiables. L'accord nucléaire imparfait entre les États-Unis et l'Inde est devenu, malheureusement, l'incarnation des espoirs louables de rapprochement entre les États-Unis et l'Inde. Un vote au Congrès pour rejeter l'accord est devenu équivalent à un rejet de la promesse de coopération bilatérale renforcée. En conséquence, l'accord a affaibli des normes essentielles de la non-prolifération sans avoir encore établi des gains diplomatiques suffisants pour justifier les risques encourus. L'initiative était une idée louable, mal exécutée.

La dimension nucléaire du remplacement des F-16 belges

André DUMOULIN

Le 29 juin 2016, le ministère belge de la Défense présentait un document fondamental intitulé *Vision stratégique pour la défense*, sorte de Livre blanc développant la politique du pays à l'horizon 2030 avec un plan de rééquipement des forces armées. Si la concrétisation des achats concernera la prochaine législature et que des incertitudes seront encore bel et bien présentes, il confirme la volonté d'acquérir 34 nouveaux appareils de combat (y compris la réserve d'attrition) en remplacement des F-16 pour un montant inscrit de 3 412 millions d'euros. Parmi les 34 chasseurs-bombardiers multirôle, 6 pourront être engagés en permanence pour des tâches expéditionnaires à *High Battle Rythm* et 2 pour le *Quick Reaction Alert* et *Air Policy* su base d'une répartition binationale avec les Pays-Bas avec, respectivement, 3 jours et 15 minutes de délai d'engagement. Les dépenses courront de 2020 à 2030. En attendant, plusieurs modernisations[1] seront encore effectuées sur la flotte de F-16. La durée de vie du futur appareil est estimée à 40 ans et le coût global du maintien de cette capacité devrait s'élever à près de 15 milliards d'euros.

Le dossier du remplacement des F-16 fut dès le départ complexe et « miné » (www.rmes.be). La question du coût fut mise en avant[2] par les experts et l'opposition parlementaire, autant que le niveau de retombées économiques, l'existence de pré-accords de consortiums industriels belgo-belges[3], le choix des partenaires et alliés[4] (de l'ancien contrat du

---

[1] *Commonality&Interoperability Consolidation Program* (CICP) entre 2017 et 2019 ; *Weapons & sensors* (2017-2018 et 2021) ; *Final operational upgrade* (2024-2025) pour un montant global de 66,5 millions d'euros.

[2] Le coût unitaire du F-35 est estimé par Lockheed Martin à 85 millions de dollars auquel il faudra ajouter la contribution supplémentaire pour la gestion du programme et une redevance au titre de financement des coûts non récurrents de développement consentis par les huit pays partenaires. Ceci sans parler de l'inflation, des prélèvements fiscaux, des variations du taux de change et surtout du coût de cycle de vie (LCC) de l'appareil en usage.

[3] Relevons que des lettres d'intention ont d'ores et déjà été signées par Lockheed Martin et Dassault avec des entreprises belges.

[4] Le F-35 est déjà un succès commercial avec son acquisition par les États-Unis, les Pays-Bas, l'Italie, le Danemark, la Norvège, l'Australie, le Japon, la Corée du Sud et Israël.

siècle), le caractère déjà opérationnel et l'existence de retour d'expérience[5], la nécessité ou non de disposer d'un avions furtif de 5e génération face aux besoins et aux guerres dites asymétriques, les déficiences selon les appareils et la dimension nucléaire à conserver ou à « faire effacer ».

Certes, la question du nucléaire américain en Belgique est une vieille histoire, dès lors que dès la guerre froide, le pays était hôte de plusieurs types d'armes[6] et pouvait les utiliser sur instruction et autorisation mécanique puis électronique, sous surveillance[7] et déverrouillage américains – centralité d'autorité oblige – dans le cadre du principe général qu'était et qu'est toujours la dissuasion : éviter toute agression territoriale majeure visant les pays membres de l'OTAN par la menace. Il s'agit actuellement pour la Belgique d'une capacité de larguer éventuellement des bombes accrochées (à l'unité) sous fuselage de certains de ses F-16, après décision américano-otanienne, avec possibilité pour le gouvernement belge de refuser la mission pour des motifs politiques. Ce que l'on appelle « la double clé » : seuls les États-Unis possèdent les codes d'activation des charges nucléaires, la Belgique fournissant le vecteur d'armes, en l'occurrence le F-16 ; chacun dépendant en quelque sorte de l'autre, nonobstant le fait qu'il existe d'autres bases nucléaires en Europe (Pays-Bas, Allemagne, Italie), y compris des bases nucléaires strictement américaines (Aviano, Incirlik).

Les bombes thermonucléaires sont stockées sous certains hangarettes bétonnées, en chambres fortes souterraines. Ces dépôts (WS-3) sont sécurisés pour répondre aux menaces antiterroristes. Les bombes sont entièrement encapsulées dans un caisson de protection (membranes protectrices) où toute pénétration non autorisée aboutirait à la mise en œuvre automatique (grâce à des circuits électroniques anti-intrusion et de couvertures plastiques rigides avec capteurs) d'une procédure visant à initier l'autodestruction des éléments vitaux de la bombe nucléaire. De plus, tous les modèles sont résistants au choc (*Insensitive High Explosive*). Ces bombes disposent d'une clé de sécurité électronique *PAL* avec commutateur à codes et système de verrouillage MEMS (Micro Electro-Mechanical Systems).

---

[5] À la différence du Rafale, le F-35 n'a pratiquement jamais encore été en opération (à l'exception de quelques appareils américains au-dessus de l'Irak, selon certaines sources).

[6] Mines de démolition, obus, ogives pour missile sol-sol et sol-air, bombes pour avions.

[7] La protection, la sécurisation, le transport et la petite maintenance seraient assurés par 130 militaires américains de la 52e Munition Support Squadron de l'USAF.

Aujourd'hui, seules resteraient stockées des bombes thermonucléaires à gravité (puissance variable)[8] sur la base de Kleine Brogel[9]. Le conditionnel est de mise dès lors que les contraintes juridiques bilatérales imposent de ne pas préciser le nombre ni leur localisation, des dépôts pouvant même être vides ou partiellement occupés. Bien que bon nombre de documents déclassifiés et autres auditions au Congrès américain offrent bon nombre de détails, l'indicateur premier de la présence ou non de bombes nucléaires restent, en vérité, le nombre de militaires américains et de leurs familles dans la région de la base, s'occupant de la maintenance et de la sécurité desdites armes.

Mais depuis le 6 octobre 2015, une instruction écrite (n° 5230.16) venant du Département américain de la Défense précise que dans le cas d'un incident nucléaire radiologique survenant hors des frontières US, le commandant combattant ou l'adjoint au Secrétaire d'État à la défense, en coordination avec le gouvernement étranger par le truchement du chef de mission américain et dans l'intérêt de la sécurité publique, peut confirmer la présence d'armes nucléaires ou de composants nucléaires radioactifs. La notification aux autorités publiques est également requise si le public est ou peut-être en danger d'exposition radioactive ou en danger d'autres menaces posées par l'arme ou ses composantes. De même, en cas d'incident lié à une arme nucléaire, une confirmation de la présence d'armes atomiques US peut être donnée par l'adjoint au secrétaire à la défense dans l'intérêt de la sécurité publique ou pour réduire ou éviter une alarme publique généralisée.

Conditionnel qui explique aussi le pourquoi du refus d'informer et de confirmer venant des autorités belges (le fameux « ni-ni ») ; violer les accords bilatéraux Belgique/États-Unis sur le haut secret nucléaire aboutirait à lancer des procédures judiciaires et des condamnations. Cela explique aussi concomitamment pourquoi certains hommes politiques belges qui critiquèrent la présence nucléaire dans le pays le firent… seulement lorsqu'ils quittèrent leurs fonctions ministérielles, à l'image de ce qui se passe en France.

Tout le débat actuel repose à la fois sur la question de la modernisation[10] des bombes B-61 vers le modèle 12 et surtout de leur association – obligatoire ou non – au nouvel appareil de combat F-35 (programme JSF).

---

[8] Les modèles de bombes thermonucléaires américaines en Europe sont de type *B-61* modèle 3 (puissances variables et réglables de 0,3 ; 1,5 ; 60 et 170 KT), modèle 4 (puissances de 0,3 ; 1,5 ; 10 et 45 KT).

[9] En dehors de Kleine Brogel (Belgique), les bases de Volkel (Pays-Bas), de Büchel (Allemagne), de Ghedi-Torre et d'Aviano (Italie), et d'Incirlik (Turquie) seraient les autres bases nucléaires. Les deux dernières bases sont strictement américaines. Celle de Turquie n'accueille pas en permanence d'avions américains F-16.

[10] Un programme *Life Extension Program* (LEP) de modernisation des charges nucléaires est en cours de financement aux États-Unis, associant fiabilité et sécurité des sites. Les anciennes versions vont être rénovées/aménagées en version B-61 modèle 12 d'une puissance réglable avec un maximum autour de 50 KT et d'une plus grande précision

D'ores et déjà, plusieurs questions se sont posées. Faut-il conserver une solidarité nucléaire transatlantique en maintenant la présence de quelque 10 à 20 charges nucléaires supposées à Kleine Brogel ? Cette question ne devrait trouver une réponse que dans un cadre collectif, faisant jouer la planification américaine, la bureaucratie otanienne, la notion de solidarité et le principe du consensus. Le curseur est aujourd'hui moins favorable au vu de la situation internationale, de la crise russo-ukrainienne, de la modernisation nucléaire russe et des incertitudes persistantes autour de la politique nucléaire iranienne ; ce qui ne prédispose pas à délivrer un message de désarmement nucléaire ou organiser un retrait unilatéral sans négociations multilatérales. En outre, pour la Belgique, pays hôte, accueillir du nucléaire américain serait une manière « de se faire bien voir », « de faire passer la pilule d'un budget de la défense nationale très réduit » à un moindre coût.

Une autre question est d'associer obligatoirement ou non le remplacement prévu des 54 avions de combat F-16 par un nouvel appareil avec l'emport de nucléaire. Ici se situe toute la symbolique du choix d'un nouveau vecteur d'armes. Entre l'*Eurofighter* européen, le Boeing *F/A-18 Super Hornet*, le Saab *Gripen E* suédois, le Dassault *Rafale F-3* français ou le Lockheed Martin *F-35* américain, les choix ne sont pas si ouverts que cela. Dans tous les cas, la sélection sera politique, opérationnelle, idéologique (appareil européen ou américain) et technologico-industrielle pour les retombées souhaitées par les partis politiques formant la coalition gouvernementale[11], mais aussi en tenant compte que le désarmement structurel opérera avec l'acquisition future d'un nombre plus réduit d'avions, crise économique et coût des appareils obligent.

Dès lors que le gouvernement suédois refuse que leur appareil vendu puisse être habilité à transporter des charges nucléaires et que l'*Eurofighter* est mal engagé dans la course commerciale vu ces performances, mais aussi par la volonté allemande de ne pas accepter l'intrusion américaine sur les informations technologiques sensibles de l'appareil construit en consortium afin d'y adjoindre des éléments de nucléarisation, les seuls appareils en lice seraient, au final, le Rafale et le F-35. Vaste dilemme, dès lors que le *Rafale* a acquis récemment les premières grandes ouvertures à l'exportation alors que les pilotes belges travaillent de concert à la fois avec les Américains, les alliés et les procédures OTAN, les Hollandais voisins

---

de ciblage (5-30 m) par l'intégration d'un système GPS et tir à distance de sécurité (80 km). Une mise en condition opérationnelle en Europe est prévue en 2024 autour de ce programme estimé à 9,6 milliards de dollars.

[11] Le parti socialiste francophone dans l'opposition a mis en avant toute l'importance des retombées économiques.

La dimension nucléaire du remplacement des F-16 belges 279

(F-16 actuel et les 37 F-35 déjà commandés pour une livraison à partir de 2019)[12] et les Français.

L'exigence nucléaire pourrait-elle s'avérer déterminante dans le choix belge ? Si la réponse est positive, un choix américain irait de soi. Si la réponse est négative, peut-on imaginer un choix belge qui *subtilement* reposerait sur un *désarmement par défaut* en choisissant un appareil *de facto* non nucléarisable ? Dans tous les cas, le contrat sera conclu entre gouvernements via une agence étatique ; le *Request for Government proposal* devra être lancé formellement cette année, avant analyse des offres et recommandation finale de la défense belge auprès du gouvernement du Royaume de Belgique. Dans le meilleur des cas, le contrat sera signé pour 2018. Relevons que dans le document belge *Air Combat capability Successor Program preparation Survey* distribué en amont aux constructeurs, il n'est pas fait mention du nucléaire, mais on y évoque la notion de *deterrence*. Dans tous les cas, aucun appareil en lice, y compris le F-35, ne dispose déjà des logiciels associés à la bombe B-61 modèle 12 américain. Cela devra être *ajouté* après accord.

Peut-on imaginer le choix du *Rafale* qui impliquerait qu'Américains et Français soient en phase pour accepter de livrer « leurs secrets technologiques », y compris l'acceptation d'introduire des composants américains confidentiels et autres algorithmes non accessibles associés au code d'activation, de contrôle et donc de liaison des charges nucléaires américaines, tout comme pour les *Tornado* italiens et allemands dont certains portent aujourd'hui la bombe B-61 ? Les garde-fous et les contraintes industrielles seraient légions et tout dépendrait de la position de Paris et de Dassault autant que de l'existence ou non d'un refus américain de perdre le marché belge du F-35.

Sachant aussi que la position française non officielle prédisposerait probablement à ce que les Américains conservent une composante nucléaire de théâtre en Europe afin de ne pas être en première ligne avec les Britanniques si d'aventure Washington décidait de retirer leurs dernières bombes d'Europe au profit d'une stratégie de reconstitution visible et médiatisée en cas de crise nucléaire grave sur le Vieux Continent, tout comme elle le fait conventionnellement avec la réassurance américaine et otanienne en Europe de l'Est et dans les États baltes.

Ces différentes hypothèses complexes et délicates diplomatiquement s'entend, seraient la résultante hypothétique, sinon utopique, d'une Europe toujours aux prises avec une Russie incertaine et une Amérique

---

[12] Le commandant de la force aérienne néerlandaise a plaidé, le 27 mai dernier, pour que la Belgique achète également le F-35 afin de faciliter l'intégration tout comme pour les forces navales des deux pays. Relevons que les pilotes de la Force aérienne belge sont majoritairement pour l'acquisition de l'appareil américain.

centralisant son nucléaire sur son territoire national dans un après-Obama. La permanence d'une dissuasion bien comprise serait alors nécessaire à horizon inchangé. Elle ne pourra alors qu'être franco-britannique ou associée éventuellement à un noyau dur de quelques pays européens qui veulent aller « plus vite et plus loin » et qu'appellent de leurs vœux les européistes et les plus fédéralistes[13] sous l'expression d'« Union européenne de sécurité et de défense ».

Reste que dans le champ otanien, la crise russo-ukrainienne amène l'Alliance à conserver les principes guidant la planification et la consultation nucléaires tout en ajustant la dissuasion nucléaire de l'OTAN au regard de la stratégie nucléaire de la Russie. Le Sommet de Varsovie de juillet 2016 intégra dans ses conclusions un message clair sur le maintien de l'élément nucléaire comme outil de dissuasion.

Entre diplomatie, géopolitique nucléaire affirmée[14], doctrine, intérêts vitaux, solidarité d'alliance, perception des menaces, aspects industriels et budgétaires, éthique de responsabilité et principes de précaution, le dossier nucléaire est tout, sauf simple. Le dossier du remplacement des F-16 belges a véritablement fait revenir le sujet « par la fenêtre ».

La Vision stratégique belge de juin 2016 aboutit à quelques clarifications nonobstant le fait que dans ce pays complexe et surréaliste, la position gouvernementale semble différente de celle de certains représentants de partis politiques régionaux qui font partie de la même coalition au pouvoir et que par le passé, dès qu'il s'agit de nucléaire militaire américain, les autorités belges font généralement le « gros dos »[15] en cas de débat citoyen par trop délicat, eux qui accueillent les institutions otaniennes.

---

[13] André Dumoulin, « Où va la PSDC de l'Union européenne ? », *DSI hors-série*, Areion, juillet-août 2016.
[14] *Trends in world nuclear forces*, 2016, Sipri Fact Sheet, June 2016.
[15] André Dumoulin, « De la délégitimation et de l'ambivalence politique face au nucléaire américain dans un pays allié : le cas belge », intervention au colloque sur « Le second âge nucléaire », CLESID, Lyon, 13 avril 2016.

La simulation des essais nucléaires, une rupture stratégique française ?

Océane TRANCHEZ

La dissuasion nucléaire repose sur trois piliers : la *crédibilité politique*, qui s'obtient et se cultive à travers les discours, comportements, perceptions et personnalités des dirigeants politiques ; la *crédibilité technique*, qui repose sur l'excellence des scientifiques, des ingénieurs et des industriels *via* la construction des armes nucléaires et de leurs vecteurs et du savoir-faire expérimental de la Direction des Applications militaires (DAM) du Commissariat à l'énergie atomique et aux énergies alternatives (CEA) ; la *crédibilité opérationnelle*, qui se démontre par les armées au travers d'exercices et de démonstrations réguliers.

Entre 1960 et 1996, les présidents de la République française lançaient régulièrement des campagnes d'essais nucléaires pour prouver au monde – mais également à eux-mêmes – que leur arsenal nucléaire fonctionnait. Une explosion atomique ou thermonucléaire dans le désert du Sahara ou sur l'atoll de Mururoa était la preuve que le pilier technique de la dissuasion était solide et donc opératoire. Mais depuis 1996, la France n'a mené aucun essai nucléaire. La dissuasion ne pouvant se passer de sa crédibilité technique, la décision fut prise de créer un programme de simulation des essais[1]. Dans la pratique, cela signifie que la confiance du Président dans les capacités techniques de ses têtes nucléaires repose exclusivement sur le programme Simulation[2], dont le résultat est garanti par la DAM du CEA.

Il est important de s'intéresser à l'impact de la substitution des essais nucléaires par la simulation sur la dissuasion et sa stratégie, afin de comprendre leurs évolutions et imaginer leurs futurs développements. Durant ces trente dernières années, la dissuasion a beaucoup évolué, notamment pour des questions géopolitiques et géostratégiques, et le passage à la Simulation a

---

[1] Cette décision a été prise en deux temps : en premier lieu, François Mitterrand a déclaré un moratoire sur les essais en 1992, prolongé jusqu'à la fin de son mandat ; ensuite, après une dernière campagne d'essai (1995-1996), Jacques Chirac, a déclaré l'arrêt définitif des essais nucléaires français.

[2] Ici, nous distinguons la « simulation » comme mécanisme de reproduction d'essais nucléaires, qui a toujours été utilisée pour le développement des programmes nucléaires indépendamment de l'État, de la « Simulation », qui désigne spécifiquement le programme de simulation des essais nucléaires français, né en 1996.

été plutôt délaissé dans les analyses de la dissuasion. Il faut se poser la question : la simulation est-elle la cause d'une évolution stratégique majeure ?

Aux origines de la simulation, les essais

Dès le début de l'« aventure atomique »[3], la place des essais est fondamentale. « Le plus souvent dans l'histoire militaire, l'apparition d'un armement précède la stratégie qui l'accompagne »[4], et l'atome ne fait pas exception : la bombe précède la dissuasion.

Historiquement, pour les Américains, les Soviétiques, les Britanniques, les Chinois et les Français, les essais nucléaires passent du *simple* test d'armement à une démonstration de force et de crédibilité technique de l'arsenal nucléaire, et ce à mesure que la stratégie et la pensée de la dissuasion prennent forme. Les essais nucléaires sont donc à la fois un moyen de tester des armements en validant ou non des hypothèses scientifiques et industrielles et un moyen d'asseoir leur puissance nucléaire et la crédibilité de leur dissuasion[5]. Modernisation de l'arsenal et crédibilité technique sont les raisons qui encouragent ces pays à réaliser un grand nombre d'essais[6] :

Essais nucléaires réalisés (1945-1996)

État	États-Unis	Union soviétique	Royaume-Uni	France	Chine
Dates	1945-1992	1949-1990	1952-1991	1960-1996	1964-1995
Nombre d'essais	1 032	715	45	210	45

Source : O. Tranchez 2018

Les essais nucléaires, de même que les discours présidentiels et les exercices opérationnels étaient la preuve d'une dissuasion sûre, stable et

---

[3] Expression de Bertrand Goldschmidt, *L'aventure atomique. Ses aspects politiques et techniques*, Fayard, 1962.
[4] Formule de Dominique Mongin, *La Direction des Applications Militaires au cœur de la dissuasion nucléaire française*, DAM/CEA, septembre 2016, p. 58.
[5] C'est d'ailleurs ce que cherchait la Corée du Nord lors de ses essais, après le retrait du TNP en 2003 et avant le moratoire décrété le 21 avril 2018 : valider les capacités de ses têtes nucléaires tout en affirmant la crédibilité de la menace et de la dissuasion sur la scène internationale.
[6] Selon les chiffres des Nations Unies, « La fin des essais nucléaires », Nations Unies. URL : http://www.un.org/fr/events/againstnucleartestsday/intro.shtml [consulté le 13/04/2018].

forte. Par ailleurs, les campagnes d'essais rythmaient le travail des scientifiques. Dans le cas français, elles donnaient des objectifs, des moyens, un calendrier à la DAM, chargée de mettre au point, de produire, de tester les têtes nucléaires avant de les remettre aux armées, puis de les démanteler à leur fin de vie[7].

Les campagnes d'essais ne précèdent pas les moyens de simulation. La simulation numérique est créée pour le projet Manhattan (1942-1946) afin de soutenir la recherche nucléaire américaine. Elle complète les essais et fait partie intégrante des programmes nucléaires américains, mais également britanniques ou français. La simulation est donc fondamentalement liée à la bombe atomique, bien qu'elle se soit développée dans beaucoup d'autres domaines depuis. En mettant en œuvre des modèles théoriques, elle permet de déterminer les variables qui impactent un phénomène physique et de prédire son évolution. L'intérêt principal de la simulation est d'éviter le risque que pourrait engendrer une expérience, mais également de limiter son coût.

Depuis sa création le 18 octobre 1945[8], le CEA utilise des moyens de simulation afin de développer des armes nucléaires, de les pérenniser et de les faire évoluer. Avec les limitations progressives puis les interdictions des essais nucléaires, les simulations numériques, qui étaient déjà un enjeu stratégique, vont prendre une place encore plus importante dans le pilier technique de la dissuasion. La DAM entreprend ses premières réflexions sur un programme de simulation des essais dès 1989. Mais en l'absence d'essais, comment prouver la crédibilité de l'arsenal de la dissuasion nucléaire ? Comment prouver sa sûreté ? La simulation, qui était alors un outil destiné à faciliter les essais, finit par les remplacer.

Le programme français de simulation des essais nucléaires, appelé « Simulation » et lancé en 1996, « vise à reproduire par le calcul les différentes phases de fonctionnement d'une arme nucléaire pour garantir ses performances sans avoir à recourir à un nouvel essai nucléaire »[9]. En d'autres termes, il s'agit de garantir, en l'absence d'essais, la fiabilité et la sûreté des armes nucléaires. Il regroupe trois phases. La première est la réalisation d'études et de modélisations physiques afin de comprendre quels phénomènes physiques interviennent dans le fonctionnement d'une tête nucléaire. La deuxième est la simulation numérique, qui permet de mettre

---

[7] Dominique Mongin, *La Direction des Applications Militaires au cœur de la dissuasion nucléaire française*, op. cit.
[8] Ordonnance instituant un commissariat à l'énergie atomique, 18 octobre 1945 (J.O. 31 octobre 1945), n° 45-2563.
[9] « Le programme Simulation », CEA, Commissariat à l'énergie atomique, 15/04/2015. URL : http://www-lmj.cea.fr/fr/programme_simulation/index.htm [consulté le 03/04/2018].

en œuvre des codes de calculs, et qui est effectuée grâce aux supercalculateurs. La dernière est la validation expérimentale, grâce à des expériences en laboratoire qui valident « par parties » les modèles physiques développés dans la première étape ; elle s'appuie sur le laser mégajoule et des machines radiographiques[10]. Ces hypothèses théoriques se confrontent aux résultats des essais passés. La Simulation permet également de former les nouvelles générations de physiciens afin de garantir la fiabilité et la sûreté des armes nucléaires, équipes qui n'ont jamais réalisé d'essais. Cela leur permet d'acquérir les connaissances relatives au fonctionnement des armes, indispensables à la transmission des savoirs, c'est-à-dire à la conservation de la crédibilité de la dissuasion nucléaire[11].

Les performances de la Simulation française ont permis de concevoir la tête nucléaire aéroportée (TNA), une ogive nucléaire de 300 kt qui équipe les Forces aériennes stratégiques (FAS) depuis 2009. C'est la première tête nucléaire au monde à être garantie par la simulation ; la tête nucléaire océanique (TNO) a également été conçue et garantie par la Simulation. Ainsi, la France se positionne comme un véritable pionnier dans ce domaine.

Du contrôle progressif à l'interdiction des essais

En 1945, les États-Unis, alors en position de monopole nucléaire, annoncent désirer garder le secret de l'atome afin de « protéger le reste du monde »[12]. Les organisations internationales s'emparent égale-

---

[10] Le supercalculateur TERA1000-2 est un outil majeur du calcul haute performance au service du programme Simulation (opérationnel depuis 2016 sur le centre CEA/DAM Île-de-France) ; Le Laser Mégajoule est un grand instrument de validation expérimentale du programme Simulation (opérationnel depuis 2014 sur le centre CEA/DAM du CESTA) ; la machine radiographique EPURE permet d'étudier la phase non nucléaire du fonctionnement d'une arme (opérationnelle depuis 2014 sur le centre CEA/DAM de Valduc).

[11] Pour en savoir plus sur le programme de Simulation, lire CEA DAM, *Les 20 ans du programme de Simulation : histoire d'un succès !*, CEA DAM, Samonac, août 2016.

[12] Discours radiodiffusé du Président Harry S. Truman, 9 août 1945 : « La bombe atomique est trop dangereuse pour être lâchée dans un monde sans lois. C'est pourquoi le Royaume-Uni et les États-Unis, seuls détenteurs de son secret de fabrication, n'ont aucune intention d'en révéler le secret jusqu'à ce que l'on trouve des moyens de maîtriser la bombe afin de nous protéger et de protéger le reste du monde du risque de destruction totale. Déjà, en mai, sur ma proposition, le ministre de la Guerre, Stimson, a désigné un comité [...] pour préparer des plans en vue du futur contrôle de cette bombe. J'ordonnerais au Congrès de coopérer afin que sa production et son utilisation soient contrôlées et afin que sa puissance soit au service de la paix mondiale. Nous devons nous constituer les administrateurs de cette nouvelle force – pour prévenir sa mauvaise utilisation et pour la conduire à servir l'humanité. C'est une énorme responsabilité qui nous incombe ».

ment du sujet : le 24 janvier 1946, l'Organisation des Nations Unies (ONU) crée une commission chargée d'étudier les problèmes soulevés par la découverte de l'énergie atomique[13]. Mais, dans un premier temps, ce sont principalement les États dotés et reconnus par le Traité de non-prolifération nucléaire (TNP) qui encouragent au désarmement nucléaire et à la non-prolifération[14]. Outre les traités qui interdisent la nucléarisation de certaines régions ou territoires[15], les tentatives pour limiter les essais nucléaires ou même les suspendre se multiplient dès la fin des années 1950.

Sur l'initiative de l'Union soviétique et grâce à l'engagement américain, un moratoire sur les essais nucléaires est observé par l'URSS, les États-Unis et le Royaume-Uni de 1958 à 1961[16]. La question d'une limitation est débattue le 20 décembre 1961 lors de la Conférence du désarmement des 18 membres[17]. Puis, le 5 août 1963, peu après la crise de Cuba, les États-Unis, l'Union soviétique et le Royaume-Uni signent le traité d'interdiction partielle des essais nucléaires (*Partial Nuclear Test Ban Treaty*, PTBT). Celui-ci interdit les essais dans l'atmosphère, les espaces extra-atmosphérique et sous-marin. La France refuse de signer le traité, mais respecte ses dispositions depuis 1975. Le PTBT est particulièrement important pour l'histoire du désarmement, car il est la source d'une dissociation dans les discours entre essais nucléaires et désarmement. Depuis ce traité, les interdictions ou limitations des essais ne sont donc plus considérées comme le premier pas vers un désarmement complet et immédiat par les

---

[13] Résolution A/RES/1 du 24 janvier 1946 sur la « Création d'une commission chargée d'étudier les problèmes soulevés par la découverte de l'énergie atomique ».

[14] Pour rappel, il s'agit des États ayant effectué un essai nucléaire avant 1967, Organisation des Nations Unies, Article IX, *Traité de Non-Prolifération nucléaire*, signature le 1er juillet 1968, entrée en vigueur le 1er janvier 1970.

[15] Le Traité de l'Antarctique de 1959 interdit la nucléarisation du continent. En 1967, le Traité de Tlatelolco acte la dénucléarisation des Antilles jusqu'au sud de l'Amérique latine. Les traités sur l'espace extra-atmosphérique de 1967, le fond des mers de 1971 et de la lune et les autres corps célestes en 1979 interdisent le stationnement à ces espaces aux armes nucléaires. Le traité de Pelindaba est signé en 1996 et ses dispositions sont plus souples que celles des autres traités, car chaque État Partie peut autoriser s'il le souhaite le transit d'armes nucléaires sur son territoire. Le traité de Bangkok est le traité instituant une Zone exempte d'armes nucléaires (ZEAN) au siècle dernier. Signé en 1997 dans le cadre de l'Association des nations de l'Asie du Sud-Est (ASEAN), il interdit la possession d'armes nucléaires. Le traité de Semipalatinsk, signé en 2006, institue quant à lui une ZEAN recouvrant le Kazakhstan, le Kirghizistan, l'Ouzbékistan, le Tadjikistan et le Turkménistan.

[16] Pour en savoir plus sur ce traité, lire Georges Fischer, « L'interdiction partielle des essais nucléaires », *Annuaire français de droit international*, vol. 9, n° 9, 1963, p. 6.

[17] Résolution A/RES/1722 (XVI) sur la Question du désarmement, Compte rendu A/PV 1085, Sans vote, Projet de vote A/4980/Add.2.

puissances nucléaires. Cependant, le désarmement nucléaire demeure un objectif à long terme pour les États dotés.

Fondement du désarmement et de la non-prolifération, le TNP souligne toute l'importance juridique des essais nucléaires : bien plus que de simples tests, ils permettent d'accorder ou non à un État possédant des armements nucléaires la reconnaissance d'être détenteur légitime et légal aux yeux de la communauté et du droit internationaux[18]. Les États nucléaires n'ayant pas réalisé un essai avant janvier 1967 ne sont pas parties au TNP ne sont pas reconnus comme légitimes, et certains ont été considérés comme des « proliférateurs »[19].

Le 3 juillet 1974, les États-Unis et l'Union soviétique continuent les efforts en termes de limitation des essais, et signent le Traité sur la limitation de la puissance des essais souterrains d'armes nucléaires (TTBT, *Threshold Test Ban Treaty*). Le TTBT interdit les essais souterrains de plus de 150 kt (soit dix fois la puissance du *Little boy* à Hiroshima)[20]. Il n'entre en vigueur qu'en 1990, après des années de discussion et de méfiance entre les deux Grands, et conduit à l'adoption d'un protocole additionnel en 1987 qui institue des mesures de vérifications supplémentaires.

Le traité de Rarotonga de 1985 interdit aux EDAN signataires de procéder à des expérimentations nucléaires dans la zone du Pacifique Sud[21]. Ce traité vise notamment à pousser la France à cesser ses expérimentations, alors qu'elle réalise des essais nucléaires dans son Centre d'expérimentation du Pacifique (CEP) depuis 1966 dans les atolls de Mururoa et Fangataufa. La France ne le signe que le 25 mars 1996, après avoir réalisé son ultime campagne d'essais nucléaires.

Enfin, le 24 septembre 1996, après des années de négociations au sein de la Conférence du désarmement, la France signe le Traité d'interdiction complète des essais nucléaires (TICE) puis le ratifie le 6 avril 1998, s'engageant ainsi à stopper ses campagnes d'essais nucléaires sur

---

[18] Ouvert à la signature le 1er juillet 1968 et est entré en vigueur en 1970.
[19] Le TNP opère une distinction entre les États dotés de l'arme nucléaire (EDAN) et les États non dotés de l'arme nucléaire (ENDAN). Les États-Unis, la Russie, le Royaume-Uni, la Chine et la France sont les seuls EDAN reconnus par le TNP, et par ailleurs les cinq membres permanents du Conseil de sécurité des Nations Unies. L'Inde, le Pakistan, Israël et la Corée du Nord ne sont pas parties au TNP.
[20] *Treaty Between The United States of America and The Union of Soviet Socialist Republics on the Limitation of Underground Nuclear Weapon Tests*. Traité signé le 3 juillet 1974, ratifié le 8 décembre 1990, entré en vigueur le 11 décembre 1990.
[21] Article III du *Traité de Rarotonga*, 6 juillet 1985, entré en vigueur le 11 décembre 1985.

une durée illimitée[22]. La France a particulièrement œuvré pour ce traité, et est aujourd'hui l'un de ses soutiens majeurs. Le TICE propose une interdiction de tous types d'essais nucléaires, quelle que soit leur puissance. Il prévoit la mise en place d'un système de surveillance international (SSI) et d'un mécanisme d'inspections sur place afin de vérifier qu'aucun des signataires ne rompt ses engagements. L'acquisition d'une bombe H nécessite une campagne d'essai et ne peut se fonder que sur de la simulation : l'entrée en vigueur du traité permettrait donc de limiter ce type prolifération. Ce traité n'est aujourd'hui pas encore entré en vigueur : il lui manque la signature et la ratification de la Corée du Nord, du Pakistan, de l'Inde, ainsi que la ratification des États-Unis, de la Chine, de l'Égypte de l'Iran, et d'Israël[23].

Plusieurs autres événements ont prouvé l'engouement international pour, non seulement l'interdiction des essais, mais aussi l'interdiction des armes nucléaires elles-mêmes. Le mouvement Pugwash s'est vu remettre le prix Nobel de la paix en 1995 « pour leurs efforts en vue de diminuer la part des armes nucléaires dans la politique internationale, et, à terme, d'éliminer ces armes »[24]. Les réactions internationales aux essais pakistanais, indiens et plus récemment, nord-coréens sont également un indicateur des contestations internationales contre la prolifération. De plus, nous pouvons citer les discussions et prises de position durant les deux dernières Conférences d'examen du TNP (2010 et 2015), mais surtout du vote à l'Assemblée générale des Nations Unies du Traité sur l'interdiction des armes nucléaires (TIAN) le 7 juillet 2017 où 122 pays sur 193 l'ont approuvé[25]. En octobre 2017, la coalition ICAN (*International Campaign to Abolish Nuclear Weapons*) s'est elle aussi vu remettre un prix Nobel de la paix, en reconnaissance de son rôle dans l'élaboration du TIAN[26].

---

[22] Dominique Mongin, *La Direction des Applications Militaires au cœur de la dissuasion nucléaire française, op. cit.*, p. 104-105.
[23] Cités dans l'annexe 2 du TICE.
[24] « Joseph Rotblat et son mouvement, Pugwash, sont récompensés. Le choix du prix Nobel de la paix 1995 épingle les essais atomiques français », *Libération*, 14/10/1995. URL : http://www.liberation.fr/evenement/1995/10/14/joseph-rotblat-et-son-mouvement-pugwash-sont-recompenses-le-choix-du-prix-nobel-de-la-paix-1995-epin_147086 [consulté le 20/03/2018].
[25] Édouard Pflimlin, « Cinq choses à savoir sur le Traité d'interdiction des armes nucléaires », *Le Monde*, 19/09/2017. URL : http://www.lemonde.fr/les-decodeurs/article/2017/09/19/cinq-choses-a-savoir-sur-le-traite-d-interdiction-des-armes-nucleaires_5187829_4355770.html [consulté le 20/03/2018].
[26] « Le prix Nobel de la paix décerné à la Coalition internationale pour l'abolition des armes nucléaires », *Le Monde*, 06/10/2017. URL : http://www.lemonde.fr/prix-nobel/article/2017/10/06/le-prix-nobel-de-la-paix-decerne-a-la-coalition-internationale-

La Simulation et les essais, causes de ruptures politiques, techniques, organisationnelles et diplomatiques

Lorsqu'en 1992 le Premier ministre Pierre Bérégovoy annonce un moratoire sur les essais nucléaires, il provoque une rupture politique. En effet, la décision a été prise avec le Président, mais celui-ci n'a consulté aucun de ses conseillers pour proclamer un moratoire : le directeur des applications militaires du CEA, le chef d'état-major particulier du Président, le chef d'état-major des armées, le ministre de la Défense, et la direction générale de l'armement (DGA) n'ont été prévenus que quelques heures avant l'annonce, et mis devant le fait accompli. Le CEA s'apprêtait alors à lancer une nouvelle campagne d'essais, prévue un mois plus tard, et personne ne s'attendait à une telle décision[27].

Bien que la France soit décrite par certains comme une « monarchie nucléaire », selon l'expression de Samy Cohen[28], le processus décisionnel nucléaire inclut généralement tous ces acteurs avant que le Président ne rende sa décision. Mais dans ce cas, François Mitterrand, malgré les conclusions de la commission Lanxade[29], le rapport Galy-Dejean[30] et les entretiens avec le directeur de la DAM qui lui conseillait de reprendre les essais afin de ne pas porter atteinte à la crédibilité technique de la dissuasion, il a prolongé le moratoire jusqu'à la fin de son mandat. Il a par ailleurs déclaré en 1994 à propos de la reprise des essais : « Eh bien, je vous dis, Mesdames et Messieurs : après moi, on ne le fera pas ! [...] Ils ne pourront pas faire autrement. Bien entendu, ils auraient tort de faire autrement, mais comme ils ne le pourront pas, je n'approfondirai pas la discussion »[31]. La rupture politique concerne donc à la fois la décision elle-même et la manière de prendre la décision : dans ce cas, le Président a endossé un costume de « monarque

---

pour-l-abolition-des-armes-nucleaires_5197010_1772031.html [Consulté le 03/04/2018].

[27] Selon plusieurs entretiens réalisés pour le mémoire de master 2 *Dans les coulisses de la monarchie nucléaire*, soutenu à l'Université de Jean Moulin Lyon 3 en septembre 2017.

[28] Selon l'expression de Samy Cohen in *La Monarchie nucléaire : Les coulisses de la politique étrangère sous la Ve République*, Hachette, Paris, 1986.

[29] Cette commission a été créée sur une initiative de du Premier ministre de cohabitation, Édouard Balladur, avec l'accord du Président François Mitterrand. Son objectif était de déterminer si la reprise des essais était ou non nécessaire. Sa conclusion soutient la nécessité de reprendre les essais pour une campagne de trois ou quatre ans afin de finaliser le programme de Simulation – qui ne s'appelait pas encore ainsi. Selon plusieurs entretiens réalisés pour le mémoire précédemment cité.

[30] René Galy-Dejean, « La simulation des essais nucléaires », Rapport d'information n° 847, 15 décembre 1993.

[31] François Mitterrand, Intervention à Paris le 5 mai 1994.

nucléaire » pour décréter un passage à la simulation. On voit ici l'importance qu'apporte le Président au passage à la Simulation, bien qu'il fût celui qui a mené le plus de campagnes d'essais de la Ve République.

Alors qu'un an plus tôt, un programme de Préparation à la limitation des essais nucléaires (PALEN)[32] avait été lancé, le CEA devait maintenant mettre en place un programme de simulation des essais qui se substituerait complètement aux tests en « vraie grandeur », une véritable rupture technique et scientifique, un challenge d'ampleur pour le directeur des applications militaires, Roger Baléras. Ce dernier lança le projet, répondant aux ordres du Président, mais se retrouva vite confronté à un problème majeur : le passage à la Simulation nécessitait une dernière campagne d'essais afin de tester une tête nucléaire dite « robuste »[33] qui pourrait résister à l'évolution des techniques sans nécessiter de nouveaux essais, à la différence des anciennes têtes nucléaires réalisées jusqu'alors par la France. Après un refus catégorique de François Mitterrand, c'est sous la présidence de Jacques Chirac que cette campagne sera réalisée (1995-1996) et les charges testées. Cette décision, en opposition à la déclaration de Mitterrand, provoque-t-elle aussi une rupture, mais cette fois de nature diplomatique : la France subit une pression internationale énorme, notamment de la part des pays du Pacifique Sud, en premier lieu la Nouvelle Zélande et l'Australie[34].

Malgré l'ampleur des conséquences diplomatiques, la dernière campagne française remplit son rôle, permettant au Président de se reposer sur la crédibilité garantie par la Simulation. Alors que la France avait refusé de signer le TNP jusqu'en 1992, bien qu'elle en respectât les dispositions, elle décida de signer et ratifier le TICE. Initiative unilatérale, la France démantela entièrement le centre d'expérimentation nucléaire du Pacifique. Elle est aujourd'hui le seul pays à s'être engagé aussi loin dans la suspension irréversible des campagnes d'essais. De plus, la France ne produit plus de plutonium ni d'uranium enrichi pour ses armes nucléaires, et s'est engagée pour la négociation d'un Traité d'interdiction de production de matières fissiles pour les armes nucléaires (TIPMF)[35]. De plus, la France

---

[32] PALEN était un programme ayant pour objectif la vérification de la qualité et la sûreté des armes, le renouvellement et l'évolution des charges nucléaires sans nécessiter de grandes campagnes d'essais. Ancêtre du programme de Simulation, il fut remplacé par ce dernier lors de l'intervention de François Mitterrand à Paris du 5 mai 1994.

[33] Entretiens réalisés pour le mémoire de Master 2 *Dans les coulisses de la monarchie nucléaire, op. cit.*

[34] La reprise des essais français provoque la colère des locaux, des émeutes violentes éclatent dans les îles. Pour en savoir plus, lire Maurice Torreli, « La reprise des essais nucléaires français », *Annuaire français de droit international*, volume 41, 1995, p. 756.

[35] Voir les travaux du sénat : « Désarmement non-prolifération nucléaire et sécurité de la France », Rapport d'information n° 332 (2009-2010) de Jean-Pierre Chevènement, 24 février 2010.

s'est engagée à ne pas produire de nouveaux types d'armes nucléaires[36]. Il est important de noter la conviction et la force de l'engagement français dans la suspension des essais, puisque c'est le seul pays à ce jour à avoir fait un choix sans retour en arrière possible.

La Simulation a remplacé les essais dans les discours. En 1958, le général de Gaulle soutenait lors d'une conférence de presse l'importance des essais nucléaires pour la France, en refus à « toute infériorité chronique et gigantesque »[37]. En 2013, le *Livre blanc* ne cite qu'une seule fois le programme de Simulation, alors qu'il détaille les composantes de la défense nucléaire (océanique et aéroportée), en déclarant que « les capacités de simulation dont la France s'est dotée après l'arrêt de ses essais nucléaires assurent la fiabilité et la sûreté des armes nucléaires »[38]. Depuis la Simulation, la communication sur la crédibilité technique de la dissuasion est partagée entre le Président (discours de François Hollande de 2015)[39] et le CEA, qui ouvre par exemple le temps d'une visite certains de ses centres à ses homologues anglo-saxons.

La communication s'intègre dans l'évolution plus large de la place de la DAM dans l'appareil décisionnel nucléaire français. La DAM s'était construite et organisée autour des campagnes d'essais qui rythmaient ses recherches en lui donnant des objectifs précis. Privée d'essais, la DAM a dû se restructurer, se réformer, abandonner une partie de ses sites et activités. Elle a donc subi une importante réorganisation qui a changé sa composition, son agenda et, plus important, sa place dans l'appareil nucléaire de défense[40]. Les essais nucléaires requéraient une coopération entre le CEA, chargé de concevoir la tête nucléaire, et les armées, chargées d'organiser la logistique des campagnes d'essais. La fin de ces dernières provoque le recul de l'implication des armées dans le pilier technique de la dissuasion, en faveur de la DAM. Aujourd'hui, la DAM conçoit les têtes nucléaires, les produit, les maintient en condition opérationnelle et les démantèle, elle est donc présente à chaque étape de la vie des têtes. De plus, depuis 2009, la DAM siège officiellement au Conseil des armements nucléaires et la confiance en la crédibilité technique des têtes nucléaires du Président ne repose que sur l'assurance donnée par le directeur de la DAM.

---

[36] « Mais là encore, je veux rappeler solennellement les engagements. La France ne produit pas et ne produira pas de nouveaux types d'armes nucléaires. Je voudrais donc saluer l'extraordinaire défi scientifique et technique que représente ce programme de simulation », Discours de F. Hollande à Istres, 19 février 2015.
[37] Conférence de presse du général de Gaulle, le 23 octobre 1958.
[38] Ministère de la Défense, *Le livre blanc de la défense*, 2013, p. 76-77.
[39] Discours de F. Hollande à Istres, 19 février 2015.
[40] Dominique Mongin, *La Direction des Applications Militaires au cœur de la dissuasion nucléaire française, op. cit.*

La simulation, conséquence d'une rupture stratégique

La stratégie nucléaire française et sa communauté ont été chamboulées à l'arrivée de la Simulation. Mais est-ce du fait de la simulation elle-même ? Les conséquences stratégiques du passage aux simulations d'essais nucléaires anglo-saxonnes nous permettent, par comparaison, de comprendre si les simulations sont la cause de ruptures stratégiques. Autrement dit, la Simulation est-elle à l'origine d'une évolution stratégique ou une conséquence de celle-ci ?

Aux États-Unis, après un moratoire instauré en 1992 qui perdure jusqu'à aujourd'hui, le programme *Stockpile Stewardship Program* (SSP) a été mis en place. L'ambition de ce programme est similaire à celle de la France, c'est-à-dire de maintenir la crédibilité et la sûreté d'un arsenal nucléaire en l'absence d'essais. Les grands outils de simulations américains sont semblables aux outils français : un laser au *National Ignition Facility* (NIF) de Livermore, un supercalculateur *Sequoia* et l'utilisation des résultats des essais nucléaires afin de vérifier les résultats des hypothèses des scientifiques[41]. Néanmoins, les États-Unis n'ont pas irrémédiablement tourné la page des essais nucléaires et bien qu'ayant signé le TICE, ils ne l'ont jamais ratifié. C'est en partie la cause de la non-entrée en vigueur du traité. De plus, les États-Unis n'ont pas démantelé leurs sites d'essais nucléaires. La dernière *Nuclear Posture Review* (NPR) de l'administration Trump affirme clairement que le pays ne cherche pas à ratifier le traité, et rappelle la possibilité d'une reprise des essais si cela s'avère nécessaire pour assurer la sécurité et les capacités de l'arsenal[42]. Plusieurs voix s'élèvent pour la reprise des essais, qui serait essentielle à la dissuasion : un ancien général quatre étoiles de l'*United States Air Force* a récemment écrit qu'il faudrait, afin de former les nouvelles générations d'ingénieurs et d'être de capable de créer de nouvelles armes, reprendre les essais[43]. Néanmoins, et

---

[41] Pour en savoir plus, consulter « Maintaining the Stockpile », *National Nuclear Security Administration*. URL : https://www.energy.gov/nnsa/missions/maintaining-stockpile [Consulté le 25/03/2018].

[42] « Although the United States will not seek ratification of the Comprehensive Nuclear Test Ban Treaty, it will continue to support the Comprehensive Nuclear Test Ban Treaty Organization Preparatory Committee as well as the International Monitoring System and the International Data Center. The United States will not resume nuclear explosive testing unless necessary to ensure the safety and effectiveness of the U.S. arsenal », Office of the Secretary of Defense, *Nuclear Posture Review*, Février 2018, p. XVI-XVII.

[43] « We should be rebuilding and exercising the infrastructure necessary to sustain our deterrent and, more importantly, developing the human capital required to design and build nuclear weapons for an uncertain future. The cost to do this is modest. The cost of not doing it could be catastrophic to future generations of Americans », Gen Kevin P. Chilton, « Defending the Record on US Nuclear Deterrence », *Strategic Studies Quarterly*, Printemps 2018, p. 18.

de manière un peu contradictoire, le pays soutient l'Organisation du Traité d'interdiction complète des essais nucléaires (OTICE) financièrement[44] et appelle tous les pays dotés à appliquer un moratoire sur les essais. La position des Américains face à la simulation est donc très différente de la position française : leur stratégie, confirmée par la NPR de 2018, n'est pas profondément modifiée par la simulation, gardant sous la main toutes les options. Leur engagement dans la simulation n'est que partiel, puisque les politiques refusent d'en faire un virage stratégique.

Le Royaume-Uni se démarque des États-Unis sur cette question. Pourtant, depuis la signature de l'Accord de Québec[45] le 19 août 1943, une relation privilégiée s'est établie entre le Royaume-Uni et les États-Unis. Elle aboutit à une certaine dépendance stratégique de la Grande-Bretagne envers son allié. Le Royaume-Uni respecte un moratoire sur les essais nucléaires depuis fin 1991, ne pouvant pas de toute façon outrepasser celui des États-Unis. En 1995, la Déclaration de Chequers permet un rapprochement entre la France et la Grande-Bretagne, qui atteste de leur volonté de ratifier le TICE et de cesser tout essai nucléaire[46]. Ayant effectivement ratifié le TICE, ils sont allés plus loin que leurs alliés américains. Cette prise de position plus affirmée a permis un nouveau rapprochement entre la France et le Royaume-Uni. En 2010, James Cameron et Nicolas Sarkozy signèrent le Traité de Lancaster House qui institue une collaboration franco-britannique, notamment dans le domaine de la simulation[47]. Si, pour le Royaume-Uni, le passage à la simulation a été impulsé par les États-Unis, les accords de Lancaster House sont la preuve d'un intérêt – même relatif – à une diversification des partenariats stratégiques nucléaires. Dans ce cadre, la simulation ne constitue pas une rupture stratégique pour les Britanniques, mais une occasion de rééquilibrer leur dépendance nucléaire.

Dans ces deux cas, la simulation n'a pas entraîné de rupture stratégique : les États-Unis, tout en développant la simulation, se réservent le

---

[44] Selon l'intervention de Lassina Zerbo, secrétaire exécutif de l'Organisation du Traité d'interdiction des essais nucléaires, le 14 février 2018 à Science Po Paris.

[45] Franklin D. Roosevelt et Winston S. Churchill, *Quebec Agreements*, 19 Août 1943, The Citadel, Quebec.

[46] « […] La France, comme l'Angleterre, signera le traité portant interdiction de tout essai nucléaire ; […] la France, comme l'Angleterre, a indiqué que nous soutiendrions l'option zéro contrôlée sur le site, c'est-à-dire aucun essai même de petite puissance ; […] la France, comme l'Angleterre, vient de signer les protocoles du Traité de Rarotonga qui permettront au printemps prochain de déclarer zone dénucléarisée l'ensemble du Pacifique Sud. Par conséquent le problème des essais ne se posera plus. », Conférence de presse conjointe du Président Jacques Chirac et du Premier ministre John Major le 30 octobre 1995 lors du 18ᵉ sommet franco-britannique à Chequers.

[47] Pour en savoir plus, lire Jean-François Guilhaudis, « Les traités de Lancaster House et la coopération franco-britannique en matière de défense et de sécurité », *Annuaire de droit international*, vol. 57, 2011, p. 85-110.

droit de reprendre les essais, ce qui les place dans une continuité stratégique certaine ; le Royaume-Uni n'a pas décidé de rompre sa dépendance vis-à-vis de ses alliés américains malgré leur position sur les essais, et n'a pas radicalement changé de politique nucléaire. Néanmoins, la simulation se présente comme une occasion de prendre un virage stratégique à la fois pour les Britanniques et les Français. La Simulation en France s'inscrit dans un cadre d'évolution stratégique plus large, et ce depuis la fin de la Guerre froide : l'engagement français international pour le désarmement et la non-prolifération. L'arrêt brutal des essais et le passage à la Simulation ont effectivement provoqué une addition de ruptures politiques, technologiques, diplomatiques et organisationnelles, mais celles-ci ont servi la dissuasion nucléaire en assurant sa crédibilité, malgré les évolutions géostratégiques majeures. La simulation constitue une rupture, puisqu'elle s'accompagne d'un arrêt total et irrémédiable des essais nucléaires. Mais cette rupture politico-technique se place au service d'une continuité stratégique. La nouvelle politique nucléaire de la France, née dans les années 1990, a provoqué l'engagement total dans la Simulation, et la mise en place de ce programme a renforcé cette politique. Moins que la cause d'une évolution stratégique majeure, la Simulation se positionne donc comme une clé de voûte du virage stratégique français, capable de provoquer une rupture pour servir la continuité de la dissuasion.

QUATRIÈME PARTIE

L'ARME NUCLÉAIRE DANS LES THÉORIES DES RELATIONS INTERNATIONALES

QUELLES APPROCHES POUR QUELLES REPRÉSENTATIONS ?

Oligopolarité et arme nucléaire

Jean BAECHLER

On peut plaider que, depuis la fin du dipôle américano-soviétique en 1991, la planète est en quête de nouvelles configurations transpolitiques. L'urgence en est d'autant plus pressante que la mondialisation est désormais acquise, au sens où toutes les histoires humaines ont effectivement convergé en une histoire unique commune, dont l'humanité entière devient le sujet et l'objet par l'entremise de ses représentants. Les plus décisifs sont et seront les polities, entre lesquels les humains sont distribués en acteurs collectifs. Des polities actives et interactives composent une transpolitie, en l'occurrence planétaire. Plusieurs configurations sont possibles, dont chacune définit un jeu et une logique intrinsèque. Le nombre des possibles disponibles est très limité, qui peuvent succéder au dipôle dissout.

Il a paru avoir pour successeur un monopôle américain. Mais il a fait long feu, car l'hégémonie américaine, réelle, ne pouvait être qu'éphémère, du fait de l'impossibilité, pour des raisons à la fois internes et externes aux États-Unis qu'elle se transformât en un empire planétaire en bonne et due forme à la manière traditionnelle. La présidence Bush a révélé qu'une puissance hégémonique ne peut pas régir la planète, dont ont résulté une *diminutio capitis* et la présidence Trump. Le slogan de campagne du candidat était explicite : « making America great again ». Un nouveau dipôle est annoncé, sino-américain, mais la prédiction est plutôt une fiction médiatique, une illusion chinoise et une aspiration américaine, car les États-Unis savent bien gérer un jeu à deux, le seul qu'ils aient jamais joué depuis leur fondation. Un polypôle est plus couramment désigné comme un jeu *multilatéral*, auquel seraient censées participer activement toutes les polities de la planète. L'hypothèse en est très improbable, car la dissymétrie de puissance entre les polities est trop prononcée, pour que chacune puisse prétendre peser sur les développements planétaires. En toute rigueur, il est impossible d'exclure l'éclatement des plus grandes polities en entités comparables aux polities petites et moyennes, mais l'occurrence en est infiniment peu plausible, et l'éclatement simultané de toutes peut être tenu pour impossible.

Il reste une dernière possibilité, de loin la plus probable, à savoir un oligopôle. Il réunit un nombre limité de polities, de cinq à sept, dont aucune ne dépasse en puissance développée et potentielle la coalition de toutes les autres. La sélection des joueurs repose sur la capacité à peser, actuellement ou virtuellement, sur les équilibres et les déséquilibres planétaires. À vue humaine, le repérage des joueurs sélectionnés par l'histoire est évident. Les États-Unis, la Chine, la Russie, l'Inde et le Brésil sont les candidats déclarés. En suspens est la candidature de l'Union européenne, qui, n'étant pas déjà ni encore une politie, mais, au mieux, une alliance étroite de polities, n'est pas et ne peut pas être un joueur effectif. Quant à l'Asie antérieure, qu'une histoire millénaire a destinée à participer à l'équilibre planétaire, non seulement elle n'est pas constituée en politie, mais la perspective en est encore nulle, car sa dispersion en sous-ensembles arabe, iranien et turc paraît insurmontable.

Bien entendu, nul ne connaît l'avenir, si bien que retenir la configuration oligopolaire relève plutôt de l'hypothèse, plausible, mais décisoire, justifiable si l'on veut opérer des simulations à même de procurer des grilles de lecture de l'histoire en train de se faire. La question posée l'est, dès lors, en ces termes : « si l'on retient l'hypothèse d'une transpolitie planétaire oligopolaire, quelle place devrait y occuper l'arme nucléaire ? ». Pour trouver une ou des réponses sensées, il faut commencer par dégager la logique d'un jeu oligopolaire. Il est défini, avons-nous souligné, par le fait qu'aucun joueur ne l'emporte en puissance sur la coalition des autres. Il est encore précisé par un second caractère, à savoir que les coûts de coalition sont assez bas, pour que les coalitions se nouent spontanément à la moindre alerte. Sous ces deux conditions, la rationalité transpolitique impose une stratégie dominante *défensive*, contre toute ambition hégémonique et pour un équilibre perpétué. De son côté, l'arme nucléaire peut servir à deux usages presque opposés. Le nucléaire tactique peut être mis en œuvre par des opérations actuelles sur le terrain. Son opérabilité potentielle en fait une arme parmi d'autres, dont la finalité militaire exclusive est leur utilité pour attaquer ou pour défendre. Au contraire, le nucléaire stratégique relève de la dimension politique de la guerre, qui lui assigne comme seule finalité rationnelle de *dissuader* l'attaque : il défend en dissuadant l'attaque. Il assure pleinement son office tant qu'il n'y est pas fait recours en acte.

En combinant la stratégie défensive de l'oligopolarité et la vertu dissuasive du nucléaire stratégique, on se donne les moyens de tenter trois simulations. Elles doivent révéler ce que devrait être la place de l'arme nucléaire entre les oligopoles, entre les oligopoles et les autres polities et entre les polities et les non polities. La révélation permise par les simulations n'est pas rassurante, car elle pronostique le retour et la prolifération du nucléaire.

Entre oligopoles

La conclusion paraît limpide, que l'on peut tirer de la configuration du jeu oligopolaire et de sa logique stratégique. En effet, la stratégie militaire peut se voir assigner par le politique trois objectifs : défendre, attaquer, dissuader. L'oligopolarité ayant une stratégie dominante défensive et si tous les oligopoles défendent, aucun n'attaque ! L'argument est, en fait, sophistique. Il repose sur la confusion entre défense et passivité, déjà dénoncée par Clausewitz. La stratégie défensive, sans doute, ne donne pas la priorité à l'attaque, mais elle trouve son sens dans la persuasion instillée dans chaque joueur que toute agression trouverait une riposte appropriée. La stratégie défensive est, en vérité, dissuasive. Pour dissuader efficacement, il faut s'équiper de manière à pouvoir contrer une attaque, ce qui implique, en quelque sorte en creux, la capacité d'attaquer aussi bien. Dissuader revient à se retenir d'attaquer tout en en ayant les moyens. La contrainte est de nature conceptuelle et exprime ce que Clausewitz a appelé la versatilité de la guerre, au sens où les trois objectifs possibles – le général prussien ne retenait guère que la défense et l'attaque – peuvent à tout moment se substituer l'un à l'autre en fonction des circonstances et des péripéties.

Une deuxième et une troisième contraintes sont plus circonstancielles. Même en système oligopolaire, une politie sensiblement plus puissante peut émerger, parce qu'elle est plus peuplée, plus riche, mieux gérée. Elle peut se laisser aller à des ambitions hégémoniques, déraisonnables parce que le rapport des forces face aux coalisés finira par jouer contre elle. Elle peut aussi, et peut-être surtout, se sentir assiégée par la méfiance et l'hostilité que sa puissance inspire aux autres joueurs. Ce peut être une incitation à risquer une guerre, non pas pour imposer son hégémonie, mais pour dissuader toute coalition éventuelle qui prétendrait prévenir son ambition en attaquant. De part et d'autre et par un paradoxe apparent, la logique dissuasive peut conseiller l'attaque ou, du moins, menacer d'attaquer, en espérant n'avoir pas à s'y décider. Derechef, la stratégie défensive n'est pas passive, mais se doit d'être active pour devenir dissuasive.

Il en va de même avec la troisième contrainte. Une crise entre oligopoles sur la transpolitie court toujours le risque d'être mal gérée et de dégénérer en conflit violent. On montre, par ailleurs, qu'un jeu oligopolaire, du fait de sa logique défensive et dissuasive, est favorable au développement de la diplomatie et à la production d'un droit transpolitique. Mais la diplomatie la plus habile et le droit le mieux conçu n'abolissent par le risque de conflit violent entre polities. Or, tout conflit violent peut toujours monter aux extrêmes de la lutte à mort et du suicide-meurtre réciproque, en en référant une fois de plus à Clausewitz. Si, par ailleurs, les belligérants potentiels disposent de l'arme atomique, la lutte à mort et le suicide-meurtre ne sont plus de simples figures de rhétorique, mais des menaces et des risques actuels. En conséquence, il importe que le système de jeu devienne dissuasif, en repoussant le plus loin possible l'échec de la diplomatie et du droit et le triomphe de la violence. Pour ce faire, chaque joueur doit s'équiper de manière à assurer sa part de menaces et de risques distillés par le système. Le raisonnement conduit à un corollaire, conseillant et justifiant le nucléaire tactique. En effet, son emploi reconnu et prévu en cas de guerre pourrait renforcer la retenue des joueurs, en abaissant le seuil ouvrant sur le nucléaire stratégique et en les faisant reculer devant un risque aussi énorme : la dernière extrémité diplomatique devrait en être indéfiniment reculée. Au contraire, si le seuil atomique stratégique est placé si haut et si distinct qu'il signifie une transition de phase complète, ce peut être une facilitation du recours à la violence, dans la conviction de pouvoir se faire la guerre à l'abri de l'arme nucléaire.

Une conclusion intermédiaire s'impose. La stratégie défensive étant dissuasive de fondation, les joueurs doivent consentir tous efforts indispensables à la dissuasion. Or, celle-ci repose sur la conviction instillée en chaque joueur que toute attaque se heurterait à une défense égale ou supérieure. Avant la mise au point de l'arme atomique, le jeu oligopolaire devait inspirer le sentiment justifié d'une défense supérieure, puisqu'aucune politie n'était plus puissante que la coalition des autres. Avec l'arme atomique, l'égalité est introduite et prend la forme de l'anéantissement réciproque. Les joueurs doivent en tirer deux maximes de l'action stratégique : chacun doit hisser son arsenal atomique au niveau du plus performant et tous doivent consentir ces efforts pour n'avoir pas à s'en servir ! Deux conclusions finales peuvent en être tirées, contradictoires. Celle du sens commun et du bon sens, pour une fois accordés, est le conseil donné aux joueurs de renoncer à l'arme atomique et de la retirer de l'armement dissuasif. En effet, outre qu'elle est très coûteuse en ressources rares, son emploi mortifère pour tous ne peut pas être exclu, par accident ou par montée aux extrêmes d'une crise mal gérée.

Malheureusement, le conseil a peu de chances d'être entendu et suivi, pour deux raisons. L'une est circonstancielle ou, mieux, technique. Le désarmement réciproque est infiniment délicat à conduire à son terme, car la moindre faille dans le contrôle de son effectivité fait baisser mécaniquement la pression dissuasive et la confiance entre joueurs. L'autre raison est plus structurelle. Si les oligopoles ont réussi le désarmement nucléaire complet, ils tombent à la merci de n'importe quelle politie disposant de l'arme atomique ! Il faudrait, pour se garantir contre ce risque, un contrôle universel, que seule une gouvernance planétaire serait à même d'imposer à tous. La probabilité, en conséquence, favorise massivement une seconde conclusion, à savoir la conservation par chaque oligopôle de son armement nucléaire. Mais celui-ci ne peut pas être maintenu en l'état indéfiniment. Il exige un entretien et un renouvellement périodique. Dès lors, les scientifiques, les ingénieurs, les techniciens sont mobilisés. Ce sont des chercheurs qui cherchent et qui, en cherchant, trouvent. Ils sont poussés à chercher par la curiosité, la rivalité et un financement envié par la recherche civile. De ce fait, des progrès techniques, voire des percées et des mutations, sont inévitables, qui risquent de déséquilibrer le jeu. Chaque joueur est donc contraint de travailler de son côté au progrès, aux percées, aux mutations, de manière à préserver, au minimum, la plausibilité de la dissuasion. Le résultat final est la récurrence périodique d'une course aux armements et un retour perpétuel du nucléaire.

La simulation opérée a développé un argumentaire hautement abstrait, qui pourrait trouver sa place dans un « Manuel élémentaire de théorie des jeux ». Elle postule des joueurs parfaitement au fait de la logique oligopolaire et exclusivement rationnels. La situation actuelle du monde en tant que transpolitie ne répond nullement au postulat. D'une part, si le jeu planétaire devait vérifier effectivement l'hypothèse retenue par la simulation d'une configuration oligopolaire, celle-ci n'est qu'à l'état émergent et chaotique. Les expressions de sa logique et leur adoption par les joueurs pressentis ne peuvent être qu'esquissées. Il y a plus grave. Aucun des joueurs avancés comme candidats par l'histoire n'est préparé à faire l'apprentissage de la logique avec la rapidité qu'imposent les risques créés par une transition chaotique. Certains sont passifs et non pas dissuasifs, comme il faudrait. C'est le cas du Brésil, qui n'a jamais eu de grande politique extérieure et dont le poids actuel sur la scène transpolitique est négligeable. Pour que sa candidature soit retenue et qu'il puisse assumer son rôle, il devrait commencer par consolider ses institutions politiques au niveau fédéral. L'Inde donne le sentiment vérifiable qu'elle veut et pourrait devenir un oligopôle actif. Mais, comme les autres et en particulier les États-Unis et la Chine, elle n'a aucune expérience historique d'un jeu oligopolaire, dont la vertu est d'être à somme positive, bénéfique pour tous.

Les États-Unis ont toujours, depuis leur fondation, étaient engagés dans des jeux dipolaires, contre la Grande-Bretagne, le Mexique, l'Espagne, le Japon, l'Allemagne et l'URSS. C'est un jeu à somme nulle et du tout ou rien, dont ils sont toujours sortis vainqueurs, car leur puissance et leur conviction d'une mission à accomplir sont des atouts incomparables, qui s'évanouissent spontanément dans un jeu oligopolaire. La Chine a, depuis des millénaires, une vision autocentrée et impériale de l'étranger et de l'extérieur, dont elle tire la conviction de sa grandeur unique et d'un jeu à somme nulle. Seule la Russie fait exception, mais elle l'exprime de manière ambiguë. D'un côté, c'est un empire qui, depuis ses origines, occupe les vides et ne cède rien de ce qu'elle occupe ou a occupé, et qui, comme il sied à un empire, perçoit le jeu transpolitique comme à somme nulle. De l'autre, la Russie tsariste a participé pendant deux siècles au jeu oligopolaire européen, ce qui lui a permis d'en assimiler les règles et de se doter d'une excellente diplomatie. En vérité, seuls les Européens et une politie européenne auraient la pratique séculaire de l'oligopolarité et seraient capables de se plier à sa logique et à ses contraintes. Mais les États-Unis d'Europe n'existent pas et leur candidature reste encore en suspens.

La situation actuelle et prévisible est, ainsi, marquée par l'indécision sur la configuration transpolitique qui s'imposera et par l'ignorance des joueurs des règles qu'il conviendra de suivre, si l'oligopolarité l'emporte. En conséquence, la course aux armements nucléaires, révélée par la simulation, n'est pas seulement une contrainte exercée par le jeu lui-même sur les joueurs, mais elle a toutes chances de devenir une politique délibérée. La contrainte a des conséquences rationnelles, alors que la délibération est irrationnelle, ce qui la rend bien plus dangereuse. Au total, le retour du nucléaire que l'on peut constater actuellement, apparaît comme la conséquence certaine de la fin du dipôle americano-soviétique et de l'échec du monopôle américain, d'une part, et, d'autre part, comme une expression probable de la myopie des joueurs pressentis.

Entre grandes et petites polities

Il convient d'apposer des guillemets à « grandes » et « petites », à moins de repérer un critère objectif permettant de les distinguer sans préjugés et sans vexer personne. Un critère militaire opérationnel pourrait faire l'affaire. Une petite politie peut ne pas perdre militairement contre une grande, mais elle ne peut pas gagner ; inversement, une grande peut ne pas gagner contre une petite, mais elle ne peut pas perdre militairement. À cette aune, il paraît pertinent de distribuer les petites polities à leur tour en moyennes et petites, en estimant le rapport des puissances en termes de gain/non-gain et de perte/non-perte. Mais il peut se faire qu'une grande se décompose en petites et/ou moyennes ou que des petites et moyennes se constituent en une grande. Il convient donc, pour apprécier un éventuel retour du nucléaire, de procéder à trois simulations successives : entre les grandes et les petites/moyennes ; entre celles-ci ; en faisant évoluer la carte transpolitique.

Entre oligopoles, la simulation a conclu qu'elles devaient s'efforcer à la dissuasion nucléaire réciproque. La conclusion doit servir d'introduction aux nouvelles simulations, en ce sens que si les oligopoles se dissuadent entre eux, a fortiori dissuadent-ils les petites et moyennes d'attaquer. En attaquant imprudemment, celles-ci ne risqueraient pas seulement des dommages graves, mais encore l'anéantissement pur et simple, alors que la réciproque ne tient pas. Sans doute, l'irrationnel menace toujours et peut instiller dans le plus faible le choix de la mort plutôt que la perte de la liberté, comme firent les Méliens contre Athènes selon Thucydide. Mais la simulation, pour se dérouler de manière utile, doit commencer par postuler des acteurs rationnels, car, si on les suppose irrationnels d'entrée, aucune prédiction n'est possible. L'irrationnel est la négation du rationnel, et non l'inverse, d'un point de vue ontologique et logique, quoiqu'il soit généralement et existentiellement vrai que le rationnel soit une victoire sur l'irrationnel.

Entre *grandes polities nucléaires et petites ou moyennes non nucléaires*, les choix politiques stratégiques de celles-ci s'inscrivent dans une alternative exclusive. Ou bien elles recherchent la sécurité contre une agression éventuelle d'une grande, en trouvant une protection sous le parapluie dissuasif d'une grande. Ce choix stratégique de client à patron peut avoir quelque chose d'humiliant, mais une compensation fait oublier la dépendance politique, à savoir que la sécurité acquise ainsi est gratuite, puisque les coûts nucléaires sont assumés par l'oligopôle-patron. Ou bien elle revendique pour elle-même une pleine indépendance et décide de prendre les moyens de dissuader par elle-même toute velléité agressive d'un quelconque des oligopoles. Seul l'armement nucléaire conduit au-delà du seuil de dissuasion peut en donner la garantie. Quelles stratégies choisiront des acteurs rationnels ? La première stratégie est gratuite, mais elle se heurte à deux incertitudes irréductibles, qui doivent conseiller de rallier la seconde. En premier lieu, comment s'assurer au-delà de tout doute que le porteur du parapluie courra le risque d'un conflit nucléaire entre oligopoles, pour prévenir ou contrer toute agression contre son protégé et client ? Aucun traité, engagement, promesse n'abolira jamais le doute, car une confiance entière heurte le bon sens et trahit la prudence.

Une seconde incertitude est plus subtile et profonde encore. La logique oligopolaire et sa stratégie défensive dominante impliquent le renversement perpétuel des alliances entre oligopoles. En effet, tout repose sur un rapport des forces permettant des coalitions victorieuses contre toute ambition hégémonique. Sur un temps indéfini, la capacité hégémonique se déplace dans le système, dont doivent résulter de nouvelles coalitions. Un jeu oligopolaire est, de fondation, sinon instable, du moins fluctuant. De ce fait, les polities abritées sous le parapluie d'un oligopôle peuvent à tout moment le voir se refermer. En fait, le choix du parapluie nucléaire n'est rationnel que dans un dipôle. Celui-ci, en effet, fige indéfiniment les positions, chaque pôle patronnant ses clients, indéfiniment tant que le dipôle ne s'est pas résolu dans la victoire finale de l'un des deux. Tant que le dipôle persiste, la garantie nucléaire est rendue crédible par la stabilité des alliances et celle-ci renforcée par une logique de somme nulle : toute défection d'un allié renforce l'ennemi.

Ainsi, la seconde stratégie doit l'emporter sur la première et les petites polities se résoudre à l'armement nucléaire, à des fins de dissuasion. Les oligopoles pourraient vouloir s'y opposer, mais ils auraient du mal à dresser un argumentaire convaincant. En effet, ils ne risquent rien, car la dissuasion est une défense crédible et non une attaque potentielle. La dissymétrie des puissances est telle au bénéfice des oligopoles, qu'elle doit dissuader définitivement les petites de jamais attaquer. Mais la dissuasion nucléaire est coûteuse en ressources, ce qui place les petites polities sous contrainte économique. Celle-ci n'est pas fixe ni constante. D'un côté, elles peuvent bénéficier du développement économique, d'autant plus sûrement que la compétition transpolitique est une incitation irrésistible à se donner les moyens du développement. De l'autre, le progrès technique soutenant le développement induit des coûts décroissants. La conjonction de l'augmentation des ressources et de la baisse des coûts laisse prévoir que, sur un terme indéterminé, toutes les polities se doteront d'un armement nucléaire, au fur et à mesure qu'elles en auront réuni les moyens. La simulation, en conséquence, prévoit non seulement le retour du nucléaire militaire, mais encore sa prolifération.

Entre *petites et moyennes polities*, la simulation aboutit à des conclusions immédiates, car elle reproduit la logique de la figure précédente. Les relativement petites peuvent chercher la sécurité et la trouver plus sûrement, en se dotant des moyens d'une dissuasion crédible. En conséquence, toutes celles qui en auront les moyens s'y résoudront, et toutes finiront par en avoir les moyens : la prolifération nucléaire est inévitable. Ce cas de figure correspond à ce que serait la condition de la planète, si devait s'instaurer une configuration polypolaire. Un polypôle est défini par un grand nombre de polities et par des coûts de coalition prohibitifs. Dans ces conditions, des règles du jeu transpolitiques sont difficiles à énoncer et impossibles à faire respecter. La stratégie dominante devient offensive, car chaque politie doit calculer, que, si elle est attaquée par une ou quelques autres, aucune ne viendra à son secours. Chacune doit donc attaquer, si elle en a les moyens, pour éviter d'être attaquée en position de faiblesse relative. La dissuasion nucléaire bouleverse le calcul stratégique, car elle permet à toutes de n'être pas attaquées, à condition de renoncer à toute attaque. Le système de jeu est indéfiniment figé en position de non-guerre. À cet égard, le nucléaire peut effectivement contribuer puissamment à la pacification entre polities, sinon à l'amitié entre les peuples, du moins à la paix belliqueuse de Raymond Aron.

Dans ce cas général de figure, un cas particulier peut se dessiner. Soit une politie installée par les circonstances dans un rapport des forces tel que, si des conflits violents l'opposent à un environnement hostile, elle peut gagner toutes les guerres, mais serait abolie comme politie par une seule bataille perdue ; inversement, l'ennemi peut survivre à toutes les guerres perdues : il lui suffit de gagner une bataille décisive, pour tout gagner. Dans cette situation, la politie menacée dans sa survie ne peut pas se dispenser de recourir à la dissuasion nucléaire, de manière à ce qu'une bataille perdue n'entraîne pas mécaniquement la mort politique. Pour renforcer encore sa garantie de survie, elle devrait, en plus, chercher à prévenir l'ennemi de s'armer de moyens nucléaires, de manière à ne pas transformer le recours ultime à l'arme nucléaire en suicide. Y réussir renforcerait sa position, mais échouer à empêcher la nucléarisation de l'ennemi signifierait non pas la mort politique possible, mais l'assurance d'une dissuasion réciproque.

La troisième et dernière simulation fait jouer la *carte transpolitique*. Elle peut le faire dans les deux sens. Soit un des oligopoles se disloque, pour des raisons variées plus ou moins plausibles. Il peut en résulter deux configurations opposées. L'une multiplie les petites et moyennes polities jusqu'à instaurer un polypôle : la simulation renvoie à une figure précédente de carte figée en position dissuasive réciproque. L'autre, au contraire, s'oriente vers un dipôle, si deux ou trois oligopoles survivent. Il en résulterait un retour de la Guerre froide, chaque oligopôle conservant un arsenal nucléaire à même d'assurer une dissuasion réciproque. Il pourrait en résulter un recours renouvelé au parapluie nucléaire par les petites et moyennes, si elles apprécient sa gratuité en termes de ressources. Une conséquence plus exotique vérifierait la situation imaginée par Georges Orwell dans *1984*, où la planète se retrouverait hermétiquement cloisonnée en trois empires, chacun à l'abri d'un armement dissuasif. Ce serait la fin au moins provisoire de la mondialisation, qui se définit par la convergence de toutes les histoires en une histoire unique et commune à l'humanité en tant que telle.

Inversement, la carte transpolitique peut se modifier sous l'effet d'unifications politiques. Elles pourraient être tentées par un ou des oligopoles avides d'absorber, pour des raisons variées, des polities petites ou moyennes. Celles qui n'auraient pas réussi à atteindre à temps la dissuasion nucléaire pourraient en tomber victimes. Le risque, en attendant, devrait être une incitation à viser la dissuasion. L'unification pourrait aussi tenter un ensemble de polities petites ou moyennes. La tentation pourrait venir d'un fédérateur hégémonique régional, par exemple en Asie antérieure travaillée par des velléités hégémoniques arabes, iraniennes ou turques. Les conséquences les plus probables devraient être une course aux armements nucléaires de toutes. Le dernier cas de figure envisageable est l'unification consensuelle. Si la politie résultante est petite ou moyenne, on est renvoyé à une figure antérieure : elle devrait rechercher la dissuasion nucléaire. Si la nouvelle politie est un oligopôle, elle ne peut pas s'abstenir de se doter d'un armement nucléaire dissuasif, pour pouvoir jouer dans la cour des grands. Le seul exemple historique envisageable serait la mutation de l'Union européenne en États-Unis d'Europe. La solution la plus simple serait d'européaniser l'arsenal nucléaire français et de le hisser aux normes américaines, russes, chinoises. Une question pendante devrait occuper les décideurs politiques en Europe, en attendant une unification éventuelle : que faire de cet arsenal entre-temps ?

La conclusion de toutes ces simulations est univoque : non seulement le retour du nucléaire est inévitable, mais encore et surtout sa prolifération.

Entre polities et non polities

Convenons d'entendre par « non polities » des acteurs collectifs, susceptibles d'entrer en conflit violent avec des polities. Pour en repérer plus précisément les expressions, on peut prendre appui sur une typologie élémentaire et rudimentaire. Elle distribue ces acteurs en deux classes. L'une recueille la violence intrapolitique, interne à une politie et pouvant être distribuée en violence criminelle ou révolutionnaire. L'autre est extrapolitique, qui se partage entre le brigandage ou la piraterie et le terrorisme. Isolons ce dernier cas de figure. Il est caractérisé par sa nature idéologique, c'est-à-dire par un système plus ou moins développé de représentations, mises au service d'un projet politique d'inclination utopique. Des millénarismes d'autrefois ont pu développer des accents terroristes ainsi définis, mais le phénomène est essentiellement moderne, dont les premières expressions caractérisées sont repérables au XIXe siècle avec les carbonari et les anarchistes.

La position stratégique du terrorisme se laisse saisir avec une précision satisfaisante. Elle est déterminée par le fait essentiel que le groupe terroriste n'a pas d'existence politique, au sens où il n'incarne aucune politie constituée et n'agit pas en tant que tel. Il peut viser le pouvoir dans une politie, ce qui le range dans la case révolutionnaire de la typologie et fait sortir du sujet, qui porte sur la guerre et sur l'arme nucléaire. Le terrorisme à considérer ici se veut l'incarnation et une expression anticipée d'une politie virtuelle. C'est en son nom, aussi mal défini soit-il, et à son bénéfice, peut-être utopique, qu'il part en guerre contre l'une des polities actuelles, ou, du moins, les engage dans un conflit violent. Mais un conflit violent déclenché par des terroristes peut tout aussi bien se cantonner dans le cadre d'une politie, ce qui en fait un acteur collectif révolutionnaire. Ces distinctions et ces balancements ne sont pas verbaux, mais touchent à des réalités distinctes. Elles permettent une définition achevée de la position stratégique du groupe terroriste, quelle qu'en soit l'importance en termes de nombre et de ressources. À la limite, un terroriste isolé est soumis à la même logique stratégique qu'une organisation tentaculaire. La stratégie est surdéterminée par le constat que, n'étant pas une politie, le terrorisme n'a rien à défendre et personne à dissuader. De la trinité assignable à la finalité guerrière, il n'a de choix que dans l'attaque. L'attaque, à son tour, balance entre les deux objectifs politiques de gagner ou de ne pas perdre. Comme les terroristes n'ont rien à perdre, puisqu'ils n'ont pas d'existence politique et que l'enjeu ultime de la guerre est politique, au sens où elle concerne la politie, ils ne peuvent que vouloir gagner.

Mais gagner quoi ? Le seul objectif rationnel possible est de s'emparer du pouvoir dans une des polities existantes. Il se peut que l'idéologie retenue, par exemple par les djihadistes appliqués à réaliser une *umma* planétaire en quelque sorte « postpolitique », prétende dépasser, au sens hégélien, le statut politique de la condition humaine. Mais cette ambition est utopique et irrationnelle, à la manière dont l'idéologie « postmoderne » est irrationnelle et utopique, si elle affirme la possibilité d'ignorer ou de tourner les contraintes de la modernité. La nature des choses et les contraintes de la réalité poussent les terroristes à adopter une finalité révolutionnaire, en prenant le pouvoir dans une politie ou des portions de polities, de manière à contrôler un territoire et à fonder ainsi une politie. Libre à eux de prétendre que ce ne sera qu'une étape intermédiaire sur une voie à finalité postpolitique. Mais, en se pliant à la rationalité, qui leur enjoint de se muer en révolutionnaires, ils se heurtent à la réalité et à ses contraintes réfractaires au désir et aux utopies. En l'occurrence, s'emparer du pouvoir dans les grandes polities est tout simplement impossible, car le pouvoir en place a tous les moyens à sa disposition, pour défaire n'importe quel assaut terroriste. En conséquence, l'objectif révolutionnaire ne peut être atteint que dans de petites polities et, plus probablement, dans celles où le pouvoir est mal assuré et chancelant.

La conclusion est apodictique : la violence extrapolitique terroriste ne peut réussir qu'en devenant violence intrapolitique révolutionnaire. Toute cette logique stratégique du terrorisme n'a pas de raison intrinsèque de toucher à la question du nucléaire militaire. À l'extrême rigueur, un terrorisme révolutionnaire pourrait recourir à un chantage nucléaire, pour chasser du pouvoir l'équipe qu'il veut remplacer. Ce n'est pas impossible en toute rigueur, mais très peu probable et, de toute façon, la liaison serait non pas organique, mais circonstancielle. Pour rendre la liaison organique, il faut prendre en compte l'irrationalité et y précipiter les terroristes. Ils peuvent s'y laisser aller de deux manières, qu'aucune limite tranchée et étanche ne sépare, ce qui revient à dire qu'il leur est possible de passer sans effort de l'une à l'autre. Elles dépendent du rôle assigné à la violence.

Un mode irrationnel est encore idéologique et peut se réclamer d'une variante extrême de l'anarchisme au XIXe siècle. L'anarchisme terroriste recourt à la violence, pour induire un désordre total et favoriser une mutation dans un ordre inédit meilleur. Le schème mental mis en œuvre est celui des contradictoires, l'un négatif et l'autre positif. Le pôle négatif atteint cède spontanément la place au pôle positif. C'est le schème développé par les millénarismes et les chiliasmes, qui, généralement, ne prônaient pas la violence, mais voyaient le renversement salutaire inscrit spontanément dans une situation désespérée. L'autre mode irrationnel peut être étiqueté nihiliste, qui prône la violence pour la violence. Aucune fin ni aucun objectif ne lui sont plus assignés. Une version individuelle et privée de cette attitude s'observe dans le tueur armé, qui cherche à infliger la mort au plus grand nombre, avant de se suicider ou d'être abattu. C'est un type de suicide enraciné dans le désespoir et la haine, de soi et des autres.

De même, le nihilisme terroriste collectif est désespéré, haineux et suicidaire. Une hypothèse plausible tiendra que le mode nihiliste pourrait succéder au mode anarchiste, au constat qu'un chaos extrême est impossible à atteindre et que, partiel, il ne mute pas en ordre acceptable.

C'est en ce point que le nucléaire s'impose. Tant pour l'anarchisme que pour le nihilisme, et plus encore pour celui-ci que celui-là, tous les moyens sont bons à la violence, dont l'emploi est devenu irrationnel. Dès lors, le terrorisme idéologique et à prétention politique du départ cesse d'être révolutionnaire, pour finir dans la criminalité pure et simple. Le problème adressé aux polities s'énonce alors en termes précis et clairs, quoique les solutions appropriées le soient infiniment moins. Les autorités politiques doivent apprécier rationnellement et objectivement, sans succomber à la panique ni aux pressions de l'opinion, les capacités de nuisance des terroristes. Il leur revient, ensuite, de leur appliquer les mesures les plus efficaces. Elles ne peuvent être que des mesures de police et non pas de guerre, car même à propos de ce cas extrême, le concept de guerre se vérifie, comme un conflit violent entre polities. On ne fait pas la guerre à des non polities, sinon métaphoriquement, on les soumet à la police et à la justice, quand elles se laissent aller à la violence.

L'anarchisme et plus encore le nihilisme peuvent recourir à tous les moyens, où figure le nucléaire militaire. Or, leur finalité stratégique n'est pas la dissuasion, ni même la défense. Ils n'ont donc pas besoin de développer la gamme complète de l'arsenal nucléaire, indispensable à la dissuasion réciproque. Leur finalité étant la nuisance la plus grande possible, ils peuvent se satisfaire des expressions les plus rudimentaires du nucléaire. La probabilité qu'ils mettent la main sur du nucléaire utilisable pour nuire est proportionnelle à la prolifération nucléaire. Il n'est pas impensable non plus, que des polities se servent de groupes terroristes, pour avancer leurs pions sur l'échiquier transpolitique, plutôt que de recourir elles-mêmes au nucléaire. Leur stratégie dominante étant l'attaque pour nuire, il faut se persuader qu'ils mettront à coup sûr en œuvre le matériel nucléaire, sur lequel ils mettraient la main d'une manière ou d'une autre.

Conclusion

Tous ces scénarios ne prétendent ni décrire ni prédire des développements historiques réels. Ce sont des simulations mobilisant les hypothèses les plus élémentaires possible. Elles aboutissent néanmoins à une situation transpolitique à la fois plausible, paradoxale et dangereuse. Elle prédit non seulement le retour du nucléaire, mais encore sa prolifération irrésistible. La plausibilité se vérifie déjà par des indices actuels patents. Le paradoxe est dans le fait que la nucléarisation ne peut être que dissuasive, c'est-à-dire adoptée et acceptée uniquement pour n'avoir pas à s'en servir. Le paradoxe rappelle celui qui marque la publicité. Il est impossible d'en peser l'efficience, mais il est assuré qu'il est ruineux de ne pas y consacrer des ressources. L'opération est assimilable à une police d'assurance : dépenser pour prévenir une conséquence fâcheuse. De même, les polities consomment des ressources rares, pour s'assurer contre un risque transpolitique. Mais, en se soumettant à la contrainte et en s'assurant contre le risque nucléaire, elles le multiplient mécaniquement. En effet, la prolifération nucléaire fait monter la probabilité d'un accident, dont une crise mal gérée et suivie d'une escalade. Mais le danger le plus pressant et le moins maîtrisable est celui du terrorisme. L'expérience et le raisonnement démontrent que chaque irruption du terrorisme sur la scène du monde est liée à une conjoncture singulière et ne dure qu'un temps, avant de s'évanouir. Mais le raisonnement et l'expérience révèlent aussi que le terrorisme est un phénix perdurable et que des conjonctures favorables à son envol sont périodiquement inévitables.

Pour dissiper un paradoxe coûteux et abolir un danger odieux, il n'est qu'une seule solution, l'élimination complète du nucléaire militaire. On a déjà souligné la difficulté presque insurmontable du projet. Mais l'impossible ne se confond pas avec l'infiniment difficile, car il est défini par la contradiction logique, que le difficultueux ne contient pas. La question à la fois politique et technique posée est d'apprécier les voies et moyens de ramener l'infiniment difficile au difficile praticable. On peut fonder un espoir raisonnable, si une oligopolarité devait effectivement devenir la figure et le système de jeu de la planète, sur l'achèvement d'un jeu oligopolaire stable et organisé, que les joueurs dominants sauront jouer rationnellement, en suivant les indications d'une stratégie défensive. En effet, l'expérience et le raisonnement démontrent que le système produit spontanément un droit transpolitique, que les joueurs peuvent respecter, en postulant que chacun s'y pliera et en se faisant confiance les uns aux autres. Dans ce cadre, une démilitarisation du nucléaire serait plus facilement envisageable, à la manière dont des conventions internationales ont interdit l'usage des gaz et des mines antipersonnel. Mais un dérapage serait toujours possible et un retour du nucléaire, car celui-ci ne peut pas être désinventé. En fait, la garantie ultime et l'élimination définitive exigeraient ou demanderont une gouvernance planétaire dans une politie unique et unifiée.

Armageddon polytropos. La pensée réaliste et le fait nucléaire, regard sur un demi-siècle de débats intra-paradigmatiques

Olivier ZAJEC[1]

> Malheur à ceux qui limitent l'art de la guerre [au] calcul mathématique des objets physiques. Clausewitz[2]

> Le ciel s'obscurcira, la lune ne donnera plus sa lumière, les étoiles tomberont du ciel… Tous les peuples de la terre feront éclater leur douleur. Évangile selon Saint Matthieu, ch. XXIV, v. 29-30.

En 1914, H.G. Wells publie *The World Set Free*, une nouvelle d'anticipation dans laquelle il imagine une grenade à l'uranium qui « exploserait indéfiniment » et pourrait être larguée par avion sur l'ennemi[3]. La vision inspirera un certain nombre de scientifiques, à commencer par Leo Szilard[4] ou Albert Einstein. À la fin de l'année 1945, la techno-prophétie de Wells est devenue réalité avec la destruction d'Hiroshima et de Nagasaki – respectivement 70 000 et 40 000 morts estimés. Les deux nuages atomiques dissipés, un certain nombre de penseurs saisissent immédiatement l'ampleur de la révolution que les bombes *Fat man* et *Little boy* viennent d'inaugurer pour l'ordre international. L'un des premiers stratégistes occidentaux à synthétiser l'impact potentiel de cette rupture est un Français, l'amiral Raoul Castex. En octobre 1945, dans la revue *Défense nationale*, il souligne le pouvoir dont profiteront les nations, même modestes, qui sauront maîtriser cette nouvelle capacité, avec la possibilité de mettre en place ce qu'il dénomme une « dissuasion proportionnelle »[5]. Du point de vue opérationnel, l'Américain Bernard Brodie, alors chercheur à Yale,

---

[1] Une version préparatoire de ce chapitre a été publiée dans la revue *Stratégique*.
[2] Voir Bruno Colson, *Clausewitz*, Paris, Perrin, 2016, p. 46.
[3] H. G. Wells, *The World Set Free* [1914], London, W. Collins Sons, 1924.
[4] Physicien américano-hongrois (1898-1964), il fut l'un des premiers à penser les applications militaires de l'énergie nucléaire.
[5] Raoul Castex, « Aperçus sur la bombe atomique », *Revue de la Défense Nationale*, octobre 1945.

décrit quant à lui dans *The Absolute Weapon* (1946) l'amplitude démesurée que la bombe procure à l'usage étatique de la force armée[6], et l'incommensurabilité dès lors induite entre stratégie classique et stratégie nucléaire. Les conséquences d'une utilisation de la bombe sont en effet telles, analyse Brodie, que la nature de la guerre – au moins de cette guerre-là – ne peut que s'en trouver irrémédiablement bouleversée : « Jusqu'à maintenant, résume-t-il, le principal objet de notre appareil militaire fut de gagner des guerres. Désormais, son but principal doit être de les détourner ». Pour autant, constate-t-il, d'autres modes conflictuels continuent à exister hors du cas-limite de l'Apocalypse nucléaire. Il devient donc nécessaire de penser le plus rigoureusement possible les articulations nouvelles entre le mode nucléaire non conventionnel – défensif et dissuasif – et le mode conventionnel, qui perdure en dessous du seuil nucléaire en maintenant une complémentarité entre offensive et défensive.

Un nombre important de théoriciens s'emparant du sujet dans la foulée de Castex et de Brodie, trois questions structurelles vont dès lors caractériser la pensée politique et stratégique du fait nucléaire militaire :

- La première est de déterminer dans quelle mesure la dissuasion nucléaire est équilibrante ou déséquilibrante sur le plan de la politique internationale ;
- La deuxième, de mesurer la possibilité d'emploi d'armes nucléaires dans le cadre d'un conflit classique (en d'autres termes : peut-on *mener* – et *gagner* – une guerre nucléaire ?) ;
- La troisième renvoie enfin à la détermination du fameux « seuil nucléaire », au-dessus duquel la dissuasion est censée inhiber le risque d'escalade. Il s'agit en l'occurrence d'une discussion théorique sur la nature des intérêts vitaux (les « lignes rouges » nationales) que la dissuasion est censée garantir.

En raison des implications de ces questionnements pour la politique étrangère des États, l'arme nucléaire va immédiatement constituer un sujet privilégié d'étude de la discipline des Relations internationales (RI), en plein essor au sortir de la Seconde Guerre mondiale. Des deux approches principales qui structurent la discipline – le libéralisme (ou institutionnalisme) et le réalisme – la première se focalise rapidement sur l'aspect moral de la détention et de l'utilisation potentielle d'une arme susceptible

---

[6] À propos de Bernard Brodie, voir dans le présent ouvrage la contribution de Jean-Philippe Baulon. Bernard Brodie (dir.), *The Absolute Weapon : Atomic Power and World Order*, New York, Harcourt, Brace and company, 1946. Du même : *Strategy in the Missile Age*, Princeton, Princeton University Press, 1959 ; et *Escalation and the Nuclear Option*, Princeton, Princeton University Press, 1966.

de tuer instantanément des centaines de milliers d'êtres humains[7]. Le réalisme, lui, tente de manière plus neutre d'intégrer l'arme nucléaire dans une réflexion stratégique générale portant sur l'évolution de la politique étrangère des États. Cet intérêt « à sang-froid » du réalisme pour le fait nucléaire s'explique par les axiomes fondamentaux propres à ce paradigme (en particulier les concepts de *survie*, d'*intérêt national* et d'*équilibre* – bilatéral, régional ou international). Le fait que le nucléaire soit du ressort exclusif des États renvoie également à l'un des piliers de l'analyse réaliste : la centralité des acteurs étatiques dans les relations internationales. Enfin, le grand cas que font la plupart des réalistes de l'analyse historique les mène à reconnaître dans la dissuasion nucléaire l'avatar technologique contemporain d'un mode stratégique éternel. « Le concept de dissuasion appartient au bagage millénaire du politique et du stratège, rappelle ainsi Lucien Poirier. Si la peur du désastre nucléaire le rajeunit pour l'introduire dans la théorie stratégique, on a toujours su que, pour décourager l'adversaire de redoutables initiatives, un moyen, souvent efficace, consistait à se préparer ostensiblement à réagir »[8]. Pour montrer que la dissuasion multilatérale est un idéal ancien, Poirier, qui sera l'un des théoriciens réalistes français les plus éminents de la dissuasion nucléaire, cite d'ailleurs Guibert, auteur du XVIIIe siècle, lequel écrivait en 1787 dans son *Éloge du Roi de Prusse* que « La perfection véritable de la science de la guerre consiste à rendre la défensive supérieure à l'offensive, et à mettre mutuellement les nations à l'abri de s'envahir ». À 200 ans de distance, il n'y a pas un seul mot à changer pour définir la capacité dite « de seconde frappe sanctuarisante » dont disposent actuellement les grandes puissances nucléaires.

La dissuasion relevant ainsi d'un principe stratégique éternel et le réalisme postulant, avec Thucydide, que la nature humaine ne s'améliore nullement avec la course de l'histoire (« le changement est certain, le progrès non », comme le formulera Edward Carr[9]), ses auteurs pensent donc

---

[7] La bibliographie sur ce point est extrêmement riche. Voir entre autres : Ken Berry, Patricia Lewis, Benoît Pélopidas, Nikolai Sokov et Ward Wilson, *Delegitimizing Nuclear Weapons. Examining the validity of nuclear deterrence*, James Martin Center for Nonproliferation Studies, Monterey Institute of International Studies, May 2010 ; Anne Harrington de Santana, « Nuclear Weapons as the Currency of Power : Deconstructing the Fetishism of Force », *Nonproliferation Review*, vol. 16, n° 3, 2009 ; Scott Sagan, *The Limits of Safety : Organizations, Accidents, and Nuclear Weapons*, Princeton, Princeton University Press, 1993 ; Peter R. Lavoy, « Nuclear Myths and the Causes of Nuclear Proliferation », *Security Studies*, vol. 2, Spring/Summer 1993, p. 192-212 ; Regina Cowen Karp, *Security Without Nuclear Weapons ? : Different Perspectives on Non-nuclear Security*, Oxford University Press, 1992 ; Mitchell Reiss, *Without the Bomb : The Politics of Nuclear Non-proliferation*, New York, Columbia University Press, 1988.
[8] Lucien Poirier, *Des stratégies nucléaires*, Paris, Hachette, 1977, p. 86.
[9] Edward H. Carr, *What is History*, London, Macmillan, 1961. Du même : *From Napoleon to Stalin and Other Essays*, New York, St. Martin's Press, 1980.

possible, en s'appuyant sur les leçons du passé, d'appliquer au fait nucléaire une approche politique et stratégique classique et prudentielle, tout en tenant bien évidemment compte des variables technologiques (atteinte à distance, destruction massive) qu'il induit. À partir de ces postulats, les plus grands représentants de l'école réaliste vont traiter en profondeur du fait nucléaire. C'est le cas de Hans Morgenthau, de John Herz, de Raymond Aron, de Kenneth Waltz, de Lucien Poirier, et de bien d'autres. À tel point qu'il se constitue rapidement, selon l'opinion commune, une sorte de fusion entre le paradigme réaliste et cet objet particulier d'étude qu'est le nucléaire : en somme, *défendre* la dissuasion nucléaire équivaudrait peu ou prou à faire profession de réalisme. Pour certains opposants de principe à l'arme nucléaire, cette fusion (ou cette collusion) est évidente. Selon Ward Wilson, qui écrit en 2013, le débat actuel sur la dissuasion reste ainsi « fallacieusement » orienté par les « réalistes nucléaires [...] soutenant un argumentaire en faveur des armes atomiques fondé sur des idées anachroniques de Guerre froide »[10]. Pour autant, l'opinion énoncée par Wilson est-elle fondée sur ce que les réalistes ont *réellement* dit, écrit et pensé de l'arme nucléaire ? Le *linkage* entre réalisme et nucléaire militaire est plus complexe et nuancé que les penseurs libéraux ou constructivistes ne le pensent généralement, et pour le saisir, il est sans doute nécessaire de bien mettre en parallèle, d'une part l'évolution *concrète et pratique* des doctrines nucléaires militaires occidentales avec, d'autre part, les prises de position *théoriques et conceptuelles* des politistes réalistes, de 1945 à nos jours[11]. C'est l'objet de ce chapitre, qui n'a pour objectif que de rappeler les articulations entre la pensée réaliste des RI et le fait nucléaire, afin de les remettre en perspective historique, de manière à laisser entrevoir que l'*interlocking web of thought* réaliste[12], loin d'être monolithique, a eu – a toujours – de multiples visages, y compris en matière nucléaire.

Le réalisme classique et le nucléaire : Morgenthau, Kissinger, Kennan

Le nucléaire modifie profondément l'échelle des conflits prise en compte dans la pensée stratégique, mais non la stratégie elle-même. L'arme nucléaire se place dans le cadre d'une dialectique des volontés utilisant la

---

[10] Ward Wilson, « How nuclear realists falsely frame the nuclear weapons debate », *Bulletin of the Atomic Scientists*, 7 mai 2015.
[11] Sur ce que signifie et ce que sous-tend une doctrine militaire, voir Harald Hoiback, *Understanding Military Doctrine : A Multidisciplinary Approach*, London/New York, Routledge, 2013.
[12] Richard L. Russell, *George F. Kennan's Strategic Thought. The Making of an American Political Realist*, Westport, Praeger, 1999, p. 154.

force – ou la menace de la force – pour régler un conflit de nature politique : elle y surpondère simplement des modes stratégiques de non-guerre comme la dissuasion et la manœuvre des crises[13]. De même, l'introduction de l'arme nucléaire, si elle ajoute des niveaux d'interaction inédits aux relations internationales, ne change guère la nature de ces dernières, qui demeurent structurées par un mélange de coopération et de compétition entre États cherchant à garantir leur sécurité et promouvoir leurs intérêts.

La première véritable traduction d'une politique et d'une stratégie appliquées tenant compte des conséquences de la puissance nucléaire est proposée par les États-Unis. Mise en œuvre dès octobre 1953 par le National Security Council, la politique dite du *New-Look* est dévoilée en janvier 1954 par le Secrétaire d'État américain John Foster Dulles : « Il n'existe pas de défenses terrestres, constate-t-il, qui puissent seules contenir les puissantes forces terrestres du monde communiste. Nos défenses doivent donc être renforcées par la dissuasion (*deterrence*) que constitue pour l'agresseur notre faculté d'exercer contre lui des représailles massives (*massive retaliations*) et instantanées »[14]. La possibilité de réaliser des Hiroshimas tactico-opératifs trouve ici une incarnation doctrinale. Dès 1952, l'état-major britannique, en lien direct avec son homologue américain, poussait déjà dans le sens de l'emploi nucléaire tactique[15] ; cette même année 1952, des canons de 280 mm à capacité atomique sont introduits dans l'armée de terre américaine, et transférés en Europe l'année suivante. Un tournant qui va poser un problème fondamental aux penseurs réalistes, car il ouvre grand la possibilité d'une « bataille nucléaire » pour remporter la victoire sur le front européen, en opposition avec la vision de Brodie sur le caractère non opératoire (car absolument destructeur) de l'atome militaire. Dulles est sans ambiguïté sur ce point : « [la] politique [américaine] impliquera l'emploi des armes atomiques à des fins tactiques comme si elles étaient des armes conventionnelles »[16]. Dans les conditions opératives et tactiques qui prévalent de chaque côté du Rideau de fer, il s'agit surtout de compenser la faiblesse conventionnelle des alliés euro-

---

[13] Bruno Colson, *La culture stratégique américaine. L'influence de Jomini*, Paris, Economica, 1993, p 227. Dans *Strategy in the Missile Age*, le *nuclear strategist* Bernard Brodie met en rapport les stratèges de l'âge classique et la stratégie de l'ère nucléaire, en montrant que les modes de raisonnement des premiers restent valables après Hiroshima, à condition de ne pas confondre les procédés et les principes, et de savoir réinterpréter ces derniers. *Cf.* Bernard Brodie, *Strategy in the Missile Age*, Princeton, Princeton University Press, 1959.
[14] Cité dans Marcel Duval et Yves Le Baut, *L'arme nucléaire française. Pourquoi et comment ?*, Paris, SPM, 1992, p. 24.
[15] Franck Barnaby, Douglas Holdstock, *The British Nuclear Weapons Programme, 1952-2002*, Routledge, 2004, p. 45 sq.
[16] John Foster Dulles, « The Evolution of Foreign Policy », Council of Foreign Relations, New York, Department of State, Press Release No. 81, January 12, 1954.

péens face au rouleau compresseur russe. Cette possibilité de la bataille nucléaire, « arrogante, mais crédible »[17], est en ligne avec ce qu'exprime une partie de la hiérarchie militaire américaine, et que traduisent bien les propos maximalistes du général MacArthur sur la non-substituabilité de la victoire : « La tradition américaine a toujours été qu'une fois nos troupes engagées dans la bataille, la totalité de la puissance et des moyens de la nation soit mobilisée et vouée à combattre pour la victoire – pas pour un blocage ou un compromis »[18].

Mais que signifie « remporter la victoire » en utilisant l'arme atomique, dès lors que l'adversaire peut aussi l'utiliser ? Brodie avait prévenu : l'arme nucléaire est *absolue*. Sa restriction d'emploi doit l'être aussi. Il faut donc ériger une muraille de Chine entre stratégies d'action et de dissuasion. Plus tard, le stratégiste nucléaire Lucien Poirier définira clairement la problématique centrale qui, eu égard aux axiomes qui le fondent (stato-centrisme, préservation des équilibres de puissance, rôle fonctionnel de la guerre, primauté de la survie), taraudera le réalisme en matière nucléaire : « comment, résume-t-il lumineusement, retenir l'inéluctabilité, voire la nécessité de la guerre sans pour autant accepter, comme inévitable, l'extrême degré de violence autorisé par l'arme thermonucléaire ? »[19] L'interprétation de ce dilemme par les politistes réalistes dits « classiques », qui dominent la discipline des RI entre 1940 et 1960, va se décliner sous des formes très diverses.

Hans J. Morgenthau : l'équilibre de la puissance au risque du paradoxe nucléaire

La première réponse est celle de Hans J. Morgenthau (1904-1980), sans doute l'auteur le plus représentatif de l'école réaliste au XXᵉ siècle, dont il apparaît à maints égards comme l'inspirateur pivot, quelles que soient les différences entre sa pensée propre et celles de ses prédécesseurs, contemporains ou continuateurs (plus ou moins dissidents ou dissonants par rapport aux principes du maître). Au centre de la pensée de ce professeur de science politique de Chicago, réfugié aux États-Unis en 1937, se trouve le concept d'intérêt défini en termes de puissance[20], qu'il fonde sur une étude de l'histoire et une vision de la nature pessimiste, empruntant philosophiquement à Hobbes, Machiavel et Thucydide, et politiquement

---

[17] *The British Nuclear Weapons Programme, 1952-2002*, op. cit., p. 36.
[18] Douglas McArthur, *Reminiscences*, Londres, Heinemann, 1964, p. 334-335.
[19] Lucien Poirier, *Des stratégies nucléaires*, op. cit., p. 94.
[20] Hans J. Morgenthau, *Politics Among Nations* [1948], New York, Alfred A. Knopf, 1978, p. 5. Également : Hans J. Morgenthau, « What Is the National Interest of the United States ? », *Annals of the American Academy of Political and Social Science*, vol. 282, n° 1, 1952, p. 4.

à Weber et Schmitt[21]. Ceci posé, identifier la pensée de Morgenthau à une simple théodicée de la survie des États dans un monde éternellement anarchique, qui impliquerait de leur part une course automatique aux armements et une attitude méfiante, amorale, militariste et non coopérative, serait pour le moins simplificateur[22]. Robert Jervis observait que les variables complexes, ces « complicating and unruly factors » que sont les « idées », la « morale » et la « diplomatie » (en particulier le degré de formation et de culture des diplomates eux-mêmes) jouent en réalité un grand rôle dans l'analyse du politiste wébérien qu'est Morgenthau. Ce dernier, rendu célèbre par la définition de « principes » fondamentaux du réalisme, considérait néanmoins qu'il était vain de rechercher de prétendues « lois scientifiques » gouvernant la politique internationale[23]. Jervis cite un certain nombre de conseils dispensés par Morgenthau aux hommes d'État, qui illustrent à merveille cette approche prudentielle méfiante à l'égard de tout automatisme et de toute idéologie : « La diplomatie doit être distinguée de l'esprit de croisade » ; « La diplomatie doit considérer la scène politique du point de vue des autres nations » ; « Les nations doivent être prêtes à faire des compromis sur tous les sujets qui ne sont pas vitaux pour elles » ; « Ne vous mettez jamais dans une situation dont vous ne pouvez retraiter sans perdre la face, et à partir de laquelle vous ne pouvez avancer sans risques graves » ; ou encore : « Les forces armées sont l'instrument de la politique étrangère, non son maître »[24]. Au cœur de cette pensée réaliste classique se trouve donc bien l'idée d'*interaction*, qui implique la prise en compte de l'autre au moment de juger. Cette vision politique peut être mise en relation avec la définition que donne Aristote de la décision réfléchie (*proairesis*) dans le livre II de l'*Éthique à Nicomaque*. Elle tire parti des écrits de la plupart des réalistes inauguraux[25], et sera suivie par une grande partie des réalistes classiques.

---

[21] Morgenthau est l'un des auteurs les plus réinterprétés de la théorie des Relations internationales. La bibliographie le concernant est démesurée. *Cf.*, entre autres : Christophe Frei, *Hans J. Morgenthau. Eine intellektuelle Biographie*, Bern, Haupt, 1993 ; Christoph Rohde, *Hans J. Morgenthau und der weltpolitische Realismus*, Wiesbaden, VS-Verlag, 2004 ; Michael C. Williams, *Realism Reconsidered : The Legacy of Hans Morgenthau in International Relations*, Oxford, Oxford University Press, 2007 ; William E. Scheuerman, *Morgenthau*, Hoboken, John Wiley and Sons, 2009.

[22] *Cf.*, entre autres, sa critique de Edward H. Carr : Hans J. Morgenthau, « The Surrender to the Immanence of Power : E. H. Carr », *in* Hans J. Morgenthau, *Politics in the Twentieth Century*, vol. 3 : *The Restoration of American Politics*, Chicago, The University of Chicago Press, 1962.

[23] Robert Jervis, « Hans Morgenthau, Realism, and the Scientific Study of International Politics », *Social Research*, vol. 61, n° 4, hiver 1994, p. 860.

[24] *Ibid.*, p. 870.

[25] Pour cette notion de « réalisme inaugural », nous nous permettons de renvoyer à Olivier Zajec, « Legal realism et International realism aux États-Unis dans l'entre-deux

Cette appréhension prudentielle de la politique internationale, Morgenthau l'applique au fait nucléaire au travers de nombreux articles, en insistant avec une grande force sur la *rupture* nucléaire, à laquelle la pensée internationale ne s'adapte selon lui que trop lentement : « Il existe, souligne-t-il, un gouffre entre ce que nous pensons de nos problèmes sociaux, politiques et philosophiques, et les conditions objectives qui ont été créées par l'âge nucléaire »[26]. Selon lui, la Guerre froide, entraînant l'entassement bipolaire de têtes atomiques, décrédibilise l'option d'une guerre majeure entre superpuissances, qui ne saurait plus réellement constituer un outil viable de politique étrangère. Il s'agit donc de se demander si le nucléaire militaire préserve réellement un équilibre général, d'autant qu'il engendre des paradoxes gênants : un paradoxe opérationnel (« l'emploi de la force paralysé par la peur de s'en servir ») ; un paradoxe stratégique (« la quête d'une stratégie nucléaire qui éviterait les conséquences prévisibles d'une guerre nucléaire ») ; un paradoxe capacitaire (« la poursuite d'une course aux armements accompagnée d'une tentative de la stopper ») ; enfin, un paradoxe diplomatique (« la continuation d'une politique d'alliance rendue obsolète par la disponibilité des armes nucléaires »)[27]. Possible, la guerre nucléaire est cependant improbable, en raison de son caractère *absurde*, ce qu'a montré selon Morgenthau le résultat des crises graves où son emploi a été repoussé par les protagonistes (Révolution hongroise de 1956, affrontement autour de Berlin en 1961, crise de Cuba en 1962). Reste que, paradoxale ou pas, la dissuasion nucléaire incarne l'un des modes stratégiques centraux de l'ère nouvelle, celui de la non-guerre, qui *peut* – qui doit – être pensé et manié tout en tenant compte des dangers qu'il comporte pour la politique des États cherchant à défendre leurs intérêts par une quête raisonnée de puissance. Sur un plan plus philosophique, l'arme nucléaire exacerbe la vision pessimiste de la nature humaine qui sous-tend la vision de Morgenthau, lequel souligne que l'horizon d'une guerre nucléaire – la destruction complète de la civilisation – retire à la mort elle-même une grande partie de sa fonction. L'homme en guerre, avant 1945, pouvait en effet accepter le risque de la mort, car son oblation sacrificielle gardait un sens : protéger sa famille, faire preuve d'héroïsme au service de son pays et vivre dans la mémoire des siens. Rien de tout cela, note Morgenthau, ne subsiste à l'ombre du

---

guerres. Les convergences réformistes négligées de la science politique et du droit », *Revue française de science politique*, vol. 65, n° 5, octobre-décembre 2015.

[26] Hans J. Morgenthau, « The Four Paradoxes of Nuclear Strategy », *American Political Science Review*, vol. 58, March 1964, p. 23. Du même : « The Fallacy of Thinking Conventionally About Nuclear Weapons », *in* David Carlton, Carlo Schaerf (dir.), *Arms Control and Technological Innovation*, New York, Wiley, 1976, p. 256-64.

[27] *Ibid*. Les termes *opérationnel*, *stratégique*, *capacitaire* et *diplomatique* ne sont pas employés par Morgenthau. Nous les proposons ici pour plus de clarté.

champignon atomique, car il se peut qu'il ne reste aucun survivant pour se souvenir avec piété des guerriers tombés[28]. Ce qui l'amène à juger avec des mots extrêmement durs l'intégration de l'arme atomique à la manœuvre tactique ou opérative : pour lui, elle est moralement indéfendable, que ce soit dans le cadre du *New-Look*, théoriquement peu charpenté, comme dans celui, plus élaboré, de la « riposte graduée » officialisée après 1962.

Certains analystes ont récemment prétendu que cette aporie morale liée au nucléaire aurait abouti au tournant des années 1960 à une paralysie analytique chez Morgenthau et à la renonciation de sa part à toute théorie réaliste opérative des relations internationales (phénomène qui serait également observable au même moment chez cet autre réaliste majeur que fut Reinhold Niebuhr)[29]. Cette présentation semble exagérée. Elle se focalise sur des textes du début des années 1960, alors même que Morgenthau est mort en 1980, et a publié entre-temps de nombreux ouvrages et articles, qui montrent qu'il ne renonce aucunement à analyser la politique étrangère américaine (en particulier en critiquant très sévèrement l'aventure vietnamienne), et à poursuivre ses réflexions sur sa dimension nucléaire, par exemple au sujet des négociations SALT des années 1970[30]. L'homme qui a écrit que « Les nations doivent être prêtes à faire des compromis sur tous les sujets qui ne sont pas vitaux pour elles » ne pouvait renoncer à se confronter jusqu'au bout à la notion de dissuasion nucléaire, qui repose précisément sur la notion de compromis et d'interaction, à travers la pondération d'un critère stable (la survie, intemporelle) et d'un critère instable (celui de l'intérêt national, contingent). L'ombre de la bombe n'a donc pas empêché Morgenthau de continuer à penser les relations internationales, même s'il est vrai que l'hypo-

---

[28] Hans J. Morgenthau, « Death in the Nuclear Age », *Commentary*, n° 32, September 1961.

[29] Campbell Craig, *Glimmer of a New Leviathan : Total War in the Realism of Niebuhr, Morgenthau, and Waltz*, New York, Columbia University Press, 2007, p. 116.

[30] Les « quatre paradoxes » de la stratégie nucléaire, présentés en 1964, sont ensuite mis à jour par Morgenthau et formeront le chapitre n° 8 de *A New Foreign Policy for the United States* (New York, Praeger, 1969). L'interprétation de Craig laisse néanmoins de côté le fait que la culture populaire de la peur nucléaire culmine justement aux États-Unis en 1959-1961, avant même la crise des missiles de Cuba. En 1959, 64 % des Américains citent la Guerre (particulièrement la « guerre nucléaire ») parmi les préoccupations principales de la nation. En 1965, ils ne sont plus que 16 % à le faire, et bientôt ce scénario disparaît même de la liste. (Voir Paul Boyer, « From Activism to Apathy : The American People and Nuclear Weapons, 1963-1980 », *The Journal of American History*, vol. 70, n° 4, mars 1984, p. 826.) Morgenthau ne travaillait pas dans une tour d'ivoire, et ne pouvait manquer d'être influencé par cette culture pessimiste et quasi-millénariste du début des années 1960. C'est un *moment* de son travail, sans doute pas un point d'aboutissement. Pour une vision de l'ambiance apocalyptique de ces années cruciales, sous un angle plus suggestif et plus vivant que les articles théoriques consacrés à la théorie des relations internationales, voir Claude Beylie, « La peur atomique à l'écran », *Séquences : la revue de cinéma*, n° 39, 1964, p. 4-13.

thèque nucléaire a bien accentué son pessimisme. Inquiet du coût démesuré de la course aux stocks de têtes nucléaires, conscient du grand potentiel de déstabilisation engendré par la prolifération, opposé – on l'a vu – à l'emploi tactique du nucléaire, l'auteur de *Politics among Nations* insistera logiquement jusqu'à la fin de sa carrière sur la responsabilité incombant aux hommes d'État à l'ère nucléaire, sur la nécessité d'une tempérance non idéologique dans la conduite de la politique étrangère, et sur la notion politique (et, par définition, anti-idéologique) de *limite*[31].

Selon Alison McQueen, Morgenthau assignait un statut classiquement hobbesien à la « peur salutaire » de l'atome militaire[32]. Il serait donc justifié de résumer son approche du nucléaire en la qualifiant de stratégiquement prudente, et de moralement réticente. Ainsi que l'écrit William Scheuerman, l'un de ses plus récents biographes, que ce n'est qu'après Hans J. Morgenthau, et malgré lui pourrait-on dire que les réalistes « apprendront à aimer la bombe »[33]. Il nous semble effectivement que, sur la base de ce découplage, il est nécessaire, en matière nucléaire, de bien faire la différence – ainsi que l'on pourra le constater dans les paragraphes ultérieurs du présent chapitre – entre les *nuances prudentielles* des réalistes classiques et *l'acte de foi structurel* et « scientifique » qui sera celui des néo-réalistes, dans la foulée des reformulations de Kenneth Waltz à la fin des années 1970. En attendant, et avant même que ne survienne cette rupture intra-paradigmatique, le fait que le réalisme classique, en matière nucléaire, n'ait nullement été le « bloc » que certains perçoivent parfois, est illustré par les écrits de deux autres de ses représentants, George Kennan et Henry Kissinger.

Kissinger et Kennan : deux praticiens du réalisme classique, deux options nucléaires

L'approche de ces deux théoriciens réalistes dits « classiques », dont l'un fut l'architecte du *containment*, l'autre de la *détente*, est d'autant plus intéressante qu'ils ont en commun d'avoir exercé de hautes responsabilités

---

[31] Cf. Michael C. Williams, *The Realist Tradition and the Limits of International Relations*, Cambridge, Cambridge University Press, 2005. Sur le dilemme moral propre à la dissuasion nucléaire, voir Steven Lee, *Morality, Prudence and Nuclear Weapons*, Cambridge, Cambridge University Press, 1993.

[32] Alison MacQueen, « Salutary Fear ? Hans Morgenthau and Nuclear Catastrophe », Presentation at the Annual Meeting of the American Political Science Association, 2014. Voir également, du même auteur, *Political Realism in Apocalyptic Times*, Cambridge, Cambridge University Press, 2017, en particulier le chapitre 5, p. 147-191, qui reprend et développe cet argument sur Morgenthau.

[33] L'expression est bien évidemment une allusion au sous-titre du film *Docteur Folamour*, de Stanley Kubrick (« Comment j'ai appris à ne plus m'en faire et à aimer la bombe »).

diplomatiques et politiques dans l'histoire des États-Unis. Leur pensée, pour être saisie, doit néanmoins être réinsérée dans le temps évolutif des doctrines militaires nucléaires occidentales.

À la fin des années 1950, le débat nucléaire occidental évolue sous l'effet d'une réhabilitation de la notion de « guerre limitée ». L'influence de Liddell Hart, revenu d'un long purgatoire intellectuel, sera fondamentale dans ce tournant, avec la publication de *Deterrent or Defense* en 1960[34]. La notion de guerre limitée sera popularisée par des stratégistes militaires américains comme l'amiral Buzzard (*On Limiting Atomic War*, 1956[35]) ou le général Maxwell Taylor (*The Uncertain Trumpet*, 1960). En précisant la notion de *seuil* nucléaire, leur objectif est de redonner une liberté d'action politico-stratégique minimale aux armées américaines, *via* la définition d'un espace de manœuvre infranucléaire[36]. Cette vision est aussi celle de Robert Osgood, qui dans *Limited War : The Challenge to American Strategy* (1957) réserve les moyens de la guerre totale au plus haut du spectre de la conflictualité, ouvrant un espace pour des confrontations locales où l'affrontement conventionnel peut encore jouer le rôle de débloquant politique. Osgood, cela dit, ne répond pas à la question théorique centrale de son temps, celle de savoir si l'arme nucléaire tactique (que le *New Look*, on l'a vu, intègre déjà à la dissuasion générale sur le front européen depuis 1953) peut *légitimement* être employée dans ces conflits locaux « limités ». Il revient à Henry Kissinger, professeur à Harvard et réaliste revendiqué, de prendre la question de front en 1957 avec la publication de *Nuclear Weapons and Foreign Policy*, qui fait immédiatement de lui une autorité incontestable dans le domaine de la stratégie nucléaire. Il part des mêmes prémisses que Morgenthau (dont il a été l'étudiant à Chicago) : « Eu égard aux horreurs de la guerre nucléaire, il est possible que la force ait cessé d'être un instrument de la politique, sauf pour le but unique de la survie de la nation ». Mais pour lui, cette constatation ne vaut pas paralysie. Il en profite au contraire pour mieux préciser les marges d'action diplomatiques et politiques que crée la liaison entre les notions de *dissuasion* et de *seuil* nucléaires :

> La dissuasion est la tentative faite pour empêcher un adversaire d'adopter une certaine ligne d'action en lui opposant des risques qui lui paraissent sans

---

[34] Basil Liddell Hart, *Deterrent or Defense. A fresh look at the West's military position*, London, Stevens and sons, 1960. *Cf.* Olivier Zajec, « Basil Henry Liddell Hart (1895-1970) : illuminations, manipulations et paradoxes du "Clausewitz anglais" », *in* Jean Baechler, Jean-Vincent Holeindre (dir.) *Les grands stratèges*, Paris, Hermann, 2015.
[35] Voir en particulier sa lettre au *Manchester Guardian* du 24 mai 1955.
[36] Maxwell D. Taylor, *The Uncertain Trumpet*, New York, Harper & Brothers, 1960. Sur Taylor, voir Jean-Philippe Baulon, « Maxwell Taylor (1901-1987), le général de Kennedy », *Stratégique* n° 99, janvier 2010, p. 153-168.

commune mesure avec aucun des buts escomptés. La menace de destruction à lui opposer doit être d'autant plus absolue que l'enjeu est élevé, mais l'inverse est vrai aussi : plus l'objectif est faible, plus faible doit être la sanction. […] Si [la stratégie totale] est le seul moyen d'empêcher une agression ennemie, elle peut aussi inviter à des agressions limitées qui par elles-mêmes ne semblent pas valoir la chandelle d'un éclat final.

D'où sa conclusion tranchée : « Ce qu'une doctrine stratégique doit nous permettre, c'est d'éviter le dilemme […] entre Armaggedon ou la défaite sans guerre ». Dans ce cadre, Kissinger n'hésite pas, tout en distillant des appels à la prudence et au refus de « détruire » l'adversaire, à accepter l'éventualité d'une utilisation graduée d'armes nucléaires tactiques dans le cadre d'une guerre « limitée », en expliquant que, même dans ce cas, les États voudront éviter l'escalade et dialogueront au bord du gouffre (ou plutôt avec un pied engagé dedans).

La réaction de Morgenthau à ces propositions de son ancien étudiant montre que les réalistes classiques n'avaient pas tous la même vision du nucléaire. Pour le professeur de Chicago, le nucléaire « limité » est un oxymore, et l'éventualité de mener une bataille de cette nature correspond, rien de moins, à une « absurdité suicidaire et génocidaire »[37]. Reste qu'en précisant la notion de seuil nucléaire, le réaliste que demeure Kissinger fournit une réponse anticipée au quatrième paradoxe nucléaire de Morgenthau (« la continuation d'une politique d'alliance rendue obsolète par la disponibilité des armes nucléaires »). En suggérant (ce qui lui sera reproché par les atlantistes européens) qu'il est bien improbable que les États-Unis utilisent l'arme nucléaire à pleine puissance en cas d'attaque conventionnelle massive soviétique en Europe, Kissinger exprime en effet ce que la plupart des alliés européens redoutent sans se l'avouer : les États-Unis ne déclencheraient pas l'apocalypse pour sauver Hambourg, Paris et Rome.

> En nous basant sur la notion de guerre totale comme deterrent majeur, constate-t-il, nous sapons notre système d'alliances de deux manières : ou bien nos alliés estiment que tout effort militaire de leur part est inutile, ou bien ils acquièrent la conviction que la paix, même en capitulant, vaut mieux que la guerre […] À mesure que l'on connaît mieux la capacité de destruction des armes modernes, il semble de moins en moins raisonnable d'assurer que

---

[37] Hans J. Morgenthau, « Henry Kissinger, Secretary of State », *Encounter*, November 1974, p. 57. Sur ce point, voir également Steven P. Lee, « Hans Morgenthau and the Unconventionality of Nuclear Weapons : Then and Now », *in* G. O Mazur (dir.), *Twenty-Five Year Memorial Commemoration of the Life of Hans Morganthau*, New York, Semenenko Foundation, 2006.

les États-Unis, et encore plus le Royaume-Uni, seraient prêts au suicide pour refuser une zone, quelle que soit son importance, à un ennemi[38].

Dans ce cas, argumente Kissinger, l'option stratégique la plus efficace (la plus réaliste ?) pour rassurer les alliés est de réassurer[39] l'OTAN en assumant – c'est-à-dire en annonçant – l'utilisation effective d'armes nucléaires tactiques comme partie intégrante du cadre conceptuel de la dissuasion, et non comme *échec* de celle-ci. La miniaturisation de la bombe, techniquement acquise, permettrait dès lors la possibilité d'une « guerre nucléaire limitée » faisant office de « test » des volontés adverses au « bas » de l'échelle atomique. Kissinger pense que l'adjonction de ce palier renforcera la crédibilité de la dissuasion générale vis-à-vis des alliés comme de l'adversaire, et il espère – sans le prouver efficacement – que tout cela n'entraînera pas l'escalade totale.

Henry Kissinger était – et reste – un être complexe. Il se peut que sa pétition de principe de 1957 en faveur de l'emploi de l'arme nucléaire tactique, exprimée à l'aube d'une adlection prometteuse aux cercles de la *Power Elite*, n'ait été qu'une concession pour ne pas s'aliéner les faucons du complexe militaro-industriel américain qui pouvaient s'opposer à cette même carrière. Et qu'au fond, il ne pensait pas *totalement* ce qu'il écrivait. En somme, Kissinger, réaliste *quoiqu'*aspirant à une carrière politique, « réaliste » *parce qu'*il aspirait à cette carrière, n'hésitera jamais, quel que soit le sujet, à pratiquer une forme affinée de restriction mentale confinant à l'opportunisme. Contrairement à Morgenthau, lequel, malgré l'influence de premier plan dont il put jouir[40], n'exerça jamais de responsabilités politiques majeures, et qui, partant, pouvait plus facilement faire preuve de

---

[38] Cité par Lucien Poirier, *Des stratégies nucléaires, op. cit.*, p. 185. Il faut souligner ici la différence entre Kissinger et Taylor : Ce dernier, dans *The Uncertain Trumpet*, incluait « une attaque d'importance contre l'Europe occidentale » dans les trois seuls scénarios pouvant justifier l'usage des forces de représailles atomiques. Voir Maxwell D. Taylor, *The Uncertain Trumpet, op. cit.*, p. 203.

[39] Kissinger n'emploie pas ce terme, qui sera utilisé plus tardivement par Michael Howard pour définir la politique suivie par les Américains lors de la crise des Euromissiles du début des années 1980 en vue de convaincre les alliés de l'OTAN que la garantie nucléaire de Washington restait toujours valable, même si la logique de l'escalade était désormais refusée. Voir Michael Howard, « Reassurance and Deterrence : Western Defense in the 1980s », *Foreign Affairs*, vol. 61, n° 2, 1982-83, p. 309-324. Nous y avons recours ici, car le terme renvoie également à la situation actuelle en Europe de l'Est, proche de celle des années 1970-1980. Une Russie poutinienne sur la défensive fait face à une Europe de l'Est qui demande contre cette dernière – sur un mode hyperbolique – des garanties de sécurité (de « réassurance ») à l'OTAN et aux États-Unis. C'est l'objet de l'*European Reassurance Initiative* (ERI) lancée en 2014 par l'administration Obama.

[40] Udi Greenberg, *The Weimar Century : German Emigres and the Ideological Foundations of the Cold War*, Princeton, Princeton University Press, 2015. Voir en particulier le ch. 5

cohérence – ou de purisme – sur le plan théorique. Kissinger a d'ailleurs parfaitement admis – et expliqué – ce que le réalisme signifiait pour lui :

> Tout l'enjeu pour l'homme d'État, dira-t-il, est de définir les composantes de la politique et de la morale en établissant un équilibre entre elles. Cela ne se résout pas en une fois, et requiert un recalibrage permanent. Il s'agit autant d'une entreprise artistique et philosophique que d'une entreprise politique, ce qui induit une volonté de se confronter aux nuances, et de vivre avec l'ambiguïté[41].

Les compromis qu'un Kissinger appelait « nuances », un George F. Kennan (1904-2005) eut quant à lui tendance à les considérer comme des compromissions, et à les refuser. Penseur réaliste de premier plan, ce russophone talentueux assume des responsabilités stratégiques importantes au Policy Planning Staff du Département d'État de 1947 à 1949, et comme ambassadeur en Russie et en Yougoslavie dans les années 1950-1960. Styliste exigeant, Kennan est l'un des intellectuels américains les plus sensibles aux clairs-obscurs et aux ambiguïtés de l'histoire américaine. En matière nucléaire, cependant, ce sens de la nuance le rejettera, non pas vers le réalisme de Kissinger, mais bien plutôt, en l'espèce, vers celui de Morgenthau[42]. Sa pensée de la dissuasion se trouve assez bien résumée par ce jugement de 1981 : « Nous avons continué à entasser arme sur arme, missile sur missile, et de nouveaux niveaux de destruction les uns sur les autres. Nous avons fait cela [...] presque involontairement, comme les victimes d'une sorte d'hypnotisme, comme dans un rêve, comme des lemmings courant pour se jeter du haut d'une falaise »[43]. Ces mots dignes d'un institutionnaliste à tendances pacifistes sont-ils incongrus de la part de celui qui restera dans l'histoire américaine comme l'architecte de la politique de *containment* ? Y voir une contradiction serait précisément ignorer la subtilité des options nucléaires des réalistes classiques[44]. Leur

---

(p. 211-254), consacré à la position de Morgenthau dans l'establishment américain de Guerre froide.

[41] Henry A. Kissinger, « The Age of Kennan », *Sunday Book Review*, 20 novembre 2011. Il est intéressant de rappeler que la thèse de Kissinger sur la restauration des équilibres européens au sortir des guerres napoléoniennes fut publiée la même année que sa « percée » dans le domaine nucléaire. Voir H. A. Kissinger, *A World Restored : Metternich, Castlereagh, and the Problems of Peace, 1812-1822*, Houghton Mifflin, 1957.

[42] Bucklin parle d'une thèse « Kennan-Morgenthau » (voir Steven J. Bucklin, *Realism and Foreign Policy. Wilsonians and the Kennan-Morgenthau Thesis*, Westport, Praeger, 2000).

[43] George F. Kennan, « A Modest Proposal », *New York Review of Books*, 16 juillet 1981, p. 14.

[44] Le réflexe consistant à identifier le réalisme et une position pro-nucléaire est commun, on l'a dit. Une analyse éclairante – et une réfutation convaincante – est proposée sur ce point dans Joel H. Rosenthal, *Righteous realists : Political Realism, Responsible Power,*

dilection pour l'équilibre[45], leur méfiance envers le messianisme moralisant d'une certaine tradition américaine, et leur rejet de l'ascension aux extrêmes les prédispose en effet à s'inquiéter de toutes les dérives idéologiques et théoriques qui pourraient fragiliser la séparation entre stratégies d'action et de dissuasion. Ici, l'image des « lemmings », caractéristique du style de Kennan (celui d'un scepticisme tragique à tendance sarcastique, témoin d'une « tradition conservatrice européenne submergée dans la pensée politique américaine »[46], que l'on retrouvera également chez un Nicholas Spykman), met l'accent sur ce qui lui semble, en tant que réaliste, le plus absurde dans la course aux armements nucléaires : son côté automatique, pulsionnel, totalement contraire aux principes d'interaction et de pondération du réalisme classique. Et contraire, par ailleurs, à la logique profonde de la dissuasion, qui devrait en toute logique réfréner la tentation de l'*overkill*, et non la stimuler (on ne meurt pas deux fois). Kennan offre, en d'autres termes, l'exemple d'un réaliste classique qui n'accepte pas l'évolution d'une culture nucléaire banalisée, où « […] les hommes se sont habitués à ce qui leur semblait au départ apocalyptique et […] ont entrepris de « penser l'impensable », de réintroduire dans la rationalité stratégique une arme dont l'usage, à quelque fin que ce soit, semble au prime abord irrationnel »[47]. L'inquiétude de Kennan doit bien être mise en rapport avec l'évolution du débat stratégique nucléaire au tournant des années 1960-1970, marqué par l'avènement de la destruction mutuelle assurée (*Mutual Assured Destruction*, MAD), appuyée sur le dogme d'une parité quantitative faussement équilibrante, et incarnée par la course aux armements. Au moment des négociations sur les accords SALT, il approuve ainsi totalement Morgenthau qui juge, à propos du mirage des ogives, que « tant que le nombre de têtes n'affecte pas les capacités de destruction mutuelle assurée […] la quantité des moyens de destruction mutuelle est sans objet »[48]. Les prises de position politiques de Kennan seront en phase avec cette vision : au début des années 1980, dans *Nuclear Delusion*,

---

and *American Culture in the Nuclear Age*, Baton Rouge/London, Louisiana State University Press, 1991, p. XV.

[45] Explication par l'équilibre qu'il faut ramener à la formule par laquelle Thucydide analyse le déclenchement de la guerre du Péloponnèse : « À mon sens, la cause la plus importante, mais la moins avouée fut celle-ci : la puissance grandissante d'Athènes inquiéta les Lacédémoniens, les contraignant à la guerre ». Voir Thucydide, *Histoire de la guerre du Péloponnèse*, trad. Jacqueline De Romilly, Paris, Robert Laffont, coll. « Bouquins », 1990, p. 184.

[46] David Mayers, « Diplomacy and the Politics of Amelioration : the Thought of George Kennan », *VQR, A National Journal of Literature and Discussion*, printemps 1991.

[47] Hervé Coutau-Bégarie, *Traité de stratégie* [1999], Paris, Economica, 2008, p. 517.

[48] Hans Morgenthau, « The Dilemma of SALT », *Newsletter : National Commission on American Foreign Policy*, II, August 1979, Hans Morgenthau papers, University of Virginia, Box 109, cité dans Joel H. Rosenthal, *Righteous Realists*, 1991, *op. cit.*, p. 116.

il propose que les États-Unis et l'URSS réduisent de moitié leur arsenal nucléaire[49] (une proposition moquée par les stratégistes les plus influents, mais qui sera approuvée par 75 % d'Américains, selon un sondage Gallup de 1981). Il fera également campagne pour un engagement des États-Unis à ne pas utiliser l'arme nucléaire en premier (*no first use policy*) et co-signe en 1982 avec McGeorge Bundy, Robert McNamara et Gerard C. Smith une tribune remarquée en ce sens.[50]

Avant de décrire les avatars nucléaires plus tardifs du paradigme réaliste, il est possible de résumer à ce stade qu'au vu du seul débat stratégique américain, la position des réalistes classiques vis-à-vis de la bombe apparaît essentiellement traversée par une ligne de fracture qui sépare les *théoriciens* des *praticiens*. Brodie et Morgenthau sont des théoriciens, attachés à la forme essentiellement dialectique de l'équilibre nucléaire. Un Dean Acheson, réaliste *dur*, représente en revanche le praticien par excellence, chez lequel existe toujours un agacement plus ou moins prononcé vis-à-vis des stratèges en chambre et de leurs abouliques subtilités[51]. Sereinement machiavélien, ouvertement carriériste, conceptuellement brillant, Kissinger opère quant à lui une synthèse permanente des deux avatars. Cette fusion de l'homme de puissance et de connaissance, il semble en théorie que George Kennan, au vu de son parcours, aurait pu lui aussi l'incarner. Mais ce que désirait secrètement le moi de Kennan (une carrière diplomatique ou politique de premier plan), son surmoi introspectif le refusait. Son analyse de l'arme nucléaire montre que sa pente théorique et son instinct réflexif – confinant à une irrépressible esthétique de la contradiction – le firent toujours pencher du côté de l'éthique de conviction, plus que de l'éthique de responsabilité[52].

Au-delà du cas individuel de Kennan lui-même, ne pas prendre en compte cette pente serait négliger l'existence de *deux* pôles constitutifs du réalisme classique. D'un côté, des théoriciens arc-boutés *par réalisme* sur la spécificité de l'*Absolute Weapon* ; de l'autre, des *praticiens* se résignant *par réalisme* à la course aux armements et à l'emploi tactique du nucléaire. Il n'en demeure pas moins qu'à l'exception de quelques figures

---

[49] George F. Kennan, *Nuclear Delusion : Soviet-American Relations in the Atomic Age*, New York, 1982, p. 175-182.

[50] George F. Kennan, « Nuclear Weapons and The Atlantic Alliance », *Foreign Affairs*, LX, printemps 1982, p. 753-768.

[51] Praticien certes, et peu amène envers les théoriciens, mais ses écrits révèlent néanmoins une pensée des relations internationales pleine d'intérêt. *Cf.* Douglas Brinkley, *Dean Acheson : The Cold War Years, 1953-71*, New Haven, Yale University Press, 1994, p. 120 sq.

[52] Voir Joel H. Rosenthal, « George F. Kennan, The Atom and The West : Wise Man as Cultural Critic », *in* Kenneth Thompson (dir.), *Contemporary Politics, Rhetorics and Discourse*, Lanham, University Press of America, 1988.

exaltées dont l'appartenance à l'école réaliste pose problème (Paul Nitze, Walt Rostow), les uns et les autres restent prudents, et que *tous* peuvent en apparence revendiquer une filiation aristotélicienne[53]. Même s'ils se résignent à l'emploi tactique du nucléaire, ni Acheson, ni Kissinger (ni Aron du côté français) ne se positionneront par exemple comme les avocats de la prolifération nucléaire en tant que facteur stabilisant dans les relations internationales. Ils feront leur possible, au contraire, pour la combattre (Acheson) ou la maîtriser (Kissinger)[54]. Cette prudence, exprimée sous la forme d'une analyse qualitative (qui reste la marque commune des réalistes classiques en dépit des différences personnelles que nous avons suggérées entre *praticiens* et *théoriciens*) ne sera en revanche pas partagée, on le verra, par la génération suivante, celle des néo-réalistes.

Du *nuclear realism* à l'acte de foi atomique du néoréalisme

En 1946, dans *Scientific Man versus Power Politics*, le pape du réalisme classique, Hans Morgenthau, avait fulminé l'anathème contre l'hérésie quantitative et combinatoire en opposant l'« Homme scientifique » à la véritable politique de puissance[55]. Il suffit cependant de se remémorer les conditions intellectuelles et stratégiques des années 1960-70 pour comprendre que cette excommunication majeure ne pouvait tenir très longtemps, tant le parti-pris qualitatif des réalistes classiques les mettait au fond en décalage

---

[53] Nous faisons ici référence à la *phronèsis*. C'est à ce type de nuances que l'on constate la très grande diversité heuristique, la liberté individuelle et l'ouverture théorique dont jouissent les réalistes à l'intérieur d'un « paradigme large » qui épouse les contradictions de l'intellect et de l'âme humaine d'une manière plus souple, peut-être, que l'institutionnalisme libéral ou les approches critiques, marquées par la tentation normative d'un dogmatisme moral pouvant se révéler relativement étouffant. Seul le constructivisme, qui a échappé à la prise d'otage théorique d'un progressisme comminatoire en tenant en lisière les vociférations de son aile critique, réussit – pour le moment – à maintenir cette respiration théorique intra-paradigmatique. Il est d'ailleurs loisible de considérer que son représentant le plus emblématique (Alexander Wendt) est, au fond, un réaliste qui s'ignore.

[54] Acheson était même hostile au principe d'une dissuasion nucléaire britannique : il lui semblait plus raisonnable que Washington conserve le monopole du nucléaire occidental, à défaut d'avoir su garder le monopole du nucléaire tout court. Kissinger et Acheson étaient cependant opposés à la prolifération à des degrés différents, comme le montreront les commentaires bienveillants du premier sur la dissuasion française au début des années 1970.

[55] Hans J. Morgenthau, *Scientific Man Versus Power Politics*, Chicago, University of Chicago Press, 1946. Ce livre est sans doute plus fondamental pour comprendre en profondeur la vision des relations internationales de Morgenthau, que le *Politics among Nations* de 1948 auquel il est toujours identifié.

radical avec l'évolution d'un champ lourdement marqué par l'importance des variables de performance technique. À partir du moment où la rationalité managériale commence à envahir la *praxis* stratégique américaine (arrivée de Robert McNamara au département de la Défense en 1961), l'influence en matière de réflexion nucléaire s'éloigne en effet des chaires universitaires et des sciences humaines et sociales, pour pencher du côté des centres de recherche prospective, dont le modèle est la RAND Corporation. L'Institute for Defense Analysis, la System Developement Corporation, le Center for Defense Analyses, la Research Analysis Corporation, et la RAND elle-même, se remplissent de petits groupes d'experts civils sous contrat avec les états-majors, pratiquant la modélisation combinatoire assistée par ordinateur. Dans les années 1960, ce sont les spécialistes de la théorie des jeux, de Morgenstern à von Neumann, qui orientent les tendances dans le domaine nucléaire[56]. Dès lors, les politistes réalistes classiques laissent le devant de la scène aux *nuclear strategists*, parmi lesquels se distinguent le prospectiviste Herman Kahn (*On Thermonuclear War*, 1960), l'économiste Thomas Schelling (*Arms and Influence*, 1966), ou le mathématicien Albert Wohlstetter (« The Delicate Balance of Terror », 1958)[57]. Pour Kahn, fondateur du Hudson Institute, les restrictions théoriques qui enchaînent la réflexion d'un Brodie ou d'un Morgenthau sont au fond de la simple pusillanimité. L'emploi de l'arme atomique sur le champ de bataille est possible ? Il est donc pensable, de même qu'est envisageable une *victoire* en ambiance atomique. Morgenthau et Kennan auraient volontiers laissé Prométhée enchaîné sur le Caucase. Kahn, lui, chasse le vautour et délivre le voleur de feu. En formalisant la guerre nucléaire par niveaux successifs d'escalade (*On Escalation*, 1965)[58] et en calculant sereinement le nombre de millions de morts associé, le prospectiviste du Hudson Institute incarne une version prométhéenne du vertige géométrique qui tend à dénaturer la dialectique stratégique[59]. Il représente à ce titre un extrême parmi les *nuclear*

---

[56] Voir Philip D. Straffin, *Game Theory and Strategy*, Washington, D.C., The Mathematical Association of America, 1993.

[57] Herman Kahn, *On Thermonuclear War*, Princeton, Princeton University Press, 1960 ; Thomas C. Schelling, *The Strategy of Conflict* (Cambridge, Harvard University Press, 1960) et *Arms and Influence* (New Haven, Yale University Press, 1966) ; Albert Wohlstetter, *The Delicate Balance of Terror*, Santa Monica, The RAND Corporation, 1958. Le travail de Wohlstetter aura un impact direct sur le rapport Gaithner de 1957 (« Deterrence and Survival in the Nuclear Age »).

[58] Herman Kahn, *On Escalation : Metaphors and Scenarios*, New York, Frederick A. Praeger, 1965.

[59] Le Hudson Institute actuel entretient toujours le mythe d'un Kahn visionnaire et lucide. Il est aussi possible de considérer, avec Marshall Windmiller, que Kahn était en réalité un grand naïf politique. Voir Sharon Ghamari-Tabrizi, *The Worlds of Herman Kahn : the intuitive science of thermonuclear war*, Boston, Harvard University Press, 30 juin 2009, p. 283.

strategists. Ces derniers, dans leur ensemble, se montreront plus modérés, mais ils ne peuvent pour autant être classés parmi les réalistes. Il serait plus juste de les rattacher au domaine de la mise en équation décisionnelle appliquée aux relations internationales, promue par les *Security Studies*. Définies comme « l'évaluation de l'impact de la technologie militaire sur les relations internationales »[60], les études de sécurité s'inséreront tout au long des années 1960-1980 dans la logique de la rationalité instrumentale, plutôt que de la *phronesis* aristotélicienne.

Le groupe des nuclear realists *: l'atome militaire comme déclencheur d'une réforme politique globale ?*

À l'écart des *nuclear strategists* peuplant les *think tanks* proches du Pentagone, tout autant que des délires logiques des « durs » de la Guerre froide[61] ou des adeptes de la rationalité managériale promue par Robert McNamara, il est possible de distinguer un courant de pensée « décalé » par rapport au réalisme classique, qui a débouché sur la formation d'un groupe théorique suffisamment cohérent pour être collectivement désigné par l'expression de « réalisme nucléaire ». Il a été étudié par des chercheurs comme Alison McQueen ou Campbell Craig, mais ce sont Rens van Munster et Caspar Sylvest qui ont formalisé le plus clairement l'unité problématique de ce groupe dans un travail historico-théorique très récent (2016) qui partiellement l'approche du sujet[62]. Au travers de l'étude de la pensée nucléaire de Günther Anders (1902-1992), John H. Herz, Lewis Mumford (1895-1990) et Bertrand Russell (1872-1970), Sylvest et van Munster proposent d'admettre que la critique de la stratégie nucléaire *mainstream* n'a pas été réservée à la *Peace Research* ou aux approches post-positivistes, mais qu'elle a en réalité trouvé ses militants les plus profonds chez les *nuclear realists*, au cœur même de « l'âge d'or » de la stratégie nucléaire de Guerre froide[63]. En dépassant le simple débat

---

[60] Définition proposée par Barry Buzan dans *An Introduction to Strategic Studies : Military Technology and International Relations*, London, Macmillan, 1987, p. 6-8. Voir également Michel Fortmann et Thierry Gongora, « De l'apport de la pensée militaire classique aux études stratégiques modernes », *Études internationales*, vol. 20, n° 3, 1989, p. 536.

[61] Voir Bruce Kuklic, *Blind Oracles : Intellectuals and War from Kennan to Kissinger*, Princeton, Princeton University Press, 2006.

[62] Rens van Munster, Casper Sylvest, *Nuclear Realism : Global Political Thought During the Thermonuclear Revolution*, Routledge, coll. « New International Relations », vol. 67, 2016.

[63] Lewis Mumford, *Technics and Civilization*, New York, Harcourt, Brace and Co., 1934, ainsi que *The Myth of the Machine : II. The Pentagon of Power*, New York, Harcourt Brace Jovanovich, 1970 ; John H. Herz, *International politics in the atomic age*, New.

militaire, ces penseurs auraient tenté de définir un nouvel équilibre philosophique, politique et social pour la modernité libérale, dans le cadre d'un monde unifié par la menace latente de l'apocalypse. On retrouverait chez les quatre penseurs étudiés la conviction que l'action politique est un art plus qu'un processus[64], et que la science peut pervertir le sens de la liberté et de la responsabilité. Selon eux, à partir du moment où l'arme nucléaire est l'une des figures du progrès, mais que ce progrès signifie que « toute l'humanité est devenue exterminable » (Anders), il devient urgent de lutter contre le nouveau nihilisme engendré par l'aboutissement de Lumières devenues à elles-mêmes leur propre fin (Mumford, *Technics and Civilization*, 1934). Cela passe par une critique des discours pseudo-rationnels qui tentent d'en dissimuler l'absurdité latente, à commencer par la logique formelle de la dissuasion. L'objectif est de retrouver le sens d'une politique de défense à qui l'humanisme tiendrait lieu de réalisme. Pour Herz, comme pour Anders, il ne s'agit pas de réfuter entièrement la dissuasion nucléaire : elle peut en effet fonctionner, en tant que frein des passions conflictuelles à l'ère de la bombe. Mais pas au point d'en faire une stratégie de long terme[65]. La dissuasion, pour les *nuclear realists*, serait en effet, et par essence, instable et dangereuse, ce que Bertrand Russell tente de faire apparaître à travers sa célèbre analogie du « jeu du poulet » dans *Common Sense and Nuclear Warfare* (1959)[66]. La seule échappatoire à l'instabilité inhérente de la dissuasion nucléaire est la prise de conscience des dangers qui menacent l'humanité dans son ensemble. En d'autres termes, d'un mal doit pouvoir sortir un bien : la révolution thermonucléaire unifiant le monde par une peur commune, il doit être possible, postulent à divers degrés les *nuclear realists*, de s'appuyer sur cette perception négative universellement partagée pour en tirer une prise de conscience non moins universelle, mais cette fois positive, celle d'une alternative politique radicale en termes d'équilibre de la puissance, de gestion des conflits et de diplomatie dans les relations internationales.

Le travail de recherche mené par Sylvest et van Munster est extrêmement intéressant, en particulier dans la description qu'il offre du débat

---

York, Columbia University Press, 1959 ; Günther Anders, *Der Mann auf der Brücke : Tagebuch aus Hiroshima und Nagasaki*, Munich, C. H. Beck, 1959, ainsi que *La menace nucléaire, Considérations radicales sur l'âge atomique*, Paris, Le serpent à plumes, 2006 ; Bertrand Russell, *Common Sense and Nuclear Warfare*, London, Allen & Unwin, 1959.

[64] Rens van Munster, Casper Sylvest, « Beyond Deterrence : Nuclear Realism, the H-Bomb and Globality », *Paper prepared for the ISA Annual convention*, March 2013, p. 3.

[65] Rens van Munster, Casper Sylvest, *Nuclear Realism*, 2016, *op. cit.*, p. 49. Voir John Hertz, *International politics in the atomic age*, 1959, *op. cit.*, p. 219.

[66] Bertrand Russell, *Common Sense and Nuclear Warfare*, 1959, *op. cit.*, p. 30-31.

intellectuel portant sur le contenu à donner au libéralisme politique après Hiroshima. On ne comprend cependant pas vraiment ce qui sépare au fond le « réaliste nucléaire » que serait Herz des réalistes classiques atomico-pessimistes comme Kennan ou Morgenthau[67]. Ni les uns ni les autres ne se sont faits les avocats de la prolifération nucléaire sous prétexte d'équilibre entre les grandes puissances. Tous ont partagé une vision prudentielle et pragmatique de la politique internationale, et ceci est d'autant plus vrai chez Herz après le tournant autocritique que constituera « The Territorial State Revisited » en 1968, dans lequel sa position globaliste (Deudney parle à son propos de *classical nuclear one-worldism*[68]) se voit très franchement atténuée[69]. Peut-être les « réalistes nucléaires » font-ils une place plus importante à la morale dans leur réflexion nucléaire, encore que Morgenthau puisse parfaitement prendre place dans leur groupe de ce point de vue. Enfin, concernant la technique et son rapport à la politique, les deux groupes sont heideggériens, pourrait-on dire[70] : il s'agit de savoir, comme le dit l'ermite de Todtnau, si l'homme « veut devenir l'esclave du plan ou en rester le maître »[71]. Leur opposition tant à l'usage « dosé » de l'arme nucléaire tactique qu'aux modélisations d'apocalypse par ordinateur dérive de cette critique des conditions de la modernité. Par ailleurs, la distance que soulignent les deux auteurs entre les réalistes classiques et Herz, ce qui leur permet d'inclure ce dernier dans le groupe des « réalistes nucléaires », ne s'opère-t-elle pas au prix de quelques paradoxes ? Bien que John Herz ait toujours clamé son opposition aux questionnaires, aux statistiques et à « l'aide des machines IBM »[72], il n'en reste pas moins qu'en mettant en avant le concept de « dilemme de sécurité », il devient possible de considérer qu'il a ouvert la voie – fût-ce à son corps défendant – aux calculs décisionnels combinatoires en matière de dissuasion[73]. On pourra

---

[67] Ce que semblent d'ailleurs reconnaître les auteurs, tout en maintenant une séparation entre réalistes « classiques » et « nucléaires ». Voir Sylvest et Van Munster, *Nuclear Realism, op. cit.,* 2016, p. 6 et 42 concernant Morgenthau ; p. 49 et 66 concernant Kennan.
[68] Daniel H. Deudney, *Bounding Power : Republican Security Theory from the Polis to the Global Village*, Princeton, Princeton University Press, 2007, p. 246.
[69] John H. Herz, « The Territorial State Revisited : Reflections on the Future of the Nation-State », *Polity*, vol. 1, n° 1, Autumn, 1968, p. 11-34.
[70] John H. Herz, *International politics in the atomic age, op. cit.*, 1959, p. 200. Il faudrait mettre à part Anders, dont la critique de la technique se veut anti-heideggérienne – pour des raisons plus politiques que philosophiques.
[71] Martin Heidegger, « Identité et Différence », *in Questions I*, Paris, Gallimard, 1968, p. 267.
[72] Voir Stanley Hoffmann, compte-rendu de John H. Herz, *International politics in the atomic age, Revue française de science politique*, 9ᵉ année, n° 4, 1959, p. 1066.
[73] Pour un exemple particulièrement frappant, voir Avidit Acharyay et Kristopher W. Ramsayz, « The Calculus of the Security Dilemma », *Quarterly Journal of Political*

certes objecter que les modélisations « traditionnalistes » de Herz ont été jugées trop timides par les behaviouristes quantitativistes (comme Morton Kaplan[74]), qui critiqueront le parti-pris qualitativiste et prudentiel du réalisme classique dans le cadre du « deuxième débat » de la discipline des RI, et qu'il s'agit là d'un mauvais procès[75].

Quoi qu'il en soit, il faut à notre avis chercher ailleurs que dans le degré de libéralisme philosophique (ou de réformisme) des uns et des autres la ligne de fracture qui distingue réellement et fondamentalement les réalistes dans le domaine de la pensée – et pas seulement de la stratégie – nucléaire. Il semble que le débat en revienne toujours aux deux premiers paradoxes nucléaires de Morgenthau : guerre ou non-guerre ? À la fin des années 1970, l'apparition fracassante du néoréalisme débloque la problématique. Kenneth Waltz, qui souhaite renouveler la « pensée » réaliste par l'imposition d'une véritable « théorie », intègre la dissuasion dans un cadre structuro-systémique qui va permettre, par contraste, d'approfondir ce que l'on est en droit d'entendre par « réalisme » en matière nucléaire[76].

More may be better : *l'optimisme nucléaire du néo-réalisme*

Pour Waltz (1924-2013), de la même façon que la politique interne doit être séparée de la politique externe, « la qualité absolue des armes nucléaires sépare radicalement le monde nucléaire du monde conventionnel ». Une observation que n'auraient reniée ni Brodie, ni Morgenthau, ni Kennan. Et à laquelle fait écho l'observation du philosophe John Somervile, qui juge qu'en raison de la capacité de destruction absolue de l'arme nucléaire, un conflit nucléaire n'est plus une simple guerre, mais bien un *omnicide*[77]. Mais ni Brodie, ni Somervile, dans deux champs différents, ne

---

Science, 8, 2013, p. 183-203. Pour une analyse récente du dilemme de sécurité, voir Ken Booth et Nicholas J. Wheeler, *The Security Dilemma : Fear, Cooperation and Trust in World Politics*, Basingstoke, Palgrave Macmillan, 2008. Pour une ouverture à une théorie de l'État comme acteur rationnel incluant la variable de la confiance, et pas seulement le critère de la recherche de sécurité, voir ce qu'Andrew H. Kydd définit – dans le cadre de la théorie des jeux dérivée du dilemme de sécurité, et au confluent du réalisme néoclassique et du réalisme défensif – comme un « réalisme bayesien » (*Bayesian realism*) : Andrew H. Kydd, *Trust and Mistrust in International Relations*, Princeton, Princeton University Press, 2005.

[74] Morton A. Kaplan, *System and Process in International Politics*, New York, J. Wiley and sons, 1957.
[75] Morton A. Kaplan, « The New Great Debate : Traditionalism vs. Science in International Relations », *World Politics*, vol. 19, n° 1, October 1966, p. 1-20.
[76] Kenneth N. Waltz, « Realist Thought and Neorealist Theory », *Journal of International Affairs*, vol. 44, n° 1, 1991, p. 21-37.
[77] John Somervile, « Nuclear War is omnicide », *in* M.A. Fox, L. Groarke (dir.), *Nuclear War : Philosophical Perspectives*, New York, Peter Lang Publishing, 1985, p. 3-9.

suivraient Waltz sur les conséquences à tirer de cette caractéristique « absolue ». L'un des postulats centraux du néo-réalisme structurel de Waltz est en effet que ce n'est pas la nature des États eux-mêmes qui conditionne au premier chef leur comportement, mais bien la structure du système international anarchique dans lequel ils évoluent. Considérés comme des *like-units* que ne sépare aucune différence de nature fonctionnelle, les États sont des acteurs rationnels qui cherchent fatalement et en toute chose à améliorer leur sécurité. Pour ces *security-seekers*, la stratégie s'apparente dès lors à une logique d'arbitrage : il s'agit de peser rationnellement les coûts et bénéfices qui peuvent découler d'un affrontement en termes de quantité de sécurité conservée ou acquise. Cette recherche « rationnelle » de sécurité ne signifie pas nécessairement que les États ne se trompent jamais lorsqu'ils choisissent de manière calculée l'option du conflit. Le bilan final d'une guerre peut parfaitement être négatif, alors que les calculs qui avaient présidé à l'entrée dans le conflit semblaient rationnels. Ainsi que le résume Ariel I. Roth, « L'argument de Waltz est que, dans le cadre d'une guerre conventionnelle, les calculs des conséquences peuvent être erronés, ce qui n'empêche pas que la décision d'entrer en guerre puisse être rationnelle sur la base des données disponibles au moment où les hostilités sont initiées »[78]. La guerre reste donc une option justifiable dans les relations internationales… à condition qu'elle soit de nature conventionnelle. Dans son premier ouvrage majeur (*Man, The State and War*, 1959), Waltz avait considéré que l'arme nucléaire ne changeait pas fondamentalement la probabilité d'occurrence d'une guerre entre États[79]. Il modifie radicalement son regard dans *Theory of International Relations* (1979), où se trouvent tirées toutes les conséquences logiques de la séparation « absolue » entre armes nucléaires et conventionnelles[80]. Pour un État confronté à la possibilité d'une guerre nucléaire, il ne s'agit plus de se demander si le coût de l'engagement dépassera les bénéfices qu'il peut en attendre : ce sera en effet le cas quoi qu'il arrive (l'effet « omnicide » de Somerville). Les effets dévastateurs garantis par l'arme nucléaire éliminent donc l'une des caractéristiques les plus importantes de la guerre conventionnelle : celle de son incertitude (Clausewitz parlerait de friction). Les erreurs de calculs coût-bénéfice, compréhensibles lorsqu'elles sont commises par les États qui risquent leur mise dans une guerre conventionnelle, deviennent absurdes – et absolument irrationnelles – dans le cas d'une guerre nucléaire. Pour Waltz, un conflit entre États nucléaires sortirait donc de l'épure classique

---

[78] Ariel Ilan Roth, « Nuclear Weapons in Neo-Realist Theory », *International Studies Review*, vol. 9, 2007, p. 372. On notera que cet argument est parfaitement compatible avec la leçon principale de Clausewitz.

[79] Kenneth N. Waltz, *Man, the State, and War : A Theoretical Analysis*, New York, Columbia University Press, 1959.

[80] Kenneth Waltz, *Theory of International Relations*, Reading, Addison-Wesley, 1979.

du duel guerrier clausewitzienne, en faisant de la guerre atomique *ein Schlag ohne Dauer*[81]. Le scénario, en somme, serait déjà écrit : si guerre il y a, les dégâts seront – au sens propre – apocalyptiques. Il n'est donc pas rationnel pour un État d'engager une guerre nucléaire contre un autre État nucléaire. Comme le résume Waltz, il faut nécessairement en conclure que « la probabilité d'une guerre majeure entre les États détenteurs d'armes nucléaires approche zéro »[82]. Nous sommes ici sur le même type de raisonnement qui mènera Lucien Poirier à théoriser ce qu'il dénommera la « vertu rationalisante de l'atome »[83].

Waltz convient certes que deux États nucléaires engagés dans un duel conventionnel courent le risque de voir ce dernier déraper vers une ascension aux extrêmes nucléaires. Mais, attaché à la logique structurelle du néoréalisme, il estime le risque négligeable : les acteurs étatiques étant rationnels et le coût d'un conflit nucléaire – dévastateur par essence – étant *absolument* certain, les risques d'un tel dérapage sont extrêmement minimes. La « preuve » en est que, depuis 1945, les conflits opposant un État disposant d'un arsenal nucléaire à un État qui en était dépourvu n'ont *jamais* débouché sur l'utilisation d'une arme nucléaire. C'est vrai dans le cas de la Guerre de Corée, de celle du Vietnam, de celle opposant Soviétiques et moudjahidines afghans soutenus par l'Arabie saoudite et Washington, de la Guerre des Malouines, ou encore de la première Guerre du Golfe. Cet argument a bien entendu été remis en cause : Ariel Roth observe ainsi en 2007 qu'aucun de ces exemples ne concerne une tension entre deux États nucléaires. Il ne s'agit, affirme-t-il, que d'oppositions entre un État nucléaire puissant et des États ne disposant pas d'armes nucléaires. Par ailleurs, observe-t-il, « […] aucune de ces guerres n'étaient pour les États nucléaires des guerres totales de survie nationale, qui induisent généralement que tous les moyens nécessaires pour assurer la survie de l'acteur seront utilisés »[84].

Cette contestation appelle plusieurs remarques. Le premier point soulevé par Roth est hautement réfutable : au moment où il écrit son article (2007), deux conflits ouverts opposant des États *nucléaires* se sont bel et bien déjà déroulés, sans que des armes atomiques soient utilisées. Il s'agit du conflit de Kargil, aussi appelé « Guerre des glaciers », qui a vu l'Inde et le Pakistan s'affronter au Cachemire du 9 mai au 12 juillet 1999 à la

---

[81] « Un coup sans durée ». Dans *Vom Kriege*, Clausewitz explique au contraire que la guerre *n'est pas* un coup sans durée. Voir à ce propos la synthèse éclairante de Hans Rothfels, « Clausewitz im Atomzeitalter », *Zeit*, 16 Februar 1962.

[82] Kenneth Waltz, « Nuclear Myths and Political Reality », *American Political Science Review*, vol. 84, 1990, p. 740.

[83] *Cf.* Lucien Poirier, « Je crois en la vertu rationalisante de l'atome », *Le Monde*, 27 mai 2006.

[84] Ariel Ilan Roth, « Nuclear Weapons in Neo-Realist Theory », 2007, art. cité, p. 374.

suite de l'infiltration de soldats pakistanais et de combattants islamistes sur la partie indienne de la *Line of Control* (LOC). Le deuxième exemple est celui du conflit frontalier sino-soviétique de 1969. Dans les deux cas, l'opposition armée a fait des victimes, et aurait pu connaître une ascension aux extrêmes nucléaires. Cela n'a pas été le cas. Quant au deuxième argument, celui des intérêts nationaux de « survie » qui n'auraient pas été mis en jeu, faussant donc l'équation, il est au mieux fragile. Dans le cas du conflit sino-soviétique de 1969, l'intérêt vital des deux acteurs n'est certes pas en cause. Mais le cas de la Guerre des Glaciers est moins clair : la défaite conventionnelle est si dévastatrice pour le prestige pakistanais, et si négative pour l'intérêt national, qu'elle mène immédiatement à un coup d'État. Nawaz Sharif, Premier ministre durant le conflit de Kargil, est déposé le 12 octobre 1999 et remplacé par le général Pervez Musharraf. Pour solder la confrontation portant sur un enjeu opérationnel et stratégique ne relevant pas de la survie nationale, le coup d'État – solution politique radicale – a donc été préféré à cette autre radicalité qu'est l'utilisation du nucléaire. De ces exemples, il serait possible de déduire que la « vertu rationalisante » prêtée par nombre de réalistes à l'arme nucléaire relève effectivement de l'hypothèse forte. Le néo-réaliste Steve Weber, modifiant légèrement les paramètres waltziens, expliquera quant à lui l'absence de conflit majeur pendant et après la Guerre froide par les lentes modifications structurelles engendrées par l'arme nucléaire, lesquelles font des États détenteurs, quoi qu'ils en pensent, les « gardiens communs » (*joint custodians*) d'un équilibre obligé[85]. Quoi qu'il en soit, Waltz est tellement persuadé de cette vertu attachée aux couples atomiques antagonistes, qu'il en vient à souhaiter une prolifération raisonnée des armements nucléaires dans le monde. C'est ce qu'il exprime en 1981 dans un article retentissant, « The Spread of Nuclear Weapons : More May Be Better »[86]. Défendant ce surcroît raisonné d'armes nucléaires en vue d'un surcroît automatique de sécurité, Waltz en profite pour préciser – lors d'un débat ultérieur avec Scott Sagan – ce qu'il entend par « rationalité » en matière nucléaire :

> La dissuasion ne repose pas sur la rationalité, quel que soit le sens que l'on veut donner à ce terme. Défini simplement, être rationnel c'est être capable de raisonner. Un peu de raisonnement mène à la conclusion que « gagner » une guerre nucléaire est tout sauf possible, et que lancer une offensive qui

---

[85] Steve Weber, « Realism, Detente, and Nuclear Weapons », *International Organization*, vol. 44, Winter 1990.
[86] Kenneth N. Waltz, « The Spread of Nuclear Weapons : More May Better », *Adelphi Papers*, n° 171, London, International Institute for Strategic Studies, 1981.

déclencherait une riposte nucléaire relève de la folie évidente. Pour parvenir à cette conclusion, le calcul n'est pas nécessaire : un peu de bon sens suffit[87].

Du point de vue waltzien, ainsi que le résume Pascal Venesson, « l'atome est le commencement de la sagesse »[88].

La même logique conduit le politiste américain, au nom des nécessités structurelles du système international, à se faire l'avocat de l'obtention de la bombe nucléaire par l'Iran. Dans un article – lui aussi retentissant – publié dans *Foreign Affairs* à l'été 2012, Waltz rappelle que toute puissance « nécessite d'être équilibrée ». Or Israël, pointe-t-il, est aujourd'hui le seul État moyen-oriental à disposer du feu nucléaire, ce qui selon lui « provoque depuis longtemps de l'instabilité [dans la région] »[89]. Un Iran nucléaire permettrait de compenser cette anomalie, produisant un équilibre dissuasif bienvenu au Moyen-Orient. L'opinion du chef de file du néo-réalisme sur la prolifération est donc logique de son point de vue systémique : « Nous devrions davantage nous concentrer, lancera-t-il avec provocation, sur l'amélioration de la sûreté des grands arsenaux, et non passer notre temps à empêcher des États faibles d'obtenir le petit nombre de têtes qu'ils pensent correspondre à leur besoin de sécurité »[90]. L'ensemble de cette démonstration contredit les jugements de Morgenthau au sujet de la prolifération nucléaire, tout comme ceux de Herz, qui en 1959, dans *International politics in the atomic age*, affirmait qu'en cas de diffusion des armes nucléaires au-delà des super-grands, la politique classique de la *balance of power* ne pourrait être restaurée. Waltz parie clairement le contraire. D'autres néo-réalistes, vont partager à divers degrés cet « optimisme proliférant », en particulier John J. Weltman (« Nuclear Devolution and World Order », 1980), ou encore John J. Mearsheimer (« Back to the Future : Instability in Europe After the Cold War », 1990)[91].

---

[87] Scott D. Sagan, Kenneth N. Waltz, *The spread of nuclear weapons : a debate*, New York, W. W. Norton, 1995, p. 113.

[88] Pascal Venesson, « La prolifération nucléaire en débat : assurances et périls », *Revue française de science politique*, vol. 46, n° 6, 1996, p. 1000-1005.

[89] Kenneth N. Waltz, « Why Iran Should Get the Bomb. Nuclear Balancing Would Mean Stability », *Foreign Affairs*, July/August 2012, p. 3.

[90] Scott D. Sagan, Kenneth N. Waltz, *The spread of nuclear weapons : a debate*, 1995, *op. cit.*, p. 113.

[91] John J. Weltman, « Nuclear Devolution and World Order », *World Politics*, vol. 32, January 1980, p. 169-93. John J. Mearsheimer, « Back to the Future : Instability in Europe After the Cold War », *International Security*, vol. 15, summer 1990. La critique des positions de Waltz sur la prolifération est assez répandue, la plupart des analystes soulignant une axiomatique « irresponsable » (Aron aurait parlé de « délire logique »). Comme le fait remarquer Brahma Chellaney, il est cependant juste de dire que la pratique des États détenteurs (EDAN) quant à la prolifération nucléaire est

Après la Guerre froide en revanche, les réalistes dits « néo-classiques » vont représenter une alternative au néoréalisme waltzien fragilisé par la fin pacifique du bipolarisme russo-américain, en remettant à l'honneur les variables complexes dans leur analyse internationale[92]. Randall Schweller, Fareed Zakaria ou Thomas Christensen s'attachent ainsi à réinsérer dans leurs grilles de lecture les déterminants internes négligées par le systématisme de Waltz : rôle des bureaucraties, préjugés des dirigeants politiques, influence des groupes d'intérêt, ou consensus des élites. Les travaux de Stephen Walt ou de Schweller sur le phénomène de *bandwagoning* cherchent à expliquer pourquoi certains États renoncent à l'arme nucléaire. Le réalisme donne le sentiment de se réconcilier avec l'histoire et la prudence, retournant à ses origines, tandis que la fin du duopôle américano-soviétique fragilise en partie l'empire intellectuel des modélisations systémiques et des calculs « rationnels » de l'apocalypse. Morgenthau semble triompher de Kahn. Quant à Waltz, quoique respecté, il est isolé. Son optimisme proliférant apparaît pour ce qu'il a toujours été : une exception au sein du réalisme.

La « voie française » et ses conséquences pour l'intelligence du débat nucléaire réaliste

Si l'on veut, avant de conclure, ajouter une série de nuances à ce tableau général de la pensée réaliste en matière nucléaire entre 1945 et 2015, dont on a pu constater la diversité et les paradoxes, il peut être intéressant, en contrepoint d'une production théorique américaine toujours rappelée de manière exclusive dans les bibliographies scientifiques, de se pencher en dernier lieu sur les spécificités du débat français, qui constitue le deuxième pôle le plus important de la réflexion théorique réaliste occidentale en matière nucléaire durant la Guerre froide. Non que la pensée britannique de la dialectique nucléaire soit négligeable. À titre d'exemple, celle du réaliste catholique Michael Quinlan, peu connue en France, se révèle à la fois profonde et inspirée. Pour autant, comme la plupart des *civils servants* et des théoriciens britanniques de son

---

aujourd'hui fondamentalement hypocrite et ethno-centrée : ils justifient leur propre capacité nucléaire par la vertu rationalisante de la dissuasion, mais abandonnent ce postulat dès lors qu'il s'agit de confiner cette détention au groupe du P5 déterminé par le TNP de 1968, en invoquant les risques d'accident pouvant être causés par des États « irrationnels ». Brahma Chellaney, « Naiveté and Hypocrisy : Why Anti-Proliferation Zealotry Does Not Make Sense », *Security Studies*, vol. 4, summer 1995, p. 780-781.

[92] Norrin M. Ripsman, Jeffrey W. Taliaferro, Steven E. Lobell, *Neoclassical Realist Theory of International Politics*, London, Oxford University Press, 2016.

époque, Quinlan s'enferme dans un dialogue anglo-saxon exclusif[93]. Sa pensée morale et prudentielle du nucléaire ne se déploie qu'en référence au débat atomique américain. Les Français, quant à eux, ont l'avantage de suivre avec attention le débat outre-Atlantique, mais en envisageant des intérêts nationaux découplés de l'anglosphère. En cela, ils montrent qu'à l'opposé des Anglais attachés à une vision assez idéelle de la *special relationship*[94], ils saisissent mieux le fond d'une pratique américaine structurée par un découplage profond entre la défense négociable du glacis européen, et la protection non négociable du sanctuaire américain. En 1956, l'humiliation diplomatique de Suez sera un révélateur : Paris en tirera toutes les conséquences en matière d'indépendance de sa « force de frappe », tandis que Londres y verra au contraire le signal d'une *translatio imperii* inéluctable, à laquelle les Britanniques se résigneront nucléairement en signant les accords de Nassau en 1962. Il en résulte que le débat français est le seul qui puisse offrir un contrechamp aux idiosyncrasies intellectuelles, culturelles, morales et capacitaires de la *praxis* nucléaire américaine, parce qu'il est le seul à être allé au bout d'une logique d'autonomisation dans le camp occidental. L'évolution interne du semi-isolat stratégique français, en décentrant méthodologiquement le regard de la scène américaine, permet donc de mieux éclairer les lignes de fracture intra-paradigmatiques du réalisme dans le domaine nucléaire. C'est dans cette optique qu'il est abordé ici.

Poirier, Aron, Gallois et le « Grand débat » français

L'accès des Français à l'indépendance nucléaire, qui se joue au tournant des années 1960, coïncide avec la charnière de deux époques de l'atome militaire : la première, de 1945 à 1960, a vu les États-Unis tenter d'équilibrer la domination conventionnelle de l'URSS en Europe en pariant sur l'effet surcompensateur du nucléaire tactique. Dans ce cadre, l'US Air Force entraîne ses homologues français au maniement des bombes nucléaires tactiques américaines[95]. La deuxième époque, celle de l'avènement du couple arme-missile balistique, voit l'affrontement entre les deux grands devenir global au sens propre, c'est-à-dire intercontinental, en se plaçant sous le signe de la destruction mutuelle assurée. Les Français

---

[93] Tanya Ogilvie-White, *On Nuclear Deterrence. The correspondance of Sir Michael Quinlan*, The International Institute for Strategic Studies, Routledge, 2011.
[94] Pour un contrepoint : Patrick Diamond, *Shifting Alliances. Europe, America and the future of Britain's global strategy*, London, Politico's Publishing, 2008.
[95] Aurélien Poilbout, « Quelle stratégie nucléaire pour la France ? L'armée de l'Air et le nucléaire tactique intégré à l'OTAN (1962-1966) », *Revue historique des armées*, n° 262, 2011, p. 46-53.

en tirent la seule conclusion logique possible, d'ailleurs validée par l'aveu de Kissinger, à propos du concept de « dissuasion élargie » : le « parapluie » américain ne se déclenchera vraisemblablement qu'au bénéfice du sanctuaire des États-Unis. Dès lors, les efforts français pour s'assurer une dissuasion nationale sont bien justifiés, puisqu'il s'agit du seul moyen crédible pour Paris de sortir du dilemme entre « Armageddon ou une défaite sans guerre ».

Du point de vue français, la détention d'une capacité indépendante, à même de dissuader l'URSS, devient en somme la seule échappatoire possible pour une nation qui n'a pas renoncé à son destin et qui refuse de ce point de vue de limiter sa liberté d'action en situation exceptionnelle. Ici, il ne faut évidemment pas oublier (ce que les articles de recherche anglo-saxons ont plutôt tendance à faire en brocardant une recherche de « grandeur » incantatoire) que les Français (y compris les responsables politiques atlantistes de la IVe République) sont restés marqués par ce qu'il faut bien appeler le « lâchage stratégique » de leurs alliés dans l'entre-deux-guerres. La conséquence de ce qui est au fond le premier *decoupling* diplomatique et opérationnel du XXe siècle fut rien de moins que la débâcle de Mai 1940 : après avoir promu le relèvement de l'Allemagne, l'*appeasement* et le désengagement continental jusqu'à la fin des années 1930, les Britanniques, abrités par la Manche, rembarquent leur petit corps expéditionnaire à Dunkerque pendant que sombre l'allié français, « avant-poste malchanceux qui [avait] servi d'absorbeur de choc », pour reprendre la formule de Liddell Hart, auteur de la théorie de la *limited liability* dont la responsabilité intellectuelle et stratégique est importante dans la promotion de l'*appeasement* stratégique des années 1930[96]. Les États-Unis, qui avaient quant à eux refusé de ratifier un Pacte de garantie avec la France en 1919, soutiennent les démocraties européennes *from behind*, retardant leur entrée en guerre effective jusqu'à la fin 1941. Cette prise en compte *réaliste* des leçons de l'histoire – et de la fragilité des alliances établies avec des puissances profitant d'un glacis maritime – éclaire le désir d'autonomie nucléaire des Français dans l'après-Seconde Guerre mondiale, à un degré bien plus fondamental que celui manifesté par les subtilités du débat théorique sur les « représailles massives », la « riposte graduée », le *linkage*, la « sanctuarisation élargie », ou la solidarité atlantique. Ce désir d'auto-garantie, néanmoins, ne pouvait qu'aller à l'encontre des réflexes d'une Amérique habituée à se penser comme le moyeu occidental non

---

[96] Voir John J. Mearsheimer, *Liddell Hart and the Weight of History*, Cornell University Press, 2010, p. 143. Sur ce point, peu connu en France, voir également Brian Bond, Martin Alexander, « Liddell Hart and de Gaulle : The Doctrines of Limited Liability and Mobile Defense », *in* Peter Paret, *Makers of Modern Strategy*, p. 598-623.

substituable des équilibres nucléaires mondiaux. Ainsi que le résume Poirier, l'administration Kennedy-McNamara dénoncera les prétentions françaises d'accès au rang de puissance nucléaire dans les années 1960, précisément « [...] parce qu'elles perturbaient les fragiles mécanismes du bipôle américano-soviétique ». Ces prétentions « introduisaient de nouveaux facteurs d'incertitude dans 'leur' délicat équilibre de la terreur et, par extension, d'instabilité dans le système international »[97]. Les Français étaient parfaitement conscients de leur rôle de perturbateur. André Beaufre, dans *Dissuasion et stratégie*, paru en 1964, étudiera ainsi la possibilité pour une puissance nucléaire moyenne d'entraîner une superpuissance à ses côtés en prenant l'initiative du feu nucléaire : théorie de prise d'initiative dite du « détonateur », qui sera très discutée (avec inquiétude) aux États-Unis[98], autant que celle d'un autre penseur militaire français du nucléaire, Charles Ailleret (1907-1968), promoteur de la doctrine de la dissuasion tous azimuts[99].

Même si les travaux de Beaufre et d'Ailleret sont importants, les deux penseurs les plus intéressants dans le cadre de la discussion qui nous occupe, celle de la diversité du réalisme nucléaire, sont néanmoins les généraux Lucien Poirier (1918-2012) et Pierre-Marie Gallois (1911-2013). L'œuvre de Poirier ne laisse pas de doute quant à son appartenance au paradigme réaliste : « Adhérent, précisera-t-il, à une philosophie de l'histoire réaliste et immunisé contre les prédications irénistes par une longue expérience des emportements des peuples et des erreurs ou imprudences de leurs pilotes, je ne vois pas pourquoi et comment les prochaines générations feraient l'économie des armes dans les relations inter- et intra-sociétés »[100]. L'œuvre de Poirier est particulièrement riche et signifiante, en ce qu'elle parvient à s'abstraire des contingences de l'actualité et de la technologie pour *penser la dissuasion*

---

[97] Lucien Poirier, *Stratégie théorique III*, Paris, Economica, coll. « Bibliothèque stratégique », 1996, p. 237.
[98] Marcel Duval, Yves Le Baut, *L'arme nucléaire française. Pourquoi et comment ?*, op. cit., p. 47.
[99] Ailleret sera Chef d'État-Major des Armées de 1962 jusqu'à sa mort en 1968. La réflexion stratégique de cet artilleur était moins conceptuelle que celle des trois autres « généraux de l'apocalypse » (Gallois, Poirier, Beaufre), et plutôt fondée sur un exercice comparé des performances techniques des armements modernes. D'une certaine façon, il se rattache en cela à la méthodologie matérielle de Fuller. Le terme « tous azimuts », comme le précise clairement François Géré, signifie d'abord « une prise de distance récusant, par principe, tout alignement et toute dépendance automatiques ». Voir François Géré, « Charles Ailleret, stratège français », *Diploweb* [en ligne], 14 février 2016.
[100] Lucien Poirier, *Stratégie théorique III*, op. cit., p. 55-56.

de manière philosophique[101]. C'est lui, surtout, qui décèle le dilemme essentiel que pose le nucléaire aux théoriciens réalistes : compte tenu de la fonction éternelle que conservent les conflits dans la dynamique sociopolitique, et sans céder au pacifisme intégral, ni au maximaliste néo-douhétien du bombardement aveugle, comment « sauver la guerre » comme instrument fonctionnel et régulateur de l'équilibre des puissances qui maintient les relations internationales en stase imparfaite, mais précieuse ? De ce point de vue, son axiome de « vertu rationalisante de l'atome », qui pense pouvoir réduire marginalement les « emportements » des États par la conscience raisonnée qu'auraient les décideurs des effets d'un conflit nucléaire, est l'une des conséquences de son réalisme : « [...] je crois, affirme-t-il, en une sorte de grâce d'état accordée aux hautes instances politiques et stratégiques des puissances nucléaires et qui, dans un univers gouverné par l'intérêt bien compris, devrait tempérer les écarts de leur imagination et régulariser les inévitables processus conflictuels »[102]. Le réalisme de Poirier, dont on pourrait avancer qu'il tient en quelque sorte un point moyen entre Kissinger et Kennan n'est cependant pas exempt de contradictions. D'une part, il équilibre le souci des alliances avec la logique d'indépendance politique sous-tendue par la « force de frappe », prenant ainsi garde de s'aliéner les puissants du moment tant qu'il est sous l'uniforme (c'est son versant kissingérien). D'autre part, sa pente spéculative l'empêche de trancher absolument et l'entraîne à des ouvertures philosophiques surprenantes (il se rapproche ici de l'introspection kennanienne). Cette ambiguïté, exprimée en un style exigeant, le mène à défendre d'un même souffle la « vertu rationalisante de l'atome » et l'emploi du nucléaire tactique dans le cadre d'une « [...] manœuvre pour l'information par le test de l'agressivité adverse »[103], ce qui n'est pas sans poser problème dialectiquement. C'est d'ailleurs à un constat de même nature que parvient Raymond Aron, qui défendra la doctrine américaine de riposte graduée et d'emploi du nucléaire tactique en Europe, moins par logique intellectuelle pure que par souci de cohésion atlantiste[104]. Face à ces positions, le général Pierre-

---

[101] Pour une présentation très synthétique, voir Matthieu Chillaud, « Hommage au général Poirier (1918-2012). Soldat, stratège et stratégiste », *Stratégique* n° 102, janvier 2013, p. 15-17.
[102] Lucien Poirier, *Stratégie théorique III*, op. cit., p. 137.
[103] *Ibid.*, p. 175.
[104] Au risque de la contradiction, également. En 1957, dans *Espoir et peur du siècle* (« Essais non partisans », Paris, Calmann-Lévy) Aron écrivait en effet que la distinction du tactique et du stratégique, des bombes A et des bombes H, n'avait probablement pas de sens, et « qu'il n'y [avait] pas pour l'Europe d'intermédiaire entre la paix et l'anéantissement. » (p. 270). Voir Jacques Vernant, compte rendu de Raymond Aron, *Espoir et peur du siècle. Essais non partisans*, *Politique étrangère*, 22ᵉ année, n° 2, 1957, p. 215.

Marie Gallois va symboliser la ligne d'une dissuasion française « pure et dure », c'est-à-dire l'opposition à *l'emploi effectif* de l'arme par souci de crédibiliser sa *menace d'emploi*, en confinant cette dernière dans les sphères dialectiques hautes de l'atteinte aux intérêts vitaux[105]. Gallois illustre ainsi les vrais enjeux de la prise d'indépendance française : dans *Stratégie de l'âge nucléaire*, publié en 1960, il insiste sur le pouvoir égalisateur de l'atome, ainsi que sur le rapport enjeu-risque, ce qui le mènera à une définition de la « dissuasion proportionnée » qui recentre le propos sur l'aspect politique du choix français. Cette position de sanctuarisation souveraine, qui n'envisage de dissuasion crédible que si le pays considéré est menacé dans ses « œuvres vives » (ce qui exclut l'automaticité des garanties nucléaires dans une alliance) l'éloignera du cercle de la raison atlantiste défendu par Aron. Entre 1961 et 1963, le débat entre les deux anciens de la France libre, qui se connaissaient extrêmement bien, sera extrêmement féroce[106]. Au moment même du basculement entre deux époques du nucléaire militaire occidental, Gallois aurait ainsi représenté le versant « optimiste » de la dissuasion, celui de la non-guerre plutôt que de l'emploi (position symbolisée par la majuscule que les Français mettent à « Dissuasion », comme si le nucléaire avait fini pour eux par incarner *par essence* ce mode stratégique pourtant déclinable conventionnellement). Aron, lui, symboliserait *a contrario* une position « pessimiste » typique du réalisme traditionnel, rejetant le « délire logique » de Gallois au nom des instabilités tant de la société internationale que de la dialectique nucléaire[107].

Mais, à bien y réfléchir, d'Aron justifiant avec passion le *storytelling* de la riposte graduée garantissant selon lui la solidarité atlantique, de Poirier définissant la sous-dissuasion de « l'ultime avertissement » nucléaire tactique via la définition d'un « seuil d'agressivité critique », ou de Gallois défendant le dogme d'une dissuasion générale hautement

---

[105] Sur Gallois, la biographie de référence est celle, très complète, du regretté Christian Malis. Voir Christian Malis, *Pierre Gallois – Histoire, géopolitique, stratégie*, Paris, L'Âge d'homme, 2009. Pour une mise en perspective de la controverse Gallois-Aron sur la dissuasion nucléaire, voir Christian Malis, *Raymond Aron et le débat stratégique français*, Paris, Economica, 2005. Du même, pour une appréciation de Kissinger sur Gallois : Christian Malis, « Général Pierre Marie Gallois », *Revue historique des armées*, n° 262, 2011, p. 92.

[106] Raymond Aron, *Le Grand Débat*, Paris, Calmann-Lévy, 1963. Traduit en anglais : *The Great Debate : Theories of Nuclear Strategy*, New York, Doubleday, 1965. La rupture du « Grand débat » sera d'autant plus féroce qu'Aron, deux ans auparavant, avait préfacé avec éloge le livre de Gallois sur la stratégie nucléaire. Voir P.-M. Gallois, *Stratégie de l'âge nucléaire*, Paris, Calmann-Lévy, 1960. Traduction en anglais par Richard Howard : *The Balance of Terror : Strategy for the Nuclear Age*, New York, Houghton Mifflin, 1961.

[107] *Cf.* Frédéric Ramel, « De la puissance militaire : Aron revisité », CERISCOPE Puissance, 2013.

dialectique et non polluée par la tentation d'emploi au nom de la crédibilité de l'autonomie française, *qui a été le plus réaliste* ? La question est ici centrée sur le débat français, mais elle trouve son équivalent dans le débat américain : de Morgenthau et Kennan, qui refusent que l'arme nucléaire ait un emploi tactique, ou de Kissinger et Acheson, qui l'acceptent au nom de la liberté de manœuvre conventionnelle et de la solidarité interalliés, qui donc représente le mieux *l'esprit* de leur paradigme réaliste commun ? Pour répondre, en conclusion du présent chapitre, à ces deux questions qui n'en font qu'une, il est utile de revenir un instant sur les résultats des différentes prises de position des théoriciens du réalisme au sujet du nucléaire militaire, que notre tour d'horizon nous a permis d'évoquer. Nous les présentons dans le tableau qui suit. Tout en étant conscient des limites de ce type de synthèse, ce tableau suggère une assez grande diversité des approches réalistes vis-à-vis du nucléaire militaire. En ce sens, le regard réaliste sur Armageddon est *polytropos* (« aux nombreuses faces »), selon l'épithète accolée à Ulysse par Homère[108].

---

[108] Ce mot fut utilisé par Morgenthau pour fustiger les ambiguïtés de Kissinger dans le domaine nucléaire (« Henry Kissinger, Secretary of State », 1974, art. cité, p. 58). Kissinger n'a pas répondu sur ce point. Mais s'il avait voulu être désobligeant, il aurait pu répliquer à son maître que *polytropos*, chez Homère, ne signifie pas seulement « qui porte plusieurs masques » (ou qui a un double langage), mais que ce terme renvoie tout au contraire à la *praxis* réaliste de l'homme d'État confronté à la complexité du réel. Comme l'explique Mme Dacier, traductrice injustement oubliée, dans une édition de *L'Odyssée* parue à Amsterdam en 1717, « Le terme de l'original *polytropos* ne signifie pas un homme qui a différentes mœurs, et qui se revêt de vice et de vertu, selon que cela convient à ses intérêts et aux tromperies qu'il médite. [...] il signifie un homme qui se tourne en plusieurs façons, qui s'accommode à tous les états de la fortune, qui imagine des expédients, qui est fertile en ressources. [Ainsi que le remarque le P. Le Bossu], « La fable de l'Odyssée est toute pour la conduite d'un État et pour la politique ; la qualité qu'elle exige est donc la prudence, mais cette vertu est trop vague et trop étendue pour la simplicité qui demande un caractère juste et précis, elle a besoin d'être déterminée. Le grand art des Rois est la dissimulation. [...] Voilà le caractère qu'Homère donne à Ulysse, il le nomme polytropos pour marquer cette prudente dissimulation qui le déguise en tant de manières, et qui lui fait prendre tant de formes ». Voir *L'Odyssée d'Homère, traduite en françois avec des remarques par Madame Dacier*. Nouvelle édition revue et corrigée, t. 1, Amsterdam, aux dépens de la Compagnie, MDCCXVII, p. 7.

Approches réalistes vis-à-vis du nucléaire militaire

Auteur	Nuance inter-paradigmatique	Statut	Reconnaissance du caractère radicalement absolu de l'arme nucléaire	Acceptation de l'*overkill* et de la course aux armements	Acceptation de la logique dissuasive	Vision de la prolifération nucléaire comme facteur équilibrant des RI	Acceptation de l'usage des armes nucléaires tactiques
MORGENTHAU	Classique	Théoricien	Oui	Non	Partielle	Non	Non
KENNAN	Classique	Théoricien et praticien politique	Oui	Non	Partielle	Non	Non
HERZ	Classique	Théoricien	Oui	Non	Partielle		Non
BRODIE	–	Théoricien	Oui	Non	Oui	Non	Non (après 1960)[109]
KISSINGER	Classique	Théoricien et praticien politique	Oui	Partielle	Oui	Partielle	Oui
ARON	Classique	Théoricien	Oui	Partielle	Partielle[110]	Non	Oui
WALTZ	Néo-réaliste	Théoricien	Oui (après 1979)	Non	Oui	Oui	Non
SCHWELLER	Néo-classique	Théoricien	Oui	Non	Partielle[111]	Non	Non

---

[109] Il est tout à fait intéressant que le changement dans l'attitude de Brodie vis-à-vis de l'option d'une guerre nucléaire limitée (qu'il avait étudiée et qu'il ne rejetait pas tout à fait, en particulier au cours de sa collaboration avec la RAND) se soit produit après des débats avec les stratégistes nucléaires français.

[110] « L'équilibre de la terreur apparaît à certains comme la garantie de paix, cependant que d'autres esprits craignent le suicide de l'humanité. Cet équilibre, fondé sur la capacité des adversaires de s'infliger les uns aux autres des destructions intolérables, n'est pas définitivement assuré. L'invulnérabilité des forces de représailles n'est jamais complète ». Voir Raymond Aron, *Les articles du Figaro*, t. 3 : Les crises, Paris, Éditions De Fallois, 1997, p. 229.

[111] Randall Schweller, *Unanswered threats : Political Constraints on the Balance of Power*, Princeton, Princeton University Press, 2006.

Auteur	Nuance inter-paradig-matique	Statut	Reconnaissance du caractère radicalement absolu de l'arme nucléaire	Acceptation de l'*overkill* et de la course aux armements	Acceptation de la logique dissuasive	Vision de la prolifération nucléaire comme facteur équilibrant des RI	Acceptation de l'usage des armes nucléaires tactiques
POIRIER	–	Théoricien et praticien militaire	Oui	Non	Oui	Oui par destination (émancipation nucléaire française)	Oui
GALLOIS	–	Théoricien et praticien militaire	Oui	Non	Oui	Oui par destination (émancipation nucléaire française)	Non

Source : O. Zajec 2018

Dans ce domaine, plus qu'en aucun autre, se vérifie le mot de Richard K. Betts, pour qui « le réalisme est une attitude, pas une doctrine »[112]. La ligne de fracture la plus signifiante semble être celle de la stratégie d'emploi tactique d'une part, celle de la prolifération d'autre part, qui ne détermine pas des camps tranchés, mais fait au contraire apparaître des alliances à front renversé (Waltz d'accord avec Morgenthau sur le caractère absolu de l'arme, opposé à lui sur la prolifération ; Gallois et Waltz « prudentiels » sur les armes tactiques, alors que Poirier, Kissinger et Aron acceptent à divers degrés les risques qu'elles induisent, etc.).

Les réalistes partent tous du même constat (l'arme nucléaire change absolument l'économie stratégique moderne), mais en tirent des conclusions divergentes en fonction du secteur théorique considéré. Aucun des

---

[112] Richard K. Betts, « Realism Is an Attitude, Not a Doctrine », *The National Interest*, 24 août 2015. Voir sur ce point John Herz, pour qui le « réalisme » ne peut pas être une théorie : J. H. Herz, « Political Realism Revisited », *International Studies Quaterly*, vol. 25, n° 2, juin 1981, p. 182.

profils du tableau ne peut, au vrai, être considéré comme « plus réaliste » que les autres, au sens d'une fidélité à une « paradogmatique » qui n'a, en réalité, jamais existé. Tout juste pouvons-nous faire remarquer, en guise de réflexion inaboutie, que les commentaires que firent Kennan, Morgenthau et Kissinger sur leurs œuvres respectives suggèrent, d'une manière relativement fascinante, que les trois hommes pourraient constituer les faces ternaires éclatées de ce que pourrait être le réaliste idéal : théoricien accompli des structures de l'équilibre international, historien profond des changements de cet équilibre, et homme de pouvoir chargé de le garantir… en faussant s'il le faut les plateaux de la balance[113]. Répétons néanmoins que ce réaliste « idéal » est un idéaltype : il n'existe pas, sauf à l'état de modélisation formelle permettant de mesurer l'écart entre la perfection des théories et l'imperfection des théoriciens.

Conclusion

Cette synthèse, quoique forcément imparfaite, nous mène à une double conclusion. D'une part, l'ampleur des paradoxes intra-paradigmatiques rappelés dans ce chapitre constitue un premier résultat, qui dissipe – même s'il n'est naturellement pas le premier à le faire – une opposition trop tranchée entre « classiques » prudentiels et « néo-réalistes » systématiques dès lors qu'il s'agit de se positionner face à la nouveauté radicale du fait nucléaire[114]. Deuxièmement, il apparaît intéressant de tirer les conséquences

---

[113] Voir Henry Kissinger, « The Age of Kennan », *Sunday Book Review*, 20 novembre 2011 ; Hans J. Morgenthau, « Henry Kissinger, Secretary of State », *Encounter*, art. cité, 1974 ; George F. Kennan, « Letter, Kennan to Morgenthau », 21 March 1951, Folder 3, Box 32, George F. Kennan Papers, Muss Manuscript Library, Princeton, cité dans Udi Greenberg, *The Weimar Century : German Emigrés and the Ideological Foundations of the Cold War*, Princeton, Princeton University Press, 2015, p. 231.

[114] Même si, comme nous y avons insisté, il est indispensable de bien comprendre les nuances entre les deux écoles internes au réalisme (elles sont réelles, et même fondamentales), il est néanmoins artificiel d'opposer trop uniment les postulats structurels et systémiques du néo-réalisme à la sagesse prudentielle du réalisme classique. Sur la question de la prolifération, les positions entre les deux écoles semblent à première vue irréconciliables. Cependant, il existe bien un lien de causation indirecte (sans doute pas assez rappelé) entre le raisonnement de Waltz et ceux des réalistes classiques Henry Kissinger et Lucien Poirier : celui d'une ouverture – certes réticente – à ce que l'on pourrait appeler la « prolifération raisonnée ». Sur ce point, voir l'explication de Poirier lui-même dans *Stratégies nucléaires, op. cit.* p. 101. Voir également la déclaration du sommet d'Ottawa en 1974 qui reconnaît que « les forces de dissuasion britannique et française apportent une contribution significative à la dissuasion globale de l'Alliance », et qui vaut donc acceptation tacite de la prolifération française (alors même que Paris n'est toujours pas partie au TNP, que la France ne ratifiera qu'en 1992). Comme le résume clairement Bruno Tertrais, à partir de ce moment de reconnaissance,

de la diversité réaliste sur le plan de la doctrine nucléaire « occidentale ». Le fait, à vrai dire étrange, est que les doctrines nucléaires américaines actuelles ne tiennent finalement qu'assez peu compte de la richesse des débats successifs qui ont occupé les *political scientists* aux États-Unis, et dont le foisonnement vient précisément d'être rappelé dans le présent chapitre. Au fond, si le « réalisme nucléaire » (qui va bien au-delà du groupe décrit par Sylvest et van Munster) a pu avoir un impact réel sur les structures et les doctrines nucléaires occidentales, ne serait-ce pas en France, et non aux États-Unis, qu'il faudrait finalement en chercher le signe et la concrétisation ?

Cette hypothèse conclusive nous ramène au débat Aron-Gallois. À présent que les brumes idéologiques de la Guerre froide se sont dissipées, et en dehors même de la question du *decoupling*, la position de Gallois sur la dissuasion apparaît non seulement comme la plus *logique*, mais également comme la plus *réaliste*, dans toute l'acception (morale, stratégique et politique) de ce terme, au sens où, sans sous-estimer les réalités du théâtre européen de Guerre froide, elle anticipait le « Deuxième âge nucléaire » avec plus d'acuité que ses critiques[115]. Et de fait, l'emploi tactique des armes nucléaires, défendu par Aron et Poirier, a finalement été abandonné en France, pour des raisons théoriques et stratégiques, et pas seulement budgétaires[116]. Les débats et recherches actuels sur l'existence du tabou nucléaire[117], via l'apport théorique intersubjectif du constructivisme, suggèrent par ailleurs que l'argument de Pierre Gallois quant à la responsabilité morale attachée à l'emploi en premier du nucléaire tactique était plus profond (c'est-à-dire moins conjoncturel) que la défense par Poirier, Aron (ou Kissinger) de la thèse inverse, qui tenait peut-être plus du réflexe atlantiste que de l'analyse sur le sens profond de la dissuasion nucléaire[118].

« *De Gaulle avait gagné, Aron avait perdu* ». Voir B. Tertrais, « Nous sommes entrés dans l'ère de la contre-dissuasion », *Défense et sécurité internationale*, Hors-série n° 35, avril-mai 2014, p. 27. On pourrait appliquer ce raisonnement au « deal » nucléaire passé en 2008 entre les États-Unis et l'Inde, État nucléaire pourtant non partie au TNP.

[115] Colin S. Gray, *The Second Nuclear Age*, London, Lynn Rienner Publishers, 1999. Également : Paul Bracken, *Fire in the East · The Rise of Asian Military Power and the Second Nuclear Age*, New York, Harper & Collins, 1999.

[116] Les bombes tactiques B-61 subsistent aujourd'hui en Europe à l'état d'anomalie politique et stratégique, seulement soutenue par le nouveau climat de méfiance entretenu dans les deux camps, entre l'OTAN et la Russie.

[117] Voir Nina Tannenwald, *The Nuclear Taboo : The United States and the Non-Use of Nuclear Weapons Since 1945*, Cambridge, Cambridge University Press, 2007. Sur cette question du tabou, voir également Bastien Irondelle, « Stratégie nucléaire et normes internationales : La France face au tabou nucléaire », Communication pour la Table Ronde « L'énonciation des normes internationales », Congrès de l'Association française de science politique, Lyon, 14-16 septembre 2005.

[118] Voir en particulier le débat Gallois-Poirier sur la doctrine de « L'ultime avertissement ».

Enfin, son concept de « stricte suffisance », que la France a fini par placer au centre de sa doctrine politico-nucléaire, semble devoir représenter une tendance de fond à laquelle d'autres nations pourraient se rallier à l'avenir, ainsi que le montre l'évolution quantitative des arsenaux russe et américain depuis la fin de la Guerre froide[119]. Le *Livre blanc* français de 2008 résume clairement cette posture apurée, tirant toutes les conséquences, après de longues errances, de la spécificité de l'arme nucléaire :

> La France continuera à maintenir ses forces nucléaires à un niveau de stricte suffisance. Elle les ajustera en permanence au niveau le plus bas possible compatible avec sa sécurité. Elle ne cherchera pas à se doter de tous les moyens que ses capacités technologiques lui permettraient de concevoir. Le niveau de ses forces ne dépendra pas de celui des autres acteurs dotés de l'arme nucléaire, mais seulement de la perception des risques et de l'analyse de l'efficacité de la dissuasion pour la protection de nos intérêts vitaux[120].

Cette posture dissuasive minimale, opposée à l'*overkill*, paraît seule correspondre – même si c'est de manière incomplète – avec le maintien de l'équilibre entre droits et devoirs des EDAN institué par l'article VI du TNP de 1968.

Au bout du compte, alors même que le poids des *scholars* américains dans le domaine a été majoritairement écrasant, le paradoxe final suggéré par le présent chapitre est que la substance et la portée des débats internes au réalisme nucléaire sont mieux saisies lorsqu'on choisit de les adosser aux évolutions de la doctrine nucléaire française, plutôt qu'à celles de la doctrine nucléaire américaine. L'explication de ce paradoxe renvoie assez classiquement au rasoir d'Occam. Pour des raisons de *parcimonie des moyens politiques et budgétaires*, la France en est en effet arrivée plus rapidement – par nécessité, en quelque sorte, quoique non sans polémiques et hésitations[121] – à une *parcimonie théorique et doctrinale* éclairante, qui apure le lien entre réalisme et nucléaire en se confrontant aux apories de l'emploi tactique, de la course aux armements, de l'impact sur les alliances, de la dialectique dissuasive et de la prolifération, avec l'obligation de *trancher* chacune de ces questions. Aux États-Unis, en revanche, le gigantisme

---

[119] Ce concept a été développé par Gallois dans *La guerre de cent secondes*, Paris, Fayard, 1985.
[120] *Livre Blanc de la Défense et de la Sécurité nationale*, Paris, O. Jacob, 2008, p. 170-171. Le *Livre Blanc* de 2013 confirme cette vision : « [La France] a indiqué que son arsenal comprenait moins de 300 têtes nucléaires. [Elle] a été la première à s'engager dans toutes ces avancées concrètes de désarmement nucléaire. Dans cette perspective, elle inscrit le maintien de sa dissuasion nucléaire à un niveau de stricte suffisance, c'est-à-dire au plus bas niveau possible au vu du contexte stratégique » (*LBDSN 2013*, p. 76).
[121] Voir par exemple Georges-Henri Soutou, « La France et la non-prolifération nucléaire. Une histoire complexe », *Revue historique des armées*, n° 262, mars 2011, p. 35-45.

du budget du DoD, entraînant la possibilité de *tout choisir* sur le plan capacitaire, a mené à ne *rien choisir* ou presque du point de vue doctrinal, de manière à garder intact un « capital d'options stratégiques » le plus large possible[122]. Tom Sauer propose le terme de « nuclear inertia » pour qualifier ce phénomène, dont on trouvait une illustration, bien avant l'administration Trump, dans la *Nuclear Posture Review* (NPR) américaine de 2010. Le document annonçait certes la réduction de l'arsenal global américain, mais celui-ci, même avec des missiles balistiques intercontinentaux (ICBM) « dé-mirvés », demeurait à des niveaux quantitatifs extrêmement élevés (1550 têtes). Il s'agissait en effet pour l'administration, tout en donnant quelques gages à un objectif du *Global Zero* idéel, de conserver un arsenal « crédible » et de « réassurer » les alliés, dont les intérêts vitaux, comme au temps de John Foster Dulles, restaient plus que jamais inclus dans le champ de la garantie dissuasive américaine[123].

Ce à quoi les Britanniques se résignaient au tournant des années 1960, ce que les Français finirent par refuser au nom de leur autonomie, c'est-à-dire la logique de la dissuasion élargie, les Polonais, les Baltes et les Scandinaves l'appellent aujourd'hui frénétiquement de leurs vœux, et s'inquiètent des signaux contradictoires envoyés en ce sens par l'administration Trump. La triade nucléaire américaine est donc maintenue, et les armes nucléaires tactiques stationnées en Europe y restent pour le moment (malgré une polémique qui enfle sur le réel niveau de sûreté de celles qui sont par exemple stockées sur le sol turc[124]). En dehors même de ces questions capacitaires, les réflexions en cours aux États-Unis sur la pertinence de la guerre nucléaire « limitée », que l'on a pu voir ressusciter récemment, suggèrent par ailleurs un relatif sur-place conceptuel[125], et peut-être même une réorientation opérationnelle et doctrinale vers la notion de « nucléaire

---

[122] Voir Tom Sauer, *Nuclear Inertia : US Weapons Policy After the Cold War*, I.B. Tauris, 2005. Également : J.M. Acton, « Bombs away ? Being realistic about deep nuclear reductions », *The Washington Quarterly*, 2012. Le même balancement doctrinal perpétuel « par effet d'abondance » concerne aussi le plan conventionnel, qui voit les Américains osciller entre l'application classique du principe de concentration et de masse en haute intensité (*Airland Battle* des années 1980, A2AD et « Réassurance » des années 2010) et les guerres « centrées sur les populations » dans le cadre du *nation-building* (COIN vietnamienne des années 1970, COIN irako-afghane des années 2000).

[123] Voir *Nuclear Posture Review report*, April 2010, *op. cit.*, p. ix.

[124] Dan Lamothe, « The U.S. stores nuclear weapons in Turkey. Is that such a good idea ? », *The Washington Post*, 19 juillet 2016. On ajoutera que les États-Unis conservent également un stock d'armes nucléaires tactiques sur le sol national, prêt à un déploiement extérieur en cas de besoin. Voir *Nuclear Posture Review report*, April 2010, *op. cit.*, p. 27.

[125] Voir Jeffrey A. Larsen, Kerry M. Kartchner (dir.), *On Limited Nuclear War in the 21st Century*, Stanford University Press, 2014.

d'emploi ». En octobre 2018, le choix de l'administration Trump de se retirer unilatéralement du Traité sur les forces nucléaires intermédiaires (FNI) constitue un signal de ce possible glissement, déjà annoncé par la publication de la dernière *Nuclear Posture Review*[126].

Depuis 1945, nous l'avons noté, la pensée américaine a toujours donné le ton et orienté le débat général au sein de la communauté nucléaire occidentale. L'école réaliste y a joué un rôle majeur. On peut néanmoins admettre que, sous un certain angle, c'est en France, plus qu'aux États-Unis, que la théorie nucléaire a réellement pu s'incarner dans un réalisme interactionnel et prudentiel qui, en pariant résolument sur la nature dialectique existentielle de la dissuasion, semble aujourd'hui avoir atteint un certain équilibre sur les plans politique, opérationnel et capacitaire.

---

[126] *Cf.* https://dod.defense.gov/News/SpecialReports/2018NuclearPostureReview.aspx. On notera les traductions étrangères disponibles de ce document, pour le moins significatives : russe, chinois, japonais, coréen, français.

L'insoutenable légèreté de la chance : trois sources d'excès de confiance dans la possibilité de contrôler les crises nucléaires[1]

Benoit PELOPIDAS[2]

Le 25 novembre 2016, Fidel Castro décède. Il était le dernier chef d'État vivant ayant participé à la crise nucléaire de 1962, largement considérée comme le moment où l'humanité a été la plus proche de la guerre nucléaire. Avec lui, nous avons perdu un lien direct avec l'expérience de la peur intense d'une guerre nucléaire imminente ainsi que l'enseignement du rôle crucial de la chance dans la préservation du monde contre la dévastation nucléaire. Désormais, notre interprétation du danger de la crise la plus dangereuse de l'histoire de l'ère nucléaire est radicalement détachée de l'expérience directe au plus haut niveau de décision.

Parallèlement, tous les États dotés d'armes nucléaires élaborent de vastes programmes pour renforcer leurs capacités d'armement nucléaire, les tensions entre la Russie et l'Occident restent élevées, et l'actuel pré-

---

[1] Cette contribution est une traduction et une mise à jour de l'article initialement publié en anglais sous le titre « The unbearable lightness of luck : Three sources of overconfidence in the manageability of nuclear crises » paru dans *European Journal of International Security*, vol. 2, n° 2, juin 2017, p. 240-262. Nous remercions les presses universitaires de Cambridge, notamment Timothy Edmunds, d'avoir accepté la reproduction de cet article dans ce volume. La traduction de ce texte a été assurée par Clarisse Marion. Merci également à Fabien Despinasse et Antony Dabila pour leurs relectures respectives. Un merci sans commune mesure à Roxana Vermel pour avoir repris et harmonisé la traduction. Cette publication a été rendue possible par le financement du Conseil Européen de la Recherche dans le cadre d'un starting grant NUCLEAR et par la chaire d'excellence en études de sécurité Sciences Po/USPC.

[2] Nous tenons à remercier Philippe Gallois, Pierre Hassner, le général Claude Le Borgne, l'ambassadeur Gabriel Robin et Maurice Vaïsse pour le temps qu'ils m'ont accordé très tôt dans notre recherche. M. Gallois mérite des remerciements particuliers pour avoir partagé des documents avec moi. Nous tenons également à remercier Lyndon Burford, Bill Burr, James Cameron, Lynn Eden, Nicolas Guilhot, David Holloway, Jacques Hymans, Venance Journé, Garret Martin, Leopoldo Nuti, Laura Stanley et les participants aux séminaires du Woodrow Wilson Center for Scholars, CISAC, Stanford University, La Sorbonne Nouvelle et le Groupe de travail sur les insécurités nucléaires de l'Université de Bristol. Grey Anderson, Barton Bernstein, Sébastien Philippe et Jutta Weldes méritent des remerciements spéciaux pour leurs commentaires scrupuleux et précis sur plusieurs brouillons… sur plusieurs années. Nous sommes reconnaissant à Georges Le Guelte qui soutient notre travail depuis 2009.

sident américain est soupçonné par certains d'être plus enclin à utiliser l'arme nucléaire que ses prédécesseurs[3]. Dans un tel contexte, cet article propose une analyse plus large de nos croyances sur la capacité de contrôler les armes nucléaires et de gérer les crises nucléaires sur la base de l'étude de la « crise des missiles de Cuba » (ci-après nommée la Crise).

Cette crise, qui est aujourd'hui largement considérée comme le moment où l'humanité a été la plus proche de la guerre nucléaire, est un cas d'étude essentiel pour évaluer les effets de peur induits par les armes atomiques et pour comprendre la possibilité d'un apprentissage dans le domaine nucléaire[4].

« Apprendre » dans ce contexte signifie apprendre de l'histoire et suppose que l'interprétation des événements clés de l'ère nucléaire joue un rôle décisif dans le comportement des décideurs en situation de crise[5]. Notre compréhension de l'apprentissage repose sur les prémisses suivantes. Premièrement, nous acceptons l'hypothèse selon laquelle l'expérience nationale est une source majeure d'apprentissage[6]. Deuxièmement, nous acceptons la conclusion de la littérature qui décrit l'excès de confiance

---

[3] Dix anciens officiers chargés des missiles nucléaires ont écrit une lettre ouverte au *Washington Post* avant l'élection expliquant que : « Les pressions que le système exerce sur cette personne sont stupéfiantes et requièrent un sang-froid, une capacité de jugement, une retenue et une habileté diplomatique énormes. Donald Trump n'a pas ces qualités de leadership. Disponible sur : http://asserts.documentcloud.org/documents/3141707/Read-the-letter-from-former-nuclear-launch.pdf (consulté le 26 novembre 2016) ; Bruce Blair, « Trump and the nuclear keys », *New York Times* (12 October 2016), disponible sur : http ://www.nytimes.com/2016/10/12/opinion/trump-and-the-nuclear-keys.html?_r=1.

[4] Hans Kristensen, Robert Norris, « The Cuban Missile Crisis : a nuclear order of battle, October and November 1962 », *Bulletin of the Atomic Scientists*, 68 :6, 2012, p. 2, Don Munton, « Hits and myths : the essence, the puzzles and the Missile Crisis », *International Relations*, vol. 26, n° 3 (2012), p. 305 ; Jean-Yves Haine, *Les États-Unis ont-ils besoin d'alliés ?*, Paris, Payot, 2004, p. 203 ; Jean Hershberg, « The Cuban Missile Crisis », chez Melvyn Leffler, Odd Arne Westad (dir.), *The Cambridge History of the Cold War, Volume II : Crises and Détente*, Cambridge, Cambridge University Press, 2010, p. 65. Paul Nitze considérait la crise de Berlin comme encore plus dangereuse. Ray S. Cline est l'un de ceux qui, aux États-Unis, soutiennent que le danger de la crise des missiles de Cuba a été surestimé et qu'il est, dans l'ensemble, assez minime. Ces deux jugements ont été formulés avant les principales découvertes des années 1990 examinées à la section 1. Ray S. Cline, « The Cuban Missile Crisis », *Foreign Affairs*, vol. 68, n° 4, 1989. Merci à Leopoldo Nuti pour m'avoir fait connaître cet article.

[5] Yuen Foong Khong, *Analogies at War : Korea, Munich, Bien Bien Phu, and the Vietnam Decisions of 1965*, Princeton, Princeton University Press, 1992 ; Richard Neustadt, Ernest R. May, *Thinking in Time : The Uses of History for Decision Makers*, New York, Free Press, 1988 ; Robert Jervis, *Perception and Misperception in International Politics*, Princeton, Princeton University Press, 1976, ch. 6.

[6] Robert Jervis, *Perception and Misperception in International Politics*, op. cit., ch. 6.

comme une source de risques accrus[7]. Troisièmement, nous considérons qu'un apprentissage international partagé sur les limites du contrôle des armes nucléaires est une condition préalable importante pour une prise de décision plus éclairée et des délibérations publiques à ce sujet[8]. En conséquence de ces trois prémisses, nous considérons l'absence d'apprentissage, ou les formes de mémoire qui nient systématiquement le rôle de la chance et favorisent l'excès de confiance, comme contribuant au danger nucléaire[9]. Le fait que l'apprentissage soit rare ne rend pas son absence moins problématique ou étonnante.

Le problème central de cet article est le suivant : les analyses les plus récentes de la Crise soulignent la sous-estimation du danger à l'époque, les limites du contrôle sur les armes nucléaires et le rôle de la chance son issue pacifique. Cependant, toutes les communautés politiques et universitaires n'ont pas pris ces idées au sérieux. L'insoutenable légèreté de la chance semble constamment échapper au processus d'apprentissage[10]. Cet article explore trois raisons à cet échec d'apprentissage, en se concentrant sur les facteurs idéationnels. Nous ne nions pas le rôle des dynamiques institutionnelles et bureaucratiques dans l'enracinement des représentations liées aux armes nucléaires, qui seront explorées dans un essai ultérieur, mais nous ne les analysons pas ici. Rester sur le plan des idées accentue la responsabilité des chercheurs et des analystes à travailler au nom de la protection contre l'excès de confiance, sans attendre un changement structurel ou institutionnel[11].

Des formes d'apprentissage qui favorisent l'excès de confiance ont été documentées au travers de cas nationaux. En Inde et au Pakistan, comme

---

[7] Dominic Johnson lie la confiance excessive au déclenchement de la guerre dans *Overconfidence and War : The Havoc and Glory of Positive Illusions*, Cambridge, Harvard University Press, 2004. Dans le domaine de la sécurité informatique, Donald McKenzie a montré que « plus on croit qu'un système est sûr, plus les accidents qu'il connaitra seront catastrophiques », Donald McKenzie, « Computer-related accidental death : an empirical exploration », *Science and Public Policy*, 24 :1, 1994, p. 246. Cette notion a été appliquée aux armes nucléaires par Éric Schlosser dans *Command and Control*, New York, Allen Lane, 2013, p. 313.

[8] Jeffrey W. Knopf, « The concept of nuclear learning », *Nonproliferation Review*, vol. 19, n° 1, 2012, p. 81 et « The importance of international learning », *Review of International Studies*, vol. 29, n° 2, 2003.

[9] Dans les travaux précurseurs, il faut inclure ici Richard Ned Lebow, *Nuclear Crisis Management : A Dangerous Illusion*, Ithaca, Cornell University Press, 1987.

[10] Daniel Kahneman décrit comment les biais heuristiques nous conduisent à l'excès de confiance comme déni du rôle de la chance dans *Thinking Fast and Slow*, New York, Penguin, 2011, part III.

[11] Sur la responsabilité des chercheurs spécialisés dans les armes nucléaires, voir Benoît Pelopidas, « Nuclear weapons scholarship as a case of self-censorship in security studies », *Journal of Global Security Studies*, vol. 1, n° 4, 2016, p. 326-336 et notre conclusion dans ce volume.

le remarquent Russel Leng et S. Paul Kapur : « l'apprentissage qui s'est produit a été en grande partie dysfonctionnel et dangereusement belliqueux »[12]. Aux États-Unis, Richard Rhodes, lauréat du prix Pulitzer et analyste de longue date de la politique américaine en matière d'armes nucléaires, a observé : « malgré plusieurs accidents évités de justesse [...] personne au pouvoir ne croit que (les armes nucléaires) peuvent exploser, et tout le monde veut jouer avec elles comme des chasseurs de trésors se vautrant dans une chambre forte remplie de pièces d'or entourée de scorpions qui la protègent, comme des enfants découvrant le fusil chargé que leurs parents ont négligé de cacher. »[13] Contrairement aux États-Unis et au Royaume-Uni, les deux autres États membres de l'OTAN dotés de l'arme nucléaire, la France a reçu relativement peu d'attention. En s'appuyant sur des sources primaires non exploitées pour éclairer ce cas moins connu, l'article suivant identifie et explique les limites de l'apprentissage nucléaire français.

Dans ce contexte, la situation de la France est pertinente pour deux raisons. Tout d'abord, comme l'a montré avec éloquence Béatrice Heuser : « si les armes nucléaires ont une dimension métaphysique pour les autres puissances nucléaires, elle est la plus développée en France »[14]. La France manifeste, avec une acuité particulière, certaines des sources de confiance excessive dans le contrôle des armes que l'on peut retrouver chez les pays dotés de l'arme nucléaire. Si les dirigeants de tous les États dotés ont tendance à se présenter comme des gardiens responsables de leurs arsenaux nucléaires, la France se démarque par l'affichage public de confiance en un bilan en matière de sécurité et de sûreté jugé parfait. Le 1er mai 2015, l'ambassadeur de France, Jean-Hugues Simon-Michel s'est exprimé devant la Grande Commission I de la Conférence d'examen du Traité de non-prolifération sur la possibilité d'emploi non intentionnel des armes nucléaires françaises. Deux semaines auparavant, il avait fait le tour de la base aérienne de Luxeuil et de ses anciennes installations de stockage d'armes. « Ceux qui étaient là se seront rendus compte par eux-mêmes que le risque d'usage non intentionnel n'existe pas »[15], a-t-il affirmé. Cet article traite une telle expression publique de confiance dans le contrôle

---

[12] S. Paul Kapur, « Revisionist ambitions, conventional capabilities and nuclear instability : Why nuclear South Asia Is not like Cold War Europe », in Scott Sagan (dir.), *Inside Nuclear South Asia*, Stanford, Stanford University Press, 2009, p. 202, citant en partie Russel Leng (notre traduction).

[13] Richard Rhodes, « Absolute power », *New York Times Sunday Book Review*, 21 mars 2014 (notre traduction).

[14] Beatrice Heuser, *Nuclear Mentalities ? Strategies and Beliefs in Britain, France and the FRG*, London, Palgrave, 1998, p. 75 (notre traduction).

[15] Jean-Hugues Simon-Michel, déclaration devant la Grande Commission I, Conférence d'examen du TNP en 2015, disponible sur : https://cd-geneve.delegfrance.org/IMG/

des armes nucléaires comme une énigme et analyse comment une telle déclaration est devenue possible et acceptable. Deuxièmement, il existe très peu d'études sur l'expérience française et la mémoire de la Crise. En termes d'historiographie, la plupart des recherches sur la Crise rapportent encore l'histoire d'une confrontation bipolaire et ignorent la perspective et la capacité d'agir des acteurs autres que les États-Unis et l'URSS, Cuba inclus[16].

La littérature limitée sur la France ignore la plupart des sources primaires et secondaires analysées dans cet article : mémoires récemment publiées, documents d'archives déclassifiés, témoignages d'anciens décideurs politiques et militaires de haut niveau, représentations de la Crise dans les médias français, publications militaires et intellectuelles spécialisées et manuels scolaires pour les élèves du secondaire[17]. En général, peu de textes ont été publiés sur la mémoire des épisodes clés de l'ère nucléaire

---

pdf/discours_1er_pilier_final.pdf?949/82f3991565db29b01b70c79ffa307ab32395f dc4 (consulté le 2 décembre 2018), p. 3.

[16] Cette littérature est trop abondante pour être citée ici. James Hershberg distingue trois vagues dans l'étude de la Crise et voit l'émergence d'un travail qui tente de l'analyser comme un événement mondial. La première vague s'est concentrée sur les États-Unis et une seconde inclut une perspective soviétique et cubaine. Christian Ostermann, James Hershberg (dir.), « The global Cuban Missile Crisis at 50 : New evidence from behind the Iron, Bamboo, and Sugarcane Curtains, and beyond », *Cold War International History Project Bulletin*, 17/18, 2012, p. 7. Un des efforts de la « troisième vague » est celui de Renata Keller : « Latin American Cuban Missile Crisis », *Diplomatic History*, vol. 39, n° 2, 2015. Cependant, les publications autour du 50ᵉ anniversaire de la crise montrent que la « première vague » reste hégémonique. Sheldon Stern, *The Cuban Missile Crisis in American Memory : Myths and Realities*, Stanford, Stanford University Press, 2012 ; David Coleman, *The Fourteenth Day : JFK and the Aftermath of the Cuban Missile Crisis*, New York, W. W. Norton, 2012 ; et David Gibson, *Talk at the Brink : Deliberation and Decision during the Cuban Missile Crisis*, Princeton, Princeton University Press, 2012. Les exceptions et les premières mises en garde pour aller au-delà des deux premières vagues sont Jutta Weldes et Mark Laffey, « Decolonizing the Cuban Missile Crisis », *International Studies Quarterly*, vol. 52, n° 3, 2008.

[17] Les publications en français qui ne sont pas prises en compte par les études existantes sur la Crise en anglais comprennent : Alain Joxe, « La crise de Cuba ; entraînement contrôlé vers la dissuasion réciproque », *Stratégie*, n° 1, été 1964 ; Alain Joxe, *Socialisme et crise nucléaire*, Paris, L'Herne, 1973 ; Claude Delmas, *Cuba : De la révolution à la crise des fusées*, Brussels, Complexe, 2006 (orig. pub. 1982), p. 119-164 ; Gabriel Robin, *La crise de Cuba : Du mythe à l'histoire*, Paris, IFRI/Economica, 1984 ; Manuela Semidei, *Kennedy et la révolution cubaine : Un apprentissage politique ?*, Paris, Julliard 1962 ; Vincent Touze, *Missiles et décisions : Kennedy, Khrouchtchev et Castro et la crise de Cuba d'octobre 1962*, Paris, André Versailles, 2012 ; Maurice Vaïsse (dir.), *L'Europe et la crise de Cuba*, Paris, Armand Colin, 1993 ; Maurice Vaïsse, « France et la crise de Cuba », *Histoire, Economie et Société*, vol. 13, n° 1, 1994. En 2006, une notice sur la Crise dans Claire Andrieu, Philippe Braud, Guillaume Piketty (dir.), *Dictionnaire de Gaulle*, Paris, Bouquins, 2006.

en France, et leur impact sur l'approche française en matière de sécurité et de sûreté nucléaires, ainsi que des futurs nucléaires possibles[18].

En se penchant sur la difficile question de savoir pourquoi les découvertes sur le rôle de la chance dans l'issue de la Crise, jamais réfutées de manière adéquate, n'ont pas été intégrées dans l'ensemble des connaissances reconnues sur l'histoire et la politique nucléaires, cet article entend faire trois contributions. Premièrement, l'accent sur les nouvelles sources primaires françaises est pertinent pour les études de sécurité ainsi que pour les décideurs politiques, étant donné les fréquentes conceptions erronées sur les dynamiques nucléaires. Les chercheurs qui travaillent sur le nucléaire au sein des études de sécurité extrapolent trop souvent des théories de façon injustifiée, se fondant sur des sources primaires rares ou inexistantes et des hypothèses latentes relatives à l'existence d'une compréhension partagée du danger, des causes et des conséquences de la « crise la plus dangereuse de l'âge nucléaire » sont largement répandues dans les milieux occidentaux de la politique nucléaire[19]. Deuxièmement, et par conséquent, l'article aborde une hypothèse généralisée d'automaticité liant la présence d'armes nucléaires à un effet dissuasif induit par la peur. Dans la littérature sur la dissuasion, centrée sur l'acquisition d'armes nucléaires comme seul seuil significatif, Vipin Narang a qualifié cette hypothèse de « biais existentiel ». Dans son passage en revue de la littérature sur les armes nucléaires, Daniel Deudney place ce biais dans la tradition de « l'étatisme de la dissuasion automatique »[20]. En effet, il traverse le clivage politique suscité par la désirabilité du désarmement nucléaire. Du côté anti-désarmement, Susan Martin a récemment résumé la question en ces termes : « Les armes nucléaires ne peuvent pas être dépouillées de leur valeur dissuasive stratégique » puisque cette dernière « découle de leurs

---

[18] Cela est compatible avec le programme fructueux des études de la mémoire aussi bien en Relations internationales qu'en Histoire Mondiale. Voir Patrick Finney, « The ubiquitous presence of the past ? Collective memory and international history », *The International History Review*, vol. 36, n° 3, 2014. Pour la connexion entre les interprétations du passé et les attentes sur les possibles futurs, voir Benoît Pelopidas, « The oracles of proliferation », *Nonproliferation Review*, vol. 18, n° 1, 2011, p. 300-301, 308-309 et Pelopidas, « Nuclear weapons scholarship ».

[19] Sur le premier aspect, voir Vipin Narang, « The Use and Abuse of Large-n Methods in Nuclear Studies », Forum H-Diplo/ISSF 2 (2014), disponible à : https://issforum.org/ISSF/PDF/ISSF-Forum-2.pdf (consulté le 2 décembre 2018) et Benoît Pelopidas, « Renunciation : Reversal and rollback », chez Joseph Pilat, Nathan Busch (dir.), *Routledge Handbook of Nuclear Proliferation and Policy*, London, Routledge, 2015.

[20] Vipin Narang, *Nuclear Strategy in the Modern Era : Regional Powers and International Conflict*, Princeton, Princeton University Press, 2014, p. 3 ; Daniel Deudney, *Bounding Power : Republican Security Theory from the Polis to the Global Village*, Princeton, Princeton University Press, 2007, p. 246.

caractéristiques matérielles »[21]. Comme le résume bien James Lebovic, dans cette lignée, l'effet dissuasif ne résulte pas d'un calcul rationnel, mais de la peur : « la dissuasion existentielle tire son pouvoir du monde non rationnel de la peur »[22]. Du côté pro-désarmement, les partisans de la « dissuasion nucléaire virtuelle » ou de la « dissuasion sans arme » doivent souscrire à une version encore plus radicale de cette idée pour que leur concept ait un sens. Dans leur cas, les armes n'ont même pas besoin d'être assemblées pour dissuader, leur existence et la peur qu'elles déclenchent n'ont besoin d'exister que dans l'esprit des dissuadés[23]. En d'autres termes, que ce soit dans un objectif de dissuasion ou dans un objectif de désarmement, la simple présence d'armes nucléaires (physiques ou virtuelles) devrait inspirer la peur en raison de leur capacité de destruction. Une telle dynamique, si elle est acceptée, limite clairement la possibilité de réévaluer ces armes. Autrement dit, la valeur des armes nucléaires serait irréductiblement déterminée par la physique de la dévastation nucléaire et non affectée par des facteurs sociaux et politiques. Compte tenu de la position française au milieu du champ de bataille européen pressenti pour la guerre nucléaire à venir des années 1960, s'il s'avère que l'expérience française et la mémoire de la Crise ne sont pas du tout marquées par la peur, cette hypothèse largement répandue sur l'automaticité de l'effet de la présence d'armes nucléaires sera remise en question.[24] Par conséquent, la valorisation des armes nucléaires sera revue comme un processus construit socialement et historiquement, irréductible à la seule capacité de destruction[25]. Troisièmement, cette étude empirique du cas français répond à l'invitation de Nick Ritchie d'étudier les « régimes de valeur » des armes nucléaires au-delà de cette étude de cas de référence du Royaume-Uni[26]. Elle contribue également à une littérature grandissante sur la peur nucléaire

---

[21] Susan Martin, « The continuing value of nuclear weapons : a structural realist analysis », *Contemporary Security Policy*, vol. 34, n° 1, 2013, p. 188, 174 (notre traduction).

[22] James Lebovic, *Deadly Dilemmas : Deterrence in US Nuclear Strategy*, New York, Columbia University Press, 1990, p. 193 (notre traduction).

[23] Les partisans contemporains de la dissuasion nucléaire virtuelle comprennent Sidney Drell et Raymond Jeanloz, « Nuclear deterrence in a world without deterrence », *in* George Shultz, Sidney Drell, James Goodby (dir.), *Deterrence : Its Past and its Future*, Stanford, Hoover Institution Press, 2011. Les travaux pionniers sont Michael Mazarr, « Virtual nuclear arsenals », *Survival*, vol. 37, n° 3, 1995 et Jonathan Schell, *The Abolition*, New York, Knopf, 1984.

[24] Pour une étude comparative dans ce sens, *cf.* Benoît Pelopidas, « Quelle(s) révolution(s) nucléaire(s) ? », *in* Benoît Pelopidas, Frédéric Ramel (dir.), *Guerres et conflits armés au XXIe siècle*, Paris, Presses de Sciences Po, 2018.

[25] Nick Ritchie, « Valuing and devaluing nuclear weapons », *Contemporary Security Policy*, vol. 34, n° 1, 2013.

[26] *Ibid.*, p. 166.

et l'anxiété atomique qui n'a pas documenté l'expérience française en détail ni consulté les sources primaires en langue française[27].

Le reste de cet article est divisé en cinq parties. Nous passons d'abord en revue la littérature la plus récente sur la Crise, avec des preuves montrant que la situation était en fait extrêmement dangereuse et que son issue pacifique ne peut être réduite à une gestion de crise réussie et pleinement informée. L'utilisation des armes nucléaires a été évitée à l'automne 1962 non pas seulement par la modération du président Kennedy et de Nikita Khrouchtchev, mais suite aux décisions prises par des opérateurs nucléaires individuels, dans des conditions d'informations incomplètes ou incorrectes. J'identifie ensuite trois raisons pour lesquelles cette interprétation, renforcée au cours des trois dernières décennies et jamais réfutée de façon convaincante, n'est toujours pas totalement intégrée dans la recherche et le discours public : 1) des pratiques rhétoriques d'incohérence aux niveaux épistémique et pratique qui reconnaissent le rôle de la chance mais ne le traitent pas de manière adéquate et le ramènent indûment dans le domaine de la contrôlabilité ; 2) un rejet disciplinaire de la pensée contrefactuelle comme pratique de recherche légitime et 3) la mémoire d'une expérience idiosyncratique de la Crise exempte de peur. Nous montrons ainsi qu'il est historiquement inexact et politiquement imprudent de s'attendre à ce que la confirmation *post-facto* par les analystes du danger encouru à l'époque entraîne un processus d'apprentissage adapté de la part des décideurs et du public, et nous concluons en soulignant les implications de cet argument pour la recherche historique et les études de sécurité.

La dernière évaluation de la possibilité de l'utilisation des armes nucléaires pendant la crise des missiles de Cuba

Bien que les discussions sur les dangers de la Crise se poursuivent, les recherches de ces trois dernières décennies ont permis de tirer des conclusions convaincantes sur les conséquences du rôle de la chance dans son issue. Elles établissent que cette dernière a été le produit d'une information partielle, de perceptions erronées, des limites de la sûreté, du système de commandement et du contrôle présidentiel sur les armes nucléaires, ainsi que de la possibilité d'accidents. Comme l'a conclu une revue de littérature de 2015, « si tout le monde s'était arrêté de faire des recherches sur [...] la crise dans les années 1980, notre conscience des risques d'une guerre

---

[27] Spencer Weart, *The Rise of Nuclear Fear*, Harvard, Harvard University Press, 2012 ; Franck Sauer, *Atomic Anxiety : Deterrence, Taboo and the Non-Use of U.S. Nuclear Weapons*, London, Palgrave MacMillan, 2015.

nucléaire serait grandement diminuée. Si nous avions choisi de tirer des leçons sur la base de nos connaissances, nous en aurions certainement tiré les mauvaises »[28].

Premièrement, les limites de la connaissance des dirigeants politiques au sujet des armes nucléaires pendant la Crise ont été révélées. Par exemple, l'administration Kennedy sous-estimait massivement le nombre de troupes soviétiques à Cuba, ignorant qu'elles pouvaient tirer des armes tactiques basées à Cuba et que Castro poussait activement les Soviétiques à être plus agressifs[29]. Les membres de l'Excomm, nous le savons désormais, n'ont pas été informés lorsque le commandant du Strategic Air Command (SAC), le général Thomas Power, a pris la décision sans précédent de placer les forces nucléaires américaines en position Defense Condition 2. Un de ces missiles a même été lancé pour un vol test depuis la base aérienne de Vandenberg, en Californie, le 26 octobre 1962 à 4 heures du matin, comme prévu avant la Crise, sans que le président ne le sache[30].

Deuxièmement, et par conséquent, les problèmes de commandement et de contrôle doivent être pris en compte de sorte que le contrôle présidentiel total ne peut pas être tenu pour acquis. Comme l'écrivait Scott Sagan il y a vingt-cinq ans, dans une interprétation classique :

> De nombreux problèmes graves de sécurité, qui auraient pu entraîner une détonation accidentelle ou non autorisée, voire une provocation sérieuse du gouvernement soviétique, se sont produits pendant la crise. Aucun de ces incidents n'a conduit à une escalade déclenchée par inadvertance ou à une guerre accidentelle. Tous, cependant, avaient le potentiel de le faire. Le président Kennedy a peut-être été prudent. Il n'avait toutefois pas le contrôle final et incontesté sur les armes nucléaires américaines[31].

---

[28] Len Scott, « The only thing to look forward to's the past », *in* Len Scott, R. Gerald Hughes, *The Cuban Missile Crisis : Critical Reappraisal*, London, Routledge, 2015, p. 225 (notre traduction).

[29] Dans la soirée du 26 octobre 1962, Castro pensait qu'une invasion américaine de Cuba était imminente. Il a donc envoyé un message à Khrouchtchev afin de demander une attaque nucléaire soviétique si les États-Unis attaquaient Cuba. James G. Blight, David Welch, *On the Brink : Americans and Soviets Reexamine the Cuban Missile Crisis*, New York, Hill & Wang, 1989, p. 109 ; Raymond Garthoff, *Reflections on the Cuban Missile Crisis*, Washington, DC, Brookings Institution Press, 1989, p. 62 ; Svetlana Savranskaya, Thomas Blanton, Anna Melyakova (dir.), « New Evidence on Tactical Nuclear Weapons – 59 Days in Cuba », National Security Archive Electronic Briefing Book, 11 décembre 2013, disponible sur : http://nsarchive.gwu.edu/NSAEBB/NSAEBB449/ (consulté le 2 décembre).

[30] Scott Sagan, *The Limits of Safety : Organizations, Accidents and Nuclear Weapons*, Princeton, Princeton University Press, 1993, p. 79-80.

[31] *Ibid.*, p. 116.

Par exemple, dans la nuit du 26 au 27 octobre 1962, au plus fort de la Crise, un U-2 américain s'est égaré dans l'espace aérien soviétique au-dessus de l'Arctique. Des avions de combat soviétiques se sont précipités pour intercepter le U-2 tandis que des intercepteurs F-102 ont été envoyés pour le rapatrier sous escorte et empêcher les MIG soviétiques d'entrer librement dans l'espace aérien américain. Compte tenu des circonstances, les missiles conventionnels air-air des F-102 avaient été remplacés par des missiles à tête nucléaire et leurs pilotes pouvaient décider de les lancer : « les intercepteurs à Galena étaient armés du missile nucléaire air-air Falcon et, en vertu des règles de sécurité en vigueur, étaient autorisés à transporter les armes en condition prête au lancement dans toute mission de 'défense aérienne active' »[32]. Heureusement, l'avion-espion a fait demi-tour et les avions soviétiques n'ont pas ouvert le feu[33]. Un problème similaire concernant la délégation de la capacité à faire usage des armes nucléaires se retrouve du côté soviétique[34]. De plus, il est maintenant bien établi que le président Kennedy était souvent minoritaire dans l'opposition à une action militaire contre Cuba pendant les 13 jours de la Crise (pour suivre la périodisation américaine)[35]. Sa capacité à résister aux pressions de l'Excomm, qui montre qu'il n'aurait jamais utilisé les armes nucléaires pendant la Crise, pourrait être réconfortante pour l'interprétation habituelle de la Crise supposant un contrôle total de la part des deux dirigeants[36]. Cependant, se rassurer par la cohérence du Président est en soi problématique. Cela néglige, par exemple, la maladie grave de Kennedy, sa dépendance aux stéroïdes et le recours à des avis médicaux concurrents entraînant la prise de traitements qui auraient pu affecter son jugement[37].

---

[32] *Ibid.*, p. 137.
[33] *Ibid.*, p. 135-8.
[34] Michael Hobbs, *One Minute to Midnight : Kennedy, Khruschev, and Castro on the Brink of Nuclear War*, New York, Knopf, 2008, p. 303 et sq.
[35] Sheldon M. Stern, *The Cuban Missile Crisis in American Memory*, Stanford, Stanford University Press, 2012.
[36] *Ibid.*, p. 157, 163.
[37] Rose McDermott, « The politics of presidential medical care : the case of John F. Kennedy », *Politics and Life Sciences*, 33-2, 2014, p. 85 et Rose McDermott, *Presidential Leadership, Illness and Decision Making*, Cambridge, Cambridge University Press, 2008, p. 118-56. Nous connaissons la littérature suggérant que les traitements de Kennedy n'affectaient pas son jugement ; voir Robert Gilbert, *The Mortal Presidency : Illness and Anguish in the White House*, New York, Fordham University Press, 1998 ; Bert Park, *Ailing, Aging, Addicted : Studies in Compromised Leadership*, Lexington, University Press of Kentucky, 1993 ; et Robert Dallek, *John F. Kennedy : An Unfinished Life 1917-1963*, New York, Little, Brown and Company, 2003. Cependant, ces résultats sont contredits par les commentaires de Kennedy lui-même et de son frère (voir McDermott, *Presidential Leadership*). Que le jugement du Président ait ou non été altéré, le fait demeure que parier sur la cohérence d'un homme qui dépend de grandes quantités de médicaments aux potentiels effets secondaires psychotropes et de

Troisièmement, les recherches les plus récentes montrent que la sécurité des armes était très rudimentaire à l'époque. Par exemple, au début des années 1960, les manutentionnaires des armes de l'OTAN ont tiré les câbles d'armement d'une ogive nucléaire Mark 7 alors qu'ils la déchargeaient d'un avion. « Lorsque les câbles ont été tirés, la séquence d'armement a été amorcée – et si les condensateurs de l'X-Unit se chargeaient, un Mark 7 pouvait être détoné par son radar, par ses commutateurs barométriques, par son minuteur ou en tombant juste de quelques mètres d'un avion et atterrissant sur une piste »[38]. En Italie, quelques mois avant la Crise, des missiles Jupiter ont été frappés quatre fois par des éclairs, « certaines de leurs batteries thermiques ont pris feu, et dans deux têtes, du tritium a été libéré sous forme gazeuse dans le cœur » et aurait pu permettre une détonation nucléaire[39]. L'un des missiles a dévalé une colline[40]. Ainsi, au-delà du problème de contrôle gouvernemental décrit ci-dessus, la sûreté des armes était très problématique à l'époque et une explosion accidentelle des armes de l'OTAN aurait pu se produire pendant la Crise.

Quatrièmement, ces possibilités d'accidents et d'erreurs de calcul auraient pu indirectement accroître le danger de la Crise en dégradant la connaissance commune de l'inacceptabilité de la guerre nucléaire qui a sans doute tenu les deux dirigeants éloignés du bord du précipice : elles auraient pu conduire l'un des deux à penser qu'une guerre nucléaire était imminente. Par conséquent, on peut raisonnablement affirmer que le

---

traitements concurrents par des médecins qui ne sont pas au courant des autres traitements en cours est un pari très risqué. Dès novembre 1961, le docteur Eugene Cohen, endocrinologue de longue date de Kennedy, a mis en garde JFK contre les pratiques douteuses d'un de ses médecins, le docteur Jacobson, surnommé « Dr. Feelgood », qui s'est vu refuser l'autorisation de pratiquer la médecine en 1975. Monsieur Cohen a écrit : « Vous ne pouvez pas recevoir de thérapie d'un médecin irresponsable comme M. J. qui, par des injections stimulantes, offre une aide temporaire à des personnes névrosées ou mentalement malades… cette thérapie conditionne les besoins du patient presque comme un narcotique [et] n'est pas adaptée pour des individus qui ont des responsabilités et qui à n'importe quel moment peuvent avoir à décider du sort de l'univers ». Cité dans Laurence Leamer, « A Kennedy historian assesses the Dallek disclosures », *Boston Globe*, 2 novembre 2002. [Notre traduction] Par chance, d'après Rose McDermott et sur la base des archives de George Buckley sur les injections du président reçues en 1962-1963, le Dr. Jacobson, qui a prescrit des amphétamines au Président, a arrêté ses visites à la Maison Blanche avant la Crise des missiles de Cuba. Voir McDermott, *Presidential Leadership, op. cit.*, p. 120.

[38] Eric Schlosser, *Command and Control, op. cit.*, p. 261, basé sur des entretiens avec le concepteur d'armes Harold Agnew.
[39] *Ibid.*, p. 329.
[40] Debora Sorrenti, *L'Italia nella Guerra fredda : La storia dei missili Jupiter* 1957-1963, Rome, Edizioni Associate, 2003, p. 63, 79. Pour des exemples britanniques, voir Schlosser, *Command and Control, op. cit.*, p. 262.

danger de guerre à l'époque était plus élevé que ce que les dirigeants pouvaient penser[41]. À l'issue d'un passage en revue des derniers développements de la recherche sur la Crise, en 2015, Len Scott a conclu que : « l'accent mis sur la contingence et la méconnaissance du risque s'est accéléré avec l'accumulation de preuves. Une meilleure compréhension du rôle des malentendus, des calculs erronés et des erreurs [...] suggère que le risque de guerre nucléaire était plus grand que ce que pensaient les dirigeants de l'époque et, par la suite, les analystes »[42]. De manière similaire, Réachbha Fitzgerald a conclu sa revue de littérature de 2007 avec l'idée que « des recherches récentes sur l'aspect opérationnel de la Crise ont révélé que les dirigeants Américains et Soviétiques avaient moins de connaissance et de contrôle sur leurs forces militaires que ce qu'ils imaginaient »[43]. Le consensus va même au-delà de la littérature en langue anglaise et s'étend au volume en langue italienne de Leonardo Campus, primé en 2014 et intitulé *I Sei Giorni Che Sconvolsero Il Mondo* (*Les six jours qui ont secoué le monde*)[44].

En somme, tous ces éléments relatifs, limites de la contrôlabilité et de la prévisibilité de la Crise, indiquent un rôle joué par la chance dans son issue. En 1994, Len Scott et Steve Smith observaient déjà :

> il est maintenant amplement prouvé que le fait que la crise n'ait pas conduit à une guerre nucléaire était dû en grande partie à la « bonne fortune ». À notre avis, cette découverte est la plus importante puisqu'elle sape les prétentions de ceux qui pensent que les crises nucléaires peuvent être gérées sans danger et que les systèmes de commandement et de contrôle fonctionneront comme ils sont censés le faire[45].

---

[41] David Holloway, « Pathways to nuclear war between the US and the Soviet Union in October 1962 », *in* Benoît Pelopidas (dir.), *Global Nuclear Vulnerability : 1962 as the Inaugural Crisis ?* (manuscrit en cours d'évaluation).

[42] Len Scott, « The only thing to look forward to's the past », art. cité, p. 241-242 (notre traduction).

[43] Réachbha FitzGerald, « Historians and the Cuban Missile Crisis : the evidence-interpretation relationship as seen through differing interpretations of the Crisis settlement », *Irish Studies in International Affairs*, vol. 18, 2007, p. 202.

[44] Leonardo Campus, *I Sei Giorni che sconvolsero il mondo : La crisi dei missile di Cuba i le sue percezioni internazionali*, Florence, Le Monnier, 2014), p. 123-140. Le livre a gagné le Prix Fruili Storia en 2015.

[45] Len Scott, Steve Smith, « Lessons of October : Historians political scientists, policymakers and the Cuban Missile Crisis », *International Affairs*, 70-4, 1994, p. 683. À la fin des années 1990, pendant qu'il reprenait les travaux publiés durant la décennie, Melvyn Leffler conclut de la même manière qu'ils : « mettent en lumière la contingence et l'inadvertence ». Melvyn Leffler, « What do we 'now know' ? », *The American History Review*, vol. 104, n° 2, 1999, p. 501.

Dean Acheson a proposé cette interprétation dès 1969. Il a attribué le résultat de la Crise à la « chance pure et simple » et d'autres participants clés viendront partager ce point de vue après quelques conférences d'histoire orale conduites par James Blight et ses collègues[46]. Parmi eux se trouvaient Robert McNamara, ancien secrétaire américain à la Défense, et Nikolai S. Leonov, alors responsable des affaires cubaines au KGB. Cette opinion est maintenant soutenue par les travaux de recherche universitaires présentés ci-dessus et explicitement appuyée par Scott Sagan, qui écrit que : « il y avait un élément de *bonne fortune* impliqué dans la prévention de la guerre accidentelle en octobre 1962 »[47]. Cela ne peut pas être réduit à une bonne gestion. Vingt ans plus tard, Campbell Craig soulève d'importantes objections contre le travail de Sagan, mais reste fondamentalement d'accord avec ce point[48].

Pour résumer, même si l'on ne peut pas savoir avec certitude ce qui aurait suivi la première frappe nucléaire, les travaux de recherche des trois dernières décennies montrent que la Crise était beaucoup plus dangereuse que ce que les dirigeants pensaient à l'époque. Les problèmes liés aux informations limitées ou inexactes, aux perceptions erronées, aux limites de la sûreté et du commandement et du contrôle présidentiel sur les armes nucléaires ainsi qu'aux accidents susceptibles de donner l'impression que la guerre était imminente, tous auraient pu conduire à une escalade involontaire. Un récit centré sur le contrôle ne peut pas rendre pleinement compte de l'issue pacifique de la Crise et du rôle joué par la chance.

Réaffirmer le contrôle par des incohérences pratiques et épistémiques

Après ces découvertes, les quelques voix qui veulent encore affirmer que les dangers de la Crise étaient gérables ne peuvent le faire que par une incohérence : ils prétendent d'abord reconnaître les limites de la sûreté et de la contrôlabilité des armes nucléaires ainsi que l'imprévisibilité de tous les chemins menant à une guerre nucléaire, mais alors soit ils réduisent le

---

[46] Dean Acheson, « Dean Acheson's version of Robert Kennedy's version of the Cuban missile affair », *Esquire*, février 1969, p. 76 ; pour McNamara, voir Eroll Morris, *The Fog of War*, Columbia Tristar, 2003 ; pour Leonov, voir Thomas S. Blanton, James G. Blight, « A conversation in Havana », *Arms Control Today*, vol. 32, n° 9, 2002, p. 7
[47] Scott Sagan, *The Limits of Safety, op. cit.*, p. 15 ; aussi p. 155.
[48] Campbell Craig, « Testing Organisation Man : the Cuban Missile Crisis and The Limits of Safety », *International Relations*, vol. 26, n° 3, 2012, p. 293 ; aussi Campbell Craig, « Reform or revolution : Scott Sagan's *Limits of Safety* and its contemporary implications », *in* Len Scott, R. Gerald Hughes, *The Cuban Missile Crisis, op. cit.*, p. 104.

champ des possibles à ce qui est mesurable, soit ils réintroduisent l'idée de la contrôlabilité comme le résultat inévitable d'une recherche pertinente pour les décideurs (*policy-relevant research*). Dans le premier cas, que nous caractérisons comme une incohérence épistémique, l'analyse en termes de risque rend impossible la prise en compte des limites du contrôle et de la sûreté identifiées ci-dessus ou du rôle de la chance, notamment si la chance est définie comme un effet de l'incertitude non quantifiable[49]. Dans le second cas, que nous caractérisons comme une incohérence pratique, le rôle de la chance et les limites de la contrôlabilité seront niés au niveau pratique, de sorte que leur prise en compte ne conduira pas à remettre en question le *managérialisme* comme approche des crises nucléaires pour des raisons épistémologiques, éthiques ou politiques[50].

John Lewis Gaddis est peut-être le praticien le plus explicite de l'approche de l'incohérence épistémique dans la littérature anglophone. Il écrit :

> Cependant, à quel point nous avons frôlé (le déclenchement d'une guerre nucléaire) reste à discuter [...] La tendance a ensuite été de réduire les *probabilités*. Les faucons trouvaient inconcevable que *Khrouchtchev* ait utilisé des armes nucléaires pour défendre Cuba face à une supériorité américaine aussi écrasante. Les colombes insistaient sur le fait que, quel que soit l'équilibre numérique, Kennedy n'aurait jamais autorisé une invasion de l'île. [...] *Calculer les risques* rétrospectivement est presque aussi difficile que d'essayer de les anticiper : dans tout système complexe, tant de choses peuvent mal tourner qu'il est difficile de savoir lesquelles. Il est tout de même raisonnable de commencer par analyser le commandement[51].

Comme le suggère cette citation, les décisions de l'élite politique ne sont pas seulement le point de départ de l'analyse de Gaddis, mais aussi son point final, même s'il prétend le contraire. En mettant l'accent sur les deux dirigeants, Gaddis rend invisibles les résultats des travaux de recherche sur les limites du contrôle des dirigeants sur les armes, sur la possibilité de pré-délégation de leur emploi ainsi que sur la possibilité

---

[49] Sur les difficultés de certaines études à rendre compte correctement de la chance, voir Benoît Pelopidas, « We all lost the Cuban Missile Crisis », *in* Len Scott, R. Gerald Hughes, *The Cuban Missile Crisis, op. cit.*, p. 173 et sq et « The book that leaves nothing to chance », manuscrit non publié.

[50] L'excellent essai de Patrick Porter offre de bons exemples de cette incohérence entre la reconnaissance théorique des limites du savoir sur le futur et les pratiques de planification qui présument toujours la possibilité d'un tel savoir. Patrick Porter, « Taking uncertainty seriously : Classical realism and national security », *European Journal of International Security*, vol. 1, n° 2, 2016.

[51] John Lewis Gaddis, *We Now Know : Rethinking Cold War History*, Oxford, Oxford University Press, 1997, p. 269-270 (notre traduction et ajout d'accentuation).

d'explosions accidentelles due aux limites de la sûreté. En mettant l'accent sur les risques calculables et les probabilités, il ne peut pas rendre compte des voies non quantifiables menant au désastre, également appelées possibilités. Lee Clarke a parfaitement identifié le problème quand il a écrit : « Nous devons penser en termes de probabilités. Mais en nous concentrant autant sur les probabilités, nous en oublions les possibilités »[52].

Une réduction similaire du non quantifiable/inconnaissable à l'impossible à la suite d'une approche en termes d'évaluation du risque peut être trouvée dans l'étude, par ailleurs remarquable, de Vincent Touze sur la Crise. Commentant les scénarios d'accidents potentiels de Sagan, il avoue : « il est vrai que les développements sont très techniques et l'on n'est pas en mesure de se forger une opinion »[53]. Donc il les néglige entièrement comme s'ils étaient sans conséquence. Au lieu de suspendre son jugement ou de reconnaître les limites de ce qui peut être connu, il va même jusqu'à dire que les accidents potentiels ont pour effet de confirmer les tendances précédemment observées : « tous les incidents n'auraient donc eu qu'un seul et même effet : augmenter la résolution américaine et faire renoncer l'URSS »[54].

La recherche de théorie des jeux sur la stratégie du bord du gouffre basée sur la réflexion portant sur les risques qui a présenté la Crise comme un cas d'école est un exemple typique de cette incapacité à saisir l'insoutenable légèreté de la chance ; elle traite également l'inquantifiable comme impossible et donc négligeable[55]. Cette démarche intellectuelle illustre, comme Mary Douglas l'a justement souligné, que « le risque n'est pas une chose, c'est une façon de penser »[56]. Le plus important étant que cette façon de penser est orientée vers un désir de contrôle et de confiance en ce contrôle[57]. Cette implication de la pensée en termes de risque apparaît encore plus évidente dans une note pour la RAND publiée en 1960 dans laquelle le père fondateur de la stratégie nucléaire fondée sur

---

[52] Lee Clarke, *Worst Cases*, Chicago, University of Chicago Press, 2010, p. 41 (notre traduction).
[53] Vincent Touze, *Missiles et décisions*, op. cit., p. 631.
[54] *Ibid.*, p. 639 (ma traduction). Comme Gaddis, il finit par se concentrer seulement sur les dirigeants. Dans son cas, Kennedy seulement. P. 639.
[55] Voir par exemple, Robert Dodge, *Schelling's Game Theory : How to Make a Decision*, Oxford, Oxford University Press, 2012, ch. 12 ; Avinash Dixit, Susan Skeath, David Reiley, *Games of Strategy*, New York, W. W. Norton, 2015, ch. 14.
[56] Mary Douglas, « Risk and danger », *in* Mary Douglas, *Risk and Blame : Essays in Cultural Theory*, London, Routledge, 1994 (orig. pub. 1992), p. 44 (notre traduction).
[57] Esther Eidinow, *Luck, Fate and Fortune : Antiquity and its Legacy*, Oxford, Oxford University Press, 2011, p. 158.

le risque, Thomas Schelling, évoque une « perte contrôlée de contrôle »[58]. Comme nous l'avons montré ailleurs, l'héritage de Schelling dans *Strategy of Conflict* consiste à confondre l'incertitude et le risque. Cela a produit l'illusion que la pensée du risque était capable de capter l'incertitude et la chance. L'effet de cette illusion a été, indûment, de réaffirmer le contrôle.

Une telle incohérence épistémique est fréquemment mise en évidence dans la littérature française sur le sujet. Dans la plupart des autres cas, le rôle de la chance est reconnu en théorie, mais ses implications et les questions qu'il soulève sont immédiatement niées dans le même temps, via sa réincorporation dans un récit de contrôle. Par exemple, Marie-Hélène Labbé, dans son traitement de deux pages de la Crise, a écrit que « pendant une semaine, le monde frôla l'apocalypse »[59]. Elle note que « les révélations ultérieures nuancent l'image d'Épinal d'une crise parfaitement gérée »[60]. Elle reconnaît que Castro exerçait une pression sur Khrouchtchev le voulant plus agressif envers les États-Unis. Cependant, Marie-Hélène Labbé finit par minimiser le rôle de la chance dans l'issue de la Crise : « le « *risque* (d'emploi de l'arme nucléaire) [...] fut pendant la guerre froide omniprésent mais *contrôlé* »[61]. De même, le *Livre noir du nucléaire militaire* publié en 2014 admet que la crise de 1962 est le moment où l'humanité s'est retrouvée la plus proche de la guerre nucléaire et qu'elle aurait pu être déclenchée sans approbation politique. Néanmoins, le livre conclut en examinant le côté contrôlable du problème, suggérant que les deux dirigeants auraient dû apprendre de cette crise que les petits arsenaux nucléaires sont suffisants pour dissuader[62]. Cette conclusion ignore évidemment les épisodes mentionnés ci-dessus dans lesquels l'issue pacifique de la Crise n'est pas réductible à un succès de la dissuasion, notamment parce qu'elle résulte d'une décision prise à partir de fausses informations,

---

[58] Thomas Schelling, « The Role of Theory in the Study of Conflict », RAND Research Memorandum, RM-2515-PR, 13 January 1960, p. 28, cité dans Marc Trachtenberg, « Strategic thinking in America 1952-1966 », *Political Science Quarterly*, 104 :2, 1989, p. 311.
[59] Marie Hélène Labbé, *Le Risque Nucléaire*, Paris, Presses de Sciences Po, 2003, p. 21.
[60] *Ibid.*
[61] Marie Hélène Labbé, *Le Risque Nucléaire*, op. cit., 34, ajout d'accentuation. Labbé mentionne le risque d'une guerre nucléaire accidentelle, mais seulement en rapport avec l'Inde et le Pakistan (p. 23) et déclare que « la prolifération nucléaire est la cause première du (risque nucléaire) » (p. 13).
[62] Jacques Villain, *Le livre noir du nucléaire militaire*, Paris, Fayard, 2014, p. 96-7, 201. Exactement la même leçon a été soulignée trois décennies plus tôt et avant les découvertes sur les limites de la sûreté et du contrôle lors de la Crise dans *L'aventure de la bombe. De Gaulle et la dissuasion nucléaire, procédures de la conférence de la Fondation Charles de Gaulle*, Paris, Plon, 1985, p. 185. Georges-Henri Soutou fait l'exception dans sa conférence publique à l'Académie des Sciences Morales et Politiques du 6 juin 2011.

que l'absence d'explosion accidentelle est indépendante des procédures de contrôle ou parce que la cause exacte du comportement des décideurs n'est pas bien établie.

Au-delà de l'incohérence épistémique, la recherche peut échapper à l'insoutenable légèreté de la chance sans pour autant la réfuter par une forme d'incohérence pratique. L'édition révisée en 1999 de l'ouvrage classique, mais très critiqué, de Graham Allison, *Essence of Decision*, illustre cette tendance. Ils acceptent ostensiblement la théorie des accidents normaux, c'est-à-dire l'idée que des systèmes étroitement couplés, interactifs et complexes comme les armes nucléaires conduiront inévitablement à des accidents, cependant ils concluent avec une recommandation en termes de contrôlabilité qui va à l'encontre de la théorie ou au mieux assume qu'une autre catastrophe se produira avant la catastrophe nucléaire, ce qui la rendrait moins importante[63]. Ils concluent que « le potentiel de dysfonctionnalité existe et doit être géré »[64], alors que l'idée clé de la théorie des accidents est que les accidents systémiques dans des systèmes complexes et étroitement couplés *ne peuvent pas* être gérés. Cette idée est clairement exprimée dans le résumé proposé par Scott Sagan en 2004 : « Les chercheurs de l'école de la 'théorie des accidents normaux' affirment que les organisations qui présentent à la fois une grande complexité interactive et des opérations étroitement couplées subiront de graves accidents *malgré* leurs efforts pour maintenir un haut niveau de fiabilité et de sûreté »[65].

Bruno Tertrais, ancien membre des commissions du *Livre blanc sur la défense et la sécurité nationale*, présente une forme similaire d'incohérence pratique. Les crises nucléaires doivent rester gérables, il commence donc sa brève analyse historique du risque d'escalade des crises nucléaires en mettant délibérément de côté le cas de la Crise. Il peut donc conclure que : « il ne semble pas y avoir de moment où l'arme nucléaire ait vraiment été sur le point d'être employée »[66]. Une réticence tout aussi incohérente

---

[63] Ce dernier point est développé par Benoît Pelopidas dans « Nuclear weapons scholarship ».

[64] Graham Allison, Philip Zelikow, *Essence Of Decision : Explaining the Cuban Missile Crisis*, 2ᵉ éd., New York, Longman, 1999, p. 159-160, p. 160.

[65] Scott Sagan, « The problem of redundancy problem : Why more nuclear security forces may produce less nuclear security », *Risk Analysis*, 24 :4, 2004, p. 937, notre traduction ; Charles Perrow, *Normal Accidents : Living with High Risk Technologies*, Princeton, Princeton University Press, 1984, p. 304.

[66] Bruno Tertrais, « In Defense of Deterrence : The Relevance, Morality and Cost-Effectiveness of Nuclear Weapons », Paris, IFRI, Proliferation Papers, 2011, p. 27. Il considère le risque d'escalade comme venant uniquement de l'Union Soviétique : cela évite l'épisode des F-102 américains décrit plus haut aussi bien que les limites de la sûreté et du commandement et du contrôle du côté américain pendant la Crise. Cela est intéressant étant donné que l'étude la plus complète en français fait l'hypothèse opposée. Vincent Touze écrit que : « toute attaque américaine aurait conduit à des

à reconnaître le rôle de la chance est observable dans les travaux de Thérèse Delpech, stratège et conseillère en politique nucléaire française. Étant donné qu'elle reconnaît la crise des missiles de Cuba comme « la crise nucléaire la plus dangereuse à ce jour » et accepte la plus grande variété de dangers, il est très révélateur qu'elle finisse par cacher sa reconnaissance du rôle de la chance dans l'issue de la crise. Elle considère que deux moments de la crise étaient particulièrement tendus. « Pendant ce second jour [le 27 octobre 1962], écrit-elle, la crise atteignit un tel paroxysme qu'on fut à deux doigts de déclencher la guerre nucléaire, et plus d'une fois »[67]. Elle reconnaît ailleurs que l'escalade était possible pendant le blocus[68] ; elle admet également le manque d'information et l'existence de perceptions erronées des deux côtés et affirme que les armes atomiques à courte portée à Cuba auraient pu être utilisées[69] ; finalement, elle est d'accord avec l'évaluation la plus élevée du risque de représailles nucléaires et écrit : « si ces armes avaient été tirées sur les troupes américaines, les États-Unis auraient riposté avec des armes nucléaires »[70]. S'appuyant sur le témoignage de Nikolai Leonov mentionné ci-dessus, elle conclut, à contrecœur et avec une réserve : « faut-il n'y voir qu'un coup de chance ? »[71]. Cette conclusion était prédéterminée par la position de l'analyste : pour des raisons pratiques, les crises nucléaires doivent être gérées, elles doivent donc être gérables, même si cette conclusion dépend d'une double opération incohérente qui consiste à occulter le rôle de la chance sans pouvoir le réfuter[72].

---

représailles soviétiques » et, par conséquent, se concentre sur les décisions de Kennedy. Touze, *Missiles et decisions* p. 639.

[67] Thérèse Delpech, *La dissuasion nucléaire au XXIᵉ siècle. Comment aborder une nouvelle ère de piraterie stratégique*. Paris, Odile Jacob, 2013, p. 93.

[68] Thérèse Delpech, *Nuclear Deterrence in the Twenty First Century*, op. cit., p. 69.

[69] *Ibid*. Elle a travaillé sur ces enjeux dans un précédent essai : *Savage Century : Back to Barbarism*, New York, Carnegie Endowment for International Peace, 2007, p. 171-172.

[70] Thérèse Delpech, *La dissuasion nucléaire au XXIᵉ siècle*, p. 110.

[71] Thérèse Delpech, *Nuclear Deterrence in the Twenty First Century*, op. cit., p. 10. Les exceptions qui reconnaissent pleinement les caractéristiques identifiées dans la première section de cet essai sont Georges Le Guelte, *Histoire de la menace nucléaire*, Paris, Hatier, 1997, p. 52-3 et Georges Le Guelte, *Les Armes nucléaires, mythes et réalités*, Arles, Actes Sud, 2009, p. 131-134.

[72] Quelque part, même le général Lucien Poirier tombe dans le piège de ces incohérences pratiques. Dans son travail « éléments pour une théorie de la crise », il rend pleinement compte de la contingence et des improvisations dans la gestion des crises, met en garde contre les dangers de la systématisation et note également que les issues des accidents sont laissées de côté, mais finit par inviter à des progrès continus vers une « science » qui doit être possible. Lucien Poirier, *Essais de stratégie théorique*, Paris, Les Sept Épées, 1982, p. 370, 372, 374.

Réaffirmer le contrôle en rejetant la pensée contrefactuelle

Dans cette section, nous nous concentrons sur le rejet de la pensée contrefactuelle comme un obstacle épistémologique qui a conduit la recherche française à ne pas reconnaître le danger de la Crise sous toutes ses formes. Ce rejet de la pensée contrefactuelle semble être une limitation disciplinaire de l'histoire diplomatique qui a eu une influence particulièrement forte sur les chercheurs qui se consacrent à la Crise en France.

Un récent débat dans *Security Studies* entre un spécialiste de l'histoire diplomatique et son collègue politologue illustre la réticence des historiens de la diplomatie vis-à-vis de la pensée contrefactuelle. Frank Gavin, historien de la diplomatie qui s'est spécialisé dans les études de sécurité, exprime une préoccupation fréquente chez les spécialistes de l'histoire diplomatique : « Aussi plausibles qu'elles puissent paraître, les spéculations ne font pas partie de notre mission. Cela a conduit certains historiens à adopter une vision plutôt sombre des exercices contrefactuels, croyant qu'ils vont à l'encontre de l'œuvre de reconstruction historique »[73]. Son scepticisme apparaît clairement, car il persiste en affirmant qu'un argument historique sans aspect contrefactuel est possible et que certaines critiques de l'analyse contrefactuelle faites par des historiens restent valables. Il écrit : « Il est *presque* impossible de développer des théories ou des cadres pour comprendre un monde complexe sans imaginer d'autres voies causales, des variables changeantes et des résultats différents »[74]. Il conclut : « Ces essais éliminent de manière convaincante de *nombreux* arguments qu'un historien pourrait émettre pour rejeter complètement l'analyse contrefactuelle »[75]. Ainsi, même l'historien modéré de la diplomatie « n'est pas sans scepticisme » vis-à-vis de l'utilisation du raisonnement contrefactuel dans un contexte américain où il est plus accepté qu'en France. Cette hostilité est l'une des raisons pour lesquelles les analystes français, fortement influencés par la tradition de l'histoire diplomatique, ne s'intéressent pas de manière adéquate aux dangers de la Crise. Comme le note Ned Lebow, le rejet de la pensée contrefactuelle conduit les analystes à une téléologie historique qui néglige rétrospectivement le rôle de la chance et la validité des autres mondes possibles qui l'accompagnent. « Si la crise des missiles de Cuba avait conduit à la guerre – conventionnelle ou nucléaire –, les

---

[73] Francis J. Gavin, « What if ? The historian and the counterfactual », *Security Studies*, 24 :3, 2015, p. 425 (notre traduction).
[74] *Ibid.*, p. 425, Ajout d'accentuation, même phrasé, p. 430.
[75] *Ibid.*, p. 430 (notre traduction).

historiens auraient construit une chaîne causale menant inéluctablement à ce résultat »[76].

Il est intéressant de noter qu'en 1964, le philosophe et stratège français Pierre Hassner a peut-être été le premier à identifier des illusions rétrospectives de contrôle dans les quelques récits français sur la Crise. Il a observé que les récits dominants ont traité l'issue réelle de la crise comme nécessaire et ont été incapables de saisir la Crise en elle-même en tant qu'événement dans le sens philosophique du terme. Le contraste mis en évidence par Hassner entre les récits français qui supposent que la Crise telle qu'elle est advenue vaut seule la peine d'être interrogée et les récits américains qui se concentrent sur la surprise, les accidents et les possibilités d'escalade, vaut encore cinq décennies plus tard[77].

Le manque de légitimité du raisonnement contrefactuel et de l'étude d'autres mondes possibles dans les milieux français de Relations Internationales est tel qu'un débat se fait attendre[78]. Cela peut s'expliquer par les origines de la discipline. Les Relations Internationales en France ont emprunté leurs fondements théoriques au droit international et à l'histoire diplomatique. Pierre Renouvin, figure fondatrice, qualifiant d'histoire des relations internationales cette discipline fondée sur le besoin de preuves empiriques et de sources primaires[79].

---

[76] Richard Ned Lebow, « Counterfactuals and security studies », *Security Studies*, 24 :3, 2015, p. 406 (notre traduction).

[77] Pierre Hassner, « Violence, rationalité, incertitude : des tendances iréniques et apocalyptiques dans l'étude des conflits internationaux », *Revue Française de Science Politique*, vol. 14, n° 6, 1964, p. 1171-1178. Il est intéressant de relever qu'une des autres très rares exceptions françaises au diagnostic de Hassner est un philosophe et non pas un historien diplomatique : Jean Pierre Dupuy. Il manifeste une forme de confiance intéressante qui ne peut être réduite au contrôle et traite la possibilité d'accidents comme condition d'un destin qui prévient la catastrophe, mais reconnaît que cela ne pourra durer éternellement. Jean Pierre Dupuy, préface de Günther Anders, *Hiroshima est partout*, Paris, Seuil, 2008, p. 27-8 et Jean Pierre Dupuy, *Dans l'œil du cyclone*, Paris, Carnet Nords, 2009, p. 313.

[78] En français, le court volume édité par Florian Besson et Jan Synowiecki, *Écrire l'histoire avec des « si »*, Paris, Éditions de l'ENS, 2015 ; Fabrice d'Almeida, Anthony Rowley, *Et si on refaisait l'histoire*, Paris, Odile Jacob, 2011 ; et Quentin Duluermoz, Pierre Singarevélou, *Pour une histoire des possibles : Analyses contractuelles et futurs non advenus*, Paris, Seuil, 2016, sont des exceptions.

[79] Matthieu Chillaud, « IR in France : State and costs of disciplinary variety », *Review of International Studies*, vol. 40, n° 4, 2014, p. 809. Pour être juste, l'intervention méthodologique de Renouvin est née de la frustration concernant les explications diplomatiques des origines de la Première Guerre mondiale. Il voulait aller au-delà des « perspectives étroites » de l'histoire diplomatique, aller des relations entre les diplomates aux relations entre les peuples. Pierre Renouvin, « Introduction générale », *in* Pierre Renouvin (dir.), *Histoire des relations internationales*, Volume A : Le Moyen-Âge,

Six décennies plus tard, l'héritier de Renouvin, professeur d'histoire des relations internationales à la Sorbonne, écrit : « l'historien garde [...] une spécificité. Une part de sa démarche est empirique. [...] Pour ce, le travail sur les sources, et en particulier sur archives, reste au cœur de son métier »[80].

Comme suggéré plus tôt dans le débat entre Gavin et Lebow, un tel empirisme permet de nier la nécessité d'étudier le danger de la Crise sous toutes ses formes en traitant le raisonnement contrefactuel comme une pratique de recherche inacceptable. De manière tout à fait révélatrice, le successeur direct de Renouvin interprète l'issue de la Crise comme résultant d'une « négociation tacite » entre les deux acteurs[81]. Par conséquent, le politologue Jean-Yves Haine a mis en évidence l'attitude générale des Français face à la crise des missiles de Cuba, en 2004, lorsqu'il écrit : « On a du mal à saisir l'intensité de l'affrontement »[82]. Contrairement au courant français, le courant anglophone des Relations Internationales a donné une place à la méthode contrefactuelle depuis les années 1990 et a même établi l'histoire contrefactuelle comme sous-discipline[83].

Même Vincent Touze, qui a rédigé l'étude la plus sérieuse sur la Crise disponible en français, finit par ne pas envisager la possibilité que la Crise ait pu s'achever différemment et rejette rapidement les tentatives de prise en considération d'autres issues possibles comme basées sur des « hypothèses »[84]. Il le fait en dépit de sa connaissance des études existantes en anglais examinées ci-dessus. Son déni est justifié par des raisons de limites disciplinaires et par l'impossibilité de tester des résultats alternatifs. Pour lui, la pensée contrefactuelle est illégitime en science politique. Il écrit : « Le but de Sagan n'est pas de contribuer à l'étude de la politique étrangère, son projet est la théorie des accidents. En ce qui concerne notre sujet, ses exemples sont tous hypothétiques »[85]. Et il poursuit : « On peut très bien concevoir durant la crise des accidents nucléaires aux États-Unis [...]

---

par François-L. Ganshof, Paris, Hachette, 1953. La génération suivante l'a blâmé pour ne pas avoir été complètement cohérent avec ce programme.

[80] Robert Franck, « Histoire et théorie des relations internationales », *in* Robert Frank (dir.), *Pour une histoire des relations internationales*, Paris, Presses universitaires de France, 2012, p. 82 (notre traduction).

[81] Jean Baptiste Duroselle, « Le marchandage tacite et la solution des conflits », *Revue Française de Science Politique*, vol. 14, n° 4, 1964.

[82] Jean-Yves Haine, *Les États-Unis ont-ils besoin d'alliés, op. cit.*, p. 203.

[83] Deux références seraient Philip E. Tetlock, Aaron Belkin (dir.), *Counterfactual Thought Experiments in World Politics*, Princeton, Princeton University Press, 1996 et Richard Ned Lebow, *Forbidden Fruit : Counterfactuals and International Relations*, Princeton, Princeton University Press, 2010.

[84] Vincent Touze, *Missiles et décisions, op. cit.*, p. 120 (notre traduction).

[85] *Ibid.*, p. 120 (notre traduction).

L'effet que cela pourrait avoir relève tellement de la supputation, que le sujet ne paraît pas légitime »[86]. Si elle est conduite de manière rigoureuse, une telle « spéculation » n'est autre que la méthode contrefactuelle.

Réaffirmer le contrôle en se remémorant une expérience idiosyncratique de la Crise exempte de peur

Contrairement aux hypothèses latentes d'une compréhension partagée du danger, des causes et des conséquences de la « crise la plus dangereuse de l'ère nucléaire », l'expérience française de la Crise est dépourvue de peur et cette interprétation a été relativement stable dans le temps. Le contraste avec les autres alliés de l'OTAN dotés de l'arme nucléaire et les membres permanents du Conseil de sécurité est frappant.

Parmi les décideurs politiques, le président Kennedy était particulièrement soucieux d'une escalade fortuite et craignait d'être forcé de recourir aux armes nucléaires[87] ; le Premier ministre britannique Harold MacMillan a perdu le sommeil à cause du danger que présentait la Crise. Le 4 novembre, il a estimé dans son journal que « tout était en jeu… »[88] dans la Crise. À l'inverse, le président français Charles de Gaulle n'a pas exprimé de peur particulière à l'époque et l'armée et l'intelligentsia françaises ne semblent pas avoir ressenti une telle menace, sauf dans les rapports de presse quelques jours après le discours de Kennedy le 22 octobre[89]. Un

---

[86] *Ibid.*, p. 629 (notre traduction).
[87] Basé sur le témoignage de Robert S. McNamara dans James G. Blight, *The Shattered Cristal Ball*, Rowman and Littlefield, 1991, p. 8 ; Haine, *Les États-Unis ont-ils besoin d'alliés*, p. 216 et Holloway *in* Pelopidas, *Global Nuclear Vulnerability* (manuscrit en cours d'évaluation).
[88] Le 21 octobre, il écrit : « Dormi plutôt mal, ce qui est inhabituel pour moi… Après 22 h, j'ai eu un message du Président Kennedy, me donnant une brève description de la situation se déroulant entre les États-Unis et l'URSS à Cuba », Harold Macmillan, *The Macmillan Diaries, Volume II : Prime Minister and after 1957-1966*, dir. et introduction Peter Catterall, Basingbroke, MacMillan, 2003, p. 508. Il ouvre ensuite son rapport du jour suivant comme « le premier jour de la crise mondiale » (p. 508). Le 24 octobre il continue : « (encore) une journée d'inquiétude. Car le premier affrontement va bientôt commencer si les navires soviétiques continuent d'avancer » (p. 511). Il continuait, suivant de près les avancées de la Crise, écrivant le 28 octobre : « J'écris ceci dans un état d'épuisement, après être resté éveillé toute la nuit le vendredi et le samedi jusqu'à environ 4 h. (La différence d'heure entre les États-Unis et l'Angleterre en est la cause) » (p. 513).
[89] Le discours de Kennedy et la Crise ont fait la une du *Figaro* du 23 octobre 1962, pour une brève analyse seulement. Le 24 l'éditorial du *Monde* questionne la validité des preuves américaines, mais deux jours plus tard, après que Sherman Kent soit venu montrer quelques photographies aux journalistes, un autre article a été publié pour confirmer la validité de ces informations.

biographe de Charles de Gaulle, par exemple, suppose que « parce qu'aucun missile américain n'était basé en France [...] elle ne serait pas une cible première, même si un échange nucléaire se produisait »[90], ce qui est la preuve du « grand calme » de la France pendant la Crise[91]. Macmillan confirme cette impression lorsqu'il écrit que face à la menace d'une guerre nucléaire imminente, « les Français étaient [...] méprisants »[92], tandis que d'autres ministres britanniques s'inquiétaient de l'imminence de la guerre. Dans la soirée du 28 octobre 1962, Quintin Hogg, Baron Hailsham de St Marylebone, Lord président du Conseil, dont la femme venait d'accoucher, envisagea de baptiser l'enfant lui-même[93]. Au contraire, Étienne Burin des Roziers, secrétaire général de l'Élysée, se moque de la peur d'une catastrophe dans son journal, qui ne devait pas être rendu public avant des décennies[94].

Aux États-Unis et au Royaume-Uni, du côté de la presse et de la population, une grande peur s'est fait ressentir pendant au moins une semaine. Le 2 novembre 1962, le *New Yorker* rapportait que : « Nous attendions que quelque chose se produise, mesurant, minute par minute, dans un état ressemblant à la douleur, notre ignorance de ce qui allait se passer dans les prochaines secondes, et sentant le poids de la conviction que personne sur terre – ni le président, ni les Russes – ne savait ce qu'il se passerait »[95]. Comme l'a résumé Alice George, « pour beaucoup d'Américains, cela a représenté une semaine d'emprisonnement dans la peur [...]. Pour beaucoup, l'horloge tournait à toute allure, et comme les hommes devant un peloton d'exécution, ils attendaient et se demandaient s'ils sentiraient quelque chose avant la fin »[96].

La presse française, s'appuyant principalement sur l'information américaine, n'a en général pas insisté sur le risque de guerre jusqu'au discours du

---

[90] Bernard Ledwidge, *De Gaulle*, Londres, Weidenfeld and Nicolson, 1982, p. 273.
[91] Ces mots sont ceux de l'ambassadeur Gabriel Robin. Entretien téléphonique avec Gabriel Robin, le 17 juillet 2014. Des mobilisations nationales contre la force de frappe n'ont pas eu lieu avant 1963. Sezin Topcu, « Atome, gloire et désenchantement : résister à la France atomique avant 1968 », *in* Céline Plessis, Sezin Topcu, Christophe Bonneuil (dir.), *Une autre histoire des « trente glorieuses » : Modernisation, contestations et pollutions dans la France d'après-guerre*, Paris, La découverte, 2013, p. 198.
[92] Harold Macmillan, *The Macmillan Diaries, op. cit.*, p. 514-515 (notre traduction).
[93] Len Scott, *Macmillan, Kennedy and the Cuban Missile Crisis*, Londres, Palgrave, 1999, p. 1.
[94] Étienne Burin des Roziers, *Retour aux sources : 1962, l'année décisive*, Paris, Plon, 1986, p. 136.
[95] « The talk of the town », *New Yorker* (3 novembre 1962), notre traduction.
[96] Alice George, *Awaiting Armageddon : How Americans Faced the Cuban Missile Crisis*, Chapel Hill, NC, The University of North Carolina Press, 2003, p. 164 (notre traduction).

président Kennedy, soit aux alentours des 24-28 octobre[97]. Joëlle Beurier, en étudiant l'année 1962 telle que présentée dans les pages du magazine *Paris-Match*, montre que la violence du monde a été dramatisée pendant la première moitié de l'année et, au contraire, euphémisée pendant la seconde (période durant laquelle se sont produits les événements dont traite cet article). En effet, la seule source française suggérant une peur profonde vis-à-vis d'une guerre nucléaire venait de l'ambassade de France à Washington, qui a exprimé dans un télégramme de profondes inquiétudes liées à l'absence d'un abri antinucléaire[98].

Quelques éléments de la crise sont apparus à la télévision française : le journal télévisé de 20 heures, par exemple, a montré des images de la rencontre entre le président Kennedy et Andreii Gromyko. La confrontation entre Adlai Stevenson et Valerian Zorin lors de la session du 26 octobre du Conseil de sécurité de l'ONU a aussi été diffusée[99]. Dans l'ensemble, cependant, rien de tout cela n'a transmis un niveau significatif de peur ou de conscience du danger dans le contexte de l'époque. Une étude sur les séquences de l'actualité mondiale diffusées dans les salles de cinéma françaises à l'époque, *Regards sur le monde*, suggère fortement cette absence de peur. La Crise n'apparaît que le 31 octobre 1962, soit dix jours après le discours de Kennedy et plus de deux semaines après le début des craintes américaines à l'égard des missiles à Cuba. Cette séquence de trois minutes

---

[97] Joelle Beurier, « Passions françaises et culture de Guerre froide », *in* Philippe Buton, Olivier Buttner, Michel Hastings (dir.), *La guerre froide vue d'en bas*, Paris, CNRS éditions, 2014, p. 213-236. La Crise a bénéficié d'un plus long article que les autres évènements, dont quelques titres mentionnant la possibilité d'une guerre. Cependant, Joelle Beurier note que le lexique et l'iconographie utilisés minimisent le danger.

[98] Maurice Vaïsse, « Avant-propos » *in* Maurice Vaïsse (dir.), *L'Europe et la crise de Cuba*, op. cit., p. 9. C'est la preuve qu'à ce moment précis, pour les Français, la crise est uniquement américano-soviétique et qu'ils ne sont pas impliqués. Maurice Vaïsse, « Une hirondelle ne fait pas le printemps », *in* Maurice Vaïsse (dir.), *L'Europe et la crise de Cuba*, op. cit., p. 89 ; interview de Maurice Vaïsse, Paris, 27 aout 2013. La politique intérieure française de l'époque se concentrait sur des points de convergence intense qui détournaient facilement l'attention de la Crise : l'Algérie, département français depuis 1830, était devenue indépendante le 18 mars 1962, soit quelques mois auparavant. Le 28 octobre, au milieu de la crise, un référendum sur l'élection du président de la République française au suffrage universel direct devait avoir lieu. Un échec à ce référendum aurait signifié la fin de la présidence de Charles de Gaulle, après quatre années au pouvoir et seulement quelques mois après avoir survécu à une tentative d'assassinat. En conséquence, le discours du secrétaire américain à la Défense McNamara sur le passage à une réponse flexible a plus d'impact sur le débat français que la Crise. Cela reflète en grande partie la peur d'une guerre conventionnelle en Europe et une peur centrée sur Berlin.

[99] Disponible sur : http://www.ina.fr/video/CAF97049141/rencontre-gromyko-kennedy-video-html; (http://www.ina.fr/video/CAF97027208/conseil-de-securite-video.html; http://www.ina.fr/video/CAF97027010/depart-u-thant-pour-la-havane-video.html [consultés le 2 décembre 2018].

et demie mettait l'accent sur le contrôle dans le commentaire : « tout était possible, puis le miracle de la sagesse et de la fermeté eut raison de la fatalité des dangers en chaîne ». Il est intéressant de relever que l'ordre dans lequel les séquences du journal télévisé ont été présentées cette semaine-là n'a pas été modifié pour refléter un danger particulièrement grave[100].

De même, le principal organe de presse sur les questions militaires en France, *la Revue de Défense nationale*, comportait quelques colonnes qui s'inquiétaient du commerce d'armes croissant entre Cuba et l'Union soviétique, mais il n'a publié rien de particulier sur la Crise elle-même avant 1963. Ceci est d'autant plus surprenant que deux articles publiés plus tôt en 1962 dans cette même revue discutent du risque d'escalade involontaire[101].

L'éminent stratège français, le général Pierre-Marie Gallois estimait que la situation n'était pas grave, s'appuyant sur les informations qu'il obtenait de la part de ses contacts militaires de l'OTAN, qui ne se sentaient pas « au bord du gouffre »[102]. Pierre Hassner, alors proche collaborateur de l'important stratège français Raymond Aron, a souligné le contraste entre l'indifférence française et l'inquiétude britannique en attente de la fin du monde[103].

Alors que de nombreux intellectuels français, en particulier Albert Camus et Jean-Paul Sartre, avaient pris position très tôt après Hiroshima sur l'arme nucléaire, l'intelligentsia française était ostensiblement silencieuse pendant la Crise[104]. Bien sûr, il faut garder à l'esprit que Camus est décédé avant la Crise, en janvier 1960. Mais Sartre, André Malraux, Simone de Beauvoir et l'éminent intellectuel catholique François Mauriac semblent être restés complètement silencieux au sujet de la Crise[105]. Aucune

---

[100] Disponible sur : http://www.ina.fr/video/AFE86003852 (consulté le 2 décembre 2018).

[101] Claude Delmas, « Réflexions sur la guerre », *Revue de Défense Nationale*, juillet 1962, notamment p. 1186 et Colonel de Saint Germain *in Revue de Défense Nationale*, 205, août/septembre 1962, p. 1352, 1355. Jacques Vernant a écrit brièvement à propos de cela en 1963 comme un jeu : Jacques Vernant, *Le jeu diplomatique à l'âge nucléaire*, 1963, p. 862-868.

[102] Christian Malis, *Pierre Marie Gallois : Géopolitique, Histoire, Stratégie*, Lausanne, L'Âge d'homme, 2009.

[103] Entretien avec Pierre Hassner, Paris, 9 décembre 2013.

[104] Voir l'éditorial d'Albert Camus dans *Combat* publié le 8 août 1945 ; Simone Debout, « Sartre et Camus face à Hiroshima », *Esprit*, vol. 239, n° 1, 1998 ; Annie Kramer, « À l'aube de l'âge atomique 'entre l'enfer et la raison' », CISAC Honors thesis, Stanford University, 2013.

[105] Il n'y a rien à ce sujet dans le *Dictionnaire André Malraux* édité par Charles-Louis Foulon, Jeanine Mossuz-Lavau, et Michael de Saint-Cheron, Paris, CNRS éditions, 2011. Le volume de correspondance publiée par Simone de Beauvoir qui couvre les années 1940-1963 n'inclut aucune lettre datant de 1962. Simone de Beauvoir, *Lettre*

des revues publiées par l'élite intellectuelle française à l'automne 1962 n'a abordé le problème de la Crise. Il n'en est fait aucune mention dans *Les temps modernes*, *Esprit* ou *La revue des deux mondes*[106]. La seule discussion significative a paru dans *l'Humanité*, le quotidien du Parti communiste français. Sartre et Aragon y ont publié, le 25 octobre, un message de soutien au peuple cubain au nom de l'association France-Cuba. Néanmoins, cette déclaration ne fait aucune mention de la menace nucléaire[107].

Il est important de prendre en compte l'intimité qu'il y avait entre Charles de Gaulle et une partie de la population française. Beaucoup de Français écrivaient au président pour partager leurs espoirs et leurs craintes. En se penchant sur les correspondances des citoyens, des maires et des membres du clergé reçues par la présidence de la République en 1962, il est clair qu'aucune lettre n'exprime de peur ou ne demande des éclaircissements sur la situation nucléaire à Cuba[108]. De même, aucune des cartes de meilleurs vœux pour l'année 1963 qui ont été conservées ne mentionne l'issue favorable d'une crise risquée et effrayante[109]. En résumé,

---

à Sartre, Volume II : *1940-1963*, Paris, NRF Gallimard, 1990. Ses biographes, Claude Francis et Fernande Gontier mentionnent ses visites à La Havane avec Sartre et ses impressions concernant Castro. Ils ne font cependant pas mention de la Crise. Claude Francis, Fernande Gontier, *Simone de Beauvoir*, Paris, Perrin, 2006 (orig. pub. 1985), p. 300-312 et 321-322. Le bloc-notes de Mauriac de l'année 1962 ne mentionne pas non plus la Crise. Sa correspondance de l'époque avec l'écrivain Jean Paulhan mentionne l'OAS – Organisation de l'armée secrète –, un groupe armé opposé à l'indépendance de l'Algérie – mais pas la Crise. Cela suggère la primauté de la politique intérieure dans la sphère intellectuelle française de l'époque. François Mauriac, *D'un bloc-notes à l'autre : 1952-1969*, Paris, Bartillat, 2004 et François Mauriac et Jean Paulhan, *Correspondance 1925-1967*, Bassac, Éditions Claire Paulhan, 2001, p. 345.

[106] Pour *Les temps modernes*, nous n'incluons évidemment pas octobre puisqu'il s'agit d'un double numéro. Dans *Esprit*, Stanley Hoffmann écrit un article à propos des relations franco-américaines, mais sur la période post Seconde Guerre mondiale.

[107] Nicolas Badalassi, *Pour Quelques Missiles de Plus*, Sarrebruck, éditions européennes, 2011, p. 140. Les seuls écrits de Sartre qui semblaient liés aux enjeux de sécurité nucléaire ont été également publiés un an avant la Crise, à l'époque de la « baie des cochons ». *L'express* (20 April 1961), p. 8, noté dans Denis Bertholet, *Sartre*, Paris, Plon, 2000, p. 434. Voir également p. 421-424, 430.

[108] Sur la connexion intime via la correspondance entre Charles de Gaulle et le public français et comment l'espoir et la peur en sont le noyau, voir Sudhir Hazareesingh, *Le mythe gaullien*, Paris, Gallimard, 2010, p. 119.

[109] Archives de la Présidence de la République française, Peyrefitte sur Seine, France, 5AG1/1322-1358. Bien sûr, l'échantillon que j'ai pu consulter n'était pas complet. Cependant, la présence de lettres agressives à l'égard de Charles de Gaulle, le blâmant pour le résultat de la guerre d'Algérie, suggère qu'il n'y a pas eu de retrait systématique de documents. De plus, la présence de correspondance avec des citoyens et avec les maires de France qui n'ont pas demandé ou reçu de réponse suggère que les expressions de peur n'ont pas été éliminées simplement parce que personne ne leur aurait répondu. Dans tous les cas, le type de lettre que nous cherchions n'aurait pas été particulièrement

une étude approfondie des sources suggère que l'expérience française de la Crise ignore le risque de guerre ou d'accident nucléaire et n'affiche pas le niveau de crainte attendu par les chercheurs en études de sécurité qui supposent que le potentiel destructeur suffit à produire un effet dissuasif.

Cette absence de crainte persiste dans les déclarations plus récentes des quelques personnalités publiques françaises qui ont exprimé leur interprétation de la Crise. En 2014, l'ambassadeur Gabriel Robin, un fonctionnaire français travaillant dans la délégation française à la Communauté économique européenne (CEE) à Bruxelles pendant la Crise, s'est souvenu de mots relatifs au danger encouru, mais pas de l'expérience : « On avait le sentiment d'être au bord du péril atomique ». Cependant, il a continué en disant que ce n'était « pas ses affaires » étant donné qu'il était en charge des relations économiques et cela ne perturbait pas son travail quotidien. Il a conclu par ces mots : « nous disions 'c'est effrayant' mais nous n'y avons pas vraiment pensé. » Il s'est également rappelé que le ministre des Affaires étrangères, Maurice Couve de Murville, est venu leur rendre visite pendant la Crise et qu'il n'était « pas affolé du tout »[110]. Cela est cohérent avec le télégramme que Couve a envoyé à tous les représentants de la France à l'étranger le 18 septembre 1962, un mois avant les tensions, dans lequel il écrit : « bien que l'idée soit constamment suggérée, il n'est dit nulle part expressément que, si les États-Unis intervenaient à Cuba, l'Union soviétique riposterait en déclenchant une guerre nucléaire »[111].

Le même sentiment d'indifférence et de méconnaissance du danger apparaît dans deux chapitres consacrés à la France et à l'OTAN dans *L'Europe et la crise des missiles de Cuba*, volume édité par Maurice Vaïsse en 1993. Pierre Gallois écrit à propos de « l'hystérie américaine »[112] ajoutant que « mis à part les mouvements pacifistes les opinions publiques ne s'inquiétèrent que modérément »[113]. « Si les ménages firent quelques provisions, les gouvernements ne manifestèrent qu'une appréhension mesurée »[114]. Le futur président Valéry Giscard d'Estaing, alors ministre des

---

offensante ou facile à distinguer. Sudhir Hazareesingh avait déjà noté que des événements majeurs comme mai 1968 avaient généré une quantité étonnamment faible de correspondance de la part de la population française. Sudhir Hazareesingh, *Le mythe gaullien*, Paris, Gallimard, p. 119. Par conséquent, il est plausible que le silence de la correspondance disponible confirme notre argument.

[110] Entretien téléphonique avec Gabriel Robin, 17 juillet 2014.
[111] Commission de publication des documents diplomatiques français, *Documents diplomatiques français* 1962 tome 2, 1er juillet-31 décembre, Paris, Imprimerie Nationale, 1999, p. 222.
[112] Pierre Marie Gallois, « Les conséquences de la crise de Cuba sur l'alliance », in Maurice Vaïsse (dir.), *L'Europe et la crise de de Cuba, op. cit.*, p. 172.
[113] *Ibid.*, p. 171 (notre traduction).
[114] *Ibid.*, p. 171 (notre traduction).

Finances âgé de 36 ans, rencontrait le général de Gaulle au moins une ou deux fois par semaine. Il va jusqu'à dire dans un livre d'entretiens en 2000 que c'était un temps d'insouciance et « la période la plus heureuse de sa vie »[115]. Apparemment, il n'avait aucun souvenir d'une peur existentielle.

Fait encore plus intéressant pour la question qui nous occupe, aucun intellectuel, chercheur ou stratège français majeur n'a changé d'avis sur la signification de la Crise au cours des cinquante-cinq années suivantes, et cela en dépit des découvertes convaincantes qui ont été faites : le débat sur la question de savoir si les Cubains avaient l'autorité de lancer les armes nucléaires tactiques qui se trouvaient à Cuba, les cas d'explosions nucléaires évitées de justesse (*close calls*) révélés par les conférences d'histoire orale des années 1980 et 1990, Sagan en 1993 et Dobbs en 2008. Gabriel Robin a offert une interprétation révisionniste des causes de la Crise et de sa résolution, mais son livre a été ignoré par chercheurs et décideurs[116].

Raymond Aron est mort avant les révélations majeures des années 1990, cependant il a prêté son autorité à un récit persistant de contrôle et de sous-estimation du danger de la Crise[117]. En 1976, il écrivait que « l'épisode le plus spectaculaire de la guerre froide, la confrontation directe de deux puissances nucléaires [...] n'exclut nullement une interprétation conforme aux concepts de la diplomatie classique »[118]. Dans une interview télévisée de 1980 avec Dominique Wolton et Jean-Louis Missika, Aron a estimé que : « Même la crise cubaine de 1962 n'a pas vraiment été une urgence nucléaire »[119].

Pendant la plus grande partie de sa vie, le général Gallois, l'adversaire intellectuel de Aron dans le prétendu « grand débat » sur la stratégie nucléaire française au début des années 1960, ne pensait pas que la Crise

---

[115] Valéry Giscard d'Estaing, *Mémoire vivante : Entretien avec Agathe Fourniaud*, Paris, Flammarion, 2001, p. 100, 111 (notre traduction).

[116] La littérature limitée en français sur le thème le cite, mais n'engage pas le débat. Gabriel Robin a informé l'auteur que les idées de son livre étaient soit ignorées soit rapidement négligées par ses collègues du service diplomatique français. Entretien téléphonique avec Gabriel Robin, 17 juillet 2014.

[117] Georges-Henri Soutou, « Raymond Aron et la crise de Cuba », *in* Maurice Vaïsse (dir.), *L'Europe et la crise de Cuba, op. cit.* Georges-Henri Soutou note que Aron a changé d'avis sur le théâtre de l'armement nucléaire en Europe à cause de la Crise des missiles de Cuba.

[118] Raymond Aron, *Penser la guerre : Clausewitz, Volume II : l'âge planétaire*, Paris, Gallimard, 1976, p. 147. Voir aussi p. 146.

[119] Raymond Aron, *Thinking Politically*, trad. James et Marie McIntosh, Londres, Transaction Publishers, 1997, p. 184 (notre traduction). Dans ses *Mémoires*, il traite la Crise seulement par la reproduction d'un paragraphe d'une lettre qu'il avait reçue de Carl Schmitt le félicitant pour son analyse. Raymond Aron, *Mémoires*, Paris, Julliard, 1983, p. 456. Cette section n'apparaît pas dans la traduction anglaise des *Mémoires* de Raymond Aron par George Holoch, New York, Holmes & Meier, 1990.

méritait d'être mentionnée. Pour lui, l'évolution et le résultat de la Crise n'étaient que des preuves supplémentaires que les armes nucléaires créaient une rationalité partagée. Et cela même lorsqu'il s'agissait d'ennemis comme l'Union soviétique. Gallois estimait que la Crise n'était pas menaçante parce que son évolution progressive a conduit à l'alerte officielle des forces nucléaires stratégiques qui à leur tour ont forcé les deux grandes puissances à négocier. « La surprise était impossible »[120]. Cela a été une interprétation cohérente au fil des années de la part de Gallois, qui n'a jamais considéré la Crise comme une « crise nucléaire »[121]. C'est le cas même si ses archives montrent qu'il a été exposé à la littérature sur l'utilisation accidentelle d'armes nucléaires et la guerre nucléaire par inadvertance[122].

Un troisième stratège nucléaire français incontournable, André Beaufre, a donné un entretien révélateur en 1971, dans lequel il considère explicitement la guerre nucléaire comme impossible parce que la dynamique nucléaire est parfaitement prévisible et contrôlable. Lorsqu'on lui a demandé s'il croyait au risque d'une guerre nucléaire totale, il a répondu :

> Au niveau nucléaire on peut, avec des instruments de mesure, calculer exactement ce que représentera la guerre. On ne pouvait pas le faire avec des moyens microscopiques tels que le pistolet, la mitrailleuse ou même le canon. L'erreur et le rêve étaient permis. Aujourd'hui, ce n'est plus possible. On travaille dans quelque chose qui est infiniment calculable et l'on sait à l'avance quels seront les résultats. Les hommes ne feront pas certaines choses parce qu'ils ne sont pas fous. S'ils cherchent à obtenir des résultats, ils cherchent à les obtenir au moindre prix. C'est une des lois de l'activité humaine. Par conséquent, je ne crois pas à la grande catastrophe ni à la mort atomique.[123]

---

[120] Pierre-Marie Gallois, « À quoi sert la stratégie ? Entretien avec Alain-Gérard Slama à propos du livre d'Edward Luttwak *Le Paradoxe de la stratégie* », *Le Figaro* (30 mars 1989), p. 35.

[121] Pierre-Marie Gallois, « Risques d'escalade au niveau nucléaire », *Revue de Défense Nationale*, novembre 1980, p. 6170 ; Christian Malis, *Pierre-Marie Gallois*, p. 471 ; correspondance avec le général Claude Le Borgne, 14 décembre 2013. Selon les souvenirs de son fils, Gallois n'a jamais mentionné la crise des missiles de Cuba lors de ses conversations avec sa famille. S'il avait pensé qu'il y avait une sérieuse menace de guerre nucléaire, il en aurait probablement fait part à sa famille. Entretien avec Philippe Gallois, 13 mars 2013.

[122] On trouve dans la documentation qu'il avait conservée, un article du *Monde* daté du 20 février 1960 où figure un encart sur la page 2, avec comme titre « Éviter une guerre déclenchée par erreur de calcul ». Archives de Pierre-Marie Gallois, 30Z 37602/1, Service Historique de la Défense, Vincennes. Il est révélateur que Gallois ait choisi de découper cet article du journal et de le conserver.

[123] Jean Offredo, « Interview avec André Beaufre et Gilles Martinet, "La guerre atomique est-elle possible ?" », *in* Jean Offredo (dir.), *Le sens du futur*, Paris, Éditions Universitaires, 1971, p. 110.

Étonnamment, et très révélateur pour l'argument de cet article, cette opinion est partagée par un opposant de longue date aux armes nucléaires, le général Claude Le Borgne. Il décrit la Crise comme « une sorte de psychodrame que les deux grands chefs d'État, alors nucléaires débutants, ont joué pour leur propre éducation »[124]. Il ajoute que « le fait que l'opinion publique ait vu le monde au bord de la guerre est une autre question, un point discutable »[125]. D'une certaine manière, cette effrayante absence de peur pendant la Crise a conduit à la fois les partisans conservateurs de la théorie de la dissuasion rationnelle et les anticolonialistes radicaux à adopter un récit basé sur l'illusion rétrospective de sécurité et de contrôle[126].

Même les directives officielles du ministère français de l'Éducation concernant l'enseignement de cet épisode au collège et au lycée perpétuent cette illusion rétrospective de contrôle, compatible avec une expérience de l'événement dépourvue de peur[127]. L'enseignement de la Crise n'est plus mentionné dans le programme officiel des années d'école obligatoire. Il a disparu des lignes directrices pour les 11 à 15 ans depuis 2013 et la Crise n'apparaît pas dans la liste des 43 repères historiques du troisième millénaire avant Jésus-Christ à aujourd'hui que les étudiants doivent maîtriser à la fin du collège (scolarité obligatoire)[128]. Pour le reste de l'école secondaire (lycée), les recommandations suggèrent que la Crise permet à l'enseignant : « d'insister [...] sur le poids de la dissuasion et sur la volonté des pays d'éviter une confrontation directe »[129].

En somme, étudier l'expérience française de la Crise et les discours à son sujet, issus des milieux intellectuels, universitaires, des officiers et des officiels de l'Éducation nationale, montre une absence de peur qui

---

[124] Très tôt, le stratège Alain Joxe émet la même conclusion dans son essai de 1964 intitulé *La crise de Cuba*.

[125] Correspondance avec le général Claude Le Borgne, 14 décembre 2013.

[126] Voir, par exemple, l'éditorial intitulé « La crise cubaine », *Socialisme ou Barbarie*, mars-mai 1963, p. 80-82.

[127] Une exception serait un manuel révisé par Gabriel Robin en 1984, qui affirme que « la crise semble conduire le monde au bord de la Troisième Guerre mondiale », cité dans Robin, *La crise de Cuba, op. cit.*, p. 1.

[128] « Conseil supérieur des programmes, projets programmes pour les cycles », 2-4 septembre 2015, p. 301, disponible sur : http://cache.media.education.gouv.fr/file/09_-_septembre/22/9/programmes_cycles_2_3_4_469229.pdf consulté le 16 mai 2016 ; « Bulletin Officiel 42 » (Novembre 2013), disponible sur : http://cache.media.education.gouv.fr/file/42/56/7/4776_annexe1_280567.pdf (consulté le 16 mai 2016), p. 7-8. Il est intéressant de relever que l'histoire nucléaire n'apparaît pas du tout.

[129] Ressources pour des professeurs de lycées techniques et généraux, classes de 1re, disponible sur : http://cache.media.eduscol.education.fr/file/lycee/70/4/LYceeGT_Ressources_Hist_1_05_GuerreFRConflictualites_184704/pdf. Exactement les mêmes instructions étaient présentes en 2010 et se retrouvent pour les séries L et ES en 2015. Merci à Yannick Pincé pour m'avoir dirigé vers ces documents.

s'est traduite au fil du temps par un récit de contrôle. Cette témérité relative contraste à la fois avec les hypothèses implicites qui existent dans les milieux politiques quant à une compréhension partagée de la Crise et avec les postulats des universitaires spécialisés dans les études de sécurité qui sont convaincus par la terreur induite par la capacité destructrice des armes nucléaires.

Conclusion

La prise de conscience des limites de la connaissance et du contrôle des armes nucléaires est cruciale pour la précision historique et pour l'apprentissage nucléaire ; elle est également essentielle comme point de départ d'un débat politique fructueux sur les armes nucléaires qui inclurait des préoccupations stratégiques, éthiques et politiques.

Cette prise de conscience est d'autant plus importante que l'excès de confiance est une cause de danger accru. Il est donc essentiel de tirer des enseignements de la crise des missiles de Cuba, car, au cours des trente dernières années, les analystes ont découvert qu'il s'agissait de l'un des événements les plus dangereux de l'ère nucléaire dont l'issue pacifique repose en partie sur la chance et qu'auparavant ils ont été trop confiants dans la capacité de la bonne gestion à expliquer cette issue pacifique. Afin de comprendre la construction d'une telle confiance, nous avons accepté l'idée que l'apprentissage se produisait principalement au niveau national et nous sommes consacrés au cas français, dans une perspective comparée. Nous avons d'abord mis en évidence le fait que ces recherches n'ont pas été réfutées de manière adéquate et que ceux qui ne prennent pas ces éléments au sérieux le font via des incohérences épistémologiques ou pratiques. Le rejet de la pensée contrefactuelle comme une pratique de recherche légitime est une autre façon de rendre ces résultats invisibles sans avoir à les réfuter. Enfin, nous avons utilisé l'exemple français pour montrer qu'une expérience et une mémoire officielle de la Crise qui ne reposent pas sur la peur alimentent au fil du temps un excès de confiance en la sûreté, la contrôlabilité et la prévisibilité des crises nucléaires. Les élites et les populations américaines et britanniques ne comprenaient pas toute l'étendue des dangers de l'époque, mais, contrairement aux Français, elles éprouvaient certainement de la peur. Ces facteurs *idéationnels* et disciplinaires seraient suffisants pour éviter que le problème ne devienne une question d'intérêt public en France ; ils invitent également à une recherche responsable sur le nucléaire pour résoudre ce problème sans attendre un changement structurel ou politique. Cela ouvre trois voies de recherche.

Premièrement, les spécialistes des sciences sociales ne peuvent laisser Fidel Castro emmener l'insoutenable légèreté de la chance avec lui dans la tombe. Suite aux efforts des psychologues cognitifs pour découvrir notre tendance à nier rétrospectivement l'importance de la chance, une exploration plus poussée de la politique de la chance et comment la distinction entre risque et incertitude (entendue comme incontrôlabilité et inconnaissabilité des limites du possible) a été brouillée serait une première étape cruciale vers une reconceptualisation du contrôle nucléaire, une reconceptualisation qui placerait la chance au cœur de l'action politique et éthique, du pouvoir et de la responsabilité au fil du temps[130]. Sur le plan empirique, cette approche impliquerait d'abord de traiter comme point de départ la question « À quel point nous étions proches d'une catastrophe nucléaire ? », et de se concentrer sur les voies susceptibles de conduire à la catastrophe plutôt que sur des tendances identifiées par le passé et dont on suppose qu'elles cadrent les futurs possibles.

Deuxièmement, les cas où l'on a été proche de l'utilisation de l'arme nucléaire doivent être requalifiés comme des événements qui méritent d'être étudiés[131]. Les spécialistes de l'histoire diplomatique et les spécialistes des études de sécurité pourraient unir leurs forces de manière fructueuse indépendamment de leurs points de vue sur la valeur de la méthode contrefactuelle. En effet, nous avons besoin de plus de recherches sur l'histoire des États dotés d'armes nucléaires à la fois pour découvrir des sources primaires sur les antécédents de sécurité et de sûreté des arsenaux nucléaires, mais aussi pour permettre une réflexion contrefactuelle rigoureuse, allant au-delà d'une pensée en termes de risque[132]. Des his-

---

[130] Kahneman, *Thinking Fast and Slow, op. cit.*, part III ; « Taking uncertainty seriously » ; Brian Rathbun, « Uncertain about uncertainty ; Understanding the multiple meanings of a crucial concept in International Relations theory », *International Studies Quarterly*, vol. 51 (2007) ; Pelopidas, « We all lost the Cuban Missile Crisis » et « The book that leaves nothing to chance » ; Pelopidas, « Nuclear weapons scholarship » ; La notion de pouvoir protéiforme (*protean power*) comme opposé au pouvoir par le contrôle accomplit déjà une partie de cet agenda de recherche eu égard au concept de puissance, et suite à ses efforts pour saisir la confusion entre incertitude et risque. Voir Peter Katzenstein, Stephen Nelson, « Uncertainty, risk, and the financial crisis of 2008 », *International Organization*, vol. 68, n° 2, 2014 et Peter Katzenstein, Lucia Seybert (dir.), *Protean Power. Exploring the uncertain and the unexpected in world politics*, Cambridge, Cambridge University Press, 2017.

[131] Les premières tentatives seraient Patricia Lewis, Heather Williams, Benoît Pelopidas, Sasan Aghlani, *Too Close for Comfort : Cases of Near Nuclear Use and Options for Policy*, Londres, Chatham House, 2014 et Gordon Barrass, « *Able Archer* 83 : What were the Soviets thinking ? », *Survival*, vol. 58, n° 6, 2016.

[132] Ceci est d'autant plus important que l'article 17/L.213-2. Il de la loi 2008-696 sur les archives votée le 15 juillet 2008 contraint la communication des archives relatives à l'histoire nucléaire. Il est disponible sur : https://www.legifrance.gouv.fr/affichTexteArticle.do;jsessionid=025DCB092EAA198A6EA37986D4516BC0.tpdila10v_3?idArticle=JORFARTI000019198568&cidTexte=JORFTEXT000019198529&dateTexte=29990101&categorieLien=id (consulté le 2 décembre 2018). Concernant

toires orales critiques comparées sur les alertes nucléaires aideraient également à légitimer les limites du contrôle sur les armes nucléaires en tant qu'objet d'intérêt scientifique. Une telle approche permettrait également de s'attaquer directement au problème scientifique de la dépendance et de l'approbation inconditionnelle des témoignages des anciens décideurs et en même temps de répondre aux problèmes politiques qui résultent d'hypothèses erronées produites par une expérience partagée et par l'interprétation d'événements comme la Crise[133]. La dimension empirique de cet article n'est qu'un premier pas dans cette direction[134]. Ce programme de recherche permet aux analystes de commencer à travailler contre cet excès de confiance sans attendre des réformes structurelles ou institutionnelles et il suggère également qu'ils ont la responsabilité de le faire.

Troisièmement, il est crucial dans les études de sécurité de réaffirmer la construction socio-historique de la valeur des systèmes d'armes nucléaires au lieu de perpétuer l'hypothèse répandue selon laquelle la capacité destructrice des armes nucléaires déclenche une peur adéquate, qui à son tour initie un processus d'apprentissage suffisant à faire fonctionner la dissuasion existentielle en tout contexte. Si les décideurs français avaient effectivement ressenti une peur adéquate à l'époque de la Crise, mais n'en ont laissé aucune preuve, les affirmations de cet article resteraient valables : cette absence de preuve serait seulement une preuve de plus des œillères qu'implique le rejet de la pensée contrefactuelle ; quoi qu'il en soit, et quelles que soient les pensées inexprimées des décideurs de l'époque, leur comportement public téméraire a des conséquences sur les générations de dirigeants suivantes. Des preuves éventuelles de doutes que les hommes d'État n'auraient formulés qu'en privé mettent en évidence la nécessité de reconnecter l'étude des armes nucléaires avec la théorie de la démocratie et avec la question du droit des citoyens à savoir.[135] Identifier les effets du rejet de la pensée contrefactuelle et documenter les diverses expériences et commémorations du danger nucléaire en tant que composantes d'un processus d'assignation de valeur aux armes nucléaires sont des moyens de comprendre et de contrer l'excès de confiance dans leur contrôle. Ceci est crucial pour l'apprentissage politique, car la coexistence de cette *diversité*

---

ce point voir Maurice Vaïsse, « L'historiographie française relative au nucléaire », *Revue historique des armées*, 262, 2011, p. 3-8.

[133] Sur la dimension intéressée des mémoires de tous les membres du comité exécutif de conseil au président Kennedy (Excomm), voir Stern, *The Cuban Missile Crisis in American Memory*.

[134] Voir Pelopidas, « Remembering the Cuban Missile Crisis, with Humility », European Leadership Network, 11 novembre 2014 et Pelopidas, *Global Nuclear Vulnerability*, en cours d'évaluation.

[135] *Cf.* Pelopidas, « Quelle(s) révolution(s) nucléaire(s) ? », art. cité et la conclusion de ce volume.

de mémoires alliée à l'illusion rétrospective de *l'unanimité* et du contrôle donne une résonance troublante à l'affirmation de Peter Sloterdijk : « la seule catastrophe qui paraît claire à tous serait la catastrophe à laquelle personne ne survit ».[136]

---

[136] Peter Sloterdijk, *La mobilisation infinie : Pour une critique de la cinétique politique*, Paris, Christian Bourgeois, 2000, p. 108.

Le nucléaire comme obstacle épistémologique du constructivisme

Antony DABILA

> Dans les paroles sans nombre prononcées par les hommes –
> qu'elles soient raisonnables ou insensées, démonstratives ou
> poétiques – un sens a pris corps qui nous surplombe, conduit
> notre aveuglement, mais attend dans l'obscurité notre prise de
> conscience pour venir à jour et se mettre à parler[1].

Centrée sur les perceptions, les normes et les valeurs des acteurs et la notion d'intersubjectivité, l'approche structuraliste a été inaugurée dans les années 1980 et 1990 par les travaux de Wendt[2], Onuf[3] et Kratochwil[4]. Adaptant dans le domaine des Relations internationales la philosophie dite « idéaliste », elle prend pour hypothèse fondamentale que toute perception est une médiation entre l'esprit et la chose pensée, qui reste inaccessible. Par conséquent, aucune représentation politique n'est *donnée*, mais vient prendre position dans un système de connaissance dans lequel elle s'insère et par lequel elle est modelée. L'objectivité à laquelle prétend accéder l'école réaliste classique ne peut donc être atteinte. Le danger, la menace, tout comme l'amitié et la proximité, sont des *constructions sociales* prenant appui sur des représentations déterminées par le milieu culturel (d'où le terme *constructivisme*). Il n'y a pas non plus de *puissance* ou de *pouvoir* en soi, mais toujours une représentation de ceux-ci, diversement justifiée et mise en pratique selon les systèmes de croyances politiques.

Rencontrant rapidement un succès considérable, cette école a pu s'atteler à un vaste programme de recherche, décliné dans tous les secteurs de l'étude des relations internationales. Mais, forte de son succès, cette approche a évolué rapidement et se retrouve aujourd'hui scindée en plu-

---

[1] Michel Foucault, *Naissance de la clinique*, Paris, PUF, 2015, p. XII.
[2] Alexander Wendt, « Anarchy is what states make of it », *International Organization*, vol. 46, n° 2, Printemps 1992, p. 391-425.
[3] Nicholas Onuf, *World of Our Making*, Columbia (SC), University of South Carolina Press, 1989.
[4] Friedrich Kratochwil, *Rules, Norms and Decisions : On the Conditions of Practical and Legal Reasoning in International Relations and Domestic Society*, Cambridge, Cambridge University Press, 1989.

sieurs chapelles, qui se distinguent nettement par leurs méthodes, leurs paradigmes fondamentaux et, par conséquent, par leur vision de la nature de l'interaction sociale et des relations internationales.

Le nucléaire, en tant que domaine majeur de la réflexion relative à la sécurité, la stratégie et la diplomatie, n'a pas été en reste et a lui aussi été traité sous l'angle *normatif* proposé par les auteurs se réclamant de cet ensemble de méthodes « centrées sur les croyances ». Nous verrons cependant que l'étude des armes atomiques est problématique pour ce type d'approche. Elle pose en effet de manière abrupte un problème théorique crucial : celui de la réalité de la menace posée aux unités politiques agissant sur l'espace international. L'examen des différentes approches et de leur traitement de la question du nucléaire pourrait ainsi être une voie privilégiée pour discriminer entre deux types d'attitudes : celles compatibles avec les autres paradigmes des relations internationales, apportant une source de réflexions nouvelles et parfois tout à fait pertinentes, et celles ayant embrassé « le tournant linguistique », réduisant l'ensemble des questions de sécurité à des jeux de langages et prônant avec obstination un irénisme fondé sur la réorganisation des catégories de l'esprit et la reconfiguration des représentations. Mais avant de passer en revue les différents programmes de recherche constructivistes dédiés au nucléaire, un bref rappel des présupposés et des singularités de ce courant de pensée s'impose.

Le constructivisme au sein de la sociologie et des sciences de l'action sociale

Comme l'a bien posé Jean Baechler, toute compréhension sociologique du comportement et de l'action d'un individu doit s'appuyer sur le couple problème/solution[5]. Plus précisément, nous dit-il, nous devons comprendre comment l'être humain passe d'un problème objectif, à la définition d'un problème subjectif (ou culturellement situé si l'on préfère), puis à la formulation d'une solution subjective, devant correspondre à une solution objective (résolvant effectivement le problème). Face à une difficulté, l'homme adopte donc une « stratégie psychique », qui produit une « forme problématique » et définit une solution permettant de « se donner les moyens de le traiter »[6].

Ainsi, un homme devant traverser une contrée inhospitalière sera placé devant le défi de se mouvoir jusqu'à son point d'arrivée, sans faire cesser ses fonctions vitales et en transportant ses effets de manière plus ou

---

[5] Voir Jean Baechler, *La Nature humaine*, Paris, Hermann, 2009, p. 261.
[6] *Ibid.*

moins sécurisée. Qu'il utilise des croyances géographiques et hygiéniques de nature mythologiques, l'astronomie ptoléméenne et les préceptes médicaux de Galien (que l'on sait faux, mais qui renferment des procédés techniques ponctuellement corrects), ou bien qu'il le fasse grâce à un GPS et des capteurs sensoriels reliés à son téléphone et à internet, qui le tiennent informé sur son état de santé en temps réel, le processus sera le même. On passe d'un obstacle objectif à une manière subjective plus ou moins efficace permettant de le surmonter (effectivement). Tout problème humain compte par conséquent une part objective, c'est-à-dire indépendante de l'esprit qui le perçoit, et une part construite par cet esprit, relevant de la « stratégie psychique ». Ceci est valable pour des domaines relevant des sciences physiques et biologiques, comme la nutrition, la reproduction ou santé, mais aussi pour les problèmes politiques et géopolitiques, comme la mise au point d'une politique d'enseignement ou la négociation de traités commerciaux avec d'autres entités politiques.

Suivant ce découpage des différents moments de cette séquence cognitive, nous pouvons catégoriser les écoles dominantes de l'étude des Relations internationales selon leur focalisation sur l'une ou l'autre de ces étapes, ou l'un ou l'autre de ces moments de l'action. Reste cependant à savoir lesquels.

Le réalisme aura tendance à ne voir que les deux extrémités de la chaîne. Considérant que la sécurité est un « bien commun » à tous les membres de l'unité politique, l'État résout, en matière de politique extérieure, des problèmes posés à tous, et ce de la manière la plus rationnelle qui soit. La peur que l'ennemi dépasse notre capacité de défense et la volonté d'assurer la plus grande liberté d'action à l'État sont des problèmes objectifs, qui reçoivent des solutions objectives, qu'il ne s'agit pas d'interpréter, mais de percer à jour et retranscrire[7].

Les tenants de la théorie « organisationnelle », fondée sur le précepte de « rationalité limitée », considèrent quant à eux que la perception du problème objectif est obturée au moins partiellement par l'incapacité des organisations composant l'État (les institutions) à se procurer l'ensemble de l'information pertinente. En outre, le coût de cette information et son indisponibilité éventuelle à l'instant décisif, l'inadaptation des institutions

---

[7] Il s'agit là d'un principe figurant sur l'acte de naissance même du réalisme en Relations internationales, *Politics Among Nations* de Hans Morgenthau : « Political realism believes that politics, like society in general, is governed by objective laws that have their roots in human nature. In order to improve society, it is first necessary to understand the laws by which society lives. The operation of these laws being impervious to our preferences, men will challenge them only at the risk of failure ». Hans Morgenthau, *Politics Among Nations* : *The Struggle for Power and Peace*, New York, Knopf, 1948, p. 4.

aux situations mouvantes de la scène transpolitique représentent des limitations supplémentaires à l'approche réaliste, qu'il s'agit de compléter par une étude minutieuse des structures politiques. Le point central de l'étude sera ici l'aptitude plus ou moins grande des États à passer du « problème objectif » au « problème subjectif », grâce aux procédures et à la plasticité organisationnelle de leur institution[8].

À cela, nous pouvons ajouter une autre école, prenant en compte le passage entre le deuxième et le troisième chaînon, à savoir la traduction du problème subjectif, ici collectif, en solution subjective convenant à tous les individus et toutes les organisations impliquées. Fondée sur la maxime selon laquelle « La politique internationale est aussi faite de politique intérieure »[9], cette méthodologie s'enquerra des stratégies individuelles menées par chacun des protagonistes de la prise de décision, et ne verra dans celle-ci non pas un choix rationnel et délibéré, mais le fruit d'une négociation interne et un « résultant », au sens mathématique du terme, c'est-à-dire une position moyenne que personne n'a initialement soutenue, ayant émergé suite à une confrontation des intérêts et satisfaisant un nombre suffisant d'acteurs. La solution objective est ici atteinte non pas simplement au nom de tous, mais au travers de l'intervention d'une pluralité d'acteurs ayant empêché le législateur d'outrepasser leur intérêt individuel dans sa prise de décision et sa considération de l'intérêt collectif.

Enfin, à ces trois approches traditionnellement dominantes reposant sur la théorie de l'acteur rationnel, nous devons aujourd'hui ajouter un nouvel arrivant. Regroupé sous le terme générique de *constructivisme*, celui-ci se concentre sur la construction sociale des cadres de perception et d'analyse des situations de politique extérieure[10]. Battant en brèche la vision du *self-help*, selon laquelle les États ne cherchent que leur propre sécurité au sein d'une arène anarchique, cette théorie se donne pour but de comprendre « l'influence des normes internationales sur la conduite de la politique extérieure »[11]. Le processus décisif par lequel est définie la représentation des acteurs est la prise en compte de la perception des autres

---

[8] On reconnaît ici les théories de la sociologie des organisations, mises au point par James March, dans ses deux ouvrages classiques *Organizations* (écrit avec Herbert Simon) et *A Behavioral Theory of the Firm* (en collaboration avec Richard Cyet), passés dans le domaine des RI grâce à Graham Allison et son étude sur le processus de décision en matière de politique étrangère, *The Essence of Decision*.

[9] Maxime qui a pour principal représentant français Raymond Aron, qui a toujours refusé d'accorder au domaine international une autonomie entière sur le champ intérieur. Voir Raymond Aron, « Qu'est-ce qu'une théorie des relations internationales ? », *Revue française de science politique*, volume 17, n° 5, 1967, p. 837-861.

[10] Pour une introduction générale, Alexander Wendt, « Anarchy is what… », *op. cit.*

[11] Thomas Lindemann, *Penser la guerre, l'apport constructiviste*, Paris, L'Harmattan, 2008, p. 32.

participants à l'interaction sociale. Le terme d'« intersubjectivité »[12] est donc la clé de compréhension majeure des approches constructivistes, en ce que, pour elles, les acteurs n'ont pas accès à un problème *en soi*, mais toujours à la version médiate et perçue que leurs pairs et eux-mêmes en ont. Agissant « en fonction de la signification qu'ont les objets pour eux »[13], les constructivistes refusent l'influence des structures matérielles sur la définition des enjeux de politique extérieure[14].

Le but de l'enquête change radicalement avec cette dernière méthode d'analyse. Il s'agit à présent de déceler quelles sont les catégories de pensée propres à chaque groupe politique, lui permettant d'organiser et de légitimer son action politique. C'est donc grâce à la retranscription de ce *cadre de référence*, élaboré culturellement et *intersubjectivement*, que nous accédons à la quintessence de l'action politique propre à chaque État et que nous pouvons comprendre les raisons qui poussent ses dirigeants à agir d'une certaine manière, selon la structuration propre de leur univers mental. Chaque élément de ce système de connaissance occupe une place bien précise et déterminée par les autres éléments, qu'il s'agit d'étudier selon la méthode d'interprétation des cultures « synchronique » élaborée par Lévi-Strauss à partir de théories linguistiques de l'École de Prague menée par Roman Jacobson.

L'« analyse de discours » et de la structure du système symbolique des « agents » donne accès à la connaissance la plus précise d'une société et d'un régime. Pour l'analyser et mettre à jour ses fondements ultimes, le politiste doit se faire linguiste, anthropologue et philosophe. Bientôt, la psychologie expérimentale et les neurosciences viendront compléter, sous l'influence de Noam Chomsky, cette quête de la connaissance et de la compréhension de nos fonctions psychiques et cognitives primordiales[15]. Ainsi, grâce cette nouvelle combinaison d'outils d'analyse, auxquels Raymond Aron adressera le reproche de vouloir être « une nouvelle philosophie » aux prétentions faussement scientifiques et naïvement positivistes[16], nous pouvons décortiquer et analyser la charpente cachée d'une culture, et non plus nous contenter des phénomènes extérieurs et trompeurs, aux faux-semblants des actes et du discours interprétés selon le sens que leur donnent les acteurs. La perception et la présentation de soi d'un acteur,

---

[12] *Ibid.*
[13] *Ibid.*, p. 16.
[14] *Ibid.*
[15] Voir la présentation très pénétrante d'Howard Gardner sur l'aventure des « sciences cognitives » dans son *Histoire de la révolution cognitive : La nouvelle science de l'esprit*, Paris, Payot, 1993.
[16] « Dialogue entre Michel Foucault et Raymond Aron autour de Montesquieu », 8 mai 1967, dans l'émission *Les Idées et l'Histoire*, réédité par les Nouvelles Éditions Lignes, sous le titre *Dialogue*, en 2007.

qu'elle soit sincère ou pas, n'est pas un indice. Elles doivent être dépassées afin de révéler la structure mentale sous-jacente de son système politique. Ainsi, un système raciste cherchera à cacher à tout prix sa véritable nature. Mais grâce à une série d'indices disséminés dans le discours des individus, nous pouvons reconstruire la pensée véritable qui aliène les individus jugés « étrangers ». Corollairement, c'est donc en agissant sur celle-ci, ainsi que sur les idées et les concepts la composant, qu'il est le plus efficace de lutter contre les dérives de tels systèmes, qui ne font pas face à des problèmes réels, mais les créent à des fins occultées, car inavouables.

Selon notre schéma, la caractéristique distinctive de cette approche est d'ignorer les termes objectifs du problème et de la solution. Mais que signifie ici « ignorer » ? Dans notre opinion, c'est là le point d'achoppement où se séparent deux écoles fondamentalement distinctes généralement regroupées sous le label *constructiviste*. La première a tendance à soutenir, dans une démarche typiquement kantienne, que l'accès à une objectivité nous est constitutivement interdit. Les acteurs, aussi bien que le chercheur, n'ont accès qu'aux termes culturels de ce problème, et l'on doit par conséquent considérer en priorité le problème dans les termes où il s'est posé. Mais une autre version, plus radicale, embrassant pleinement les conséquences du « tournant linguistique » et du structuralisme, nie quant à elle l'existence même du versant objectif des problèmes et des solutions. Il ne s'agit ici que de « jeux de langages », selon le vocabulaire de Wittgenstein, constituant un obstacle à la perception des véritables intentions de l'agent, nichées dans l'ineffable de son inconscient.

Nous allons ainsi voir comment ces deux approches, selon nous incompatibles, ont donné naissance à différents « programmes de recherche », selon le terme de Lakatos, pour certains compatibles avec le cœur doctrinal et les hypothèses fondamentales de la théorie de l'acteur rationnel, et d'autres en conflit ouvert avec celle-ci, qu'il n'est plus question d'amender, mais de remplacer par une approche « critique » radicale, mais elle aussi entachée de plusieurs failles importantes.

Quelles sont ces failles ? Michel Dobry, qui se réclame par ailleurs du constructivisme, rejette sans ambages cette autre approche, dont il va jusqu'à dénoncer les « dangers »[17]. Pour cette autre manière de comprendre la construction sociale de la réalité, le monde est « avant tout le produit direct – et pour nombre de ses adeptes, exclusif – des concepts, "récits", catégories du langage ordinaire ou, plus généralement, idées au travers desquelles nous appréhendons le monde social et physique »[18]. Pour certains auteurs, « il n'existe pas vraiment de réalité sociale en dehors

---

[17] Michel Dobry, *Sociologie des crises politiques*, Paris, Presses de Sciences Po, 2009 (2ᵉ éd.), p. XXIV.
[18] *Ibid.*, p. XXV.

de ces catégories »[19]. On assiste là purement et simplement à la négation des deux niveaux « objectifs » et réels du couple problème/solution. On retrouve la célèbre affirmation de Bruno Latour, selon laquelle Ramsès II n'a pas pu mourir de la tuberculose, puisque celle-ci n'avait pas encore été découverte[20].

> Ce second constructivisme, poursuit Dobry, se définit par l'affirmation de la primauté ontologique et/ou causale des catégories linguistiques, des récits ou des concepts, aussi bien en ce qui touche à l'engendrement des pratiques qu'en ce qui concerne tous les autres objets formant la réalité sociale, des interactions aux institutions ou aux processus sociaux tels que par exemple les "crises" ou – je n'exagère nullement, les guerres[21].

À la suite de Dobry, nous sommes en droit de nous demander ce qu'il en est du nucléaire. Peut-on aller jusqu'à nier la menace que fait peser l'armement atomique sur États ? Ne s'agit-il là que de menaces « forgées » par un jeu de langage ou une manipulation de ceux-ci ? La perception du nucléaire découle-t-elle d'une vision du monde autoréférencée et ne trouvant comme toute confirmation la perception des autres acteurs, elle-même malléable et mise au point sur le mode de l'intersubjectivité ? Serait-ce une autre forme du « gouvernement par l'inquiétude » dénoncé par Didier Bigo[22] ?

La contestation de la vision constructiviste n'est cependant pas limitée au domaine de la science politique, mais puise des arguments dans la philosophie et la sociologie de la connaissance elles-mêmes. Dans son essai intitulé en français *La Peur du Savoir, Sur le Relativisme et le Constructivisme*, mais sous-titré en anglais *Against Constructivism*, le philosophe de la connaissance Paul Boghossian revient sur la légitimité d'une telle vision de la réalité sociale. Son argumentation s'appuie sur une affirmation simple : « Tout est relatif, y compris l'énoncé "tout est relatif" »[23].

> Une chose est de dire que nous devons expliquer notre acceptation de certaines descriptions en termes d'intérêts pratiques plutôt qu'en termes de correspondances avec la façon dont les choses sont en elles-mêmes, autre chose est de dire qu'il n'y a pas de façon dont les choses sont en elles-mêmes indépendam-

---

[19] *Ibid.*, p. XXV.
[20] Bruno Latour, « Ramsès II est-il mort de la tuberculose ? », *La Recherche*, n° 307, mars 1998.
[21] Michel Dobry, *Sociologie des crises politiques*, op. cit., p. XXVII.
[22] Didier Bigo, « Sécurité et Immigration : Vers une gouvernementalité par l'inquiétude », *Cultures & Conflits*, 31-32, printemps-été 1998.
[23] Paul Boghossian, *La Peur du savoir : Sur le constructivisme*, Marseille, Agone, 2009, p. XIV.

ment de nos descriptions. On peut parfaitement soutenir la première thèse sans accepter aucunement la seconde[24].

Boghossian nous invite de même à refuser l'idée selon laquelle « l'existence des faits n'a de sens qu'une fois qu'on a accepté une certaine description du monde plutôt que d'autres, et qu'avant l'emploi de ces descriptions il est absurde de penser qu'il y a des faits "là au-dehors" »[25]. Ainsi, « le relativiste généralisé est pris dans un dilemme : soit il veut que sa conception soit absolument vraie, soit il veut qu'elle soit seulement relativement vraie : dans le premier cas il s'autoréfute, car il doit admettre au moins une vérité absolue ; dans le second cas, nous pouvons tout bonnement ignorer le relativiste puisqu'il ne fait ainsi qu'exprimer ce qu'il lui plaît de dire »[26].

En effet, comme l'a bien montré la sociologue Nathalie Heinich, nous devons nous méfier de la rhétorique du « dévoilement », propre à la méthode déconstructiviste. Car, à bien y réfléchir, une fois les phénomènes sociaux débarrassés de leurs artifices culturels, les phénomènes sociaux sont vus sous un angle « naturaliste », comportant « les pires prénotions du XIXe siècle »[27]. Que resterait-il en effet d'une vision du nucléaire totalement « déconstruite » et débarrassée de ses oripeaux sociaux ? Soit une compréhension pure et parfaite du phénomène, tout bonnement impossible, ou bien l'évaporation même du concept, qui semble pourtant avoir quelque réalité et que l'on ne pourrait faire disparaître tout à fait.

De son côté, le philosophe Ian Hacking, dans *La Construction sociale de quoi ?* pointe le succès de ces théories au tournant des années 1990. « Parler de construction sociale est devenu monnaie courante, en particulier pour les militants politiques. L'expression est familière à tous dans le cadre des débats actuels sur la race, le genre, la culture ou la science. Pourquoi ? »[28]. Hacking avance les vertus « magnifiquement libératrices »[29], mais pour immédiatement en souligner les limites. Certains domaines, ou certaines pathologies, n'ont pas du tout bénéficié de voir leur objet abordé sous l'angle de la « construction sociale », par exemple l'anorexie[30]. Ce trouble est certes « une maladie mentale passagère […] qui n'apparaît qu'à certaines époques et en certains endroits. Mais cela n'aide aucunement les

---

[24] *Ibid.*, p. 39.
[25] *Ibid.*, p. 41.
[26] *Ibid.*, p. 66.
[27] Nathalie Heinich, « Ne faut-il pas déconstruire la déconstruction de Bourdieu ? » Entretien avec Damien Le Guay, 2012 (https://www.canalacademie.com/ida9611-Ne-faut-il-pas-deconstruire-la-deconstruction-de-Bourdieu.html).
[28] Ian Hacking, *Entre Science et Réalité : La construction sociale de quoi ?*, Paris, La Découverte, 2008, p. 14.
[29] *Ibid.*
[30] *Ibid.*, p. 15.

filles et les femmes en souffrant »[31]. Il note ainsi ironiquement que « les thèses de construction sociale sont libératrices principalement pour ceux qui sont déjà sur la voie de la libération »[32]. Une interrogation sceptique qui s'applique d'ailleurs tout à fait au domaine nucléaire et qui nous mène à la problématique de la visée de la déconstruction d'un concept.

Toutes les constructions sont-elles nocives, volontaires et ineptes ? Certaines ont leur utilité et sont même construites à dessein, par exemple le concept d'abus sur enfant. Dans un autre livre consacré à l'histoire mouvementée des pathologies mentales, Hacking notait qu'« une partie des partisans les plus bruyants du constructivisme social affirme (sans en remarquer l'ironie) que l'abus sur enfant n'est pas une construction sociale : c'est un mal réel que la famille et l'État ont cherché souvent à occulter. Ils ont à la fois tort et raison. C'est un mal réel, qui existait avant que l'on en élabore le concept. Il n'en est pas moins construit. On ne doit remettre en cause ni sa réalité ni sa construction »[33]. Pour lui, *construire* ne signifie pas *inventer*. « Ce qui est intéressant, ce sont les phases successives de la création et de constitution de ce concept étudiées dans leur interaction avec les enfants, les adultes, notre sensibilité morale »[34].

Il précise ainsi le statut de l'objet étudié, selon une démarche que nous pensons pertinente pour un objet comme le nucléaire : « L'abus sur enfant est à la fois un mal absolu et un principe de causalité puissant ». Nier la réalité d'un fait historique ou d'une conception historiquement située ne présente ainsi guère d'intérêt, « car la déconstruction implique souvent l'ironie et la dérision, le manque de respect à l'égard de ce que l'on entend déconstruire »[35]. Mieux vaut par conséquent « s'intéresser à la façon dont il est devenu un objet de connaissance et s'est révélé être à son tour le motif d'une connaissance causale »[36], c'est-à-dire comment son élaboration a entraîné à son tour toute une série de nouvelles conceptualisations et modifié la compréhension d'objets connexes et soumis à son influence. En tant que fait majeur de la vie internationale post-Seconde Guerre mondiale, l'élaboration des concepts liés au nucléaire sont ainsi de la plus grande importance, mais il ne s'agit pas de nier la part objective de son fonctionnement, ni d'affirmer que tout est arbitraire dans la « construction sociale » du nucléaire. Sinon, nous ferions de l'esprit humain un semblable du Dieu de Descartes, décidant arbitrairement de la

---

[31] *Ibid.*
[32] *Ibid.*
[33] Ian Hacking, *L'Âme réécrite, Étude sur la personnalité multiple et les sciences de la mémoire*, Paris, Les Empêcheurs de penser en rond, 1998, p. 110.
[34] *Ibid.*
[35] *Ibid.*, p. 109.
[36] *Ibid.*

création des vérités éternelles et pouvant établir que 2 et 2 font 4 ou modifier à sa guise toutes les lois de l'univers.

Nous revendiquons une part d'objectivité dans le fonctionnement des relations internationales, tout en prenant en compte la manière dont ces vérités sont comprises et mises en pratique par les acteurs. Le nucléaire, comme la guerre ou les subtilités des échanges commerciaux, est bien un *problème objectif* de la politique, auquel il faut apporter une *solution subjective* ou, ce qui revient au même, *culturelle*. Reste à savoir, pour l'analyste, où placer la limite entre compréhension objective et culturellement située, et s'il est en mesure de la déceler.

Les axes de recherches constructivistes face au nucléaire militaire

Dans son ouvrage *Social theory of international politics*, Alexander Wendt insiste sur le fait que « cinq cents bombes nucléaires britanniques sont moins menaçantes pour les États-Unis que cinq bombes nord-coréennes »[37]. Mais le statut *ontologique* de cette position n'a pas permis de trancher entre approches venant en complément de la stratégie et la géopolitique traditionnelle, et celle faisant de l'identité, des valeurs et des normes symboliques l'*ultima ratio* de la vie internationale.

Comment donc penser le nucléaire et sa puissance de destruction sans équivalent ? Faut-il n'y voir qu'un artefact posé dans l'esprit des agents, pensé dans les termes de la structure de domination et sans réel rapport avec les propriétés réelles de l'objet ? Ou bien faut-il partir d'un problème objectif (la bombe, arme ultime et pouvant causer la ruine instantanée de l'État), pour être en mesure d'appréhender la problématisation à laquelle sont parvenus les individus, sous l'influence de traits culturels ? Les bases épistémologiques posées dans la première partie nous inclinent à opter pour la seconde branche de l'alternative.

Comme l'avaient bien vu les spécialistes de la dissuasion, tels que Joseph Nye et Graham Allison lorsqu'ils s'étaient penchés sur le problème de la réduction du nombre d'armes atomiques[38], le rôle des perceptions dans la confrontation nucléaire est tout à fait central. Et bien vite s'est imposé le fait que l'on ne peut véritablement décider d'un seuil optimal et *objectif* de réduction des armes atomiques. Ce seuil de dissuasion minimale n'existe pas en soi, mais dépend de la perception du danger, de la distance

---

[37] Alexander Wendt, *Social Theory of International Politics*, Cambridge, Cambridge University Press, 1999, p. 255.
[38] Graham Allison, Joseph Nye, Albert Carnesale, *Fateful Visions : Avoiding Nuclear Catastrophe*, Cambridge, Ballinger Publishing, 1988, p. 8-9.

séparant les doctrines politiques de chaque État, de l'intensité de leur rivalité géopolitique et du nombre de leurs points de friction.

Fallait-il d'abord préférer un régime d'abolition ou de quasi-abolition, pour continuer à faire fonctionner le parapluie nucléaire ? Si l'on optait pour la seconde solution, « la question pertinente » devenait alors de savoir si oui ou non cela « réduirait le risque perçu d'initier un conflit conventionnel et ainsi le rendre plus probable. La réponse dépend en ce cas des jugements concernant le comportement probable des futurs décideurs nationaux »[39], souligne quant à lui Miller. Alors même que la théorie constructiviste n'existe qu'à l'état d'ébauche en relations internationales, l'étude de la dissuasion nucléaire insistait déjà sur le poids considérable des perceptions et des jugements individuels dans la question de l'emploi éventuel de l'« arme absolue »[40].

L'avènement du constructivisme, concomitant de la fin de la Guerre froide, coïncide avec la diversification des analyses en matière de politiques de défense nucléaire. Il y a à cela plusieurs raisons. La profusion de théories nouvelles favorisait certes la diversification des approches, mais, surtout, la fin du monopole conjoint des États-Unis et l'Union soviétique posait un défi à la théorie des Relations internationales, en particulier dans le domaine nucléaire. La confrontation bipolaire dans le domaine nucléaire n'était plus la seule pertinente, celle à laquelle serait ramenée toute confrontation entre pays mineurs ou entre une grande puissance et un pays mineur. Son scénario possible et le *mode* sur lequel elle avait été jouée pendant quarante-cinq années n'étaient donc plus le seul et unique standard d'un potentiel affrontement atomique.

Tout conflit pouvant dégénérer en guerre et impliquant une puissance atomique reçoit désormais son propre chapitre nucléaire, affranchi de la logique de la dissuasion entre les deux Grands. En outre, avec la disparition de l'une des superpuissances, les États de l'ancien bloc communiste ne bénéficient plus de la tutelle incontournable des Soviétiques. L'arsenal de la Chine, de l'Inde, et même de puissances plus modestes comme la France, le Pakistan ou Israël représentent à présent des forces plus autonomes, susceptibles d'être utilisées selon la doctrine stratégique propre de ces États et de leur *weltanschauung* géopolitique. La Corée

---

[39] James Miller, « Zero and Minimal Nuclear Weapon », *in* Graham Allison, Albert Carnesale, Joseph Nye (dir.), *Fateful Visions : Avoiding Nuclear Catastrophe*, 1988, p. 26.

[40] Programme qui allait bien sûr se poursuivre après la chute du mur de Berlin avec l'étude de la prolifération par l'école dirigée par Graham Allison à la John F. Kennedy School of Government d'Harvard. Voir Graham Allison, Owen Cote, Richard Falkenrath, Steven Miller, *Avoiding Nuclear Anarchy*, Cambridge (Massachusetts), MIT Press, 1996.

du Nord, nain nucléaire et qui n'aurait certainement pas pesé dans des négociations internationales avant 1989, est maintenant en mesure de se lancer dans un chantage à l'armement atomique afin de disposer de meilleurs atouts dans sa lutte pour la survie[41]. Alors que la théorie réaliste aurait voulu que la péninsule coréenne connaisse une montée aux extrêmes avec le programme nord-coréen, la situation n'avait pas dégénéré. La Corée du Sud n'a ni cherché à imposer de sanctions plus lourdes à son rival, ni à se doter elle-même d'armes de destruction massive[42]. Autant de nouvelles façons de mener le jeu atomique s'écartant irrémédiablement de l'unique logique situationnelle envisagée jusqu'alors, celle du conflit bipolaire entre deux uniques puissances surpassant toutes les autres[43].

Une autre attitude intellectuelle fut de jeter un regard critique sur les conceptualisations de la dissuasion en cours pendant l'affrontement Est-Ouest. Avions-nous été en présence de *la* dissuasion, essentielle et sous forme pure, ou bien s'agissait-il d'un type particulier de dissuasion ? Le destin de toute force de dissuasion est-il de mener à la course aux armements ? Les accords de désarmement avaient-ils un avenir ? L'usage apparemment parcimonieux de la dissuasion par la Chine ne venait pas renforcer la position réaliste qui niait l'influence des paramètres internes et idéologiques sur la rivalité nucléaire. La considération des normes et des valeurs *co-construites* sous le régime de l'intersubjectivité, maintenue dans un cadre scientifique rigoureux, apportait ses premiers résultats.

Le nucléaire a ainsi été une occasion pour les constructivistes de comprendre la mise en place de nouvelles valeurs et de nouveaux interdits venant à l'occasion renforcer la structure du système international. C'est la théorie que déroule par exemple Nina Tannenwald au fil de son œuvre, centrée l'idée du « tabou nucléaire », qui encadre et prohibe l'usage de l'arme atomique depuis les deux premières explosions d'août 1945. Menée à la fois historiquement et « synchroniquement », cette étude est dans la

---

[41] Mark Fitzpatrick, *The World After. Proliferation, Deterrence and Disarmament if the Nuclear Taboo is Broken*, Institut Français de Relations Internationales, « Proliferation Papers », 2009, p. 18.

[42] Sungbae Kim, « Identity Prevails in the End : South Korea's Response in 2006 », *Institute for National Security Strategy*, juillet 2011.

[43] En effet, dans le domaine nucléaire, l'alliance de toutes les autres puissances n'aurait pas suffi à créer une troisième superpuissance et n'aurait pas amené un surcroît de puissance permettant à l'une des superpuissances d'arriver à une position de suprématie. Leur importance était donc nulle dans ce domaine, et ce d'autant que le partage des États « tiers » a été plus ou moins équitable pendant toute la Guerre froide (le ralliement d'un État à l'un des « camps » entraînant généralement le passage presque immédiat de son concurrent local à l'autre bloc). Le passage définitif de la Chine dans la coalition antisoviétique à partir de la présidence Nixon a certes contribué à accélérer l'asphyxie économique de l'URSS, mais n'a en rien modifié la balance nucléaire.

perspective « normative », un bon moyen de scruter « l'évolution cognitive » commune à toute « société internationale »[44].

Il n'y avait pas de tabou en 1945. Mais à partir de la Guerre de Corée, celui-ci a émergé et est entré dans les délibérations, principalement en tant que considération instrumentale. En 1991, le tabou était plus enraciné et internalisé et il a aidé à restreindre l'usage d'armes nucléaires en apparaissant comme une « contrainte » aux acteurs et grâce à des processus plus constitutifs de stigmatisation et de catégorisation. En dernière instance, en délégitimant les armes nucléaires, le tabou nucléaire a restreint la pratique du *self*-help dans le système international[45].

Ses positions rejoignent les propos mesurés d'Alexander Wendt, qui soulignent l'importance de la puissance pour définir l'identité elle-même, et l'inévitable base matérielle que reçoivent les normes et dont elles héritent une partie de leur logique. Des idées courantes, comme « la possession d'armes nucléaires dotées d'une invulnérabilité en seconde frappe rend la guerre moins probable », possèdent une réalité qui s'impose à la logique symbolique, définit les limites de l'interprétation qu'en feront les acteurs, sans toutefois dicter un seul et unique sens qui s'imposerait de lui-même, comme le souligne ce passage :

La technologie n'est pas une capacité matérielle « brute », car elle est créée par des agents possédant des fins et concrétise l'état de leur savoir technique à un moment précis. Cela est certain. Mais une fois passé à l'existence, un artefact technologique a des qualités matérielles intrinsèques et rend possible d'autres développements technologiques. Que ces capacités et ces développements soient utilisés ou se réalisent dépend de ce que l'acteur veut et de ce en quoi il croit, mais cela ne change pas le fait que la nature de la technologie existante rend la vie sociale différente[46].

Le programme de Nina Tannenwald débouche par ailleurs sur des propositions concrètes aux diplomates et au président Obama, revendiquées par elle comme « constructivistes », destinées à mieux lutter contre la prolifération, notamment en Iran. Cette nouvelle méthode de négociation est fondée sur un retournement des arguments iraniens contre leur propre conduite et sur la recherche de la valorisation et non de l'humiliation de l'identité iranienne :

---

[44] Emmanuel Adler, « Seizing the Middle Ground : Constructivism and World Politics », *European Journal of International Relations*, n° 3, 1997, p. 319-63.

[45] Nina Tannenwald, « The Nuclear Taboo : The United States and the Normative Basis of Nuclear Non-Use », *International Organization*, vol. 53, n° 3, été 1999, p. 433-468, p. 463.

[46] Alexander Wendt, *Social Theory of International Politics*, op. cit., p. 111.

– « Approuver et se référer fréquemment à la fatwa de Khamenei prononcée en 2004, dans laquelle il condamnait les armes nucléaires jusqu'à en faire une création contraire aux valeurs de l'islam ».

– « Invoquer les valeurs islamiques en tant que contribution positive au débat éthique sur le nucléaire ».

– « Tenir des conférences rassemblant des oulémas (des docteurs de l'islam) et des universitaires spécialistes de l'éthique provenant de diverses religions, ainsi que des officiels des pays les plus impliqués dans les discussions sur le nucléaire iranien ».

Enfin, note-t-elle malicieusement, « pour les fondations, cela ferait un bon projet à soutenir »[47].

Sa position est mesurée, et prend en compte aussi bien les facteurs matériels que symboliques pour résoudre le problème iranien et parvenir à une « sécuritisation » satisfaisante de la région. Un contre-exemple serait ainsi l'analyse de Mahdi Mohammad Nia, qui cherche à démontrer que la confrontation n'a pas de réelles bases militaires et sécuritaires, mais est le fruit de la dynamique symbolique créée par l'hostilité occidentale au régime des mollahs et le discours du nouveau régime, mêlant nationalisme persan, appel à l'unité des musulmans sous l'égide iranienne et anti-impérialisme américain[48]. Il oublie toutefois de noter que la rivalité États-Unis/Iran a débuté avant même la révolution de 1979 et que les ambitions du Shah en matière militaire, et en particulier nucléaire, avait acté le divorce et ont provoqué la passivité des Occidentaux face à la contestation islamiste[49].

Nous voyons ainsi que le surgissement du nucléaire a été l'occasion, pour les « entrepreneurs de norme », d'imposer de nouvelles conduites basées sur des valeurs non altruistes, cherchant simplement à perpétuer une domination. C'est l'exemple du TNP, très souvent étudié par les auteurs constructivistes[50]. Pour Van Wyk & Kinghorn, l'empreinte du nucléaire sur la vie internationale se fait tout autant sentir dans le domaine des normes que dans celui de la stratégie. À une phase d'« émergence » (1945-1970) et d'« innovation » (1970-1991) normative, le nucléaire a connu après la chute de l'Union soviétique des phases de « construction » (1991-2001) et de

---

[47] Nina Tannenwald, « Using religion to restrain Iran's nuclear program », *Foreign Policy*, 24 février 2012.
[48] Mahdi Muhammad Nia, « A Holistic Constructivist Approach to Iran's Foreign Policy », *International Journal of Business and Social Science*, vol. 2, n° 4, mars 2011.
[49] Dominique Lorentz, *Affaires Atomiques*, Paris, Les Arènes, 2001.
[50] Nina Tannenwald, « Justice and Fairness in the Nuclear Nonproliferation Regime », *Ethics & International Affairs*, vol. 27, n° 3, 2013, p. 299-317.

« consolidation » (de 2001 à aujourd'hui) des nouvelles valeurs et des identités, principalement menées grâce à la rhétorique de la non-prolifération[51].

Ces transformations du droit et des valeurs sont portées par l'ONU, l'AIEA, par les traités comme le TNP ou le TICE et par ceux ne visant qu'une région particulière du monde[52], dont l'apport en termes de normes peut certes paraître mineur, mais qui provoquent des changements « en cascade »[53] dans le droit international. Or, constatent les auteurs, ces innovations ont servi principalement à asseoir la domination de la superpuissance américaine celle de leurs alliés européens : « En termes constructivistes, le TNP a établi une structure normative sans précédent, qui contient les capacités nucléaires des acteurs et ordonne leur comportement dans ce domaine. Il délégitime en effet l'acquisition d'armes nucléaires par d'autres pays »[54]. Le volet normatif serait donc un complément de la monopolisation de la nouvelle arme, ce qui est tout à fait compatible avec l'approche que nous proposons.

Cependant, l'analyse de ces deux auteurs va plus loin et dénonce l'instrumentalisation de la menace par la puissance dominante, et parle d'exagération, voire de « création » pure et simple de la nouvelle menace de terrorisme nucléaire.

> Agissant en entrepreneur de normes, les États-Unis ont réussi à convaincre une masse critique d'États d'adopter de nouvelles normes vis-à-vis du terrorisme et de l'usage de la technologie nucléaire. Leurs efforts pour « créer » la menace nucléaire et des armes de destruction massive en Irak ont été récompensés […] et les normes américaines se sont déversées sur les autres acteurs et dans l'agenda de la sécurité mondiale[55].

L'analyse de la situation dans le sous-continent indien relève de la même volonté de ne prendre en compte *que* les aspects symboliques d'une confrontation transpolitique. L'affrontement entre l'Inde et le Pakistan : « Les tensions politiques et la prolifération sont déterminées par des constructions divergentes des identités, des intérêts et des réalités intersubjectives, ce qui se concrétise par une absence de coopération entre ces États, ou avec l'AIEA »[56]. Le sous-entendu est ici clair. Rien ne voue deux unités politiques à la haine et à la guerre. Seule une construction défaillante

---

[51] Jo-Ansie Van Wyk, Linda Kinghorn, « The International Politics of Nuclear Weapons : A Constructivist Analysis », *Scientia Militaria, South African Journal of Military Studies*, n° 35, vol. 1, 2007, p. 28.
[52] Comme celui de Pelinbada pour l'Afrique.
[53] *Ibid.*, p. 31.
[54] *Ibid.*, p. 29.
[55] *Ibid.*, p. 30.
[56] *Ibid.*, p. 33.

et conflictuelle des « identités », ayant profité à une partie des dirigeants politiques ou bien à une puissance extérieure, perpétue la situation de tension. Un travail sain sur ces « catégories de langage » et de pensée nous fera faire l'économie d'une guerre nucléaire. Nous retrouvons les critiques de Michel Dobry adressées à ceux cherchant à nier qu'il existe « une réalité sociale en dehors de ces catégories » et de la vision du monde des acteurs créée par leur intersubjectivité.

Conclusion : terrain d'entente nominaliste possible

Pour résumer l'apport du constructivisme dans le domaine du nucléaire, nous pouvons affirmer que le travail sur les normes était nécessaire pour comprendre à quel moment nous passons des conditions objectives de l'opposition nucléaire aux règles subjectives définies par les acteurs. Questionnement qui pourrait s'avérer utile dans tous les scénarios de la fin de l'hégémonie monopolaire des États-Unis. Dans le cas d'une reconfiguration des forces en un jeu bipolaire avec la Chine, notamment, il serait peut-être néfaste de penser que la course à l'armement prendra la même forme que celle avec l'Union soviétique. Même chose dans le cas d'une reconfiguration plus harmonieuse, oligopolaire, c'est-à-dire comprenant une demi-douzaine de pôles égaux s'équilibrant sur le modèle de l'équilibre des puissances européens, consciemment recherché de 1648 à 1914.

Si « le danger est l'effet d'une interprétation », comme l'a souligné David Campbell[57], la prise en compte des identités nationales, de la culture (ou du fonds) stratégique, des traditions de négociation diplomatique, semble nécessaire à la compréhension du comportement de chaque unité politique sur la scène internationale et dans la guerre. Il s'agit là d'un élément de ce que j'ai proposé de nommer « régime martial », sur le modèle de « régime politique » ou « régime matrimonial », c'est-à-dire l'ensemble des règles régissant un domaine, en l'occurrence la guerre. Régime qui comprendrait bien entendu un comportement et une pratique du fait nucléaire fondé sur les normes particulières du milieu culturel. C'est le projet que porte la sociologie historique comparative des relations internationales, encore peu développée en France, et tout à fait compatible avec le versant le plus acceptable du constructivisme, mais l'encadrant mieux et le prémunissant des dérives les plus décriées de la version radicale du constructivisme.

---

[57] Daniel Campbell, « Introduction : On Dangers and their Interpretations », *in* David Campbell (dir.), *Writing Security : United States Foreign Policy and the Politics of Identity*, Minneapolis, Minnesota University Press, p. 1-15.

Le nucléaire comme obstacle épistémologique du constructivisme 401

Nous rejoignons donc ici les vues de Michel Dobry, plus proches selon nous des préceptes aroniens qu'il ne semble, par exemple lorsqu'il se réclame d'une « rationalité socialement structurée »[58]. Il joue certes un rôle, mais doit être combiné, dans une démarche wébérienne, à une analyse des valeurs posées comme finalité par les acteurs. On se rapprocherait ainsi des « mécanismes endogènes de changement des préférences » et des « méta-préférences » pour des solutions également efficaces, étudiés par Jon Elster[59]. Enfin, il serait aussi intéressant de se pencher sur la faillibilité du calcul, et du poids des déterminismes culturels sur celui-ci, comme l'ont analysé Daniel Kahneman et Amos Tverski[60] grâce à leur « théorie des perspectives » et leur hypothèse des « biais cognitifs ». Des hypothèses que l'on aimerait voir appliquées à l'analyse du seuil de déclenchement d'une frappe nucléaire et du rôle des normes dans sa définition.

En tant qu'obstacle épistémologique, le nucléaire nous a donc permis de discriminer entre les différents usages de la théorie constructiviste. D'une part, ceux venant resituer le rôle des valeurs dans la détermination de la conduite internationale des États sont compatibles avec une vision plus large des relations internationales, mêlant modèle de l'acteur rationnel et rationalité instrumentale. D'autre part, il nous éloigne un peu plus de la version radicale du constructivisme, débouchant, comme nous avons essayé de le montrer, sur un essentialisme de la chose révélée ou à une négation pure et simple des phénomènes provoquant l'insécurité et la réaction des unités politiques.

---

[58] Michel Dobry, *Sociologie des crises politiques*, op. cit., p. XXI. « L'enjeu crucial est de comprendre comment les acteurs sociaux calculent [...] lorsqu'ils calculent », souligne-t-il dans le même passage.
[59] Jon Elster, *Le laboureur et ses enfants. Deux essais sur les limites de la rationalité*, Paris, Éditions de Minuit, 1987, p. 147-149.
[60] Daniel Kahneman, *Thinking Fast and Slow*, Londres, Penguin Book, 2012.

La pertinence du constructivisme et des approches critiques pour penser l'arme nucléaire dans les relations internationales

Thomas LINDEMANN

La présente contribution est le fruit d'une série d'entretiens de Thomas Lindemann réalisée par Thomas Meszaros entre les mois d'avril et mai 2018. L'objectif de ces entretiens est, en complément du texte d'Antony Dabila, d'interroger la pertinence des approches constructivistes et critiques pour penser le rôle de l'arme nucléaire dans les relations internationales.

Thomas Meszaros : La première question de cet entretien est, pour ainsi dire, une entrée en matière. Elle prolonge la contribution d'Antony Dabila sur la séparation qui existe entre positivisme et post-positivisme. Selon vous, Thomas Lindemann, peut-on établir un lien entre les courants en faveur ou contre le nucléaire et les visions anthropologiques positiviste ou post-positiviste ?

Thomas Lindemann : Pour moi, les positivistes ont une vision plutôt unitaire, universelle, globale. Ils ne voient pas le monde dans son épaisseur et pensent que tout est prévisible. Ils ont bien souvent une vision mécaniste, guidée par la raison d'État, où la technologie est toute puissante. Ce n'est pas un hasard si dans le domaine nucléaire en France la majeure partie des spécialistes, depuis la Guerre froide, ont des formations d'ingénieurs, de statisticiens, de stratégistes. À la différence des positivistes, les post-positivistes quant à eux donnent beaucoup plus de poids à l'imprévu, à la spontanéité, à la singularité, au hasard, aux émotions et à la subjectivité.

Thomas Meszaros : Vous considérez donc que les cadres de pensée, la formation intellectuelle, l'expérience, les croyances façonnent les rapports des individus à l'arme nucléaire ? L'apport constructiviste invite donc à changer de prisme et à prendre en compte cette dimension intersubjective même en ce qui concerne l'arme nucléaire et les représentations que l'on peut en avoir, c'est bien cela ?

Thomas Lindemann : Il s'agit tout d'abord de penser les référentiels, au sens des politiques publiques de Pierre Muller, c'est-à-dire les grilles mentales ou au sens constructiviste les croyances intersubjectives qui, le plus souvent, sont organisationnelles ou suborganisationnelles. Effectivement, on peut se demander si certains acteurs socialisés par des études techniques, qui exercent une profession où la prévisibilité occupe une place importante, où les singularités sont faibles, où l'on peut tout prévoir ou tout manipuler, ne sont pas plus susceptibles de croire à la dissuasion nucléaire, à l'arme nucléaire, que les acteurs qui ont une vision plus *frictionnelle* du monde. Cela en revient à opposer scientiste et artiste ou esprit positiviste et esprit *frictionnel*. En quelque sorte, on pourrait dire que l'arme nucléaire oppose régulièrement les ingénieurs de l'armement aux chercheurs en sciences humaines qui abordent les singularités, les déviances. Je pose ici une hypothèse qu'il faudrait vérifier. Les militaires qui ont connu la guerre sur le terrain, une guerre frictionnelle telle que le Vietnam, comme le général Colin Powell, sont plus prudents sur la force nucléaire que quelqu'un comme Curtis LeMay, même s'ils n'appartiennent pas à la même époque. Le tropisme nucléaire peut donc être un tropisme technique, scientifique qui minimise le rôle de l'homme, qui croit que tout doit être applicable et que les actes sont plus ou moins rationnels, unitaires. Le nucléaire n'est pas sûr en ce sens-là. Toutes les socialisations ne conduisent pas à la transmission d'un même point de vue sur l'arme nucléaire et la dissuasion. Il existe des variations.

Thomas Meszaros : Cela signifie-t-il que l'affirmation de Bernard Brodie, pour lequel l'arme nucléaire est une arme « absolue », et qui ne laisse pas beaucoup de place à la subjectivité, peut être remise en question par les approches constructivistes qui s'attachent surtout aux significations et aux représentations ?

Thomas Lindemann : L'arme nucléaire s'impose à tous les acteurs de manière absolue pour des raisons de sécurité essentiellement. Et, les logiques sécuritaires sont globalement contraignantes. Mais, la prémisse la plus acceptée par les constructivistes est que la signification des phénomènes internationaux est socialement construite. Cela implique que les faits matériels en soi n'imposent pas une signification donnée. Ainsi, si l'on qualifie l'arme nucléaire d'« arme absolue » cela suppose que sa capacité destructrice, sa dimension dissuasive, son non-emploi sont des évidences. Ces affirmations peuvent être attaquées du point de vue constructiviste, car ces logiques, qui semblent évidentes, sont en fait beaucoup plus construites qu'on ne l'imagine. Comme le montre Alexander Wendt, dans le raisonnement de constructiviste les menaces sont évaluées en fonction d'un groupe social et de ses croyances intersubjectives. Par exemple pour les décideurs iraniens le nucléaire n'a pas la même signification que pour les décideurs britanniques.

Thomas Meszaros : Quelles significations peut-on alors donner à cette arme ? Au-delà de sa dimension sécuritaire que représente-t-elle symboliquement pour les États ?

Thomas Lindemann : Empiriquement, on voit bien que les États qui se dotent de l'arme nucléaire ou qui sont dotés de l'arme nucléaire l'on fait pour affirmer un statut dans les relations internationales. C'est le cas de la France, probablement aussi de la Grande-Bretagne, et aujourd'hui de la Corée du Nord. Pour ces acteurs, même s'ils répondent à une logique sécuritaire, le symbole, peut-être même plus que la sécurité, signifie beaucoup c'est pourquoi une véritable mise en scène entoure continuellement l'arme nucléaire. Elle renvoie pour eux à un rang dans la politique internationale. Le cas de la Corée du Nord est à ce titre évocateur. L'arme nucléaire peut être instrumentalisée pour projeter une image unitaire de la nation nord-coréenne devant une audience essentiellement domestique. On rejoint ici la première idée du constructivisme qui est d'attirer l'attention sur la signification des phénomènes internationaux. Ainsi, la signification de l'arme nucléaire est variable. Pour certains elle renvoie à leur sécurité pour d'autres elle signifie une sorte de masculinité, elle permet de projeter une image virile de soi, elle est le symbole d'un statut dans les relations internationales. Les essais nucléaires par exemple témoignent d'un désir de reconnaissance : on se fait reconnaître. L'arme nucléaire renvoie également à une capacité d'agir qui reflète la norme d'indépendance absolue, de souveraineté absolue, dans les relations internationales. Pour certains États dont la doctrine de souveraineté nationale est forte, comme la France, la Grande-Bretagne ou encore la Corée du Nord, dont l'identité est marquée par son idéologie autarcique, l'arme nucléaire est beaucoup plus fonctionnelle que pour des États qui pourraient obtenir l'arme nucléaire, mais qui ne l'ont pas acquise et pour lesquels cette arme a une importance moindre, comme la République fédérale d'Allemagne, parce qu'ils acceptent l'idée d'une interdépendance dans les relations internationales.

Thomas Meszaros : Vous avancez ici un argument empirique. Peut-on également avancer un argument théorique ?

Thomas Lindemann : Théoriquement, la dissuasion pose la question du nombre d'armes nucléaires nécessaires. Sur ce point, les acteurs ne sont pas d'accord. Par exemple, sous Mikhaïl Gorbatchev, les Soviétiques considéraient qu'il ne fallait pas de parité de la puissance nucléaire. Le seul moyen de s'assurer une sécurité absolue était d'acquérir une capacité de seconde frappe. Imaginons un instant la généralisation de cette capacité de frappe en second. Ce serait un monde *pacifique* où tout le monde aurait la capacité de répondre à une première frappe nucléaire par une seconde frappe. Dans ce monde *réaliste*, les acteurs sont rationnels et, comme il n'est pas rentable de frapper en premier et de mourir lors de la seconde frappe, seule la survie physique est une valeur pertinente. Le constructivisme est sceptique sur ce point. Il ne conteste pas que la survie soit une valeur pour les acteurs. Il cherche à tirer les conséquences des guerres passées et interroge la possibilité qu'un acteur préfère l'honneur à la survie physique. N'était-ce pas le cas de Saddam Hussein avant la guerre d'Irak ? Est-ce que Kim Jong-un pourrait s'inscrire dans une telle posture ? En cas de défaite, privilégierait-il une frappe nucléaire, une sorte de revanche qui pourrait entraîner la mort, ou bien préférerait-il la survie physique ? Étant donné qu'il est relativement jeune, il y a peut-être plus de chance qu'il souhaite rester en vie. Cela est peut-être déjà moins évident pour une dictature exercée par des hommes de 70 ans 80 ans.

Thomas Meszaros : Pourriez-vous développer cet aspect psychologique qui est finalement peu traité dans la littérature traditionnelle sur le nucléaire ?

Thomas Lindemann : Je peux étayer cette réflexion avec des arguments quelque peu cyniques. La survie physique concerne-t-elle uniquement l'État où la personne biologique de son représentant ? Si, dans une perspective réaliste, nous faisons l'hypothèse que la survie concerne uniquement l'État, il faut alors expliquer pourquoi les individus s'identifient à l'État. Cela renvoie à un élément symbolique. Un dirigeant de 70 ou 80 ans doit s'identifier totalement à sa collectivité, à la survie de sa population. Il est plausible qu'il conçoive la sécurité d'un point de vue purement personnel. S'il a un bunker, que sa survie personnelle est assurée, alors il pourrait se dire qu'il peut sacrifier une partie de sa population. Il peut aussi se dire qu'il lui reste quelques années à vivre et qu'il pourrait être celui qui a, pour l'histoire et la mémoire posthume, causé la mort à plusieurs centaines de millions d'Américains par exemple. Le seul objectif de la sécurité physique, de la survie, n'est pas évident, car on peut être dans une logique symbolique et la subir. L'acteur le plus faible est contraint à ne rien faire (*compelling*) par l'acteur nucléaire qui est plus fort. Il y a un aspect psychologique de soumission dans la dissuasion. Certains acteurs peuvent estimer qu'accepter la supériorité d'un autre acteur a un coup symbolique en termes d'estime de soi. La dissuasion suppose donc que les acteurs qui se soumettent à la menace et s'abstiennent de réaction ne sont pas affectés par cet aspect psychologique.

Thomas Meszaros : Cette dimension psychologique et surtout celle symbolique marquent une différence d'approche. Renvoie-t-elle à la distinction entre réalisme et constructivisme ?

Thomas Lindemann : Effectivement, pour le réaliste, la crise sécuritaire explique la motivation principale, et fonctionnelle, d'un État à acquérir l'arme nucléaire. Ce fut le cas par le passé de l'Union soviétique par rapport aux États-Unis et plus récemment du Pakistan vis-à-vis de l'Inde. Au contraire, pour le constructiviste, l'arme nucléaire n'est pas le seul moyen pour un État d'assurer sa sécurité. Il existe d'autres moyens à sa disposition pour assurer sa sécurité qui sont tout aussi efficaces. C'est pour cela que, du point de vue constructiviste, il faut relativiser l'idée que l'arme nucléaire est une arme « absolue ». Les réalistes considèrent que pour que la dissuasion fonctionne il suffit de mettre en œuvre rationnellement des éléments purement matériels en termes de gain et de coût. La guerre est évitée lorsque le bénéfice net de la paix est supérieur au bénéfice net de la guerre. Alors qu'un constructiviste dirait qu'il faut élargir l'équation à des coûts en termes d'image, d'insécurité ontologique identitaire. Le constructivisme considère toujours l'effet que doit avoir une action, la dissuasion par exemple, sur l'identité, sur l'image qu'on peut projeter auprès des autres.

Thomas Meszaros : De ce point de vue, peut-on dire que le constructivisme présente un *avantage* sur le réalisme, car il permet de prévoir les risques de dérapages, d'accidents, de mauvaises perceptions ?

Thomas Lindemann : Le constructivisme a un avantage naturel lorsqu'il aborde un objet tel que la dissuasion, car il s'intéresse à la compréhension du geste. Il étudie ce que signifie tel ou tel geste, de tel ou tel acteur dans telle ou telle situation, par exemple une crise de *signaling*, lorsque des forces ont déployées. Est-ce juste un déploiement ou bien l'acteur en question a-t-il la volonté de communiquer ? Le constructiviste peut dire si la dissuasion est mal signalée ou mal interprétée. La question de la signification ne se poserait pas en soi si la sécurité était l'objectif principal des armes nucléaires. La dissuasion, même si les États sont animés par la préservation de leur survie, ne rend pas impossible une guerre nucléaire. Il peut y avoir des malentendus, des *misinterpretations*, des désaccords, qui entrent clairement dans la perspective constructiviste. Donc la dissuasion n'est pas si simple que cela, car elle implique une pluralité d'interprétations. Benoit Pelopidas a montré dans ses travaux des actions transposables dans les années 1980 ou même dans la guerre du Golfe. Les fausses alertes par exemple. Même si l'on croit que tout est animé par une logique de survie sécuritaire, cela ne veut pas dire nécessairement que l'on échappe toujours à l'escalade. Il peut y avoir des interprétations divergentes. L'arme nucléaire n'est donc pas absolue, mais relative. Elle dépend de la manière concrète dont les acteurs signifient leur volonté de dissuader l'autre. La dissuasion fonctionne dans la mesure où un acteur signale sa volonté d'employer l'arme nucléaire en seconde frappe. Là, il y a un ensemble d'incertitude. Par exemple, pourquoi un acteur qui est attaqué par des armes nucléaires devrait-il répliquer ? Même pour un acteur rationnel on voit dans une telle situation toute l'incertitude qui existe. On la perçoit également dans l'effort répété des dirigeants de dire qu'ils veulent réagir à une attaque nucléaire et aussi dans l'effort qu'ils ont de produire une doctrine nucléaire. Elle prouve que la signification n'est pas donnée, que l'incertitude existe dans la décision en cas d'attaque nucléaire. Le constructivisme oblige donc à se poser des questions. Mais pour autant, il n'y a pas besoin d'être constructiviste pour imaginer les risques d'une catastrophe nucléaire.

Thomas Meszaros : Le constructivisme dans sa dimension perceptuelle est très proche des approches réalistes de Robert Jervis par exemple sur les *misperceptions*. Quelle est selon vous sa plus-value ? Que peut-on dire également de l'apport du constructivisme plutôt intersubjectif ou interactionnel ?

Thomas Lindemann : Le constructivisme et l'école des « perceptions faussées », nommons-la ainsi, se distinguent des approches qui traitent des limites à la rationalité même si des points de convergence existent. Le réalisme de Robert Jervis peut être envisagé sous l'angle constructiviste. Pour cela, il faut admettre la possibilité que les perceptions faussées ne sont pas des constantes anthropologiques, mais qu'elles proviennent d'un système de croyances. On remplace la situation qui est source de l'interprétation erronée par un système intersubjectif. Je prends, par exemple, l'idée de Geoffrey Blainey dans son ouvrage *The Causes of war* que les guerres sont la conséquence de malentendus ou de *misperceptions* que les perdants auraient dû éviter. Si je suis réaliste, je dirai que les causes sont à rechercher dans la situation, dans des raisons rationnelles, par exemple les informations disponibles étaient incomplètes, ou dans des limites anthropologiques. Mais, si je suis constructiviste j'estime que derrière ces perceptions faussées se trouve un système de croyances partagées par exemple le culte de l'offensive en Allemagne ou la doctrine darwinienne. Le constructiviste considère que l'on ne peut pas voir la réalité telle qu'elle est. Il n'exclut pas de dire que certaines idées sont fausses, qu'il existe un décalage entre l'objet en soi et la perception que l'on peut avoir de cet objet. En ce sens, le courant *perceptuel* est pertinent pour comprendre la dissuasion et ses limites. Robert Jervis, Janice Stein et Richard Ned Lebow, dans leur ouvrage *Psychology and Deterrence* paru en 1985 s'inscrivaient dans cette perspective. Ce courant perpétuel, issu de la psychologie, met en évidence la rigidité de certaines images, de certains systèmes de croyances très solidifiés dans les représentations que les décideurs ont d'une situation. Certaines études montrent que des responsables militaires ou politiques durant la guerre froide avaient tendance à voir le monde en noir et blanc, de manière mécanique, ce qu'illustrait par exemple la théorie des dominos. Quant à l'utilité du constructivisme interactionnel ou intersubjectif, il serait de montrer que même si tous les acteurs ont des perceptions correctes, même s'ils sont totalement rationnels, une guerre nucléaire est toujours possible à cause des logiques symboliques, par exemple de préférer l'honneur à la survie physique. Finalement, dans cette logique toute action a un impact symbolique. La dissuasion n'est donc pas neutre, mais affecte aussi l'identité. Un dérapage, s'il n'est pas technique, est toujours possible dans le cadre d'une escalade liée à un dilemme de sécurité symbolique, identitaire. Il faut relire l'ouvrage de Charles Osgood, *An Alternative to War or Surrender*, paru en 1965, qui montre le lien qui existe entre la logique sécuritaire et symbolique dans les mécanismes d'escalade.

Thomas Meszaros : Si, comme vous le dites à plusieurs reprises, l'arme nucléaire n'est pas une arme dont la valeur est absolue, mais qu'elle est plutôt une arme dont la valeur est relative, cela signifie-t-il qu'il est possible de dépasser les logiques de survie sécuritaires auxquelles elle fait traditionnellement référence ?

Thomas Lindemann : En termes de signification, nous l'avons vu, et c'est la thèse constructiviste, l'arme nucléaire implique autre chose que la sécurité uniquement. Elle renvoie à un statut dans la politique internationale, à l'idée de souveraineté absolue. Elle reflète une norme de rationalité et une logique de reconnaissance qui peut entrer en conflit avec une logique de survie. *A contrario*, peut-on penser la hiérarchie internationale autrement qu'au travers du critère nucléaire militaire, comme l'illustre encore aujourd'hui le Conseil de sécurité des Nations Unies en tant que « club nucléaire » ? Une *grande puissance* ne peut-elle se définir que par ses capacités civiles ? Les critères de hiérarchisation au sein du système international ont beaucoup changé. Peut-être que le nucléaire est devenu moins contraignant, moins absolu, dans les choix stratégiques que par le passé, notamment dans les années 1950-1960. Par exemple, aujourd'hui, on considère que l'Allemagne est plus puissante que la France. La souveraineté absolue, c'est-à-dire l'idée que les États doivent être capables de prendre en charge tous les problèmes, notamment la sécurité, semble être de moins en moins la norme. La sécurité par exemple est un problème qui est de plus en plus variable. C'est la raison pour laquelle la signification de l'arme nucléaire n'est pas forcément purement sécuritaire. Si les logiques sécuritaires sont plus importantes alors la question est de savoir si les règles de dissuasion sont toujours universelles. Il me semble qu'empiriquement les deux Grands ont dû apprendre les règles du jeu de la dissuasion dans la crise de Cuba en 1962. Avant cette date, ces règles n'étaient pas très claires, pas très stabilisées dans la mesure où les États-Unis considéraient, à la suite d'Hiroshima et Nagasaki, que l'arme nucléaire était une arme d'emploi, ce qu'illustrait également la doctrine des représailles massives. De même, des acteurs comme Mao considéraient qu'après une guerre nucléaire il resterait toujours des Chinois…

Thomas Meszaros : Vous avez évoqué la possibilité qu'offrait le constructivisme de dépasser les logiques sécuritaires de survie des États et la relativité du rôle de l'arme nucléaire comme instrument de sécurisation de leurs intérêts et comme élément constitutif de leur identité. Les cas de l'Afrique du Sud, des trois républiques de l'ex-Union soviétique sont-ils des illustrations de cette perspective *constructiviste* ?

Thomas Lindemann : Le constructivisme relativise l'arme nucléaire. Il lui donne de multiples significations symboliques, organisationnelles.

Ces différentes socialisations font de l'arme nucléaire une arme beaucoup moins absolue qu'on ne le croit. Les cas de l'Afrique du Sud, du Kazakhstan, de l'Ukraine ou de la Biélorussie illustrent effectivement cette affirmation. Même si je pense que le nucléaire n'a pas la même signification dans les années 1950-1960 que dans les années 1990 ou aujourd'hui. Dans les années 1990 le nucléaire était perçu comme un obstacle à la puissance civile, démocratique. Il projetait l'image de la puissance souveraine de l'État. La renonciation à l'arme nucléaire avait pour objectif de montrer la modernité et la dimension démocratique de pays qui étaient compatibles avec les standards de la civilisation occidentale (pour la Biélorussie aujourd'hui c'est compromis). Ce comportement approprié a prévalu sur la logique sécuritaire qui aurait voulu qu'ils cherchent à intégrer le club nucléaire. Les études de Richard Price et Nina Tannenwald sur le tabou nucléaire illustrent cette logique symbolique. Pour ces États, une puissance extérieure pouvait assurer la dissuasion à leur place. Cela suppose de faire confiance. Le fait par exemple que l'Allemagne confie aux États-Unis leur sécurité implique une situation de confiance et une identité collective. Donc l'abandon par certains États de l'arme nucléaire ne va pas de soi. Cette situation ne s'explique pas par une logique purement sécuritaire. Ces États illustrent la valeur relative qu'ils accordaient alors à l'arme nucléaire. Le constructivisme permet de penser la pluralité de ces significations, la pluralité des logiques d'action, la possibilité d'interpréter et de percevoir différemment la dissuasion. Bref, le constructivisme permet de penser une évolution acceptable des standards nucléaires même si pour le constructiviste le monde nucléaire demeure un problème.

Thomas Meszaros : Justement parce que le nucléaire est plutôt un problème du point de vue constructiviste, le constructivisme ne se prononce pas de manière définitive sur ce sujet. Pour le dire rapidement il n'est ni pro-nucléaire, ni anti antinucléaire, il considère qu'il est, suivant les contextes et les significations, un facteur de stabilité ou facteur d'instabilité. Est-ce bien cela ?

Thomas Lindemann : Le constructivisme ne peut pas exclure que l'arme nucléaire dans certains contextes puisse stabiliser les relations entre États et dans d'autres contextes introduire de l'instabilité. L'apprentissage des règles du jeu de la dissuasion entre les États-Unis et l'Union soviétique, après 1962, a plutôt eu un effet pacificateur, car il a fourni de la prévisibilité. Dans un autre contexte, les rapports entre l'Inde et le Pakistan par exemple, on peut douter de l'existence de cet effet pacificateur parce qu'il y a moins de communication, de règles, d'intersubjectivité. Pour un constructiviste, généralement, moins il y a d'intersubjectivité plus la situation est dangereuse. Empiriquement, un constructiviste doit admettre que la signification de l'arme nucléaire est variable. Elle peut donc être dans certains contextes stabilisatrice et dans d'autres beaucoup moins. Pour un constructiviste, la pacification passe par l'intersubjectivité, par la mise en place d'un système normatif. Cela signifie que l'arme nucléaire n'est pas essentielle dans la pacification ou dans la guerre. Un monde nucléaire pourrait être un monde pacifié si l'arme nucléaire constitue un tabou moral. Ce qui compte c'est donc de travailler sur la signification de l'arme nucléaire. Plus on achète des armes nucléaires, plus on en produit, plus on leur donne de l'importance, plus on les valorise. Pour un constructiviste interactionniste, ce que je suis plutôt, on signale par ses actions ce que l'on attend de l'autre. Si l'on produit des armes nucléaires le message est que l'on se méfie d'eux. C'est un comportement d'escalade. Celui qui a déconstruit cette relation est Mikhaïl Gorbatchev qui, par des actions unilatérales, a déclenché une sorte de cercle vertueux. Pour le constructiviste donc les actions de nucléarisation ne sont jamais innocentes. Elles donnent des significations à l'autre. Elles signalent s'il est un ennemi ou non. Mais attention, car dans certains contextes le constructivisme peut atrophier la réflexion sur l'arme nucléaire. Je serai donc enclin à être relativement relativiste, car une réponse pro ou antinucléaire très tranchée du point de vue constructiviste paraît difficile.

Thomas Meszaros : Pourrait-on dire en paraphrasant Alexander Wendt que finalement l'arme nucléaire c'est ce que les États en font ?

Thomas Lindemann : L'arme nucléaire envoie le signal aux autres États que l'on peut être capable du pire. C'est une manière de s'isoler du monde par cette souveraineté absolue qui implique une déconstruction de l'identité collective. La Corée du Nord, par exemple, avec ses tests nucléaires signalait qu'elle ne comptait pas sur les autres États, qu'elle ne voulait pas être intégrée dans le concert des nations. Mais si un État, comme cela semble le cas de la Corée du Nord aujourd'hui, accepte le tabou nucléaire, il montre aux autres qu'il ne les croit pas capables de l'anéantir. Du coup, ils vont considérer qu'il n'est pas tant une menace que cela. Cette situation produit de la confiance. Dans l'histoire, on voit souvent que les États lorsqu'ils peuvent mener une guerre préventive de manière rentable, c'est le cas de 1905 par exemple, ne le font pas nécessairement parce qu'il y a une sorte de tabou. On revient toujours à la question de ce qui est perçu comme légitime et juste. Le constructiviste, comme le décideur, est instrumental. Il faut gagner les élections par un soutien dans l'opinion ou obtenir un appui pour qu'une action soit légitime. Si un État fait des concessions symboliques ou matérielles sur son arsenal nucléaire, il est difficile d'être agressif avec lui surtout sur la scène internationale, car c'est une scène publique. On n'est pas dans un face-à-face entre deux acteurs. On est dans un théâtre. Les rôles sont dévalués et l'on est sous la pression de comportements plus ou moins appropriés des uns et des autres. Dans ce contexte il faut toujours faire attention aux prophéties autoréalisatrices surtout que cette arme est associée dans l'imaginaire collectif à la destruction massive. Cette représentation est fausse, car aujourd'hui on dispose de *mini-nukes* capables de frapper des cibles précises comme le bunker d'un décideur politique. Dans cet imaginaire collectif, celui qui se dote de l'arme nucléaire a le moyen de détruire l'humanité. On voit bien la dimension subjective de l'arme nucléaire surtout dans ce contexte où elle est une arme de destruction massive associée à l'apocalypse.

Thomas Meszaros : Cette dimension subjective se retrouve-t-elle également dans les doctrines offensives et défensives ? Là aussi le constructivisme n'aide-t-il pas à la compréhension de certains choix stratégiques en fonction des contextes ?

Thomas Lindemann : Dans le réalisme classique, nuancé ou perceptuel, de Jack Snyder ou Robert Jervis, Stephen Van Evera, il y a un monde soi-disant objectif, matériel qui favorise l'option défensive ou l'option offensive. La Première Guerre mondiale aurait dû favoriser une option défensive dans la mesure où les tranchées, les barbelés, les mitrailleuses, prévalaient sur les fusils et la mobilité. Mais, les décideurs peuvent se tromper. En l'occurrence, ils ont essentiellement cité l'argument organisationnel en disant, et c'est l'argument de Jack Snyder, que lorsque les militaires sont trop influents ils imposent une doctrine offensive parce que c'est mieux pour le prestige, les ressources et l'autonomie. En Allemagne avant 1914 ou en Union soviétique avant les années 1970 existaient des situations caractérisées par un décalage entre l'intérêt objectif et ce qui est perçu comme tel par les décideurs. Mon argument serait donc de dire que le choix entre offensive et défensive ne relève pas uniquement d'une question d'intérêt. Si les acteurs privilégient une posture offensive de guerre préemptive alors on est dans ce que l'on appelle le dilemme de sécurité en relations internationales. Par exemple, entre deux puissances nucléaires, comme l'Inde et le Pakistan, on se trouve dans une situation que l'on peut qualifier de dilemme de sécurité perceptuel, car les deux organisations militaires avancent l'idée que seule l'offensive est capable d'assurer la survie de la nation par l'option de frappes préemptives. Pour le constructivisme, les effets intersubjectifs qui structurent les acteurs, les organisations, sont plus décisifs que l'intérêt corporatiste. Cela peut sembler abstrait. En 1914, la doctrine sociale darwinienne prédomine. Il fallait se montrer fort, actif, dynamique, dominateur. Dans un tel mode social darwinien, attendre signifie être faible. L'idée constructiviste est de dire que le dilemme de sécurité peut aussi être créé par un dilemme d'identité. Chacun veut montrer sa virilité, même dans le mécanisme de mobilisation. On agit de manière agressive pas uniquement parce que l'on se sent en insécurité physique, mais aussi par rapport à son identité. Aujourd'hui, la qualification d'acteurs terroristes et la réponse à des actes terroristes ne renvoient pas forcément et uniquement à une dynamique sécuritaire. Elles relèvent également d'une dynamique identitaire, signaler que l'on est capable d'agir, cela renvoie à une sorte de performance, montrer que l'on est souverain.

Thomas Meszaros : Une *hybridation* de l'approche réaliste et de l'approche constructiviste, comme le propose Samuel Barkin dans son ouvrage *Realist constructivism*, ne constituerait-elle pas une voie intéressante pour penser l'arme nucléaire à l'ère contemporaine ?

Thomas Lindemann : Pour les réalistes, la plupart des êtres humains veulent la survie physique. C'est un besoin relativement essentiel. Cela peut être déconstruit, mais pas totalement. Ainsi, une lecture *hybride*, réaliste-constructiviste, consisterait à dire que les acteurs veulent le plus souvent préserver leur survie lorsque les coûts en termes symboliques ne sont pas trop élevés. C'est un objectif qui paraît raisonnable. En ce qui concerne la dissuasion, il y a des situations évidentes comme celle entre les États-Unis et l'Union soviétique dans les années 1960 où l'on avait compris les dangers d'une frappe arme nucléaire pour la biosphère. À un moment donné, on a plus besoin de la signification. Une fois qu'on a la signification construite et stabilisée, les logiques sécuritaires peuvent prévaloir sur les logiques symboliques même si ces dernières sont toujours sous-jacentes. Une fois la signification stabilisée les acteurs se comportent en fonction d'objectifs sécuritaires qui correspondent à un raisonnement de type réaliste classique. Mais, il existe également des types de dissuasion beaucoup moins évidents par exemple celui de la France. La dissuasion du *faible au fort* est beaucoup moins évidente. Il est nécessaire de prendre beaucoup plus en considération la signification des acteurs. Comment interprètent-ils les actions ? Dans ce cas, il est important d'entrer dans les significations des acteurs, de comprendre les règles et moyens de communication par lesquels ils signalent aux autres acteurs que dans telle ou telle situation ils pourraient recouvrir à leurs armes nucléaires, de soulever les malentendus possibles. Bref, de s'intéresser à ce qui relève de l'intersubjectivité. Plus on a besoin de mobiliser les interprétations, les significations pour les acteurs, une grille normative pour comprendre leurs logiques intersubjectives, plus on a besoin du constructivisme. À l'inverse, plus une logique de survie s'impose, plus le réalisme est pertinent. Cela en revient à différencier ce qui est stable dans les intérêts, par exemple nationaux, et ce qui est plus aléatoire. En principe plus les situations sont indéfinies, aléatoires, plus la demande de raisonnement est constructiviste. C'est finalement ce que propose Samuel Barkin. Je pense qu'empiriquement, sans penser ici particulièrement à la dissuasion nucléaire, on ne peut pas dissocier la logique sécuritaire de la logique identitaire, symbolique. On a tendance à séparer hermétiquement les deux approches. La signification relève du constructivisme et la sécurité concerne le réalisme. Mais en réalité, les deux logiques sont totalement mêlées.

Thomas Meszaros : Quelle place occupe selon vous la culture, les idées, les images, les valeurs et les normes dans les crises actuelles iranienne et nord-coréenne ? Quelle(s) lecture(s) constructiviste(s) peut-on en faire ?

Thomas Lindemann : Pour l'Iran, la crise a commencé réellement vers 2001-2002 même si ce pays est isolé depuis 1979. L'entrée des États-Unis en Irak a renforcé cette situation d'isolement. La technologie nucléaire pour l'Iran, comme pour la Corée du Nord d'ailleurs, est un moyen de se protéger contre cet encerclement. C'est pour cela qu'elle voulait se doter de l'arme nucléaire. Il s'agit d'un schéma sécuritaire classique auquel répond le réalisme défensif qui n'est pas du tout inutile pour comprendre les logiques des États qui sont très isolés sur la scène internationale. Pour ces États, l'arme nucléaire peut paraître attirante, car elle est un vecteur de sécurité, d'autonomisation, d'autarcie, etc. À ce titre, le cas de la Corée du Nord est semblable à celui de l'Iran. Mais, d'un point de vue réaliste classique, il est plus difficile de comprendre pourquoi les États-Unis estiment que ces acteurs ne sont pas rationnels. Si l'on se réfère à la dissuasion classique, l'arme nucléaire de la Corée du Nord et de l'Iran ne devrait pas poser de problème. John Mearsheimer et Stephen Walt ont d'ailleurs estimé que la guerre contre l'Irak était inutile, elle l'aurait été même contre un Irak nucléaire, parce que le coût de l'agression était disproportionné par rapport au gain. On pourrait appliquer ce même raisonnement à l'Iran et à la Corée du Nord. Si les acteurs sont rationnels, pourquoi les États-Unis cherchent-ils à se *protéger* contre un adversaire moins important (selon le SIPRI en 2016 les dépenses de défense des États-Unis étaient de plus de 600 milliards de dollars, celles de l'Iran de plus de 12 milliards de dollars et enfin celles de la Corée du Nord et de l'Irak avoisinent les 5 milliards de dollars) ? Face à ce problème entre en jeu la dimension symbolique parce qu'elle permet de comprendre pourquoi les dirigeants américains ont peur de l'irrationalité des acteurs iranien et nord-coréen. Interrogation classique sur l'image de l'ennemi qui est symbolique et renvoie finalement aux questions suivantes : Qu'est-ce qui est associé à l'Iran ? Qu'est-ce qui est associé à la Corée du Nord ?

Thomas Meszaros : Justement, selon vous, dans le cas iranien quelles sont les représentations qui jouent un rôle déterminant dans la définition des orientations de la politique américaine ?

Thomas Lindemann : L'image de l'Iran a été construite en opposition avec celle des États-Unis. Elle est celle d'un pays fanatique, irrationnel, imprévisible, etc. Les travaux de l'Australienne Constance Duncombe montrent bien cet aspect symbolique du conflit américano-iranien. Mais cette image n'est pas véhiculée uniquement pas les États-Unis. On la retrouve par exemple dans les déclarations récentes du président français Emmanuel Macron qui explique que l'accord avec l'Iran s'il n'est pas maintenu, porte un risque de radicalisation de la population musulmane. Il parle de manière assez explicite de l'idée terroriste. Ainsi, même ceux qui sont plutôt favorables à une coopération avec l'Iran semblent prisonniers de cette image *orientaliste* de la population musulmane. Cet orientalisme, qui conteste la rationalité même de cet acteur et de la population, occupe une place importante dans la construction de la menace iranienne. Cela semble être une représentation enracinée dans le monde politique occidental. Les dirigeants américains Georges W. Bush et Donald Trump ont montré que pour eux l'Iran n'est pas capable de rationalité, mais qu'elle est animée par une sorte de fanatisme. Il en va de même pour Benjamin Netanyahu. Au fond, ce sont les prémices américaines et israéliennes de la politique anti-iranienne qui ne repose pas sur l'acteur rationnel, mais ils résonnent en termes d'image. D'ailleurs, pour Donald Trump il n'y a pas une séparation très claire entre sunnite et chiite. Pour lui, globalement tout se confond, le 9/11 pourrait même très bien être le fait de l'Iran. Pour comprendre cette dimension symbolique, il faut revenir à l'image de l'autre, aux logiques de reconnaissance et aux expériences d'humiliation vécues. Dans le cas de la crise entre les États-Unis et l'Iran il faut remonter à 1979. Du point de vue de l'Iran, il s'agissait par l'occupation de l'ambassade et la prise d'otage du personnel américain d'un moyen de montrer leur non-allégeance, leur capacité d'action face à une puissance néocoloniale et impérialiste. Les Iraniens avaient peur, en tant qu'acteurs révolutionnaires, que, de nouveau, les Américains se mêlent de leurs affaires intérieures comme cela avait déjà été le cas avec le renversement de Mohammad Mossadegh en 1953. La prise de l'ambassade était un moyen de montrer qu'ils étaient des acteurs indépendants. C'était aussi un moyen d'échapper à l'humiliation et de renverser les stigmates du passé. Du point de vue américain, la perception n'était pas la même. Pour eux, l'appui au Shah était naturel. L'occupation de l'ambassade et la prise d'otage de 1979 ont été vécues comme des traumatismes, comme une violation du principe accepté de la souveraineté. Ces traumatismes ont été renforcés par une humiliation subie avec la libération des otages iraniens après la défaite de Jimmy Carter et l'élection de Ronald Reagan en 1980. Cela montrait que les Iraniens pouvaient influer sur la politique intérieure américaine. Depuis, l'Iran est associé à une image d'irrationalité, à celle d'un acteur qui ne respecte pas les fondamentaux, les règles du jeu. Le cas de la crise américano-iranienne montre que la réalité peut être interprétée de plusieurs façons, qu'il existe un arrière-plan où les expériences historiques, les traumatismes, façonnent la manière dont les décideurs interprètent la réalité. Donald Trump, né en 1946, avait un peu plus de 30 ans à l'époque. Cette crise a dû le frapper. Son refus de négocier avec l'Iran est pour lui un moyen de laver l'affront et de montrer que les États-Unis sont dominants. Du point de vue symbolique il est possible d'avoir une première lecture passionnée de la crise iranienne que l'on peut même qualifier de représentation orientaliste. Mais il est également possible d'avoir une deuxième lecture. On interprète alors l'aspect symbolique sous l'angle de la notion de dilemme d'identité. Chaque acteur veut montrer sa souveraineté absolue, sa domination, sa virilité. Ce référentiel joue un rôle, me semble-t-il, dans cette crise. Lorsque Mahmoud Ahmadinejad a affirmé que l'Iran était une puissance nucléaire, s'il avait été totalement rationnel, du point de vue réaliste, il aurait dû encourager la fabrication des armes nucléaires, l'enrichissement de l'uranium, mais sans provoquer les États-Unis. Surtout pas au moment où les Américains étaient en Irak. Cette attitude était illogique alors que l'Iran pouvait être frappé militairement par les États-Unis. Cela prouve l'importance de l'aspect symbolique. Mahmoud Ahmadinejad voulait à ce moment-là montrer que l'Iran avait la possibilité d'agir, qu'il devait être pris au sérieux et reconnu comme un acteur à part entière.

Thomas Meszaros : Retrouve-t-on dans la crise nord-coréenne les mêmes prémisses que dans la crise iranienne ?

Thomas Lindemann : Dans le cas de la crise nord-coréenne, les deux aspects symboliques que j'ai évoqués, considérer l'autre comme irrationnel et l'enjeu de la reconnaissance, sont bien présents. Une lecture strictement réaliste ne permet pas de comprendre pourquoi il faut désarmer la Corée du Nord ou quelle pourrait être la rationalité d'une attaque nord-coréenne contre les États-Unis ? À la limite, dans le cas iranien et nord-coréen, on pourrait argumenter d'un point de vue réaliste qu'il s'agit de renforcer le régime de non-prolifération nucléaire pour rassurer le dominateur américain. Cela suppose que les violations soient manifestes. Dans le cas de l'Iran il n'y a pas de preuves qui permettent d'affirmer un ce pays ne respecte pas le traité de non-prolifération nucléaire. Une action américaine contre l'Iran irait donc à l'encontre du principe du régime de non-prolifération parce que les États se diraient que les États-Unis font ce qu'ils veulent. D'un point de vue réaliste l'analyse n'est pas évidente. Dans le cas de la Corée du Nord, la représentation de l'autre comme un acteur irrationnel est encore plus forte. Il s'agit peut-être d'une stratégie symbolique de la part des dirigeants nord-coréens. Être représenté comme un acteur irrationnel peut être un avantage en termes de *bargaining*. Ils peuvent, par ce biais, obtenir des concessions qu'ils ne pouvaient pas obtenir autrement. La crise de 1993 et la signature de l'accord-cadre entre les États-Unis et la Corée du Nord en 1994, où elle a obtenu des contreparties (pétrole, centrale nucléaire civile) en échange de sa renonciation à un programme nucléaire, en sont une illustration. L'aspect symbolique sert ici à extorquer des ressources. Elle sert aussi la légitimité domestique du dirigeant, en l'occurrence à Kim Jong-un, car elle lui permet d'entretenir l'image d'un *leader* exceptionnel. Cela est essentiel et renforce l'idée que cet acteur n'est pas totalement rationnel. L'absence d'informations s'ajoute à cette représentation de la Corée du Nord comme un acteur hors du commun. La présentation des dirigeants nord-coréens, bizarrement, même s'ils ne sont pas du tout musulmans, semble entrer dans un registre comparable à celui des dirigeants iraniens et à l'idée que ce sont des acteurs fanatiques capables de n'importe quoi, qui n'ont pas intériorisé le jeu de la dissuasion. L'élimination brutale de ses adversaires pour se maintenir au pouvoir dans un contexte totalitaire participe à cette représentation. Pour autant, pourquoi ne comprendrait-il pas qu'une attaque contre les États-Unis serait totalement suicidaire ? La preuve est qu'il est déjà assis à la table des négociations avec le dirigeant sud-coréen et Donald Trump. Ensuite, on retrouve dans la crise nord-coréenne, comme dans la crise iranienne, l'enjeu de la reconnaissance. La Corée du Nord est un pays qui est peu représenté dans les relations internationales. Elle dispose de peu d'ambassades. Cela en fait un acteur isolé. C'est aussi un acteur méprisé comme État stalinien détestable avec à sa tête un « pygmée » pour reprendre la formule de Georges W. Bush. Quand on subit un tel déni, la reconnaissance occupe une place très importante dans les perceptions de ceux qui en sont victimes. Dans mon ouvrage *Causes of War* je définis le déni de reconnaissance comme un écart entre l'image positive de soi, que l'on veut projeter auprès des autres, et l'image que l'on croit recevoir des autres. Plus l'écart est grand plus le déni de reconnaissance est fort. Dans le cas nord-coréen Kim Jong-un se présente à l'intérieur de son pays comme un chef exceptionnel, leader de l'humanité qui le 4 juillet 2006, le jour anniversaire de l'indépendance américaine, tire sept missiles dont un Taepodong-2, récidive le 4 juillet 2017 en lançant un missile balistique intercontinental (ICBM), qui a fait construire un immense stade de football alors que la Corée du Nord a perdu 7 à 0 contre le Portugal lors de la coupe du monde 2010, qui est ovationné lors de ses discours alors qu'ils sont en réalité très ternes. Bref, nulle part on ne trouve un aussi grand décalage entre la présentation de soi et l'image renvoyée sur la scène internationale. Du coup, l'arme nucléaire devient fonctionnelle pour montrer la puissance du dirigeant nord-coréen. C'est à cela que renvoie la formule de Donald Trump : « Rocket Man ». Le désir de reconnaissance de Kim Jong-un se matérialise en quelque sorte dans l'arme nucléaire. Il s'agit d'une mise en scène autour du missile nord-coréen – symbole phallique –, de son immensité, de ses détails, par laquelle les dirigeants de la Corée du Nord cherchent à projeter l'image d'omnipuissance. Michèle Murray, qui a travaillé sur l'Allemagne de Guillaume II, considère que l'armement peut servir à stabiliser, à obtenir une sorte de sécurité ontologique à défaut de reconnaissance interpersonnelle. L'arme nucléaire peut donc être un moyen de se projeter, de se *matérialiser* dans le monde. Pour montrer que l'on peut réellement faire des choses, on agit sur la matière et l'on obtient la reconnaissance par les objets plus que par le sujet. Pour reprendre la dialectique du maître et de l'esclave de G. W. F. Hegel, cela rejoint l'idée de l'esclave qui, par le travail, par les objets, a conscience de lui. Cette grille de lecture peut s'appliquer pour la Corée du Nord. Je fais l'hypothèse que ceux qui sont mis à l'écart dans la politique internationale ont tendance à se référer à des puissances extra humaines pour construire une sorte de reconnaissance. À la manière de Max Weber qui, dans *L'Éthique protestante et l'esprit du capitalisme*, montre que dans le régime matériel, dans la production de biens, les individus cherchent à prouver qu'ils existent. Les conflits peuvent être abordés sous cet angle. Il est évident que pour Donald Trump ces aspects de la reconnaissance ont également une importance. Il veut montrer qu'il ne laisse pas faire les choses, il veut affirmer sa virilité. Son langage trahit cette volonté de tout contrôler, d'affirmer le statut de la superpuissance américaine. Son discours aux Nations-Unies le 19 septembre 2017 où il a annoncé à la Corée du Nord qu'elle pouvait disparaître demain en est une illustration. Ce qui vexe Donald Trump ce n'est pas seulement la dangerosité physique de la Corée du Nord, mais aussi sa dangerosité symbolique, l'atteinte à l'estime de soi et aux règles que les États-Unis veulent imposer au monde.

Thomas Meszaros : La rencontre entre Donald Trump et Kim Jong-un constitue-t-elle un tournant dans les relations entre ces deux acteurs ? Si tel est le cas pourquoi à votre avis ce tournant se produit-il maintenant ?

Thomas Lindemann : Il faut être prudent, on ne sait pas s'il s'agit d'un tournant. Je n'exclurais pas le motif de la rationalité minimale chez Kim Jong-un qui pense de manière réaliste. Il craint une frappe américaine. De son côté, Donald Trump s'est rapidement assis à table des négociations au moment où Kim Jong-un fait sa déclaration et ses premières concessions. On est pour lui sur le terrain symbolique. Pour Kim Jong-un cette rencontre lui permet de réaffirmer son *leadership* aux yeux de sa population. Son objectif est de faire accepter aux États-Unis l'indépendance de la Corée du Nord. Il souhaite une reconnaissance mutuelle de la superpuissance américaine d'un côté et de la puissance souveraine nord-coréenne autarcique de l'autre. Dès lors, le *deal* nucléaire devient possible même si l'incertitude demeure, car elle est fonction des engagements. Mais cet accord sur la reconnaissance peut faciliter les négociations à venir. L'aspect symbolique est donc important même si les craintes sécuritaires sont toujours présentes. Elles sont elles-mêmes bien souvent stimulées par le symbolique, par le fait que l'on ne croit pas l'autre rationnel. Comme nous l'avons vu précédemment il est difficile de démêler crainte sécuritaire et crainte pour l'estime de soi.

Thomas Meszaros : Nous venons de voir deux cas de crises internationales nucléaires, l'Iran et la Corée du Nord. Pensez-vous que l'on puisse construire un modèle d'escalade des crises, notamment des crises qui impliquent des puissances nucléaires ? Quel apport le constructivisme pourrait-il constituer à une telle modélisation ?

Thomas Lindemann : On peut essayer de construire un modèle d'escalade qui serait fondé sur un raisonnement constructiviste. On retrouve ici la similitude en termes de dynamique interactionnelle déjà évoquée précédemment entre le réalisme défensif de Robert Jervis par exemple et le constructivisme. Du point de vue rationaliste classique la guerre résulte de préférences stratégiques incompatibles. La crise sert à révéler ces intérêts incompatibles. Par exemple dans le cas de la crise de juillet 1914 la Russie voulait au minimum conserver la Serbie, l'Autriche-Hongrie voulait, pour affirmer son statut de grande puissance, l'écraser, l'Allemagne devait protéger l'Autriche-Hongrie pour préserver la sécurité, la France devait faire de même, etc. Dès le moment où les acteurs avaient compris qu'ils ne pouvaient pas atteindre leurs objectifs sans recourir à la guerre, celle-ci était inévitable. La crise n'a pas de dynamique propre, elle relève d'une dynamique interactionnelle. C'est la thèse que l'on retrouve dans le réalisme défensif pour lequel ce qui importe dans une crise est-ce que font les acteurs concrètement, leurs actions. Le modèle action-réaction est le modèle de base de l'escalade. Selon ce modèle, la préférence d'un acteur change en fonction de ce que font les autres acteurs. C'est l'idée qu'il existe une plasticité des intérêts. Dans une crise, on ne définit pas les intérêts de la même manière au début, au milieu ou à la fin. Ils sont redéfinis en fonction des interactions entre les acteurs. Le dilemme de sécurité se traduit par des acteurs qui au début souhaitent la paix, mais qui par leurs coups et contrecoups militaires, créent une situation où finalement la guerre devient de moins en moins inévitable pour leur survie. Le constructivisme peut offrir à ce titre un apport intéressant puisqu'il permet une compréhension interactionnelle des crises. À la différence du réalisme, le constructivisme est plus attentif à l'aspect symbolique. Il interroge la manière dont les différents coups joués dans une crise affectent l'identité ou l'estime de soi des acteurs, la manière dont ces différents coups sont signifiés, leur impact en termes de reconnaissance sur le statut des acteurs. Le réalisme s'intéresse également au statut, mais du point de vue de la puissance. Pour le constructivisme, le statut des acteurs est beaucoup plus lié à la question de l'être. Agir de telle manière que le statut de l'autre est compromis produit une d'angoisse ontologique. En définitive, on peut imaginer un modèle d'escalade des crises nucléaires qui serait basé sur le réalisme défensif et sur le constructivisme et sur la considération que les interactions entre les acteurs sont déterminantes et que coups progressifs peuvent amener des acteurs, d'une préférence qui est la paix au début d'une crise à une situation où la guerre semble l'option la plus nécessaire.

Thomas Meszaros : La différence entre réalisme et constructivisme porte donc sur la nature des coups joués, c'est cela ?

Thomas Lindemann : Alors que le réaliste se pose la question de la sécurité physique, le constructiviste se pose la question de la sécurité d'ontologie. Il se demande en quoi le coup joué porte atteinte à l'estime de soi, à l'image de l'autre. En quoi est-il perçu comme une violence symbolique liée à la reconnaissance ? Les mobilisations militaires ne sont pas uniquement des actions qui menacent la sécurité physique d'un acteur, elle le menace également dans son identité. Si l'on regarde la dissuasion nucléaire, elle assigne aux acteurs une place. Elle a une signification réelle, identitaire, elle n'est pas uniquement une indication en termes de coût ou de bénéfices pour la sécurité. Le modèle constructiviste intègre cet aspect symbolique lié à l'estime de soi et à la reconnaissance. Il considère que le symbolique affecte l'être, l'identité. Plus encore, il considère que les coups portés sont cumulatifs. On peut accepter une première offense, mais la deuxième est perçue plus lourdement, c'est additionnel. Dans un modèle de choix rationnel classique, cette logique cumulative n'existe pas. Il n'y a pas de souvenirs, pas de mémoire. Pour le constructivisme, les effets de ces coups sont beaucoup plus profonds. Ils structurent la mémoire et le ressentiment. Ainsi, ce que l'on a vécu ou fait par le passé affecte les orientations stratégiques du moment. Pour le constructiviste plus une crise dure, plus les offenses sont importantes et moins il sera facile de trouver une issue pacifique à la situation. Plus on va vers la guerre. Cette vision n'est pas très optimiste quand on sait que les crises que nous avons évoquées entre les États-Unis, l'Iran et la Corée du Nord durent depuis au moins quarante ans. Tout porte à croire qu'il sera donc difficile d'en sortir.

Thomas Meszaros : Dans la phase d'escalade d'une crise les perceptions faussées nécessitent une attention particulière. Ce point renvoie également à l'approche constructiviste qui se distingue cependant des analyses formulées par Robert Jervis comme vous l'avez rappelé précédemment. Pourtant ne les approfondit-elle pas ?

Thomas Lindemann : Robert Jervis insiste sur les dissonances cognitives et tendances humaines à simplifier et à éviter la correction entre un système de croyances donné et les informations reçues de la réalité. De là, il en déduit qu'il y a fréquemment des perceptions faussées en politique internationale. On peut donner une lecture plus constructiviste de Robert Jervis en disant que ces tendances-là ne sont pas uniquement anthropologiques. Elles ne sont pas uniquement liées au stress, à la pression, mais elles relèvent d'un système de croyances. Lorsque l'on regarde les crises actuelles, on se rend compte que les décideurs ont des systèmes de croyances très structurés, systèmes que l'on peut qualifier de scientistes. On interprète l'histoire, on déduit l'adversité, objectivement, d'un principe, d'une classe, d'une position, d'une culture. Le raisonnement de Donald Trump par exemple renvoie à l'idée de choc des civilisations. Il se heurte du côté nord-coréen à une référence révolutionnaire, au système de croyances issu du communisme stalinien. Ces systèmes de croyances conduisent à des *close-mind*, à une fermeture des esprits et à des postures dogmatiques. Certains systèmes de croyances ont tendance à centraliser l'adversaire, à le rendre plus hostile que d'autres. Le référentiel darwinien de Donald Trump par exemple explique qu'il est beaucoup plus méfiant envers l'Iran que les dirigeants Européens. Pour le constructiviste, il existe donc différents types de référentiels et les acteurs sont tributaires de leur système de croyances. Je travaille actuellement sur une thèse relative à cet esprit que je qualifie de positif ou positiviste. Je définis comme un esprit pour lequel la réalité doit être façonnée par des lois, pour lequel le comportement des acteurs doit être régulé, contrôlé, pour lequel le monde externe doit être façonné suivant des principes généraux. Ce raisonnement déductif, cette réduction et cette manipulation de la réalité en fonction de certains principes, cette illusion, induisent une détestation de la déviance. L'esprit positiviste qui est nomologique, qui est en recherche constante de régularités, est frappé lorsque surgit une déviance. En ce sens, la Corée du Nord et l'Iran sont des problèmes pour la lecture américaine du progrès dans l'histoire et pour l'esprit positiviste selon lequel les démocraties ne se font pas la guerre, conformément à la théorie de la paix démocratique. Pour les démocraties, notamment pour la démocratie américaine, ces États-là sont par définition incapables d'avoir une rationalité même minimale. Il faut donc se méfier d'eux. Le néo-conservatisme que l'on peut observer dans certaines institutions aux États-Unis, mais en France également, favorable à une guerre préventive contre des États comme la Corée du Nord, car elle refuse le principe normatif *top-down*, le positivisme juridique, fait de ceux qui sont déviants des acteurs illégaux et par définition dangereux. On déduit la dangerosité de la déviance des acteurs ce qui induit une perception faussée de la réalité. Ainsi, l'esprit positiviste que je définis comme une ambition nomologique de rectifier la politique internationale conduit à exagérer l'hostilité des États qui semblent à l'écart de la norme. Les risques de dérapage et de montée aux extrêmes, notamment dans le cadre d'une crise, concernent également les modalités par lesquelles les acteurs cherchent à signaler leurs ambitions, surtout si elles sont limitées, dans un contexte où le régime de croyances est rigide. Par exemple, il n'est pas sûr que la Corée du Nord comprenne les intentions des États-Unis s'ils engagent des frappes limitées contre des sites militaires ou des centrales nucléaires nord-coréennes. Kim Jong-un, en référence au précédent irakien, pourrait interpréter ces frappes comme une volonté de renverser le régime ce qui le pousserait dans une escalade nucléaire.

Thomas Meszaros : Vous apportez deux éclairages intéressants. Le premier sur la place du système de croyances comme grille de lecture du comportement des acteurs en situation de crise. Le second sur l'importance excessive accordée par l'esprit positiviste aux déviances ce qui a tendance à entraîner une amplification de la crise. Des systèmes de croyances clos et la perception d'une déviance par rapport à la norme peuvent donc être des sources de dérapages importants ?

Thomas Lindemann : Effectivement, l'excès de positivisme, de rationalité peut conduire à un dérapage. C'est l'idée que le comportement humain est déterminé par des lois qui se distingue d'une vision plus frictionnelle. Pour schématiser je distinguerai dans un continuum les décideurs aux référentiels positivistes, je les nommerai organisateurs positivistes, auxquels on peut opposer ceux qui sont plus créatifs, qui sont capables d'improviser, qui ont une vision plus frictionnelle de la réalité, qui ont une vision plus contingente, qui considèrent que dans les interactions avec les autres, dans les relations personnelles, on peut obtenir quelque chose. Les dirigeants qui appartiennent au second type, les créatifs, improvisateurs, auraient plus de facilité à négocier une issue pacifique que les premiers, les positivistes. La crise de 1914 en est une illustration. En Allemagne, ceux qui ont le plus poussé dans la crise, tels que Theobald von Bethmann Hollweg ou Helmuth Johannes Ludwig von Moltke, étaient des esprits positivistes qui croyaient à la loi et qui étaient raisonnables. Ils ont avancé l'idée qu'une guerre préventive permettrait de sortir de la crise alors que le Kaiser, très emporté au début de la crise, souhaitait, à partir du milieu de la crise, une solution pacifique. Comparativement, lors de la crise irakienne les opposants à la guerre, Colin Powell ou Richard Lee Armitage, plutôt des réalistes classiques, étaient des improvisateurs, des créatifs. Ils considéraient la politique comme un art plus que comme une science, que l'on ne peut pas tout prévoir. Georges H. W. Bush quant à lui était plus dans un registre positif où tout peut être planifié, où il suffit de changer de régime pour régler le problème irakien. On voit bien la différence entre ceux qui ont un esprit rationaliste positiviste et ceux qui ont une vision frictionnelle, je dirais même artistique, une capacité d'improvisation. Les acteurs les plus dangereux sont probablement ceux qui ont un esprit positiviste au sens nomologique, car il est beaucoup plus difficile de trouver avec eux un accord pour négocier.

Thomas Meszaros : Pensez-vous que la rationalité socialement structurée soit un concept opératoire pour l'étude des relations internationales dans un monde nucléarisé ?

Thomas Lindemann : Une rationalité socialement construite cela signifie qu'elle est variable. En définitive, la question renvoie à la possibilité qu'il n'existe pas une seule rationalité, mais plusieurs rationalités. Je reformulerai la question de la manière suivante : comment un positiviste voit-il le nucléaire ? Comment quelqu'un qui est plus enclin à l'improvisation voit-il le nucléaire ? Je pense qu'il existe deux types de positivisme. Le premier est plutôt optimiste, le second est pessimiste. La rationalité du positiviste repose sur l'idée de régularité et de progrès technologique. Il considère également que lorsque les acteurs en ont les capacités ils peuvent faire du mal. Cela renvoie à un déterminisme technologique. Les acteurs veulent assurer leur survie. Si l'on trouve un régime technologique où la capacité de seconde frappe est garantie, tout se passe bien. C'est le cas de Kenneth Waltz qui était optimiste face à la multiplication des armes nucléaires dans les relations internationales, car il considérait qu'elles étaient un moyen de les stabiliser. Le second type de rationalisme positivisme est plus négatif. Il considère que tous les acteurs qui s'écartent des normes sont dangereux et déviants. Du coup, il ne faut pas que des irréguliers, des acteurs déviants puissent acquérir l'arme nucléaire. Il faut au contraire éliminer ces acteurs et homogénéiser le monde. La vision frictionnelle de l'improvisateur quant à elle présente une rationalité nucléaire qui ne repose pas sur la capacité de frappe des acteurs, mais qui relève plutôt de leurs interactions. Car les acteurs sont convaincus que l'on peut toujours agir différemment. Ce qui importe donc c'est de créer, par le nucléaire, une identité partagée, une responsabilité commune. L'arme nucléaire signifie autre chose qu'un instrument purement technologique. La rationalité symbolique dont elle relève alors peut même aller à l'encontre de son usage sécuritaire. C'est le scénario des années 1950 où les États-Unis auraient pu frapper l'Union soviétique, mais, par inhibition de morale, ils ne l'ont pas fait. D'un point de vue frictionnel ce qui importe donc ce sont les interactions concrètes entre rationalités multiples, pas les calculs et prévisions. Dans cette perspective il n'existe pas de régime de rationalité unique et la lecture *top-down*, classique en relations internationales, ne s'impose pas aux États. C'est plutôt de l'intérieur, en comprenant leurs problèmes, leurs spécificités, leurs motivations pour acquérir l'arme nucléaire, le contexte local, que l'on peut saisir les logiques de rationalité multiples développées par les États en ce qui concerne le nucléaire. Il faut donc localiser, contextualiser, historiciser ces rationalités nucléaires. Par exemple pour la Corée du Nord on peut se demander pourquoi ses dirigeants ne raisonnent pas juridiquement. S'estiment-ils menacés par un changement de régime ? Quels sont les rapports de forces internes ? Quelles sont leurs visions politiques ? etc. Il est nécessaire d'entrer dans ces raisonnements spécifiques et de s'extraire de la lecture vision *top down* classique. Ce qui se passe à l'intérieur de l'État est beaucoup plus déterminant que les facteurs externes. Cette approche est encore peu pratiquée en relations internationales. Il est donc difficile de dire ce qu'impliquerait cette rationalité frictionnelle contextualisée concrètement pour le nucléaire.

Thomas Meszaros : Dans son article « Anarchy Is What States Make of it : The Social Construction of Power Politics », paru en 1992, Alexander Wendt indique que les constructivistes modernes et postmodernes sont naturellement appelés à dialoguer avec les libéraux. Avant toute chose, pensez-vous que cette invitation est toujours d'actualité alors que cela fait maintenant plus de vingt-cinq ans que cet article a été écrit ? Ensuite, selon vous peut-on fusionner le constructivisme *libéral* d'Alexander Wendt avec d'autres approches et qu'est-ce que cela impliquerait pour le nucléaire ? En effet, s'il y a une spécificité nucléaire ne peut-on pas envisager, dans la continuité de ce que propose Alexander Wendt, une ouverture inter-paradigmatique qui intègre les approches néoréalistes autour de l'objet nucléaire comme un *attracteur*, pour reprendre la formule de Frédéric Ramel, de la vie internationale ?

Thomas Lindemann : Alexander Wendt propose une vision moderne du constructivisme. Il se distingue du constructivisme critique ou poststructuraliste. Alexander Wendt n'est pas relativiste, il réfléchit en termes d'intérêts stables et d'intérêts variables. Il a d'ailleurs été critiqué par les constructivistes. Il est peut-être même le théoricien le plus critiqué de la discipline. Il existe deux courants critiques à l'encontre d'Alexander Wendt. D'une part, il y a ceux qui pensent que sa perspective est fausse, car il n'introduit pas une critique de la domination. Les normes ne sont pas produites par tous les acteurs de la même manière. Et il est vrai qu'Alexander Wendt ne hiérarchise pas suffisamment les acteurs producteurs de normes dans les relations internationales et de sécurité. D'autre part, il y a ceux qui sont plutôt poststructuralistes et qui considèrent que Alexander Wendt aurait tendance à figer les identités. Il serait presque culturaliste. Ces critiques ne sont pas excessives. Alexander Wendt est authentiquement interactionnel et la convergence peut se voir avec un certain libéralisme qui peut estimer que les normes inspirées par un régime démocratique ont une influence bien plus positive même sur le nucléaire que les normes d'un régime autoritaire. Que signifierait ce libéralisme républicain du point de vue constructiviste pour le nucléaire ? Le libéral, par rapport au positiviste dur, considère qu'il est possible de mesurer la démocratie. Il construit des paramètres. Il fait la promotion de la démocratie avec comme objectif presque unique de juger les États en fonction des écarts plus ou moins grands avec les paramètres qu'il s'est fixé. Pour avoir un monde moins dangereux en termes nucléaires, il faut avoir le plus d'États démocratiques. C'est l'approche libérale classique. Le constructiviste, dans le sillage d'Alexander Wendt, qui insiste sur les identités collectives, considère que le régime démocratique peut avoir par ses valeurs plus de facilités à construire un référentiel universaliste commun à l'humanité. La démocratie, encore faut-il savoir ce que l'on entend par là, en tant qu'état d'esprit peut être beaucoup plus favorable à la construction d'une identité partagée ou collective que les régimes autoritaires. Si l'on observe les grandes violences du XXe siècle, les régimes autoritaires ont produit plus de morts que les régimes démocratiques. Le constructivisme wendtien, qui n'est plus constructiviste, mais qui est plutôt libéral, impose deux réserves. La première réserve est la suivante. Imposer un régime peut avoir des effets sur la reconnaissance des États et sur l'estime, l'image qu'ils ont d'eux-mêmes. Cette pratique néocoloniale structure aussi les identités. Le fait que l'on impose un système, une norme indépendamment du contexte peut disqualifier l'idée démocratique. Par exemple, au Proche et au Moyen-Orient la démocratie est discréditée comme concept, car elle est considérée comme impérialiste. Le régime démocratique n'est pas considéré comme une technologie de pouvoir ou d'égalité. Par ce régime, les puissances occidentales ont signifié aux autres États qu'ils leur sont supérieurs. Le constructiviste porte attention à l'aspect symbolique de cette politique d'imposition, à ce que peuvent signifier ces actions. Il sera donc beaucoup moins optimiste qu'un libéral qui est centré sur la possibilité d'imposer un régime démocratique. La seconde réserve concerne le raisonnement théorique. Le constructiviste considère que les intérêts sont construits. Alexander Wendt, sans nier que certains acteurs souhaitent le profit, comme les libéraux, dirait qu'ils pourraient vouloir autre chose. Ce que veulent les acteurs renvoie à une question empirique. On ne peut le savoir avant, ce n'est pas prédéterminé (on est en opposition au scientisme). C'est pour cela que l'on a reproché au constructivisme de ne pas être un véritable programme de recherche. Pour eux, il faut d'abord entrer dans la signification que les intérêts ont pour les acteurs selon les contextes. Il y a trop de variations pour systématiser. Que peut-on en déduire pour le nucléaire ? Alexander Wendt aurait tendance à croire au progrès. C'est ce qu'illustre son article paru en 2003, « Why a World State Inevitable ? ». Article presque scientiste, dans lequel Alexander Wendt interroge la possibilité d'accélérer le processus d'apprentissage de la coopération internationale. Il part du principe que le nucléaire est nocif. À partir de là, il cherche une convergence entre libéraux, réalistes et constructiviste wendtien pour voir comment on peut construire un monopole de la violence légitime international en matière nucléaire. Comment faire en sorte qu'il y ait un consensus progressif et que les Nations Unies soient habilitées à détenir l'arme nucléaire ? Pour les réalistes, l'état de nature a pour origine cette multiplicité de centres de pouvoir. Pour les libéraux et les constructivistes, l'anarchie reste également un problème. En France, la divergence porte sur place que l'on accorde à l'espace international par rapport à l'espace national. Il n'y a pas de différenciation. Pour simplifier, faire une politique publique nationale est la même chose que faire une politique publique internationale, il n'y a pas de frontière réelle. Du coup, il est possible d'appliquer les concepts sociologiques aux relations internationales. Alors que pour l'approche classique l'anarchie, absence d'autorité suprême, structure le système international différemment qu'à l'intérieur des États. C'est une spécificité pour le constructivisme wendtien également. Cette multiplicité de centres décisionnels est aussi un problème pour le nucléaire. La thèse normative consisterait à interroger la manière dont on pourrait mettre fin à cette multiplicité de centres de pouvoir. Pour le constructiviste, cela passe par un processus d'apprentissage, d'éducation. C'est finalement une approche libérale. Pour le réaliste, cela passe par des guerres.

Thomas Meszaros : Selon vous, quelles seraient les conditions requises pour un désarmement nucléaire complet ? Pour le dire autrement, l'arme nucléaire peut-elle être « désinventée » ?

Thomas Lindemann : D'un point de vue constructiviste, je ne suis pas convaincu de la possibilité de dénucléariser totalement les relations internationales. Il est sans doute possible de centraliser le nucléaire sous un contrôle transparent. Pour faire en sorte que l'arme nucléaire devienne moins attirante, il y a différentes stratégies. Le constructivisme au travers des travaux de Richard Price et Nina Tannenwald montrent que stigmatiser ou rendre tabou l'arme nucléaire, cela en revient à la rendre inacceptable, maléfique. Quand on montre que ce n'est pas une arme acceptable, on crée une normativité qui est dissuasive au sens normatif. C'était le sens de l'initiative Obama. Même si l'on considère qu'il s'agit d'une utopie elle discrédite quand même l'arme nucléaire. Maintenant, il peut y avoir d'autres pistes. Par exemple d'un point de vue plus féministe, il faut déconstruire les attributs de la souveraineté, comme l'idée que l'État doit être totalement autonome, que sa puissance est liée à la masculinité, il faut déconstruire le prestige lié à l'arme nucléaire, le symbole du statut et de la reconnaissance qui y sont associés. Il faut que les États les plus reconnus ne soient plus ceux qui ont des armes nucléaires, mais plutôt que ce soient des États qui font des actions humanitaires, qui œuvrent pour le développement durable. Bref, des États qui ont d'autres qualités que celles strictement militaires. Ce processus de changement normatif qui est en cours coïncide avec l'abandon par certains États de leurs programmes nucléaires. Il explique d'ailleurs le fait que la prolifération nucléaire soit moins rapide qu'imaginée. Autre piste, il est également important d'avoir un regard critique en direction de la technique. Peut-être faut-il redéfinir le savoir nucléaire pour le rediriger vers une autre forme d'activité. Inventer des technologies qui permettent de désinventer l'arme nucléaire. Pourquoi pas un bouclier nucléaire universel ? Pourquoi ne pas réinvestir le savoir scientifique pour rendre marginale l'arme nucléaire ou développer, comme en Allemagne, une défense défensive ?

Thomas Meszaros : Pensez-vous que le constructivisme va pouvoir intégrer les nouvelles technologies ? Les programmes de modernisation des arsenaux militaires, l'idée américaine d'augmenter la flexibilité de leur réponse et d'avoir des armes nucléaires avec des capacités plus faibles, de manière à pouvoir les utiliser soit de manière préemptive, soit sur le champ de bataille, ne signifient-ils pas une banalisation des armes nucléaires ?

Thomas Lindemann : Effectivement, dans le cadre de la modernisation des arsenaux le développement d'armes aux capacités plus faibles est objectivement une option alternative, mais qui contribue à banaliser l'arme nucléaire. Il y a un ensemble de tentatives pour rendre l'arme nucléaire opérationnelle. L'avantage de la stigmatisation actuelle est qu'il existe une vraie inhibition liée à l'arme nucléaire. Dès que l'on introduit des échelles, cela devient compliqué. Il faut réapprendre toute une grammaire de l'utilisation sans compter que l'on crée une possibilité de malentendu. Quel type d'échelle ? Quel type d'échange ? Pour répondre à quel type de *nukes* ? On peut en venir facilement à un mécanisme d'escalade. L'opérationnalisation conduit donc à un affaiblissement symbolique et contribue à déconstruire le tabou nucléaire. À terme, on rend l'arme nucléaire plus acceptable et l'on risque de désinhiber l'utilisation de cette arme. Cela pose des problèmes de *signaling* car la signification de l'usage de l'arme nucléaire, pour celui qui subit une attaque, n'est pas quelque chose d'universalisable.

Thomas Meszaros : On constate peu de travaux critiques sur l'arme nucléaire. Pourquoi selon vous les approches critiques ne se saisissent-elles pas plus de cet objet fondamental ? Est-il difficile de se saisir de l'arme nucléaire sous l'angle critique ?

Thomas Lindemann : Un constructiviste critique dirait que le complexe militaro-industriel essaie de légitimer son savoir, ses productions. Bref, c'est une question de rapport de forces et les acteurs de ce complexe militaro-industriel sont très influents. Il y a aussi très peu de contrôle public de ces acteurs nucléaires qui agissent dans un champ peu transparent. Dans ce domaine, les échelles (Herman Kahn, Albert Wohlstetter) et les discours contribuent à rendre le sujet opaque, à faire du problème nucléaire un problème d'experts. Le constructivisme et les approches critiques pourraient aboutir à ce que la savoir nucléaire ne soit pas uniquement un savoir d'expert. Il faudrait que ce sujet soit réinvesti à sa juste mesure, par une prise de conscience qu'il concerne l'humanité, qu'il renvoie à une question de survie, à un problème de la cité. Paradoxalement, en France comme dans de nombreux autres pays, il n'y a aucun contrôle dans ce domaine. Nous sommes confrontés à une énigme et je n'ai pas de réponse sur ce point. Comment expliquer que ces personnes qui ont le pouvoir de perfectionner ces armes de destruction ne suscitent pas notre intérêt ? Pourquoi les chercheurs critiques ne travaillent-ils pas plus sur ces sujets-là ? Comment un sujet qui peut amener à la destruction de l'humanité peut-il désintéresser autant la recherche, même critique ?

Le genre du nucléaire

Aux origines épistémologiques d'une divergence politique entre réalistes et féministes

Lydie THOLLOT

Les études de genre ont rapidement su mettre en exergue la façon dont notre langage, notre façon de penser et de problématiser les choses, n'échappent pas à la « marque du genre ». La tradition féministe matérialiste française, sous la plume entre autres de Colette Guillaumin, puis de Monique Wittig, et dont Judith Butler se fait également écho, nous enseigne que la division sexuelle du travail, sur la base de laquelle les sociétés patriarcales se construisent, consacre les bases d'une réalité matérielle à partir de laquelle les mots et les choses prennent sens[1]. Les identités sont enclavées dans des normes de genre, les perceptions sont culturellement biaisées et les interprétations de la réalité matérielle fondamentalement orientées selon un rapport de pouvoir historique particulier. En ce sens, comme le dit Cynthia Weber, « rien n'échappe au genre »[2], pas même le discours nucléaire.

Lors de l'explosion des premières bombes atomiques indiennes, certains spécialistes affirment que le pays avait perdu sa virginité[3]. Et à ce sujet, le leader nationaliste indien Balasaheb Thaskeray affirme en mai 1998 « nous devions prouver que nous ne sommes pas eunuques » [notre traduction][4].

---

[1] Colette Guillaumin, *L'idéologie raciste : genèse et langage actuel*, Mouton & Co., Paris, 1972. Dans cet ouvrage, l'auteure énonce les bases de son analyse matérialiste du langage. Monique Wittig, « La marque du genre », *in La pensée straight*, Paris, Éditions Amsterdam, p. 115-126. Dans cet article, Monique Wittig reprend le travail de Colette Guillaumin dans son analyse de l'économie sémantique du genre. Judith Butler, *Trouble dans le genre : le féminisme et la subversion de l'identité*, Paris, la Découverte, 2006. Judith Butler fait référence à la « matrice hétérosexuelle » dans son analyse des effets performatifs du genre sur le langage.

[2] Cynthia Weber, *International Relations Theory : a critical introduction*, New York, Routledge, 2001, p. 53.

[3] Carol Cohn, « Sex and Death in the Rational World of Defense Intellectuals », *Signs*, vol. 12, n° 4, été 1987, p 696.

[4] Carol Cohn, Felicity Hill, Sara Ruddick, *The Relevant of Gender for Eliminating Weapons of Mass Destruction*, [Rapport], *The Weapons of Mass Destruction Commission*, n° 38, décembre 2005, p. 3.

Parallèlement, il était possible de trouver dans la presse indienne des caricatures qui représentaient le Premier ministre Atal Behari Vajpayee, devant la coalition gouvernementale, muni d'une bombe nucléaire sur laquelle était inscrit : *Made with Viagra*[5].

On doit à Carol Cohn une grande partie des remarques qui sont consignées dans ce papier. Elle remarque qu'en 1942, le physicien Ernest Lawrence envoie un télégramme aux physiciens de Chicago dans lequel il déclare : « Félicitations aux nouveaux parents. Impatient de voir le nouveau-né » [notre traduction][6]. Également, en 1945, lors de la conférence de Potsdam, le général Groves informe Henry Stimson que le premier essai de la bombe atomique était réussi. On peut lire après décodage du message en question, « Le docteur vient de rentrer plus enthousiaste et confiant que jamais : le petit garçon est aussi costaud que son grand frère. La lumière dans ses yeux est perceptible d'ici à Highhold et je pouvais entendre ses cris d'ici jusqu'à ma ferme » [notre traduction][7]. Stimson, en retour, informe Churchill en lui écrivant la note suivante : « Les bébés sont nés de manière satisfaisante » [notre traduction][8]. En 1952, lorsque Teller envoie un télégramme depuis Los Alamos annonçant la réussite du test de la bombe hydrogène « Mike », il affirme « c'est un garçon ! » [notre traduction][9]. Et en effet, ce sont des garçons ! D'ailleurs, dans son ouvrage, *Than a Thousand Suns*, Robert Jungk explique que lors des premiers tests du projet Manhattan, les scientifiques disaient espérer que la bombe soit un garçon et pas une fille[10]. Et l'on remarque que les deux bombes qui furent larguées par la suite au Japon avaient bien des noms masculins : *Little Boy* et *Fatman*.

Autant d'exemples historiques qui nous prouvent que le discours nucléaire n'échappe pas aux considérations de genre. Mais jusqu'à quel point ? Et quelles en sont les conséquences ? Les contributions fémi-

---

[5] *Ibid.*
[6] Carol Cohn, « Sex and Death in the Rational World of Defense Intellectuals », art. cité, p. 700. L'auteure se réfère à Herbert Childs, *An American Genius : The Life of Ernest Orlando Lawrence, Father of the Cyclotron*, New York, E. P. Dutton, 1968, p. 340.
[7] Carol Cohn, « Sex and Death in the Rational World of Defense Intellectuals », art. cité, p. 701. L'auteure se réfère à Richard E. Hewlett, Oscar E. Anderson, *The New World : A History of the United States Atomic Energy Commission*, 2 vols., University Park : Pennsylvania State University Press, 1962, p 1.
[8] Carol Cohn, « Sex and Death in the Rational World of Defense Intellectuals », art. cité., p. 701. L'auteure se réfère à Winston Churchill, *The Second World War*, vol. 6., Triumph and Tragedy, Londres, Cassell, 1954, 55.
[9] Carol Cohn, « Sex and Death in the Rational World of Defense Intellectuals », art. cité., p. 701. L'auteure se réfère à BrianEaslea, *Fathering the Unthinkable ; Masculinity, Scientists and the Nuclear Arms Race*, Londres, Pluto Press, 1983, p. 130.
[10] Carol Cohn, « Sex and Death in the Rational World of Defense Intellectuals », art. cité., p. 701.

nistes les plus salutaires demeurent celles qui s'en sont prises aux carences épistémologiques des théories réalistes sur le sujet. Elles ont su mettre en évidence les implications normatives, et les dangers politiques qu'elles représentent en matière de sécurité. Cette contribution ne prétend pas être un apport original sur le sujet, ni même présenter un état de l'art complet en la matière. Elle propose une introduction aux fondements épistémologiques de la critique féministe, à partir notamment de la contribution de Carol Cohn sur la question nucléaire. L'objectif est de souligner la force argumentative du féminisme lorsqu'il interroge les fondements de la pensée positiviste. Une telle initiative devrait permettre de mieux comprendre et de mieux apprécier la littérature contemporaine sur le sujet puisqu'elle replace l'éthique au centre des préoccupations nucléaires dans une perspective différente de celle qui les avait accompagnées au début des années 1970.

Du réalisme au féminisme : retour sur des divergences fondamentales

Au fondement de notre conception contemporaine de la stratégie nucléaire et de la sécurité se trouvent les théories réalistes qui ont émergé en Europe occidentale après la Seconde Guerre mondiale. Dans ce contexte, elles ont tenté d'aller vers toujours plus d'objectivité, niant les implications de genre que leur neutralité axiologique pouvait paradoxalement véhiculer. Le Féminisme intervient dans le champ des relations internationales (RI) pour interroger les bases épistémologiques et les conséquences normatives du discours réaliste. Il propose des alternatives réflexives, entre réalisme et postmodernisme.

Le réalisme : rationalité et éthique de la responsabilité

Il est important de contextualiser les débats théoriques qui ont fait émerger les discours qui ont accompagné l'âge d'or des études stratégiques dans les années 1970. Après la Seconde Guerre mondiale, l'école réaliste, comme l'illustre la figure de Hans Morgenthau, participe à la formulation du premier débat théorique en RI[11]. Bien que cette école rassemble des contributions hétérogènes, il est possible de distinguer trois piliers ontologiques caractéristiques de l'étude réaliste des RI : l'anarchie, la puissance et la rationalité. Une volonté normative – ou plutôt *anti-normative* – gouverne l'ambition scientifique réaliste. À l'aube de l'ère nucléaire, il fallait

---

[11] Voir notamment Hans Morgenthau, *Politics Among Nation : The Struggle for Power and Peace.*, New York, Alfred A Knopf, 1973.

débarrasser le discours de la discipline de toutes considérations idéologiques libérales. Dans l'entre-deux-guerres, le libéralisme avait fait de l'éthique de la conviction la ligne de mire des projets réformateurs pour la paix. Ils se sont avérés inefficaces. Aussi, les réalistes préfèrent-ils raisonner selon les termes d'une éthique de la responsabilité qui envisage les conséquences politiques en matière de responsabilité régalienne[12]. Selon eux, lorsqu'on analyse le phénomène politique, il est important de ne pas obscurcir l'étude par des considérations morales individuelles : elles n'entrent pas en cause lorsqu'il s'agit de traiter des implications sécuritaires d'une décision en matière de politique étrangère. Pour les réalistes, les motivations d'un chef d'État doivent se mesurer au travers de sa capacité à assurer la sécurité à l'intérieur de ses frontières. Cette objectivité morale, ou neutralité politique devient le gage d'un travail désintéressé et efficace dans la problématisation des questions sécuritaires. Dans les années 1970, la troisième phase des études de sécurité s'amorce faisant du nucléaire la thématique centrale de l'économie politique internationale[13]. Kenneth Waltz, père du néo-réalisme ou réalisme structurel, consacre dans ses travaux le triptyque État/rationalité/sécurité comme les trois notions co-constitutives de l'ordre international. Selon lui, la configuration des rapports de force à l'échelle internationale se base sur l'identification par les États des menaces sécuritaires en termes de puissance matérielle. Ce processus est soumis à l'organisation anarchique des RI. Il n'existe aucun monopole de la violence légitime et chaque acteur doit assurer seul sa sécurité : on parle de *self help*. Cette situation fait de la rationalité, le calcul coût-bénéfice, l'*ultima ratio* de la politique internationale. Son ouvrage *Theory of International Relations* publié en 1979 a contribué à la promotion des études de sécurité internationale dans un contexte politique et scientifique favorable. À cette époque, la fin de la guerre du Vietnam laisse place à l'invasion soviétique en Afghanistan, ce qui replace la question sécuritaire au premier plan. Et

---

[12] Alexandre Macleod, « Le réalisme classique », Paragraphe 4 « la normativité réaliste : statuquo, prudence et éthique de la responsabilité » p. 49-51 *in* Alexandre Macleod, Dan O'meara, *Théories des relations internationales : contestations et résistances*, Autrement, Athéna Éditions, 2007 Alexandre Macleod, Dan O'meara, *Théories des relations internationales : contestations et résistances*, op. cit., p. 51. Voir le paragraphe intitulé « Éthique de la responsabilité vs éthique de la conviction chez les réalistes ».

[13] David Grondin, Anne-Marie d'Aoust, Alex Macleod, « Les études critiques de sécurité », *in Théories des relations internationales, Contestations et résistances*, op. cit., p. 462 463. Les auteurs identifient cinq phases dans l'émergence historique des études de sécurité. La première (1940-1955) centre les études stratégiques sur la sécurité nationale ; la seconde (1955-1965) se concentre sur la stratégie nucléaire, la troisième (1965-1979) signe le déclin des études stratégiques alors que la quatrième (1979-1991) laisse émerger à nouveau des préoccupations autour de ce qui deviendra les études de sécurité internationale. La cinquième phase est la phase post-guerre froide qui voit émerger les approches critiques de sécurité.

parallèlement, on assiste au développement de la recherche sur les questions de sécurité et de défense. Dans les travaux de Waltz, l'abstraction devient le gage épistémologique d'une neutralité normative. Elle permet de cerner la façon dont la structure anarchique conditionne le comportement des États, et donc, d'anticiper les évolutions dans le champ des RI. C'est en toute objectivité que les mathématiques, et notamment les théories des jeux ou les théories du chaos, vont devenir les fondements de la réflexion stratégique nucléaire. On remarque un glissement vers une moralité scientifique qui laisse penser que l'objectivité légitime les discours et justifie l'usage du nucléaire lorsque les circonstances politiques sont appréciées d'un point de vue neutre et rationnel.

Féminisme : savoirs situés et éthique reconsidérée

Le féminisme s'inscrit à contre-courant des fondements orthodoxes des savoirs contemporains : par ses racines politiques, et ses ambitions réformatrices, une science féministe peut difficilement prétendre à l'objectivité sans reproduire des schémas qui ont contribué à marginaliser ses objets référents : les femmes et le genre. En contrepartie, elle s'éloigne de l'abstraction englobante au profit d'un intérêt prononcé pour les points de vue, leur conditionnement social et politique. Pour les féministes, dans un cadre établi par des protocoles précis, la subjectivité bénéficie d'un potentiel significatif plus proche de la réalité et de sa complexité.

Parmi les contributions phares à l'épistémologie féministe, nous trouvons le *standpoint* de Sandra Harding et les « savoirs situés » de Donna Haraway. On pourrait penser que le point de vue est une perspective contingente et circonstancielle, dont la subjectivité appelle à une forme de relativisme sans valeur sur le plan scientifique. Pourtant, Sandra Harding considère le *standpoint* comme un « outil d'amélioration de l'objectivité »[14]. Elle explique qu'une approche féministe, abordant le sexisme sous-jacent aux discours dominants, sera en mesure d'en apporter la preuve si elle adopte la stratégie adéquate. Cette preuve implique de prendre pour base l'expérience des femmes marginalisées. Ce postulat de départ, qui pourrait être interprété comme un prérequis partial, consiste en un « privilège » pour les féministes : celui de prendre le contrepied des discours dominants et de se rendre capable d'en prouver les écueils à travers des études orientées vers les marges. Les savoirs orthodoxes peuvent être « faux » en ce qu'ils se présentent comme « objectivement vrais » alors qu'ils sont politiquement orientés pour soutenir des intérêts particuliers.

---

[14] María Puig de La Bellacasa, *Les savoirs situés de Sandra Harding et Donna Haraway : science et épistémologies féministes*, Paris, L'Harmattan, 2014, p. 36.

La partialité du savoir féministe consiste à apporter un peu plus de « vrai » et de « réalité » et donc à participer à rendre le savoir global plus « objectif » par un travail collectif[15]. Le savoir féministe se situe alors entre l'absolue véracité, en proposant un savoir « moins faux », et le relativisme postmoderne qui refuse tout fondement, même provisoire, à la connaissance. Aussi, une connaissance située peut être vraie, à condition qu'elle participe à un travail circonstancié, enclin à la matérialité des marges[16].

Dans le sillage du féminisme *standpoint*, se trouve également l'analyse des savoirs situés de Donna Haraway. Pour elle, le cadre spatio-temporel de la réalité conditionne l'émergence des savoirs. Ils héritent de l'accumulation des connaissances passées, des débats présents et des enjeux futurs. Entre le « réalisme » et le « postmodernisme », il s'agit pour elle de tendre vers un futur capable de proposer des alternatives conscientes aux enjeux situationnels[17]. Le rationalisme, le réalisme et le postmodernisme se succèdent comme des modes de lecture fétichistes du réel : à la poursuite de ce qu'elle nomme le « *God Trick* » ou « truc divin ». Toutes ces perspectives tendent vers un idéal heuristique – le neutre rationnel –, l'objectivité expérimentale, le subjectivisme relatif. Chacun cherche à n'être nulle part et partout en même temps, ce qui rend leur quête « dé-située », désengagée, « dés-impliquée » de la réalité[18]. L'alternative féministe consiste en une réappropriation de la réalité dans sa complexité inhérente, sans scission normative entre sujet/objet, théorie/pratique. Le féminisme conserve l'idée que science et politique, savoir et pratique, nature et culture, discours et expérience, intègrent un « réseau » sédimenté dans le réel, et dont l'appropriation passe par l'évaluation situationnelle de l'intégration de tous ces éléments. Il s'agit de reconstruire la science, et la notion d'objectivité, à travers celle du positionnement : interroger les situations, entre discours et pratiques, à travers ce qu'elle nomme les « pratiques matérielles-sémiotiques »[19]. Le rapport de co-construction entre discours et pratiques est central pour évaluer la construction des savoirs et leur impact dans le réel[20]. Les pratiques matérielles-sémiotiques vont permettre d'évaluer la

---

[15] *Ibid.*, p. 28-29.
[16] *Ibid.*, p. 29.
[17] *Ibid.*, p. 158.
[18] Donna Haraway, « Savoirs situés : la question de la science dans le féminisme et le privilège de la perspective partielle », *in Manifeste cyborg et autres essais : sciences, fictions, féminismes*, Paris, Exils, p. 107-142, p. 110.
[19] *Ibid.*, p. 113 et 125-126.
[20] María Puig de La Bellacasa, *Les savoirs situés de Sandra Harding et Donna Haraway*, *op. cit.*, p. 234. « [P]our insister sur le fait que, pour elle, la fabrication du sens est une entreprise éminemment matérielle. Les récits comptent en tant qu'interventions dans un monde, ce sont des 'représentations', mais ils sont aussi plus que cela, car ils donnent forme à des mondes vécus ».

construction des perceptions, politiques et cognitives, leur portée (située) et leur opérativité (en situation). Les situations limitent la portée des savoirs politiques qu'elles produisent, mais en assurent l'intelligibilité et la crédibilité.

On peut alors s'interroger : « comment une recherche politisée comme la recherche féministe a-t-elle pu faire avancer l'objectivité ? »[21]. En lui faisant prendre conscience de ses propres limites. Car les approches réalistes de la sécurité, loin de consacrer un discours objectif et a-historique, n'ont fait, en réalité, que véhiculer des représentations et des valeurs inhérentes à un positionnement privilégié. Celui d'une idéologie positiviste profondément genrée.

Rationalité éthique ou neutralité genrée du discours nucléaire

C'est au début des années 1990 que le genre en tant que catégorie critique d'analyse rencontre le champ des RI sous la plume, entre autres, d'Ann Tickner[22]. S'inscrivant dans le même sillage que Carol Cohn, elle constate que la pratique et l'étude des politiques étrangères sont menées de façon partielle – par des hommes, pour des hommes – et partiale – soutenues par un discours viril. Le caractère genré des théories les plus objectivées est révélé. De même, la neutralité normative qui alimente le discours nucléaire est mise en doute.

Les pionnières de la critique féministe en RI

Ann Tickner propose une alternative critique : elle réintègre le point de vue des femmes en convoquant leurs expériences de l'(in)sécurité et leur avis sur le sujet, tout en interrogeant la fausse neutralité des discours théoriques en la matière qui ont conduit à les marginaliser. Se focalisant entre autres sur les théories réalistes, elle critique le processus d'abstraction sur lequel repose le travail hobbesien d'Hans Morgenthau. Celui-ci érige la « rationalité » comme le principe constitutif de l'ordre politique : l'« homme rationnel » est au centre de son étude. De ce fait, il érige une figure particulière et non universelle de l'« homme politique » qui n'est en réalité qu'une « construction sociale basée sur une représentation partiale de la nature humaine objectivée depuis le comportement des

---

[21] *Ibid.*, p. 22.
[22] Ann Tickner, *Gender in international relations : feminist perspective on achieving global security*, New York, Columbia University Press, 1992.

hommes en position de pouvoir public » [notre traduction][23]. Ce principe de rationalité est incarné par l'homme d'État qui se tient aux frontières du pays : entre l'ordre interne sécurisé et l'anarchie internationale précaire. Pour Kenneth Waltz, au centre de cette dichotomie interne/externe se trouve le citoyen-guerrier, hérité de Machiavel : l'homme militaire vertueux. À ce dernier est opposée la *fortuna* ou l'« anarchie » : « La fortune est une femme, et il est nécessaire si vous voulez la dominer, de la conquérir par la force »[24]. Ainsi, avec Ann Tickner, on remarque que la théorie réaliste des RI repose sur l'idée du neutre masculin : elle met en exergue le caractère genré de la définition de la rationalité et de l'objectivité. Elle fissure les fondements rationalistes et positivistes des approches orthodoxes.

Dans une dynamique similaire, Carol Cohn remonte aux origines des représentations genrées sur lesquelles reposent les discours portant sur le nucléaire. Elle effectue le même constat qu'Ann Tickner : le langage nucléaire repose sur un idéal rationnel exprimant l'idéal du neutre masculin. Le neutre masculin consacre l'idée selon laquelle les théories modernes reposent sur une vision monopolistique du sens commun, sur une perception de l'histoire et de la science qui ne répond pas nécessairement aux différentes voies d'accès et d'expressions de la connaissance, et dont la valeur positiviste ne fait qu'objectiver et naturaliser les postulats historiquement construits à travers la philosophie des Lumières[25]. L'idéal rationnel sur lequel cette dernière fonde les canons de la pensée moderne exprime une forme de *phallogocentrisme*, c'est-à-dire une expression *phallique* du savoir centré sur le *logos* masculin. Autrement dit, savoir et discours ne relaient qu'une forme d'expression particulière de la connaissance, à travers un registre logocentrique, nourrissant une logique interne qui se satisfait elle-même, sans se confronter ni admettre de logiques contradictoires et d'autres sources de savoir. De ce point de vue, le discours scientifique moderne ne reflète pas la réalité telle qu'elle est, mais exprime *un régime de vérité* instauré par ceux qui sont en position de supériorité[26]. Le discours scientifique devient alors un discours politique, et sa formulation l'expression non neutre d'un savoir socialement construit.

---

[23] *Ibid.*, p. 37.
[24] *Ibid.*, p. 39.
[25] Voir sur ce point la critique de la raison neutre relayée par les figures centrales de la *French Theory* (Derrida, Foucault, De Beauvoir…).
[26] Voir sur ce point, la contribution essentielle de Michel Foucault, *Histoire de la sexualité, tome 1 : La Volonté de savoir*, Paris, Gallimard, 1994.

Le genre nucléaire

Dans ses travaux, Carol Cohn analyse le discours scientifique du nucléaire pour y déceler des failles de genre. Elle remarque une multiplication des acronymes dans le jargon nucléaire qui traduit, selon elle, la nécessité d'être pragmatique, rapide et efficace. L'apprentissage même de ce jargon, quasi ésotérique pour le profane, peut donner la sensation à celui ou celle qui s'en saisit d'un sentiment de force : celui du savoir nucléaire, d'une maîtrise de cet environnement cognitif et discursif qui rend le scientifique puissant[27]. Sur ce point, elle explique qu'une fois qu'elle eut assimilé ce langage si particulier, il lui fut difficile de s'en défaire pour penser les problématiques sécuritaires : « Je n'ai pas seulement appris ce langage : j'ai commencé à réfléchir avec » [notre traduction][28]. Et finalement, elle qui était déjà favorable à une logique de *no first use*, continua à défendre ce principe, non plus en évoquant des arguments moraux, mais en mobilisant des arguments de type stratégiques. La définition de la/sa vérité nucléaire passe par un processus de justification propre à un langage et donc à une logique particulière qui tend à faire oublier que les conclusions auxquelles nous arrivons sont les mêmes que nous justifions au départ à travers un autre langage[29]. L'herméneutique du langage scientifique cache ainsi un *régime de vérité* particulier face auquel, les arguments issus d'un autre registre comme celui du point de vue ou de l'expérience se trouvent dévalorisés et insuffisants pour justifier une logique de dissuasion.

Le discours scientifique se caractérise également par « l'abstraction » dont il fait preuve[30]. On cherche à prendre de la distance avec la réalité nucléaire afin de réfléchir le plus efficacement possible aux stratégies à mettre au point. Aussi, le piège de l'abstraction réside dans le fait que « penser l'impensable » devient possible, mais dans un langage qui ne traduit plus la réalité telle qu'elle est, mais telle que nous choisissons de la considérer. Quelle place à l'émotivité, du point de vue et de l'expérience vécue dans ce cadre ? Le rapport *The Relevant of Gender for Eliminating Weapons of Mass Destruction* publié en 2005 par la Commission des armes de destructions massives retranscrit l'échange d'un physicien nucléaire avec ses homologues masculins sur la mise au point d'un arsenal contre offensif de type nucléaire[31]. Il était question d'estimer le nombre de victimes que

---

[27] Carol Cohn, « Sex and Death in the Rational World of Defense Intellectuals », art. cité, p. 704.
[28] *Ibid.*, p. 713.
[29] *Ibid.*, p. 711.
[30] *Ibid.*, p. 103, 107-110.
[31] Carol Cohn, Felicity Hill, Sara Ruddick, *The Relevant of Gender for Eliminating Weapons of Mass Destruction, doc. cité*.

ce genre de dispositif pourrait impliquer s'il venait à être utilisé. Face aux chiffres accablants de 36 millions de morts instantanés, un réagencement du processus conduisit à une réduction de 6 millions de victimes. L'ensemble de la table se félicita alors de ce résultat « C'est super ! Seulement 30 millions ». Le physicien explique que cette remarque et ce sentiment général de satisfaction l'amenèrent à protester : « Attendez, je viens de réaliser la manière dont nous venons de parler – Seulement 30 millions ! Seulement 30 millions de morts humaines instantanément ? » À la suite de son intervention, un lourd silence s'est installé. Personne n'osa parler ni le regarder. « C'était horrible. J'avais l'impression d'être une femme » [notre traduction][32]. Ce sentiment de malaise, de honte, conjugué au féminin est lié à une forme d'émotivité, de conscience fragile, incapable de sortir de sa condition – de son corps – pour atteindre l'idéal abstrait de l'acteur rationnel tel que défini par les néo-réalistes, et sur lequel une grande partie des calculs stratégiques sont mis au point. Ainsi, il semblerait ainsi que la *rationalité* en tant que principe constitutif de la pensée classique en stratégie nucléaire, et la définition de la sécurité qui en découle, n'est pas neutre en termes de genre et repose sur un système de significations souvent associé à des qualités masculines, valorisées face à des qualités dites féminines. Il repose sur les dichotomies suivantes : pensée/émotion, actif/passif, force/faiblesse, ordre/désordre, permanence/éphémère, domination/subordination, ou encore centre/marginalité, etc.[33] Ces couples conceptuels ont tendance à être naturalisés et associés à la distinction homme/femme. Or, ils ne sont pas biologiquement déterminés, mais bien historiquement définis. La rigidité de ces catégories ne tient pas tant à la physionomie des personnes concernées, mais aux comportements qu'elles suggèrent. Aussi, le physicien qui s'émeut des victimes potentielles d'une arme nucléaire est féminisé et donc marginalisé.

Conclusion : sécurité et dilemme de genre

La sécurité de l'État permet-elle tous les excès ? Lorsqu'on parle de sécurité nucléaire, les dégâts potentiels de son usage militaire plongent l'humanité dans une forme d'anxiété existentielle qui neutralise toutes les autres préoccupations sécuritaires. Face à notre propre extinction par l'atome, les autres menaces semblent prosaïques. Pourtant, lorsqu'on poursuit une démarche féministe, et que l'on interroge les individus sur leur propre définition de la sécurité, leur expérience met à jour des éléments loin des préoccupations atomiques. En 1985, à la Conférence internatio-

---

[32] *Ibid.*, p. 4.
[33] *Ibid.*, p. 1.

nale des femmes pour la paix, organisée au Canada, plusieurs femmes, venues du monde entier, se sont rencontrées afin de réfléchir ensemble aux problématiques sécuritaires. Il ressort de cette manifestation une vision ou définition multidimensionnelle de la sécurité internationale, qui va bien au-delà des préoccupations militaro-centrées traditionnelles. Parmi les menaces à leurs survies, les femmes identifient les conflits armés, mais elles intègrent également le chômage et les conditions de travail en tant que préoccupations d'ordre sécuritaire[34]. Il ressort également de cette rencontre que les femmes du tiers-monde ne se sentent pas directement concernées par la menace nucléaire. Cette menace serait plutôt la préoccupation de femmes blanches issues des classes supérieures de la société. Cela met à jour la construction intersectionnelle des enjeux sécuritaires : entre sexe/classe/race, les dilemmes de sécurité deviennent des dilemmes de normativités : « [D]ire et écrire la sécurité n'est jamais un acte innocent [...] la plupart du temps, les écrits sur la sécurité participent d'un champ politique »[35]. Ce que nous suggère le féminisme, c'est de ne jamais déconnecter du champ politique la définition théorique de notre propre sécurité : de toujours avoir conscience que ce qui est valable en un lieu et en un temps donné témoigne d'un ensemble de discours et de pratiques sédimentés *dans* et *par* notre langage. Ce langage performe les réalités sécuritaires. Loin d'un quelconque relativisme qui postulerait pour l'inexistence de toute réalité matérielle, il s'agit de contextualiser l'émergence des savoirs, de les mettre en perspective avec les intérêts de ceux qui portent les discours dominants. Il en résulte une définition moins englobante de la sécurité, mais également moins fausse. Aux croisements des situations d'oppressions, à travers un dialogue contradictoire et à force d'humilité, le féminisme nous invite à devenir les « témoins modestes » des sources d'insécurité[36].

---

[34] Judith Ann Tickner, *Gender in international relations*, op. cit., p. 51.
[35] Jef Huysmans, « Dire et écrire la sécurité : le dilemme normatif des études de sécurité », *Cultures & conflits*, vol. 15, mai 1998, n° 31-32, p. 2.
[36] Voir sur ce point, Donna J. Haraway, *Modest_Witness@Second_Millennium.FemaleMan_Meets_OncoMouse : Feminism and Technoscience*, New York, Routledge, 1997.

Conclusion
Dépasser le panglossisme nucléaire

Benoît PELOPIDAS

À la mémoire de Bastien Irondelle

Pour les étudiants passés, présents et à venir des mondes nucléaires qui préfèrent la vérité à l'obéissance

L'amour de la vérité n'est pas le besoin de certitude et il est bien imprudent de confondre l'un avec l'autre[1].

Nous vivons avec la possibilité d'une explosion nucléaire depuis quatre-vingts ans et les États dotés, comme l'indiquent plusieurs contributeurs de ce volume, entendent moderniser et pérenniser ces systèmes pour plus de soixante ans, jusqu'en 2080. C'est cette condition historique que je vous invite à repenser en conclusion de ce volume, à partir de deux questions, qui suivent l'invitation de Thomas Meszaros dans son introduction. Comment penser le changement dans un monde doté d'armes nucléaires ? Comment créer les conditions d'un débat public fécond sur la question des systèmes d'armes nucléaires ? Répondre à la première question exige d'en poser deux autres : que peut-on connaître dudit changement ? En quoi la pensée de Lucien Poirier peut-elle nous guider dans cet effort ?

Caractériser le monde nucléaire passé : vulnérabilités matérielles et épistémiques

Commençons par caractériser les quatre-vingts dernières années nucléaires. Nous aborderons ici seulement des armes, et c'est une limite, qui est aussi celle de l'ouvrage, nous y reviendrons. Elle appelle des correctifs qui peuvent être apportés et que nous exposerons par la suite. Commençons par rappeler qu'il existe aujourd'hui sur la planète plus de

---
[1] André Gide, *Journal II (1926-1950)*, Paris, Gallimard, p. 156.

14 000 systèmes d'armes nucléaires qui, pour la plupart, ont une capacité de destruction supérieure à celle de l'explosif qui a rasé la ville d'Hiroshima le 6 août 1945. Ces 14 000 systèmes d'armes sont les héritiers des plus de 128 000 systèmes d'armes nucléaires produits sur la planète depuis 1945, dont la plupart ont été démantelés[2]. Ils ont donné lieu à plus de 2000 explosions atmosphériques et souterraines avec des conséquences environnementales et humaines significatives, et longtemps sous-estimées. Observons ainsi que les biogéochimistes qui ont diagnostiqué l'entrée dans une nouvelle époque, baptisée anthropocène, identifient les effets thermonucléaires des années 1950 comme partie de la signature de cette époque, qui se distingue par l'impact de l'activité humaine sur la structure du système-terre qui rend la vie humaine possible[3]. À ces constats, ajoutons deux formes spécifiques de vulnérabilité : matérielle et épistémique.

Commençons par la *vulnérabilité matérielle*. Comme le mentionnent de nombreux contributeurs à ce volume, la capacité de destruction propre aux explosifs nucléaires, couplée à des missiles balistiques lancés depuis des sous-marins qui rendent l'interception quasi impossible, a produit une situation de vulnérabilité physique sans précédent. Quelles que soient les doctrines que l'on articule autour de cette vulnérabilité pour la transformer en condition de la sécurité, le fait fondamental demeure qu'une fois un missile balistique à tête nucléaire lancé, aucun État dit souverain n'est plus en mesure de protéger sa population de manière significative. L'origine délibérée ou accidentelle dudit lancement ne change rien au caractère premier de cette vulnérabilité, que l'on peut appeler vulnérabilité matérielle. Abris antiatomiques et défense antimissile ne modifient guère cet état de fait[4].

Ensuite, un autre défi majeur de l'âge nucléaire relève de la *vulnérabilité épistémique*. Ce défi se manifeste à cinq niveaux. Tout d'abord, les systèmes d'armes nucléaires n'ont fort heureusement pas été mis à l'épreuve du combat. De ce fait, leur utilité militaire est décidée par des spéculations utilisant des modèles, des jeux et des simulations et ne peut être validée par l'expérience, comme le rappelle Jean-Paul Baulon dans sa contribution[5].

---

[2] Richard Dean Burns and Joseph Siracusa, *A Global History of the Nuclear Arms Race. Weapons, Strategy and Politics*, Santa Barbara, Praeger, 2013, vol. 2, p. 566.

[3] Colin N. Waters *et al.*, « The Anthropocene is functionally and stratigraphically distinct from the Holocene », *Science*, 8 janvier 2016 http://science.sciencemag.org/content/351/6269/aad2622.

[4] Dee Garrison, *Bracing for Armageddon. Why Civil Defense Never Worked*, Oxford, Oxford University Press, 2006 et George N. Lewis, « Technical controversy : can missile defense work ? », *in* Catherine Kelleher, Peter Dombrowski (dir.), *Regional Missile Defense from a Global Perspective*, Palo Alto, Stanford University Press, 2015.

[5] Connelly, Matthew, Matt Fay, Giulia Ferrini, Micki Kaufman, Will Leonard, Harrison Monsky, Ryan Musto, Taunton Paine, Nicholas Standish, Lydia Walker. « "General, I

Deuxièmement, l'intuition du caractère unique du niveau de dévastation causé par des explosions nucléaires et son caractère inacceptable invitent un inconfort qui se traduit par un désir de croire au contrôle qui va l'empêcher. Ce désir de croire est particulièrement fort dans le cas français, comme l'ont observé de multiples observateurs étrangers, fins analystes de la France. Au constat de Beatrice Heuser sur le rapport métaphysique des élites techno-stratégiques françaises au nucléaire militaire, cité dans mon chapitre pour ce volume, il faut ajouter l'observation de Stanley Hoffmann en 1984 et la conclusion de Sir Michael Quinlan dans son livre testament. Le premier notait : « la foi dans [la dissuasion nucléaire] est devenue en France l'équivalent de la foi dans la ligne Maginot »[6] et le second, « French official doctrine has seemed to [attach to the capability an absolute importance – to believe that it lay so crucially at the heart of national security that it must be sustained whatever the cost] »[7]. Le général Poirier percevait très clairement le problème lorsqu'il présentait sa position vis-à-vis de la dissuasion nucléaire, bien que beaucoup plus circonscrite, comme un acte de foi. Il pouvait ainsi écrire, dans *Stratégies théoriques III*, « Je crois en une sorte de grâce d'état accordée aux hautes instances politiques et stratégiques des puissances nucléaires et qui, dans un univers gouverné par l'intérêt bien compris, devrait tempérer les écarts de leur imagination et régulariser les inévitables processus conflictuels »[8]. Cette phrase est révélatrice des nombreux postulats implicites de cette pensée : la tempérance des dirigeants en situation de crise nucléaire, l'absence d'explosion accidentelle, la non-délégation de la capacité d'utiliser les armes, et le fonctionnement parfait de la chaîne de commandement nucléaire. Cette foi ou ce désir de croire est une vulnérabilité du fait de biais psychologiques bien documentés qui conduisent à traiter l'absence d'explosion nucléaire autre que les essais comme résultant seulement de pratiques délibérées et contrôlées. Les psychologues cognitifs les appellent illusions rétrospectives de contrôle et de compréhension, qui conduisent à

Have Fought Just as Many Nuclear Wars as You Have" : Forecasts, Future Scenarios, and the Politics of Armageddon ». *American History Review* 117 :5, 2012.

[6] Stanley Hoffmann, « Le dernier livre d'André Glucksmann : le presque rien et le n'importe quoi », *Commentaire*, 1984/2 (26), p. 386-389. Voir aussi Benoît Pelopidas, « face au danger nucléaire : les effets d'un discours expert désinvolte », *The Conversation*, 19 octobre 2017, https://theconversation.com/face-au-danger-nucleaire-les-effets-dun-discours-expert-desinvolte-85554.

[7] Michael Quinlan, *Thinking about nuclear weapons. Principles, Problems, Prospects*, Oxford, Oxford University Press, 2009, p. 123.

[8] Lucien Poirier, *Stratégies théoriques III*, Paris, Economica, 1996 p. 137 cité par Olivier Zajec dans sa contribution. Nous ajoutons l'italique. Douze ans plus tard, le Général conserve cette formulation dans son entretien avec Thierry Garcin dans *À voix nue* sur France Culture, le 13 novembre 2008. « Moi qui crois en la dissuasion nucléaire », lui dit-il.

commettre plusieurs fautes épistémologiques : extrapoler une relation causale à partir d'une corrélation, mais aussi nier les facteurs de contingence, et ce que nous appelons la chance dans notre chapitre[9].

Troisièmement, ce désir de croire aboutit à prendre « les choses de la logique pour la logique des choses ». Cela aboutit à négliger le caractère profondément contradictoire et paradoxal de différentes politiques menées, alors même que cette contradiction est établie dans la littérature depuis un demi-siècle[10]. Les contradictions sont multiples : au sein de la politique de dissuasion elle-même entre les attendus en termes de rationalité et d'irrationalité, les discours implicites d'acceptation de différents niveaux de vulnérabilité matérielle, la valorisation extrême de l'arme nucléaire dans un discours du « pouvoir égalisateur de l'atome » qui l'érige en arme bon marché, sans risque, et strictement défensive, que nous retrouvons dans certaines contributions à l'ouvrage, et qui coexiste avec une dévalorisation absolue de l'arme nucléaire à venir des autres au nom de la non-prolifération[11].

---

[9] Voir notamment les travaux de Daniel Kahneman, *Thinking fast and slow*, New York, Penguin, 2011 et, pour une application au monde « nucléaire militaire » et à la confiance excessive qui en résulte, *cf.* Benoît Pelopidas, « A bet portrayed as a certainty. Reassessing the added deterrent value of nuclear weapons », *in* George P. Shultz, James E. Goodby (dir.), *The War that Must Never Be Fought. Dilemmas of Nuclear Deterrence.* Stanford, Hoover Press, 2015, p. 5-55.

[10] Le texte classique demeure Hans Morgenthau, « Four paradoxes of nuclear strategy », *American Political Science Review*, mars 1964. Mais l'argument de la contradiction interne de la dissuasion nucléaire a été approfondi dans Michael McCanles, « Machiavelli and the paradoxes of deterrence », *Diacritics* 1984 ; Michael C. Williams, « Rethinking the 'Logic' of deterrence », *Alternatives* 17 (1992) et Jeff McMahan, « Is nuclear deterrence paradoxical ? », *Ethics* 99, janvier 1989. Récemment, Dallas Boyd ajoutait une inconsistance à la liste ci-dessous entre la tolérance affichée des États-Unis pour la vulnérabilité nucléaire vis-à-vis d'une attaque nucléaire d'origine étatique et son intolérance radicale eu égard à la possibilité d'une attaque nucléaire d'origine terroriste. Dallas Boyd, « Revealed preference and the minimum requirement of nuclear deterrence », *Strategic Studies Quarterly*, mars 2016. Enfin, Frank Zagare a montré très récemment que même l'élaboration de la dissuasion nucléaire par Thomas Schelling est inconsistante puisqu'elle suppose que les acteurs sont à la fois rationnels quand ils sont dissuadés et irrationnels quand ils dissuadent, la seconde partie de la contradiction étant l'une des contributions essentielles de Schelling : il faut parfois convaincre l'autre que l'on est irrationnel pour le dissuader et établir la crédibilité de la frappe en second. Sur cette inconsistance de Schelling, *cf.* Frank Zagare, « Explaining the Long Peace. Why von Neumann (and Schelling) got it wrong », *International Studies Review* 20, 2018, p. 431-433.

[11] Cette contradiction est élaborée plus avant dans « A bet portrayed as a certainty », p. 51-52. Elle est aussi l'une des raisons essentielles pour lesquelles Sir Michael Quinlan, partisan fervent de la dissuasion nucléaire britannique s'est fort peu exprimé sur la question de la non-prolifération nucléaire. Pour une analyse des contradictions internes de la position de Quinlan sur la dissuasion nucléaire et la non-prolifération, et son sens du prestige conféré par ces systèmes d'armes en dépit d'un discours limité

Quatrièmement, ce désir de croire est une vulnérabilité parce que l'autorité disproportionnée des acteurs des quelques crises devenues des points de référence a abouti à produire et perpétrer des mensonges. Le cas typique est le déni délibéré et durable de Ted Sorensen sur la crise de Cuba et l'existence d'un compromis avec les Soviétiques afin de préserver l'image du président Kennedy et l'idée qu'il contrôlait parfaitement la crise. Or, dans certains cas, tel que celui documenté dans notre chapitre de ce volume, l'absence d'explosions nucléaires est due à la chance. Nous entendons par cela des configurations très précises dans lesquelles les éléments qui ont empêché l'explosion sont soit indépendants des processus de contrôle visant à les empêcher, soit résultent d'une défaillance de ces processus, soit ont eu lieu en dépit de la défaillance de ces processus. Cette dernière modalité de la chance est plus rassurante quant à la robustesse des systèmes ; elle n'en reste pas moins de la chance. Aux intérêts individuels à sous-estimer les limites de la connaissance et du contrôle, on peut ajouter des intérêts institutionnels des entités en charge de contrôler les systèmes d'armes nucléaires à ne pas révéler les limites de leur contrôle. Il a ainsi fallu l'opiniâtreté d'une recherche indépendante pour défaite ce mensonge et en retracer les origines, plus de trente ans après les faits.[12]

Enfin, les affaires nucléaires sont l'objet d'un niveau de secret élevé et, en France, la loi du 15 juillet 2008 a élevé ce niveau de secret à un niveau sans précédent depuis 1790. Au nom de la lutte contre la prolifération, « ne peuvent être consultées les archives publiques dont la communication est susceptible d'entraîner la diffusion d'information permettant de concevoir, fabriquer, utiliser ou localiser des armes nucléaires, biologiques, chimiques, ou toutes autres armes ayant des effets directs ou indirects de destruction d'un niveau analogue »[13]. Comme l'écrit l'historien du secret d'État Sébastien-Yves Laurent, « Pour la première fois depuis 1790 [...], une catégorie d'archives définitivement incommunicable a été créée »[14].

Absence d'expérience de la guerre, désir de croire au discours officiel de contrôle du fait de biais psychologiques, contradictions établies, mais négligées des politiques et des pratiques, intérêts institutionnels et personnels à surestimer le contrôle sur les phénomènes nucléaires et préservation voire augmentation du secret nucléaire dans le cas français ont des effets

---

aux registres de la sécurité et de la morale, *cf.* William Walker, « Sir Michael Quinlan and the ethics of nuclear weapons », *in* Bruno Tertrais (dir.), *Thinking about Strategy. A tribute to Sir Michael Quinlan*, Paris, L'Harmattan, 2011, p. 92-94.

[12] Sheldon Stern, *The Cuban Missile Crisis in American History and Memory. Myths vs realities*, Stanford, Stanford University Press, 2012.

[13] Loi n° 2008-696 du 15 juillet 2008 relative aux archives, article L. 213-2. II, consultable à https://www.legifrance.gouv.fr/affichTexteArticle.do?idArticle=LEGIARTI00 0019200018&cidTexte=LEGITEXT000019200013&dateTexte=29990101.

[14] Sébastien-Yves Laurent, *Le secret de l'État*, Paris, Archives nationales, 2015, p. 153.

significatifs sur la possibilité de la connaissance dans le domaine et la validité de celle qui est affirmée. Nous y reviendrons, car Lucien Poirier est un guide précieux en la matière.

Au-delà d'une affirmation de foi dans la dissuasion nucléaire qui dépasse très largement les preuves avancées pour la soutenir, ce désir de croire produit deux erreurs supplémentaires sur l'âge nucléaire. D'abord, il traite les politiques nucléaires militaires comme des politiques publiques rationnelles, dans lesquelles les armes sont des moyens subordonnés à des fins prédéfinies, qui permettent l'adaptation à la hausse et à la baisse des arsenaux en fonction de l'évolution des contextes stratégiques, et qui reposent sur une cohérence entre les différents niveaux de la politique nucléaire, du discours présidentiel à la taille des arsenaux, en passant par la doctrine exprimée dans les *Livres blancs* – maintenant la *Revue stratégique* –, la politique de ciblage et les consignes données à ceux qui manipulent les armes. Aucun de ces trois postulats ne correspond à la réalité de l'histoire, comme nous l'avons montré ailleurs, suivant les travaux pionniers de Georges Le Guelte en français sur le décalage systématique entre les doctrines nucléaires américaine et soviétique et les arsenaux effectivement déployés[15]. Une même entorse aux postulats de la rationalité des politiques publiques se retrouve dans les États nucléaires de taille moindre[16]. Il ne s'agit pas là d'une querelle d'érudition, mais bien d'un élément fondamental puisque les parties prenantes à la production de discours nucléaire s'y investissent du fait des dommages matériels réels que ces armes pourraient causer. Or, ce souci des dommages éventuels suppose de connaître avec précision quelles armes pourraient exploser dans quelles conditions plutôt que de se réfugier dans le confort de la doctrine. On se réjouit qu'Océane Tranchez reconnaisse une partie de cette difficulté dans son chapitre, citant Dominique Mongin pour établir que « le plus souvent dans l'histoire militaire, l'apparition d'un armement précède la stratégie qui l'accompagne »[17]. Mais cette formulation laisse entendre que le décalage n'est que provisoire et que la cohérence entre arsenaux et stratégie va reprendre ses droits. Une étude historique détaillée nous montre que c'est rarement le cas. De ce fait, la leçon pour l'analyste est claire : il ne peut demeurer au niveau des discours officiels et de la doctrine, sauf à se limiter à l'étude de la dimension psychologique de la politique

---

[15] Georges Le Guelte, *Les armes nucléaires. Mythes et réalités*, Arles, Actes Sud, 2009.
[16] Georges Le Guelte, « Les faiblesses du Livre Blanc sur la défense », *Esprit* 10/2013 et « À quelle politique de défense l'arme nucléaire correspond-elle ? », in Pierre Pascallon, Henri Paris (dir.), *La dissuasion nucléaire en question(s)*, Paris, L'Harmattan, 2006 sur le décalage entre Livre blanc et arsenaux ; Benoît Pelopidas, « Quelle(s) Révolution(s) nucléaire(s) ? », in Benoît Pelopidas, Frédéric Ramel (dir.), *Guerres et conflits armés au XXIe siècle*, Paris, Presses de Sciences Po, 2018.
[17] Voir la contribution d'Océane Tranchez dans le présent volume.

de dissuasion. L'introduction annonçait un effort dans ce sens, mais seuls les chapitres de Patrice Bouveret et Jean-Marie Collin approchent ce problème fondamental. Que les lecteurs de ces lignes y voient une invitation à poursuivre une analyse exigeante de la situation nucléaire qui ne se limite pas aux doctrines.

La seconde erreur qui découle de la sous-estimation de la vulnérabilité épistémique produit une compréhension très limitée des surprises possibles. Les surprises de prolifération horizontale, voire de cascade, sont parfaitement envisagées, dans le discours officiel comme dans l'ouvrage, mais les surprises aboutissant au renoncement à des systèmes d'armes nucléaires sont systématiquement négligées, alors même que ces surprises ont, dans le passé, été très fréquentes et systématiquement oubliées[18]. L'ouvrage lui-même illustre un mode de la surprise, survenue entre la journée d'étude qui lui a donné naissance, en décembre 2015, et l'écriture de ces lignes à l'automne 2018. Louis Gautier peut ainsi écrire dans sa préface que « l'atome demeure surtout [...] l'instrument ultime de la discipline internationale en confortant l'autorité des États qui se veulent garants du *statu quo* nucléaire et de la non-prolifération ». À peine quelques années plus tard, un Traité visant l'interdiction des armes nucléaires est ouvert à la signature. Ce fait même manifeste la contestation de l'autorité des États dotés d'armes nucléaires en la matière, comme indiqué dans le préambule du Traité. Les États parties s'y disent « Préoccupés par la lenteur du désarmement nucléaire, par l'importance que continuent de prendre les armes nucléaires dans les concepts, doctrines et politiques militaires et de sécurité et par le gaspillage de ressources économiques et humaines dans des programmes de production, d'entretien et de modernisation d'armes nucléaires » et « [Réaffirment] qu'il existe une obligation de poursuivre de bonne foi et de mener à terme des négociations conduisant au désarmement nucléaire dans tous ses aspects, sous un contrôle international strict et efficace ». Le fait que le Traité ne soit pas entré en vigueur et que cela n'adviendra peut-être jamais ne change rien à la surprise relative à l'autorité supposée des États dotés. Pour peu que l'on se rappelle que l'autorité est le contraire de la domination pure, l'existence seule de ce traité, adopté en juillet 2017, suffit à manifester la mise en cause de cette autorité. Ce n'est certainement ni la dernière ni la plus importante des surprises à venir. Les événements les plus importants de l'histoire nucléaire ont jusqu'à présent été des surprises sans précédent jugées impossibles avant qu'elles n'adviennent. Citons seulement l'acquisition par la Chine d'un arsenal nucléaire en 1964 alors qu'elle était considérée comme un État

---

[18] Benoît Pelopidas, « La couleur du cygne sud-africain. Le rôle des surprises dans l'histoire nucléaire et les effets d'une amnésie partielle », *Annuaire Français des Relations Internationales*, X, 2010, p. 683-694.

semi-industrialisé par le renseignement américain, le démantèlement du bloc soviétique et la naissance d'États avec des arsenaux nucléaires sur leur sol (Ukraine, Biélorussie, Kazakhstan) ; le traité sur les Forces Nucléaires Intermédiaires en 1987 qui abolit une classe entière de systèmes d'armes nucléaires alors même que la proposition dont il émerge avait notamment pour but d'empêcher le progrès de la maîtrise des armements et de blâmer les Soviétiques pour cet échec.

Le cadre de l'ouvrage : le panglossisme nucléaire, les « militants » et les « théoriciens »

Une fois ces défis de la vulnérabilité matérielle et épistémique à l'âge nucléaire posés, interrogeons-nous sur les formes du changement possible, en commençant par ceux discernables dans l'ouvrage. Penser le changement a toujours été et demeure un défi pour les sciences humaines et sociales. Ici, nous proposons de commencer par saisir les postulats partagés par les différents contributeurs, qui vont cadrer les changements qu'ils s'autorisent à penser.

C'est d'autant plus important que la recherche a déjà montré le nombre de postulats problématiques partagés par l'expertise française en la matière et le discours officiel : 1) une vision d'ensemble de l'histoire de l'âge nucléaire comme histoire de la prolifération, 2) l'idée d'un système d'armes nucléaires français strictement défensif qui ne comporte aucun risque ; 3) l'affirmation de la dissuasion nucléaire comme garante de la paix au cours de la guerre froide.[19] De tels postulats limitent le changement concevable à la prolifération horizontale et à une explosion nucléaire produite par d'autres que « nous » : des terroristes ou des « proliférants ». Du fait de la fréquence de la répétition de ces postulats, le lecteur se dira peut-être qu'il ne s'agit pas de postulats, mais bien de vérités établies. Rappelons-en donc rapidement les limites.

L'imaginaire téléologique de la prolifération est aussi prégnant qu'inexact, comme Thomas Meszaros le suggère dans son introduction. Cet imaginaire néglige, en dépit de résultats solidement établis, le primat du renoncement sur la prolifération réussie, le fait que la majorité des États ne se sont jamais intéressés à des systèmes d'armes nucléaires et que ceux qui s'y sont intéressés n'y ont renoncé que rarement par défaut ; la plupart ont renoncé en l'absence de parapluie nucléaire de sécurité, non

---

[19] Ces postulats partagés par les experts, les parlementaires et le pouvoir exécutif français dans la décennie 2000 sont établis dans Benoît Pelopidas, *La séduction de l'impossible. Étude sur le renoncement à l'arme nucléaire et l'autorité politique des experts*, thèse de doctorat en science politique, Sciences Po/Université de Genève, 2010, p. 321-327.

pas du fait de l'absence de ressources et pas davantage parce que la force a été utilisée contre eux[20]. Cette vision de l'histoire biaisée contribue à justifier de multiples répertoires d'action, y compris l'usage de la force, en vue de prévenir la prolifération ; elle justifie aussi rétrospectivement toutes ces actions comme des succès de la non-prolifération[21]. Une telle vision postule un désir nucléaire *a priori* qui doit être maîtrisé et contenu. Dans son chapitre, Alexis Baconnet nous rappelle explicitement que les généraux Beaufre, Gallois et Poirier embrassaient ainsi l'idée d'inéluctabilité de la prolifération. De même, si David Cumin se distingue parce qu'il envisage le nucléaire militaire et le nucléaire civil, alors que la plupart des auteurs délaissent le second pan, mais il exclut de sa typologie l'absence d'intérêt pour les deux. Dans son chapitre, Jean Baechler construit un jeu entre polities rationnelles sans histoire ni culture dans lequel la prolifération est aussi la seule issue. Nous nous permettons un dernier exemple, pour montrer la prégnance de cet imaginaire dans le chapitre d'Antony Dabila qui associe encore l'émergence sur la scène internationale à la prolifération nucléaire alors que la recherche a bien montré que les émergents prolifèrent rarement et que les « proliférants » n'émergent pas davantage. L'Inde n'a pas obtenu son siège de membre permanent au Conseil de sécurité des Nations Unies et la Corée du Nord n'« émerge » que comme menace.[22] Ce postulat du désir nucléaire est tellement prégnant qu'il apparaît même chez Jean-Marie Collin, pourtant partisan du désarmement nucléaire global, soit de la déprolifération. Un postulat dérivé partagé par tous sauf les contributeurs étiquetés « militants » apparaît donc. Ainsi, Patrice Bouveret reproche aux dirigeants français de se soucier quasi exclusivement de la prolifération horizontale et de la découpler de son volet vertical. La lecture de l'ouvrage suggère qu'une tendance analogue se lit chez les chercheurs qui ne sont pas classés comme « militants ».

Ensuite, l'idée que le système d'armes nucléaires français soit strictement défensif et ne comporte aucun risque confond les intentions et

---

[20] Sur les limites de l'approche par la prolifération, ces effets et une mise à l'épreuve historique systématique, *cf.* Pelopidas, *La séduction de l'impossible*. Les huit années qui suivent ont renforcé la validité des arguments présentés, qui se retrouvent, en résumé dans « Renunciation, reversal and restraint », *in* Joseph Pilat, Nathan E. Busch (dir.), *Routledge Handbook of Nuclear Proliferation and Policy*. London, Routledge, 2015, p. 337-348.

[21] Benoît Pelopidas, *La séduction de l'impossible*, section A des chapitres II à V. Pour une formulation ramassée de l'argument selon lequel l'idée d'inévitabilité de la prolifération, mais aussi celle du soupçon proliférant épargnent indûment les politiques de non-prolifération, *cf.* Benoît Pelopidas, « La prolifération est-elle inéluctable ? », *Revue internationale et stratégique*, 79/3, 2010.

[22] Benoît Pelopidas, « Les émergeants et la prolifération nucléaire. Une illustration des biais téléologiques en relations internationales », *Critique Internationale*, n° 56, Septembre 2012, p. 57-74.

les effets et traite ce système comme un objet inerte fondamentalement contrôlable. Traiter les effets intentionnels comme les seuls effets d'une politique, c'est croire à la possibilité d'une politique parfaite alors que les sciences humaines nous en ont dissuadé il y a bien longtemps. Par ailleurs, c'est oublier « l'ambiguïté fondamentale » des systèmes d'armement. Dans la mesure où ils demeurent des systèmes d'armement, autrui peut se sentir menacé par eux, soit par anticipation d'une menace délibérée, soit du fait du potentiel d'escalade involontaire[23]. Cette vision repose sur une philosophie de la technologie – l'instrumentalisme – qui ne permet pas de penser les accidents puisqu'elle ne conçoit l'événement que comme le fruit d'une décision humaine[24]. Une telle position se comprend dans le texte de Louis Gautier qui, en tant qu'officiel, communique une intention plutôt que les effets non désirés de la politique du gouvernement qu'il sert, beaucoup moins dans la plupart des autres textes qui soit n'envisagent pas l'explosion ou l'escalade nucléaire accidentelle comme concevables ou y voient un phénomène digne d'être mentionné seulement dans le contexte de la prolifération. Les notions d'« arme politique » et surtout d'« arme de non-emploi », contre laquelle Lucien Poirier s'agaçait, et dont Thomas Lindemann poursuit la critique dans son entretien, véhiculent cette même idée de contrôlabilité. Paradoxalement, à l'exception de Jean Baechler et d'André Dumoulin, qui nous présente une instruction écrite du Pentagone en cas d'incident nucléaire sur les armes américaines en dehors du territoire national, seules les voix cataloguées comme « militantes » ou « théoriciennes » envisagent l'emploi accidentel de systèmes d'armes nucléaires (voir la contribution de Jean-Marie Collin).

Le troisième postulat central du discours officiel français, que l'on retrouve chez la plupart des contributeurs qui s'aventurent sur ce terrain, négligeant les problèmes de vulnérabilité épistémique posés plus haut, s'énonce comme suit : il est possible de formuler un jugement objectif sur les effets des armes nucléaires sur la possibilité de conflits à partir de données suffisantes si ce n'est exhaustives. Patrice Bouveret se distingue sur ce point en présentant la question comme indécidable. Les « chercheurs » non étiquetés comme « militants » affirment ainsi que la dissuasion nucléaire a garanti la paix et la stabilité entre les grandes puissances au cours de la guerre froide. Les divergences portent sur son extension

---

[23] Sur l'ambiguïté intrinsèque des systèmes d'armes, cf. Ken Booth, Nicholas Wheeler, *The Security Dilemma*, Basingbroke, Palgrave, 2008, chapter 2.

[24] Une recherche archivistique se révèle fructueuse de ce point de vue : dans un manuscrit non-publié, le stratégiste américain Albert Wohlstetter observe : « other writers simply ignore the problem of accidents, for example General Gallois. » Albert Wohlstetter, *War by mistake*, manuscrit non publié, p. 74. Archives Albert Wohlstetter, carton 162, dossier 14, archives de la Hoover Institution, Stanford, CA.

possible dans le temps au-delà de la guerre froide et vers les niveaux de conflictualité infrastratégiques (le paradoxe stabilité-instabilité).

Lucien Poirier nous permet de saisir l'un des problèmes centraux de ce postulat lorsqu'il met en garde contre les « limites de validité de la dissuasion nucléaire »[25] tout en reconnaissant que « manifester notre scepticisme sur la crédibilité de la dissuasion, c'est faire le jeu de l'adversaire » (*Stratégies théoriques* p. 303). Or, dans la tradition des « études sur la guerre et la stratégie » invoquées dans l'avant-propos comme cadre des interventions de cet ouvrage, « faire le jeu de l'adversaire » n'est ni souhaitable ni acceptable. Précisons aussitôt que ce qui compte ici est la perception que l'on ferait le jeu de l'adversaire, indépendamment de la véracité dudit effet, et l'effet d'autocensure qui s'ensuit. La critique empirique de la dissuasion a montré qu'exposer les limites de validité de ladite stratégie ne fait pas systématiquement le jeu de l'adversaire, mais l'important ici est que les locuteurs le croient et, de ce fait, s'interdisent cette prise de parole.

Plusieurs éléments suggèrent en effet que la plupart des contributeurs de l'ouvrage sont pris dans cette contrainte discursive qui invalide leur prétention à une évaluation objective de la politique de dissuasion nucléaire. D'abord, le fait qu'aucun des contributeurs ne mentionne la possibilité de structures de pouvoir modifiées et le contraste entre les portraits d'Aron et Brodie dans l'ouvrage signale que les contributeurs se pensent *a priori* responsables vis-à-vis de l'État et des structures de pouvoir politico-militaire existantes. Ainsi, l'exemple d'Aron déçu « de ne pas voir implanter le modèle de l'universitaire conseiller du Prince » qui aurait « bien entendu » « souhaité l'expérience du pouvoir » est opposé à un Brodie présenté comme « marginal » et « hérétique » parce qu'il ne souhaite pas être conseiller du Prince et demeure attentif à la contingence contre de grands édifices théoriques qui privent le décideur politique de sa vertu propre en prétendant le conseiller. De même, Olivier Zajec nous rappelle les « conseils dispensés par Morgenthau aux hommes d'État » et sa position dans l'*establishment* américain de la guerre froide. Par contraste, l'« opinion publique » n'est mentionnée que trois fois dans tout l'ouvrage et, sous la plume des « théoriciens », la démocratie apparaît comme type de régime plutôt que comme la communauté de ses citoyens. Jean-Marie Collin se distingue par sa référence au Parlement européen, mais son positionnement est labellisé comme « militant ».

Si l'on ajoute à cela que les contributeurs parlent essentiellement de non-prolifération et de dissuasion sans entrer dans les débats sur les limites de

---

[25] Thierry Garcin, entretien avec le général Lucien Poirier dans *À voix nue* sur France Culture, le 13 novembre 2008.

validité de ces notions ou avancer de nouvelles preuves[26] et, comme suggéré plus haut, occultent la possibilité de l'accident, tout donne à penser que la conversation entre les « chercheurs » de l'ouvrage se situe dans la tradition des études stratégiques, pensées comme au service de l'État[27]. Dans le chapitre d'Olivier Zajec en particulier, ce cadrage est parfois légitimé par une labélisation comme « réaliste », qui joue habilement de la confusion entre les postulats d'une tradition particulière d'interprétation des relations internationales et le constat que ces analyses sont valides parce que conformes à la réalité. La langue anglaise, qui distingue *realist* (comme appartenance à un courant de pensée) et *realistic* (comme analyse adéquate de la réalité) n'aurait pas permis une telle confusion[28]. Dès lors, les contraintes discursives créées par le jeu de la dissuasion nucléaire et la position que se sont octroyés les analystes invalident fondamentalement leur capacité à produire une évaluation objective de la politique de dissuasion nucléaire, soit le troisième postulat partagé entre analystes et représentants de l'État français. Ce postulat n'est en fait que la conséquence d'une position qui rend indicibles les raisons de douter de la crédibilité de la dissuasion nucléaire.

L'analyse reste à conduire et, pour ce faire, il est nécessaire de repenser la responsabilité de l'analyste et l'extraire de ce carcan de position qui transforme sa parole en une incantation réaffirmant la *doxa* et l'appartenance à ceux qui la disent[29]. Il s'agit de communiquer et de propager

---

[26] Un exemple se lit dans la contribution d'Océane Tranchez qui affirme sans preuve que le passage au programme Simulation a « servi la dissuasion nucléaire en assurant sa crédibilité ». Ce propos n'a malheureusement guère de crédibilité pour trois raisons : l'auteur n'avance aucune preuve à l'appui de cet argument et la crédibilité ne se décide que dans la perception de ceux qui doivent être dissuadés alors qu'il n'en est pas question dans ce texte ; l'auteur est chargée de mission au CEA dont les directions des affaires militaires animent et promeuvent le programme simulation de sorte que la critique dudit programme irait à l'encontre de la politique officielle de son employeur ; dans la mesure où le CEA est un organisme d'État, l'auteur doit dire que la dissuasion est crédible sauf à risquer d'être accusée de « faire le jeu de l'adversaire », comme exposé plus haut.

[27] J'ai montré ailleurs que les discours de la non-prolifération et de la dissuasion se veulent à la fois descriptifs et prescriptifs et, du fait de ce qu'ils rendent impensable et indicible, manifestent une responsabilité exclusivement vis-à-vis des gestionnaires de l'ordre nucléaire existant. « Nuclear weapons scholarship as a case of self-censorship in security studies », *Journal of Global Security Studies* 1(4), novembre 2016, p. 326-336.

[28] Sur les effets de cette confusion et les défaillances de la tradition réaliste à prévoir et penser les grands changements du siècle, *cf.* notamment Richard Ned Lebow, « The Long Peace, the End of the Cold War and the Failure of Realism », *International Organization*, 48/2, 1994. Sur l'incapacité du réalisme à penser le renoncement à des systèmes d'armes nucléaires, *cf.* Halit Mustafa Emin Tagma, « Realism at the limits », *Contemporary Security Policy* 31/1, avril 2010. Olivier Zajec observe justement la plupart des contradictions internes au réalisme et à ses sous-courants dans son chapitre, mais ne s'en inquiète guère.

[29] Sur le rôle de l'incantation et de la répétition dans la consolidation et la naturalisation de la doxa, *cf.* Ido Oren, Ty Solomon, « WMD, WMD, WMD : Securitisation through

une culture de la dissuasion dont la disparition supposée inquiète plutôt que d'en évaluer sereinement les conditions de validité. De ce point de vue, il nous semble regrettable de se souvenir de Lucien Poirier comme un « soldat du Logos » dans un contexte d'« apothéose de la raison », ce qui néglige ce que sa pensée a de potentiellement anti-dogmatique quand elle se soucie des limites de validité d'une doctrine. C'est pourquoi, dans la prochaine section, nous élaborerons cette responsabilité alternative de l'analyste qui permet de dire quelque chose de significatif sur la dissuasion nucléaire et ces limites de validité.

Il reste à esquisser les lignes d'analyse critique de la dissuasion nucléaire qui font que les postulats répétés par la majorité des contributeurs ne sont pas des évidences.[30] Tout d'abord, l'énigme de la dissuasion suppose qu'il y avait une intention d'attaque à dissuader en premier lieu. Or, personne n'a trouvé trace d'une telle intention dans les archives soviétiques à ce jour[31].

Ensuite, comme indiqué dans notre chapitre dans ce volume, le discours sur la dissuasion s'attribue comme succès des cas où ce n'est pas la pratique de la dissuasion, mais bien des choses indépendantes d'elle ou la désobéissance à des pratiques qu'elle prescrivait, qui a abouti à l'absence d'explosion nucléaire. De ce fait, la « longue paix » devrait être pensée comme ponctuée d'épisodes au cours desquels elle aurait aussi bien pu connaître une ou plusieurs explosions nucléaires. Seule la chance en a décidé autrement. La vulnérabilité épistémique est cruciale ici, à deux niveaux. D'abord, le cas de chance que nous avons établi plus haut n'est devenu connaissable que plus de trente ans après l'événement et l'aggravation du secret nucléaire va rendre plus difficile l'accès à d'éventuels autres épisodes. Rappelons que les États-Unis sont le seul État ayant donné accès à la liste des accidents impliquant ses armes nucléaires, le Royaume-Uni étant aussi significativement plus transparent que les sept autres États dotés.[32] Ensuite, les effets d'autocensure par loyauté professionnelle ou politique pour ne pas « faire le jeu de l'adversaire », mais aussi du fait de contraintes disciplinaires, comme le refus de l'analyse contrefactuelle par

---

ritualised incantation of ambiguous phrases », *Review of International Studies*, 41/2, avril 2015, p. 313-336.

[30] Les différentes lignes de recherche avancées dans cette page sont développées dans Pelopidas, « A bet portrayed as a certainty ».

[31] *Cf.* Richard Ned Lebow, « Deterrence : a political and psychological critique », *in Avoiding War. Making Peace*, Basingbroke, Palgrave, 2018, chap. 3 (reprise d'un texte classique de 1989) ; Richard Ned Lebow, Janice Stein, *We all lost the Cold War*, Princeton, Princeton University Press, 1994.

[32] Patricia Lewis, Benoît Pelopidas, Heather Williams, Sasan Aghlani, « Too Close for Comfort. Cases of Near Nuclear Use and Policies for Today », Londres, Chatham House, 2014, p. 13.

les historiens aboutissent à des affirmations excessives de stabilité nucléaire dues à la dissuasion.

Par ailleurs, bien d'autres facteurs de pacification des relations entre grands États peuvent être mentionnés, notamment la mémoire des deux conflits mondiaux, l'acceptabilité relative du statu quo territorial, la bipolarité du système international et bien d'autres. Cela montre que les analyses françaises tendent trop souvent à identifier dissuasion à dissuasion nucléaire. Par ailleurs, la stratégie de dissuasion et le souci d'établir la crédibilité de la riposte en cas d'attaque ont conduit bien des dirigeants à prendre des risques qu'ils n'auraient pas pris dans le cas contraire, produisant une escalade qu'elle visait à éviter. On retrouve ici l'argument avancé plus haut selon lequel la dissuasion nucléaire n'est, pas plus qu'aucune autre politique publique, exempte d'effets non désirés. Attribuer l'absence de guerres entre les deux grands au succès de la dissuasion nucléaire seul équivaut aussi à transformer une corrélation en une causalité de manière hâtive. Or, on ne peut même pas justifier cette hâte par la durabilité exceptionnelle de l'absence de guerre entre les deux grandes puissances, qui dès lors exigerait une explication tout aussi exceptionnelle[33].

Si l'on résume, les contributeurs de l'ouvrage qui ne sont pas présentés comme « militants » et se prononcent sur les questions de prolifération et dissuasion nucléaires acceptent trois postulats fondamentaux de la position officielle française : l'histoire nucléaire est celle de la prolifération ; l'arsenal français est strictement défensif et la dissuasion nucléaire a garanti la paix entre les deux grands pendant la guerre froide. Ces postulats, qui sous-estiment les cinq faces de la vulnérabilité épistémique exposées plus haut, aboutissent à une pensée du changement concevable extrêmement étroite : l'accident et le désarmement sont impensables et les structures de pouvoir ne sont pas questionnées.

Ces postulats aboutissent donc à ce que j'appelle le panglossisme nucléaire. En d'autres termes, nous vivons dans le meilleur des mondes nucléaires possibles : le seul changement possible est la prolifération, horizontale vers des États ou des acteurs terroristes et si nous n'avions pas fait ce que nous avons fait, tout aurait été pire ; le seul problème, ce sont les armes futures des autres[34].

Le chercheur devrait être en mesure de penser le changement de manière plus ouverte, de réfléchir à la question de l'accident et d'évaluer objectivement les mérites de la dissuasion nucléaire. Or, les postulats desdits

---

[33] Aaron Clauset, « Trends and fluctuations in the severity of interstate wars », *Science Advances* 4, février 2018.

[34] *Cf.* Hugh Gusterson, « Nuclear weapons and the other in the Western imagination », *Cultural Anthropology*, 1999.

chercheurs et leur responsabilité vis-à-vis des structures étatiques rendent ces questions proprement impensables. Seuls les « militants » se saisissent du problème de l'accident en dehors d'un contexte de prolifération, mais ne se soucient pas d'ouvrir un cadre de choix au-delà de leur prescription politique préférée. C'est pourquoi le détour par la théorie, l'épistémologie et l'ontologie, entendues comme réflexions sur les conditions de possibilité de la connaissance, n'est pas une option, mais une nécessité, si l'on entend se poser sérieusement les questions des limites de validité de la dissuasion nucléaire, et de la possibilité de l'accident ou de l'escalade accidentelle. De ce point de vue, l'ouvrage fait œuvre salutaire en invitant des théoriciens des relations internationales écrivant en langue française à se saisir de la question nucléaire et à lui poser de nouvelles questions.

Au nom de la qualité du conseil politique, de l'information des citoyens, et de la compréhension de l'avenir, il faut donc redéfinir la responsabilité desdits chercheurs dans le cadre d'une recherche indépendante, sur les plans intellectuel, politique et financier.[35] La recherche para-étatique et para-industrielle qui existe aujourd'hui en France fait vœu d'indépendance. Le fait est que ses analyses sur ces questions relèvent de la répétition incantatoire qui n'a que rarement été évaluée à l'aune des critères d'exigence scientifique internationale. Observons d'ailleurs que ce passage par la recherche indépendante peut amener à évaluer s'il est exact que questionner la crédibilité de la dissuasion équivaut à « faire le jeu de l'adversaire » ou pas. Cette supposition qui fonctionne comme la raison d'être de l'autocensure de la recherche pour l'État et au nom de l'État pourrait ne pas être valide. Ceux qui l'acceptent se sont dans le même mouvement interdit de mettre à l'épreuve ce postulat[36].

Contrairement à une idée reçue étrange selon laquelle la recherche indépendante serait inutile, problématique, voire dangereuse, il apparaît clairement qu'elle est nécessaire aux décideurs et à tous ceux qui entendent être bien informés.

Repenser la responsabilité du chercheur et la nécessité de la recherche indépendante

Pour sortir du panglossisme nucléaire et produire une évaluation plus complète et moins biaisée des possibles nucléaires, il convient donc de

---

[35] Les arguments de cette section sont développés dans Pelopidas, *La séduction de l'impossible*, chapitre V.
[36] Voir les observations importantes de Frédéric Gros sur le rôle de la surobéissance dans le maintien des structures de pouvoir dans *Désobéir*, Paris, Albin Michel/Flammarion, 2018, chapitre 3, en particulier p. 66.

repenser la responsabilité de l'analyste dans le cadre d'une recherche indépendante. Ajoutons ici un bénéficiaire crucial de ce pas de côté, au-delà des décideurs, des élus, et des analystes para-officiels : le citoyen. Ce pas de côté s'opère facilement dès que l'on réalise deux choses. D'abord, l'autorité de l'expert ne se limite pas à la production d'idées qui deviendront des politiques publiques ou des répertoires de justification desdites politiques ; elle se manifeste aussi dans la restriction du champ de la discussion et de la délibération politique. Ainsi, l'expert qui s'engage dans une discussion sur ce qu'il est réaliste de faire définit implicitement les frontières d'un impossible futur, en prétendant que ce geste dérive simplement de sa compétence spécifique. Plus on étire la durée vers l'avenir, plus le caractère politique de son jugement est important, même s'il demeure nié et si l'expert n'en prend pas la responsabilité. Les « experts » français du nucléaire ont ainsi pu affirmer régulièrement au moins depuis 2006, voire depuis les années 1990, que l'Iran avait l'intention de se doter de systèmes d'armes nucléaires et allait s'en doter sous peu, suggérant parfois que seul l'usage de la force les en dissuaderait. Douze ans plus tard, leur crédibilité n'est guère entamée du fait de l'unité perçue de la communauté autour de l'erreur partagée, présentée comme un succès des politiques de non-prolifération[37]. Cette responsabilité de la recherche indépendante se résume à quelques principes élémentaires. 1) Elle doit systématiquement exposer les conditions de validité des diagnostics mis sur la place publique, que ce soit les siens ou ceux d'autres discours autorisés. Il y a là une invitation à un maximum de réflexivité. Au vu des contraintes de vulnérabilité épistémique exposées plus haut, c'est le seul moyen d'éviter la confiance excessive. 2) Elle ne doit pas prétendre clore l'avenir au nom de sa seule compétence, ce qui équivaudrait à nier la part d'indétermination de l'avenir et la fréquence des surprises radicales, mais aussi à oublier le rôle de jugements proprement politiques dans la structuration des futurs possibles. Alors que ces jugements et choix de valeurs sur les traditions à poursuivre et comment combler la brèche entre le passé et l'avenir ne peuvent pas être déterminés par la connaissance seule[38], il revient au chercheur indépendant de cadrer les paris possibles sur les futurs nucléaires et rendre visible ce qui les structure. En l'absence d'expérience de la guerre nucléaire, ces éléments structurants peuvent être des mémoires d'événements passés ou de tendances passées que l'on suppose porteuses de leçons, mais aussi des imaginaires

---

[37] Sur la déresponsabilisation collective de l'expert, ce qui la distingue de l'éthique du chercheur, et le rôle de ce dernier dans le débat nucléaire, cf. Pelopidas, *La séduction de l'impossible*, p. 302-339.

[38] Sur ces éléments, cf. Isaiah Berlin, « du jugement politique », *in Le sens des réalités*, Paris, éditions des Syrtes, 2003, traduction française de Gil Delannoi, Alexis Butin, et Hannah Arendt, « la brèche entre le passé et l'avenir », préface à *La crise de la culture*, Paris, Gallimard, 1972, traduit de l'anglais sous la direction de Patrick Levy.

de l'avenir (une explosion nucléaire accidentelle ? Une guerre majeure ? À quel horizon temporel ?)[39], des catégories spécifiques qui distinguent l'expert nucléaire du profane et définissent le problème[40], et le rappel aussi précis que possible du domaine du secret nucléaire et du mandat des institutions qui en sont les garantes. Ce dernier élément conduit à énoncer un troisième principe fondamental de la recherche indépendante : 3) l'étude critique du passé en tant qu'il est considéré comme source de leçon pour les décideurs et de justifications auprès de nos concitoyens. Ladite étude doit faire avancer la connaissance empirique détaillée du passé en rendant publiques des sources primaires,[41] mais aussi se livrer aux détours méthodologiques et théoriques nécessaires pour que des questions aussi essentielles que les limites du contrôle sur les crises nucléaires passées, l'efficacité de la dissuasion nucléaire et les effets de la nucléarisation d'une entité politique sur la possibilité d'un régime démocratique puissent être posées de manière féconde.

Comme nous l'avons montré, le « militant » ou le chercheur en études stratégiques serviteur de l'État ne sont pas en mesure de poser ces questions. Leurs positions respectives consistent au contraire à postuler et crédibiliser des réponses pré-établies. Du fait de cette incapacité, la responsabilité du chercheur est entière, mais circonscrite et doit s'ancrer dans une indépendance financière intransigeante, au nom de l'information des concitoyens, de leurs élus, des décideurs et de la possibilité d'un débat public fécond. Une fois délimitée la responsabilité de l'analyste, il convient dans le dernier moment de cette conclusion, d'identifier et si possible de trancher les débats empiriques qui traversent l'ouvrage et de proposer des pistes pour penser le changement nucléaire sans demeurer prisonniers des effets de position que nous avons exposés.

Mettre cette responsabilité à l'œuvre : définir et décider trois points de controverse au sein de l'ouvrage

Dans cette section, nous appliquons les engagements essentiels de la recherche indépendante aux propos de l'ouvrage. Nous structurons trois débats et controverses qui traversent l'ouvrage, mais ne sont pas noués tels quels puisque les contributions sont autonomes, puis nous

---

[39] Ce cadrage s'illustre dans la troisième partie de Benoît Pelopidas, « Nuclear weapons scholarship as a case of self-censorship in security studies », *Journal of Global Security Studies*, 1 (4), novembre 2016, p. 326-336.

[40] *Cf.* Benoît Pelopidas, « Pour une histoire transnationale des catégories de la pensée nucléaire », *Stratégique*, 108, avril 2015, p. 109-121.

[41] Il ne s'agit pas de tomber dans le piège selon lequel les documents parleraient d'eux-mêmes de manière univoque.

tentons de clarifier les paris sur l'avenir qui sous-tendent les différents types de positions sur l'avenir des armes et des stratégies nucléaires. Les trois débats que nous proposons de trancher sont les suivants : le coût des systèmes d'armes nucléaires ; les mérites du programme Simulation, enfin, un peu plus longuement, la fécondité contemporaine des analyses du général Poirier.

Une première controverse, bien connue, repose sur le coût des systèmes d'armes nucléaires. D'un côté, certains contributeurs affirment que ce coût est connaissable alors que d'autres le nient. Parmi ceux qui supposent ledit coût connaissable, certains le présentent comme modeste (Alexis Baconnet parle de « rapport coût/efficacité », ce qui repose la question de la connaissance exhaustive et fiable des effets dudit système) Jean-Marie Collin mentionne le « coût économique » des systèmes d'armes comme potentielle raison du renoncement. Au contraire, Patrice Bouveret insiste sur le fait que le « coût réel » des systèmes d'armes nucléaires est « non négligeable pour la dépense publique », et que l'on ne peut le mesurer en totalité « compte tenu de l'opacité des données officielles ». Quatre éléments nous conduisent à donner raison à Patrice Bouveret. D'abord, l'argument selon lequel les dépenses liées à la construction de systèmes d'armes nucléaires sont minimes est classiquement invoqué par les partisans de ce système d'armes, à commencer, dès les premières années, par le colonel Ailleret.[42] Or, le retour d'expérience suggère le contraire. Les budgets ont systématiquement été dépassés. La construction de l'usine de Pierrelatte a ainsi coûté trois fois plus cher que prévu et celle du site d'Albion près de deux fois.[43] Ensuite, une étude publiée en français par une revue hébergée à l'Institut d'études stratégique de l'École Militaire confirme à la fois l'opacité des données dépendant du choix discrétionnaire de l'État et, par suite, l'impossibilité de connaître le coût total, seul pertinent dans un débat sur les coûts. S'y ajoute une observation selon laquelle, en 2011, avant même l'augmentation prévue des dépenses de modernisation, les dépenses visibles en matière de dissuasion nucléaire française sont supérieures à ce

---

[42] Charles Ailleret, « L'arme atomique, arme à bon marché », *Revue de Défense Nationale*, octobre 1954, p. 315-325.
[43] Jean Doise, Maurice Vaïsse, *Diplomatie et outil militaire*, Paris, Points 2015, p. 621. Des sources primaires corroborant ce jugement se lisent notamment dans les archives de Gaston Palewski aux archives nationales à Pieyrefitte sur seine. Voir notamment le carton 547AP69 dossier « exposé financier sur les programmes militaires ». Le doublement du prix de Pierrelatte était connu à l'époque puisqu'une note de Pierre Pelletier en date du 18 mai 1962 sur « Pierrelatte (indications pour servir dans les contacts avec la presse) » mentionne « des chiffres ont été rendus publics sur le doublement du coût primitivement envisagé » (p. 3). Ce document se trouve dans les archives d'Alain Peyrefitte, carton 20110333/13, dossier « RECH 35 », sous-dossier « Presse ».

qu'elles étaient en 1984[44]. L'auteur observe : « L'absence de transparence dans l'Hexagone sur les aspects financiers rend l'exercice difficile. En fait, au regard des données disponibles, la réflexion sur les budgets de la dissuasion ne fait de sens que si elle prend corps dans une logique comparative entre États »[45]. Suivons son conseil. On observe alors une opacité analogue des dépenses liées aux arsenaux nucléaires dans les autres États dotés, à laquelle il faudrait ajouter un dépassement fréquent des budgets.[46] Enfin, troisième élément qui dépasse la question du nucléaire, des analystes, dont l'ancienne directrice du domaine de recherche « Armements et économie de défense » à l'Institut de recherche stratégique de l'école militaire, ont observé un biais dans la discussion des budgets militaires français, dont on entend systématiquement le déclin alors que ce déclin n'est réel qu'en part du PIB et pas en euros constants[47]. Cette univocité à partir de données partielles et opaques ne permet donc pas d'affirmer que la dissuasion nucléaire coûte peu ; elle invite à poursuivre le travail comparatif et à se souvenir des opacités et des dépassements budgétaires passés.

Une deuxième controverse porte sur les mérites du programme « Simulation ». À en croire le chapitre de cet ouvrage qui lui est spécifiquement consacré, ces mérites sont multiples. Pourtant, Patrice Bouveret ne partage pas cet avis. Là encore, la comparaison est éclairante. Aux États-Unis, un programme de simulation a été entamé bien des années avant le programme français avec un budget considérablement supérieur : la National Ignition Facility ou NIF. Or, à ce jour, les promesses dudit programme restent à tenir. On observe donc une similarité des promesses et un enthousiasme pour la technologie de la part de ceux qui les font et de ceux qui portent leur parole, mais la différence des moyens disponibles invite à la circonspection. Si les équipes américaines, avec un budget considérablement supérieur et plus de temps ne sont pas parvenues à tenir leurs promesses, sur quelle base croire que les Français feront mieux plus vite et avec moins de ressources ? Le système de gouvernance du programme simulation ajoute à la circonspection puisque depuis 2015 le haut fonc-

---

[44] *Cf.* Yannick Quéau, « Rites, "angles morts" et typologie argumentative de la dissuasion nucléaire. Le vrai-faux débat sur les coûts », *Les Champs de Mars* 25, hiver 2013 notamment p. 104-108.

[45] *Ibid.*, p. 107.

[46] Stephen Schwartz (dir.), *Atomic Audit*, Washington, Brooking Institution, 1998, et la mise à jour avec Deepty Choobey publiée en 2009 *Nuclear Security Spending : Assessing Costs, Examining Priorities*, Washington, D.C., Carnegie Endowment for International Peace, 2009.

[47] Aude-Emmanuelle Fleurant, Yannick Quéau, « Les dépenses militaires aux niveaux mondial, régional et français », *in* Benoît Pelopidas, Frédéric Ramel (dir.), *Guerres et conflits armés au XXIe siècle*, Paris, Presses de Sciences Po, 2018. Les graphes sur l'évolution historique du budget militaire français par comparaison avec ses voisins européens se trouvent p. 87 et 89.

tionnaire qui a la responsabilité du programme est le seul habilité à juger de son succès. On s'étonne donc de la confiance accordée à un tel système de gouvernance fondé sur un conflit d'intérêts patent, présenté comme un atout par Océane Tranchez.

Une troisième controverse consiste à réévaluer la contribution du général Poirier à la pensée stratégique contemporaine. Plusieurs analystes du volume reconnaissent que les propositions du Général en matière d'armes tactiques comme moyen de tester les intentions de l'adversaire et de lui porter un « coup de semonce » n'auraient pas été adoptées par de Gaulle. Il y a au moins un problème supplémentaire avec la pensée de Lucien Poirier et deux contributions à ne pas négliger. Le problème concerne les effets d'une pensée nucléaire qui suit la logique, au détriment d'une historicisation et de la productivité historique de la contingence et de la contradiction. Ce problème nous renvoie au troisième mode de la vulnérabilité épistémique exposé au début de cette conclusion. Il s'illustre sous la forme d'une formulation trop universalisante de sa « loi de l'espérance politico-stratégique ». De même, en saisissant l'inversion conceptuelle entre la guerre et la stratégie qui découle de l'invention des systèmes d'armes nucléaires, Poirier a fait œuvre essentielle pour l'histoire des concepts à l'ère industrielle. Il convient toutefois, là encore, d'ancrer ces considérations dans des dynamiques historiques et organisationnelles qui rendent ce renversement beaucoup plus partiel, flou, lent et contesté qu'il n'y paraît si l'on s'en tient au niveau conceptuel seul. Enfin, le souci de réflexivité de Poirier et sa clarté quant aux axiomes qui fondent ses théories et cadrent leurs limites de validité doit être salué. Reprenons ces trois éléments un par un.

La « loi de l'espérance politico-stratégique » est au cœur de la pensée de la dissuasion nucléaire du général Poirier, et c'est sur cette base qu'il articule sa conviction en une vertu rationalisante de l'atome, supposée universelle. En 2006, il capture cette connexion dans un entretien : « je crois encore à la "vertu rationalisante de l'atome". [...] J'y crois à cause de la loi de l'espérance politico-stratégique, c'est-à-dire la comparaison entre le gain attendu et le coût »[48]. Or, l'expérience historique nous a montré que cette loi ne s'appliquait pas universellement et que certains dirigeants étaient en effet prêts à mourir et à sacrifier leur communauté politique pour des valeurs qui dépassent le calcul coût-bénéfice. On pense à Fidel Castro, lors de la crise de Cuba de 1962. Alors qu'il pensait une attaque américaine sur son île imminente, il invita Nikita Khrouchtchev à lancer une attaque nucléaire contre les États-Unis de façon à ce que la disparition

---

[48] Lucien Poirier, « Je crois en la vertu rationalisante de l'atome », *Le Monde*, 27 mai 2006.

du régime cubain soit au moins accompagnée de celle des impérialistes[49]. On pense aussi aux cas où la quête de la crédibilité de la frappe a conduit les dirigeants à prendre plus de risque pour manifester qu'ils étaient prêts à riposter. Dans ces cas, le calcul coût-bénéfice de l'usage des systèmes d'armes nucléaires peut bien avoir eu lieu, mais la question se pose de savoir si l'ennemi ne va pas surinterpréter les gesticulations qui ont pour but d'établir la crédibilité de la frappe, qui ne serait qu'en second. Le comportement du président Kennedy en 1961, qui insistait en public et en privé sur la supériorité nucléaire américaine et sur sa détermination est un exemple parmi d'autres[50]. De ce point de vue, la loi de l'espérance politico-stratégique suppose deux dirigeants utilitaristes qui savent et croient que leur ennemi est aussi utilitariste qu'eux. Elle suppose aussi un fonctionnement adapté de la chaîne de commandement nucléaire et l'absence d'explosion nucléaire accidentelle en situation de crise, qui pourrait être mal interprétée et créer une pression supplémentaire à l'escalade.

Ce goût pour la stylisation et le formalisme logique distingue également la grande contribution de Poirier, par laquelle Thomas Meszaros ouvre le volume, ainsi que sa limite. Donnons à nouveau la parole au général : « Jusqu'en 1945, le concept de stratégie était inclus dans celui de guerre : on ne le pensait et pratiquait qu'après l'ouverture des hostilités, et sa théorie n'était qu'un élément de la théorie de la guerre ». L'invention des systèmes d'armes nucléaires et, faudrait-il ajouter, l'adhésion à une version pure de la doctrine de la dissuasion nucléaire qui se pratique essentiellement en temps de paix, produisent une inversion fondamentale. L'intuition est brillante et féconde, mais en réalité, stratèges et militaires ont débattu les implications théoriques et stratégiques de l'introduction de ces systèmes d'armes pendant des décennies et il est significatif que l'armée de l'air américaine les ait, par exemple, considérées comme des armes plus destructrices au service d'une doctrine inchangée du bombardement stratégique, pour au moins une décennie[51]. L'inversion vue par Poirier n'est ni immédiate, ni unanime, ni irréversible, mais elle éclaire l'histoire des concepts à l'ère industrielle.

Alors que le formalisme logique est la limite de la pensée du général Poirier, sa grandeur tient sans doute à son refus systématique de tomber

---

[49] Le télégramme se lit à cette adresse : https://digitalarchive.wilsoncenter.org/document/114501.pdf?v=ea1dde78e5a3a32fbe0892b397cea676.

[50] Richard Ned Lebow, Janice Stein, *We All Lost the Cold War*, Princeton, Princeton University Press, chapitre 2 ; et Vojtech Mastny, « Introduction », et « Imagining War in Europe. Soviet Strategic Planning », *in* Vojtech Mastny, Sven G. Holtsmark, Andreas Wenger (dir.), *War Plans and Alliances in the Cold War. Threat Perceptions in the East and West*, London, Routledge, 2006, p. 3, 38.

[51] Bret J. Cillessen, « Embracing the bomb : Ethics, morality, and nuclear deterrence in the US air force, 1945-1955 », *Journal of Strategic Studies*, 21(1), 1998, p. 96-134.

dans le dogmatisme. Au contraire du dogme, on lit chez le général un souci constant des limites de validité de ses constructions théoriques et du caractère axiomatique et apodictique de leurs fondements. Reconnaissons-le : c'est grâce à ses observations sur la foi en la dissuasion et la crainte de faire le jeu de l'adversaire que nous avons pu saisir les contraintes discursives dans lesquelles les analystes étaient pris. En 2008, âgé de quatre-vingt-dix ans, il tonnait encore au micro de Thierry Garcin, alors qu'il se remémore ses efforts pour faire entendre raison « à certains ministres » quant aux limites de validité de la dissuasion nucléaire : « ne dites pas, pour faire accepter les budgets de la dissuasion nucléaire, que la dissuasion nucléaire protège de la guerre : non ! Elle protège, précisait-il, contre certaines formes de guerres qui porteraient atteinte à la substance vive [...] de l'État français »[52], observant qu'une riposte nucléaire en cas d'attaque contre la Guadeloupe ne serait pas crédible. Aux antipodes des discours experts contemporains, il pouvait enfin répondre à un entretien dans *Le Monde* en 2006 : « je crois encore à la "vertu rationalisante de l'atome". Je n'en sais rien, mais j'y crois à cause de la loi de l'espérance politico-stratégique, c'est-à-dire la comparaison entre le gain attendu et le coût. C'est un axiome »[53].

Mettre cette responsabilité à l'œuvre : le chantier de la connaissance

Au vu des contraintes qui pèsent sur la pensée du changement possible dans un monde nucléarisé, le chantier qui s'ouvre aux analystes consiste à repenser les vulnérabilités nucléaires sous toutes leurs formes. Pour ce faire, nous terminerons en proposant quelques pistes à suivre pour mettre en œuvre la responsabilité de l'analyste dont nous avons montré la nécessité.

D'abord, comme nous l'avons montré, les trois principes de la recherche indépendante sont non seulement féconds, mais nécessaires à l'avancée de la connaissance au service des décideurs, des élus et de l'ensemble des citoyens. Rappelons ces trois principes : 1) systématiquement exposer les conditions de validité des diagnostics mis sur la place publique, que ce soit les siens ou ceux d'autres discours autorisés afin d'éviter la confiance excessive ; 2) ne pas prétendre clore l'avenir au nom de sa seule compétence, ce qui équivaudrait à nier la part d'indétermination de l'avenir et la fréquence des surprises radicales, mais aussi à oublier le rôle de jugements proprement politiques dans la structuration des futurs possibles ; 3) conduire

---

[52] Entretien avec Thierry Garcin dans *À voix nue* sur France Culture, le 13 novembre 2008.
[53] Lucien Poirier, « Je crois en la vertu rationalisante de l'atome », *Le Monde*, 27 mai 2006.

l'étude critique du passé en tant qu'il est considéré comme source de leçon pour les décideurs et de justifications auprès de nos concitoyens. Cette étude doit faire avancer la connaissance empirique détaillée du passé en rendant publiques des sources primaires, mais aussi se livrer aux détours méthodologiques et théoriques nécessaires pour que les questions aussi essentielles que les limites du contrôle sur les crises nucléaires passées, l'efficacité de la dissuasion nucléaire et les effets de la nucléarisation d'une entité politique sur la possibilité d'un régime démocratique puissent être posées de manière féconde.

Ensuite, conceptuellement, il convient de problématiser le lien entre « nucléaire civil » et « nucléaire militaire », de repenser les politiques nucléaires dans un contexte politique et historique dans lequel la démocratie est le régime politique auquel nous tenons et l'anthropocène notre ère. L'introduction de ce volume et les travaux en *science and technology studies* à la suite de Gabrielle Hecht invitent à faire le premier de ces trois efforts depuis longtemps[54]. Ce type de questionnement et de saisie des agencements matériels permet également de développer une compréhension manquante des accidents et d'échapper à l'illusion selon laquelle les doctrines manifesteraient une cohérence de tous les niveaux de la politique nucléaire.

Un deuxième défi conceptuel consisterait à articuler plus précisément les effets des systèmes d'armes nucléaires sur la possibilité et les formes de la démocratie. Rappelons en effet, comme point de départ, l'observation de Daniel Deudney, à développer et mettre à l'épreuve de l'analyse historique : « Les explosifs nucléaires sont intrinsèquement despotiques pour trois raisons liées : la *vitesse* des décisions d'usage des armes, la *concentration* de la décision d'utiliser les armes entre les mains d'un seul homme et le *manque de possibilité de rendre des comptes* qui découle de l'incapacité des groupes affectés à avoir leurs intérêts représentés au moment de la décision de l'emploi »[55].

Le lien avec l'anthropocène reste à articuler sous une forme qui permet de reposer la question de la justice intergénérationnelle, comme répertoire de justification éventuel de politiques nucléaires qui engagent sur plusieurs générations et qui héritent des traces nucléaires laissées par les quatre dernières générations. Les nouvelles voix qu'amène cet ouvrage sont susceptibles de relever ces défis avec talent.

---

[54] Gabrielle Hecht, *Uranium africain. Une histoire globale*. Paris, Seuil, 2016 pour la traduction française de son dernier ouvrage.
[55] Daniel H. Deudney, *Bounding Power. Republican Security Theory from the Polis to the Global Village*. Princeton, Princeton University Press, 2007, p. 255-256 (notre traduction, italique dans l'original).

Une troisième piste consiste à multiplier les sources : le croisement entre les archives françaises et américaines modestement entrepris ici n'est que le début ; il convient de développer l'histoire orale critique et un travail sur des sources en langues autres que l'anglais, susceptibles de donner un autre éclairage sur le passé nucléaire et ses usages. L'histoire orale critique est un exercice particulièrement fécond au vu de ce que nous présentions comme la quatrième forme de la vulnérabilité épistémique, soit les contrevérités soutenues par les acteurs qui se sont octroyé le monopole de l'interprétation publique légitime d'épisodes clés. Au vu des bénéfices issus du *Freedom of Information Act* aux États-Unis, la protestation individuelle contre les restrictions introduites par la loi de 2008 n'est évidemment pas productive. Ceux qui croient au besoin d'un accès à la connaissance plus large doivent s'organiser et exposer le besoin d'ouverture des archives.

Enfin, une dernière piste pour penser le changement, au vu des spasmes de l'histoire nucléaire et de l'étroitesse d'une approche par le probable, consiste à aborder le changement sur le mode d'une configuration qui le rendrait pensable. Imaginer d'abord des changements radicaux, ce qui ne veut pas nécessairement dire négatifs, et qui peuvent être de nature politique, techno-scientifique ou autre, et réfléchir à partir d'eux les champs d'action qu'ils ouvriraient. C'est aujourd'hui qu'il faut préparer les initiatives pour ces moments. Cela permet de ne pas se limiter à la prolifération horizontale et au terrorisme nucléaire comme formes de la surprise concevable et à se rendre capable d'y répondre si elle advenait.

Postface

Thomas MESZAROS

> Objectivité ne signifie pas impartialité, mais universalité.
>
> Raymond Aron, *Introduction à la philosophie de l'histoire.*
>
> La vérité n'est pas forcément dans la réalité, et la réalité n'est peut-être pas la seule vérité.
>
> Haruki Murakami, *Chronique de l'oiseau à ressort*

Tirer un bilan des textes qui composent cet ouvrage, écrit par des auteurs issus de divers horizons, en des périodes différentes – la journée d'étude qui a amorcé ce projet s'est déroulée en décembre 2015 et la dernière version de cet ouvrage a été achevée en décembre 2018 – n'était pas chose facile. Pourtant, la conclusion de Benoît Pelopidas répond clairement à l'intention qui motivait à l'origine ce projet éditorial : ouvrir un débat fécond sur l'avenir de l'arme et des stratégies nucléaires en croisant les regards d'auteurs, « théoriciens », « experts » et « militants ». Ces regards sont aussi ceux d'êtres humains et de citoyens nécessairement attentifs à la question nucléaire, tant elle a des conséquences sur notre environnement et nos régimes politiques.

À la lecture du texte de Benoît Pelopidas, il nous est apparu que cette contribution originale n'est en réalité pas une conclusion. Elle ne pouvait pas l'être tant le sujet nécessiterait des développements supplémentaires sur les multiples axes de réflexion abordés par les auteurs dans cet ouvrage. C'est d'ailleurs, *a priori*, ce que suppose le titre de son texte « Dépasser les panglossismes nucléaires ». Cette *conclusion* viendrait plutôt clore une première étape dans la réflexion sur *les avenirs possibles* des armes et stratégies nucléaires. Elle est une invitation à poursuivre le débat en approfondissant les *angles morts* que Benoît Pelopidas relève. Un appel à dépasser certains *biais* qui, selon lui, se retrouvent généralement lorsque l'on aborde la question de l'arme nucléaire. Ou encore, une incitation à expliquer les raisons de leur existence et les perspectives que les auteurs de cet ouvrage ont adoptées.

Plus particulièrement, le texte de Benoît Pelopidas ouvre le débat sur les conditions de possibilité d'une étude objective de l'arme nucléaire, de son histoire, son usage et son devenir. Ce débat doit se poursuivre et porter notamment sur la posture du chercheur face à cet objet de recherche particulier (sur celle du « militant » également). Peut-il être *impartial*, c'est-à-dire avoir une posture de neutralité absolue ? Une telle perspective est-elle possible et tenable alors que la question nucléaire ne laisse personne indifférent ? Raymond Aron, dans une tradition toute wébérienne, ouvre une piste de réflexion intéressante pour répondre à ce problème épistémologique. Pour lui, l'objectivité ne signifie pas *impartialité*, mais « universalité rationnelle que vise la pensée »[1]. La *neutralité axiologique* n'empêche pas le « rapport aux valeurs » (valeurs épistémiques) mais elle se distingue de la formulation de « jugements de valeur » (valeurs politiques). Elle n'exclut pas non plus l'engagement du chercheur qui peut jouer un rôle dans le choix de son objet d'étude ou de sa méthode. L'universalité, qui est un moyen parmi d'autres de résoudre le problème de l'objectivité, se trouve dans la « validité des règles de la logique et de la méthode »[2] qui caractériserait toute entreprise scientifique.

Pour répondre à ce problème essentiel, il serait donc intéressant à nos yeux de poursuivre le débat ouvert par le présent ouvrage à partir des quatre axes décrits par Benoît Pelopidas dans son texte final : les vulnérabilités matérielles et épistémiques employées pour caractériser le monde nucléaire passé (nous ajoutons, et présent), les relations entre les catégories « militants » et « théoriciens », la responsabilité du chercheur à partir des points de controverse qu'il a décelés dans l'ouvrage, les pistes qu'il envisage dans le cadre d'un chantier de la connaissance en matière nucléaire.

La perspective, stimulante, que les auteurs, qui ont contribué par leurs réflexions et leurs travaux à ce premier *opus* sur les continuités et ruptures dans les stratégies nucléaires, puissent répondre dans un futur ouvrage aux différentes orientations formulées en conclusion par Benoît Pelopidas pourrait amener à franchir une nouvelle étape dans le débat sur l'avenir de l'arme nucléaire et dans la connaissance de cet objet. Nous espérons que cette ambition verra le jour et nous nous y attellerons.

---

[1] Stephen Launay, *La pensée politique de Raymond Aron*, Paris, PUF, p. 84.
[2] Max Weber, *La science, profession et vocation*, trad. Isabelle Kalinowski, Marseille, Agone, 2005, p. 36.

Résumés/Abstracts

François GÉRÉ, *Trois ou quatre choses que je sais de Lucien Poirier*

L'œuvre du général Lucien Poirier est présentée sous trois aspects. La « boite à outils » composée des différents instruments de la recherche théorique sur la stratégie : méthode, prospective, logique probabiliste, analyse systémique et histoire militaire. Le second volet porte sur la généalogie de la stratégie, récapitulation des savoirs constitués par les penseurs et praticiens de l'action politico-militaire. Le troisième volet est consacré à la présentation des concepts fondamentaux du modèle de stratégie de dissuasion nucléaire concevable pour la France, puissance moyenne, notamment le calcul de l'espérance de gain probable et le seuil d'agressivité critique au-delà duquel seraient déclenchées les représailles nucléaires. Réflexion sur le rôle de la violence armée organisée et la fonction de la guerre, l'œuvre de Poirier fait apparaître la stratégie comme l'exercice de la raison pour organiser, matérialiser et tempérer l'état de conflit permanent entre les sociétés humaines.

François GÉRÉ, *Three of four things I know about Lucien Poirier*

The work of General Lucien Poirier is presented under three aspects. The « toolbox » composed of different instruments of theoretical research on strategy : method, prospective, probabilistic logic, systemic analysis and military history. The second part focuses on the genealogy of the strategy, recapitulation of the knowledge constituted by the thinkers and practitioners of politico-military action. The third part is devoted to the presentation of the fundamental concepts of the model of a nuclear deterrent strategy conceivable for France, average power, in particular the calculation of the expected expectation of gain and the threshold of critical aggressiveness beyond which would be triggered the nuclear retaliation. Reflecting on the role of organized armed violence and the function of war, Poirier's work shows strategy as the exercise of reason to organize, materialize and temper the state of permanent conflict between human societies.

Thomas Meszaros, *Lucien Poirier et les crises nucléaires*

Cette contribution présente les travaux fondateurs pour son époque de Lucien Poirier dans le domaine de l'étude des crises internationales. Il postule que la dissuasion nucléaire et les stratégies indirectes qu'elle implique ont eu pour effet une multiplication des crises internationales. La situation de « ni paix-ni guerre », caractéristique de la guerre froide, a entraîné une autonomisation du concept de crise dans le spectre des états de conflit. Cette situation implique désormais d'appréhender ce concept comme un concept stratégique. Cette contribution entend revenir sur les principaux facteurs qui ont structuré la pensée de Lucien Poirier sur les crises internationales de la guerre froide. Elle entend également ouvrir la réflexion sur l'actualité de ces facteurs et de cette pensée pionnière pour penser les crises contemporaines.

Thomas Meszaros, *Lucien Poirier and nuclear crisis*

This contribution presents the founding works of his time of Lucien Poirier in the field of the study of international crises. It postulates that nuclear deterrence and the indirect strategies it implies have led to a proliferation of international crises. The situation of « neither peace nor war », characteristic of the cold war, has led to the concept of crisis becoming more autonomous in the spectrum of states of conflict. This situation now implies to apprehend this concept as a strategic concept. This contribution intends to return to the main factors that have structured Lucien Poirier's thinking on the international cold war crises. It also intends to open the reflection on the actuality of these factors and this pioneering thought to consider contemporary crises.

Bruno Tertrais, *Les origines du concept français de dissuasion : mythes et réalités*

Il existe une « mythologie fondatrice » autour du concept français de dissuasion nucléaire. Celle-ci est construite autour de deux axes : la doctrine française a été forgée par quelques brillants stratèges militaires, notamment les colonels (à l'époque) Pierre Gallois et Lucien Poirier ; elle est ainsi très différente des doctrines des États-Unis, du Royaume-Uni et de l'Organisation du Traité de l'Atlantique Nord (OTAN). C'est cette mythologie que nous voulons déconstruire ici, en expliquant que le rôle de Gallois et Poirier n'a pas été aussi important qu'on le croit souvent, et que le concept français trouve en fait davantage ses origines dans une synthèse pragmatique faite par de Gaulle, dans les réflexions anglo-saxonnes, ainsi que dans les moyens limités de la France.

Bruno TERTRAIS, *The Origins of the French concept of dissuasion : myths and realities*

There is a « founding mythology » around the French concept of nuclear deterrence. This is built around two axes : the French doctrine was forged by some brilliant military strategists, notably colonels (at the time) Pierre Gallois and Lucien Poirier ; It is very different from the doctrines of the United States, the United Kingdom and the North Atlantic Treaty Organization (NATO). It is this mythology that we want to deconstruct here, explaining that the role of Gallois and Poirier was not as important as it is often believed, and that the French concept actually finds more its origins in a pragmatic synthesis made by de Gaulle, in the Anglo-Saxon reflections, as well as in the limited means of France.

Antony DABILA et Thomas MESZAROS, *Raymond Aron, un stratégiste nucléaire entre deux mondes*

L'œuvre de Raymond Aron est marquée par la guerre dans son spectre le plus large, de l'usage modéré de la violence à la guerre totale et sa dimension apocalyptique. Cette contribution revient sur le rôle joué par les armes nucléaires dans la vie et l'œuvre de Raymond Aron. Elle souligne leur place dans sa théorie des relations internationales, dans ses prises de position au sein du débat stratégique nucléaire franco-américain et enfin dans l'engagement politique de celui qui aurait rêvé d'être le « Kissinger français ». Elle montre comment cet auteur du « Six majeur », qui a été un « spectateur engagé » et qui croyait à un modèle français, d'inspiration américaine, où la recherche académique s'inscrit dans la continuité de la pratique du pouvoir, s'est finalement désengagé du débat stratégique.

Antony DABILA and Thomas MESZAROS, *Raymond Aron, A nuclear strategist between two worlds*

Raymond Aron's work is marked by war in its widest range, from the moderate use of violence to total war and its apocalyptic dimension. This contribution reviews the role played by nuclear weapons in the life and work of Raymond Aron. It highlights their place in his theory of international relations, in his stance in the Franco-American nuclear strategic debate and finally in the political commitment of one who would have dreamed of being the » French Kissinger ». It shows how this author of the « *Six Major* », who was a « committed spectator » and who believed in a French model, inspired by the United States, where academic research is a continuation of the practice of power, has finally disengaged from the strategic debate.

Jean-Philippe Baulon, *Bernard Brodie et la dissuasion : un parcours américain*

Bernard Brodie est l'un des premiers penseurs de la stratégie nucléaire. Il formule dès 1946 des intuitions fondatrices sur la dissuasion. Ses positions deviennent ensuite de plus en plus critiques ; à partir de la fin des années 1950, il conteste les méthodes des « stratégistes scientifiques » et se marginalise dans la communauté stratégique américaine. Au final, les positions de Bernard Brodie contredisent les thèses dominantes aux États-Unis sur les questions nucléaires et présentent des similitudes avec l'approche française de la dissuasion.

Jean-Philippe Baulon, *Bernard Brodie and deterrence : an American journey*

Bernard Brodie is one of the first nuclear strategists. As soon as 1946, he formulated fundamental intuitions on deterrence. His thoughts then became more critical ; in the late 1950s, he started contesting the methods used by the so-called « scientific strategists » and he went more and more marginal inside the US strategic community. Brodie finally disagreed with US mainstream ideas about nuclear matters and his positions showed similarities with the French approach to deterrence.

Hélène Hamant, *La succession nucléaire de l'URSS*

Le démembrement de l'Union soviétique a touché non seulement un immense État composé de quinze républiques, mais également une superpuissance nucléaire. L'URSS disposait d'un redoutable arsenal dont la majeure partie se trouvait en Russie, le reste étant réparti entre l'Ukraine, le Bélarus et le Kazakhstan. Les anciennes républiques soviétiques ont donc dû régler toutes les questions liées à cette succession nucléaire : la succession au TNP et au Traité START, le sort des unités disposant d'armes nucléaires stratégiques, le contrôle des armes nucléaires et la propriété de celles-ci.

Résumés/Abstracts

Hélène Hamant, *The nuclear succession of URSS*

The dismemberment of the Soviet Union has affected not only a large state composed of fifteen republics, but a nuclear superpower. The USSR had at its disposal a threatening arsenal whose main stockroom was in Russia, the remaining part has been shared out between Ukraine, Belarus and Kazakhstan. These former Soviet republics had to solve all the issues linked to this nuclear legacy : the succession to the NPT and START Treaty, the outcoming of the units equipped with strategic nuclear weapons, nuclear arms control and ownership of these weapons.

Alexis Baconnet, *Le désarmement et la défense antimissile ou l'hypothèse d'une métastratégie américaine post nucléaire*

Les proliférations réelles en Corée du Nord et potentielles en Iran ainsi que les arsenaux nucléaires pléthoriques russes et américains favoriseraient le risque de guerre. Cela pourrait être autant de raisons de soutenir le désarmement nucléaire et la défense antimissile. Mais le désarmement nucléaire et la défense antimissile pourraient aussi installer et entretenir une asymétrie des puissances au bénéfice des États-Unis au moyen d'une stratégie américaine de défense putative dissimulant une stratégie offensive. La combinaison de ces deux éléments prendrait alors vie au sein d'une possible métastratégie américaine cherchant l'avènement d'un monde post nucléaire, libéré du « pouvoir égalisateur de l'atome ».

Alexis Baconnet, *Disarmament and antimissile defence or the hypothesis of an American post-nuclear metastrategy*

The North Korean actual proliferation and the potential Iranian proliferation as well as the oversized nuclear arsenals in Russia and in the US could foster the risk of war. All these could be reasons to support nuclear disarmament and missile defense. But nuclear disarmament and missile defense might also set up and maintain an asymmetry of power in favour of a US alleged defensive posture concealing an offensive strategy. The combination of both elements above mentioned could participate in a possible metastrategy seeking the advent of a post-nuclear world, freed from the « equalizing power of the atom ».

Jean-Marie COLLIN, *Les postures d'États européens face au processus désarmement nucléaire dans le cadre de l'initiative humanitaire sur les armes nucléaires*

Jean-Marie Collin retrace l'histoire européenne de l'atome puis propose une lecture des alliances politiques et militaires des États européens en fonction de leur posture par rapport à la bombe. Après avoir présenté l'Initiative humanitaire sur les armes nucléaires portée par certains États non dotés et par la société civile notamment regroupée derrière la Campagne internationale pour abolir les armes nucléaires (ICAN) Jean-Marie Collin dresse un panorama des diverses postures des États européens face à cette initiative humanitaire. Parmi les États européens, la France reste celui qui est le plus fortement opposé au désarmement nucléaire. D'autres États sont beaucoup ouverts au désarmement nucléaire et la question de créer une zone exempte d'armes nucléaires en Europe est toujours d'actualité.

Jean-Marie COLLIN, *The postures of European states in the process of nuclear disarmament under the humanitarian initiative on nuclear weapons*

Jean-Marie Collin retraces the European history of the atom and proposes a reading of the political and military alliances of the European states according to their posture with respect to the bomb. After presenting the humanitarian initiative on nuclear weapons carried by certain non-nuclear states and by civil society grouped behind the International Campaign to Abolish Nuclear Weapons (ICAN), Jean-Marie Collin paints an overview of the various postures of European states facing to this humanitarian initiative. Among the European states, France remains the one most strongly opposed to nuclear disarmament. Other States are very open to nuclear disarmament and the question of creating a nuclear – weapon – free zone in Europe is still relevant.

Patrice BOUVERET, *La France « fait la course en tête pour les technologies de dissuasion »*

Patrice Bouveret interroge la politique de « contrôle » des armements menée par la France qui se présente comme un État exemplaire en matière de désarmement. Patrice Bouveret montre que si la France lutte contre la prolifération horizontale par une politique de contrôle des armements active elle ne s'inscrit pas pour autant dans une logique de lutte contre la prolifération verticale et de désarmement nucléaire comme en témoignent les projets de modernisation et de renouvellement, à horizon 2030, de ses arsenaux. Il met en lumière « l'environnement capacitaire hors norme » qu'implique la dissuasion française et souligne l'absence de transparence quant au coût réel de cette politique pour un résultat sur la sécurité difficilement mesurable. Pour terminer, Patrice Bouveret interroge la possibilité d'un désarmement nucléaire alors que pour certains États dotés, comme la France, l'arme nucléaire fait partie intégrante de leur identité. Face à ce constat, il revient sur le rôle des Organisations non gouvernementales dans ce processus de désarmement. Tirant les enseignements des précédentes campagnes d'abolition des armes nucléaires elles ont réussi à faire adopter le Traité d'interdiction des armes nucléaires (TIAN). Pour autant, cela n'exonère en rien la responsabilité des États qui, au final, restent les seuls à pouvoir à éliminer les armes nucléaires en ratifiant ce traité et en le transposant dans leur droit interne.

Patrice Bouveret, *France « races in the lead for deterrence technologies »*

Patrice Bouveret questions the policy of arms « control » led by France which presents itself as an exemplary state in matters of disarmament. Patrice Bouveret shows that while France is fighting against horizontal proliferation through an active arms control policy, it is not part of a logic of struggle against vertical proliferation and nuclear disarmament, as evidenced by the projects of modernization and renewal, by 2030, of its arsenals. It highlights the « extraordinary capacity environment » implied by French deterrence and underlines the lack of transparency as to the real cost of this policy for a security outcome that is difficult to measure. In conclusion, Patrice Bouveret questions about the possibility of nuclear disarmament, whereas for some States like France, nuclear weapons are part of their identity. In light of this, he returns to the role of non-governmental organizations in the disarmament process. Drawing lessons from previous campaigns to abolish nuclear weapons, they have succeeded in passing the Nuclear Weapons Ban Treaty. However, this does not exonerate the responsibility of the States which, in the end, remain the only ones able to eliminate nuclear weapons by ratifying this treaty and transposing it into their internal law.

David Cumin, *L'arme nucléaire : diffusion technologique et chute politique*

La « diffusion » de l'arme nucléaire, relevant de la « maîtrise des armements ». Son histoire est celle d'une dialectique entre technologie et politique d'une part, et de l'histoire d'une chute politique d'autre part.

La première réside en un constat : toute technologie a pour tendance inexorable à se répandre, quels que soient les efforts politiques pour la contrecarrer. La seconde s'observe en une trajectoire : des grands États vers de plus petits, voire des États vers des groupes non étatiques, soit une évolution potentiellement apocalyptique de la dissuasion interétatique à la prolifération subétatique.

David Cumin, The nuclear weapon : its technological propagation and political fall

The « propagation » of the nuclear weapon is part of the « arms control ». Its history is, on the one hand, the history of a dialectic between technology and politics, and, on the other hand, the history of a political fall. The first stays in an assessment : all technology has the inexorable tendance to spread, however, the efforts to foil it. The second refers to a trajectory : from important States to smaller, from States to non-state actors, that is to say a potential apocalyptic evolution from interstate dissuasion to substate proliferation.

François David, La genèse doctrinale du nucléaire tactique

La guerre froide nucléaire n'est pas terminée. Non seulement les États-Unis et l'OTAN, d'une part, et la Russie postsoviétique, d'autre part, n'ont pas renoncé au principe de dissuasion et de représailles massives, mais ils continuent d'inclure les armes nucléaires tactiques ou substratégiques (dites du « champ de bataille »), dans leurs arsenaux et leurs scénarii. Les états-majors des deux camps et leurs dirigeants politiques ne voient pas comment se passer de ces armes entre 50 et 100 kt pour défendre leur territoire d'une offensive conventionnelle adverse. Foncièrement, le décor est planté depuis les années 1950, lorsque l'administration Eisenhower décida de nucléariser systématiquement les plans atlantiques pour rééquilibrer le rapport des forces conventionnelles contre l'Armée rouge sans mettre en banqueroute l'Occident. L'association des alliés occidentaux à la bombe tactique par le biais de la procédure de « double clé » résout en partie seulement la difficulté principale : riposte graduée, ou pas, comment être sûr que l'Amérique ne dévastera pas le vieux continent, en s'entendant tacitement avec Moscou pour s'épargner leurs sanctuaires respectifs ? L'espace entre Brest et Brest (-Litovsk) peut s'atomiser avant même le premier échange stratégique. Cette vérité demeure d'actualité et constitue un des paramètres sous-jacents, mais puissants, des relations internationales du XXIe siècle naissant.

François DAVID, *The doctrinal genesis of tactical nuclear*

The nuclear Cold War is not over. Not only, the United States and NATO – on the one hand – and the post-Soviet Russia – on the other hand – do not give up the principle of deterrence and massive reprisals, but they keep on including tactical or substrategic atomic weapons (« battleground weapons ») in their arsenals and battle plans. General staffs and decision makers of both sides do not contemplate any solution other than using these bombs between 50 and 100 kilotons against a possible invasion. Basically, the Eisenhower Administration (1953-1961) laid the foundations by nuclearizing systematically the NATO battle plans in order to balance the conventional forces against the Red Army without bankrupting the West (1954-1957). The « double key » system which allows some Atlantic Allies to receive US nuclear warheads in wartime is a very partial and limited solution to a much broader problem : Flexible Response or not, how can the allies be sure that Washington and Moscow would not silently agree with the devastation of Europe, while respecting each other. The territory between Brest and Brest (-Litovsk) may be destroyed by tactical bombs, just before the first strategic strike. That underlying and scaring reality sets one of the tremendous parameters of the post-Cold War international relations – our world.

Gerald Felix WARBURG, *La politique de non-prolifération à la croisée des chemins. Les enseignements de l'accord américano-indien de coopération nucléaire de 2008*

Le 1er octobre 2008, le congrès adoptait une proposition du président George W Bush de 2005 visant à autoriser la mise en place d'un accord commercial sans précédent avec l'Inde éliminant un pilier fondamental de la politique de non-prolifération nucléaire des États-Unis. Malgré le grand nombre de difficultés auquel faisait face l'administration Bush, l'initiative a obtenu un soutien bipartisan important, dont les votes des sénateurs démocrates Joseph Biden, Hillary Clinton et Barack Obama. Les difficultés d'adoption de l'accord nucléaire controversé entre les États-Unis et l'Inde illustrent ainsi le schéma classique de la dualité entre la poursuite de buts multilatéraux plus larges comme la non-prolifération nucléaire et l'approfondissement de relations bilatérales plus spécifiques. Ces difficultés révèlent les failles persistantes (« enduring fault line ») dans les relations de l'exécutif avec le Congrès. Ce chapitre évalue les leçons que l'on peut en retirer et se concentre sur trois principales questions : comment l'accord a-t-il permis le renforcement des intérêts en matière de sécurité nationale pour les États-Unis ; quels sont les éléments essentiels de la campagne de lobbying en bonne et due forme ayant obtenu l'approbation des sceptiques au Congrès ; et enfin quels sont véritables bénéfices (et quels les coûts ?) l'accord apporte-t-il à la politique américaine de non-prolifération ?

Gerald Felix WARBURG, *Nonproliferation policy crossroads. Lessons Learned from the US-India Nuclear Cooperation Agreement of 2008*

On October 1, 2008, Congress enacted a proposal that originated with President George W. Bush in 2005 to approve an unprecedented nuclear trade pact with India by removing a central pillar of US nonproliferation policy. Despite the numerous political challenges confronting the Bush administration, the initiative won strong bipartisan support, including votes from Democratic Senators Joseph Biden, Hillary Clinton, and Barack Obama. The struggle to pass the controversial US-India nuclear agreement demonstrates a classic tradeoff between the pursuit of broad multilateral goals such as nuclear nonproliferation and advancement of a specific bilateral relationship. It reveals enduring fault lines in executive branch relations with Congress. This chapter assesses the lessons learned and focuses on three principal questions : how did the agreement seek to advance US national security interests ? ; what were the essential elements of the prolonged state-of-the-art lobbying campaign to win approval from sceptics in Congress ? ; and what are the agreement's actual benefits – and costs – to US nonproliferation efforts ?

André DUMOULIN, *La dimension nucléaire du remplacement des F-16 belges*

Si la question de la présence nucléaire américaine en Belgique fait partie de son histoire, le Royaume a vu revenir le débat sur la dissuasion nucléaire avec le dossier du remplacement des chasseurs-bombardiers F-16. Le choix d'un nouvel appareil, son origine, ses capacités furent mises en avant par le gouvernement, les partis politiques ou les ONG pour soutenir ou dénoncer l'association entre un nouvel appareil et une capacité nucléaire renouvelée (double clé) avec l'introduction de la future nouvelle bombe américaine B-61 modèle 12. Les dimensions budgétaires, stratégiques, technologiques, industrielles et politiques se sont invitées dans un dossier à la fois complexe et délicat dont la dimension nucléaire est un des paramètres.

André Dumoulin, *The nuclear dimension of the replacement of the Belgium F-16*

If the question of the US nuclear presence in Belgium is part of its history, the kingdom saw back in the debate on nuclear deterrence with the file replacing the fighter-bomber F-16. The choice of a new aircraft, its origin, its capabilities were put forward by the government, political parties or NGOs to support or denounce the association between a new aircraft and a renewed nuclear capacity (double key) with the introduction of future new US bomb B-61 model 12. Budgetary dimensions, strategic, technological, industrial and political were invited to a folder at once complex and sensitive, which nuclear dimension is one of the parameters.

Océane Tranchez, *La Simulation des essais nucléaires, une rupture stratégique française ?*

L'arrêt définitif des essais nucléaires français en 1996 marque une rupture dans la dissuasion nucléaire française. Encouragée par une évolution du contexte international, avec l'adoption de traités et la multiplication de prises de position hostiles aux essais nucléaires, la France s'est totalement engagée dans le programme de Simulation développé par le CEA, et a démantelé son centre d'essais du Pacifique. La position française, qui diffère de celle des États-Unis et du Royaume-Uni, place la Simulation comme pivot d'un virage stratégique.

Océane Tranchez, *The simulation of nuclear tests, a strategic break in France ?*

The final suspension of French nuclear tests in 1996 constitutes a major change in the French nuclear deterrence. The evolution of the international context, with the adoption of treaties and the increase of anti-nuclear test rhetoric, encouraged France to put an end to nuclear testing and embrace the Simulation Program, developed by the French Atomic Energy Commission (CEA). The United States and the United Kingdom have not, unlike France, placed their simulation programs as the pivot of a strategic shift.

Jean BAECHLER, *Oligoparité et arme nucléaire*

Jean Baechler propose une étude sociologique qui combine la stratégie défensive de l'oligopolarité et la vertu dissuasive des armes nucléaires stratégiques. À partir de cette combinaison Jean Baechler présente trois simulations dont l'objectif est de montrer la place qui devrait être celle de l'arme nucléaire dans les relations internationales : entre oligopoles, entre les oligopoles et les autres polities et entre les polities et les non polities. Ces simulations, loin d'être rassurantes, pronostiquent toutes le retour des armes nucléaires et leur prolifération.

Jean BAECHLER, *Oligoparity and nuclear weapon*

Jean Baechler proposes a sociological study that combines the defensive strategy of oligopolarity and the dissuasive virtue of strategic nuclear weapons. From this combination Jean Baechler presents three simulations whose objective is to reveal the place that should be that of the nuclear weapon in international relations : between oligopoles, between oligopoles and other polities and between polities and non-polities. These simulations, far from being reassuring, predict the return of nuclear weapons and their proliferation.

Olivier ZAJEC, *Armageddon polytropos. La pensée réaliste et le fait nucléaire, regard sur un demi-siècle de débats intra-paradigmatiques*

Au sortir de la Seconde Guerre mondiale, l'arme nucléaire a immédiatement constitué un sujet privilégié d'étude pour la discipline des Relations internationales (RI). À l'intérieur de celle-ci, l'école réaliste a tenté d'intégrer le nucléaire dans une réflexion stratégique générale portant sur l'évolution de la politique étrangère des États. À tel point qu'il se constitue rapidement, selon l'opinion commune, une sorte de fusion entre les deux objets : en somme, « défendre » la dissuasion nucléaire équivaudrait peu ou prou à faire profession de réalisme. Le *linkage* entre réalisme et nucléaire militaire est néanmoins plus complexe et nuancé et, pour le saisir, il est sans doute nécessaire de bien mettre en parallèle, d'une part l'évolution concrète et pratique des doctrines nucléaires militaires occidentales avec, d'autre part, les prises de position théoriques et conceptuelles des politistes réalistes, de 1945 à nos jours. C'est l'objet de cet article, qui n'a pour objectif que de rappeler les articulations entre la pensée réaliste des RI et le fait nucléaire, afin de les remettre en perspective historique, de manière à laisser entrevoir que l'« *interlocking web of thought* » qu'est le réalisme, loin d'être monolithique, a eu – a toujours – de multiples visages en matière nucléaire.

Olivier Zajec, *Armageddon polytropos. The realist thought and the nuclear fact, looks at half a century intra-paradigmatics debates*

At the end of the Second World War, nuclear weapons immediately became a privileged topic of study for the nascent discipline of International Relations (RI). Within it, the realist school has attempted to integrate nuclear weapons into a general strategic reflection on the evolution of interstate foreign policy. So deeply indeed that, according to a common opinion, a kind of fusion occurred between the realist paradigm and nuclear power : in short, « defending » nuclear deterrence would mean making a profession of realism. However, the link between realism and nuclear power is more complex than is commonly thought. To grasp its nuances, it is probably necessary to draw a parallel between the concrete and practical evolution of the Western military nuclear doctrines, on the one hand, and, on the other hand, the theoretical and conceptual positions taken by realistic politicians from 1945 to the present day. It is the object of this article, which aims to recall the articulations between the realistic thought of the IR and the nuclear fact, in order to put them in historical perspective, so as to suggest that the « interlocking web of thought » that is realism, far from being monolithic, has had – and continues to have – multiple nuclear facets.

Benoît Pelopidas, *L'insoutenable légèreté de la chance : trois sources d'excès de confiance dans la possibilité de contrôler les crises nucléaires*

L'excès de confiance dans la contrôlabilité des armes nucléaires crée un danger. Le décès du dernier dirigeant témoin de la crise nucléaire la plus dangereuse, c'est-à-dire la crise des « missiles de Cuba », et l'actuelle administration Trump ne font que rendre cet aspect plus saillant. Dans ce contexte, cet article passe en revue la littérature scientifique sur les limites de la prévisibilité et de la contrôlabilité des crises nucléaires et étudie également trois échecs de « l'apprentissage » à partir de ces dernières. Étant donné que la France est affectée de manière particulièrement aiguë par la confiance excessive dans le contrôle des crises nucléaires, cet article offre la première étude sur l'expérience française et l'évolution de l'interprétation de la crise des missiles de Cuba dans cette perspective s'appuyant sur des sources primaires peu ou pas explorées. Dans les études de sécurité, cet article propose une contribution de trois ordres. D'abord, la publication et l'interprétation de sources primaires est une contribution en soi au vu de leur rareté dans le domaine et des idées erronées eu égard aux dynamiques nucléaires qui proviennent d'extrapolations à partir de théories. Deuxièmement, il remet en question une hypothèse répandue d'automaticité reliant un effet dissuasif induit par la peur à la présence d'armes nucléaires. Troisièmement, cet article étudie de manière empirique une partie du régime d'assignation de valeur aux armes nucléaires. Il définit enfin un programme de recherche pour prendre la « chance » au sérieux dans les études de sécurité.

Benoît Pelopidas, *The unbearable lightness of luck : Three sources of overconfidence in the manageability of nuclear crises*

Overconfidence in the controllability of nuclear weapons creates danger. The passing of the last elite witness of the most dangerous nuclear crisis, that is, the 'Cuban Missile Crisis', and the current Trump administration only make this more salient. In this context, this contribution reviews scholarly literature about the limits of predictability and controllability of nuclear crises and investigates three failures of learning from them. Given that France displays in particularly acute form some of the sources of overconfidence in the controllability of nuclear crises that can be found in other nuclear-armed states, this contribution offers the first study of the French experience and evolving interpretation of the Cuban missile crisis in comparative perspective, based on untapped primary material. In security studies, this article makes three contributions. First, the publication and interpretation of primary sources is a contribution in itself given the frequent misconceptions about nuclear dynamics due to theory-driven extrapolations. Second, it challenges a widespread assumption of automaticity linking a fear-induced deterrent effect and the presence of nuclear weapons. Third, empirically, this article studies part of a regime of valuation of nuclear weapons. It finally outlines a research agenda to take luck seriously in security studies.

Antony Dabila, *Le nucléaire comme obstacle épistémologique du constructivisme*

Quel est le bien-fondé de la démarche constructiviste ? Afin de répondre à cette interrogation, il est nécessaire de procéder à plusieurs types de vérification. La première entreprise ici est théorique et se concentre sur la pertinence d'un énoncé remettant en cause de manière absolue l'ensemble des énoncés, et donc lui-même. Cette limitation ontologique de la critique constructiviste permet de séparer en deux les démarches se réclamant de la déconstruction des perceptions : celles affirmant que la puissance *n'est que* construction et celles mettant plutôt en avant que les perceptions sont *un des éléments* entrant en comptant dans la constitution de la puissance. Cette discrimination nous permet de procéder à la seconde vérification, grâce à laquelle nous cherchons à tester la validité de ces deux énoncés sur un objet tel que l'arme atomique. Celle-ci se révèle être l'« obstacle épistémologique » sur lequel les Relations internationales pourraient s'appuyer pour discriminer entre un usage pertinent de l'analyse des perceptions, et un autre, immodéré, niant tout ancrage de la puissance dans autre chose que l'esprit de celui que la perçoit.

Antony Dabila, *Nuclear as an epistemological obstacle to constructivism*

What is the appropriateness of the constructivist approach ? In order to answer this question, it is necessary to carry out several types of verification. The first is theoretical and focus on the relevance of a statement that absolutely disputes the validity of any statements, and therefore of itself. This ontological limitation of constructivist criticism makes it possible to split the constructivist theories in two groups : those affirming that power *is only* construction and those which put forward that perceptions *are one of the elements* entering into the constitution of power. This discrimination allows us to proceed to the second verification, through which we seek to test the validity of these two statements on an object such as atomic weapons. These prove to be the « epistemological obstacle » on which International Relations could rely to discriminate between a relevant use of the analysis of perceptions, and another, immoderate, denying any anchoring of power in anything other than the spirit perceiving it.

Thomas Lindemann, *La pertinence du constructivisme et des approches critiques pour penser l'arme nucléaire dans les relations internationales*

La présente contribution est le fruit d'une série d'entretiens de Thomas Lindemann. L'objectif de ces entretiens est, en complément de la contribution d'Antony Dabila, d'interroger la pertinence des approches constructivistes et critiques pour penser le rôle de l'arme nucléaire dans les relations internationales. Thomas Lindemann souligne les différences essentielles qui existent entre les approches réalistes, constructivistes et critiques. Il montre au travers de différentes illustrations, notamment les crises nord-coréenne et iranienne, que la perspective constructiviste, et les approches critiques de la sécurité, parce qu'elles s'intéressent aux croyances, aux représentations, à la rationalité socialement construite, sont particulièrement utiles pour comprendre les rapports que les États entretiennent avec l'arme nucléaire.

Thomas LINDEMANN, *The relevance of constructivism and critical approaches to thinking about nuclear weapons in international relations*

This contribution is the result of a series of interviews of Thomas Lindemann. The objective of these interviews, in addition to the contribution of Antony Dabila, is to question the relevance of the constructivist and critical approaches to thinking about the role of nuclear weapons in international relations. Thomas Lindemann points out the essential differences between realistic, constructivist and critical approaches. He shows through various illustrations, notably the North Korean and Iranian crises, that the constructivist perspective, and the critical approaches to security, because they are interested in beliefs, representations, and socially constructed rationality, are particularly useful for understanding the relationship that states have with nuclear weapons.

Lydie THOLLOT, *Le genre du nucléaire. Aux origines épistémologiques d'une divergence politique entre réalistes et féministes*

Les discours politiques et scientifiques qui entourent le nucléaire évoluent dans un champ représentationnel où la puissance est définie dans un registre genré. Cette contribution propose de revenir sur les origines de la critique féministe, pour mieux appréhender la façon dont elle met en échec les ambitions scientifiques des théories réalistes. Nous verrons comment le discours nucléaire, en cristallisant l'attention autour de ses effets potentiels, nous a fait oublier ses propres failles historiques et sémantiques. Cela permettra de comprendre les implications normatives issues de ses remises en question, et d'ouvrir le champ définitionnel de la sécurité à toutes et tous.

Lydie THOLLOT, *The nuclear gender. The epistemological origins of a political divergence between realists and feminists*

Political and scientific discourse on nuclear progress in the field of representation where power is defined by gender. This contribution aims to return to the origins of feminist critiques, to better understand how they questioned the scientific ambitions of realistic theories. We will see how nuclear discourse, crystallizing attention to its own potential effects, makes us forget its historical and semantic flaws. This will help to understand the normative implications of these questions and open the definition of security to everyone.

Les auteurs

Alexis BACONNET est chercheur à l'Institut français d'analyse stratégique (IFAS) et chercheur associé au Centre lyonnais d'études de sécurité internationale et de défense (CLESID-EA 4586), Université Lyon 3.

Jean BAECHLER est professeur de sociologie à l'Université Paris – Sorbonne, membre de l'Académie des sciences morales et politiques.

Jean-Philippe BAULON est chercheur à l'Institut de stratégie comparée (ISC).

Patrice BOUVERET est co-fondateur et directeur de l'Observatoire des armements, responsable de la rédaction de *la Lettre de Damoclès*.

Jean-Marie COLLIN est consultant indépendant, porte-parole d'ICAN France, vice-président d'Initiatives pour le désarmement nucléaire – IDN, Directeur France du réseau international des parlementaires pour la non-prolifération nucléaire et le désarmement (PNND), chercheur associé auprès du Groupe de recherche et d'information sur la paix et la sécurité (GRIP)

David CUMIN est maître de conférences (HDR) en droit public à l'Université Lyon 3, directeur du Centre lyonnais d'études de sécurité et de défense (CLESID).

Antony DABILA est docteur en sociologie, post-doctorant à l'Institut d'études de sécurité internationale et de défense (IESD), Université Lyon 3.

François DAVID est maître de conférences (HDR) en science politique à l'Université Lyon 3. Il est directeur du laboratoire Francophonie, mondialisation et relations internationales (EA 4586).

André DUMOULIN est attaché à l'Institut royal supérieur de défense (Bruxelles), Maître de conférences Université de Liège.

Louis GAUTIER a été Secrétaire général de la sécurité et de la défense nationale (2014-2018), il est professeur associé en science politique, Directeur de la Chaire « Grands enjeux stratégiques contemporains », Université Panthéon-Sorbonne.

François GÉRÉ est agrégé et docteur habilité en histoire, président fondateur de l'Institut français d'analyse stratégique (IFAS) et directeur de recherches à l'Université de Paris 3

Hélène HAMANT est maître de conférences (HDR) en droit public à l'Université Lyon 3.

Thomas LINDEMANN est professeur de science politique à l'Université de Versailles Saint-Quentin-en-Yvelines (UVSQ).

Thomas MESZAROS est maître de conférences en science politique à l'Université Lyon 3, il est président fondateur de l'Institut d'étude des crises (IEC) et chercheur au CLESID (EA-4586).

Benoît PELOPIDAS est titulaire de la chaire d'excellence en études de sécurité à Sciences Po (CERI) et fondateur du programme d'étude des savoirs nucléaires (*Nuclear Knowledges*). Il est également chercheur affilié au centre pour la sécurité internationale et la coopération (CISAC) à l'Université Stanford et au *European Leadership Network*.

Bruno TERTRAIS est politologue, maître de recherche à la Fondation pour la recherche stratégique (FRS).

Lydie THOLLOT est docteure en science politique, chercheure au CLESID (EA-4586), Université Lyon 3.

Océane TRANCHEZ est doctorante en science politique à l'Institut d'études de sécurité internationale et de défense (IESD), Université Lyon 3. Elle a été récompensée en 2018 par le prix Thérèse Delpech décerné par l'IHEDN et le CEA pour son mémoire de fin d'études intitulé *Dans les coulisses de la monarchie nucléaire*.

Gerald Felix WARBURG est professeur de pratique des politiques publiques, Frank Batten School of Leadership and Public Policy, University of Virginia.

Olivier ZAJEC est maître de conférences en science politique, directeur de l'Institut d'études de sécurité internationale et de Défense (IESD), Université Lyon 3.

Dans la collection

N° 1 – Catherine LANNEAU, *L'inconnue française. La France et les Belges francophones (1944-1945)*, 2008

N° 2 – Frédéric DESSBERG, *Le triangle impossible. Les relations franco-soviétiques et le facteur polonais dans les questions de sécurité en Europe (1924-1935)*, 2009

N° 3 – Agnès TACHIN, *Amie et rivale. La Grande-Bretagne dans l'imaginaire français à l'époque gaullienne*, 2009

N° 4 – Isabelle DAVION, *Mon voisin, cet ennemi. La politique de sécurité française face aux relations polono-tchécoslovaques entre 1919 et 1939*, 2009

N° 5 – Claire LAUX, François-Joseph RUGGIU & Pierre SINGARAVÉLOU (dir./eds.), *Au sommet de l'Empire. Les élites européennes dans les colonies (XVIe-XXe siècle) / At the Top of the Empire. European Elites in the Colonies (16th-20th Century)*, 2009

N° 6 – Frédéric CLAVERT, *Hjalmar Schacht, financier et diplomate (1930-1950)*, 2009

N° 7 – Robert JABLON, Laure QUENNOUËLLE-CORRE & André STRAUS, *Politique et finance à travers l'Europe du XXe siècle. Entretiens avec Robert Jablon*, 2009

N° 8 – Alain BELTRAN (ed.), *A Comparative History of National Oil Company*, 2010

N° 9 – Sarah MOHAMED-GAILLARD, *L'Archipel de la puissance ? La politique de la France dans le Pacifique Sud de 1946 à 1998*, 2010

N° 10 – Marie-Anne MATARD-BONUCCI, Anne DULPHY, Robert FRANK & Pascal ORY (dir.), *Les relations culturelles internationales au vingtième siècle. De la diplomatie culturelle à l'acculturation*, 2010

N° 11 – Yves-Marie PÉRÉON, *L'image de la France dans la presse américaine, 1936-1947*, 2011

N° 12 – Léonard LABORIE, *L'Europe mise en réseaux. La France et la coopération internationale dans les postes et les télécommunications (années 1850-années 1950)*, 2010

N° 13 – Catherine HOREL (dir.), *1908, la crise de Bosnie cent ans après*, 2011

N° 14 – Alain BELTRAN (ed.), *Oil Producing Countries and Oil Companies. From the Nineteenth Century to the Twenty-First Century*, 2011

N° 15 – Frédéric DESSBERG & Éric SCHNAKENBOURG (dir), *Les horizons de la politique extérieure française. Régions périphériques et espaces seconds dans la stratégie diplomatique et militaire de la France (XVIe-XXe siècles)*, 2011

N° 16 – Alya AGLAN, Olivier FEIERTAG & Dzovinar KÉVONIAN (Dir.), *Humaniser le travail. Régimes économiques, régimes politiques et Organisations internationales du travail (1929-1969)*, 2011

N° 17 – Pierre JOURNOUD & Cécile MENÉTREY-MONCHAU (dir./eds.), *Vietnam, 1968-1976. La sortie de guerre / Vietnam, 1968-1976. Exiting a War*, 2011

N° 18 – Louis CLERC, *La Finlande et l'Europe du Nord dans la diplomatie française. Relations bilatérales et intérêt national dans les considérations finlandaises et nordiques des diplomates et militaires français, 1917-1940*, 2011

N° 19 – Yann DECORZANT, *La Société des Nations et la naissance d'une conception de la régulation économique internationale*, 2011

N° 20 – Lorenz PLASSMANN, *Comme dans une nuit de Pâques ? Les relations franco-grecques 1944-1981*, 2012

N° 21 – Alain BELTRAN (dir./ed.), *Le pétrole et la guerre / Oil and War*, 2012

N° 22 – Valentine LOMELLINI, *Les relations dangereuses. French Socialists, Communists and the Human Rights Issue in the Soviet Bloc*, 2012

N° 23 – Martial LIBERA, *Un rêve de puissance. La France et le contrôle de l'économie allemande (1942-1949)*, 2012

N° 24 – Séverine Antigone MARIN, *L'apprentissage de la mondialisation. Les milieux économiques allemands face à la réussite américaine (1876-1914)*, 2012

N° 25 – Claire SANDERSON & Mélanie TORRENT (dir./eds.), *La puissance britannique en question. Diplomatie et politique étrangère au 20ᵉ siècle/ Challenges to British Power Status. Foreign Policy and Diplomacy in the 20th Century*, 2012

N° 26 – Elena GRETCHANAIA, *« Je vous parlerai la langue de l'Europe… ». La francophonie en Russie (XVIIIᵉ-XIXᵉ siècles)*, 2012

N° 27 – Alfred WAHL, *Histoire de la Coupe du monde de football. Une mondialisation réussie*, 2013

N° 28 – Catherine FRAIXE, Lucia PICCIONI & Christophe POUPAULT (dir.), *Vers une Europe latine. Acteurs et enjeux des échanges culturels entre la France et l'Italie fasciste*, 2013

N° 29 – Danièle FRABOULET, Andrea M. LOCATELLI & Paolo TEDESCHI (eds.), *Historical and International Comparison of Business Interest Associations. 19th-20th Centuries*, 2013

N° 30 – Annie GUENARD-MAGET, *Une diplomatie culturelle dans les tensions internationales. La France en Europe centrale et orientale (1936-1940 / 1944-1951)*, 2014

N° 31 – Catherine HOREL (dir.), *Les guerres balkaniques (1912-1913). Conflits, enjeux, mémoires*, 2014

N° 32 – Bruno DUMONS & Jean-Philippe WARREN (dir.), *Les zouaves pontificaux en France, en Belgique et au Québec. La mise en récit d'une expérience historique transnationale (XIXᵉ-XXᵉ siècles)*, 2015

N° 33 – Pierre CHABAL (dir.), *Concurrences interrégionales Europe-Asie au XXIᵉ siècle*, 2015

N° 34 – Florent POUPONNEAU, *La politique française de non-prolifération nucléaire. De la division du travail diplomatique*, 2015

N° 35 – Alain BELTRAN (ed.), *Les routes du pétrole / Oil Routes*, 2016

N° 36 – Pierre CHABAL (dir.), *L'Organisation de coopération de Shanghai et la construction de la « nouvelle Asie »*, 2016

N° 37 – María Luisa Azpíroz, *Public Diplomacy. European and Latin American Perspectives*, 2015

N° 38 – Massimo Bucarelli, Luca Micheletta, Luciano Monzali & Luca Riccardi (Eds.), *Italy and Tito's Yugoslavia in the Age of International Détente*, 2016

N° 39 – Michel Dumoulin & Catherine Lanneau (Dir.), *La biographie individuelle et collective dans le champ des relations internationales*, 2016

N° 40 – Sebastian Santander, *Concurrences régionales dans un monde multipolaire émergent*, 2016

N° 41 – Alain Beltran, Éric Bussière & Giuliano Garavini (Dir.), *L'Europe et la question énergétique. Les années 1960/1980*, 2016

N° 42 – André Straus and Leonardo Caruana de las Cagigas (Eds.), *Highlights on Reinsurance History*, 2017.

N° 43 – Vincent Genin, *Incarner le droit international. Du mythe juridique au déclassement international de la Belgique (1914-1940)*, 2018.

N° 44 – Catherine Horel & Robert Frank, *Entrer en guerre, 1914-1918 : des Balkans au monde. Histoire, historiographies, mémoires*, 2018.

N° 45 – Clotilde Druelle-Korn, *Food for Democracy ? Le ravitaillement de la France occupée (1914-1919) : Herbert Hoover, le Blocus, les Neutres et les Alliés*, 2018.

N° 46 – Thomas Meszaros (Dir.), *Repenser les stratégies nucléaire. Continuités et ruptures. Un hommage à Lucien Poirier*, 2019.

www.peterlang.com